中国国家标准汇编

533

GB 28407～28426

（2012年制定）

中国标准出版社　编

中国标准出版社

北　京

图书在版编目(CIP)数据

中国国家标准汇编:2012年制定.533:GB 28407～28426/中国标准出版社编.—北京:中国标准出版社,2013.10

ISBN 978-7-5066-7264-1

Ⅰ.①中… Ⅱ.①中… Ⅲ.①国家标准-汇编-中国-2012 Ⅳ.①T-652.1

中国版本图书馆CIP数据核字(2013)第186337号

中国标准出版社出版发行
北京市朝阳区和平里西街甲2号(100013)
北京市西城区三里河北街16号(100045)

网址 www.spc.net.cn
总编室:(010)64275323 发行中心:(010)51780235
读者服务部:(010)68523946

中国标准出版社秦皇岛印刷厂印刷
各地新华书店经销

*

开本 880×1230 1/16 印张 37.25 字数 1 153 千字
2013年10月第一版 2013年10月第一次印刷

*

定价 220.00 元

出 版 说 明

1.《中国国家标准汇编》是一部大型综合性国家标准全集。自1983年起，按国家标准顺序号以精装本、平装本两种装帧形式陆续分册汇编出版。它在一定程度上反映了我国建国以来标准化事业发展的基本情况和主要成就，是各级标准化管理机构，工矿企事业单位，农林牧副渔系统，科研、设计、教学等部门必不可少的工具书。

2.《中国国家标准汇编》收入我国每年正式发布的全部国家标准，分为"制定"卷和"修订"卷两种编辑版本。

"制定"卷收入上一年度我国发布的、新制定的国家标准，顺延前年度标准编号分成若干分册，封面和书脊上注明"20××年制定"字样及分册号，分册号一直连续。各分册中的标准是按照标准编号顺序连续排列的，如有标准顺序号缺号的，除特殊情况注明外，暂为空号。

"修订"卷收入上一年度我国发布的、被修订的国家标准，视篇幅分设若干分册，但与"制定"卷分册号无关联，仅在封面和书脊上注明"20××年修订-1,-2,-3,……"字样。"修订"卷各分册中的标准，仍按标准编号顺序排列(但不连续)；如有遗漏的，均在当年最后一分册中补齐。需提请读者注意的是，个别非顺延前年度标准编号的新制定的国家标准没有收入在"制定"卷中，而是收入在"修订"卷中。

读者配套购买《中国国家标准汇编》"制定"卷和"修订"卷则可收齐由我社出版的上一年度我国制定和修订的全部国家标准。

3.由于读者需求的变化，自1996年起，《中国国家标准汇编》仅出版精装本。

4.2012年我国制修订国家标准共2 101项。本分册为"2012年制定"卷第533分册，收入国家标准GB 28407～28426的最新版本。

中国标准出版社

2013年8月

目　　录

ICS 07.040
A 76

中华人民共和国国家标准

GB/T 28407—2012

农用地质量分等规程

Regulation for gradation on agriculture land quality

2012-06-29 发布

2012-10-01 实施

中华人民共和国国家质量监督检验检疫总局
中国国家标准化管理委员会 发布

前　言

本标准按照 GB/T 1.1—2009 给出的规则起草。

本标准由中华人民共和国国土资源部提出。

本标准由全国国土资源标准化技术委员会(SAC/TC 93)归口。

本标准起草单位:国土资源部土地利用管理司、国土资源部土地整治中心、中国农业大学、北京师范大学、河北师范大学。

本标准主要起草人员:胡存智、郧文聚、吴海洋、廖永林、邱维理、张凤荣、朱德举、范树印、关文荣、陈原、胡江、苗利梅、马仁会、安萍莉、刘彦、杨丽平、程锋、王洪波。

引　言

为全面掌握我国农用地资源的质量等级状况，科学评价和管理农用地，促进我国农用地的合理利用，统一农用地质量分等程序和方法，做到分等结果客观、公正、合理，根据《中华人民共和国土地管理法》，结合我国国情，制定本标准。

农用地质量分等规程

1 范围

本标准规定了农用地质量分等工作的总则、准备工作与资料整理、外业补充调查、标准耕作制度和基准作物、划分分等单元、农用地质量等别评定、建立标准样地体系以及成果编绘、验收、更新归档与应用等。

本标准适用于县级行政区内现有农用地和宜农未利用地。

2 规范性引用文件

下列文件对于本文件的应用是必不可少的。凡是注日期的引用文件，仅注日期的版本适用于本文件。凡是不注日期的引用文件，其最新版本(包括所有的修改单)适用于本文件。

GB/T 2260—2007 中华人民共和国行政区划代码

GB/T 19231—2003 土地基本术语

GB/T 21010—2007 土地利用现状分类

3 术语和定义

GB/T 19231—2003、GB/T 21010—2007界定的以及下列术语和定义适用于本文件。

3.1

农用地 agriculture land

直接用于农业生产的土地，包括耕地、林地、草地、农田水利用地、养殖水面等。

3.2

农用地质量等 agriculture land quality grade

在全国范围内，按照标准耕作制度，根据规定的方法和程序进行的农用地质量综合评定，划分出的农用地质量等别。

3.3

农用地自然等 agriculture land physical quality grade

在全国范围内，按照标准耕作制度，在一定的光温、气候资源条件和土地条件下，根据规定的方法和程序进行的农用地质量综合评定，划分出的农用地质量等别。

3.4

农用地利用等 agriculture land utilization quality grade

在全国范围内，按照标准耕作制度，在一定的自然条件和平均土地利用条件下，根据规定的方法和程序进行的农用地质量综合评定，划分出的农用地质量等别。

3.5

农用地经济等 agriculture land economic quality composite grade

在全国范围内，按照标准耕作制度，在一定的自然条件、平均土地利用条件、平均土地经济条件下，根据规定的方法和程序进行的农用地质量综合评定，划分出的农用地质量等别。

3.6

基准作物　criterion crop

是理论标准粮的折算基准，指全国比较普遍的主要粮食作物，如小麦、玉米、水稻，按照不同区域生长季节的不同，进一步区分的春小麦、冬小麦、春玉米、夏玉米、一季稻、早稻和晚稻等7种粮食作物。

3.7

指定作物　appointment crop

行政区所属耕作区标准耕作制度中所涉及的作物。

3.8

因素指标区　factor index area

对区域内决定农用地自然质量的各种因素和因素组合，依主导因素原则和区域分异原则划分的区域，是区别于其他指标区的最小单元。

3.9

样地适用区　standard farmland practical area

采用样地法计算农用地质量分，需要划分样地适用区，是指依主导因素原则和区域分异原则划分的区域，是区别于其他适用区的最小单元。样地的农用地自然质量特征与其适用区的其他分等评价单元的特征应具有相似性。

3.10

分等单元　grade unit

农用地质量等别评定和划分的基本空间单位，单元内部土地质量相对均一，单元之间有显著差异。

3.11

产量比　yield ratio

当地基准作物单位面积产量与各种指定作物单位面积实际产量之比。

3.12

土地利用系数　land use coefficient

用来修正土地的自然质量，使达到接近土地的实际产出水平的系数，计算公式：

$$K_{Lj}=Y_j/Y_{j,\max}$$

式中：

K_{Lj} ——某样点的第 j 种指定作物土地利用系数；

Y_j ——样点的第 j 种指定作物单产；

$Y_{j,\max}$ ——第 j 种指定作物的省级二级区内最高单产。

3.13

“产量-成本”指数　ratio of yield to cost

用来表达作物种植中资金投入的效率水平，计算公式：

$$a_j=Y_j/C_j$$

式中：

a_j ——第 j 种指定作物的“产量-成本”指数，单位为千克每元(kg/元)；

Y_j ——样点的第 j 种指定作物实际单产，单位为千克每公顷(kg/hm^2)；

C_j ——样点的第 j 种指定作物实际成本，单位为元每公顷(元/hm^2)。

3.14

土地经济系数　land economic coefficient

用来表达实际资金投入效率与当地最大投入效率的接近程度，计算公式：

$$K_{cj}=a_j/A_j$$

式中：

K_{cj}——样点的第 j 种指定作物土地经济系数；

a_j ——样点第 j 种指定作物“产量-成本”指数；

A_j ——第 j 种指定作物“产量-成本”指数的省级二级区内最大值。

3.15

标准耕作制度　standard farming system

在当前的社会经济水平、生产条件和技术水平下，有利于生产或最大限度发挥当地土地生产潜力，不造成生态破坏，能够满足社会需求，并已为(或将为)当地普遍采用的农作方式。

3.16

光温生产潜力　solar and temperature potential productivity

在农业生产条件得到充分保证，水分、CO_2 供应充足，其他环境条件适宜情况下，理想作物群体在当地光、热资源条件下，所能达到的最高产量。

3.17

气候生产潜力　climatic potential productivity

在农业生产条件得到充分保证，其他环境因素均处于最适状态时，在当地实际光、热、水气候资源条件下，农作物群体所能达到的最高产量。即在光温生产潜力基础上进一步考虑降水的限制作用后，农作物的理论产量。

3.18

标准样地　standard farmland

在一定的栽培管理技术条件下，区域内农作物产量水平最高的若干农用地质量分等单元。一般情况下，标准样地的农业生产条件最好，它们在本区域内所处位置的气候、地形地貌、土壤、灌溉与排水等条件的综合特征最优。

3.19

标准样地体系　standard farmland system

农用地质量分等标准样地的分级体系和用于描述农用地质量分等标准样地特征的因素体系的总和。

4　总则

4.1　对象

农用地质量分等的工作对象是县级行政区内现有农用地和宜农未利用地，主要是指耕地。

4.2　原则

4.2.1　综合分析原则

农用地质量是各种自然因素、社会经济因素综合作用的结果，农用地质量分等是以造成等别差异的各种相对稳定因素的综合分析为基础。

4.2.2　分层控制原则

农用地质量分等以建立全国范围内的统一等别序列为目的。在实际操作上，农用地质量分等是在国家、省、县三个层次上开展。县级分等成果要在本县域范围内可比；省级协调汇总成果要在本省域范围内可比;国家级协调汇总成果要在全国范围内可比。

4.2.3 主导因素原则

农用地质量分等是根据相对稳定的影响因素及其作用的差异,重点考虑对土地质量及土地生产力水平具有重要作用的主导因素,突出主导因素对分等结果的作用。

4.2.4 土地收益差异原则

农用地质量分等要能反映不同区域土地自然质量条件、土地利用水平、社会经济水平的差异对区域土地生产力水平的影响,并反映对区域土地收益水平的影响。

4.2.5 定量分析与定性分析相结合原则

农用地质量分等以定量计算为主。对现阶段难以定量的自然因素、社会经济因素采用必要的定性分析,定性分析的结果可用于农用地质量分等成果的调整和确定工作中,提高农用地质量分等成果的精度。

4.2.6 跟踪检验原则

在农用地质量分等工作中,对每一步成果进行检验,并进行专家咨询、论证,确保成果与实际情况相符。

4.3 内容

4.3.1 工作准备

工作准备的内容如下:

a) 编写任务书、编制有关表格、准备图件;

b) 收集现有资料并进行整理。

4.3.2 外业补充调查

现有资料不能满足分等工作要求,包括资料不足、不实、不详、陈旧等,进行外业补充调查。依据农用地分等野外调查导则进行。

4.3.3 内业处理

内业处理的具体内容如下:

a) 根据标准耕作制度,确定基准作物、指定作物,查各指定作物光温(气候)生产潜力指数,确定产量比;

b) 划分分等单元,编制分等单元图;

c) 划分分等指标区或样地适用区,并确定各指标区的分等因素或分等特征属性;

d) 编制“指定作物-分等因素-自然质量分”关系表或分等特征属性自然质量分加(减)规则表;

e) 计算分等单元各指定作物的农用地自然质量分;

f) 计算农用地自然等指数并初步划分农用地自然等别;

g) 计算各指定作物的土地利用系数和土地经济系数并划分等值区;

h) 计算农用地利用等指数、农用地经济等指数并初步划分农用地利用等别、农用地经济等别。

4.3.4 确认和整理成果

需要确认和整理成果的具体内容如下：

a) 对各阶段成果进行检验、校订、确认；

b) 编制图件、文字报告；

c) 设立标准样地永久性标志；

d) 成果验收；

e) 成果归档。

4.4 技术工作组织

技术工作组织的具体内容如下：

a) 国务院土地行政主管部门统一建立农用地质量分等标准参数体系，包括光温（气候）生产潜力指数、标准耕作制度，并进行全国成果汇总；

b) 省级土地行政主管部门负责确定产量比、指定作物最大产量、指定作物最大“产量-成本”指数，汇总省级成果等；在全国农用地质量分等技术指导机构的统一指导下，与相邻省（区、市）就指标区划分、主导因素选择等事宜进行协调；

c) 市、县级土地行政主管部门负责基础数据、图件等资料的收集与外业补充调查、成果检验、汇总等；

d) 具体承担单位负责农用地质量分等的数据处理和计算、图件编绘、实地检验等。

4.5 技术路线与方法步骤

4.5.1 技术路线

依据全国统一制定的标准耕作制度，以指定作物的光温（气候）生产潜力为基础，通过对土地自然质量、土地利用水平、土地经济水平逐级订正，综合评定农用地质量等别。

4.5.2 方法步骤

农用地质量分等的方法步骤如下：

a) 资料收集整理与外业调查；

b) 划分指标区、确定指标区分等因素及权重；

c) 划分分等单元并计算农用地自然质量分；

d) 查全国各省作物生产潜力指数速查表，确定产量比，计算农用地自然等指数；

e) 计算土地利用系数及农用地利用等指数；

f) 计算土地经济系数及农用地经济等指数；

g) 划分与校验农用地自然等别、利用等别和经济等别；

h) 整理、验收成果。

农用地质量分等工作流程见图1。

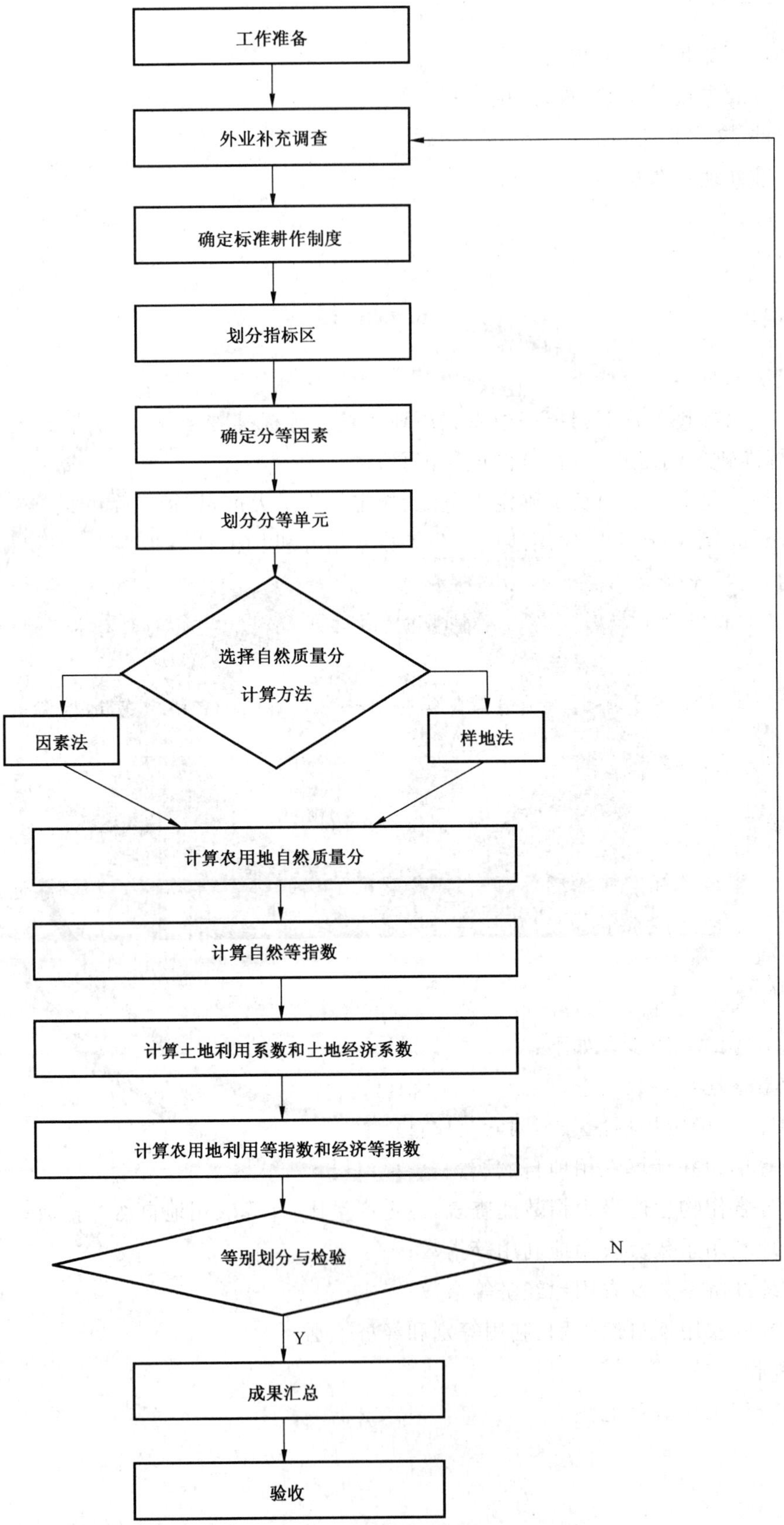

图 1　农用地质量分等工作流程图

4.6 工作底图的比例尺

工作底图采用 1∶10 000～1∶100 000 的比例尺，与土地利用现状调查的精度一致。

4.7 成果

农用地质量分等的主要成果如下：

a) 文字成果；

b) 图件成果；

c) 数据表格成果；

d) 数据库成果；

e) 标准样地成果；

f) 基础资料汇编。

成果的编绘按第 16 章要求。

4.8 相关技术应用

采用计算机技术进行数据处理，采用地理信息系统等技术进行图形处理。

5 准备工作与资料整理

5.1 编写任务书

任务书的具体内容如下：

a) 分等区域和范围；

b) 工作程序及方法；

c) 技术资料和基础图件；

d) 组织领导；

e) 工作人员、时间安排、经费预算；

f) 预期成果。

5.2 表格准备

按附录 A 准备工作表格。

5.3 资料收集

5.3.1 农用地自然条件资料

农用地自然条件资料具体包括如下内容：

a) 地貌：地貌类型、海拔、坡度、坡向、坡型、地形部位等；

b) 水文：水源类型（地表水、地下水）、水量、水质等；

c) 土壤：土壤类型、土壤表层有机质含量、表层土壤质地、有效土层厚度、土壤盐碱状况、剖面构型、障碍层特征、土壤侵蚀状况、土壤保水供水状况、土壤中砾石含量和地表岩石露头度等；

d) 农田基本建设：灌溉条件（水源保证率、灌溉保证率）、排水条件、田间道路条件、田块大小、平整度及破碎程度等；

e) 农业气候补充资料：各作物播种和收获日期、月平均降水量等。

5.3.2 农用地利用资料

标准耕作制度中所涉及指定作物的面积、单产、总产的统计资料，农业生产实测资料，农业技术实验资料，样点土地利用条件等。

5.3.3 农用地经济资料

单位面积耕、播、收的机械投入费用，单位面积的水、电、柴油等费用，单位面积的种子、化肥、农药、地膜等费用，当地的劳动力价格、农产品运输费用和农产品价格等。

5.3.4 图件收集

土地利用现状图、土壤图、地形图、土地利用总体规划图及其他相关图件。

5.3.5 其他资料

农业区划资料、土壤普查资料、土地利用现状调查资料、土地利用总体规划、土地利用变更调查资料、农业统计资料、当地农产品市场价格资料等。

5.4 资料核实与整理

5.4.1 资料核实

数据来源可靠、计量单位统一，对不符合实际的数据或个别异常值要校正或剔除。

5.4.2 资料整理

对收集到的资料按照以下要求进行整理：

a) 根据农用地自然质量影响因素的空间差异，初步划分指标区或样地适用区，并按区对资料进行分类整理，重点是图件、数据资料整理，指标区划分方法见 9.2.1，样地适用区划分方法见 9.3.1；
b) 根据农用地利用状况，初步划分土地利用系数等值区，划分方法见 11.1.1；
c) 根据农用地经营状况，初步划分土地经济系数等值区，划分方法见 12.1.1；
d) 对不能满足分等工作要求的资料做好记录，以便进行外业补充调查。

6 外业补充调查

6.1 调查内容

6.1.1 农用地自然质量影响因素状况

根据指定作物、分等因素指标设置情况及其精度要求，补充调查和检验农用地自然质量分计算所需资料。具体要求见 6.2。

6.1.2 农用地利用状况

根据土地利用系数等值区划分及其精度要求，调查和检验土地利用系数计算所需资料。具体要求见 6.3。

6.1.3 农用地经营状况

根据土地经济系数等值区划分及其精度要求，调查和检验土地经济系数计算所需资料。具体要求见6.3。

6.2 农用地自然质量影响因素状况调查

6.2.1 调查范围与对象

6.2.1.1 调查范围

被列入农用地质量分等工作范围，现有资料不能满足分等工作要求的区域和需要对资料进行准确性校核的区域。

6.2.1.2 调查对象

因素法中所称的农用地质量分等因素，或样地法中所称的农用地质量分等属性。

6.2.2 调查方案设计

6.2.2.1 调查路线

校核调查的路线要穿越所有有疑问的分等区域，补充调查的路线要穿越所有需要补充资料的分等区域。区域自然条件单一的地区，可采用一纵一横路线；条件复杂的地区，可根据实际情况和自然条件的空间变化规律，增加调查路线。

6.2.2.2 调查点设置

在选定的路线上，随机设置调查样点，在因素特征变异明显的地带可加密布点。

6.2.2.3 调查方法

在调查时，可实地观测或请当地农民或农技人员对调查单元的土地质量状况进行定性描述，并按质量排序，作为分等结果检验的依据。

6.2.3 精度要求

对缺乏土壤资料的补充调查点，可补充土壤剖面，以便准确诊断分等因素；同一分等单元内设置若干调查点，实测分等因素值，取其平均数。

6.2.4 资料整理

外业调查原始记录的文字、表格、图件、剖面照片及其说明、环境照片及其说明，整理成册，列入基础资料汇编、存入档案。外业补充调查的表格样式见附录A表A.1。

6.3 农用地利用状况与农用地经营状况调查

6.3.1 产出数据调查

产出数据调查的具体要求如下：

a) 以村为基本调查单位，采用实测、评估和历史资料分析相结合的方法进行调查；
b) 按标准耕作制度中所确定的基准作物和指定作物的实物产出量计算，以单位面积产量表示；
c) 调查结果满足6.3.3的精度要求；
d) 产出数据调查表样式见附录A表A.2。

6.3.2 投入数据调查

投入数据调查的具体要求如下：

a) 以村为基本调查单位，采用实测、评估和历史资料分析相结合的方法进行调查；
b) 按标准耕作制度中所确定的基准作物和指定作物的实际投入量计算，以单位面积投入量表示；
c) 物质投入包括种子、化肥、农药、地膜、水电、农机具等，根据国家市场指导价计算，农家肥按当地平均价格计算；
d) 活劳动投入为农业生产中必需的雇佣劳动力的费用，按当地实际情况计算；
e) 调查结果满足 6.3.3 的精度要求；
f) 投入数据调查表样式见附录 A 表 A.2。

6.3.3 精度要求

农用地利用状况与农用地经营状况调查选取的样点要具有代表性，以行政村为单位进行，分甲、乙两级精度，按甲级精度实施，个别地方如确有困难可暂按乙级精度进行。

6.3.3.1 甲级精度

甲级精度的具体要求如下：

a) 在初步划分的土地利用系数等值区、土地经济系数等值区内，采取分层抽样方式均匀布点，按土地条件，从优到劣分为(3～7)个层次，每个层次设置(30～50)个采样点，共计(90～350)个样点；
b) 各样点的投入产出数据与标准耕作制度所确定的基准作物和指定作物的种植安排相对应；
c) 对样点数据进行整理，校正或剔除异常数据后再进行数理统计分析，样本数据通过数理统计检验后方可使用。

6.3.3.2 乙级精度

乙级精度的具体要求如下：

a) 在已有农经、统计、土肥资料的基础上，进行必要的外业补充调查；
b) 投入产出数据在不同的土地条件上都有分布，原始数据如不能对应到地块，要与其所在的地类相对应；
c) 按土地条件分(3～7)层，每层取(5～10)个样点，通过实测投入产出数据，对已有资料进行检验。

7 标准耕作制度和基准作物

7.1 确定标准耕作制度

标准耕作制度见附录 B。各省可根据实际情况进一步细化。

7.2 确定基准作物与指定作物

7.2.1 基准作物

基准作物指小麦、玉米、水稻三种主要粮食作物中的一种，是本标准所称理论标准粮的折算基准。根据种植日期，本标准又将基准作物进一步区分为春小麦、冬小麦、春玉米、夏玉米、一季稻、早稻和晚稻七种。由省级土地行政主管部门负责从中选择一种，作为本行政区的基准作物。

7.2.2 指定作物

指定作物指标准耕作制度中所涉及的作物，见附录B。

将确定的结果填入表格中，表格样式见附录A表A.3和表A.4。

8 划分分等单元

8.1 划分要求

分等单元是农用地质量分等的最小空间单位，分等单元按以下要求划分：

a) 单元之间的土地特征差异明显，不同地貌部位的土地不划为同一单元，山脉走向两侧水热分配有明显差异的不划为同一单元，地下水、土壤条件、盐碱度等分等因素指标有明显差异的不划为同一单元；

b) 单元内部的土地特征相似，土地分等单元边界不跨越分等因素指标区和土地利用系数等值区、土地经济系数等值区；

c) 单元边界不跨越地块边界；

d) 单元边界采用控制区域格局的地貌走向线和分界线，河流、沟渠、道路、堤坝等线状地物和有明显标志的权属界线。

8.2 划分方法

8.2.1 叠置法

将比例尺相同的土地利用现状图与地形图、土壤图叠加，形成的封闭图斑即为一个分等单元。若图斑小于最小上图面积（6 mm^2）则进行归并。叠置法适用于土地利用现状类型多、地貌类型比较复杂的地区。

8.2.2 地块法

在工作底图上用明显的地物界线或权属界线，将农用地质量分等因素相对均一的地块，划为一个分等单元。也可直接将土地利用现状图上的图斑作为分等单元。地块法适用于所有分等类型和地区。

8.2.3 网格法

用一定大小的网格作为分等单元。网格大小以能区分不同特性的地块为标准，可采用大小均一的固定网格，也可采用大小不均一的动态网格。网格法适用于分等因素空间变化不复杂的地区。

8.2.4 多边形法

将所有分等因素图进行叠加，最终生成的封闭多边形即为分等单元。多边形法适用于所有分等类型和地区。

8.3 校验与登记

对分等单元划分和边界的合理性进行校验；将校验后的农用地质量分等单元按顺序编号填表登记，表格样式见附录A表A.5和表A.6。

9 计算农用地自然质量分

9.1 确定计算方法

根据当地实际情况，选择因素法或样地法计算农用地自然质量分。

9.2 因素法

9.2.1 确定分等因素指标区

采用因素法计算农用地自然质量分，需要划分农用地质量分等因素指标区（以下简称指标区），指标区是依主导因素原则和区域分异原则划分的分等因素体系一致的区域。分等因素指标区划分的具体要求如下：

a） 指标区可根据地貌条件、耕作制度等划分，也可根据强限制性因素的区域分异规律划分；

b） 在县域范围内，指标区一般不超过 5 个；

c） 一个指标区内，选定的分等因素要对农用地的质量有明显影响，一般不超过 10 个，农用地自然质量分依据所选用的分等因素计算；

d） 按照强限制性因素划分的指标区称作限制区，在限制区内，由于强限制性因素的作用，农用地自然质量分的最高分不能取 100 分，假设该限制区内最优农用地条件的自然质量分为 80 分，则限制区内所有分等单元的按百分制计算出的农用地自然质量分，均需乘以 0.8 的限制系数；

e） 将确定的结果填入表格中，表格样式见附录 A 表 A.3；

f） 编制指标区图。

9.2.2 确定分等因素

9.2.2.1 农用地质量分等因素分为推荐因素和自选因素两类。推荐因素由国家统一确定，分区、分地貌类型给出；自选因素由省级土地行政主管部门确定，用于分等的自选因素一般不超过 3 个。所有分等因素都需要采用特尔菲法、因素成对比较法、主成分分析法、层次分析法等方法中的两种以上方法进行检验和确定，在分等任务书中予以明确。

9.2.2.2 农用地质量分等因素按照以下方法步骤确定：

a） 在推荐因素和自选因素中进行选择，初步确定指标区内的分等因素；

b） 通过查找附录 C 相应分区的推荐因素即得到本县域的推荐因素；

c） 自选因素由各地经分析论证后确定，自选因素可以从以下几个方面确定：

  1） 地貌：地貌类型、海拔、坡度、坡向、坡型、地形部位等；

  2） 水文：水源类型（地表水、地下水）、水量、水质等；

  3） 土壤：土壤类型、土壤表层有机质含量、表层土壤质地、有效土层厚度、土壤盐碱状况、剖面构型、障碍层特征、土壤保水供水状况、土壤中砾石含量、地表岩石露头度等；

  4） 农田基本建设：灌溉条件（水源保证率、灌溉保证率）、排水条件、田间道路条件、田块大小、平整度及破碎程度等。

9.2.2.3 初步确定的农用地质量分等因素，并进一步按照指标区的具体情况，经过科学分析论证后加以简化。将确定的结果填入表格中，表格样式见附录 A 表 A.3 和表 A.6。

9.2.3 编制“指定作物-分等因素-自然质量分”记分规则表

编制记分规则表的基本要求：

a） 按指定作物分别编制；

b) 推荐因素指标与指标分值的关系,可见附录C,但在实际工作中可根据指定作物、指标区的情况加以调整;

c) 自选因素指标与指标分值的关系,由各地自行确定;

d) 记分规则表的编制可建立在当地试验资料的基础上,如果没有试验资料,则要采取适当的定性分析方法加以确定;

e) 记分规则表编制可在上级农用地质量分等技术指导机构的指导下进行;

f) 将确定的结果填入表格中,表格样式见附录A表A.7。

9.2.4 编制分等因素图

根据分等因素实际状态值的区域分布,编制农用地质量分等因素图。

9.2.5 读取分等因素指标分值

根据分等因素图及记分规则表,获得各分等单元各指定作物的分等因素指标分值。

9.2.6 计算农用地自然质量分

采用几何平均法或加权平均法,计算各分等单元各指定作物的农用地自然质量分,具体计算方法如下:

a) 几何平均法的计算见式(1)。

$$C_{Lij}=\frac{\left(\prod_{k=1}^{m} f_{ijk}\right)^{\frac{1}{m}}}{100} \qquad \cdots\cdots(1)$$

式中:

C_{Lij}——分等单元指定作物的农用地自然质量分;

i ——分等单元编号;

j ——指定作物编号;

k ——分等因素编号;

m ——分等因素的数目;

f_{ijk}——第 i 个分等单元内第 j 种指定作物第 k 个分等因素的指标分值,取值为(0~100]。

b) 加权平均法的计算见式(2)。

$$C_{Lij}=\frac{\sum_{k=1}^{m} w_k \cdot f_{ijk}}{100} \qquad \cdots\cdots(2)$$

式中:

w_k——第 k 个分等因素的权重;

其他符号的含义同式(1)。

将计算结果填入表格中,表格样式见附录A表A.5。

9.3 样地法

9.3.1 确定分等因素样地适用区

采用样地法计算农用地自然质量分,需要划分样地适用区(以下简称适用区),适用区是依主导因素原则和区域分异原则划分的分等因素体系一致的区域。

a) 在县域范围内每个乡镇布设1个标准样地,地貌条件、耕作制度差异较大的乡镇,可以布设多个标准样地,并根据其相似性进行归类,标准样地设置方法见15.1;

b) 根据地貌条件、耕作制度或强限制性因素的区域分异规律，参照标准样地的归类结果划分适用区，县域范围内适用区一般不超过5个；
c) 一个适用区内，选定的分等因素要对农用地的质量有明显影响，一般不超过10个，农用地自然质量分依据所选用的分等因素计算；
d) 将结果填入表格中，表格样式见附录A表A.3；
e) 编制样地适用区图。

9.3.2 确定分等因素

标准样地法确定农用地质量分等属性的原则与因素法相类似，但更注重可描述性、综合性。将确定的结果填入表格中，表格样式见附录A表A.3和表A.6。

9.3.3 确定标准样地基准分值

确定标准样地的分等属性特征值以及标准样地的基准分值，其最高分值由县级标准样地控制(在省级样地尚未确定前，县级样地最高分值暂定为100分)。将结果填入表格中，表格样式见附录A表A.8。

9.3.4 编制“指定作物-分等属性-自然质量(加)减分”规则表

编制样地法加(减)分规则表的基本要求如下：
a) 按指定作物分别编制；
b) 按样地适用区分别编制；
c) 记分规则表的编制可建立在当地试验资料的基础上，如果没有试验资料，则要采取适当的定性分析方法加以确定；
d) 记分规则表的编制可在上级农用地质量分等技术指导机构的指导下进行；
e) 将确定的结果填入表格中，表格样式见附录A表A.9。

9.3.5 编制分等属性图

根据农用地质量分等因素实际状态值的区域分布，编制农用地质量分等属性图。

9.3.6 确定分等属性加(减)分值

根据分等属性图及加(减)分规则表，获得分等属性加(减)分值。

9.3.7 计算农用地自然质量分

采用代数和法计算农用地自然质量分，计算见式(3)。

$$C_{Lij}=\frac{F+\sum_{k=1}^{m}f_{ijk}}{100} \qquad (3)$$

式中：

F ——标准样地基准分值；

k ——分等属性编号；

m ——分等属性的数目；

f_{ijk} ——第 i 个分等单元内第 j 种指定作物第 k 个分等属性加(减)分值；

其他符号的含义同式(1)。

将计算结果填入表格中，表格样式见附录A表A.6。

10 计算农用地自然等指数($\boldsymbol{R_i}$)

10.1 查作物生产潜力指数

作物生产潜力指数见附录D。在农用地有灌溉条件时查找光温生产潜力指数，在无灌溉条件时查找气候生产潜力指数。将确定的结果填入表格中，表格样式见附录A表A.4和表A.6。

10.2 确定产量比($\boldsymbol{\beta_j}$)

省级土地行政主管部门负责分区确定产量比，计算见式(4)。

$$\text{某区内指定作物产量比}=\frac{\text{基准作物单产}}{\text{指定作物单产}} \qquad \cdots\cdots(4)$$

式中：

基准作物和指定作物的单产是指区内最大单产。将确定的结果填入表格中，表格样式见附录A表A.4和表A.6。

10.3 计算农用地自然等指数

第 j 种指定作物的自然等指数计算见式(5)：

$$R_{ij}=\alpha_{ij}\cdot C_{Lij}\cdot\beta_j \qquad \cdots\cdots(5)$$

式中：

R_{ij}——第 i 个分等单元第 j 种指定作物的自然等指数；

α_{ij}——第 j 种作物的光温(气候)生产潜力指数；

C_{Lij}——第 i 个分等单元内第 j 种指定作物的农用地自然质量分；

β_j——第 j 种作物的产量比。

农用地自然等指数计算见式(6)。

$$R_i=\begin{cases}\sum R_{ij} & \text{(一年一熟、两熟、三熟时)}\\ (\sum R_{ij})/2 & \text{(两年三熟时)}\end{cases} \qquad \cdots\cdots(6)$$

式中：

R_i——第 i 个分等单元的农用地自然等指数；

其他符号的含义同式(5)。

将计算结果填入表格中，表格样式见附录A表A.6。

11 计算土地利用系数

有两种方法，一种是分指定作物计算，一种是综合计算。

11.1 分指定作物计算

11.1.1 初步划分土地利用系数等值区

外业调查前需要对收集到的指定作物产量统计数据进行整理，以村为单位，根据指定作物的实际单产，初步划分指定作物的土地利用系数等值区。各等值区需满足以下条件：

a) 等值区之间实际单产水平有明显差异；

b) 等值区的边界不打破村级行政单位的完整性。

11.1.2 计算样点指定作物土地利用系数

依据初步划分的等值区，在各行政村内分层设置一定数量的样点后（精度要求见6.3.3），按照以下步骤计算。

11.1.2.1 确定指定作物的最高单产

由各省土地行政主管部门根据标准耕作制度（附录B）中的指定作物种类，调查、确定其最高单产。

11.1.2.2 确定样点的指定作物单产

根据近几年的统计资料分析，或近几年的实际测产确定。

11.1.2.3 计算样点指定作物土地利用系数

样点第 j 种指定作物土地利用系数计算见式(7)。

$$K_{lij}=\frac{Y_{ij}}{Y_{j,\max}} \qquad \cdots\cdots(7)$$

式中：

K_{lij} ——第 i 个样点第 j 种指定作物土地利用系数；

Y_{ij} ——第 i 个样点第 j 种指定作物正常投入下的单产；

$Y_{j,\max}$ ——第 j 种指定作物省内分区最高单产。

将计算结果填入表格中，表格样式见附录A表A.10。

11.1.3 计算等值区指定作物土地利用系数

11.1.3.1 计算行政村指定作物土地利用系数

根据行政村内各样点指定作物土地利用系数，采用几何平均法或加权平均法计算，其中加权平均法的权重可根据样点代表的面积比例或经验确定，具体计算方法如下：

a） 几何平均的指定作物土地利用系数计算见式(8)。

$$K_{lj}=\left(\prod_{i=1}^{m}k_{lij}\right)^{\frac{1}{m}} \qquad \cdots\cdots(8)$$

式中：

K_{lj}——行政村第 j 种指定作物土地利用系数；

i ——样点编号；

m ——样点数目；

其他符号含义见式(7)。

b） 加权平均的指定作物土地利用系数计算见式(9)：

$$K_{lj}=\sum_{i=1}^{m}w_i\cdot k_{lij} \qquad \cdots\cdots(9)$$

式中：

K_{lj}——行政村第 j 种指定作物土地利用系数；

i ——样点编号；

m ——样点数目；

w_i ——第 i 个样点权重；

其他符号含义见式(7)。

将计算结果填入表格中，表格样式见附录A表A.10。

11.1.3.2 计算等值区指定作物土地利用系数

根据初步划分的等值区内各村的指定作物土地利用系数，采用几何平均或加权平均的方法计算等值区的指定作物土地利用系数，具体计算方法如下：

a) 几何平均的等值区指定作物土地利用系数计算见式(10)：

$$K_{Lj}=\left(\prod_{i=1}^{m}k_{lij}\right)^{\frac{1}{m}} \qquad \cdots\cdots (10)$$

式中：

K_{Lj}——等值区第 j 种指定作物土地利用系数；

k_{lij} ——第 i 个行政村第 j 种指定作物土地利用系数；

m ——行政村数目；

b) 加权平均的等值区指定作物土地利用系数计算见式(11)：

$$K_{Lj}=\sum_{i=1}^{m}w_i\cdot k_{lij} \qquad \cdots\cdots (11)$$

式中：

K_{Lj}——等值区第 j 种指定作物土地利用系数；

k_{lij} ——第 i 个行政村第 j 种指定作物土地利用系数；

m ——行政村数目；

w_i ——第 i 个行政村权重。

将计算结果填入表格中，表格样式见附录 A 表 A.11 和表 A.14。

11.1.4 修订指定作物土地利用系数等值区

以指定作物土地利用系数基本一致为原则，参考其他自然、经济条件的差异，对初步划分的等值区进行边界订正。订正后的等值区需要满足：

a) 等值区内各行政村指定作物土地利用系数在 $\overline{X}\pm 2S$ 之间($\overline{X}$ 表示平均值；S 表示标准差)；

b) 等值区之间指定作物土地利用系数平均值有明显差异；

c) 等值区边界两边的指定作物土地利用系数值具有突变特征。

11.1.5 编制指定作物土地利用系数等值区图

根据修订后的指定作物土地利用系数等值区，编制成图。

11.2 综合计算

实际工作中，也可以不区别指定作物，编制综合土地利用系数等值区图。步骤如下：

a) 依据标准耕作制度和产量比，计算样点的标准粮实际产量见式(12)：

$$Y=\sum Y_j\cdot\beta_j \qquad \cdots\cdots (12)$$

式中：

Y ——样点的标准粮实际产量；

Y_j——第 j 种指定作物的实际产量；

β_j ——第 j 种指定作物的产量比。

b) 根据指定作物的最高单产，依据标准耕作制度和产量比，计算最大标准粮单产见式(13)：

$$Y_{max}=\sum Y_{j,max}\cdot\beta_j \qquad \cdots\cdots (13)$$

式中：

Y_{max} ——最大标准粮单产；

$Y_{j,max}$ ——第 j 种指定作物的最大单产；

β_j ——第 j 种指定作物的产量比。

c) 计算样点的综合土地利用系数见式(14)：

$$K_L = \frac{Y}{Y_{max}} \quad \cdots\cdots(14)$$

式中：

K_L ——样点的综合土地利用系数；

Y ——样点的标准粮实际产量；

Y_{max}——最大标准粮单产。

将计算结果填入表格中，表格样式见附录 A 表 A.10。

d) 编制土地利用系数等值区图；

e) 计算各等值区的土地利用系数。

将计算结果填入表格中，表格样式见附录 A 表 A.11 和表 A.14。

12 计算土地经济系数

有两种方法，一种是分指定作物计算，一种是综合计算。

12.1 分指定作物计算

12.1.1 初步划分土地经济系数等值区

外业调查前，可根据收集到的统计资料，以村为单位计算“产量-成本”指数，按照各村“产量-成本”指数的大小，初步划分土地经济系数等值区。各等值区需要满足以下条件：

a) 等值区间“产量-成本”指数有明显差异；

b) 等值区的边界不打破村级行政单位的完整性。

12.1.2 计算土地经济系数

依据初步划分的等值区，在所有的行政村内分不同产量水平，分层设置一定数量的样点，并根据以下步骤计算出样点的指定作物土地经济系数：

a) 计算“产量-成本”指数

用按规定获取的投入、产出数据，分样点计算，见式(15)：

$$a_j = \frac{Y_j}{C_j} \quad \cdots\cdots(15)$$

式中：

a_j——样点“产量-成本”指数；

Y_j——样点第 j 种指定作物实际单产；

C_j——样点第 j 种指定作物实际成本。

将计算结果填入表格中，表格样式见附录 A 表 A.2。

b) 确定指定作物的最高产量-成本指数

各省组织有关专家在省内分区确定的第 j 种指定作物的最高产量-成本指数 A_j。

c) 计算样点指定作物土地经济系数

样点的指定作物土地经济系数计算见式(16)：

$$K_{cij}=\frac{a_{ij}}{A_j} \qquad \cdots\cdots(16)$$

式中：

K_{cij}——第 i 个样点第 j 种指定作物土地经济系数；

a_{ij} ——第 i 个样点第 j 种指定作物“产量-成本”指数；

A_j ——省内分区第 j 种指定作物“产量-成本”指数的最大值。

将计算结果填入表格中，表格样式见附录 A 表 A.12。

12.1.3 计算等值区土地经济系数

等值区土地经济系数的技术步骤如下：

a) 计算村内各样点指定作物土地经济系数的几何平均数或加权平均数，作为该村的指定作物土地经济系数，具体计算方法见 11.1.3.1，将计算结果填入表格中，表格样式见附录 A 表 A.12；

b) 根据初步划分的等值区内各村的指定作物土地经济系数，采用几何平均或加权平均的方法计算等值区的指定作物土地经济系数，具体计算方法见 11.1.3.2。

将计算结果填入表格中，表格样式见附录 A 表 A.13 和表 A.14。

12.1.4 修订土地经济系数等值区

以指定作物土地经济系数基本一致为原则，参考其他自然、经济条件的差异，对初步划分的等值区进行边界订正。订正后的等值区要满足：

a) 等值区各样点经济系数值 $\overline{X}\pm 2S$ 之间（$\overline{X}$ 表示平均值；S 表示差）；

b) 等值区间经济系数平均值有一定差值；

c) 等值区边界两边的经济系数值具有突变特征。

12.1.5 编制土地经济系数等值区图

根据修订后的指定作物土地经济系数等值区，编制土地经济系数等值区图。

12.2 综合计算

实际工作中，也可以不区别指定作物，直接编制综合土地经济系数等值区图。步骤如下：

a) 确定标准耕作制度和产量比，计算样点的标准粮实际产量 $Y=\sum(Y_j\cdot\beta_j)$ 和标准粮实际成本 $C=\sum C_j$，再计算出样点的综合“产量-成本”指数 $a=\frac{Y}{C}$；

b) 确定各省内分区的最大产量成本指数 A；

c) 计算样点的综合土地经济系数见式(17)：

$$K_C=\frac{a}{A} \qquad \cdots\cdots(17)$$

式中：

K_C——样点综合土地经济系数；

a ——样点综合“产量-成本”指数；

A ——各省内分区的综合最大“产量-成本”指数。

将计算结果填入表格中，表格样式见附录 A 表 A.12。

d) 编制土地利用系数等值区图；

e) 计算各等值区的土地利用系数。

将计算结果填入表格中，表格样式见附录 A 表 A.13 和表 A.14。

13 计算农用地利用等指数和农用地经济等指数

13.1 计算农用地利用等指数(Y_i)

有两种方法,一种是按指定作物土地利用系数计算,一种是按综合土地利用系数计算。

13.1.1 按指定作物土地利用系数计算

13.1.1.1 计算指定作物利用等指数

指定作物利用等指数计算方法见式(18):

$$Y_{ij}=R_{ij}\cdot K_{Lj} \qquad \cdots\cdots(18)$$

式中:

Y_{ij} ——第 i 个分等单元第 j 种指定作物的利用等指数;

R_{ij} ——第 i 个分等单元内第 j 种指定作物的自然等指数;

K_{Lj}——分等单元所在等值区的第 j 种指定作物的土地利用系数。

13.1.1.2 计算农用地利用等指数

农用地利用等指数计算方法见式(19):

$$Y_i=\begin{cases}\sum Y_{ij} & \text{(一年一熟、两熟、三熟时)}\\ (\sum Y_{ij})/2 & \text{(两年三熟、五熟时)}\end{cases} \qquad \cdots\cdots(19)$$

式中:

Y_i——第 i 个分等单元农用地利用等指数;

其他符号的含义同式(18)。

将计算结果填入表格中,表格样式见附录 A 表 A.6。

13.1.2 按综合土地利用系数计算

综合土地利用系数计算方法见式(20):

$$Y_i=R_i\cdot K_L \qquad \cdots\cdots(20)$$

式中:

Y_i ——第 i 个分等单元的农用地利用等指数;

R_i ——第 i 个分等单元的农用地自然等指数;

K_L ——分等单元所在等值区的综合土地利用系数。

将计算结果填入表格中,表格样式见附录 A 表 A.6。

13.2 计算农用地经济等指数(G_i)

有两种方法:一种是分指定作物计算,一种是综合计算。

13.2.1 按指定作物土地经济系数计算

13.2.1.1 计算指定作物经济等指数

指定作物土地经济等指数计算方法见式(21):

$$G_{ij}=Y_{ij}\cdot K_{Cj} \qquad \cdots\cdots(21)$$

式中：

G_{ij} ——第 i 个分等单元第 j 种指定作物的农用地经济等指数；

Y_{ij} ——第 i 个分等单元第 j 种指定作物的农用地利用等指数；

K_{Cj}——分等单元所在等值区的第 j 种指定作物的土地经济系数。

13.2.1.2 计算农用地经济等指数

农用地经济等指数计算方法见式(22)：

$$G_i = \begin{cases} \sum G_{ij} & \text{（一年一熟、两熟、三熟时）} \\ (\sum G_{ij})/2 & \text{（两年三熟、五熟时）} \end{cases} \quad \cdots\cdots\cdots\cdots(22)$$

式中：

G_i——第 i 个分等单元的农用地经济等指数；

其他符号的含义同式(21)。

将计算结果填入表格中，表格样式见附录 A 表 A.6。

13.2.2 按综合土地经济系数计算

综合土地经济系数计算方法见式(23)：

$$G_i = Y_i \cdot K_C \quad \cdots\cdots\cdots\cdots(23)$$

式中：

G_i ——第 i 个分等单元的农用地经济等指数；

Y_i ——第 i 个分等单元的农用地利用等指数；

K_C ——分等单元所在等值区的综合土地经济系数。

将计算结果填入表格中，表格样式见附录 A 表 A.6。

14 农用地质量等别划分与校验

14.1 初步分等

初步划分农用地质量等别的要求如下：

a) 根据农用地自然等指数、农用地利用等指数、农用地经济等指数分别进行农用地自然等、农用地利用等和农用地经济等的划分；

b) 采用等间距法进行农用地各等别的初步划分，各省根据自己的情况和需要确定本省农用地自然等、农用地利用等、农用地经济等的划分间距；国家通过对各省分等结果的分析、协调确定国家农用地自然等、农用地利用等、农用地经济等的划分间距；

c) 农用地自然等别、农用地利用等别和农用地经济等别初步划分的结果填入表格，表格样式见表 A.6。

14.2 校验

对中间结果和初步分等结果进行实地校验。

14.2.1 校验内容

农用地质量分等工作的校验内容为：

分等因素及权重、指定作物-分等因素-自然质量分关系表或指定作物-分等属性-自然质量(加)减分规则表、自然质量分、土地利用系数、土地经济系数、农用地初步分等结果。

14.2.2 校验方法

在所有分等单元中随机抽取不超过总数5%的单元进行野外实测，将实测结果与计算结果进行比较。如果与实际不符的单元数小于抽取单元总数的5%，则认为计算结果总体上合格，但对不合格单元的相应内容要进行校正；如果大于5%，则按工作步骤进行全面核查、校正。

14.3 等别调整与确定

等别调整与确定的具体要求如下：

a) 对不合格的分等单元，需要按照分等程序重新校正各项参数，并进行计算；
b) 详细记录调整过程，并与原有计算资料一并整理，归入档案；
c) 校验合格的农用地经济等别确定为农用地质量分等结果；
d) 农用地质量分等结果填入表格，表格样式见附录A表A.6。

14.4 面积汇总

农用地质量等别面积汇总的具体要求如下：

a) 农用地质量分等工作中的面积与土地利用现状变更调查成果相一致；
b) 土地等别面积按图斑进行统计，打破图斑的单元面积量算，以图斑面积加以控制；
c) 数据填入表格，填写错误用水平线划掉，将正确的数据重新记在上方，表格样式见附录A表A.5；
d) 将各等别面积按行政单位和地类进行汇总，结果填入表格，表格样式见附录A表A.15和表A.16；
e) 认真核对面积数据，建立统计台账，归入档案。

14.5 农用地质量分等成果的协调与汇总

14.5.1 省级协调与汇总

对省内各县级行政区分等结果进行协调，使分等结果省内可比，并进行汇总。汇总结果填入表格，表格样式见附录A表A.17。

在省级汇总前建立省级标准样地体系(标准样地体系建立见第15章)，依据省级标准样地对县级标准样地的最高分值进行控制性调整，对县级分等等别、图件、面积等统一调整、汇总。

成果内容及格式见第16章。

14.5.2 国家级协调与汇总

对各省级行政区分等结果进行协调，使分等结果全国可比，并进行汇总。

在国家级汇总前建立国家级标准样地体系(标准样地体系建立见第15章)，依据国家级标准样地对省级标准样地的最高分值进行控制性调整，对省级分等等别、图件、面积等统一调整、汇总。

成果内容及格式见第16章。

15 建立标准样地体系

15.1 原则

15.1.1 分层设置原则

分层设置原则的具体要求如下：

a） 标准样地分国家级、省级和县级分别设置；

b） 国家级标准样地分省布设，每省设置10个～15个；

c） 省级标准样地分县布设，每县设置5个～10个；

d） 县级标准样地分乡（镇）布设，至少设置1个。

15.1.2 生产条件综合最优原则

标准样地是区域内气候、地形、基础岩性地质、土壤、灌溉排水、土地利用、农业生产条件等综合条件最优的分等单元。

15.1.3 稳定性原则

在土地利用规划确定为基本农田的分等单元中选择标准样地。

15.2 选择标准样地

标准样地分为国家级、省级、县级标准样地，具体内容见附录E。

15.3 标准样地的特征描述

将标准样地特征填入表格，表格样式见附录A表A.18。

15.4 标准样地的管理

15.4.1 标准样地分级

标准样地分为县级、省级和国家级三级。县级标准样地、省级标准样地由各县（市、区）设立，国家级标准样地由各省（区、市）设立，国家级、省级及县级标准样地设立的具体要求见附录E。

15.4.2 标准样地标志设立与保护

设立各级标准样地的永久性标志，需要对标准样地标志妥善保护，标志牌要求见附录E。

15.4.3 标准样地档案管理

15.4.3.1 国家级、省级和县级农用地质量分等成果档案中需要设立标准样地专卷；标准样地档案中记载本行政区内标准样地的分布、特征和管理情况。

15.4.3.2 国家级、省级和县级标准样地及其档案由相应级别土地行政主管部门负责管理。

16 成果编绘

16.1 图件成果

16.1.1 农用地质量分等成果图件

农用地质量分等成果图件包括工作底图、中间成果图和最终成果图。最终成果图能直观反映农用地质量的优劣，反映不同质量农用地的分布、面积等状况。

16.1.1.1 工作底图

农用地质量分等工作底图采用1∶10 000～1∶100 000的土地利用现状图。

16.1.1.2 中间成果图

对农用地质量分等中间成果图的具体要求如下：

a) 分等单元图，具体要求见第8章和16.1.2；

b) 指标区图或样地适用区图，具体要求见第9章和16.1.2；

c) 土地利用系数等值区图，具体要求见第11章和16.1.2；

d) 土地经济系数等值区图，具体要求见第12章和16.1.2。

16.1.1.3 最终成果图

最终成果图包括农用地自然等别图、农用地利用等别图、农用地经济等别图、标准样地分布图，编制要求见16.1.2。

16.1.2 农用地质量分等成果图编绘要求

16.1.2.1 比例尺

农用地质量分等成果图件的比例尺为1：10 000～1：50 000，原则上与最新土地利用现状调查比例尺一致。

16.1.2.2 工作底图

农用地质量分等工作要以土地利用现状图为工作底图。

16.1.2.3 上图要素

各图件突出反映主题内容，并包括图名、图廓、图例、比例尺、坐标系统、方位坐标、县级和乡级行政界线、重要的线状地物或明显地物点、编图单位、编图时间、邻区名称和界线等要素，各等别图还需要包括面积汇总表。

16.1.2.4 等别图斑

编制最终成果图时可将等别相同的相邻分等单元进行归并，形成等别图斑，图斑面积不小于6mm^2。

16.1.2.5 图件内容标注

用图示、注记等标注分等成果，具体要求如下：

a) 用大写的罗马数字（Ⅰ，Ⅱ，Ⅲ……）分别表示各等别（一等，二等，三等……）；

b) 用实线表示各等别界线；

c) 各地根据需要编绘彩色等别图，等别图以冷色调为主，等别色差明显，图面色调和谐；

d) 图式见附录F。

16.2 文字成果及基础资料汇编

16.2.1 文字成果的主要内容

文字成果主要包括工作报告和技术报告。

16.2.1.1 工作报告

农用地质量分等工作报告反映分等工作过程，包括分等工作的目的、任务、工作依据、人员组成、工作进度、资料收集与整理、技术运用、经费开支、经验教训、问题与对策、分等成果应用建议等。

16.2.1.2 技术报告

农用地质量分等技术报告反映的主要内容如下：

a) 分等对象所在区域的自然、经济和社会概况；
b) 分等技术方法包括分等参数的确定，因素指标区(样地适用区)、分等单元、土地利用系数与土地经济系数等值区的划分方法，分等因素、分值及权重的确定方法，等别划分方法，分等成果检验与调整的方法，计算机技术在分等中的应用、其他需要说明的技术问题等；
c) 分等成果及其分析包括等别分布特点及规律、地域组合特点、差异原因、农用地利用中存在的主要问题等；
d) 分等成果应用分析。

16.2.2 基础资料汇编

农用地质量分等基础资料汇编包括以下内容：

a) 原始数据与资料；
b) 中间成果资料；
c) 标准样地图片册；
d) 相关的工作文件、技术文件等。

采用计算机技术开展农用地质量分等工作，需要将基础资料信息数据库中的内容作为基础资料进行整理，在基础资料汇编中设专门篇幅加以说明。

16.3 数据成果

主要包括县级分等基本参数、指定作物基本参数、分等单元属性数据库、"指定作物-分等因素-自然质量分"记分规则表或"指定作物-分等属性-自然质量分"(加)减分规则表、土地利用系数、土地经济系数、指定作物计算结果表、分等结果面积汇总表、标准样地属性数据库、分等单元综合数据库等。

16.4 电子成果

电子成果指用计算机处理，用光盘或硬盘保存、提交的农用地质量分等成果，主要包括 16.1 规定的图件成果、16.2 规定的文字成果、16.3 规定的数据成果。

17 成果验收

17.1 验收条件

农用地质量分等工作承担单位按照主管部门批准的任务书要求，全面完成分等任务并经逐级检验合格后，方可提出验收申请。

17.2 验收内容

验收内容以本标准各项规定为准，包括分等工作程序、方法、成果、档案、检验方法与结果等方面。重点检查农用地质量分等结果、工作报告、技术报告、成果数据表、成果图件和基础资料汇编及相应的电子成果(具体内容见第 16 章)。

17.3 验收程序和方法

17.3.1 验收的申请与受理

任务承担单位向上级主管部门提出验收申请，并提交验收所需资料；验收申请受理后，主管部门下发验收通知，提出验收工作要求，组织验收。

17.3.2 验收方法

按照任务书，采取全面核查与抽样核查相结合、室内核算与实地勘查相结合的方法进行验收，承担单位对相关成果的电子版进行演示。

17.4 验收组织

验收由下达任务部门组织，验收组由相关专业人员组成。

17.5 验收项目与标准

农用地质量分等验收项目与标准如下：

a) 指标区划分合理性检查；
b) 分等因素选择合理性检查；
c) 单元划分检查，抽查单元总数的5%～10%，错误率不超过5%；
d) 自然质量分计算方法、过程、结果检查；
e) 土地利用系数和土地经济系数计算方法、过程、结果检查；
f) 农用地自然等指数、利用等指数、经济等指数计算方法、过程、结果检查；
g) 等别结果检查，抽查图斑总数的5%～10%，核算分等指数，错误率不超过5%；
h) 统计面积和图斑量算面积核查，抽查总数的10%～20%，错误率不超过5%；
i) 编图检查，抽查图斑总数的10%～20%，其图示、符号、注记等错误率不超过5%；
j) 分等报告检查，核查内容是否全面、论述是否清楚、工作中的技术问题处理是否得当。

符合以上各项要求的，评为合格。验收部门可根据需要增加验收内容。

17.6 验收报告

验收组编写验收报告，经验收组成员签字后，报下达任务部门审查、确认。

18 成果更新

18.1 要求

为保持成果的现势性，农用地质量影响因素发生变化后，可根据实际情况对分等成果进行全部更新或局部更新，更新中变化因素的野外调查依据附录G进行。

18.2 周期

每2年～3年调整土地经济系数，修订农用地经济等别；每6年全面更新农用地质量等别；农用地质量发生较大变化的局部地区要及时更新。

18.3 程序

按本标准规定的农用地质量分等工作程序进行。

19 成果归档与应用

19.1 档案管理

19.1.1 初始分等档案

档案内容需要能全面反映农用地质量分等工作的全过程，对受理任务、编写任务书、分等工作程序与方法、工作成果及检查验收等各环节形成的各种资料及文件都要收集、整理齐全，及时归档，确保档案材料的完整。

19.1.2 更新成果档案

成果更新工作中，注意保持新老资料的连续性；成果更新后的资料作为当前农用地质量分等成果存档；原农用地质量分等成果作为历史资料存档。

19.2 成果应用

通过验收并经公布(公示)的成果才能应用。

农用地质量分等成果主要应用于优化用地布局，基本农田划定，土地整治规划编制，土地整治项目设计与实施，新增耕地质量评定和验收，耕地占补平衡，耕地保护责任目标考核，耕地质量等级与产能动态监测，耕地保护与建设相关税费标准制定等。

附　录　A
（规范性附录）
农用地质量分等工作附表

表 A.1　农用地质量分等外业调查表

<table>
<tr><td rowspan="2">送样单位</td><td rowspan="2"></td><td rowspan="2">剖面编号</td><td rowspan="2"></td><td rowspan="2">剖面地点</td><td rowspan="2"></td><td rowspan="2">土壤名称</td><td rowspan="2"></td><td>调查时间</td><td></td><td>分析单位</td><td></td></tr>
<tr><td>调查人</td><td></td><td>分析日期</td><td></td></tr>
<tr><td colspan="12">土　壤　剖　面　记　载</td></tr>
<tr><td rowspan="2">地表景观描述</td><td>地貌</td><td></td><td>地表岩石露头度</td><td></td><td>……</td><td></td><td>地表景观照片编号</td><td rowspan="2">剖面位置说明</td><td colspan="3" rowspan="2"></td></tr>
<tr><td>海拔</td><td></td><td>地形坡度</td><td></td><td>……</td><td></td><td></td></tr>
<tr><td colspan="12">调查单位：　　调查人：　　审核人：　　分析日期：</td></tr>
<tr><td rowspan="2">剖面形态描述</td><td>剖面图</td><td>剖面形态照片编号</td><td>表层土壤质地</td><td>土体构型</td><td>障碍层距地表深度</td><td>有效土层厚度</td><td>地下水埋深</td><td>土壤盐渍化程度</td><td>土壤pH值</td><td colspan="2">……</td></tr>
<tr><td></td><td></td><td></td><td></td><td></td><td></td><td></td><td></td><td></td><td colspan="2"></td></tr>
<tr><td colspan="12">调查单位：　　调查人：　　审核人：　　分析日期：</td></tr>
<tr><td rowspan="3">土壤理化分析</td><td>分析号</td><td>土壤pH值</td><td>土壤有机质含量</td><td></td><td></td><td></td><td></td><td colspan="4"></td></tr>
<tr><td></td><td></td><td></td><td></td><td></td><td></td><td></td><td colspan="4"></td></tr>
<tr><td></td><td></td><td></td><td></td><td></td><td></td><td></td><td colspan="4"></td></tr>
<tr><td colspan="12">分析单位：　　分析人：　　审核人：　　分析日期：</td></tr>
</table>

表 A.2　样点产量-投入调查数据表

行政区划代码	乡镇	村名	作物	样点编号	投入1	投入2	……	总投入元	实际产量 kg/hm²	样点面积 hm²	村面积 hm²	产量-成本指数

表 A.3 农用地质量分等基本参数表

指标区(适用区)名称	指标区(适用区)范围	耕作制度	指定作物名称	分等因素(属性)

表 A.4 农用地质量分等指定作物基本参数表

作物	光温潜力	气候潜力	产量比	最大产量	A
注：A 是指省级标准耕作制度分区中的最大产量-成本指数。					

表 A.5 分等单元面积确定表

因素指标区名： 单位为公顷

单元号	所在乡镇名	所在行政村名	图斑号	图斑内农用地面积	农用地类别	单元面积	备注

表 A.6 农用地质量分等单元综合数据表

单元编号	地类代码	指标区名称	面积	因素1	…	指定作物1							……							自然等指数	利用等指数	经济等指数	自然等别	利用等别	经济等别
						因素1分值	…	生产潜力	产量比系数	自然质量分	利用系数	经济系数	因素1	…	生产潜力	产量比系数	自然质量分	利用系数	经济系数						
备注				填因素值		填因素分值																			

表 A.7　××指标区"指定作物-分等因素-自然质量分"记分规则表

分值	因素 1	因素 2	……	……
权重	……	……	……	

表 A.8　标准样地属性特征记录表

<table>
<tr><th rowspan="2">标准样地编号</th><th rowspan="2">标准样地所在的乡镇名称</th><th colspan="2">属性 1</th><th colspan="2">属性 2</th><th colspan="2">……</th><th rowspan="2">F
总分</th></tr>
<tr><th>特征值</th><th>分值</th><th>特征值</th><th>分值</th><th>特征值</th><th>分值</th></tr>
<tr><td>1</td><td></td><td></td><td></td><td></td><td></td><td></td><td></td><td></td></tr>
<tr><td>2</td><td></td><td></td><td></td><td></td><td></td><td></td><td></td><td></td></tr>
<tr><td>……</td><td></td><td></td><td></td><td></td><td></td><td></td><td></td><td></td></tr>
<tr><td></td><td></td><td></td><td></td><td></td><td></td><td></td><td></td><td></td></tr>
</table>

表 A.9　×××样地适用区指定作物-分等属性-自然质量(加)减分规则表

作物(类别)名称：

<table>
<tr><th colspan="2" rowspan="2">分等属性</th><th colspan="6">属 性 分 级</th></tr>
<tr><th>一级</th><th>二级</th><th>三级</th><th>……</th><th></th><th></th></tr>
<tr><td rowspan="2">属性 1</td><td>特征值</td><td></td><td></td><td></td><td></td><td></td><td></td></tr>
<tr><td>加(减)分</td><td></td><td></td><td></td><td></td><td></td><td></td></tr>
<tr><td rowspan="2">属性 2</td><td>特征值</td><td></td><td></td><td></td><td></td><td></td><td></td></tr>
<tr><td>加(减)分</td><td></td><td></td><td></td><td></td><td></td><td></td></tr>
<tr><td rowspan="2">……</td><td>特征值</td><td></td><td></td><td></td><td></td><td></td><td></td></tr>
<tr><td>加(减)分</td><td></td><td></td><td></td><td></td><td></td><td></td></tr>
<tr><td></td><td></td><td></td><td></td><td></td><td></td><td></td><td></td></tr>
</table>

表 A.10　分村土地利用系数计算表

村名：　　　　　　　　　　　　　　　　　　　　　　　　　　　　　　单位为千克每公顷

样点号	指定作物1			指定作物2			……		
	实际单产	二级区最大单产	土地利用系数	实际单产	二级区最大单产	土地利用系数	实际单产	二级区最大单产	土地利用系数
……									
村级系数									

注：村级指定作物的土地利用系数为各样点指定作物土地利用系数的平均值。

表 A.11　各等值区土地利用系数计算表

等值区名：

村名	指定作物1土地利用系数	指定作物2土地利用系数	……
等值区系数			

注：等值区指定作物的土地利用系数为村指定作物土地利用系数的平均值。

表 A.12　分村土地经济系数计算表

村名：

样点号	指定作物1					指定作物2					……				
	实际产量 kg/hm²	实际成本 元/hm²	样点产量/成本指数 kg/元	二级区最大“产量/成本指数” kg/元	土地经济系数	实际产量 kg/hm²	实际成本 元/hm²	样点产量/成本指数 kg/元	二级区最大“产量/成本指数” kg/元	土地经济系数					
村级系数															

注：土地经济系数为各样点指定作物土地经济系数的平均值。

表 A.13　各等值区土地经济系数计算表

等值区名：

村名	指定作物 1 土地经济系数	指定作物 2 土地经济系数	……
等值区系数			
注：等值区指定作物的土地经济系数为村指定作物土地经济系数的平均值。			

表 A.14　土地利用系数、经济系数汇总表

——(以冬小麦、夏玉米为例)

行政区划代码	乡镇	村名	冬小麦 K_L	冬小麦 K_C	夏玉米 K_L	夏玉米 K_C
注：K_L 代表土地利用系数，K_C 代表土地经济系数。						

表 A.15　分等结果行政单位面积汇总表

单位为公顷

乡镇名	行政村名	1 等地	2 等地	3 等地	……	合计
	……					
	小计					
……						
合计						

表 A.16　分等结果地类面积汇总表

单位为公顷

地类代码	1 等地	2 等地	……	……	……	总计
……						
合计						

表 A.17　××省(区、市)农用地质量分等结果分县面积汇总表

单位为公顷

县名	1 等地	2 等地	……	……	……	总计
C：20	N：15/2	N：15/2				N：15/2
……						
……						
合计						

表 A.18 农用地标准样地属性数据表

样地编号	级别	所在省	所在县	所在乡	所在村	X坐标值 m	Y坐标值 m	规划用途	年平均气温 ℃	积温 ℃	年降水量 mm	无霜期 天	有机质含量 (g/kg)	土壤质地	土层厚度 cm	养分状况	海拔高度 m	地形坡度 (°)	潜水埋深 m	潜水矿化度 (g/L)	灌溉保证率	灌溉水水质	排水条件	其他	剖面照片	景观照片	作物1产量 (kg/hm²)	作物1BZL (kg/hm²)	…	作物3产量 (kg/hm²)	作物3BZL (kg/hm²)	合计BZL (kg/hm²)

注：级别——是指标准样地级别，填写县级、省级或国家级；X(Y)坐标值——采用与标准样地分布图同样的坐标系统；规划用途——到2010年的规划用途；
积温——大于等于10摄氏度积温；养分状况——填写“好、较好、中等、较差、差”；灌溉保证率——填写“充分满足、基本满足、一般满足、无灌溉条件”；
灌溉水水质——按是否符合农田灌溉水质标准填写“是、否”；排水条件——填写“一级、二级、三级、四级”；剖面照片——填写剖面照片编号；
景观照片——填写景观照片编号；作物1产量——字段填写作物1实际产量(有多种作物依次顺延)BZL——是指标准粮；
作物1BZL——字段填写作物1折算成标准粮的产量；合计BZL——字段填写多种作物折算为标准粮后的产量之和。

附 录 B
（规范性附录）
全国各县(市、区)标准耕作制度速查表

B.1 说明

B.1.1 表B.1,表B.2中省(区、市)、县(市、区、旗)依据GB/T 2260—2007《中华人民共和国行政区划代码》。

B.1.2 表B.2标准耕作制度符号,“—”表示年内复种,“/”表示套作,“→”表示隔年。

表B.1 全国标准耕作制度分区表

一级区	二级区	省(区、市)	县(市、区、旗)
Ⅰ东北区	Ⅰ$_1$大小兴安岭山地区	内蒙古	额尔古纳市 根河市 鄂伦春自治旗 牙克石市 阿荣旗 扎兰屯市 扎赉特旗
		黑龙江	加格达奇区 松岭区 新林区 呼中区 漠河县 塔河县 呼玛县 爱辉区 孙吴县 逊克县 伊春区 南岔区 友好区 西林区 翠峦区 新青区 美溪区 金山屯区 五营区 乌马河区 汤旺河区 带岭区 乌伊岭区 红星区 上甘岭区 铁力市 嘉荫县
	Ⅰ$_2$三江平原长白山地区	黑龙江	向阳区(鹤岗市) 工农区 南山区 兴安区 东山区 兴山区 萝北县 绥滨县 向阳区(佳木斯市) 前进区 东风区 郊区 汤原县 桦川县 桦南县 富锦市 同江市 抚远县 依兰县 新兴区 桃山区 茄子河区 勃利县 尖山区 岭东区 四方台区 宝山区 集贤县 友谊县 宝清县 饶河县 鸡东县 密山市 虎林市 东安区 阳明区 爱民区 西安区 林口县 海林市 宁安市 穆棱市 东宁县 绥芬河市 鸡冠区 恒山区 滴道区 梨树区 城子河区 麻山区
		吉林	蛟河市 桦甸市 延吉市 敦化市 安图县 和龙市 龙井市 图们市 汪清县 珲春市 八道江区 抚松县 靖宇县 江源区 临江市 长白朝鲜族自治县 东昌区 二道江区 辉南县 柳河县 通化县 集安市
	Ⅰ$_3$松嫩平原区	内蒙古	莫力达瓦达斡尔族自治旗
		黑龙江	嫩江县 五大连池市 北安市 龙沙区 建华区 铁锋区 昂昂溪区 富拉尔基区 碾子山区 梅里斯达斡尔族区 甘南县 龙江县 泰来县 富裕县 讷河市 克山县 依安县 克东县 拜泉县 萨尔图区 龙凤区 让胡路区 红岗区 大同区 杜尔伯特蒙古族自治县 林甸县 肇州县 肇源县 北林区 明水县 海伦市 绥棱县 庆安县 望奎县 青冈县 兰西县 安达市 肇东市 木兰县 巴彦县 通河县 道里区 南岗区 道外区 平房区 松北区 香坊区 呼兰区 阿城区 宾县方正县 双城市 五常市 尚志市 延寿县

表 B.1（续）

一级区	二级区	省(区、市)	县(市、区、旗)
Ⅰ东北区	$Ⅰ_3$松嫩平原区	吉林	白城市市辖区　镇赉县　大安市　洮南市　通榆县宁江区　扶余县　前郭尔罗斯蒙古族自治县　乾安县　长岭县　南关区　宽城区　朝阳区　二道区　绿园区　双阳区　榆树市　德惠市　九台市　农安县　铁西区　铁东区　双辽市　梨树县　公主岭市　伊通满族自治县　昌邑区　龙潭区　船营区　丰满区　舒兰市　永吉县　磐石市　龙山区　西安区　东辽县　东丰县　梅河口市
	$Ⅰ_4$辽宁平原区	辽宁	银州区　清河区　西丰县　昌图县　开原市　调兵山市　铁岭县　和平区　沈河区　大东区　皇姑区　铁西区(沈阳市)　苏家屯区　东陵区　沈北新区　于洪区　康平县　法库县　新民市　辽中县　东洲区　望花区　新抚区　顺城区　海州区　新邱区　太平区　清河门区　细河区　阜新蒙古族自治县　彰武县　古塔区　凌河区　太和区　黑山县　北镇市　义县　凌海市　连山区　龙港区　南票区　兴城市　绥中县　白塔区　文圣区　宏伟区　弓长岭区　太子河区　灯塔市　辽阳县　铁东区　铁西区(沈阳市)　立山区　千山区　台安县　海城市　大石桥市　站前区　西市区　鲅鱼圈区　老边区　双台子区　兴隆台区　盘山县　大洼县　清原满族自治县　新宾满族自治县　平山区　溪湖区　明山区　南芬区　本溪满族自治县　桓仁满族自治县　宽甸满族自治县　凤城市　岫岩满族自治县　盖州市　中山区　西岗区　沙河口区　甘井子区　旅顺口区　金州区　庄河市　长海县　瓦房店市　普兰店市　元宝区　振兴区　振安区　东港市
Ⅱ黄淮	$Ⅱ_1$燕山太行山山前平原区	北京	东城区　西城区　崇文区　宣武区　石景山区　丰台区　海淀区　门头沟区　朝阳区　房山区　大兴区　通州区　顺义区　平谷区
		天津	蓟县
		河北	海港区　山海关区　北戴河区　抚宁县　卢龙县　昌黎县　迁安市　滦县　滦南县　迁西县　遵化市　丰润区　玉田县　路南区　路北区　古冶区　开平区　丰南区　唐海县　三河市　大厂回族自治县　香河县　安次区　广阳区　永清县　固安县　涿州市　霸州市　乐亭县　新市区　北市区　南市区　涞水县　定兴县　易县　涞源县　满城县　徐水县　清苑县　顺平县　唐县　曲阳县　阜平县　定州市　望都县　安国市　博野县　蠡县　长安区　桥东区(石家庄市)　桥西区(石家庄市)　新华区　井陉矿区　裕华区　深泽县　晋州市　无极县　新乐市　行唐县　灵寿县　平山县　鹿泉市　井陉县　正定县　藁城市　栾城县　赵县　高邑县　元氏县　赞皇县　桥东区(邢台市)　桥西区(邢台市)　宁晋县　柏乡县　隆尧县　临城县　内丘县　任县　南和县　邢台县　沙河市　邯山区　丛台区　复兴区　峰峰矿区　鸡泽县　永年县　肥乡县　邯郸县　武安市　涉县　磁县　成安县　临漳县
		河南	安阳市市辖区　安阳县　林州市　汤阴县　鹤壁市市辖区　淇县　新乡市市辖区　新乡县　卫辉市　辉县市　获嘉县　焦作市市辖区　修武县　武陟县　沁阳市　博爱县　温县　孟州市

表 B.1（续）

一级区	二级区	省(区、市)	县(市、区、旗)
Ⅱ黄淮海区	Ⅱ₂冀鲁豫低洼平原区	河北	高碑店市　雄县　容城县　安新县　高阳县　文安县　大城县　新华区　运河区　青县　黄骅市　沧县　海兴县　盐山县　孟村回族自治县　南皮县　泊头市　献县　肃宁县　任丘市　河间市　东光县　吴桥县　桃城区　安平县　饶阳县　武强县　武邑县　阜城县　景县　故城县　枣强县　冀州市　深州市　辛集市　新河县　南宫市　清河县　临西县　威县　广宗县　巨鹿县　平乡县　曲周县　邱县　馆陶县　广平县　魏县　大名县
		天津	宝坻区　武清区　宁河县　静海县　和平区　河东区　河西区　南开区　河北区　红桥区　塘沽区　汉沽区　大港区　东丽区　西青区　津南区　北辰区
		山东	东昌府区　临清市　高唐县　茌平县　东阿县　阳谷县　莘县　冠县　德城区　禹城市　庆云县　乐陵市　宁津县　陵县　临邑县　齐河县　平原县　武城县　夏津县　商河县　济阳县　无棣县　沾化县　阳信县　惠民县　滨城区　博兴县　高青县　桓台县　东营区　河口区　垦利县　利津县　广饶县　寿光市
		河南	濮阳市市辖区　南乐县　清丰县　濮阳县　范县　台前县　内黄县　滑县　浚县　原阳县　延津县　封丘县　长垣县
	Ⅱ₃山东丘陵区	山东	环翠区　文登市　荣城市　乳山市　芝罘区　福山区　牟平区　莱山区　长岛县　蓬莱市　龙口市　莱州市　招远市　栖霞市　莱阳市　海阳市　市南区　市北区　四方区　黄岛区　崂山区　李沧区　城阳区　莱西市　平度市　即墨市　胶州市　胶南市　潍城区　寒亭区　坊子区　奎文区　昌邑市　昌乐县　安丘市　高密市　诸城市　东港区　岚山区　五莲县　历下区　市中区　槐荫区　天桥区　历城区　章丘市　长清区　平阴县　邹平县　淄川区　张店区　博山区　临淄区　周村区　沂源县　青州市　临朐县　莱城区　钢城区　泰山区　岱岳区　肥城市　东平县　宁阳县　新泰市　曲阜市　泗水县　邹城市　市中区(枣庄市)　薛城区　台儿庄区　山亭区　峄城区　滕州市　兰山区　罗庄区　河东区　沂水县　蒙阴县　平邑县　费县　沂南县　莒南县　临沭县　郯城县　苍山县　莒县
	Ⅱ₄黄淮平原区	山东	市中区(济宁市)　任城区梁山县　汶上县　兖州市　嘉祥县　金乡县　鱼台县　微山县　牡丹区　郓城县　鄄城县　东明县　巨野县　成武县　定陶县　曹县　单县
		江苏	鼓楼区　云龙区　九里区　贾汪区　泉山区　丰县　沛县　铜山县邳州市　新沂市　睢宁县　连云区　新浦区　海州区　赣榆县　东海县　灌云县　响水县　沭阳县　灌南县　涟水县　淮阴区　泗阳县　宿城区　宿豫区　泗洪县
		安徽	埇桥区　砀山县　萧县　灵璧县　泗县　杜集区　相山区　烈山区濉溪县　固镇县　五河县　怀远县　凤台县　颍州区　颍东区　颍泉区　谯城区涡阳县　蒙城县　利辛县　太和县　界首市　临泉县　阜南县　颍上县

表 B.1（续）

一级区	二级区	省（区、市）	县（市、区、旗）
Ⅱ黄淮海区	Ⅱ$_4$黄淮平原区	河南	郑州市市辖区　中牟县　新郑市　新密市　巩义市　登封市　荥阳市　开封市市辖区　开封县　兰考县　杞县　通许县　尉氏县　商丘市市辖区　民权县　睢县　宁陵县　虞城县　夏邑县　永城市　柘城县　周口市市辖区　扶沟县　太康县　西华县　淮阳县　鹿邑县　郸城县　沈丘县　项城市　商水县　许昌市市辖区　禹州市　长葛市　鄢陵县　许昌县　漯河市市辖区　临颍县　舞阳县　郾城区　平顶山市市辖区　汝州市　郏县　襄城县　宝丰县　鲁山县　叶县　舞钢市　汝阳县　驻马店市市辖区　西平县　上蔡县　遂平县　确山县　汝南县　平舆县　新蔡县　正阳县　息县　淮滨县
Ⅲ长江中下游区	Ⅲ$_1$江淮平原区	江苏	亭湖区　盐都区　滨海县　阜宁县　射阳县　建湖县　大丰市　东台市　海安县　如皋市　如东县　广陵区　维扬区　宝应县　高邮市　兴化市　姜堰市　高港区　海陵区　江都市　泰兴市　靖江市　仪征市　邗江区　清河区　楚州区　清浦区　洪泽县　金湖县　盱眙县　玄武区　白下区　秦淮区　建邺区　鼓楼区　下关区　浦口区　栖霞区　雨花台区　六合区　江宁区　溧水县　高淳县　溧阳市
		安徽	天长市　龙子湖区　蚌山区　禹会区　淮上区　琅琊区南谯区　凤阳县　定远县　明光市　来安县　全椒县　大通区　田家庵区　谢家集区　八公山区　潘集区　寿县　霍邱县　瑶海区　庐阳区　蜀山区　包河区　长丰县　肥东县　肥西县　居巢区　含山县　和县　无为县　庐江县　金家庄区　花山区　雨山区　当涂县　镜湖区　弋江区　鸠江区　三山区　芜湖县　繁昌县　南陵县　铜官山区　狮子山区　郊区　铜陵县　迎江区　大观区　宜秀区　桐城市　枞阳县　怀宁县　潜山县　望江县　宿松县
	Ⅲ$_2$鄂豫皖丘陵山地区	安徽	金安区　裕安区　舒城县　霍山县　金寨县　岳西县　太湖县
		河南	桐柏县　信阳市市辖区　罗山县　光山县　新县　潢川县　固始县　商城县　南阳市市辖区　方城县　南召县　西峡县　淅川县　内乡县　邓州市　镇平县　新野县　唐河县　社旗县　泌阳县
		湖北	随州市市辖区　广水市　大悟县　红安县　麻城市　罗田县　英山县　襄阳区　枣阳市　襄城区　老河口市　谷城县
	Ⅲ$_3$沿江平原区	江西	庐山区　浔阳区　彭泽县　湖口县　九江县　瑞昌市　德安县　星子县　都昌县　永修县　东湖区　西湖区　青云谱区　湾里区　青山湖区　安义县　新建县　南昌县　进贤县　高安市　樟树市　丰城市　鄱阳县　余干县　万年县　乐平市　余江县　东乡县　临川区
		湖南	岳阳楼区　云溪区　君山区　临湘市　岳阳县　华容县　汨罗市　湘阴县　资阳区　赫山区　南县　沅江市　望城县　宁乡县　武陵区　鼎城区　澧县　津市市　临澧县　安乡县　汉寿县　桃源县

表 B.1（续）

一级区	二级区	省(区、市)	县(市、区、旗)
Ⅲ长江中下游区	Ⅲ₃沿江平原区	湖北	宜城市 南漳县 远安县 当阳市 枝江市 荆门市市辖区 松滋市 公安县 石首市 监利县 洪湖市 钟祥市 京山县 天门市 潜江市 仙桃市 孝感市市辖区 安陆市 孝昌县 云梦县 应城市 汉川市 武汉市市辖区 黄陂市 新洲区 鄂州市市辖区 黄石市市辖区 大冶市 咸宁市市辖区 嘉鱼县 赤壁市 黄冈市市辖区 团风县 浠水县 蕲春县 武穴市 黄梅县
		上海	黄浦区 卢湾区 徐汇区 长宁区 静安区 普陀区 闸北区 虹口区 杨浦区 闵行区 宝山区 嘉定区 南汇区 崇明县 浦东新区 奉贤区 青浦区 松江区 金山区
		江苏	崇川区 港闸区 通州市海门市 启东市 沧浪区 平江区 金阊区 虎丘区 吴中区 相城区 张家港市 常熟市 太仓市 昆山市 吴江市 崇安区 南长区 北塘区 惠山区 滨湖区 江阴市 锡山区 宜兴市 天宁区 钟楼区 戚墅堰区 新北区 武进区 金坛市 京口区 润州区 扬中市丹徒区 丹阳市 句容市
		浙江	吴兴区 南浔区 长兴县 德清县 上城区 下城区 江干区 拱墅区 西湖区 滨江区 余杭区 萧山区 南湖区 秀洲区 嘉善县 平湖市 海盐县 海宁市 桐乡市 越城区 绍兴县 上虞市 海曙区 江东区 江北区 北仑区 镇海区 鄞州区 慈溪市 余姚市 奉化市 衢江区 定海区 普陀区 岱山县 嵊泗县
Ⅳ江南区	Ⅳ₁西部丘陵山地区	湖南	石门县 永定区 武陵源区 慈利县 桑植县 吉首市 龙山县 永顺县 古丈县 保靖县 花垣县 泸溪县 凤凰县 沅陵县 辰溪县 溆浦县 鹤城市 麻阳苗族自治县 芷江侗族自治县 新晃侗族自治县 洪江市 中方县 会同县 靖州苗族侗族自治县 通道侗族自治县 安化县 桃江县 新化县 双峰县 涟源市 娄星区 冷水江市 隆回县 洞口县 武冈市 新宁县 城步苗族自治县 绥宁县 平江县 浏阳市 芙蓉区 天心区 岳麓区 开福区 雨花区 长沙县 荷塘区 芦淞区 石峰区 天元区 株洲县 醴陵市 攸县 茶陵县 雨湖区 岳塘区 湘潭县 湘乡市 韶山市 娄底市市辖区 涟源市 双峰县 双清区 大祥区 北塔区 新邵县 邵东县 邵阳县 零陵区 冷水滩区 祁阳县 东安县 双牌县 珠晖区 雁峰区 石鼓区 蒸湘区 南岳区 衡阳县 衡山县 衡东县 衡南县 祁东县 常宁市 耒阳市 安仁县 永兴县
		江西	吉州区 青原区 新干县 峡江县 永丰县 吉水县 吉安县 安福县 永新县 泰和县 万安县 遂川县 井冈山市 莲花县 武宁县 修水县 靖安县 奉新县 宜丰县 铜鼓县 万载县 上高县 袁州区 渝水区 分宜县 安源区 湘东区 上栗县 芦溪县
		湖北	阳新县 通山县 崇阳县 通城县

表 B.1（续）

一级区	二级区	省（区、市）	县（市、区、旗）
Ⅳ江南区	$Ⅳ_2$东部丘陵山地区	安徽	宣州区　朗溪县　广德县　宁国市　泾县　旌德县　绩溪县　屯溪区　黄山区　徽州区　祁门县　休宁县　黟县　歙县　贵池区　青阳县　石台县　东至县
		江西	昌江区　珠山区　浮梁县　信州区　婺源县　德兴市　玉山县　广丰县　上饶县　横峰县　弋阳县　铅山县　月湖区　贵溪市　金溪县　资溪县　南城县　黎川县　南丰县　广昌县　宜黄县　崇仁县　乐安县　宁都县　石城县　兴国县　于都县　瑞金市　会昌县　寻乌县　安远县　信丰县　赣县　章贡区
		福建	延平区浦城县　武夷山市　松溪县　政和县　建瓯市　建阳市　邵武市　光泽县　顺昌县　寿宁县　周宁县　屏南县　古田县　闽清县　闽侯县　永泰县　德化县　永春县　安溪县　华安县　南靖县　梅列区　三元区　建宁县　泰宁县　将乐县　沙县　尤溪县　大田县　永安市　清流县　宁化县　明溪县　漳平市　新罗区　连城县　长汀县　武平县　上杭县　永定县　福鼎市　柘荣县　福安市　霞浦县　蕉城区　鼓楼区　台江区　仓山区　马尾区　晋安区　罗源县　连江县
		浙江	安吉县　临安市　富阳市　桐庐县　建德市　淳安县　柯城区　衢江区　开化县　常山县　江山市　龙游县　婺城区　金东区　浦江县　兰溪市　义乌市　东阳市　磐安县　永康市　武义县　诸暨市　嵊州市　新昌县　天台县　仙居县　永嘉县　缙云县　莲都区　松阳县　遂昌县　龙泉市　云和县　青田县　景宁畲族自治县　庆元县　文成县　泰顺县　象山县　宁海县　淑江区　黄岩区　路桥区　三门县　临海市　温岭市　玉环县　鹿城区　龙湾区　瓯海区　乐清市　洞头县　瑞安市　平阳县　苍南县
	$Ⅳ_3$南岭丘陵	江西	南康市　上犹县　崇义县　大余县　全南县　龙南县　定南县
		湖南	炎陵县　北湖区　苏仙区　桂东县　资兴市　汝城县　宜章县　桂阳县　临武县　嘉禾县　新田县　宁远县　蓝山县　道县　江华瑶族自治县　江永县
		广东	梅江区　大埔县　蕉岭县　平远县　梅县　兴宁市　龙川县　和平县　连平县　武江区　浈江区　曲江区　乐昌市　仁化县　南雄市　始兴县　翁源县　乳源瑶族自治县　连州市　连南瑶族自治县　阳山县　连山壮族瑶族自治县　怀集县　广宁县　封开县
		广西	资源县　全州县　灌阳县　兴安县　龙胜各族自治县　灵川县　恭城瑶族自治县　平乐县　荔浦县　永福县　富川瑶族自治县　钟山县　八步区　昭平县　蒙山县　秀峰区　叠彩区　象山区　七星区　雁山区　临桂县　阳朔县　三江侗族自治县　融安县　融水苗族自治县　鹿寨县　金秀瑶族自治县　象州县　蒙山县　武宣县　兴宾区　合山市　忻城县　柳州市城中区　鱼峰区　柳南区　柳北区　柳城县　柳江县　罗城仫佬族自治县　宜州市　环江毛南族自治县　金城江区　南丹县　天峨县　凤山县　东兰县　巴马瑶族自治县　大化瑶族自治县　都安瑶族自治县　马山县　乐业县　凌云县　田林县　隆林各族自治县　西林县

表 B.1（续）

一级区	二级区	省(区、市)	县(市、区、旗)
V华南区	V_1华南低平原区	福建	长乐市 福清市 平潭县 城厢区 涵江区 荔城区 秀屿区 仙游县 鲤城区 丰泽区 洛江区 泉港区 惠安县 南安市 晋江市 石狮市 金门县 思明区 海沧区 湖里区 集美区 翔安区 同安区 芗城区 龙文区 长泰县 龙海市 平和县 漳浦县 云霄县 诏安县 东山县
		广东	湘桥区 潮安县 饶平县 南澳县 龙湖区 金平区 濠江区 潮南区 潮阳区 澄海区 榕城区 揭东县 揭西县 普宁市 惠来县 德庆县 云安县 云城区 郁南县 新兴县 罗定市 信宜市 阳春市 丰顺县 五华县 源城区 紫金县 东源县 龙门县 新丰县 清城区 英德市 佛冈县 清新县 汕尾市城区 陆河县 陆丰市 海丰县 惠阳区 惠东县 惠阳区 博罗县 罗湖区 福田区 南山区 宝安区 龙岗区 盐田区 东莞市 荔湾区 越秀区 海珠区 天河区 白云区 黄埔区 南沙区 萝岗区 增城市 从化市 花都区 番禺区 中山市 香洲区 金湾区 斗门区 禅城区 三水区 南海区 高明区 顺德区 端州区 鼎湖区 四会市 高要市 蓬江区 江海区 鹤山市 新会区 台山市 开平市 恩平市
		广西	万秀区 蝶山区 长洲区 苍梧县 藤县 岑溪市 容县 北流市 陆川县 玉州区 港北区 港南区 覃塘区 平南县 桂平市 上林县 宾阳县 横县 灵山县 浦北县 兴宁区 青秀区 江南区 西乡塘区 良庆区 邕宁区 武鸣县 上思县 东兴市 兴业县 凭祥市 隆安县 天等县 大新县 江州区 扶绥县 龙州县 宁明县 右江区 田阳县 田东县 平果县 德保县 靖西县 那坡县
		香港	
		澳门	
	V_2华南沿海西双版纳低山丘陵区	广东	阳江市江城区 阳东县 阳西县 茂南区 茂港区 电白县 高州市 化州市 廉江市 吴川市 赤坎区 霞山区 坡头区 麻章区 遂溪县 雷州市 徐闻县
		广西	博白县 海城区 银海区 铁山港区 合浦县 钦南区 钦北区 港口区 防城区
		海南	秀英区 龙华区 琼山区 美兰区 三亚市市辖区 五指山市 文昌市 琼海市 万宁市 定安县 屯昌县 澄迈县 临高县 儋州市 东方市 乐东黎族苗族自治县 琼中黎族苗族自治县 保亭黎族苗族自治县 陵水黎族苗族自治县 白沙黎族苗族自治县 昌江黎族苗族自治县
		云南	金平苗族瑶族傣族自治县 绿春县 思茅区 江城哈尼族彝族自治县 澜沧拉祜族自治县 西盟佤族自治县 孟连傣族拉祜族佤族自治县 沧源佤族自治县 景洪市 勐腊县 勐海县
		台湾	

表 B.1（续）

一级区	二级区	省（区、市）	县（市、区、旗）
Ⅵ内蒙古高原及长城沿线区	Ⅵ$_1$辽吉西蒙东南冀北山地	内蒙古	乌兰浩特市　阿尔山市　科尔沁右翼前旗　科尔沁右翼中旗　突泉县　扎鲁特旗　阿鲁科尔沁旗　巴林左旗　巴林右旗　林西县　克什克腾旗　霍林郭勒市　科尔沁左翼中旗　开鲁县　科尔沁左翼后旗　奈曼旗　库伦旗　红山区　元宝山区　松山区　翁牛特旗　敖汉旗　喀喇沁旗　宁城县　多伦县
		河北	青龙满族自治县　双桥区　双滦区　鹰手营子矿区　围场满族蒙古族自治县　隆化县　丰宁满族自治县　滦平县　承德县　平泉县　宽城满族自治县　兴隆县　桥东区（张家口市）　桥西区（张家口市）　宣化区　下花园区　赤城县　崇礼县　万全县　宣化县　怀安县　阳原县　涿鹿县　怀来县　蔚县
		辽宁	双塔区　龙城区　北票市　朝阳县　建平县　凌源市　喀喇沁左翼蒙古族自治县　建昌县
	Ⅵ$_2$后山坝上高原区	北京	延庆县　昌平区　密云县　怀柔区
		河北	沽源县　康保县　尚义县　张北县
		内蒙古	太仆寺旗　化德县　商都县　察哈尔右翼后旗　察哈尔右翼中旗　察哈尔右翼前旗　集宁区　卓资县　兴和县　凉城县　丰镇市　和林格尔县　清水河县
	Ⅵ$_3$河套银川平原	内蒙古	新城区　回民区　玉泉区　赛罕区　托克托县　土默特左旗　东河区　昆都仑区　青山区　石拐区　白云鄂博矿区　九原区　土默特右旗　乌拉特前旗　五原县　临河区　杭锦后旗　磴口县
		宁夏	兴庆区　西夏区　金凤区　贺兰县　永宁县　惠农区　平罗县　大武口区　青铜峡市　利通区　中宁县　披头山区
	Ⅵ$_4$内蒙古草原区	内蒙古	准格尔旗　达拉特旗　东胜区　伊金霍洛旗　杭锦旗　鄂托克旗　乌审旗　鄂托克前旗　海勃湾区　海南区　乌达区　满洲里市　新巴尔虎右旗　新巴尔虎左旗　陈巴尔虎旗　海拉尔区鄂温克族自治旗　东乌珠穆沁旗　西乌珠穆沁旗　锡林浩特市　阿巴嘎旗　正蓝旗　正镶白旗　镶黄旗　苏尼特左旗　苏尼特右旗　二连浩特市　四子王旗　达尔罕茂明安联合旗　武川县　固阳县　乌拉特中旗　乌拉特后旗
Ⅶ黄土高原区	Ⅶ$_1$晋东山地区	山西	城区（大同市）　矿区（大同市）　南郊区　新荣区天镇县　阳高县　大同县　左云县　浑源县　广灵县　灵丘县　朔城区　平鲁区　右玉县　山阴县　怀仁县　应县　忻府区　定襄县　原平市　代县　繁峙县　五台县　城区（阳泉市）　矿区（阳泉市）　郊区（阳泉市）　盂县　平定县　寿阳县　昔阳县　和顺县　左权县　榆社县　城区（长治市）　郊区（长治市）　武乡县　沁县　沁源县　屯留县　长子县　长治县　襄垣县　黎城县　潞城市　平顺县　壶关县　古县　安泽县　城区（晋城市）　泽州县　沁水县　高平市　陵川县　阳城县　垣曲县

表 B.1（续）

一级区	二级区	省(区、市)	县(市、区、旗)
Ⅶ黄土高原区	Ⅶ$_2$豫西山地丘陵区	山西	平陆县　芮城县
		河南	济源市　洛阳市市辖区　孟津县　新安县　宜阳县　伊川县　偃师市　嵩县　洛宁县　栾川县　三门峡市市辖区　义马市　渑池县　陕县　灵宝市　卢氏县
		陕西	洛南县
	Ⅶ$_3$汾渭谷地	山西	小店区　迎泽区　杏花岭区　尖草坪区　万柏林区　晋源区　阳曲县　古交市　清徐县　榆次区　太谷县　祁县　平遥县　介休市　灵石县　交城县　文水县　汾阳市　孝义市　霍州市　汾西县　洪洞县　尧都区　襄汾县　曲沃县　翼城县　浮山县　侯马市　盐湖区　新绛县　闻喜县　绛县　夏县　稷山县　河津市　万荣县　临猗县　永济市
		陕西	临渭区　大荔县　潼关县　华阴市　华县　蒲城县　富平县　秦都区　杨凌区　渭城区　三原县　泾阳县　礼泉县　兴平市　乾县　武功县　渭滨区　金台区　陈仓区　扶风县　眉县　岐山县　凤翔县　新城区　碑林区　莲湖区　灞桥区　未央区　雁塔区　阎良区　临潼区　长安区　蓝田县　高陵县　户县　周至县
	Ⅶ$_4$晋陕丘陵沟谷区	山西	偏关县　河曲县　五寨县　神池县　宁武县　岢岚县　保德县　静乐县　兴县　岚县　娄烦县　临县　方山县　离石区　柳林县　中阳县　石楼县　交口县　永和县　大宁县　蒲县　隰县
		陕西	佳县　米脂县　吴堡县　绥德县　子洲县　清涧县　宝塔区　子长县　延川县　延长县　甘泉县　安塞县　志丹县　吴起县
		甘肃	环县　华池县
	Ⅶ$_5$渭北陇东黄土旱塬区	山西	吉县　乡宁县
		陕西	宜川县　黄龙县　洛川县　富县　黄陵县　韩城市　合阳县　澄城县　白水县　王益区　印台区　耀州区　宜君县　旬邑县　淳化县　永寿县　彬县　长武县　麟游县　千阳县　陇县
		甘肃	西峰区　庆城县　合水县　宁县　正宁县　镇原县　崆峒区　泾川县　灵台县　崇信县　华亭县
	Ⅶ$_6$宁南陇中青东黄土丘陵区	宁夏	海原县　原州区　西吉县　隆德县　泾源县　彭阳县　灵武市　盐池县　同心县
		甘肃	静宁县　庄浪县　秦州区　麦积区　张家川回族自治县　清水县　秦安县　甘谷县　武山县　安定区　陇西县　渭源县　漳县　通渭县　白银区　平川区　会宁县　景泰县　靖远县　城关区　七里河区　西固区　安宁区　红古区　永登县　皋兰县　榆中县　临洮县　东乡族自治县　永靖县　积石山保安族东乡族撒拉族自治县　临夏县　临夏市　和政县　广河县　康乐县

表 B.1(续)

一级区	二级区	省(区、市)	县(市、区、旗)
Ⅶ黄土高原区	Ⅶ$_6$宁南陇中青东黄土丘陵区	陕西	府谷县　神木县　榆阳区　横山县　靖边县　定边县
		青海	城东区　城中区　城西区　城北区　大通回族土族自治县　湟中县　湟源县　互助土族自治县　乐都县　民和回族土族自治县　循化撒拉族自治县　化隆撒拉族自治县　平安县　贵德县　尖扎县　同仁县
Ⅷ四川盆地	Ⅷ$_1$盆东丘陵低山区	重庆	万州区　梁平县　忠县　石柱土族自治县　涪陵区　垫江县　丰都县　南川区　长寿区　綦江县　璧山县　铜梁县　大足县　大渡口区　巴南区　北碚区　江北区　渝中区　九龙坡区　万盛区　沙坪坝区　南岸区　双桥区　渝北区　荣昌县　永川区　江津区　合川区　潼南县
		四川	通川区　达县　开江县　大竹县　邻水县　合江县　巴州区　平昌县　渠县　剑阁县　苍溪县　顺庆区　高坪区　嘉陵区　阆中市　南部县　仪陇县　营山县　蓬安县　西充县　华蓥市　岳池县　广安区　武胜县　船山区　安居区　射洪县　蓬溪县　大英县　三台县　盐亭县　梓潼县　中江县市中区　东兴区　简阳市　乐至县　雁江区　安岳县　资中县　威远县　隆昌县　自流井区　贡井区　大安区　沿滩区　荣县　富顺县　江阳区　纳溪区　龙马潭区　泸县　叙永县　古蔺县　翠屏区　宜宾县　屏山县　南溪县　江安县　长宁县　高县　筠连县　珙县　兴文县　仁寿县　井研县　犍为县　沐川县　马边彝族自治县　峨边彝族自治县　宝兴县　芦山县　天全县　荥经县　汉源县
	Ⅷ$_2$盆西平原	四川	涪城区　游仙区　江油市　安县　旌阳区　绵竹市　罗江县　什邡市　广汉市　锦江区　青羊区　金牛区　武侯区　成华区　龙泉驿区　青白江区　新都区　温江区　彭州市　金堂县　双流县　新津县　郫县　都江堰市　崇州市　大邑县　邛崃市　蒲江县　雨城区　名山县　市中区　沙湾区　五通桥区　金口河区　彭山县　东坡区　丹棱县　洪雅县　夹江县　青神县　峨眉山市
	Ⅷ$_3$盆周秦巴山区	湖北	十堰市市辖区　郧西县　郧县　丹江口市　房县　竹山县　竹溪县　保康县　神农架林区　宜昌市市辖区　夷陵区　兴山县　秭归县
		四川	万源市　宣汉县　通江县　南江县　市中区　元坝区　朝天区　旺苍县　青川县　平武县　北川市羌族自治县　松潘县　茂县　黑水县　理县　汶川县　九寨沟县
		重庆	巫山县　巫溪县　奉节县　云阳县　城口县　开县
		陕西	商州区　丹凤县　商南县　山阳县　柞水县　镇安县　汉滨区　白河县　旬阳县　平利县　镇坪县　岚皋县　紫阳县　汉阴县　宁陕县　石泉县　汉台区　西乡县　镇巴县　洋县　城固县　留坝县　南郑县　勉县　略阳县　宁强县　佛坪县　凤县　太白县
		甘肃	两当县　徽县　成县　康县　岷县　宕昌县　礼县　西和县　武都区　文县

表 B.1（续）

一级区	二级区	省(区、市)	县(市、区、旗)
Ⅸ云贵高原区	Ⅸ$_1$ 川鄂湘黔浅山区	湖北	宜都市　长阳土家族自治县　五峰土家族自治县　巴东县　建始县　鹤峰县　恩施市　宣恩县　利川市　咸丰县　来凤县
		重庆	武隆县　彭水苗族土家族自治县　黔江区酉阳土家族苗族自治县　秀山土家族苗族自治县
		贵州	赤水市　习水县　仁怀市　桐梓县　绥阳县　正安县　道真仡佬族苗族自治县　务川仡佬族苗族自治县　凤冈县　沿河土家族自治县　德江县　思南县　石阡县　印江土家族苗族自治县　江口县　松桃苗族自治县　铜仁市　万山特区　玉屏侗族自治县　岑巩县　镇远县　施秉县　三穗县　天柱县　剑河县　台江县　凯里市　雷山县　榕江县　从江县　黎平县　锦屏县　三都水族自治县
	Ⅸ$_2$ 贵州高原区	贵州	红花岗区　汇川区　遵义县　湄潭县　余庆县　毕节市　金沙县　大方县　纳雍县　织金县　黔西县　西秀区　普定县　平坝县　南明区　云岩区　花溪区　乌当区　白云区　小河区　息烽县　开阳县　修文县　清镇市　瓮安县　福泉市　贵定县　龙里县　都匀市　惠水县　长顺县　麻江县　丹寨县　黄平县　钟山区　水城县　六枝特区　盘县　普安县　晴隆县　兴仁县　兴义市　安龙县　贞丰县　册亨县　望谟县　关岭布依族苗族自治县　镇宁布依族苗族自治县　紫云苗族布依族自治县　罗甸县　平塘县　独山县　荔波县
	Ⅺ$_3$ 云南高原区	云南	宣威市　富源县　麒麟区　马龙县　陆良县　师宗县　罗平县　路南区　泸西县　弥勒县　开远市　蒙自县　屏边苗族自治县　河口瑶族自治县　个旧市　建水县　石屏县　丘北县　广南县　富宁县　砚山县　西畴县　麻栗坡县　马关县　文山县　大理市　弥渡县　漾濞彝族自治县　巍山彝族回族自治县　南涧彝族自治县　永平县　隆阳区　昌宁县　施甸县　龙陵县　腾冲县　瑞丽市　盈江县　梁河县　陇川县　潞西市　凤庆县　云县　临翔区　双江拉祜族佤族布朗族傣族自治县　耿马傣族佤族自治县　永德县　镇康县　景东彝族自治县　宁洱哈尼族　彝族自治县　镇沅彝族哈尼族拉祜族自治县　景谷傣族彝族自治县　墨江哈尼族自治县　新平彝族傣族自治县　元江哈尼族彝族傣族自治县　红河县　元阳县
	Ⅸ$_4$ 滇黔高原山地区	四川	西昌市　石棉县　甘洛县　冕宁县　越西县　美姑县　雷波县　金阳县　昭觉县　喜德县　盐源县　德昌县　普格县　布拖县　宁南县　会东县　会理县　攀枝花市东区　攀枝花市西区　仁和区　米易县　盐边县
		贵州	赫章县　威宁彝族回族苗族自治县(含六盘水飞地)
		云南	昭阳区　绥江县　水富县　盐津县　大关县　永善县　彝良县　镇雄县　威信县　鲁甸县　巧家县　东川区　会泽县　寻甸回族彝族自治县　五华区　盘龙区　官渡区　西山区　禄劝彝族苗族自治县　富民县　嵩明县　宜良县　呈贡县　安宁市　晋宁县　红塔区　澄江县　华宁县　江川县　通海县　峨山彝族自治县　易门县　楚雄市　武定县　禄丰县　双柏县　元谋县　牟定县　永仁县　大姚县　姚安县　南华县　宾川县　祥云县　华坪县

表 B.1（续）

一级区	二级区	省(区、市)	县(市、区、旗)
Ⅹ横断山区		四川	壤塘县 马尔康县 金川县 小金县 色达县 甘孜县 炉霍县 新龙县 道孚县 丹巴县 泸定县 康定县 雅江县 理塘县 九龙县 石渠县 德格县 白玉县 巴塘县 得荣县 乡城县 稻城县 木里藏族自治县
		青海	班玛县
		西藏	昌都县 江达县 贡觉县 芒康县 左贡县 察雅县 八宿县 类乌齐县 洛隆县 波密县 察隅县 墨脱县 林芝县 米林县 朗县 隆子县 错那县
		云南	德钦县 维西傈僳族自治县 香格里拉县 古城区 宁蒗彝族自治县 永胜县 玉龙纳西族自治县 剑川县 鹤庆县 洱源县 云龙县 贡山独龙族怒族自治县 福贡县 兰坪白族普米族自治县 泸水县
Ⅺ西北区	Ⅺ$_1$ 河西走廊区	甘肃	凉州区 民勤县 古浪县 天祝藏族自治县 金川区 永昌县 甘州区 山丹县 民乐县 肃南裕固族自治县 临泽县 高台县 肃州区 金塔县 瓜州县 嘉峪关市市辖区 玉门市 肃北裕固族自治县 敦煌市 阿克塞哈萨克族自治县
	Ⅺ$_2$ 北疆灌溉区	新疆	阿勒泰市 哈巴河县 布尔津县 福海县 富蕴县 青河县 吉木乃县 塔城市 裕民县 托里县 额敏县 和布克赛尔蒙古自治县 博乐市 温泉县 天山区 沙依巴克区 新市区 水磨沟区 头屯河区 达坂城区 米东区 乌鲁木齐县 昌吉市 玛纳斯县 呼图壁县 米东区 阜康市 五家渠市 吉木萨尔县 奇台县 木垒哈萨克自治县 石河子市 沙湾县 乌苏市 奎屯市 独山子区 克拉玛依区 白碱滩区 乌尔禾区 精河县 伊宁市 尼勒克县 新源县 巩留县 伊宁县 霍城县 察布查尔锡伯自治县 昭苏县 特克斯县
	Ⅺ$_3$ 南疆、东疆盆地绿洲区	新疆	库尔勒市 和硕县 和静县 博湖县 焉耆回族自治县 轮台县 尉犁县 若羌县 且末县 和静县 阿克苏市 库车县 沙雅县 新和县 拜城县 温宿县 阿瓦提县 阿拉尔市 图木舒克市 乌什县 柯坪县 阿合奇县 哈密市 巴里坤哈萨克自治县 伊吾县 吐鲁番市 鄯善县 托克逊县 皮山县 和田市 和田县 墨玉县 洛浦县 策勒县 于田县 民丰县 喀什市 疏附县 疏勒县 英吉沙县 岳普湖县 伽师县 巴楚县 麦盖提县 莎车县 泽普县 叶城县 塔什库尔干塔吉克自治县 阿图什市 乌恰县 阿克陶县
	Ⅺ$_4$ 阿拉善高原	内蒙古	阿拉善左旗 阿拉善右旗 额济纳旗

表 B.1（续）

一级区	二级区	省(区、市)	县(市、区、旗)
Ⅻ青藏高原区	Ⅻ₁ 藏南高原谷地	西藏	城关区 墨竹工卡县 达孜县 林周县 堆龙德庆县 曲水县 尼木县 加查县 桑日县 曲松县 乃东县 琼结县 扎囊县 贡嘎县 措美县 洛扎县 浪卡子县 日喀则市 仁布县 江孜县 白朗县 南木林县 谢通门县 拉孜县 康马县 亚东县 岗巴县 萨迦县 定结县 定日县 昂仁县 聂拉木县 吉隆县 萨嘎县 仲巴县 普兰县 札达县
	Ⅻ₂ 海北甘南高原	青海	德令哈市 乌兰县 天峻县 祁连县 刚察县 海晏县 门源回族自治县 共和县 贵南县 兴海县 同德县 格尔木市 都兰县 泽库县 河南蒙古族自治县 久治县
		四川	若尔盖县 阿坝县 红原县
		甘肃	夏河县 合作市 碌曲县 玛曲县 临潭县 卓尼县 迭部县 舟曲县
	Ⅻ₃ 藏北青南高原	西藏	丁青县 边坝县 那曲县 嘉黎县 比如县 安多县 聂荣县 索县 申扎县 尼玛县 巴青县 班戈县 工布江达县 当雄县 改则县 措勤县 革吉县 日土县 噶尔县
		青海	玛沁县 甘德县 达日县 玛多县 称多县 玉树县 囊谦县 杂多县 治多县 曲麻莱县

表 B.2 全国省(区、市)标准耕作制度速查表

省(区、市)	县(市、区、旗)	标准耕作制度	复种类型
安徽安庆市	桐城市	小麦-水稻	一年二熟
安徽安庆市	迎江区	小麦-水稻	一年二熟
安徽安庆市	大观区	小麦-水稻	一年二熟
安徽安庆市	宜秀区	小麦-水稻	一年二熟
安徽安庆市	枞阳县	油菜-水稻	一年二熟
安徽安庆市	怀宁县	油菜-水稻、油菜-棉花	一年二熟
安徽安庆市	潜山县	油菜-水稻	一年二熟
安徽安庆市	宿松县	油菜-水稻、油菜-棉花	一年二熟
安徽安庆市	太湖县	油菜-水稻	一年二熟
安徽安庆市	望江县	油菜-水稻、油菜-棉花	一年二熟
安徽安庆市	岳西县	油菜-水稻	一年二熟
安徽蚌埠市	龙子湖区	小麦-水稻、小麦-豆类	一年二熟
安徽蚌埠市	蚌山区	小麦-水稻、小麦-豆类	一年二熟
安徽蚌埠市	淮上区	小麦-水稻、小麦-豆类	一年二熟

表 B.2（续）

省(区、市)	县(市、区、旗)	标准耕作制度	复种类型
安徽蚌埠市	禹会区	小麦-水稻、小麦-豆类	一年二熟
安徽蚌埠市	固镇县	小麦-玉米、小麦-薯类	一年二熟
安徽蚌埠市	怀远县	小麦-水稻、小麦-豆类	一年二熟
安徽蚌埠市	五河县	小麦-水稻、小麦-豆类	一年二熟
安徽亳州市	谯城区	小麦-豆类、小麦-玉米、小麦-薯类	一年二熟
安徽亳州市	涡阳县	小麦-豆类、小麦-玉米、小麦-薯类	一年二熟
安徽亳州市	蒙城县	小麦-水稻、小麦-玉米、小麦-薯类	一年二熟
安徽亳州市	利辛县	小麦-水稻、小麦-玉米、小麦-薯类	一年二熟
安徽巢湖市	居巢区	油菜-水稻	一年二熟
安徽巢湖市	庐江县	油菜-水稻	一年二熟
安徽巢湖市	无为县	油菜-水稻、油菜-棉花	一年二熟
安徽巢湖市	含山县	油菜-水稻	一年二熟
安徽巢湖市	和县	油菜-水稻	一年二熟
安徽池州市	贵池区	油菜-水稻	一年二熟
安徽池州市	东至县	油菜-水稻	一年二熟
安徽池州市	石台县	油菜-水稻	一年二熟
安徽池州市	青阳县	油菜-水稻	一年二熟
安徽滁州市	明光市	小麦-玉米	一年二熟
安徽滁州市	天长市	小麦-水稻	一年二熟
安徽滁州市	琅琊区	小麦-玉米	一年二熟
安徽滁州市	南谯区	小麦-玉米	一年二熟
安徽滁州市	定远县	小麦-水稻	一年二熟
安徽滁州市	全椒县	小麦-水稻	一年二熟
安徽滁州市	来安县	小麦-水稻	一年二熟
安徽阜阳市	界首市	小麦-豆类、小麦-玉米、小麦-薯类	一年二熟
安徽阜阳市	颍州区	小麦-水稻、小麦-玉米、小麦-薯类	一年二熟
安徽阜阳市	颍东区	小麦-水稻、小麦-玉米、小麦-薯类	一年二熟
安徽阜阳市	颍泉区	小麦-水稻、小麦-玉米、小麦-薯类	一年二熟
安徽阜阳市	阜南县	小麦-水稻、小麦-玉米、小麦-薯类	一年二熟
安徽阜阳市	太和县	小麦-豆类、小麦-玉米、小麦-薯类	一年二熟
安徽阜阳市	颍上县	小麦-水稻、小麦-玉米、小麦-薯类	一年二熟
安徽阜阳县	临泉县	小麦-水稻、小麦-玉米、小麦-薯类	一年二熟
安徽合肥市	瑶海区	小麦-水稻、油菜-水稻	一年二熟
安徽合肥市	庐阳区	小麦-水稻、油菜-水稻	一年二熟

表 B.2（续）

省(区、市)	县(市、区、旗)	标准耕作制度	复种类型
安徽合肥市	蜀山区	小麦-水稻、油菜-水稻	一年二熟
安徽合肥市	包河区	小麦-水稻、油菜-水稻	一年二熟
安徽合肥市	长丰县	小麦-水稻、油菜-水稻	一年二熟
安徽合肥市	肥东县	小麦-水稻、油菜-水稻	一年二熟
安徽合肥市	肥西县	小麦-水稻、油菜-水稻	一年二熟
安徽淮北市	杜集区	小麦-水稻	一年二熟
安徽淮北市	烈山区	小麦-水稻	一年二熟
安徽淮北市	相山区	小麦-水稻	一年二熟
安徽淮北市	濉溪县	小麦-水稻	一年二熟
安徽淮南市	八公山区	小麦-水稻	一年二熟
安徽淮南市	大通区	小麦-水稻	一年二熟
安徽淮南市	潘集区	小麦-水稻	一年二熟
安徽淮南市	田家庵区	小麦-水稻	一年二熟
安徽淮南市	谢家集区	小麦-水稻	一年二熟
安徽淮南市	凤台县	小麦-水稻	一年二熟
安徽黄山市	黄山区	油菜-水稻	一年二熟
安徽黄山市	徽州区	油菜-水稻	一年二熟
安徽黄山市	屯溪区	油菜-水稻	一年二熟
安徽黄山市	祁门县	油菜-水稻	一年二熟
安徽黄山市	歙县	油菜-水稻	一年二熟
安徽黄山市	休宁县	油菜-水稻	一年二熟
安徽黄山市	黟县	油菜-水稻	一年二熟
安徽六安市	金安区	小麦-水稻、油菜-水稻	一年二熟
安徽六安市	裕安区	小麦-水稻、油菜-水稻	一年二熟
安徽六安市	霍邱县	小麦-水稻、油菜-水稻	一年二熟
安徽六安市	霍山县	小麦-水稻、油菜-水稻	一年二熟
安徽六安市	金寨县	小麦-水稻	一年二熟
安徽六安市	寿县	小麦-水稻、油菜-水稻	一年二熟
安徽六安市	舒城县	小麦-水稻、油菜-水稻	一年二熟
安徽马鞍山市	花山区	油菜-水稻	一年二熟
安徽马鞍山市	金家庄区	油菜-水稻	一年二熟
安徽马鞍山市	雨山区	油菜-水稻	一年二熟
安徽马鞍山市	当涂县	油菜-水稻	一年二熟
安徽宿州市	埇桥区	小麦-豆类、小麦-玉米	一年二熟

表 B.2（续）

省(区、市)	县(市、区、旗)	标准耕作制度	复种类型
安徽宿州市	砀山县	小麦-豆类、小麦-玉米	一年二熟
安徽宿州市	灵璧县	小麦-豆类、小麦-玉米	一年二熟
安徽宿州市	泗县	小麦-豆类、小麦-玉米	一年二熟
安徽宿州市	萧县	小麦-豆类、小麦-玉米	一年二熟
安徽铜陵市	郊区	油菜-棉花	一年二熟
安徽铜陵市	狮子山区	油菜-棉花	一年二熟
安徽铜陵市	铜官山区	油菜-棉花	一年二熟
安徽铜陵市	铜陵县	油菜-棉花	一年二熟
安徽芜湖市	戈江区	油菜-水稻	一年二熟
安徽芜湖市	镜湖区	油菜-水稻	一年二熟
安徽芜湖市	鸠江区	油菜-水稻	一年二熟
安徽芜湖市	三山区	油菜-水稻	一年二熟
安徽芜湖市	繁昌县	油菜-水稻	一年二熟
安徽芜湖市	南陵县	油菜-水稻	一年二熟
安徽芜湖市	芜湖县	油菜-水稻	一年二熟
安徽宣城市	宁国市	油菜-水稻	一年二熟
安徽宣城市	宣州区	油菜-水稻	一年二熟
安徽宣城市	广德县	油菜-水稻	一年二熟
安徽宣城市	绩溪县	油菜-水稻	一年二熟
安徽宣城市	泾县	油菜-水稻	一年二熟
安徽宣城市	旌德县	油菜-水稻	一年二熟
安徽宣城市	郎溪县	油菜-水稻	一年二熟
北京市	昌平区	小麦-玉米	一年二熟
北京市	朝阳区	小麦-玉米	一年二熟
北京市	崇文区	小麦-玉米	一年二熟
北京市	大兴区	小麦-玉米	一年二熟
北京市	东城区	小麦-玉米	一年二熟
北京市	房山区	小麦-玉米	一年二熟
北京市	丰台区	小麦-玉米	一年二熟
北京市	海淀区	小麦-玉米	一年二熟
北京市	怀柔区	小麦-玉米	一年二熟
北京市	门头沟区	小麦-玉米	一年二熟
北京市	密云县	小麦-玉米	一年二熟
北京市	平谷区	小麦-玉米	一年二熟

表 B.2（续）

省(区、市)	县(市、区、旗)	标准耕作制度	复种类型
北京市	石景山	小麦-玉米	一年二熟
北京市	顺义区	小麦-玉米	一年二熟
北京市	通州区	小麦-玉米	一年二熟
北京市	西城区	小麦-玉米	一年二熟
北京市	宣武区	小麦-玉米	一年二熟
北京市	延庆县	玉米	一年一熟
重庆市	巴南区	小麦-水稻、甘薯-玉米(旱)	一年二熟
重庆市	北碚区	小麦-水稻、甘薯-玉米(旱)	一年二熟
重庆市	大渡口区	小麦-水稻、甘薯-玉米(旱)	一年二熟
重庆市	涪陵区	小麦-水稻、小麦-玉米	一年二熟
重庆市	合川区	小麦-水稻、甘薯-玉米(旱)	一年二熟
重庆市	江北区	小麦-水稻、甘薯-玉米(旱)	一年二熟
重庆市	江津区	小麦-水稻、甘薯-玉米(旱)	一年二熟
重庆市	九龙坡区	小麦-水稻、甘薯-玉米(旱)	一年二熟
重庆市	万盛区	小麦-水稻、甘薯-玉米(旱)	一年二熟
重庆市	万州区	小麦-水稻、小麦-玉米	一年二熟
重庆市	南岸区	小麦-水稻、甘薯-玉米(旱)	一年二熟
重庆市	南川区	小麦-水稻、甘薯-玉米(旱)	一年二熟
重庆市	黔江区	早稻-晚稻、小麦-水稻、小麦/玉米(旱)	一年二熟
重庆市	沙坪坝区	小麦-水稻、甘薯-玉米(旱)	一年二熟
重庆市	双桥区	小麦-水稻、甘薯-玉米(旱)	一年二熟
重庆市	永川区	小麦-水稻、甘薯-玉米(旱)	一年二熟
重庆市	渝北区	小麦-水稻、甘薯-玉米(旱)	一年二熟
重庆市	渝中区	小麦-水稻、甘薯-玉米(旱)	一年二熟
重庆市	璧山县	小麦-水稻、甘薯-玉米(旱)	一年二熟
重庆市	长寿县	小麦-水稻、小麦-玉米	一年二熟
重庆市	城口县	小麦-水稻、小麦-玉米	一年二熟
重庆市	大足县	小麦-水稻、甘薯-玉米(旱)	一年二熟
重庆市	垫江县	小麦-水稻、小麦-玉米	一年二熟
重庆市	丰都县	小麦-水稻、小麦-玉米	一年二熟
重庆市	奉节县	小麦-水稻、小麦-玉米	一年二熟
重庆市	开县	小麦-水稻、小麦-玉米	一年二熟
重庆市	梁平县	小麦-水稻、小麦-玉米	一年二熟

表 B.2（续）

省(区、市)	县(市、区、旗)	标准耕作制度	复种类型
重庆市	彭水苗族土家族自治县	早稻-晚稻、小麦-水稻、小麦/玉米(旱)	一年二熟
重庆市	綦江县	小麦-水稻、甘薯-玉米(旱)	一年二熟
重庆市	荣昌县	小麦-水稻、甘薯-玉米(旱)	一年二熟
重庆市	石柱土家族自治县	小麦-水稻、小麦-玉米	一年二熟
重庆市	铜梁县	小麦-水稻、甘薯-玉米(旱)	一年二熟
重庆市	潼南县	小麦-水稻、甘薯-玉米(旱)	一年二熟
重庆市	巫山县	小麦-水稻、小麦-玉米	一年二熟
重庆市	巫溪县	小麦-水稻、小麦-玉米	一年二熟
重庆市	武隆县	小麦-水稻、甘薯-玉米(旱)	一年二熟
重庆市	秀山土家族苗族自治县	小麦-水稻、甘薯-玉米(旱)	一年二熟
重庆市	酉阳土家族苗族自治县	早稻-晚稻、小麦-水稻、小麦/玉米(旱)	一年二熟
重庆市	云阳县	小麦-水稻、小麦-玉米	一年二熟
重庆市	忠县	小麦-水稻、甘薯-玉米(旱)	一年二熟
福建福州市	长乐市	油菜-早稻-晚稻、玉米-水稻、玉米-甘薯	一年三熟、水旱二熟
福建福州市	福清市	油菜-早稻-晚稻、玉米-水稻、玉米-甘薯	一年三熟、水旱二熟
福建福州市	晋安区	油菜-早稻-晚稻、玉米-水稻、玉米-甘薯	一年三熟、水旱二熟
福建福州市	仓山区	油菜-早稻-晚稻、玉米-水稻、玉米-甘薯	一年三熟、水旱二熟
福建福州市	鼓楼区	油菜-早稻-晚稻、玉米-水稻、玉米-甘薯	一年三熟、水旱二熟
福建福州市	马尾区	油菜-早稻-晚稻、玉米-水稻、玉米-甘薯	一年三熟、水旱二熟
福建福州市	台江区	油菜-早稻-晚稻、玉米-水稻、玉米-甘薯	一年三熟、水旱二熟
福建福州市	连江县	早稻-晚稻、油菜-水稻、小麦-春玉米/甘薯	一年二熟、一年三熟
福建福州市	罗源县	早稻-晚稻、油菜-水稻、小麦-春玉米/甘薯	一年二熟、一年三熟
福建福州市	闽侯县	早稻-晚稻、油菜-水稻、小麦-春玉米/甘薯	一年二熟、一年三熟
福建福州市	闽清县	早稻-晚稻、油菜-水稻、小麦-春玉米/甘薯	一年二熟、一年三熟
福建福州市	平潭县	油菜-早稻-晚稻、玉米-水稻、玉米-甘薯	一年三熟、水旱二熟
福建福州市	永泰县	早稻-晚稻、油菜-水稻、小麦-春玉米/甘薯	一年二熟、一年三熟
福建龙岩市	漳平市	早稻-晚稻、油菜-水稻、小麦-春玉米/甘薯	一年二熟、一年三熟
福建龙岩市	新罗区	早稻-晚稻、油菜-水稻、小麦-春玉米/甘薯	一年二熟、一年三熟
福建龙岩市	长汀县	早稻-晚稻、油菜-水稻、小麦-春玉米/甘薯	一年二熟、一年三熟
福建龙岩市	连城县	早稻-晚稻、油菜-水稻、小麦-春玉米/甘薯	一年二熟、一年三熟
福建龙岩市	上杭县	早稻-晚稻、油菜-水稻、小麦-春玉米/甘薯	一年二熟、一年三熟
福建龙岩市	武平县	早稻-晚稻、油菜-水稻、小麦-春玉米/甘薯	一年二熟、一年三熟

表 B.2（续）

省(区、市)	县(市、区、旗)	标准耕作制度	复种类型
福建龙岩市	永定县	早稻-晚稻、油菜-水稻、小麦-春玉米/甘薯	一年二熟、一年三熟
福建南平市	建瓯市	早稻-晚稻、油菜-水稻、小麦-春玉米/甘薯	一年二熟、一年三熟
福建南平市	建阳市	早稻-晚稻、油菜-水稻、小麦-春玉米/甘薯	一年二熟、一年三熟
福建南平市	邵武市	早稻-晚稻、油菜-水稻、小麦-春玉米/甘薯	一年二熟、一年三熟
福建南平市	武夷山市	早稻-晚稻、油菜-水稻、小麦-春玉米/甘薯	一年二熟、一年三熟
福建南平市	延平区	早稻-晚稻、油菜-水稻、小麦-春玉米/甘薯	一年二熟、一年三熟
福建南平市	光泽县	早稻-晚稻、油菜-水稻、小麦-春玉米/甘薯	一年二熟、一年三熟
福建南平市	浦城县	早稻-晚稻、油菜-水稻、小麦-春玉米/甘薯	一年二熟、一年三熟
福建南平市	顺昌县	早稻-晚稻、油菜-水稻、小麦-春玉米/甘薯	一年二熟、一年三熟
福建南平市	松溪县	早稻-晚稻、油菜-水稻、小麦-春玉米/甘薯	一年二熟、一年三熟
福建南平市	政和县	早稻-晚稻、油菜-水稻、小麦-春玉米/甘薯	一年二熟、一年三熟
福建宁德市	福安市	早稻-晚稻、油菜-水稻、小麦-春玉米/甘薯	一年二熟、一年三熟
福建宁德市	福鼎市	早稻-晚稻、油菜-水稻、小麦-春玉米/甘薯	一年二熟、一年三熟
福建宁德市	蕉城区	早稻-晚稻、油菜-水稻、小麦-春玉米/甘薯	一年二熟、一年三熟
福建宁德市	古田县	早稻-晚稻、油菜-水稻、小麦-春玉米/甘薯	一年二熟、一年三熟
福建宁德市	屏南县	早稻-晚稻、油菜-水稻、小麦-春玉米/甘薯	一年二熟、一年三熟
福建宁德市	寿宁县	早稻-晚稻、油菜-水稻、小麦-春玉米/甘薯	一年二熟、一年三熟
福建宁德市	霞浦县	早稻-晚稻、油菜-水稻、小麦-春玉米/甘薯	一年二熟、一年三熟
福建宁德市	柘荣县	早稻-晚稻、油菜-水稻、小麦-春玉米/甘薯	一年二熟、一年三熟
福建宁德市	周宁县	早稻-晚稻、油菜-水稻、小麦-春玉米/甘薯	一年二熟、一年三熟
福建莆田市	城厢区	早稻-晚稻、油菜-水稻、小麦-春玉米/甘薯	一年二熟、一年三熟
福建莆田市	涵江区	早稻-晚稻、油菜-水稻、小麦-春玉米/甘薯	一年二熟、一年三熟
福建莆田市	荔城区	早稻-晚稻、油菜-水稻、小麦-春玉米/甘薯	一年二熟、一年三熟
福建莆田市	秀屿区	早稻-晚稻、油菜-水稻、小麦-春玉米/甘薯	一年二熟、一年三熟
福建莆田市	仙游县	早稻-晚稻、油菜-水稻、小麦-春玉米/甘薯	一年二熟、一年三熟
福建泉州市	晋江市	油菜-早稻-晚稻、玉米-水稻、玉米-甘薯	一年三熟、水旱二熟
福建泉州市	南安市	油菜-早稻-晚稻、玉米-水稻、玉米-甘薯	一年三熟、水旱二熟
福建泉州市	石狮市	油菜-早稻-晚稻、玉米-水稻、玉米-甘薯	一年三熟、水旱二熟
福建泉州市	丰泽区	油菜-早稻-晚稻、玉米-水稻、玉米-甘薯	一年三熟、水旱二熟
福建泉州市	鲤城区	油菜-早稻-晚稻、玉米-水稻、玉米-甘薯	一年三熟、水旱二熟
福建泉州市	洛江区	油菜-早稻-晚稻、玉米-水稻、玉米-甘薯	一年三熟、水旱二熟
福建泉州市	泉港区	油菜-早稻-晚稻、玉米-水稻、玉米-甘薯	一年三熟、水旱二熟
福建泉州市	安溪县	早稻-晚稻、油菜-水稻、小麦-春玉米/甘薯	一年二熟、一年三熟
福建泉州市	德化县	早稻-晚稻、油菜-水稻、小麦-春玉米/甘薯	一年二熟、一年三熟

表 B.2（续）

省（区、市）	县（市、区、旗）	标准耕作制度	复种类型
福建泉州市	惠安县	油菜-早稻-晚稻、玉米-水稻、玉米-甘薯	一年三熟、水旱二熟
福建泉州市	金门县	早稻-晚稻、小麦-甘薯（旱）	一年二熟
福建泉州市	永春县	早稻-晚稻、油菜-水稻、小麦-春玉米/甘薯	一年二熟、一年三熟
福建三明市	永安市	早稻-晚稻、油菜-水稻、小麦-春玉米/甘薯	一年二熟、一年三熟
福建三明市	梅列区	早稻-晚稻、油菜-水稻、小麦-春玉米/甘薯	一年二熟、一年三熟
福建三明市	三元区	早稻-晚稻、油菜-水稻、小麦-春玉米/甘薯	一年二熟、一年三熟
福建三明市	大田县	早稻-晚稻、油菜-水稻、小麦-春玉米/甘薯	一年二熟、一年三熟
福建三明市	建宁县	早稻-晚稻、油菜-水稻、小麦-春玉米/甘薯	一年二熟、一年三熟
福建三明市	将乐县	早稻-晚稻、油菜-水稻、小麦-春玉米/甘薯	一年二熟、一年三熟
福建三明市	明溪县	早稻-晚稻、油菜-水稻、小麦-春玉米/甘薯	一年二熟、一年三熟
福建三明市	宁化县	早稻-晚稻、油菜-水稻、小麦-春玉米/甘薯	一年二熟、一年三熟
福建三明市	清流县	早稻-晚稻、油菜-水稻、小麦-春玉米/甘薯	一年二熟、一年三熟
福建三明市	沙县	早稻-晚稻、油菜-水稻、小麦-春玉米/甘薯	一年二熟、一年三熟
福建三明市	泰宁县	早稻-晚稻、油菜-水稻、小麦-春玉米/甘薯	一年二熟、一年三熟
福建三明市	尤溪县	早稻-晚稻、油菜-水稻、小麦-春玉米/甘薯	一年二熟、一年三熟
福建厦门市	海沧区	油菜-早稻-晚稻、玉米-水稻、玉米-甘薯	一年三熟、水旱二熟
福建厦门市	湖里区	油菜-早稻-晚稻、玉米-水稻、玉米-甘薯	一年三熟、水旱二熟
福建厦门市	集美区	油菜-早稻-晚稻、玉米-水稻、玉米-甘薯	一年三熟、水旱二熟
福建厦门市	思明区	油菜-早稻-晚稻、玉米-水稻、玉米-甘薯	一年三熟、水旱二熟
福建厦门市	同安区	油菜-早稻-晚稻、玉米-水稻、玉米-甘薯	一年三熟、水旱二熟
福建厦门市	翔安区	油菜-早稻-晚稻、玉米-水稻、玉米-甘薯	一年三熟、水旱二熟
福建漳州市	龙海市	油菜-早稻-晚稻、玉米-水稻、玉米-甘薯	一年三熟、水旱二熟
福建漳州市	长泰县	早稻-晚稻、油菜-水稻、小麦-春玉米/甘薯	一年二熟、一年三熟
福建漳州市	龙文区	油菜-早稻-晚稻、玉米-水稻、玉米-甘薯	一年三熟、水旱二熟
福建漳州市	芗城区	油菜-早稻-晚稻、玉米-水稻、玉米-甘薯	一年三熟、水旱二熟
福建漳州市	东山县	油菜-早稻-晚稻、玉米-水稻、玉米-甘薯	一年三熟、水旱二熟
福建漳州市	华安县	早稻-晚稻、油菜-水稻、小麦-春玉米/甘薯	一年二熟、一年三熟
福建漳州市	南靖县	早稻-晚稻、油菜-水稻、小麦-春玉米/甘薯	一年二熟、一年三熟
福建漳州市	平和县	早稻-晚稻、油菜-水稻、小麦-春玉米/甘薯	一年二熟、一年三熟
福建漳州市	云霄县	油菜-早稻-晚稻、玉米-水稻、玉米-甘薯	一年三熟、水旱二熟
福建漳州市	漳浦县	油菜-早稻-晚稻、玉米-水稻、玉米-甘薯	一年三熟、水旱二熟
福建漳州市	诏安县	油菜-早稻-晚稻、玉米-水稻、玉米-甘薯	一年三熟、水旱二熟
甘肃白银市	白银区	春小麦	一年一熟
甘肃白银市	平川区	春小麦	一年一熟

表 B.2（续）

省(区、市)	县(市、区、旗)	标准耕作制度	复种类型
甘肃白银市	会宁县	春小麦	一年一熟
甘肃白银市	景泰县	春小麦	一年一熟
甘肃白银市	靖远县	春小麦	一年一熟
甘肃定西市	安定区	春小麦	一年一熟
甘肃定西市	临洮县	春小麦	一年一熟
甘肃定西市	陇西县	春小麦	一年一熟
甘肃定西市	岷县	春小麦、马铃薯	一年一熟
甘肃定西市	通渭县	春小麦	一年一熟
甘肃定西市	渭源县	春小麦	一年一熟
甘肃定西市	漳县	春小麦	一年一熟
甘肃甘南藏族自治州	合作市	青稞	一年一熟
甘肃甘南藏族自治州	迭部县	春小麦	一年一熟
甘肃甘南藏族自治州	临潭县	春小麦	一年一熟
甘肃甘南藏族自治州	碌曲县	春小麦	一年一熟
甘肃甘南藏族自治州	玛曲县	春小麦	一年一熟
甘肃甘南藏族自治州	夏河县	青稞、春小麦	一年一熟
甘肃甘南藏族自治州	舟曲县	冬小麦	一年一熟
甘肃甘南藏族自治州	卓尼县	春小麦	一年一熟
甘肃嘉峪关市	市辖区	春小麦	一年一熟
甘肃金昌市	金川区	春小麦	一年一熟
甘肃金昌市	永昌县	春小麦	一年一熟
甘肃酒泉市	敦煌市	棉花、春小麦、春玉米	一年一熟
甘肃酒泉市	玉门市	春小麦	一年一熟
甘肃酒泉市	阿克塞哈萨克族自治县	春小麦	一年一熟
甘肃酒泉市	瓜州县	棉花、春小麦、春玉米	一年一熟
甘肃酒泉市	金塔县	春小麦	一年一熟
甘肃酒泉市	肃北蒙古族自治县	春小麦	一年一熟
甘肃酒泉市	肃州区	春小麦	一年一熟
甘肃兰州市	安宁区	春小麦	一年一熟
甘肃兰州市	城关区	春小麦	一年一熟
甘肃兰州市	红古区	春小麦	一年一熟
甘肃兰州市	七里河区	春小麦	一年一熟
甘肃兰州市	西固区	春小麦	一年一熟

表 B.2（续）

省(区、市)	县(市、区、旗)	标准耕作制度	复种类型
甘肃兰州市	皋兰县	春小麦	一年一熟
甘肃兰州市	永登县	春小麦	一年一熟
甘肃兰州市	榆中县	春小麦	一年一熟
甘肃临夏回族自治州	临夏市	春小麦	一年一熟
甘肃临夏回族自治州	东乡族自治县	春小麦	一年一熟
甘肃临夏回族自治州	广河县	春小麦	一年一熟
甘肃临夏回族自治州	和政县	春小麦	一年一熟
甘肃临夏回族自治州	积石山保安族东乡族撒拉族自治县	春小麦	一年一熟
甘肃临夏回族自治州	康乐县	春小麦	一年一熟
甘肃临夏回族自治州	临夏县	春小麦	一年一熟
甘肃临夏回族自治州	永靖县	春小麦	一年一熟
甘肃陇南市	武都区	冬小麦、冬小麦-春玉米	一年一熟、一年二熟
甘肃陇南市	成县	小麦-水稻、小麦-玉米	一年二熟
甘肃陇南市	宕昌县	冬小麦、冬小麦-春玉米	一年一熟、一年二熟
甘肃陇南市	徽县	小麦-水稻、小麦-玉米	一年二熟
甘肃陇南市	康县	小麦-水稻、小麦-玉米	一年二熟
甘肃陇南市	礼县	冬小麦-春玉米-马铃薯	二年三熟
甘肃陇南市	两当县	小麦-水稻、小麦-玉米	一年二熟
甘肃陇南市	文县	冬小麦-水稻、春玉米	二年三熟
甘肃陇南市	西和县	冬小麦-春玉米	一年二熟
甘肃平凉市	崆峒区	冬小麦	一年一熟
甘肃平凉市	崇信县	冬小麦	一年一熟
甘肃平凉市	华亭县	冬小麦	一年一熟
甘肃平凉市	泾川县	冬小麦	一年一熟
甘肃平凉市	静宁县	冬小麦	一年一熟
甘肃平凉市	灵台县	冬小麦	一年一熟
甘肃平凉市	庄浪县	冬小麦	一年一熟
甘肃庆阳市	西峰区	冬小麦	一年一熟
甘肃庆阳市	合水县	冬小麦	一年一熟
甘肃庆阳市	华池县	冬小麦	一年一熟
甘肃庆阳市	环县	冬小麦	一年一熟
甘肃庆阳市	宁县	冬小麦	一年一熟
甘肃庆阳市	庆城县	冬小麦	一年一熟

表 B.2（续）

省（区、市）	县（市、区、旗）	标准耕作制度	复种类型
甘肃庆阳市	镇原县	冬小麦	一年一熟
甘肃庆阳市	正宁县	冬小麦	一年一熟
甘肃天水市	麦积区	冬小麦	一年一熟
甘肃天水市	秦州区	冬小麦	一年一熟
甘肃天水市	甘谷县	冬小麦	一年一熟
甘肃天水市	秦安县	冬小麦	一年一熟
甘肃天水市	清水县	冬小麦	一年一熟
甘肃天水市	武山县	冬小麦	一年一熟
甘肃天水市	张家川回族自治县	冬小麦	一年一熟
甘肃武威市	凉州区	春小麦、春玉米	一年一熟
甘肃武威市	古浪县	春小麦	一年一熟
甘肃武威市	民勤县	春小麦	一年一熟
甘肃武威市	天祝藏族自治县	春小麦	一年一熟
甘肃张掖市	甘州区	春小麦	一年一熟
甘肃张掖市	高台县	春小麦	一年一熟
甘肃张掖市	临泽县	春小麦	一年一熟
甘肃张掖市	民乐县	春小麦	一年一熟
甘肃张掖市	山丹县	春小麦	一年一熟
甘肃张掖市	肃南裕固族自治县	春小麦	一年一熟
广东潮州市	湘桥区	甘薯-早稻-晚稻、春花生-秋甘薯	一年二熟、一年三熟
广东潮州市	饶平县	甘薯-早稻-晚稻、春花生-秋甘薯	一年二熟、一年三熟
广东东莞市	东莞市	甘薯-早稻-晚稻、春花生-秋甘薯	一年二熟、一年三熟
广东佛山市	禅城区	甘薯-早稻-晚稻、春花生-秋甘薯	一年二熟、一年三熟
广东佛山市	高明区	甘薯-早稻-晚稻、春花生-秋甘薯	一年二熟、一年三熟
广东佛山市	南海区	甘薯-早稻-晚稻、春花生-秋甘薯	一年二熟、一年三熟
广东佛山市	三水区	甘薯-早稻-晚稻、春花生-秋甘薯	一年二熟、一年三熟
广东佛山市	顺德区	甘薯-早稻-晚稻、春花生-秋甘薯	一年二熟、一年三熟
广东广州市	从化市	甘薯-早稻-晚稻、春花生-秋甘薯	一年二熟、一年三熟
广东广州市	增城市	甘薯-早稻-晚稻、春花生-秋甘薯	一年二熟、一年三熟
广东广州市	白云区	甘薯-早稻-晚稻、春花生-秋甘薯	一年二熟、一年三熟
广东广州市	番禺区	甘著-早稻-晚稻、春花生-秋甘薯	一年二熟、一年三熟
广东广州市	海珠区	甘薯-早稻-晚稻、春花生-秋甘薯	一年二熟、一年三熟
广东广州市	花都区	甘薯-早稻-晚稻、春花生-秋甘薯	一年二熟、一年三熟
广东广州市	黄埔区	甘薯-早稻-晚稻、春花生-秋甘薯	一年二熟、一年三熟

表 B.2（续）

省(区、市)	县(市、区、旗)	标准耕作制度	复种类型
广东广州市	荔湾区	甘薯-早稻-晚稻、春花生-秋甘薯	一年二熟、一年三熟
广东广州市	萝岗区	甘薯-早稻-晚稻、春花生-秋甘薯	一年二熟、一年三熟
广东广州市	南沙区	甘薯-早稻-晚稻、春花生-秋甘薯	一年二熟、一年三熟
广东广州市	天河区	甘薯-早稻-晚稻、春花生-秋甘薯	一年二熟、一年三熟
广东广州市	越秀区	甘薯-早稻-晚稻、春花生-秋甘薯	一年二熟、一年三熟
广东河源市	源城区	甘薯-早稻-晚稻、春花生-秋甘薯	一年二熟、一年三熟
广东河源市	东源县	甘薯-早稻-晚稻、春花生-秋甘薯	一年二熟、一年三熟
广东河源市	和平县	早稻-晚稻、春花生-秋甘薯	一年二熟
广东河源市	连平县	早稻-晚稻、春花生-秋甘薯	一年二熟
广东河源市	龙川县	早稻-晚稻、春花生-秋甘薯	一年二熟
广东河源市	紫金县	甘薯-早稻-晚稻、春花生-秋甘薯	一年二熟、一年三熟
广东惠州市	惠城区	甘薯-早稻-晚稻、春花生-秋甘薯	一年二熟、一年三熟
广东惠州市	惠阳区	甘薯-早稻-晚稻、春花生-秋甘薯	一年二熟、一年三熟
广东惠州市	博罗县	甘薯-早稻-晚稻、春花生-秋甘薯	一年二熟、一年三熟
广东惠州市	惠东县	甘薯-早稻-晚稻、春花生-秋甘薯	一年二熟、一年三熟
广东惠州市	龙门县	甘薯-早稻-晚稻、春花生-秋甘薯	一年二熟、一年三熟
广东江门市	恩平市	甘薯-早稻-晚稻、春花生-秋甘薯	一年二熟、一年三熟
广东江门市	鹤山市	甘薯-早稻-晚稻、春花生-秋甘薯	一年二熟、一年三熟
广东江门市	开平市	甘薯-早稻-晚稻、春花生-秋甘薯	一年二熟、一年三熟
广东江门市	台山市	甘薯-早稻-晚稻、春花生-秋甘薯	一年二熟、一年三熟
广东江门市	江海区	甘挚早稻-晚稻、春花生-秋甘薯	一年二熟、一年三熟
广东江门市	蓬江区	甘薯-早稻-晚稻、春花生-秋甘薯	一年二熟、一年三熟
广东江门市	新会区	甘薯-早稻-晚稻、春花生-秋甘薯	一年二熟、一年三熟
广东揭阳市	普宁市	甘薯-早稻-晚稻、春花生-秋甘薯	一年二熟、一年三熟
广东揭阳市	榕城区	甘薯-早稻-晚稻、春花生-秋甘薯	一年二熟、一年三熟
广东揭阳市	惠来县	甘薯-早稻-晚稻、春花生-秋甘薯	一年二熟、一年三熟
广东揭阳市	揭东县	甘薯-早稻-晚稻、春花生-秋甘薯	一年二熟、一年三熟
广东揭阳市	揭西县	甘薯-早稻-晚稻、春花生-秋甘薯	一年二熟、一年三熟
广东茂名市	高州市	甘薯-早稻-晚稻、春花生-秋甘薯	一年二熟、一年三熟
广东茂名市	化州市	甘薯-早稻-晚稻、春花生-秋甘薯	一年二熟、一年三熟
广东茂名市	信宜市	甘薯-早稻-晚稻、春花生-秋甘薯	一年二熟、一年三熟
广东茂名市	茂港区	甘薯-早稻-晚稻、春花生-秋甘薯	一年二熟、一年三熟
广东茂名市	茂南区	甘薯-早稻-晚稻、春花生-秋甘薯	一年二熟、一年三熟
广东茂名市	电白县	甘薯-早稻-晚稻、春花生-秋甘薯	一年二熟、一年三熟

表 B.2（续）

省(区、市)	县(市、区、旗)	标准耕作制度	复种类型
广东梅州市	兴宁市	早稻-晚稻、春花生-秋甘薯	一年二熟
广东梅州市	梅江区	早稻-晚稻、春花生-秋甘薯	一年二熟
广东梅州市	大埔县	早稻-晚稻、春花生-秋甘薯	一年二熟
广东梅州市	丰顺县	甘薯-早稻-晚稻、春花生-秋甘薯	一年二熟、一年三熟
广东梅州市	蕉岭县	早稻-晚稻、春花生-秋甘薯	一年二熟
广东梅州市	梅县	早稻-晚稻、春花生-秋甘薯	一年二熟
广东梅州市	平远县	甘薯-早稻-晚稻、春花生-秋甘薯	一年二熟、一年三熟
广东梅州市	五华县	油菜-早稻-晚稻、春花生-秋甘薯	一年二熟、一年三熟
广东清远市	连州市	早稻-晚稻、春花生-秋甘薯	一年二熟
广东清远市	英德市	早稻-晚稻、春花生-秋甘薯	一年二熟
广东清远市	清城区	甘薯-早稻-晚稻、春花生-秋甘薯	一年二熟、一年三熟
广东清远市	佛冈县	甘薯-早稻-晚稻、春花生-秋甘薯	一年二熟、一年三熟
广东清远市	连南瑶族自治县	早稻-晚稻、春花生-秋甘薯	一年二熟
广东清远市	连山壮族瑶族自治县	早稻-晚稻、春花生-秋甘薯	一年二熟
广东清远市	清新县	甘薯-早稻-晚稻、春花生-秋甘薯	一年二熟、一年三熟
广东清远市	阳山县	早稻-晚稻、春花生-秋甘薯	一年二熟
广东汕头市	潮南区	甘薯-早稻-晚稻、春花生-秋甘薯	一年二熟、一年三熟
广东汕头市	潮阳区	甘薯-早稻-晚稻、春花生-秋甘薯	一年二熟、一年三熟
广东汕头市	澄海区	甘薯-早稻-晚稻、春花生-秋甘薯	一年二熟、一年三熟
广东汕头市	濠江区	甘薯-早稻-晚稻、春花生-秋甘薯	一年二熟、一年三熟
广东汕头市	金平区	甘薯-早稻-晚稻、春花生-秋甘薯	一年二熟、一年三熟
广东汕头市	龙湖区	甘薯-早稻-晚稻、春花生-秋甘薯	一年二熟、一年三熟
广东汕头市	南澳县	甘薯-早稻-晚稻、春花生-秋甘薯	一年二熟、一年三熟
广东汕尾市	陆丰市	甘薯-早稻-晚稻、春花生-秋甘薯	一年二熟、一年三熟
广东汕尾市	城区	甘薯-早稻-晚稻、春花生-秋甘薯	一年二熟、一年三熟
广东汕尾市	海丰县	甘薯-早稻-晚稻、春花生-秋甘薯	一年二熟、一年三熟
广东汕尾市	陆河县	甘薯-早稻-晚稻、春花生-秋甘薯	一年二熟、一年三熟
广东韶关市	乐昌市	早稻-晚稻、春花生-秋甘薯	一年二熟
广东韶关市	南雄市	早稻-晚稻、春花生-秋甘薯	一年二熟
广东韶关市	曲江区	早稻-晚稻、春花生-秋甘薯	一年二熟
广东韶关市	武江区	早稻-晚稻、春花生-秋甘薯	一年二熟
广东韶关市	浈江区	早稻-晚稻、春花生-秋甘薯	一年二熟
广东韶关市	仁化县	早稻-晚稻、春花生-秋甘薯	一年二熟
广东韶关市	乳源瑶族自治县	早稻-晚稻、春花生-秋甘薯	一年二熟

表 B.2（续）

省(区、市)	县(市、区、旗)	标准耕作制度	复种类型
广东韶关市	始兴县	早稻-晚稻、春花生-秋甘薯	一年二熟
广东韶关市	翁源县	早稻-晚稻、春花生-秋甘薯	一年二熟
广东韶关市	新丰县	早稻-晚稻、春花生-秋甘薯	一年二熟
广东深圳市	宝安区	甘薯-早稻-晚稻、春花生-秋甘薯	一年二熟、一年三熟
广东深圳市	福田区	甘薯-早稻-晚稻、春花生-秋甘薯	一年二熟、一年三熟
广东深圳市	龙岗区	甘薯-早稻-晚稻、春花生-秋甘薯	一年二熟、一年三熟
广东深圳市	罗湖区	甘薯-早稻-晚稻、春花生-秋甘薯	一年二熟、一年三熟
广东深圳市	南山区	甘薯-早稻-晚稻、春花生-秋甘薯	一年二熟、一年三熟
广东深圳市	盐田区	甘曹-早稻-晚稻、春花生-秋甘薯	一年二熟、一年三熟
广东阳江市	阳春市	甘薯-早稻-晚稻、春花生-秋甘薯	一年二熟、一年三熟
广东阳江市	江城区	甘薯-早稻-晚稻、春花生-秋甘薯	一年二熟、一年三熟
广东阳江市	阳东县	甘薯-早稻-晚稻、春花生-秋甘薯	一年二熟、一年三熟
广东阳江市	阳西县	甘薯-早稻-晚稻、春花生-秋甘薯	一年二熟、一年三熟
广东云浮市	罗定市	甘薯-早稻-晚稻、春花生-秋甘薯	一年二熟、一年三熟
广东云浮市	云城区	甘薯-早稻-晚稻、春花生-秋甘薯	一年二熟、一年三熟
广东云浮市	新兴县	甘薯-早稻-晚稻、春花生-秋甘薯	一年二熟、一年三熟
广东云浮市	郁南县	甘薯-早稻-晚稻、春花生-秋甘薯	一年二熟、一年三熟
广东云浮市	云安县	甘薯-早稻-晚稻、春花生-秋甘薯	一年二熟、一年三熟
广东湛江市	雷州市	甘薯-早稻-晚稻、春花生-秋甘薯	一年二熟、一年三熟
广东湛江市	廉江市	甘薯-早稻-晚稻、春花生-秋甘薯	一年二熟、一年三熟
广东湛江市	吴川市	甘薯-早稻-晚稻、春花生-秋甘薯	一年二熟、一年三熟
广东湛江市	赤坎区	甘薯-早稻-晚稻、春花生-秋甘薯	一年二熟、一年三熟
广东湛江市	麻章区	甘薯-早稻-晚稻、春花生-秋甘薯	一年二熟、一年三熟
广东湛江市	坡头区	甘薯-早稻-晚稻、春花生-秋甘薯	一年二熟、一年三熟
广东湛江市	霞山区	甘薯-早稻-晚稻、春花生-秋甘薯	一年二熟、一年三熟
广东湛江市	遂溪县	甘薯-早稻-晚稻、春花生-秋甘薯	一年二熟、一年三熟
广东湛江市	徐闻县	甘薯-早稻-晚稻、春花生-秋甘薯	一年二熟、一年三熟
广东肇庆市	高要市	甘薯-早稻-晚稻、春花生-秋甘薯	一年二熟、一年三熟
广东肇庆市	四会市	甘薯-早稻-晚稻、春花生-秋甘薯	一年二熟、一年三熟
广东肇庆市	鼎湖区	甘薯-早稻-晚稻、春花生-秋甘薯	一年二熟、一年二熟
广东肇庆市	端州区	甘薯-早稻-晚稻、春花生-秋甘薯	一年二熟、一牛二熟
广东肇庆市	德庆县	甘薯-早稻-晚稻、春花生-秋甘薯	一年二熟、一年三熟
广东肇庆市	封开县	早稻-晚稻、春花生-秋甘薯	一年二熟
广东肇庆市	广宁县	早稻-晚稻、春花生-秋甘薯	一年二熟

表 B.2（续）

省(区、市)	县(市、区、旗)	标准耕作制度	复种类型
广东肇庆市	怀集县	早稻-晚稻、春花生-秋甘薯	一年二熟
广东中山市	中山市	甘薯-早稻-晚稻、春花生-秋甘薯	一年二熟、一年三熟
广东珠海市	斗门区	甘薯-早稻-晚稻、春花生-秋甘薯	一年二熟、一年三熟
广东珠海市	金湾区	甘薯-早稻-晚稻、春花生-秋甘薯	一年二熟、一年三熟
广东珠海市	香洲区	甘薯-早稻-晚稻、春花生-秋甘薯	一年二熟、一年三熟
广西百色市	右江区	早稻-晚稻-晚玉米	一年三熟
广西百色市	德保县	旱玉米-晚稻、早稻-晚稻	一年二熟
广西百色市	靖西县	旱玉米-晚稻、早稻-晚稻	一年二熟
广西百色市	乐业县	中稻或中稻-玉米	一年一熟、一年二熟
广西百色市	凌云县	中稻或中稻-玉米	一年一熟、一年二熟
广西百色市	隆林各族自治县	中稻或中稻-玉米	一年一熟、一年二熟
广西百色市	那坡县	旱玉米-晚稻、早稻-晚稻	一年二熟
广西百色市	平果县	旱玉米-晚稻、早稻-晚稻	一年二熟
广西百色市	田东县	早稻-晚稻-晚玉米	一年三熟
广西百色市	田林县	中稻或中稻-玉米	一年一熟、一年二熟
广西百色市	田阳县	早稻-晚稻-晚玉米	一年三熟
广西百色市	西林县	中稻或中稻-玉米	一年一熟、一年二熟
广西北海市	海城区	早稻-晚稻	一年二熟
广西北海市	铁山港区	早稻-晚稻	一年二熟
广西北海市	银海区	早稻-晚稻	一年二熟
广西北海市	合浦县	早稻-晚稻	一年二熟
广西崇左市	凭祥市	早稻-晚稻	一年二熟
广西崇左市	江洲区	早稻-晚稻	一年二熟
广西崇左市	大新县	早稻-晚稻	一年二熟
广西崇左市	扶绥县	早稻-晚稻	一年二熟
广西崇左市	龙州县	早稻-晚稻	一年二熟
广西崇左市	宁明县	早稻-晚稻	一年二熟
广西崇左市	天等县	旱玉米-晚稻、早稻-晚稻	一年二熟
广西防城港市	东兴市	早稻-晚稻	一年二熟
广西防城港市	防城区	早稻-晚稻	一年二熟
广西防城港市	港口区	早稻-晚稻	一年二熟
广西防城港市	上思县	早稻-晚稻	一年二熟
广西贵港市	桂平市	早稻-晚稻	一年二熟
广西贵港市	港北区	早稻-晚稻	一年二熟

表 B.2（续）

省（区、市）	县（市、区、旗）	标准耕作制度	复种类型
广西贵港市	港南区	早稻-晚稻	一年二熟
广西贵港市	覃塘区	早稻-晚稻	一年二熟
广西贵港市	平南县	早稻-晚稻	一年二熟
广西桂林市	叠彩区	早稻-晚稻或甘蔗	一年二熟
广西桂林市	七星区	早稻-晚稻或甘蔗	一年二熟
广西桂林市	象山区	早稻-晚稻或甘蔗	一年二熟
广西桂林市	秀峰区	早稻-晚稻或甘蔗	一年二熟
广西桂林市	雁山区	早稻-晚稻或甘蔗	一年二熟
广西桂林市	恭城瑶族自治县	早稻-晚稻或甘蔗	一年二熟
广西桂林市	灌阳县	早稻-晚稻或甘蔗	一年二熟
广西桂林市	荔浦县	早稻-晚稻或甘蔗	一年二熟
广西桂林市	临桂县	早稻-晚稻或甘蔗	一年二熟
广西桂林市	灵川县	早稻-晚稻或甘蔗	一年二熟
广西桂林市	龙胜各族自治县	中稻或中稻-玉米	一年一熟、一年二熟
广西桂林市	平乐县	早稻-晚稻或甘蔗	一年二熟
广西桂林市	全州县	早稻-晚稻或甘蔗	一年二熟
广西桂林市	兴安县	早稻-晚稻或甘蔗	一年二熟
广西桂林市	阳朔县	早稻-晚稻或甘蔗	一年二熟
广西桂林市	永福县	早稻-晚稻或甘蔗	一年二熟
广西桂林市	资源县	中稻或中稻-玉米	一年一熟、一年二熟
广西河池市	宜州市	早稻-晚稻或玉米-晚稻	一年二熟
广西河池市	金城江区	早稻-晚稻或玉米-晚稻	一年二熟
广西河池市	巴马瑶族自治县	中稻或中稻-玉米	一年一熟、一年二熟
广西河池市	大化瑶族自治县	早稻-晚稻或玉米-晚稻	一年二熟
广西河池市	东兰县	中稻或中稻-玉米	一年一熟、一年二熟
广西河池市	都安瑶族自治县	早稻-晚稻或玉米-晚稻	一年二熟
广西河池市	凤山县	中稻或中稻-玉米	一年一熟、一年二熟
广西河池市	环江毛南族自治县	中稻或中稻-玉米	一年一熟、一年二熟
广西河池市	罗城仫佬族自治县	早稻-晚稻或玉米-晚稻	一年二熟
广西河池市	南丹县	中稻或中稻-玉米	一年一熟、一年二熟
广西河池市	天峨县	中稻或中稻-玉米	一年一熟、一年二熟
广西贺州市	八步区	早稻-晚稻或甘蔗	一年二熟
广西贺州市	富川瑶族自治县	早稻-晚稻或甘蔗	一年二熟
广西贺州市	昭平县	早稻-晚稻或甘蔗	一年二熟

表 B.2（续）

省(区、市)	县(市、区、旗)	标准耕作制度	复种类型
广西贺州市	钟山县	早稻-晚稻或甘蔗	一年二熟
广西来宾市	合山市	早稻-晚稻或玉米-晚稻	一年二熟
广西来宾市	兴宾区	早稻-晚稻或玉米-晚稻	一年二熟
广西来宾市	金秀瑶族自治县	早稻-晚稻或甘蔗	一年二熟
广西来宾市	武宣县	早稻-晚稻或甘蔗	一年二熟
广西来宾市	象州县	早稻-晚稻或甘蔗	一年二熟
广西来宾市	忻城县	早稻-晚稻或玉米-晚稻	一年二熟
广西柳州市	城中区	早稻-晚稻或玉米-晚稻	一年二熟
广西柳州市	柳北区	早稻-晚稻或玉米-晚稻	一年二熟
广西柳州市	柳南区	早稻-晚稻或玉米-晚稻	一年二熟
广西柳州市	鱼峰区	早稻-晚稻或玉米-晚稻	一年二熟
广西柳州市	柳城县	早稻-晚稻或玉米-晚稻	一年二熟
广西柳州市	柳江县	早稻-晚稻或玉米-晚稻	一年二熟
广西柳州市	鹿寨县	早稻-晚稻或甘蔗	一年二熟
广西柳州市	融安县	早稻-晚稻或甘蔗	一年二熟
广西柳州市	融水苗族自治县	中稻或中稻-玉米	一年一熟、一年二熟
广西柳州市	三江侗族自治县	中稻或中稻-玉米	一年一熟、一年二熟
广西南宁市	江南区	早稻-晚稻	一年二熟
广西南宁市	良庆区	早稻-晚稻	一年二熟
广西南宁市	青秀区	早稻-晚稻	一年二熟
广西南宁市	西乡塘区	早稻-晚稻	一年二熟
广西南宁市	兴宁区	早稻-晚稻	一年二熟
广西南宁市	邕宁区	早稻-晚稻	一年二熟
广西南宁市	宾阳县	早稻-晚稻	一年二熟
广西南宁市	横县	早稻-晚稻	一年二熟
广西南宁市	隆安县	早稻-晚稻	一年二熟
广西南宁市	马山县	早稻-晚稻或玉米-晚稻	一年二熟
广西南宁市	上林县	早稻-晚稻	一年二熟
广西南宁市	武鸣县	早稻-晚稻	一年二熟
广西钦州市	钦北区	早稻-晚稻	一年二熟
广西钦州市	钦南区	早稻-晚稻	一年二熟
广西钦州市	灵山县	早稻-晚稻	一年二熟
广西钦州市	浦北县	早稻-晚稻	一年二熟
广西梧州市	岑溪市	早稻-晚稻	一年二熟

表 B.2（续）

省(区、市)	县(市、区、旗)	标准耕作制度	复种类型
广西梧州市	长洲区	早稻-晚稻	一年二熟
广西梧州市	蝶山区	早稻-晚稻	一年二熟
广西梧州市	万秀区	早稻-晚稻	一年二熟
广西梧州市	苍梧县	早稻-晚稻	一年二熟
广西梧州市	蒙山县	早稻-晚稻或甘蔗	一年二熟
广西梧州市	藤县	早稻-晚稻	一年二熟
广西玉林市	北流市	早稻-晚稻	一年二熟
广西玉林市	玉州区	早稻-晚稻	一年二熟
广西玉林市	博白县	早稻-晚稻	一年二熟
广西玉林市	陆川县	早稻-晚稻	一年二熟
广西玉林市	容县	早稻-晚稻	一年二熟
广西玉林市	兴业县	早稻-晚稻	一年二熟
贵州安顺市	西秀区	油菜-水稻、小麦/玉米	一年二熟
贵州安顺市	关岭布依族苗族自治县	油菜-水稻、小麦/玉米	一年二熟
贵州安顺市	平坝县	油菜-水稻、小麦/玉米	一年二熟
贵州安顺市	普定县	油菜-水稻、小麦/玉米	一年二熟
贵州安顺市	镇宁布依族苗族自治县	油菜-水稻、小麦/玉米	一年二熟
贵州安顺市	紫云苗族布依族自治县	油菜-水稻、小麦/玉米	一年二熟
贵州毕节地区	毕节市	油菜-水稻、小麦/玉米	一年二熟
贵州毕节地区	大方县	油菜-水稻、小麦/玉米	一年二熟
贵州毕节地区	纳雍县	油菜-水稻、小麦/玉米	一年二熟
贵州毕节地区	黔西县	油菜-水稻、小麦/玉米	一年二熟
贵州毕节地区	威宁彝族回族苗族自治县	水稻、玉米、马铃薯	一年一熟
贵州毕节地区	织金县	油菜-水稻、小麦/玉米	一年二熟
贵州毕节地区	金沙县	油菜-水稻、小麦/玉米	一年二熟
贵州贵阳市	清镇市	油菜-水稻、小麦/玉米	一年二熟
贵州贵阳市	白云区	油菜-水稻、小麦/玉米	一年二熟
贵州贵阳市	花溪区	油菜-水稻、小麦/玉米	一年二熟
贵州贵阳市	南明区	油菜-水稻、小麦/玉米	一年二熟
贵州贵阳市	乌当区	油菜-水稻、小麦/玉米	一年二熟

表 B.2（续）

省(区、市)	县(市、区、旗)	标准耕作制度	复种类型
贵州贵阳市	小河区	油菜-水稻、小麦/玉米	一年二熟
贵州贵阳市	云岩区	油菜-水稻、小麦/玉米	一年二熟
贵州贵阳市	开阳县	油菜-水稻、小麦/玉米	一年二熟
贵州贵阳市	息烽县	油菜-水稻、小麦/玉米	一年二熟
贵州贵阳市	修文县	油菜-水稻、小麦/玉米	一年二熟
贵州六盘水市	六枝特区	油菜-水稻、小麦/玉米	一年二熟
贵州六盘水市	钟山区	油菜-水稻、小麦/玉米	一年二熟
贵州六盘水市	盘县	油菜-水稻、小麦/玉米	一年二熟
贵州六盘水市	水城县	油菜-水稻、小麦/玉米	一年二熟
贵州黔东南苗族侗族自治州	凯里市	小麦-水稻、小麦/玉米	一年二熟
贵州黔东南苗族侗族自治州	岑巩县	小麦-水稻、小麦/玉米	一年二熟
贵州黔东南苗族侗族自治州	从江县	小麦-水稻、小麦/玉米	一年二熟
贵州黔东南苗族侗族自治州	丹寨县	油菜-水稻、小麦/玉米	一年二熟
贵州黔东南苗族侗族自治州	黄平县	油菜-水稻、小麦/玉米	一年二熟
贵州黔东南苗族侗族自治州	剑河县	小麦-水稻、小麦/玉米	一年二熟
贵州黔东南苗族侗族自治州	锦屏县	小麦-水稻、小麦/玉米	一年二熟
贵州黔东南苗族侗族自治州	雷山县	小麦-水稻、小麦/玉米	一年二熟
贵州黔东南苗族侗族自治州	黎平县	小麦-水稻、小麦/玉米	一年二熟
贵州黔东南苗族侗族自治州	麻江县	油菜-水稻、小麦/玉米	一年二熟
贵州黔东南苗族侗族自治州	榕江县	小麦-水稻、小麦/玉米	一年二熟
贵州黔东南苗族侗族自治州	三穗县	小麦-水稻、小麦/玉米	一年二熟

表 B.2（续）

省(区、市)	县(市、区、旗)	标准耕作制度	复种类型
贵州黔东南苗族侗族自治州	施秉县	小麦-水稻、小麦/玉米	一年二熟
贵州黔东南苗族侗族自治州	台江县	小麦-水稻、小麦/玉米	一年二熟
贵州黔东南苗族侗族自治州	天柱县	小麦-水稻、小麦/玉米	一年二熟
贵州黔东南苗族侗族自治州	镇远县	小麦-水稻、小麦/玉米	一年二熟
贵州黔南布依族苗族自治州	都匀市	油菜-水稻、小麦/玉米	一年二熟
贵州黔南布依族苗族自治州	福泉市	油菜-水稻、小麦/玉米	一年二熟
贵州黔南布依族苗族自治州	长顺县	油菜-水稻、小麦/玉米	一年二熟
贵州黔南布依族苗族自治州	独山县	油菜-水稻、小麦/玉米	一年二熟
贵州黔南布依族苗族自治州	贵定县	油菜-水稻、小麦/玉米	一年二熟
贵州黔南布依族苗族自治州	惠水县	油菜-水稻、小麦/玉米	一年二熟
贵州黔南布依族苗族自治州	荔波县	油菜-水稻、小麦/玉米	一年二熟
贵州黔南布依族苗族自治州	龙里县	油菜-水稻、小麦/玉米	一年二熟
贵州黔南布依族苗族自治州	罗甸县	油菜-水稻、小麦/玉米	一年二熟
贵州黔南布依族苗族自治州	平塘县	油菜-水稻、小麦/玉米	一年二熟
贵州黔南布依族苗族自治州	三都水族自治县	小麦-水稻、小麦/玉米	一年二熟
贵州黔南布依族苗族自治州	瓮安县	油菜-水稻、小麦/玉米	一年二熟
贵州黔西南布依族苗族自治州	兴义市	油菜-水稻、小麦/玉米	一年二熟

表 B.2（续）

省(区、市)	县(市、区、旗)	标准耕作制度	复种类型
贵州黔西南布依族苗族自治州	安龙县	油菜-水稻、小麦/玉米	一年二熟
贵州黔西南布依族苗族自治州	册亨县	油菜-水稻、小麦/玉米	一年二熟
贵州黔西南布依族苗族自治州	普安县	油菜-水稻、小麦/玉米	一年二熟
贵州黔西南布依族苗族自治州	晴隆县	油菜-水稻、小麦/玉米	一年二熟
贵州黔西南布依族苗族自治州	望谟县	油菜-水稻、小麦/玉米	一年二熟
贵州黔西南布依族苗族自治州	兴仁县	油菜-水稻、小麦/玉米	一年二熟
贵州黔西南布依族苗族自治州	贞丰县	油菜-水稻、小麦/玉米	一年二熟
贵州铜仁地区	铜仁市	小麦-水稻、小麦/玉米	一年二熟
贵州铜仁地区	万山特区	小麦-水稻、小麦/玉米	一年二熟
贵州铜仁地区	德江县	小麦-水稻、小麦/玉米	一年二熟
贵州铜仁地区	江口县	小麦-水稻、小麦/玉米	一年二熟
贵州铜仁地区	石阡县	小麦-水稻、小麦/玉米	一年二熟
贵州铜仁地区	思南县	小麦-水稻、小麦/玉米	一年二熟
贵州铜仁地区	松桃苗族自治县	小麦-水稻、小麦/玉米	一年二熟
贵州铜仁地区	沿河土家族自治县	小麦-水稻、小麦/玉米	一年二熟
贵州铜仁地区	印江土家族苗族自治县	小麦-水稻、小麦/玉米	一年二熟
贵州铜仁地区	玉屏侗族自治县	小麦-水稻、小麦/玉米	一年二熟
贵州威宁彝族回族苗族自治县	赫章县	水稻、玉米、马铃薯	一年一熟
贵州遵义市	赤水市	小麦-水稻、小麦/玉米	一年二熟
贵州遵义市	仁怀市	小麦-水稻、小麦/玉米	一年二熟
贵州遵义市	红花岗区	油菜-水稻、小麦/玉米	一年二熟
贵州遵义市	汇川区	油菜-水稻、小麦/玉米	一年二熟
贵州遵义市	道真仡佬族苗族自治县	小麦-水稻、小麦/玉米	一年二熟
贵州遵义市	凤冈县	小麦-水稻、小麦/玉米	一年二熟

表 B.2（续）

省(区、市)	县(市、区、旗)	标准耕作制度	复种类型
贵州遵义市	湄潭县	油菜-水稻、小麦/玉米	一年二熟
贵州遵义市	绥阳县	小麦-水稻、小麦/玉米	一年二熟
贵州遵义市	桐梓县	小麦-水稻、小麦/玉米	一年二熟
贵州遵义市	务川仡佬族苗族自治县	小麦-水稻、小麦/玉米	一年二熟
贵州遵义市	习水县	小麦-水稻、小麦/玉米	一年二熟
贵州遵义市	余庆县	油菜-水稻、小麦/玉米	一年二熟
贵州遵义市	正安县	小麦-水稻、小麦/玉米	一年二熟
贵州遵义市	遵义县	油菜-水稻、小麦/玉米	一年二熟
海南海口市	龙华区	早稻-晚稻、春甘薯-秋甘薯(旱)	一年二熟
海南海口市	美兰区	早稻-晚稻、春甘薯-秋甘薯(旱)	一年二熟
海南海口市	琼山区	早稻-晚稻、春甘薯-秋甘薯(旱)	一年二熟
海南海口市	秀英区	早稻-晚稻、春甘薯-秋甘薯(旱)	一年二熟
海南三亚市	市辖区	早稻-晚稻、春甘薯-秋甘薯(旱)	一年二熟
海南省直辖	白沙黎族自治县	早稻-晚稻、春甘薯-秋甘薯(旱)	一年二熟
海南省直辖	保亭黎族苗族自治县	早稻-晚稻、春甘薯-秋甘薯(旱)	一年二熟
海南省直辖	昌江黎族自治县	早稻-晚稻、春甘薯-秋甘薯(旱)	一年二熟
海南省直辖	澄迈县	早稻-晚稻、春甘薯-秋甘薯(旱)	一年二熟
海南省直辖	儋州市	早稻-晚稻、春甘薯-秋甘薯(旱)	一年二熟
海南省直辖	定安县	早稻-晚稻、春甘薯-秋甘薯(旱)	一年二熟
海南省直辖	东方市	早稻-晚稻、春甘薯-秋甘薯(旱)	一年二熟
海南省直辖	乐东黎族自治县	早稻-晚稻、春甘薯-秋甘薯(旱)	一年二熟
海南省直辖	临高县	早稻-晚稻、春甘薯-秋甘薯(旱)	一年二熟
海南省直辖	陵水黎族自治县	早稻-晚稻、春甘薯-秋甘薯(旱)	一年二熟
海南省直辖	琼海市	早稻-晚稻、春甘薯-秋甘薯(旱)	一年二熟
海南省直辖	琼中黎族苗族自治县	早稻-晚稻、春甘薯-秋甘薯	一年二熟
海南省直辖	屯昌县	早稻-晚稻、春甘薯-秋甘薯(旱)	一年二熟
海南省直辖	万宁市	早稻-晚稻、春甘薯-秋甘薯(旱)	一年二熟
海南省直辖	文昌市	早稻-晚稻、春甘薯-秋甘薯(旱)	一年二熟
海南省直辖	五指山市	早稻-晚稻、春甘薯-秋甘薯(旱)	一年二熟
河北保定市	安国市	小麦-玉米、小麦/棉花	一年二熟
河北保定市	定州市	小麦-玉米、小麦/棉花	一年二熟
河北保定市	高碑店市	小麦-玉米、小麦/棉花	一年二熟
河北保定市	涿州市	小麦-玉米、小麦/棉花	一年二熟

表 B.2（续）

省(区、市)	县(市、区、旗)	标准耕作制度	复种类型
河北保定市	北市区	小麦-玉米、小麦/棉花	一年二熟
河北保定市	南市区	小麦-玉米、小麦/棉花	一年二熟
河北保定市	新市区	小麦-玉米、小麦/棉花	一年二熟
河北保定市	安新县	小麦-玉米、小麦/棉花	一年二熟
河北保定市	博野县	小麦-玉米、小麦/棉花	一年二熟
河北保定市	定兴县	小麦-玉米、小麦/棉花	一年二熟
河北保定市	阜平县	小麦-玉米、小麦/棉花	一年二熟
河北保定市	高阳县	小麦-玉米、小麦/棉花	一年二熟
河北保定市	涞水县	小麦-玉米、小麦/棉花	一年二熟
河北保定市	涞源县	小麦-玉米、小麦/棉花	一年二熟
河北保定市	蠡县	小麦-玉米、小麦/棉花	一年二熟
河北保定市	满城县	小麦-玉米、小麦/棉花	一年二熟
河北保定市	清苑县	小麦-玉米、小麦/棉花	一年二熟
河北保定市	曲阳县	小麦-玉米、小麦/棉花	一年二熟
河北保定市	容城县	小麦-玉米、小麦/棉花	一年二熟
河北保定市	顺平县	小麦-玉米、小麦/棉花	一年二熟
河北保定市	唐县	小麦-玉米、小麦/棉花	一年二熟
河北保定市	望都县	小麦-玉米、小麦/棉花	一年二熟
河北保定市	雄县	小麦-玉米、小麦/棉花	一年二熟
河北保定市	徐水县	小麦-玉米、小麦/棉花	一年二熟
河北保定市	易县	小麦-玉米、小麦/棉花	一年二熟
河北沧州市	泊头市	小麦-玉米、小麦/棉花	一年二熟
河北沧州市	河间市	小麦-玉米、小麦/棉花	一年二熟
河北沧州市	黄骅市	小麦-玉米、小麦/棉花	一年二熟
河北沧州市	任丘市	小麦-玉米、小麦/棉花	一年二熟
河北沧州市	新华区	小麦-玉米、小麦/棉花	一年二熟
河北沧州市	运河区	小麦-玉米、小麦/棉花	一年二熟
河北沧州市	沧县	小麦-玉米、小麦/棉花	一年二熟
河北沧州市	东光县	小麦-玉米、小麦/棉花	一年二熟
河北沧州市	海兴县	小麦-玉米、小麦/棉花	一年二熟
河北沧州市	孟村回族自治县	小麦-玉米、小麦/棉花	一年二熟
河北沧州市	南皮县	小麦-玉米、小麦/棉花	一年二熟
河北沧州市	青县	小麦-玉米、小麦/棉花	一年二熟
河北沧州市	肃宁县	小麦-玉米、小麦/棉花	一年二熟

表 B.2（续）

省(区、市)	县(市、区、旗)	标准耕作制度	复种类型
河北沧州市	吴桥县	小麦-玉米、小麦/棉花	一年二熟
河北沧州市	献县	小麦-玉米、小麦/棉花	一年二熟
河北沧州市	盐山县	小麦-玉米、小麦/棉花	一年二熟
河北承德市	双滦区	玉米、春小麦	一年一熟
河北承德市	双桥区	玉米、春小麦	一年一熟
河北承德市	承德县	玉米、春小麦	一年一熟
河北承德市	丰宁满族自治县	玉米、春小麦	一年一熟
河北承德市	宽城满族自治县	玉米、春小麦	一年一熟
河北承德市	隆化县	玉米、春小麦	一年一熟
河北承德市	滦平县	玉米、春小麦	一年一熟
河北承德市	平泉县	玉米、春小麦	一年一熟
河北承德市	围场满族蒙古族自治县	玉米、春小麦	一年一熟
河北承德市	兴隆县	玉米、春小麦	一年一熟
河北承德市	鹰手营子矿区	玉米、春小麦	一年一熟
河北邯郸市	武安市	小麦-玉米、小麦/棉花	一年二熟
河北邯郸市	丛台区	小麦-玉米、小麦/棉花	一年二熟
河北邯郸市	峰峰矿区	小麦-玉米、小麦/棉花	一年二熟
河北邯郸市	复兴区	小麦-玉米、小麦/棉花	一年二熟
河北邯郸市	邯山区	小麦-玉米、小麦/棉花	一年二熟
河北邯郸市	成安县	小麦-玉米、小麦/棉花	一年二熟
河北邯郸市	磁县	小麦-玉米、小麦/棉花	一年二熟
河北邯郸市	大名县	小麦-玉米、小麦/棉花	一年二熟
河北邯郸市	肥乡县	小麦-玉米、小麦/棉花	一年二熟
河北邯郸市	馆陶县	小麦-玉米、小麦/棉花	一年二熟
河北邯郸市	广平县	小麦-玉米、小麦/棉花	一年二熟
河北邯郸市	邯郸县	小麦-玉米、小麦/棉花	一年二熟
河北邯郸市	鸡泽县	小麦-玉米、小麦/棉花	一年二熟
河北邯郸市	临漳县	小麦-玉米、小麦/棉花	一年二熟
河北邯郸市	邱县	小麦-玉米、小麦/棉花	一年二熟
河北邯郸市	曲周县	小麦-玉米、小麦/棉花	一年二熟
河北邯郸市	涉县	小麦-玉米、小麦/棉花	一年二熟
河北邯郸市	魏县	小麦-玉米、小麦/棉花	一年二熟
河北邯郸市	永年县	小麦-玉米、小麦/棉花	一年二熟

表 B.2（续）

省(区、市)	县(市、区、旗)	标准耕作制度	复种类型
河北衡水市	冀州市	小麦-玉米、小麦/棉花	一年二熟
河北衡水市	深州市	小麦-玉米、小麦/棉花	一年二熟
河北衡水市	安平县	小麦-玉米、小麦/棉花	一年二熟
河北衡水市	阜城县	小麦-玉米、小麦/棉花	一年二熟
河北衡水市	故城县	小麦-玉米、小麦/棉花	一年二熟
河北衡水市	景县	小麦-玉米、小麦/棉花	一年二熟
河北衡水市	饶阳县	小麦-玉米、小麦/棉花	一年二熟
河北衡水市	武强县	小麦-玉米、小麦/棉花	一年二熟
河北衡水市	武邑县	小麦-玉米、小麦/棉花	一年二熟
河北衡水市	枣强县	小麦-玉米、小麦/棉花	一年二熟
河北廊坊市	霸州市	小麦-玉米、小麦/棉花	一年二熟
河北廊坊市	三河市	小麦-玉米、小麦/棉花	一年二熟
河北廊坊市	安次区	小麦-玉米、小麦/棉花	一年二熟
河北廊坊市	广阳区	小麦-玉米、小麦/棉花	一年二熟
河北廊坊市	大厂回族自治县	小麦-玉米、小麦/棉花	一年二熟
河北廊坊市	大城县	小麦-玉米、小麦/棉花	一年二熟
河北廊坊市	固安县	小麦-玉米、小麦/棉花	一年二熟
河北廊坊市	文安县	小麦-玉米、小麦/棉花	一年二熟
河北廊坊市	香河县	小麦-玉米、小麦/棉花	一年二熟
河北廊坊市	永清县	小麦-玉米、小麦/棉花	一年二熟
河北秦皇岛市	北戴河区	小麦-玉米、小麦/棉花	一年二熟
河北秦皇岛市	海港区	小麦-玉米、小麦/棉花	一年二熟
河北秦皇岛市	山海关区	小麦-玉米、小麦/棉花	一年二熟
河北秦皇岛市	昌黎县	小麦-玉米、小麦/棉花	一年二熟
河北秦皇岛市	卢龙县	小麦-玉米、小麦/棉花	一年二熟
河北秦皇岛市	青龙满族自治县	玉米、春小麦	一年一熟
河北秦皇岛市	抚宁县	小麦-玉米、小麦/棉花	一年二熟
河北石家庄市	藁城市	小麦-玉米、小麦/棉花	一年二熟
河北石家庄市	晋州市	小麦-玉米、小麦/棉花	一年二熟
河北石家庄市	鹿泉市	小麦-玉米、小麦/棉花	一年二熟
河北石家庄市	辛集市	小麦-玉米、小麦/棉花	一年二熟
河北石家庄市	新乐市	小麦-玉米、小麦/棉花	一年二熟
河北石家庄市	长安区	小麦-玉米、小麦/棉花	一年二熟
河北石家庄市	井陉矿区	小麦-玉米、小麦/棉花	一年二熟

表 B.2（续）

省(区、市)	县(市、区、旗)	标准耕作制度	复种类型
河北石家庄市	桥东区	小麦-玉米、小麦/棉花	一年二熟
河北石家庄市	桥西区	小麦-玉米、小麦/棉花	一年二熟
河北石家庄市	新华区	小麦-玉米、小麦/棉花	一年二熟
河北石家庄市	裕华区	小麦-玉米、小麦/棉花	一年二熟
河北石家庄市	高邑县	小麦-玉米、小麦/棉花	一年二熟
河北石家庄市	井陉县	小麦-玉米、小麦/棉花	一年二熟
河北石家庄市	灵寿县	小麦-玉米、小麦/棉花	一年二熟
河北石家庄市	栾城县	小麦-玉米、小麦/棉花	一年二熟
河北石家庄市	平山县	小麦-玉米、小麦/棉花	一年二熟
河北石家庄市	深泽县	小麦-玉米、小麦/棉花	一年二熟
河北石家庄市	无极县	小麦-玉米、小麦/棉花	一年二熟
河北石家庄市	行唐县	小麦-玉米、小麦/棉花	一年二熟
河北石家庄市	元氏县	小麦-玉米、小麦/棉花	一年二熟
河北石家庄市	赞皇县	小麦-玉米、小麦/棉花	一年二熟
河北石家庄市	赵县	小麦-玉米、小麦/棉花	一年二熟
河北石家庄市	正定县	小麦-玉米、小麦/棉花	一年二熟
河北唐山市	迁安市	小麦-玉米、小麦/棉花	一年二熟
河北唐山市	遵化市	小麦-玉米、小麦/棉花	一年一熟
河北唐山市	丰南区	小麦-玉米、小麦/棉花	一年二熟
河北唐山市	丰润区	小麦-玉米、小麦/棉花	一年二熟
河北唐山市	古冶区	小麦-玉米、小麦/棉花	一年二熟
河北唐山市	开平区	小麦-玉米、小麦/棉花	一年二熟
河北唐山市	路北区	小麦-玉米、小麦/棉花	一年二熟
河北唐山市	路南区	小麦-玉米、小麦/棉花	一年二熟
河北唐山市	乐亭县	小麦-玉米、小麦/棉花	一年二熟
河北唐山市	滦南县	小麦-玉米、小麦/棉花	一年二熟
河北唐山市	滦县	小麦-玉米、小麦/棉花	一年二熟
河北唐山市	迁西县	小麦-玉米、小麦/棉花	一年二熟
河北唐山市	唐海县	小麦-玉米、小麦/棉花	一年二熟
河北唐山市	玉田县	小麦-玉米、小麦/棉花	一年二熟
河北邢台市	南宫市	小麦-玉米、小麦/棉花	一年二熟
河北邢台市	沙河市	小麦-玉米、小麦/棉花	一年二熟
河北邢台市	桥东区	小麦-玉米、小麦/棉花	一年二熟
河北邢台市	桥西区	小麦-玉米、小麦/棉花	一年二熟

表 B.2（续）

省(区、市)	县(市、区、旗)	标准耕作制度	复种类型
河北邢台市	柏乡县	小麦-玉米、小麦/棉花	一年二熟
河北邢台市	广宗县	小麦-玉米、小麦/棉花	一年二熟
河北邢台市	巨鹿县	小麦-玉米、小麦/棉花	一年二熟
河北邢台市	临城县	小麦-玉米、小麦/棉花	一年二熟
河北邢台市	临西县	小麦-玉米、小麦/棉花	一年二熟
河北邢台市	隆尧县	小麦-玉米、小麦/棉花	一年二熟
河北邢台市	内丘县	小麦-玉米、小麦/棉花	一年二熟
河北邢台市	南和县	小麦-玉米、小麦/棉花	一年二熟
河北邢台市	宁晋县	小麦-玉米、小麦/棉花	一年二熟
河北邢台市	平乡县	小麦-玉米、小麦/棉花	一年二熟
河北邢台市	清河县	小麦-玉米、小麦/棉花	一年二熟
河北邢台市	任县	小麦-玉米、小麦/棉花	一年二熟
河北邢台市	威县	小麦-玉米、小麦/棉花	一年二熟
河北邢台市	新河县	小麦-玉米、小麦/棉花	一年二熟
河北邢台市	邢台县	小麦-玉米、小麦/棉花	一年二熟
河北张家口市	桥东区	玉米、春小麦	一年一熟
河北张家口市	桥西区	玉米、春小麦	一年一熟
河北张家口市	下花园区	玉米、春小麦	一年一熟
河北张家口市	赤城县	玉米、春小麦	一年一熟
河北张家口市	崇礼县	玉米、春小麦	一年一熟
河北张家口市	沽源县	春小麦	一年一熟
河北张家口市	怀安县	玉米、春小麦	一年一熟
河北张家口市	怀来县	玉米、春小麦	一年一熟
河北张家口市	康保县	春小麦	一年一熟
河北张家口市	尚义县	春小麦	一年一熟
河北张家口市	万全县	玉米、春小麦	一年一熟
河北张家口市	蔚县	玉米、春小麦	一年一熟
河北张家口市	宣化县	玉米、春小麦	一年一熟
河北张家口市	阳原县	玉米、春小麦	一年一熟
河北张家口市	张北县	春小麦	一年一熟
河北张家口市	涿鹿县	玉米、春小麦	一年一熟
河南安阳市	林州市	小麦-玉米、小麦/棉花	一年二熟
河南安阳市	北关区	小麦-玉米、小麦/棉花	一年二熟
河南安阳市	龙安区	小麦-玉米、小麦/棉花	一年二熟

表 B.2(续)

省(区、市)	县(市、区、旗)	标准耕作制度	复种类型
河南安阳市	文峰区	小麦-玉米、小麦/棉花	一年二熟
河南安阳市	殷都区	小麦-玉米、小麦/棉花	一年二熟
河南安阳市	安阳县	小麦-玉米、小麦/棉花	一年二熟
河南安阳市	滑县	小麦-玉米、小麦/棉花	一年二熟
河南安阳市	内黄县	小麦-玉米、小麦/棉花	一年二熟
河南安阳市	汤阴县	小麦-玉米、小麦/棉花	一年二熟
河南鹤壁市	鹤山区	小麦-玉米、小麦/棉花	一年二熟
河南鹤壁市	淇滨区	小麦-玉米、小麦/棉花	一年二熟
河南鹤壁市	山城区	小麦-玉米、小麦/棉花	一年二熟
河南鹤壁市	浚县	小麦-玉米、小麦/棉花	一年二熟
河南鹤壁市	淇县	小麦-玉米、小麦/棉花	一年二熟
河南焦作市	孟州市	小麦-玉米、小麦/棉花	一年二熟
河南焦作市	沁阳市	小麦-玉米、小麦/棉花	一年二熟
河南焦作市	解放区	小麦-玉米、小麦/棉花	一年二熟
河南焦作市	马村区	小麦-玉米、小麦/棉花	一年二熟
河南焦作市	山阳区	小麦-玉米、小麦/棉花	一年二熟
河南焦作市	中站区	小麦-玉米、小麦/棉花	一年二熟
河南焦作市	博爱县	小麦-玉米、小麦/棉花	一年二熟
河南焦作市	温县	小麦-玉米、小麦/棉花	一年二熟
河南焦作市	武陟县	小麦-玉米、小麦/棉花	一年二熟
河南焦作市	修武县	小麦-玉米、小麦/棉花	一年二熟
河南开封市	鼓楼区	小麦-水稻、小麦-玉米、小麦/棉花	一年二熟
河南开封市	金明区	小麦-水稻、小麦-玉米、小麦/棉花	一年二熟
河南开封市	龙亭区	小麦-水稻、小麦-玉米、小麦/棉花	一年二熟
河南开封市	顺河回族区	小麦-水稻、小麦-玉米、小麦/棉花	一年二熟
河南开封市	禹王台区	小麦-水稻、小麦-玉米、小麦/棉花	一年二熟
河南开封市	开封县	小麦-水稻、小麦-玉米、小麦/棉花	一年二熟
河南开封市	兰考县	小麦-水稻、小麦-玉米、小麦/棉花	一年二熟
河南开封市	杞县	小麦-水稻、小麦-玉米、小麦/棉花	一年二熟
河南开封市	通许县	小麦-水稻、小麦-玉米、小麦/棉花	一年二熟
河南开封市	尉氏县	小麦-水稻、小麦-玉米、小麦/棉花	一年二熟
河南洛阳市	瀍河回族区	小麦/玉米(河川地)、小麦-夏玉米→春玉米(丘陵低山)、冬小麦或马铃薯/玉米(中山区)	一年二熟、二年三熟

表 B.2（续）

省(区、市)	县(市、区、旗)	标准耕作制度	复种类型
河南洛阳市	吉利区	小麦/玉米(河川地)、小麦-夏玉米一春玉米(丘陵低山)、冬小麦或马铃薯→玉米(中山区)	一年二熟、二年三熟
河南洛阳市	涧西区	小麦/玉米(河川地)、小麦-夏玉米→春玉米(丘陵低山)、冬小麦或马铃薯/玉米(中山区)	一年二熟、二年三熟
河南洛阳市	老城区	小麦/玉米(河川地)、小麦-夏玉米→春玉米(丘陵低山)、冬小麦或马铃薯/玉米(中山区)	一年二熟、二年三熟
河南洛阳市	栾川县	小麦/玉米(河川地)、小麦-夏玉米→春玉米(丘陵低山)、冬小麦或马铃薯/玉米(中山区)	一年二熟、二年三熟
河南洛阳市	洛龙区	小麦/玉米(河川地)、小麦-夏玉米→春玉米(丘陵低山)、冬小麦或马铃薯/玉米(中山区)	一年二熟、二年三熟
河南洛阳市	西工区	小麦/玉米(河川地)、小麦-夏玉米→春玉米(丘陵低山)、冬小麦或马铃薯/玉米(中山区)	一年二熟、二年三熟
河南洛阳市	洛宁县	小麦/玉米(河川地)、小麦-夏玉米→春玉米(丘陵低山)、冬小麦或马铃薯/玉米(中山区)	一年二熟、二年三熟
河南洛阳市	孟津县	小麦/玉米(河川地)、小麦-夏玉米→春玉米(丘陵低山)、冬小麦或马铃薯/玉米(中山区)	一年二熟、二年三熟
河南洛阳市	汝阳县	小麦-水稻、小麦-玉米、小麦/棉花	一年二熟
河南洛阳市	嵩县	小麦/玉米(河川地)、小麦-夏玉米→春玉米(丘陵低山)、冬小麦或马铃薯/玉米(中山区)	一年二熟、二年三熟
河南洛阳市	新安县	小麦/玉米(河川地)、小麦-夏玉米→春玉米(丘陵低山)、冬小麦或马铃薯/玉米(中山区)	一年二熟、二年三熟
河南洛阳市	偃师市	小麦/玉米(河川地)、小麦-夏玉米→春玉米(丘陵低山)、冬小麦或马铃薯/玉米(中山区)	一年二熟、二年三熟
河南洛阳市	伊川县	小麦/玉米(河川地),小麦-夏玉米→春玉米(丘陵低山)、冬小麦或马铃薯/玉米(中山区)	一年二熟、二年三熟
河南洛阳市	宜阳县	小麦/玉米(河川地)、小麦-夏玉米→春玉米(丘陵低山)、冬小麦或马铃薯/玉米(中山区)	一年二熟、二年三熟

表 B.2（续）

省(区、市)	县(市、区、旗)	标准耕作制度	复种类型
河南漯河市	郾城区	小麦-水稻、小麦-玉米、小麦/棉花	一年二熟
河南漯河市	源汇区	小麦-水稻、小麦-玉米、小麦/棉花	一年二熟
河南漯河市	召陵区	小麦-水稻、小麦-玉米、小麦/棉花	一年二熟
河南漯河市	临颍县	小麦-水稻、小麦-玉米、小麦/棉花	一年二熟
河南漯河市	舞阳县	小麦-水稻、小麦-玉米、小麦/棉花	一年二熟
河南南阳市	邓州市	小麦-水稻、麦-玉米、小麦/棉花、油菜-水稻	一年二熟
河南南阳市	宛城区	小麦-水稻、麦-玉米、小麦/棉花、油菜-水稻	一年二熟
河南南阳市	卧龙区	小麦-水稻、麦-玉米、小麦/棉花、油菜-水稻	一年二熟
河南南阳市	方城县	小麦-水稻、麦-玉米、小麦/棉花、油菜-水稻	一年二熟
河南南阳市	内乡县	小麦-水稻、麦-玉米、小麦/棉花、油菜-水稻	一年二熟
河南南阳市	南召县	小麦-水稻、麦-玉米、小麦/棉花、油菜-水稻	一年二熟
河南南阳市	社旗县	小麦-水稻、麦-玉米、小麦/棉花、油菜-水稻	一年二熟
河南南阳市	唐河县	小麦-水稻、麦-玉米、小麦/棉花、油菜-水稻	一年二熟
河南南阳市	桐柏县	小麦-水稻、麦-玉米、小麦/棉花、油菜-水稻	一年二熟
河南南阳市	西峡县	小麦-水稻、麦-玉米、小麦/棉花、油菜-水稻	一年二熟
河南南阳市	淅川县	小麦-水稻、麦-玉米、小麦/棉花、油菜-水稻	一年二熟
河南南阳市	新野县	小麦-水稻、麦-玉米、小麦/棉花、油菜-水稻	一年二熟
河南南阳市	镇平县	小麦-水稻、麦-玉米、小麦/棉花、油菜-水稻	一年二熟
河南平顶山市	汝州市	小麦-水稻、小麦-玉米、小麦/棉花	一年二熟
河南平顶山市	舞钢市	小麦-水稻、小麦-玉米、小麦/棉花	一年二熟
河南平顶山市	石龙区	小麦-水稻、小麦-玉米、小麦/棉花	一年二熟
河南平顶山市	卫东区	小麦-水稻、小麦-玉米、小麦/棉花	一年二熟
河南平顶山市	新华区	小麦-水稻、小麦-玉米、小麦/棉花	一年二熟
河南平顶山市	湛河区	小麦-水稻、小麦-玉米、小麦/棉花	一年二熟
河南平顶山市	宝丰县	小麦-水稻、小麦-玉米、小麦/棉花	一年二熟
河南平顶山市	郏县	小麦-水稻、小麦-玉米、小麦/棉花	一年二熟
河南平顶山市	鲁山县	小麦-水稻、小麦-玉米、小麦/棉花	一年二熟
河南平顶山市	叶县	小麦-水稻、小麦-玉米、小麦/棉花	一年二熟
河南濮阳市	华龙区	小麦-玉米、小麦/棉花	一年二熟
河南濮阳市	范县	小麦-玉米、小麦/棉花	一年二熟
河南濮阳市	南乐县	小麦-玉米、小麦/棉花	一年二熟
河南濮阳市	濮阳县	小麦-玉米、小麦/棉花	一年二熟
河南濮阳市	清丰县	小麦-玉米、小麦/棉花	一年二熟
河南濮阳市	台前县	小麦-玉米，小麦/棉花	一年二熟

表 B.2（续）

省(区、市)	县(市、区、旗)	标准耕作制度	复种类型
河南三门峡市	灵宝市	小麦/玉米(河川地)、小麦-夏玉米→春玉米(丘陵低山)、冬小麦或马铃薯/玉米(中山区)	一年二熟、二年三熟
河南三门峡市	义马市	小麦/玉米(河川地)、小麦-夏玉米→春玉米(丘陵低山)、冬小麦或马铃薯/玉米(中山区)	一年二熟、二年三熟
河南三门峡市	湖滨区	小麦/玉米(河川地)、小麦-夏玉米→春玉米(丘陵低山)、冬小麦或马铃薯/玉米(中山区)	一年二熟、二年三熟
河南三门峡市	卢氏县	小麦/玉米(河川地)、小麦-夏玉米→春玉米(丘陵低山)、冬小麦或马铃薯/玉米(中山区)	一年二熟、二年三熟
河南三门峡市	陕县	小麦/玉米(河川地)、小麦-夏玉米→春玉米(丘陵低山)、冬小麦或马铃薯/玉米(中山区)	一年二熟、二年三熟
河南三门峡市	渑池县	小麦/玉米(河川地)、小麦-夏玉米→春玉米(丘陵低山)、冬小麦或马铃薯/玉米(中山区)	一年二熟、二年三熟
河南商丘市	永城市	小麦-水稻、小麦-玉米、小麦/棉花	一年二熟
河南商丘市	梁园区	小麦-水稻、小麦-玉米、小麦/棉花	一年二熟
河南商丘市	睢阳区	小麦-水稻、小麦-玉米、小麦/棉花	一年二熟
河南商丘市	民权县	小麦-水稻、小麦-玉米、小麦/棉花	一年二熟
河南商丘市	宁陵县	小麦-水稻、小麦-玉米、小麦/棉花	一年二熟
河南商丘市	睢县	小麦-水稻、小麦-玉米、小麦/棉花	一年二熟
河南商丘市	夏邑县	小麦-水稻、小麦-玉米、小麦/棉花	一年二熟
河南商丘市	虞城县	小麦-水稻、小麦-玉米、小麦/棉花	一年二熟
河南商丘市	柘城县	小麦-水稻、小麦-玉米、小麦/棉花	一年二熟
河南省直辖县	济源市	小麦/玉米(河川地)、小麦-夏玉米→春玉米(丘陵低山)、冬小麦或马铃薯/玉米(中山区)	一年二熟、二年三熟
河南新乡市	辉县市	小麦-玉米、小麦/棉花	一年二熟
河南新乡市	卫辉市	小麦-玉米、小麦/棉花	一年二熟
河南新乡市	凤泉区	小麦-玉米、小麦/棉花	一年二熟
河南新乡市	红旗区	小麦-玉米、小麦/棉花	一年二熟
河南新乡市	牧野区	小麦-玉米、小麦/棉花	一年二熟
河南新乡市	卫滨区	小麦-玉米、小麦/棉花	一年二熟
河南新乡市	长垣县	小麦-玉米、小麦/棉花	一年二熟

表 B.2（续）

省(区、市)	县(市、区、旗)	标准耕作制度	复种类型
河南新乡市	封丘县	小麦-玉米、小麦/棉花	一年二熟
河南新乡市	获嘉县	小麦-玉米、小麦/棉花	一年二熟
河南新乡市	新乡县	小麦-玉米、小麦/棉花	一年二熟
河南新乡市	延津县	小麦-玉米、小麦/棉花	一年二熟
河南新乡市	原阳县	小麦-玉米、小麦/棉花	一年二熟
河南信阳市	平桥区	小麦-水稻、麦-玉米、小麦/棉花、油菜-水稻	一年二熟
河南信阳市	浉河区	小麦-水稻、麦-玉米、小麦/棉花、油菜-水稻	一年二熟
河南信阳市	固始县	小麦-水稻、麦-玉米、小麦/棉花、油菜-水稻	一年二熟
河南信阳市	光山县	小麦-水稻、麦-玉米、小麦/棉花、油菜-水稻	一年二熟
河南信阳市	淮滨县	小麦-水稻、小麦-玉米、小麦/棉花	一年二熟
河南信阳市	潢川县	小麦-水稻、麦-玉米、小麦/棉花、油菜-水稻	一年二熟
河南信阳市	罗山县	小麦-水稻、麦-玉米、小麦/棉花、油菜-水稻	一年二熟
河南信阳市	商城县	小麦-水稻、麦-玉米、小麦/棉花、油菜-水稻	一年二熟
河南信阳市	息县	小麦-水稻、小麦-玉米、小麦/棉花	一年二熟
河南信阳市	新县	小麦-水稻、麦-玉米、小麦/棉花、油菜-水稻	一年二熟
河南许昌市	长葛市	小麦-水稻、小麦-玉米、小麦/棉花	一年二熟
河南许昌市	禹州市	小麦-水稻、小麦-玉米、小麦/棉花	一年二熟
河南许昌市	魏都区	小麦-水稻、小麦-玉米、小麦/棉花	一年二熟
河南许昌市	襄城县	小麦-水稻、小麦-玉米、小麦/棉花	一年二熟
河南许昌市	许昌县	小麦-水稻、小麦-玉米、小麦/棉花	一年二熟
河南许昌市	鄢陵县	小麦-水稻、小麦-玉米、小麦/棉花	一年二熟
河南郑州市	登封市	小麦-水稻、小麦-玉米、小麦/棉花	一年二熟
河南郑州市	巩义市	小麦-水稻、小麦-玉米、小麦/棉花	一年二熟
河南郑州市	新密市	小麦-水稻、小麦-玉米、小麦/棉花	一年二熟
河南郑州市	新郑市	小麦-水稻、小麦-玉米、小麦/棉花	一年二熟
河南郑州市	荥阳市	小麦-水稻、小麦-玉米、小麦/棉花	一年二熟
河南郑州市	二七区	小麦-水稻、小麦-玉米、小麦/棉花	一年二熟
河南郑州市	管城回族区	小麦-水稻、小麦-玉米、小麦/棉花	一年二熟
河南郑州市	惠济区	小麦-水稻、小麦-玉米、小麦/棉花	一年二熟
河南郑州市	金水区	小麦-水稻、小麦-玉米、小麦/棉花	一年二熟
河南郑州市	上街区	小麦-水稻、小麦-玉米、小麦/棉花	一年二熟
河南郑州市	中原区	小麦-水稻、小麦-玉米、小麦/棉花	一年二熟
河南郑州市	中牟县	小麦-水稻、小麦-玉米、小麦/棉花	一年二熟
河南周口市	项城市	小麦-水稻、小麦-玉米、小麦/棉花	一年二熟

表 B.2（续）

省(区、市)	县(市、区、旗)	标准耕作制度	复种类型
河南周口市	川汇区	小麦-水稻、小麦-玉米、小麦/棉花	一年二熟
河南周口市	郸城县	小麦-水稻、小麦-玉米、小麦	一年二熟
河南周口市	扶沟县	小麦-水稻、小麦-玉米、小麦/棉花	一年二熟
河南周口市	淮阳县	小麦-水稻、小麦-玉米、小麦/棉花	一年二熟
河南周口市	鹿邑县	小麦-水稻、小麦-玉米、小麦/棉花	一年二熟
河南周口市	商水县	小麦-水稻、小麦-玉米、小麦/棉花	一年二熟
河南周口市	沈丘县	小麦-水稻、小麦-玉米、小麦/棉花	一年二熟
河南周口市	太康县	小麦-水稻、小麦-玉米、小麦/棉花	一年二熟
河南周口市	西华县	小麦-水稻、小麦-玉米、小麦/棉花	一年二熟
河南驻马店市	驿城区	小麦-水稻、小麦-玉米、小麦/棉花	一年二熟
河南驻马店市	泌阳县	小麦-水稻、小麦-玉米、小麦/棉花、油菜-水稻	一年二熟
河南驻马店市	平舆县	小麦-水稻、小麦-玉米、小麦/棉花	一年二熟
河南驻马店市	确山县	小麦-水稻、小麦-玉米、小麦/棉花	一年二熟
河南驻马店市	汝南县	小麦-水稻、小麦-玉米、小麦/棉花	一年二熟
河南驻马店市	上蔡县	小麦-水稻、小麦-玉米、小麦/棉花	一年二熟
河南驻马店市	遂平县	小麦-水稻、小麦-玉米、小麦/棉花	一年二熟
河南驻马店市	西平县	小麦-水稻、小麦-玉米、小麦/棉花	一年二熟
河南驻马店市	新蔡县	小麦-水稻、小麦-玉米、小麦/棉花	一年二熟
河南驻马店市	正阳县	小麦-水稻、小麦-玉米、小麦/棉花	一年二熟
黑龙江大庆市	大同区	大豆	一年一熟
黑龙江大庆市	红岗区	大豆	一年一熟
黑龙江大庆市	龙凤区	大豆	一年一熟
黑龙江大庆市	让胡路区	大豆	一年一熟
黑龙江大庆市	萨尔图区	大豆	一年一熟
黑龙江大庆市	杜尔伯特蒙古族自治县	玉米	一年一熟
黑龙江大庆市	林甸县	玉米、水稻	一年一熟
黑龙江大庆市	肇源县	玉米	一年一熟
黑龙江大庆市	肇州县	玉米	一年一熟
黑龙江大兴安岭地区	呼中区	玉米	一年一熟
黑龙江大兴安岭地区	加格达奇区	玉米	一年一熟
黑龙江大兴安岭地区	松岭区	玉米	一年一熟
黑龙江大兴安岭地区	新林区	玉米	一年一熟

表 B.2（续）

省(区、市)	县(市、区、旗)	标准耕作制度	复种类型
黑龙江大兴安岭地区	呼玛县	大豆	一年一熟
黑龙江大兴安岭地区	漠河县	大豆	一年一熟
黑龙江大兴安岭地区	塔河县	小麦	一年一熟
黑龙江哈尔滨市	尚志市	玉米	一年一熟
黑龙江哈尔滨市	双城市	玉米、水稻	一年一熟
黑龙江哈尔滨市	五常市	玉米、水稻	一年一熟
黑龙江哈尔滨市	阿城区	玉米	一年一熟
黑龙江哈尔滨市	道里区	玉米	一年一熟
黑龙江哈尔滨市	道外区	玉米	一年一熟
黑龙江哈尔滨市	呼兰区	玉米	一年一熟
黑龙江哈尔滨市	南岗区	玉米	一年一熟
黑龙江哈尔滨市	平房区	玉米	一年一熟
黑龙江哈尔滨市	松北区	玉米	一年一熟
黑龙江哈尔滨市	香坊区	玉米	一年一熟
黑龙江哈尔滨市	巴彦县	玉米	一年一熟
黑龙江哈尔滨市	宾县	玉米	一年一熟
黑龙江哈尔滨市	方正县	玉米、水稻	一年一熟
黑龙江哈尔滨市	木兰县	玉米	一年一熟
黑龙江哈尔滨市	通河县	玉米	一年一熟
黑龙江哈尔滨市	延寿县	大豆	一年一熟
黑龙江哈尔滨市	依兰县	玉米、水稻	一年一熟
黑龙江鹤岗市	东山区	玉米、大豆、水稻	一年一熟
黑龙江鹤岗市	工农区	玉米、大豆、水稻	一年一熟
黑龙江鹤岗市	南山区	玉米、大豆、水稻	一年一熟
黑龙江鹤岗市	向阳区	玉米、大豆、水稻	一年一熟
黑龙江鹤岗市	兴安区	玉米、大豆、水稻	一年一熟
黑龙江鹤岗市	兴山区	玉米、大豆、水稻	一年一熟
黑龙江鹤岗市	萝北县	玉米、水稻	一年一熟
黑龙江鹤岗市	绥滨县	玉米、大豆、水稻	一年一熟
黑龙江黑河市	北安市	大豆、玉米	一年一熟
黑龙江黑河市	五大连池市	玉米	一年一熟
黑龙江黑河市	爱辉区	大豆	一年一熟
黑龙江黑河市	嫩江县	大豆	一年一熟
黑龙江黑河市	孙吴县	大豆	一年一熟

表 B.2（续）

省(区、市)	县(市、区、旗)	标准耕作制度	复种类型
黑龙江黑河市	逊克县	大豆	一年一熟
黑龙江鸡西市	虎林市	玉米、水稻	一年一熟
黑龙江鸡西市	密山市	玉米、大豆、水稻	一年一熟
黑龙江鸡西市	城子河区	玉米	一年一熟
黑龙江鸡西市	滴道区	玉米	一年一熟
黑龙江鸡西市	恒山区	玉米、水稻	一年一熟
黑龙江鸡西市	鸡冠区	玉米、水稻	一年一熟
黑龙江鸡西市	梨树区	玉米、水稻	一年一熟
黑龙江鸡西市	麻山区	玉米、水稻	一年一熟
黑龙江鸡西市	鸡东县	玉米、水稻	一年一熟
黑龙江佳木斯市	富锦市	大豆、水稻	一年一熟
黑龙江佳木斯市	同江市	大豆、水稻	一年一熟
黑龙江佳木斯市	东风区	玉米、水稻	一年一熟
黑龙江佳木斯市	郊区	玉米、水稻	一年一熟
黑龙江佳木斯市	前进区	玉米、水稻	一年一熟
黑龙江佳木斯市	向阳区	玉米、水稻	一年一熟
黑龙江佳木斯市	抚远县	大豆、水稻	一年一熟
黑龙江佳木斯市	桦川县	玉米、水稻	一年一熟
黑龙江佳木斯市	桦南县	玉米、水稻、大豆	一年一熟
黑龙江佳木斯市	汤原县	玉米、水稻、大豆	一年一熟
黑龙江牡丹江市	穆棱市	玉米、大豆、水稻	一年一熟
黑龙江牡丹江市	宁安市	玉米、大豆、水稻	一年一熟
黑龙江牡丹江市	绥芬河市	玉米、大豆、水稻	一年一熟
黑龙江牡丹江市	爱民区	玉米、大豆	一年一熟
黑龙江牡丹江市	东安区	玉米、大豆、水稻	一年一熟
黑龙江牡丹江市	西安区	玉米、大豆、水稻	一年一熟
黑龙江牡丹江市	阳明区	玉米、大豆、水稻	一年一熟
黑龙江牡丹江市	东宁县	玉米、大豆、水稻	一年一熟
黑龙江牡丹江市	海林县	玉米、大豆、水稻	一年一熟
黑龙江牡丹江市	林口县	玉米、大豆、水稻	一年一熟
黑龙江七台河市	茄子河区	玉米、大豆、水稻	一年一熟
黑龙江七台河市	桃山区	玉米、大豆、水稻	一年一熟
黑龙江七台河市	新兴区	玉米、大豆、水稻	一年一熟
黑龙江七台河市	勃利县	玉米、大豆、水稻	一年一熟

表 B.2（续）

省(区、市)	县(市、区、旗)	标准耕作制度	复种类型
黑龙江齐齐哈尔市	讷河市	玉米	一年一熟
黑龙江齐齐哈尔市	昂昂溪区	玉米	一年一熟
黑龙江齐齐哈尔市	富拉尔基区	玉米	一年一熟
黑龙江齐齐哈尔市	建华区	玉米	一年一熟
黑龙江齐齐哈尔市	龙沙区	玉米	一年一熟
黑龙江齐齐哈尔市	碾子山区	玉米	一年一熟
黑龙江齐齐哈尔市	梅里斯达斡尔族区	玉米	一年一熟
黑龙江齐齐哈尔市	铁锋区	玉米	一年一熟
黑龙江齐齐哈尔市	拜泉县	玉米、大豆	一年一熟
黑龙江齐齐哈尔市	富裕县	玉米	一年一熟
黑龙江齐齐哈尔市	甘南县	玉米、大豆	一年一熟
黑龙江齐齐哈尔市	克东县	大豆	一年一熟
黑龙江齐齐哈尔市	克山县	大豆	一年一熟
黑龙江齐齐哈尔市	龙沙县	玉米	一年一熟
黑龙江齐齐哈尔市	泰来县	玉米	一年一熟
黑龙江齐齐哈尔市	依安县	玉米、大豆、水稻	一年一熟
黑龙江双鸭山市	宝山区	大豆	一年一熟
黑龙江双鸭山市	尖山区	大豆	一年一熟
黑龙江双鸭山市	岭东区	大豆	一年一熟
黑龙江双鸭山市	四方台区	大豆	一年一熟
黑龙江双鸭山市	宝清县	大豆、水稻、玉米	一年一熟
黑龙江双鸭山市	集贤县	大豆、玉米、水稻	一年一熟
黑龙江双鸭山市	饶河县	大豆、水稻	一年一熟
黑龙江双鸭山市	友谊县	大豆、水稻	一年一熟
黑龙江绥化市	安达市	玉米	一年一熟
黑龙江绥化市	海伦市	大豆、玉米	一年一熟
黑龙江绥化市	肇东市	玉米	一年一熟
黑龙江绥化市	北林区	玉米	一年一熟
黑龙江绥化市	兰西县	玉米	一年一熟
黑龙江绥化市	明水县	玉米	一年一熟
黑龙江绥化市	青冈县	玉米	一年一熟
黑龙江绥化市	庆安县	玉米	一年一熟
黑龙江绥化市	绥棱县	大豆、水稻	一年一熟
黑龙江绥化市	望奎县	玉米	一年一熟

表 B.2（续）

省(区、市)	县(市、区、旗)	标准耕作制度	复种类型
黑龙江伊春市	铁力市	大豆	一年一熟
黑龙江伊春市	翠峦区	大豆	一年一熟
黑龙江伊春市	带岭区	大豆	一年一熟
黑龙江伊春市	红星区	大豆	一年一熟
黑龙江伊春市	金山屯区	大豆	一年一熟
黑龙江伊春市	美溪区	大豆	一年一熟
黑龙江伊春市	南岔区	大豆	一年一熟
黑龙江伊春市	上甘岭区	大豆	一年一熟
黑龙江伊春市	汤旺河区	大豆	一年一熟
黑龙江伊春市	乌马河区	大豆	一年一熟
黑龙江伊春市	乌伊岭区	大豆	一年一熟
黑龙江伊春市	五营区	大豆	一年一熟
黑龙江伊春市	西林区	大豆	一年一熟
黑龙江伊春市	新青区	大豆	一年一熟
黑龙江伊春市	伊春区	大豆	一年一熟
黑龙江伊春市	友好区	大豆	一年一熟
黑龙江伊春市	嘉荫县	大豆	一年一熟
湖北鄂州市	鄂城区	油菜-早稻-晚稻、小麦-水稻、小麦/棉花	一年三熟、一年二熟
湖北鄂州市	华容区	油菜-早稻-晚稻、小麦-水稻、小麦/棉花	一年三熟、一年二熟
湖北鄂州市	梁子湖区	油菜-早稻-晚稻、小麦-水稻、小麦/棉花	一年三熟、一年二熟
湖北恩施土家族苗族自治州	恩施市	早稻-晚稻、小麦-水稻、小麦/玉米(旱)	一年二熟
湖北恩施土家族苗族自治州	利川市	早稻-晚稻、小麦-水稻、小麦/玉米(旱)	一年二熟
湖北恩施土家族苗族自治州	巴东县	早稻-晚稻、小麦-水稻、小麦/玉米(旱)	一年二熟
湖北恩施土家族苗族自治州	鹤峰县	早稻-晚稻、小麦-水稻、小麦/玉米(旱)	一年二熟
湖北恩施土家族苗族自治州	建始县	早稻-晚稻、小麦-水稻、小麦/玉米(旱)	一年二熟
湖北恩施土家族苗族自治州	来凤县	早稻-晚稻、小麦-水稻、小麦/玉米(旱)	一年二熟
湖北恩施土家族苗族自治州	咸丰县	早稻-晚稻、小麦-水稻、小麦/玉米(旱)	一年二熟
湖北恩施土家族苗族自治州	宣恩县	早稻-晚稻、小麦-水稻、小麦/玉米(旱)	一年二熟

表 B.2（续）

省(区、市)	县(市、区、旗)	标准耕作制度	复种类型
湖北黄冈市	麻城市	油菜-早稻-晚稻、小麦-水稻、小麦/棉花	一年三熟、一年二熟
湖北黄冈市	武穴市	油菜-早稻-晚稻、小麦-水稻、小麦/棉花	一年三熟、一年二熟
湖北黄冈市	黄州区	油菜-早稻-晚稻、小麦-水稻、小麦/棉花	一年三熟、一年二熟
湖北黄冈市	红安县	小麦-水稻、麦-玉米、小麦/棉花、油菜-水稻	一年二熟
湖北黄冈市	黄梅县	油菜-早稻-晚稻、小麦-水稻、小麦/棉花	一年三熟、一年二熟
湖北黄冈市	罗田县	小麦-水稻、麦-玉米、小麦/棉花、油菜-水稻	一年二熟
湖北黄冈市	蕲春县	油菜-早稻-晚稻、小麦-水稻、小麦/棉花	一年三熟、一年二熟
湖北黄冈市	团风县	油菜-早稻-晚稻、小麦-水稻、小麦/棉花	一年三熟、一年二熟
湖北黄冈市	浠水县	油菜-早稻-晚稻、小麦-水稻、小麦/棉花	一年三熟、一年二熟
湖北黄冈市	英山县	小麦-水稻、麦-玉米、小麦/棉花、油菜-水稻	一年二熟
湖北黄石市	大冶市	油菜-早稻-晚稻、小麦-水稻、小麦/棉花	一年三熟、一年二熟
湖北黄石市	黄石港区	油菜-早稻-晚稻、小麦-水稻、小麦/棉花	一年三熟、一年二熟
湖北黄石市	铁山区	油菜-早稻-晚稻、小麦-水稻、小麦/棉花	一年三熟、一年二熟
湖北黄石市	西塞山区	油菜-早稻-晚稻、小麦-水稻、小麦/棉花	一年三熟、一年二熟
湖北黄石市	下陆区	油菜-早稻-晚稻、小麦-水稻、小麦/棉花	一年三熟、一年二熟
湖北黄石市	阳新县	早稻-晚稻、小麦-甘薯(旱)	一年二熟
湖北荆门市	钟祥市	油菜-早稻-晚稻、小麦-水稻、小麦/棉花	一年三熟、一年二熟
湖北荆门市	东宝区	油菜-早稻-晚稻、小麦-水稻、小麦/棉花	一年三熟、一年二熟
湖北荆门市	掇刀区	油菜-早稻-晚稻、小麦-水稻、小麦/棉花	一年三熟、一年二熟
湖北荆门市	京山县	油菜-早稻-晚稻、小麦-水稻、小麦/棉花	一年三熟、一年二熟
湖北荆门市	沙洋县	油菜-早稻-晚稻、小麦-水稻、小麦/棉花	一年三熟、一年二熟
湖北荆州市	洪湖市	油菜-早稻-晚稻、小麦-水稻、小麦/棉花	一年三熟、一年二熟
湖北荆州市	石首市	油菜-早稻-晚稻、小麦-水稻、小麦/棉花	一年三熟、一年二熟
湖北荆州市	松滋市	油菜-早稻-晚稻、小麦-水稻、小麦/棉花	一年三熟、一年二熟
湖北荆州市	荆州区	油菜-早稻-晚稻、小麦-水稻、小麦/棉花	一年三熟、一年二熟
湖北荆州市	沙市区	油菜-早稻-晚稻、小麦-水稻、小麦/棉花	一年三熟、一年二熟
湖北荆州市	公安县	油菜-早稻-晚稻、小麦-水稻、小麦/棉花	一年三熟、一年二熟
湖北荆州市	监利县	油菜-早稻-晚稻、小麦-水稻、小麦/棉花	一年三熟、一年二熟
湖北省直辖县	潜江市	油菜-早稻-晚稻、小麦-水稻、小麦/棉花	一年三熟、一年二熟
湖北省直辖县	神农架林区	小麦-水稻、小麦-玉米、油菜-玉米	一年二熟
湖北省直辖县	天门市	油菜-早稻-晚稻、小麦-水稻、小麦/棉花	一年三熟、一年二熟
湖北省直辖县	仙桃市	油菜-早稻-晚稻、小麦-水稻、小麦/棉花	一年三熟、一年二熟
湖北十堰市	丹江口市	小麦-水稻、小麦-玉米、油菜-玉米	一年二熟
湖北十堰市	茅箭区	小麦-水稻、小麦-玉米、油菜-玉米	一年二熟

表 B.2（续）

省(区、市)	县(市、区、旗)	标准耕作制度	复种类型
湖北十堰市	张湾区	小麦-水稻、小麦-玉米、油菜-玉米	一年二熟
湖北十堰市	房县	小麦-水稻、小麦-玉米、油菜-玉米	一年二熟
湖北十堰市	郧西县	小麦-水稻、小麦-玉米、油菜-玉米	一年二熟
湖北十堰市	郧县	小麦-水稻、小麦-玉米、油菜-玉米	一年二熟
湖北十堰市	竹山县	小麦-水稻、小麦-玉米、油菜-玉米	一年二熟
湖北十堰市	竹溪县	小麦-水稻、小麦-玉米、油菜-玉米	一年二熟
湖北随州市	广水市	小麦-水稻、麦-玉米、小麦/棉花、油菜-水稻	一年二熟
湖北随州市	曾都区	小麦-水稻、麦-玉米、小麦/棉花、油菜-水稻	一年二熟
湖北武汉市	蔡甸区	油菜-早稻-晚稻、小麦-水稻、小麦/棉花	一年三熟、一年二熟
湖北武汉市	东西湖区	油菜-早稻-晚稻、小麦-水稻、小麦/棉花	一年三熟、一年二熟
湖北武汉市	汉南区	油菜-早稻-晚稻、小麦-水稻、小麦/棉花	一年三熟、一年二熟
湖北武汉市	汉阳区	油菜-早稻-晚稻、小麦-水稻、小麦/棉花	一年三熟、一年二熟
湖北武汉市	洪山区	油菜-早稻-晚稻、小麦-水稻、小麦/棉花	一年三熟、一年二熟
湖北武汉市	黄陂区	油菜-早稻-晚稻、小麦-水稻、小麦/棉花	一年三熟、一年二熟
湖北武汉市	江岸区	油菜-早稻-晚稻、小麦-水稻、小麦/棉花	一年三熟、一年二熟
湖北武汉市	江汉区	油菜-早稻-晚稻、小麦-水稻、小麦/棉花	一年三熟、一年二熟
湖北武汉市	江夏区	油菜-早稻-晚稻、小麦-水稻、小麦/棉花	一年三熟、一年二熟
湖北武汉市	硚口区	油菜-早稻-晚稻、小麦-水稻、小麦/棉花	一年三熟、一年二熟
湖北武汉市	青山区	油菜-早稻-晚稻、小麦-水稻、小麦/棉花	一年三熟、一年二熟
湖北武汉市	武昌区	油菜-早稻-晚稻、小麦-水稻、小麦/棉花	一年三熟、一年二熟
湖北武汉市	新洲区	油菜-早稻-晚稻、小麦-水稻、小麦/棉花	一年三熟、一年二熟
湖北咸宁市	赤壁市	油菜-早稻-晚稻、小麦-水稻、小麦/棉花	一年三熟、一年二熟
湖北咸宁市	咸安区	油菜-早稻-晚稻、小麦-水稻、小麦/棉花	一年三熟、一年二熟
湖北咸宁市	崇阳县	早稻-晚稻、小麦-甘薯(旱)	一年二熟
湖北咸宁市	嘉鱼县	油菜-早稻-晚稻、小麦-水稻、小麦/棉花	一年三熟、一年二熟
湖北咸宁市	通城县	早稻-晚稻、小麦-甘薯(旱)	一年二熟
湖北咸宁市	通山县	早稻-晚稻、小麦-甘薯(旱)	一年二熟
湖北襄樊市	宜城市	油菜-早稻-晚稻、小麦-水稻、小麦/棉花	一年三熟、一年二熟
湖北襄樊市	枣阳市	小麦-水稻、麦-玉米、小麦/棉花、油菜-水稻	一年二熟
湖北襄樊市	老河口市	小麦-水稻、麦-玉米、小麦/棉花、油菜-水稻	一年二熟
湖北襄樊市	樊城区	小麦-水稻、麦-玉米、小麦/棉花、油菜-水稻	一年二熟
湖北襄樊市	襄城区	小麦-水稻、麦-玉米、小麦/棉花、油菜-水稻	一年二熟
湖北襄樊市	襄阳区	小麦-水稻、麦-玉米、小麦/棉花、油菜-水稻	一年二熟
湖北襄樊市	保康县	小麦-水稻、麦-玉米、小麦/棉花、油菜-水稻	一年二熟

表 B.2（续）

省(区、市)	县(市、区、旗)	标准耕作制度	复种类型
湖北襄樊市	谷城县	小麦-水稻、麦-玉米、小麦/棉花、油菜-水稻	一年二熟
湖北襄樊市	南漳县	油菜-早稻-晚稻、小麦-水稻、小麦/棉花	一年三熟、一年二熟
湖北孝感市	安陆市	油菜-早稻-晚稻、小麦-水稻、小麦/棉花	一年三熟、一年二熟
湖北孝感市	汉川市	油菜-早稻-晚稻、小麦-水稻、小麦/棉花	一年三熟、一年二熟
湖北孝感市	应城市	油菜-早稻-晚稻、小麦-水稻、小麦/棉花	一年三熟、一年二熟
湖北孝感市	孝南区	油菜-早稻-晚稻、小麦-水稻、小麦/棉花	一年三熟、一年二熟
湖北孝感市	大悟县	小麦-水稻、麦-玉米、小麦/棉花、油菜-水稻	一年二熟
湖北孝感市	孝昌县	油菜-早稻-晚稻、小麦-水稻、小麦/棉花	一年三热、一年二熟
湖北孝感市	云梦县	油菜-早稻-晚稻、小麦-水稻、小麦/棉花	一年三熟、一年二熟
湖北宜昌市	当阳市	小麦-水稻、小麦-玉米、油菜-玉米	一年三熟、一年二熟
湖北宜昌市	宜都市	小麦-水稻、小麦-玉米、油菜-玉米	一年二熟
湖北宜昌市	枝江市	小麦-水稻、小麦-玉米、油菜-玉米	一年三熟、一年二熟
湖北宜昌市	点军区	小麦-水稻、小麦-玉米、油菜-玉米	一年二熟
湖北宜昌市	伍家岗区	小麦-水稻、小麦-玉米、油菜-玉米	一年二熟
湖北宜昌市	西陵区	小麦-水稻、小麦-玉米、油菜-玉米	一年二熟
湖北宜昌市	夷陵区	小麦-水稻、小麦-玉米、油菜-玉米	一年二熟
湖北宜昌市	长阳土家族自治县	早稻-晚稻、小麦-水稻、小麦/玉米(旱)	一年二熟
湖北宜昌市	五峰土家族自治县	早稻-晚稻、小麦-水稻、小麦/玉米(旱)	一年二熟
湖北宜昌市	兴山县	小麦-水稻、小麦-玉米、油菜-玉米	一年二熟
湖北宜昌市	远安县	小麦-水稻、小麦-玉米、油菜-玉米	一年三熟、一年二熟
湖北宜昌市	秭归县	小麦-水稻、小麦-玉米、油菜-玉米	一年二熟
湖南长沙市	浏阳市	油菜-早稻-晚稻、油菜-水稻、玉米-甘薯(旱)	一年二熟
湖南长沙市	芙蓉区	油菜-早稻-晚稻、玉米-马铃薯(旱)	一年二熟
湖南长沙市	开福区	油菜-早稻-晚稻、玉米-马铃薯(旱)	一年二熟
湖南长沙市	天心区	油菜-早稻-晚稻、玉米-马铃薯(旱)	一年二熟
湖南长沙市	雨花区	油菜-早稻-晚稻、玉米-马铃薯(旱)	一年二熟
湖南长沙市	岳麓区	油菜-早稻-晚稻、玉米-马铃薯(旱)	一年二熟
湖南长沙市	长沙县	油菜-早稻-晚稻、玉米-甘薯(旱)	一年二熟
湖南长沙市	宁乡县	油菜-早稻-晚稻、油菜-水稻、玉米-甘薯(旱)	一年三熟、一年二熟
湖南长沙市	望城县	油菜-早稻-晚稻、油菜-水稻、玉米-甘薯(旱)	一年三熟、一年二熟
湖南常德市	津市市	油菜-早稻-晚稻、小麦/棉花(旱)	一年三熟、一年二熟
湖南常德市	安乡县	油菜-早稻-晚稻、小麦/棉花(旱)	一年三熟、一年二熟
湖南常德市	鼎城区	油菜-早稻-晚稻、小麦/棉花(旱)	一年三熟、一年二熟
湖南常德市	武陵区	油菜-早稻-晚稻、小麦/棉花(旱)	一年三熟、一年二熟

表 B.2（续）

省(区、市)	县(市、区、旗)	标准耕作制度	复种类型
湖南常德市	汉寿县	油菜-早稻-晚稻、小麦/棉花(旱)	一年三熟、一年二熟
湖南常德市	澧县	油菜-早稻-晚稻、玉米-马铃薯(旱)	一年三熟、一年二熟
湖南常德市	临澧县	油菜-早稻-晚稻、小麦/棉花(旱)	一年三熟、一年二熟
湖南常德市	石门县	油菜-早稻-晚稻、玉米-马铃薯(旱)	一年二熟
湖南常德市	桃源县	油菜-早稻-晚稻、小麦/棉花(旱)	一年三熟、一年二熟
湖南郴州市	资兴市	油菜-早稻-晚稻、花生-甘薯(旱)	一年三熟、一年二熟
湖南郴州市	北湖区	油菜-早稻-晚稻、花生-甘薯(旱)	一年三熟、一年二熟
湖南郴州市	苏仙区	油菜-早稻-晚稻、花生-甘薯(旱)	一年三熟、一年二熟
湖南郴州市	安仁县	油菜-早稻-晚稻、花生-甘薯(旱)	一年二熟
湖南郴州市	桂东县	油菜-早稻-晚稻、花生-甘薯(旱)	一年三熟、一年二熟
湖南郴州市	桂阳县	油菜-早稻-晚稻、油菜-水稻、大豆-甘薯(旱)	一年三熟、一年二熟
湖南郴州市	嘉禾县	油菜-早稻-晚稻、花生-甘薯(旱)	一年三熟、一年二熟
湖南郴州市	临武县	油菜-早稻-晚稻、花生-甘薯(旱)	一年三熟、一年二熟
湖南郴州市	汝城县	油菜-早稻-晚稻、花生-甘薯(旱)	一年三熟、一年二熟
湖南郴州市	宜章县	油菜-早稻-晚稻、花生-甘薯(旱)	一年三熟、一年二熟
湖南郴州市	永兴县	油菜-早稻-晚稻、花生-甘薯(旱)	一年二熟
湖南衡阳市	常宁市	油菜-早稻-晚稻、花生-甘薯(旱)	一年二熟
湖南衡阳市	衡阳市	油菜-早稻-晚稻、花生-甘薯(旱)	一年二熟
湖南衡阳市	耒阳市	油菜-早稻-晚稻、花生-甘薯(旱)	一年二熟
湖南衡阳市	南岳区	油菜-早稻-晚稻、花生-甘薯(旱)	一年二熟
湖南衡阳市	石鼓区	油菜-早稻-晚稻、花生-甘薯(旱)	一年二熟
湖南衡阳市	雁峰区	油菜-早稻-晚稻、花生-甘薯(旱)	一年二熟
湖南衡阳市	蒸湘区	油菜-早稻-晚稻、花生-甘薯(旱)	一年二熟
湖南衡阳市	珠晖区	油菜-早稻-晚稻、花生-甘薯(旱)	一年二熟
湖南衡阳市	衡东县	油菜-早稻-晚稻、花生-甘薯(旱)	一年二熟
湖南衡阳市	衡南县	油菜-早稻-晚稻、花生-甘薯(旱)	一年二熟
湖南衡阳市	衡山县	油菜-早稻-晚稻、花生-甘薯(旱)	一年二熟
湖南衡阳市	祁东县	油菜-早稻-晚稻、花生-甘薯(旱)	一年二熟
湖南怀化市	洪江市	油菜-早稻-晚稻、玉米-甘薯(旱)	一年二熟
湖南怀化市	鹤城区	油菜-早稻-晚稻、玉米-甘薯(旱)	一年二熟
湖南怀化市	辰溪县	油菜-早稻-晚稻、玉米-甘薯(旱)	一年二熟
湖南怀化市	会同县	油菜-水稻、大豆-甘薯(旱)	一年二熟
湖南怀化市	靖州苗族侗族自治县	油菜-早稻-晚稻、大豆-甘薯(旱)	一年二熟
湖南怀化市	麻阳苗族自治县	油菜-早稻-晚稻、玉米-甘薯(旱)	一年二熟

表 B.2（续）

省(区、市)	县(市、区、旗)	标准耕作制度	复种类型
湖南怀化市	通道侗族自治县	油菜-早稻-晚稻、大豆-甘薯(旱)	一年二熟
湖南怀化市	新晃侗族自治县	油菜-早稻-晚稻、玉米-甘薯(旱)	一年二熟
湖南怀化市	溆浦县	油菜-早稻-晚稻、玉米-甘薯(旱)	一年二熟
湖南怀化市	沅陵县	油菜-早稻-晚稻、玉米-甘薯(旱)	一年二熟
湖南怀化市	芷江侗族自治县	油菜-早稻-晚稻、玉米-甘薯(旱)	一年二熟
湖南怀化市	中方县	油菜-早稻-晚稻、玉米-甘薯(旱)	一年二熟
湖南娄底市	冷水江市	油菜-早稻-晚稻、大豆-小麦(旱)	一年二熟
湖南娄底市	涟源市	油菜-早稻-晚稻、大豆-小麦(旱)	一年二熟
湖南娄底市	娄星区	油菜-早稻-晚稻、大豆-小麦(旱)	一年二熟
湖南娄底市	双峰县	油菜-早稻-晚稻、大豆-小麦(旱)	一年二熟
湖南娄底市	新化县	油菜-早稻-晚稻、玉米-甘薯(旱)	一年二熟
湖南邵阳市	武冈市	油菜-早稻-晚稻、大豆-甘薯(旱)	一年二熟
湖南邵阳市	北塔区	油菜-早稻-晚稻、大豆-小麦(旱)	一年二熟
湖南邵阳市	双清区	油菜-早稻-晚稻、大豆-小麦(旱)	一年二熟
湖南邵阳市	城步苗族自治县	油菜-早稻-晚稻、大豆-小麦(旱)	一年二熟
湖南邵阳市	大祥区	油菜-早稻-晚稻、大豆-小麦(旱)	一年二熟
湖南邵阳市	洞口县	油菜-早稻-晚稻、大豆-小麦(旱)	一年二熟
湖南邵阳市	隆回县	油菜-早稻-晚稻、甘薯-小麦(旱)	一年二熟
湖南邵阳市	邵东县	油菜-早稻-晚稻、大豆-小麦(旱)	一年二熟
湖南邵阳市	邵阳县	油菜-早稻-晚稻、大豆-小麦(旱)	一年二熟
湖南邵阳市	绥宁县	油菜-早稻-晚稻、大豆-甘薯(旱)	一年二熟
湖南邵阳市	新宁县	油菜-早稻-晚稻、大豆-小麦(旱)	一年二熟
湖南邵阳市	新邵县	油菜-早稻-晚稻、甘薯-小麦(旱)	一年二熟
湖南湘潭市	韶山市	油菜-早稻-晚稻、花生-甘薯(旱)	一年二熟
湖南湘潭市	湘乡市	油菜-早稻-晚稻、花生-甘薯(旱)	一年二熟
湖南湘潭市	雨湖区	油菜-早稻-晚稻、花生-甘薯(旱)	一年二熟
湖南湘潭市	岳塘区	油菜-早稻-晚稻、花生-甘薯(旱)	一年二熟
湖南湘潭市	湘潭县	油菜-早稻-晚稻、花生-甘薯(旱)	一年二熟
湖南湘西土家族苗族自治州	吉首市	油菜-水稻、玉米-甘薯(旱)	一年二熟
湖南湘西土家族苗族自治州	保靖县	油菜-水稻、玉米(旱)	一年二熟
湖南湘西土家族苗族自治州	凤凰县	油菜-水稻、玉米-甘薯(旱)	一年二熟

表 B.2（续）

省(区、市)	县(市、区、旗)	标准耕作制度	复种类型
湖南湘西土家族苗族自治州	古丈县	油菜-水稻、玉米(旱)	一年二熟
湖南湘西土家族苗族自治州	花垣县	油菜-水稻、玉米(旱)	一年二熟
湖南湘西土家族苗族自治州	龙山县	油菜-水稻、玉米-甘薯(旱)	一年二熟
湖南湘西土家族苗族自治州	泸溪县	油菜-水稻、玉米-甘薯(旱)	一年二熟
湖南湘西土家族苗族自治州	永顺县	油菜-早稻-晚稻、玉米-马铃薯(旱)	一年二熟
湖南益阳市	沅江市	油菜-早稻-晚稻、小麦/棉花(旱)	一年三熟、一年二熟
湖南益阳市	赫山区	油菜-早稻-晚稻、小麦/棉花(旱)	一年三熟、一年二熟
湖南益阳市	资阳区	油菜-早稻-晚稻、小麦/棉花(旱)	一年三熟、一年二熟
湖南益阳市	安化县	早稻-晚稻、大豆-甘薯(旱)	一年二熟
湖南益阳市	南县	油菜-早稻-晚稻、小麦/棉花(旱)	一年三熟、一年二熟
湖南益阳市	桃江县	油菜-早稻-晚稻、大豆-甘薯(旱)	一年二熟
湖南永州市	冷水滩区	油菜-早稻-晚稻、大豆-甘薯(旱)	一年二熟
湖南永州市	零陵区	油菜-早稻-晚稻、大豆-甘薯(旱)	一年二熟
湖南永州市	道县	油菜-早稻-晚稻、大豆-甘薯(旱)	一年三熟、一年二熟
湖南永州市	东安县	油菜-早稻-晚稻、大豆-甘薯(旱)	一年二熟
湖南永州市	江华瑶族自治县	油菜-早稻-晚稻、大豆-甘薯(旱)	一年三熟、一年二熟
湖南永州市	江永县	油菜-早稻-晚稻、大豆-甘薯(旱)	一年三熟、一年二熟
湖南永州市	蓝山县	油菜-早稻-晚稻、大豆-甘薯(旱)	一年三熟、一年二熟
湖南永州市	宁远县	油菜-早稻-晚稻、大豆-甘薯(旱)	一年三熟、一年二熟
湖南永州市	祁阳县	油菜-早稻-晚稻、大豆-甘薯(旱)	一年二熟
湖南永州市	双牌县	油菜-早稻-晚稻、大豆-甘薯(旱)	一年二熟
湖南永州市	新田县	油菜-早稻-晚稻、大豆-甘薯(旱)	一年三熟、一年二熟
湖南岳阳市	汨罗市	油菜-早稻-晚稻、玉米-甘薯(旱)	一年三熟、一年二熟
湖南岳阳市	临湘市	油菜-早稻-晚稻、小麦/棉花(旱)	一年三熟、一年二熟
湖南岳阳市	君山区	油菜-早稻-晚稻、玉米-甘薯(旱)	一年三熟、一年二熟
湖南岳阳市	岳阳楼区	油菜-早稻-晚稻、玉米-甘薯(旱)	一年三熟、一年二熟
湖南岳阳市	云溪区	油菜-早稻-晚稻、玉米-甘薯(旱)	一年三熟、一年二熟
湖南岳阳市	华容县	油菜-早稻-晚稻、小麦/棉花(旱)	一年三熟、一年二熟
湖南岳阳市	平江县	油菜-早稻-晚稻、油菜-水稻、玉米(旱)	一年二熟
湖南岳阳市	湘阴县	油菜-早稻-晚稻、玉米-甘薯(旱)	一年三熟、一年二熟

表 B.2（续）

省(区、市)	县(市、区、旗)	标准耕作制度	复种类型
湖南岳阳市	岳阳县	油菜-早稻-晚稻、玉米-甘薯(旱)	一年三熟、一年二熟
湖南张家界市	武陵源区	油菜-早稻-晚稻、花生-甘薯(旱)	一年二熟
湖南张家界市	永定区	油菜-早稻-晚稻、花生-甘薯(旱)	一年二熟
湖南张家界市	慈利县	油菜-早稻-晚稻、油菜-水稻、玉米-小麦、小麦(旱)	一年二熟
湖南张家界市	桑植县	油菜-早稻-晚稻、小麦-玉米(旱)	一年二熟
湖南株洲市	醴陵市	油菜-早稻-晚稻、花生-甘薯(旱)	一年二熟
湖南株洲市	荷塘区	油菜-早稻-晚稻、花生-甘薯(旱)	一年二熟
湖南株洲市	芦淞区	油菜-早稻-晚稻、花生-甘薯(旱)	一年二熟
湖南株洲市	石峰区	油菜-早稻-晚稻、花生-甘薯(旱)	一年二熟
湖南株洲市	天元区	油菜-早稻-晚稻、花生-甘薯(旱)	一年二熟
湖南株洲市	茶陵县	油菜-早稻-晚稻、花生-甘薯(旱)	一年二熟
湖南株洲市	炎陵县	油菜-早稻-晚稻、玉米-马铃薯(旱)	一年二熟
湖南株洲市	攸县	油菜-早稻-晚稻、花生-甘薯(旱)	一年二熟
湖南株洲市	株洲县	油菜-早稻-晚稻、花生-甘薯(旱)	一年二熟
吉林白城市	大安市	玉米、水稻、大豆	一年一熟
吉林白城市	洮南市	玉米、水稻、大豆	一年一熟
吉林白城市	洮北区	玉米、水稻、大豆	一年一熟
吉林白城市	通榆县	玉米、水稻、大豆	一年一熟
吉林白城市	镇赉县	玉米、水稻、大豆	一年一熟
吉林白山市	临江市	玉米、水稻、大豆	一年一熟
吉林白山市	八道江区	玉米、水稻、大豆	一年一熟
吉林白山市	江源区	玉米、水稻、大豆	一年一熟
吉林白山市	长白朝鲜族自治县	玉米、水稻、大豆	一年一熟
吉林白山市	抚松县	玉米、水稻、大豆	一年一熟
吉林白山市	靖宇县	玉米、水稻、大豆	一年一熟
吉林长春市	德惠市	玉米、水稻、大豆	一年一熟
吉林长春市	九台市	玉米、水稻、大豆	一年一熟
吉林长春市	榆树市	玉米、水稻、大豆	一年一熟
吉林长春市	朝阳区	玉米、水稻、大豆	一年一熟
吉林长春市	二道区	玉米、水稻、大豆	一年一熟
吉林长春市	宽城区	玉米、水稻、大豆	一年一熟
吉林长春市	绿园区	玉米、水稻、大豆	一年一熟
吉林长春市	南关区	玉米、水稻、大豆	一年一熟

表 B.2（续）

省(区、市)	县(市、区、旗)	标准耕作制度	复种类型
吉林长春市	双阳区	玉米、水稻、大豆	一年一熟
吉林长春市	农安县	玉米、水稻、大豆	一年一熟
吉林吉林市	桦甸市	玉米、水稻、大豆	一年一熟
吉林吉林市	蛟河市	玉米、水稻、大豆	一年一熟
吉林吉林市	磐石市	玉米、水稻、大豆	一年一熟
吉林吉林市	舒兰市	玉米、水稻、大豆	一年一熟
吉林吉林市	昌邑区	玉米、水稻、大豆	一年一熟
吉林吉林市	船营区	玉米、水稻、大豆	一年一熟
吉林吉林市	丰满区	玉米、水稻、大豆	一年一熟
吉林吉林市	龙潭区	玉米、水稻、大豆	一年一熟
吉林吉林市	永吉县	玉米、水稻、大豆	一年一熟
吉林辽源市	龙山区	玉米、水稻、大豆	一年一熟
吉林辽源市	西安区	玉米、水稻、大豆	一年一熟
吉林辽源市	东丰县	玉米、水稻、大豆	一年一熟
吉林辽源市	东辽县	玉米、水稻、大豆	一年一熟
吉林四平市	公主岭市	玉米、水稻、大豆	一年一熟
吉林四平市	双辽市	玉米、水稻、大豆	一年一熟
吉林四平市	铁东区	玉米、水稻、大豆	一年一熟
吉林四平市	铁西区	玉米、水稻、大豆	一年一熟
吉林四平市	梨树县	玉米、水稻、大豆	一年一熟
吉林四平市	伊通满族自治县	玉米、水稻、大豆	一年一熟
吉林松原市	宁江区	玉米、水稻、大豆	一年一熟
吉林松原市	长岭县	玉米、水稻、大豆	一年一熟
吉林松原市	扶余县	玉米、水稻、大豆	一年一熟
吉林松原市	前郭尔罗斯蒙古族自治州	玉米、水稻、大豆	一年一熟
吉林松原市	乾安县	玉米、水稻、大豆	一年一熟
吉林通化市	集安市	玉米、水稻、大豆	一年一熟
吉林通化市	梅河口市	玉米、水稻、大豆	一年一熟
吉林通化市	东昌区	玉米、水稻、大豆	一年一熟
吉林通化市	二道江区	玉米、水稻、大豆	一年一熟
吉林通化市	辉南县	玉米、水稻、大豆	一年一熟
吉林通化市	柳河县	玉米、水稻、大豆	一年一熟
吉林通化市	通化县	玉米、水稻、大豆	一年一熟

表 B.2（续）

省(区、市)	县(市、区、旗)	标准耕作制度	复种类型
吉林延边朝鲜族自治州	敦化市	玉米、水稻、大豆	一年一熟
吉林延边朝鲜族自治州	和龙市	玉米、水稻、大豆	一年一熟
吉林延边朝鲜族自治州	珲春市	玉米、水稻、大豆	一年一熟
吉林延边朝鲜族自治州	龙井市	玉米、水稻、大豆	一年一熟
吉林延边朝鲜族自治州	图们市	玉米、水稻、大豆	一年一熟
吉林延边朝鲜族自治州	延吉市	玉米、水稻、大豆	一年一熟
吉林延边朝鲜族自治州	安图县	玉米、水稻、大豆	一年一熟
吉林延边朝鲜族自治州	汪清县	玉米、水稻、大豆	一年一熟
江苏常州市	金坛市	小麦-水稻、油菜-水稻	一年二熟
江苏常州市	溧阳市	小麦-水稻	一年二熟
江苏常州市	戚墅堰区	小麦-水稻、油菜-水稻	一年二熟
江苏常州市	天宁区	小麦-水稻、油菜-水稻	一年二熟
江苏常州市	武进区	小麦-水稻、油菜-水稻	一年二熟
江苏常州市	新北区	小麦-水稻、油菜-水稻	一年二熟
江苏常州市	钟楼区	小麦-水稻、油菜-水稻	一年二熟
江苏淮安市	楚州区	小麦-水稻	一年二熟
江苏淮安市	淮阴区	小麦-水稻	一年二熟
江苏淮安市	清河区	小麦-水稻	一年二熟
江苏淮安市	清浦区	小麦-水稻	一年二熟
江苏淮安市	洪泽县	小麦-水稻	一年二熟
江苏淮安市	金湖县	小麦-水稻	一年二熟
江苏淮安市	涟水县	小麦-水稻	一年二熟
江苏淮安市	盱眙县	小麦-水稻	一年二熟
江苏连云港市	海州区	小麦-水稻	一年二熟
江苏连云港市	连云区	小麦-水稻	一年二熟
江苏连云港市	新浦区	小麦-水稻	一年二熟
江苏连云港市	东海县	小麦-水稻	一年二熟
江苏连云港市	赣榆县	小麦-水稻	一年二熟

表 B.2（续）

省（区、市）	县（市、区、旗）	标准耕作制度	复种类型
江苏连云港市	灌南县	小麦-水稻	一年二熟
江苏连云港市	灌云县	小麦-水稻	一年二熟
江苏南京市	白下区	小麦-水稻	一年二熟
江苏南京市	鼓楼区	小麦-水稻	一年二熟
江苏南京市	建邺区	小麦-水稻	一年二熟
江苏南京市	江宁区	小麦-水稻	一年二熟
江苏南京市	六合区	小麦-水稻	一年二熟
江苏南京市	浦口区	小麦-水稻	一年二熟
江苏南京市	栖霞区	小麦-水稻	一年二熟
江苏南京市	秦淮区	小麦-水稻	一年二熟
江苏南京市	下关区	小麦-水稻	一年二熟
江苏南京市	玄武区	小麦-水稻	一年二熟
江苏南京市	雨花台区	小麦-水稻	一年二熟
江苏南京市	高淳县	小麦-水稻	一年二熟
江苏南京市	溧水县	小麦-水稻	一年二熟
江苏南通市	海门市	小麦-水稻、油菜-水稻	一年二熟
江苏南通市	启东市	小麦-水稻、油菜-水稻	一年二熟
江苏南通市	如皋市	小麦-水稻	一年二熟
江苏南通市	通州市	小麦-水稻、油菜-水稻	一年二熟
江苏南通市	崇川区	小麦-水稻、油菜-水稻	一年二熟
江苏南通市	港闸区	小麦-水稻、油菜-水稻	一年二熟
江苏南通市	海安县	小麦-水稻	一年二熟
江苏南通市	如东县	小麦-水稻	一年二熟
江苏苏州市	常熟市	小麦-水稻、油菜-水稻	一年二熟
江苏苏州市	昆山市	小麦-水稻、油菜-水稻	一年二熟
江苏苏州市	太仓市	小麦-水稻、油菜-水稻	一年二熟
江苏苏州市	吴江市	小麦-水稻、油菜-水稻	一年二熟
江苏苏州市	张家港市	小麦-水稻、油菜-水稻	一年二熟
江苏苏州市	沧浪区	小麦-水稻、油菜-水稻	一年二熟
江苏苏州市	虎丘区	小麦-水稻、油菜-水稻	一年二熟
江苏苏州市	金阊区	小麦-水稻、油菜-水稻	一年二熟
江苏苏州市	平江区	小麦-水稻、油菜-水稻	一年二熟
江苏苏州市	吴中区	小麦-水稻、油菜-水稻	一年二熟
江苏苏州市	相城区	小麦-水稻、油菜-水稻	一年二熟

表 B.2（续）

省(区、市)	县(市、区、旗)	标准耕作制度	复种类型
江苏宿迁市	宿城区	小麦-水稻	一年二熟
江苏宿迁市	宿豫区	小麦-水稻	一年二熟
江苏宿迁市	沭阳县	小麦-水稻	一年二熟
江苏宿迁市	泗洪县	小麦-水稻	一年二熟
江苏宿迁市	泗阳县	小麦-水稻	一年二熟
江苏泰州市	姜堰市	小麦-水稻	一年二熟
江苏泰州市	靖江市	小麦-水稻	一年二熟
江苏泰州市	泰兴市	小麦-水稻	一年二熟
江苏泰州市	兴化市	小麦-水稻	一年二熟
江苏泰州市	高港区	小麦-水稻	一年二熟
江苏泰州市	海陵区	小麦-水稻	一年二熟
江苏无锡市	江阴市	小麦-水稻、油菜-水稻	一年二熟
江苏无锡市	宜兴市	小麦-水稻、油菜-水稻	一年二熟
江苏无锡市	北塘区	小麦-水稻、油菜-水稻	一年二熟
江苏无锡市	滨湖区	小麦-水稻、油菜-水稻	一年二熟
江苏无锡市	崇安区	小麦-水稻、油菜-水稻	一年二熟
江苏无锡市	惠山区	小麦-水稻、油菜-水稻	一年二熟
江苏无锡市	南长区	小麦-水稻、油菜-水稻	一年二熟
江苏无锡市	锡山区	小麦-水稻、油菜-水稻	一年二熟
江苏徐州市	邳州市	小麦-水稻	一年二熟
江苏徐州市	新沂市	小麦-水稻	一年二熟
江苏徐州市	鼓楼区	小麦-水稻	一年二熟
江苏徐州市	贾汪区	小麦-水稻	一年二熟
江苏徐州市	九里区	小麦-水稻	一年二熟
江苏徐州市	泉山区	小麦-水稻	一年二熟
江苏徐州市	云龙区	小麦-水稻	一年二熟
江苏徐州市	丰县	小麦-水稻	一年二熟
江苏徐州市	沛县	小麦-水稻	一年二熟
江苏徐州市	睢宁县	小麦-水稻	一年二熟
江苏徐州市	铜山县	小麦-水稻	一年二熟
江苏盐城市	大丰市	小麦-水稻	一年二熟
江苏盐城市	东台市	小麦-水稻	一年二熟
江苏盐城市	亭湖区	小麦-水稻	一年二熟
江苏盐城市	盐都区	小麦-水稻	一年二熟

表 B.2（续）

省(区、市)	县(市、区、旗)	标准耕作制度	复种类型
江苏盐城市	滨海县	小麦-水稻	一年二熟
江苏盐城市	阜宁县	小麦-水稻	一年二熟
江苏盐缄市	建湖县	小麦-水稻	一年二熟
江苏盐城市	射阳县	小麦-水稻	一年二熟
江苏盐城市	响水县	小麦-水稻	一年二熟
江苏扬州市	高邮市	小麦-水稻	一年二熟
江苏扬州市	江都市	小麦-水稻	一年二熟
江苏扬州市	仪征市	小麦-水稻	一年二熟
江苏扬州市	广陵区	小麦-水稻	一年二熟
江苏扬州市	邗江区	小麦-水稻	一年二熟
江苏扬州市	维扬区	小麦-水稻	一年二熟
江苏扬州市	宝应县	小麦-水稻	一年二熟
江苏镇江市	丹阳市	小麦-水稻、油菜-水稻	一年二熟
江苏镇江市	句容市	小麦-水稻、油菜-水稻	一年二熟
江苏镇江市	扬中市	小麦-水稻、油菜-水稻	一年二熟
江苏镇江市	丹徒区	小麦-水稻、油菜-水稻	一年二熟
江苏镇江市	京口区	小麦-水稻、油菜-水稻	一年二熟
江苏镇江市	润州区	小麦-水稻、油菜-水稻	一年二熟
江西抚州市	临川区	早稻-晚稻、旱油菜-棉花	一年二熟
江西抚州市	崇仁县	早稻-晚稻、旱油菜-花生	一年二熟
江西抚州市	东乡县	早稻-晚稻、旱油菜-棉花	一年二熟
江西抚州市	广昌县	早稻-晚稻、旱油菜-花生	一年二熟
江西抚州市	金溪县	早稻-晚稻、旱油菜-花生	一年二熟
江西抚州市	乐安县	早稻-晚稻、旱油菜-花生	一年二熟
江西抚州市	黎川县	早稻-晚稻、旱油菜-花生	一年二熟
江西抚州市	南城县	早稻-晚稻、旱油菜-花生	一年二熟
江西抚州市	南丰县	早稻-晚稻、旱油菜-花生	一年二熟
江西抚州市	宜黄县	早稻-晚稻、旱油菜-花生	一年二熟
江西抚州市	资溪县	早稻-晚稻、旱油菜-花生	一年二熟
江西赣州市	南康市	早稻-晚稻、豆类-花生	一年二熟
江西赣州市	瑞金市	早稻-晚稻、旱油菜-花生	一年二熟
江西赣州市	章贡区	早稻-晚稻、旱油菜-花生	一年二熟
江西赣州市	安远县	早稻-晚稻、旱油菜-花生	一年二熟
江西赣州市	崇义县	早稻-晚稻、豆类-花生	一年二熟

表 B.2（续）

省(区、市)	县(市、区、旗)	标准耕作制度	复种类型
江西赣州市	大余县	早稻-晚稻、豆类-花生	一年二熟
江西赣州市	定南县	早稻-晚稻、豆类-花生	一年二熟
江西赣州市	赣县	早稻-晚稻、旱油菜-花生	一年二熟
江西赣州市	会昌县	早稻-晚稻、旱油菜-花生	一年二熟
江西赣州市	龙南县	早稻-晚稻、豆类-花生	一年二熟
江西赣州市	宁都县	早稻-晚稻、旱油菜-花生	一年二熟
江西赣州市	全南县	早稻-晚稻、豆类-花生	一年二熟
江西赣州市	上犹县	早稻-晚稻、豆类-花生	一年二熟
江西赣州市	石城县	早稻-晚稻、旱油菜-花生	一年二熟
江西赣州市	信丰县	早稻-晚稻、旱油菜-花生	一年二熟
江西赣州市	兴国县	早稻-晚稻、旱油菜-花生	一年二熟
江西赣州市	寻乌县	早稻-晚稻、旱油菜-花生	一年二熟
江西赣州市	于都县	早稻-晚稻、旱油菜-花生	一年二熟
江西吉安市	井冈山市	早稻-晚稻、旱油菜-甘薯	一年二熟
江西吉安市	吉州区	早稻-晚稻、旱油菜-甘薯	一年二熟
江西吉安市	青原区	早稻-晚稻、旱油菜-甘薯	一年二熟
江西吉安市	安福县	早稻-晚稻、旱油菜-甘薯	一年二熟
江西吉安市	吉安县	早稻-晚稻,旱油菜-甘薯	一年二熟
江西吉安市	吉水县	早稻-晚稻、旱油菜-甘薯	一年二熟
江西吉安市	遂川县	早稻-晚稻、旱油菜-甘薯	一年二熟
江西吉安市	泰和县	早稻-晚稻、旱油菜-甘薯	一年二熟
江西吉安市	万安县	早稻-晚稻、旱油菜-甘薯	一年二熟
江西吉安市	峡江县	早稻-晚稻、旱油菜-甘薯	一年二熟
江西吉安市	新干县	早稻-晚稻、旱油菜-甘薯	一年二熟
江西吉安市	永丰县	早稻-晚稻、旱油菜-甘薯	一年二熟
江西吉安市	永新县	早稻-晚稻、旱油菜-甘薯	一年二熟
江西景德镇市	乐平市	早稻-晚稻、旱油菜-棉花	一年二熟
江西景德镇市	昌江区	早稻-晚稻、旱油菜-花生	一年二熟
江西景德镇市	珠山区	早稻-晚稻、旱油菜-甘薯	一年二熟
江西景德镇市	浮梁县	早稻-晚稻、旱油菜-花生	一年二熟
江西九江市	瑞昌市	早稻-晚稻、旱油菜-棉花	一年二熟
江西九江市	庐山区	早稻-晚稻、旱油菜-棉花	一年二熟
江西九江市	浔阳区	早稻-晚稻、旱油菜-棉花	一年二熟
江西九江市	德安县	早稻-晚稻、旱油菜-棉花	一年二熟

表 B.2(续)

省(区、市)	县(市、区、旗)	标准耕作制度	复种类型
江西九江市	都昌县	早稻-晚稻、旱油菜-棉花	一年二熟
江西九江市	湖口县	早稻-晚稻、旱油菜-棉花	一年二熟
江西九江市	九江县	早稻-晚稻、旱油菜-棉花	一年二熟
江西九江市	彭泽县	早稻-晚稻、旱油菜-棉花	一年二熟
江西九江市	武宁县	早稻-晚稻、旱油菜-甘薯	一年二熟
江西九江市	星子县	早稻-晚稻、旱油菜-棉花	一年二熟
江西九江市	修水县	早稻-晚稻、旱油菜-甘薯	一年二熟
江西九江市	永修县	早稻-晚稻、旱油菜-棉花	一年二熟
江西南昌市	东湖区	早稻-晚稻、旱油菜-棉花	一年二熟
江西南昌市	青山湖区	早稻-晚稻、旱油菜-棉花	一年二熟
江西南昌市	青云谱区	早稻-晚稻、旱油菜-棉花	一年二熟
江西南昌市	湾里区	早稻-晚稻、旱油菜-棉花	一年二熟
江西南昌市	西湖区	早稻-晚稻、旱油菜-棉花	一年二熟
江西南昌市	安义县	早稻-晚稻、旱油菜-棉花	一年二熟
江西南昌市	进贤县	早稻-晚稻、旱油菜-棉花	一年二熟
江西南昌市	南昌县	早稻-晚稻、旱油菜-棉花	一年二熟
江西南昌市	新建县	早稻-晚稻、旱油菜-棉花	一年二熟
江西萍乡市	安源区	早稻-晚稻、旱油菜-甘薯	一年二熟
江西萍乡市	湘东区	早稻-晚稻、旱油菜-甘薯	一年二熟
江西萍乡市	莲花县	早稻-晚稻、旱油菜-甘薯	一年二熟
江西萍乡市	芦溪县	早稻-晚稻、旱油菜-甘薯	一年二熟
江西萍乡市	上栗县	早稻-晚稻、旱油菜-甘薯	一年二熟
江西上饶市	德兴市	早稻-晚稻、旱油菜-花生	一年二熟
江西上饶市	信州区	早稻-晚稻、旱油菜-花生	一年二熟
江西上饶市	广丰县	早稻-晚稻、旱油菜-花生	一年二熟
江西上饶市	横峰县	早稻-晚稻、旱油菜-花生	一年二熟
江西上饶市	鄱阳县	早稻-晚稻、旱油菜-棉花	一年二熟
江西上饶市	铅山县	早稻-晚稻、旱油菜-花生	一年二熟
江西上饶市	上饶县	早稻-晚稻、旱油菜-花生	一年二熟
江西上饶市	万年县	早稻-晚稻、旱油菜-棉花	一年二熟
江西上饶市	婺源县	早稻-晚稻、旱油菜-花生	一年二熟
江西上饶市	弋阳县	早稻-晚稻、旱油菜-花生	一年二熟
江西上饶市	余干县	早稻-晚稻、旱油菜-棉花	一年二熟
江西上饶市	玉山县	早稻-晚稻、旱油菜-花生	一年二熟

表 B.2（续）

省(区、市)	县(市、区、旗)	标准耕作制度	复种类型
江西新余市	渝水区	早稻-晚稻、旱油菜-甘薯	一年二熟
江西新余市	分宜县	早稻-晚稻、旱油菜-甘薯	一年二熟
江西宜春市	丰城市	早稻-晚稻、旱油菜-棉花	一年二熟
江西宜春市	高安市	早稻-晚稻、旱油菜-棉花	一年二熟
江西宜春市	樟树市	早稻-晚稻、旱油菜-棉花	一年二熟
江西宜春市	袁州区	早稻-晚稻、旱油菜-甘薯	一年二熟
江西宜春市	奉新县	早稻-晚稻、旱油菜-甘薯	一年二熟
江西宜春市	靖安县	早稻-晚稻、旱油菜-甘薯	一年二熟
江西宜春市	上高县	早稻-晚稻、旱油菜-甘薯	一年二熟
江西宜春市	铜鼓县	早稻-晚稻、旱油菜-甘薯	一年二熟
江西宜春市	万载县	早稻-晚稻、旱油菜-甘薯	一年二熟
江西宜春市	宜丰县	早稻-晚稻、旱油菜-甘薯	一年二熟
江西鹰潭市	贵溪市	早稻-晚稻、旱油菜-花生	一年二熟
江西鹰潭市	月湖区	早稻-晚稻、旱油菜-花生	一年二熟
江西鹰潭市	余江县	早稻-晚稻、旱油菜-棉花	一年二熟
辽宁鞍山市	海城市	玉米、水稻	一年一熟
辽宁鞍山市	立山区	水稻、玉米	一年一熟
辽宁鞍山市	千山区	玉米、水稻	一年一熟
辽宁鞍山市	铁东区	玉米、水稻	一年一熟
辽宁鞍山市	铁西区	玉米、水稻	一年一熟
辽宁鞍山市	台安县	水稻、玉米	一年一熟
辽宁鞍山市	岫岩满族自治县	玉米、水稻	一年一熟
辽宁本溪市	明山区	玉米、水稻	一年一熟
辽宁本溪市	南芬区	玉米、水稻	一年一熟
辽宁本溪市	平山区	玉米、水稻	一年一熟
辽宁本溪市	溪湖区	玉米、水稻	一年一熟
辽宁本溪市	本溪满族自治县	玉米、水稻	一年一熟
辽宁本溪市	桓仁满族自治县	玉米、水稻	一年一熟
辽宁朝阳市	北票市	玉米、谷子	一年一熟
辽宁朝阳市	凌源市	玉米、谷子	一年一熟
辽宁朝阳市	龙城区	玉米、谷子	一年一熟
辽宁朝阳市	双塔区	玉米、谷子	一年一熟
辽宁朝阳市	朝阳县	玉米、谷子	一年一熟
辽宁朝阳市	建平县	玉米、谷子	一年一熟

表 B.2（续）

省(区、市)	县(市、区、旗)	标准耕作制度	复种类型
辽宁朝阳市	喀喇沁左翼蒙古族自治县	玉米、谷子	一年一熟
辽宁大连市	普兰店市	玉米、水稻	一年一熟
辽宁大连市	瓦房店市	玉米、水稻	一年一熟
辽宁大连市	庄河市	玉米、水稻	一年一熟
辽宁大连市	甘井子区	玉米、水稻	一年一熟
辽宁大连市	金州区	玉米、水稻	一年一熟
辽宁大连市	旅顺口区	玉米、水稻	一年一熟
辽宁大连市	沙河口区	玉米、水稻	一年一熟
辽宁大连市	西岗区	玉米、水稻	一年一熟
辽宁大连市	中山区	玉米、水稻	一年一熟
辽宁大连市	长海县	玉米、水稻	一年一熟
辽宁丹东区	振兴区	玉米、水稻	一年一熟
辽宁丹东市	东港市	玉米、水稻	一年一熟
辽宁丹东市	风城市	玉米、水稻	一年一熟
辽宁丹东市	元宝区	玉米、水稻	一年一熟
辽宁丹东市	振安区	水稻、玉米	一年一熟
辽宁丹东市	宽甸满族自治县	玉米、水稻	一年一熟
辽宁抚顺市	东洲区	玉米、水稻	一年一熟
辽宁抚顺市	顺城区	玉米、水稻	一年一熟
辽宁抚顺市	望花区	玉米、水稻	一年一熟
辽宁抚顺市	新抚区	玉米、水稻	一年一熟
辽宁抚顺市	抚顺县	玉米、水稻	一年一熟
辽宁抚顺市	清原满族自治县	玉米、水稻	一年一熟
辽宁抚顺市	新宾满族自治县	玉米、水稻	一年一熟
辽宁阜新市	海州区	玉米、谷子	一年一熟
辽宁阜新市	清河门区	玉米、谷子	一年一熟
辽宁阜新市	太平区	玉米、谷子	一年一熟
辽宁阜新市	细河区	玉米、谷子	一年一熟
辽宁阜新市	新邱区	玉米、谷子	一年一熟
辽宁阜新市	阜新蒙古族自治县	玉米、谷子	一年一熟
辽宁阜新市	彰武县	玉米、谷子	一年一熟
辽宁葫芦岛市	兴城市	玉米、谷子	一年一熟
辽宁葫芦岛市	连山区	玉米、谷子	一年一熟

表 B.2（续）

省(区、市)	县(市、区、旗)	标准耕作制度	复种类型
辽宁葫芦岛市	龙港区	玉米、谷子	一年一熟
辽宁葫芦岛市	南票区	玉米、谷子	一年一熟
辽宁葫芦岛市	建昌县	玉米、谷子	一年一熟
辽宁葫芦岛市	绥中县	玉米、谷子	一年一熟
辽宁锦州市	北镇市	水稻、玉米	一年一熟
辽宁锦州市	凌海市	玉米、谷子	一年一熟
辽宁锦州市	古塔区	玉米、谷子	一年一熟
辽宁锦州市	凌河区	玉米、谷子	一年一熟
辽宁锦州市	太和区	玉米、谷子	一年一熟
辽宁锦州市	黑山县	水稻、玉米	一年一熟
辽宁锦州市	义县	玉米、谷子	一年一熟
辽宁辽阳市	灯塔市	水稻、玉米	一年一熟
辽宁辽阳市	白塔区	水稻、玉米	一年一熟
辽宁辽阳市	弓长岭区	水稻、玉米	一年一熟
辽宁辽阳市	宏伟区	水稻、玉米	一年一熟
辽宁辽阳市	太子河区	水稻、玉米	一年一熟
辽宁辽阳市	文圣区	水稻、玉米	一年一熟
辽宁辽阳市	辽阳县	水稻、玉米	一年一熟
辽宁盘锦市	双台子区	水稻、玉米	一年一熟
辽宁盘锦市	兴隆台区	水稻、玉米	一年一熟
辽宁盘锦市	大洼县	水稻、玉米	一年一熟
辽宁盘锦市	盘山县	水稻、玉米	一年一熟
辽宁沈阳市	新民市	水稻、玉米	一年一熟
辽宁沈阳市	大东区	水稻、玉米	一年一熟
辽宁沈阳市	东陵区	水稻、玉米	一年一熟
辽宁沈阳市	和平区	水稻、玉米	一年一熟
辽宁沈阳市	皇姑区	水稻、玉米	一年一熟
辽宁沈阳市	沈北新区	水稻、玉米	一年一熟
辽宁沈阳市	沈河区	水稻、玉米	一年一熟
辽宁沈阳市	苏家屯区	水稻、玉米	一年一熟
辽宁沈阳市	铁西区	水稻、玉米	一年一熟
辽宁沈阳市	于洪区	水稻、玉米	一年一熟
辽宁沈阳市	法库县	水稻、玉米	一年一熟
辽宁沈阳市	康平县	水稻、玉米	一年一熟

表 B.2（续）

省(区、市)	县(市、区、旗)	标准耕作制度	复种类型
辽宁沈阳市	辽中县	水稻、玉米	一年一熟
辽宁铁岭市	调兵山市	水稻、玉米	一年一熟
辽宁铁岭市	开原市	玉米、水稻	一年一熟
辽宁铁岭市	清河区	玉米、水稻	一年一熟
辽宁铁岭市	银州区	水稻、玉米	一年一熟
辽宁铁岭市	昌图县	水稻、玉米	一年一熟
辽宁铁岭市	铁岭县	玉米、水稻	一年一熟
辽宁铁岭市	西丰县	玉米、水稻	一年一熟
辽宁营口市	大石桥市	玉米、水稻	一年一熟
辽宁营口市	盖州市	玉米、水稻	一年一熟
辽宁营口市	鲅鱼圈区	玉米、水稻	一年一熟
辽宁营口市	老边区	水稻、玉米	一年一熟
辽宁营口市	西市区	玉米、水稻	一年一熟
辽宁营口市	站前区	玉米、水稻	一年一熟
内蒙古阿拉善盟	阿拉善右旗	玉米	一年一熟
内蒙古阿拉善盟	阿拉善左旗	玉米	一年一熟
内蒙古阿拉善盟	额济纳旗	玉米	一年一熟
内蒙古巴彦淖尔市	临河区	春小麦	一年一熟
内蒙古巴彦淖尔市	磴口县	春小麦	一年一熟
内蒙古巴彦淖尔市	杭锦后旗	春小麦	一年一熟
内蒙古巴彦淖尔市	乌拉特后旗	春小麦	一年一熟
内蒙古巴彦淖尔市	乌拉特前旗	春小麦	一年一熟
内蒙古巴彦淖尔市	乌拉特中旗	春小麦	一年一熟
内蒙古巴彦淖尔市	五原县	春小麦	一年一熟
内蒙古包头市	白云鄂博矿区	春小麦	一年一熟
内蒙古包头市	东河区	春小麦	一年一熟
内蒙古包头市	九原区	春小麦	一年一熟
内蒙古包头市	昆都仑区	春小麦	一年一熟
内蒙古包头市	青山区	春小麦	一年一熟
内蒙古包头市	石拐区	春小麦	一年一熟
内蒙古包头市	达尔罕茂明安联合旗	春小麦	一年一熟
内蒙古包头市	固阳县	春小麦	一年一熟
内蒙古包头市	土默特右旗	春小麦	一年一熟
内蒙古赤峰市	红山区	玉米、谷子	一年一熟

表 B.2（续）

省(区、市)	县(市、区、旗)	标准耕作制度	复种类型
内蒙古赤峰市	松山区	玉米、谷子	一年一熟
内蒙古赤峰市	元宝山区	玉米、谷子	一年一熟
内蒙古赤峰市	阿鲁科尔沁旗	玉米、谷子	一年一熟
内蒙古赤峰市	敖汉旗	玉米、谷子	一年一熟
内蒙古赤峰市	巴林右旗	玉米	一年一熟
内蒙古赤峰市	巴林左旗	玉米、谷子	一年一熟
内蒙古赤峰市	喀喇沁旗	玉米、谷子	一年一熟
内蒙古赤峰市	克什克腾旗	玉米	一年一熟
内蒙古赤峰市	林西县	玉米、谷子	一年一熟
内蒙古赤峰市	宁城县	玉米	一年一熟
内蒙古赤峰市	翁牛特旗	玉米、谷子	一年一熟
内蒙古鄂尔多斯市	东胜区	马铃薯	一年一熟
内蒙古鄂尔多斯市	达拉特旗	春小麦	一年一熟
内蒙古鄂尔多斯市	鄂托克旗	春小麦	一年一熟
内蒙古鄂尔多斯市	鄂托克前旗	春小麦	一年一熟
内蒙古鄂尔多斯市	杭锦旗	玉米	一年一熟
内蒙古鄂尔多斯市	乌审旗	玉米	一年一熟
内蒙古鄂尔多斯市	伊金霍洛旗	春小麦	一年一熟
内蒙古鄂尔多斯市	准格尔旗	玉米	一年一熟
内蒙古呼和浩特市	回民区	玉米	一年一熟
内蒙古呼和浩特市	赛罕区	玉米	一年一熟
内蒙古呼和浩特市	新城区	玉米	一年一熟
内蒙古呼和浩特市	玉泉区	玉米	一年一熟
内蒙古呼和浩特市	土默特左旗	玉米	一年一熟
内蒙古呼和浩特市	和林格尔县	玉米	一年一熟
内蒙古呼和浩特市	清水河县	马铃薯	一年一熟
内蒙古呼和浩特市	托克托县	玉米	一年一熟
内蒙古呼和浩特市	武川县	马铃薯	一年一熟
内蒙古呼伦贝尔市	额尔古纳市	春小麦	一年一熟
内蒙古呼伦贝尔市	根河市	春小麦、春大豆	一年一熟
内蒙古呼伦贝尔市	满洲里市	春小麦	一年一熟
内蒙古呼伦贝尔市	牙克石市	春小麦、春大豆	一年一熟
内蒙古呼伦贝尔市	扎兰屯市	春玉米、春大豆	一年一熟
内蒙古呼伦贝尔市	海拉尔区	春小麦	一年一熟

表 B.2（续）

省（区、市）	县（市、区、旗）	标准耕作制度	复种类型
内蒙古呼伦贝尔市	阿荣旗	春小麦、春大豆	一年一熟
内蒙古呼伦贝尔市	陈巴尔虎旗	春小麦	一年一熟
内蒙古呼伦贝尔市	鄂伦春自治旗	春小麦、春大豆	一年一熟
内蒙古呼伦贝尔市	鄂温克族自治旗	春小麦	一年一熟
内蒙古呼伦贝尔市	莫力达瓦达斡尔族自治旗	大豆、玉米	一年一熟
内蒙古呼伦贝尔市	新巴尔虎右旗	春小麦	一年一熟
内蒙古呼伦贝尔市	新巴尔虎左旗	春小麦	一年一熟
内蒙古通辽市	霍林郭勒市	玉米、谷子	一年一熟
内蒙古通辽市	开鲁县	玉米、谷子	一年一熟
内蒙古通辽市	科尔沁左翼后旗	玉米、谷子	一年一熟
内蒙古通辽市	科尔沁左翼中旗	玉米、谷子	一年一熟
内蒙古通辽市	库伦旗	玉米、谷子	一年一熟
内蒙古通辽市	奈曼旗	玉米、谷子	一年一熟
内蒙古通辽市	扎鲁特旗	玉米、谷子	一年一熟
内蒙古乌海市	海勃湾区	玉米	一年一熟
内蒙古乌海市	海南区	玉米	一年一熟
内蒙古乌海市	乌达区	玉米	一年一熟
内蒙古乌兰察布市	丰镇市	马铃薯	一年一熟
内蒙古乌兰察布市	集宁区	玉米	一年一熟
内蒙古乌兰察布市	察哈尔右翼后旗	马铃薯	一年一熟
内蒙古乌兰察布市	察哈尔右翼前旗	马铃薯	一年一熟
内蒙古乌兰察布市	察哈尔右翼中旗	马铃薯	一年一熟
内蒙古乌兰察布市	四子王旗	马铃薯	一年一熟
内蒙古乌兰察布市	化德县	马铃薯	一年一熟
内蒙古乌兰察布市	凉城县	马铃薯	一年一熟
内蒙古乌兰察布市	商都县	马铃薯	一年一熟
内蒙古乌兰察布市	兴和县	马铃薯	一年一熟
内蒙古乌兰察布市	卓资县	马铃薯	一年一熟
内蒙古锡林郭勒盟	二连浩特市	春小麦	一年一熟
内蒙古锡林郭勒盟	锡林浩特市	春小麦	一年一熟
内蒙古锡林郭勒盟	阿巴嘎旗	春小麦	一年一熟
内蒙古锡林郭勒盟	东乌珠穆沁旗	玉米	一年一熟
内蒙古锡林郭勒盟	苏尼特右旗	春小麦	一年一熟

表 B.2（续）

省(区、市)	县(市、区、旗)	标准耕作制度	复种类型
内蒙古锡林郭勒盟	苏尼特左旗	春小麦	一年一熟
内蒙古锡林郭勒盟	太仆寺旗	马铃薯	一年一熟
内蒙古锡林郭勒盟	西乌珠穆沁旗	春小麦	一年一熟
内蒙古锡林郭勒盟	镶黄旗	春小麦	一年一熟
内蒙古锡林郭勒盟	正蓝旗	春小麦	一年一熟
内蒙古锡林郭勒盟	正镶白旗	春小麦	一年一熟
内蒙古锡林郭勒盟	多伦县	玉米、谷子	一年一熟
内蒙古兴安盟	阿尔山市	玉米、谷子	一年一熟
内蒙古兴安盟	乌兰浩特市	玉米、谷子	一年一熟
内蒙古兴安盟	科尔沁右翼前旗	玉米、谷子	一年一熟
内蒙古兴安盟	科尔沁右翼中旗	玉米、谷子	一年一熟
内蒙古兴安盟	扎赉特旗	春玉米、春大豆	一年一熟
内蒙古兴安盟	突泉县	玉米、谷子	一年一熟
宁夏固原市	原州区	小麦、玉米、马铃薯	一年一熟
宁夏固原市	泾源县	小麦、玉米、马铃薯	一年一熟
宁夏固原市	隆德县	小麦、玉米、马铃薯	一年一熟
宁夏固原市	彭阳县	小麦、玉米、马铃薯	一年一熟
宁夏固原市	西吉县	小麦、玉米、马铃薯	一年一熟
宁夏石嘴山市	大武口区	小麦、水稻、玉米	一年一熟
宁夏石嘴山市	惠农区	小麦、水稻、玉米	一年一熟
宁夏石嘴山市	平罗县	小麦、水稻、玉米	一年一熟
宁夏吴忠市	青铜峡市	小麦、水稻、玉米	一年一熟
宁夏吴忠市	利通区	小麦、水稻、玉米	一年一熟
宁夏吴忠市	同心县	小麦、玉米	一年一熟
宁夏吴忠市	盐池县	小麦、玉米	一年一熟
宁夏银川市	灵武市	小麦、水稻、玉米	一年一熟
宁夏银川市	金凤区	小麦、水稻、玉米	一年一熟
宁夏银川市	西夏区	小麦、水稻、玉米	一年一熟
宁夏银川市	兴庆区	小麦、水稻、玉米	一年一熟
宁夏银川市	贺兰县	小麦、水稻、玉米	一年一熟
宁夏银川市	永宁县	小麦、水稻、玉米	一年一熟
宁夏中卫市	沙坡头区	小麦、水稻、玉米	一年一熟
宁夏中卫市	海原县	小麦、玉米	一年一熟
宁夏中卫市	中宁县	小麦、水稻、玉米	一年一熟

表 B.2（续）

省（区、市）	县（市、区、旗）	标准耕作制度	复种类型
澳门	澳门	甘薯-早稻-晚稻、花生-早稻-晚稻、早稻-晚稻、豆-稻	一年三熟、一年二熟
青海果洛藏族自治州	班玛县	—	—
青海果洛藏族自治州	达日县	—	—
青海果洛藏族自治州	甘德县	—	—
青海果洛藏族自治州	久治县	春小麦、油菜、青稞	一年一熟
青海果洛藏族自治州	玛多县	—	—
青海果洛藏族自治州	玛沁县	—	—
青海海北藏族自治州	刚察县	油菜、春小麦、青稞	一年一熟
青海海北藏族自治州	海晏县	油菜、春小麦、青稞	一年一熟
青海海北藏族自治州	门源回族自治县	油菜、春小麦、青稞	一年一熟
青海海北藏族自治州	祁连县	油菜、春小麦、青稞	一年一熟
青海海东地区	互助土族自治县	马铃薯、春小麦、油菜	一年一熟
青海海东地区	化隆回族自治县	春小麦、油菜	一年一熟
青海海东地区	乐都县	春小麦、油菜	一年一熟
青海海东地区	民和回族土族自治县	春小麦、油菜	一年一熟
青海海东地区	平安县	春小麦、油菜	一年一熟
青海海东地区	循化撒拉族自治县	春小麦、油菜	一年一熟
青海海南藏族自治州	共和县	春小麦、青稞、油菜	一年一熟
青海海南藏族自治州	贵德县	春小麦、油菜	一年一熟
青海海南藏族自治州	贵南县	春小麦、青稞、油菜	一年一熟
青海海南藏族自治州	同德县	春小麦、青稞、油菜	一年一熟
青海海南藏族自治州	兴海县	春小麦、青稞、油菜	一年一熟
青海海西蒙古族藏族自治州	德令哈市	春小麦、青稞、油菜	一年一熟
青海海西蒙古族藏族自治州	格尔木市	春小麦、青稞、油菜	一年一熟
青海海西蒙古族藏族自治州	都兰县	春小麦、青稞、油菜	一年一熟
青海海西蒙古族藏族自治州	天峻县	春小麦、青稞、油菜	一年一熟
青海海西蒙古族藏族自治州	乌兰县	春小麦、青稞、油菜	一年一熟
青海黄南藏族自治州	河南蒙古族自治县	春小麦、油菜、青稞	一年一熟
青海黄南藏族自治州	尖扎县	春小麦、油菜	一年一熟

表 B.2（续）

省(区、市)	县(市、区、旗)	标准耕作制度	复种类型
青海黄南藏族自治州	同仁县	春小麦、油菜	一年一熟
青海黄南藏族自治州	泽库县	春小麦、油菜、青稞	一年一熟
青海西宁市	西宁市城北区	春小麦、油菜	一年一熟
青海西宁市	西宁市城东区	春小麦、油菜	一年一熟
青海西宁市	西宁市城西区	春小麦、油菜	一年一熟
青海西宁市	西宁市城中区	春小麦、油菜	一年一熟
青海西宁市	大通回族土族自治县	马铃薯、春小麦	一年一熟
青海西宁市	湟源县	春小麦、油菜	一年一熟
青海西宁市	湟中县	马铃薯、春小麦	一年一熟
青海玉树藏族自治州	称多县	—	—
青海玉树藏族自治州	囊谦县	—	—
青海玉树藏族自治州	曲麻莱县	—	—
青海玉树藏族自治州	玉树县	—	—
青海玉树藏族自治州	杂多县	—	—
青海玉树藏族自治州	治多县	—	—
山东滨州市	滨城区	小麦-玉米	一年二熟
山东滨州市	博兴县	冬小麦-夏玉米	一年二熟
山东滨州市	惠民县	冬小麦-夏玉米	一年二熟
山东滨州市	无棣县	冬小麦-夏玉米	一年二熟
山东滨州市	阳信县	冬小麦-夏玉米	一年二熟
山东滨州市	沾化县	冬小麦-夏玉米	一年二熟
山东滨州市	邹平县	小麦-玉米、小麦-花生	一年二熟
山东德州市	乐陵市	冬小麦-夏玉米	一年二熟
山东德州市	禹城市	冬小麦-夏玉米	一年二熟
山东德州市	德城区	冬小麦-夏玉米	一年二熟
山东德州市	临邑县	冬小麦-夏玉米	一年二熟
山东德州市	陵县	冬小麦-夏玉米	一年二熟
山东德州市	宁津县	冬小麦-夏玉米	一年二熟
山东德州市	平原县	冬小麦-夏玉米	一年二熟
山东德州市	齐河县	冬小麦-夏玉米	一年二熟
山东德州市	庆云县	冬小麦-夏玉米	一年二熟
山东德州市	武城县	冬小麦-夏玉米	一年二熟
山东德州市	夏津县	冬小麦-夏玉米	一年二熟
山东东营市	东营区	冬小麦-夏玉米	一年二熟

表 B.2（续）

省(区、市)	县(市、区、旗)	标准耕作制度	复种类型
山东东营市	河口区	冬小麦-夏玉米	一年二熟
山东东营市	广饶县	冬小麦-夏玉米	一年二熟
山东东营市	垦利县	冬小麦-夏玉米	一年二熟
山东东营市	利津县	冬小麦-夏玉米	一年二熟
山东菏泽市	牡丹区	冬小麦-夏玉米	一年二熟
山东菏泽市	曹县	冬小麦-夏玉米	一年二熟
山东菏泽市	成武县	冬小麦-夏玉米	一年二熟
山东菏泽市	单县	冬小麦-夏玉米	一年二熟
山东菏泽市	定陶县	冬小麦-夏玉米	一年二熟
山东菏泽市	东明县	冬小麦-夏玉米	一年二熟
山东菏泽市	巨野县	冬小麦-夏玉米	一年二熟
山东菏泽市	鄄城县	冬小麦-夏玉米	一年二熟
山东菏泽市	郓城县	冬小麦-夏玉米	一年二熟
山东济南市	长清区	小麦-玉米、小麦-花生	一年二熟
山东济南市	槐荫区	小麦-玉米、小麦-花生	一年二熟
山东济南市	历城区	小麦-玉米、小麦-花生	一年二熟
山东济南市	历下区	小麦-玉米、小麦-花生	一年二熟
山东济南市	市中区	小麦-玉米、小麦-花生	一年二熟
山东济南市	天桥区	小麦-玉米、小麦-花生	一年二熟
山东济南市	章丘市	小麦-玉米、小麦-花生	一年二熟
山东济南市	济阳县	冬小麦-夏玉米	一年二熟
山东济南市	平阴县	小麦-玉米、小麦-花生	一年二熟
山东济南市	商河县	冬小麦-夏玉米	一年二熟
山东济宁市	曲阜市	小麦-玉米、小麦-花生	一年二熟
山东济宁市	兖州市	冬小麦-夏玉米	一年二熟
山东济宁市	邹城市	小麦-玉米、小麦-花生	一年二熟
山东济宁市	任城区	冬小麦-夏玉米	一年二熟
山东济宁市	市中区	冬小麦-夏玉米	一年二熟
山东济宁市	嘉祥县	冬小麦-夏玉米	一年二熟
山东济宁市	金乡县	冬小麦-夏玉米	一年二熟
山东济宁市	梁山县	冬小麦-夏玉米	一年二熟
山东济宁市	泗水县	小麦-玉米、小麦-花生	一年二熟
山东济宁市	微山县	冬小麦-夏玉米	一年二熟
山东济宁市	汶上县	冬小麦-夏玉米	一年二熟

表 B.2（续）

省(区、市)	县(市、区、旗)	标准耕作制度	复种类型
山东济宁市	鱼台县	冬小麦-水稻	一年二熟
山东莱芜市	钢城区	小麦-玉米、小麦-花生	一年二熟
山东莱芜市	莱城区	冬小麦-夏玉米	一年二熟
山东聊城市	临清市	冬小麦-夏玉米	一年二熟
山东聊城市	东昌府区	冬小麦-夏玉米	一年二熟
山东聊城市	茌平县	冬小麦-夏玉米	一年二熟
山东聊城市	东阿县	冬小麦-夏玉米	一年二熟
山东聊城市	高唐县	冬小麦-夏玉米	一年二熟
山东聊城市	冠县	冬小麦-夏玉米	一年二熟
山东聊城市	莘县	冬小麦-夏玉米	一年二熟
山东聊城市	阳谷县	冬小麦-夏玉米	一年二熟
山东临沂市	河东区	小麦-玉米、小麦-花生	一年二熟
山东临沂市	兰山区	小麦-玉米、小麦-花生	一年二熟
山东临沂市	罗庄区	小麦-玉米、小麦-花生	一年二熟
山东临沂市	苍山县	小麦-玉米、小麦-花生	一年二熟
山东临沂市	费县	小麦-玉米、小麦-花生	一年二熟
山东临沂市	莒南县	小麦-玉米、小麦-花生	一年二熟
山东临沂市	临沭县	小麦-玉米、小麦-花生	一年二熟
山东临沂市	蒙阴县	小麦-玉米、小麦-花生	一年二熟
山东临沂市	平邑县	小麦-玉米、小麦-花生	一年二熟
山东临沂市	郯城县	小麦-玉米、小麦-花生	一年二熟
山东临沂市	沂南县	小麦-玉米、小麦-花生	一年二熟
山东临沂市	沂水县	甘薯	一年一熟
山东青岛市	即墨市	小麦-玉米、小麦-花生	一年二熟
山东青岛市	胶南市	小麦-玉米、小麦-花生	一年二熟
山东青岛市	胶州市	小麦-玉米、小麦-花生	一年二熟
山东青岛市	莱西市	小麦-玉米、小麦-花生	一年二熟
山东青岛市	平度市	小麦-玉米、小麦-花生	一年二熟
山东青岛市	城阳区	小麦-玉米、小麦-花生	一年二熟
山东青岛市	黄岛区	小麦-玉米、小麦-花生	一年二熟
山东青岛市	崂山区	小麦-玉米、小麦-花生	一年二熟
山东青岛市	李沧区	小麦-玉米、小麦-花生	一年二熟
山东青岛市	市北区	小麦-玉米、小麦-花生	一年二熟
山东青岛市	市南区	小麦-玉米、小麦-花生	一年二熟

表 B.2（续）

省(区、市)	县(市、区、旗)	标准耕作制度	复种类型
山东青岛市	四方区	小麦-玉米、小麦-花生	一年二熟
山东日照市	东港区	小麦-玉米、小麦-花生	一年二熟
山东日照市	岚山区	小麦-玉米、小麦-花生	一年二熟
山东日照市	莒县	小麦-玉米、小麦-花生	一年二熟
山东日照市	五莲县	小麦-玉米、小麦-花生	一年二熟
山东泰安市	肥城市	小麦-玉米、小麦-花生	一年二熟
山东泰安市	新泰市	小麦-玉米、小麦-花生	一年二熟
山东泰安市	岱岳区	小麦-玉米、小麦-花生	一年二熟
山东泰安市	泰山区	小麦-玉米、小麦-花生	一年二熟
山东泰安市	东平县	小麦-玉米、小麦-花生	一年二熟
山东泰安市	宁阳县	小麦-玉米、小麦-花生	一年二熟
山东威海市	荣成市	小麦-玉米、小麦-花生	一年二熟
山东威海市	乳山市	小麦-玉米、小麦-花生	一年二熟
山东威海市	文登市	小麦-玉米、小麦-花生	一年二熟
山东威海市	环翠区	小麦-玉米、小麦-花生	一年二熟
山东潍坊市	安丘市	小麦-玉米、小麦-花生	一年二熟
山东潍坊市	昌邑市	小麦-玉米、小麦-花生	一年二熟
山东潍坊市	高密市	小麦-玉米、小麦-花生	一年二熟
山东潍坊市	青州市	小麦-玉米、小麦-花生	一年二熟
山东潍坊市	寿光市	冬小麦-夏玉米	一年二熟
山东潍坊市	诸城市	小麦-玉米、小麦-花生	一年二熟
山东潍坊市	坊子区	小麦-玉米、小麦-花生	一年二熟
山东潍坊市	寒亭区	小麦-玉米、小麦-花生	一年二熟
山东潍坊市	奎文区	小麦-玉米、小麦-花生	一年二熟
山东潍坊市	潍城区	小麦-玉米、小麦-花生	一年二熟
山东潍坊市	昌乐县	小麦-玉米、小麦-花生	一年二熟
山东潍坊市	临朐县	小麦-玉米、小麦-花生	一年二熟
山东烟台市	莱阳市	小麦-玉米、小麦-花生	一年二熟
山东烟台市	莱州市	小麦-玉米、小麦-花生	一年二熟
山东烟台市	龙口市	小麦-玉米、小麦-花生	一年二熟
山东烟台市	蓬莱市	小麦-玉米、小麦-花生	一年二熟
山东烟台市	栖霞市	小麦-玉米、小麦-花生	一年二熟
山东烟台市	招远市	小麦-玉米、小麦-花生	一年二熟
山东烟台市	福山区	小麦-玉米、小麦-花生	一年二熟

表 B.2（续）

省（区、市）	县（市、区、旗）	标准耕作制度	复种类型
山东烟台市	莱山区	小麦-玉米、小麦-花生	一年二熟
山东烟台市	牟平区	小麦-玉米、小麦-花生	一年二熟
山东烟台市	芝罘区	小麦-玉米、小麦-花生	一年二熟
山东烟台市	长岛县	小麦-玉米、小麦-花生	一年二熟
山东烟台市	海阳县	小麦-玉米、小麦-花生	一年二熟
山东枣庄市	滕州市	小麦-玉米、小麦-花生	一年二熟
山东枣庄市	山亭区	小麦-玉米、小麦-花生	一年二熟
山东枣庄市	市中区	小麦-玉米、小麦-花生	一年二熟
山东枣庄市	台儿庄区	小麦-玉米、小麦-花生	一年二熟
山东枣庄市	薛城区	小麦-玉米、小麦-花生	一年二熟
山东枣庄市	峄城区	小麦-玉米、小麦-花生	一年二熟
山东淄博市	博山区	小麦-玉米、小麦-花生	一年二熟
山东淄博市	临淄区	小麦-玉米、小麦-花生	一年二熟
山东淄博市	张店区	小麦-玉米、小麦-花生	一年二熟
山东淄博市	周村区	小麦-玉米、小麦-花生	一年二熟
山东淄博市	淄川区	小麦-玉米、小麦-花生	一年二熟
山东淄博市	高青县	冬小麦-夏玉米	一年二熟
山东淄博市	桓台县	冬小麦-夏玉米	一年二熟
山东淄博市	沂源县	小麦-玉米、小麦-花生	一年二熟
山西长治市	潞城市	冬小麦→冬小麦-夏玉米	二年三熟
山西长治市	城区	冬小麦→冬小麦-夏玉米	二年三熟
山西长治市	郊区	冬小麦→冬小麦-夏玉米	二年三熟
山西长治市	长治县	小麦-玉米、春玉米	一年一熟、一年二熟
山西长治市	长子县	冬小麦→冬小麦-夏玉米	二年三熟
山西长治市	壶关县	小麦-玉米、春玉米	一年一熟、一年二熟
山西长治市	黎城县	冬小麦→冬小麦-夏玉米	二年三熟
山西长治市	平顺县	冬小麦→冬小麦-夏玉米	二年三熟
山西长治市	沁县	冬小麦→冬小麦-夏玉米	二年三熟
山西长治市	沁源县	冬小麦→冬小麦-夏玉米	二年三熟
山西长治市	屯留县	小麦-玉米、春玉米	一年一熟、一年二熟
山西长治市	武乡县	小麦-玉米、春玉米	一年一熟、一年二熟
山西长治市	襄垣县	小麦-玉米、春玉米	一年一熟、一年二熟
山西大同市	城区	春玉米、春小麦、马铃薯	一年一熟
山西大同市	矿区	春玉米、春小麦、马铃薯	一年一熟

表 B.2（续）

省(区、市)	县(市、区、旗)	标准耕作制度	复种类型
山西大同市	南郊区	春玉米、春小麦、马铃薯	一年一熟
山西大同市	新荣区	春玉米、春小麦、马铃薯	一年一熟
山西大同市	大同县	春玉米、春小麦、马铃薯	一年一熟
山西大同市	广灵县	春玉米、马铃薯	一年一熟
山西大同市	浑源县	马铃薯、春小麦、春玉米	一年一熟
山西大同市	灵丘县	春玉米、马铃薯	一年一熟
山西大同市	天镇县	春玉米、春小麦、马铃薯	一年一熟
山西大同市	阳高县	马铃薯、春玉米	一年一熟
山西大同市	左云县	春玉米、春小麦、马铃薯	一年一熟
山西晋城市	城区	冬小麦→冬小麦-夏玉米	二年三熟
山西晋城市	高平市	冬小麦→冬小麦-夏玉米	二年三熟
山西晋城市	陵川县	冬小麦→冬小麦-夏玉米	二年三熟
山西晋城市	沁水县	冬小麦→冬小麦-夏玉米	二年三熟
山西晋城市	阳城县	冬小麦→冬小麦-夏玉米	二年三熟
山西晋城市	泽州县	冬小麦→冬小麦-夏玉米	二年三熟
山西晋中市	介休市	春玉米、小麦/大豆、小麦/谷子	一年一熟、一年二熟
山西晋中市	榆次区	冬小麦→冬小麦-夏玉米	二年三熟
山西晋中市	和顺县	冬小麦→冬小麦-夏玉米	二年三熟
山西晋中市	灵石县	春玉米、小麦/大豆、小麦/谷子	一年一熟、一年二熟
山西晋中市	平遥县	冬小麦→冬小麦-夏玉米	二年三熟
山西晋中市	祁县	冬小麦→冬小麦-夏玉米	二年三熟
山西晋中市	寿阳县	冬小麦→冬小麦-夏玉米	二年三熟
山西晋中市	太谷县	冬小麦→冬小麦-夏玉米	二年三熟
山西晋中市	昔阳县	冬小麦→冬小麦-夏玉米	二年三熟
山西晋中市	榆社县	冬小麦→冬小麦-夏玉米	二年三熟
山西晋中市	左权县	冬小麦→冬小麦-夏玉米	二年三熟
山西临汾市	侯马市	小麦-玉米、春玉米	一年一熟、一年二熟
山西临汾市	霍州市	小麦-玉米、春玉米	一年一熟、一年二熟
山西临汾市	安泽县	冬小麦→冬小麦-夏玉米	二年三熟
山西临汾市	大宁县	春玉米、小麦/玉米、小麦/谷子	一年一熟、一年二熟
山西临汾市	汾西县	春玉米、小麦/大豆、小麦/谷子	一年一熟、一年二熟
山西临汾市	浮山县	冬小麦→冬小麦-夏玉米	二年三熟
山西临汾市	古县	冬小麦→冬小麦-夏玉米	二年三熟
山西临汾市	洪洞县	春玉米、小麦/大豆、小麦/谷子	一年一熟、一年二熟

表 B.2（续）

省(区、市)	县(市、区、旗)	标准耕作制度	复种类型
山西临汾市	吉县	春玉米、小麦/大豆、小麦/谷子	一年一熟、一年二熟
山西临汾市	蒲县	春玉米、小麦/大豆、小麦/谷子	一年一熟、一年二熟
山西临汾市	曲沃县	小麦-玉米、春玉米	一年一熟、一年二熟
山西临汾市	隰县	春玉米、小麦/大豆、小麦/谷子	一年一熟、一年二熟
山西临汾市	乡宁县	春玉米、小麦/玉米、小麦/谷子	一年一熟、一年二熟
山西临汾市	襄汾县	春玉米、小麦/大豆、小麦/谷子	一年一熟、一年二熟
山西临汾市	翼城县	冬小麦→冬小麦-夏玉米	二年三熟
山西临汾市	永和县	春玉米、小麦/玉米、小麦/谷子	一年一熟、一年二熟
山西吕梁市	汾阳市	春玉米、小麦/大豆、小麦/谷子	一年一熟、一年二熟
山西吕梁市	孝义市	小麦-玉米、春玉米	一年一熟、一年二熟
山西吕梁市	离石区	春玉米、小麦/玉米、小麦/谷子	一年一熟、一年二熟
山西吕梁市	方山县	春玉米、小麦压米、小麦/谷子	一年一熟、一年二熟
山西吕梁市	交城县	小麦-玉米、春玉米	一年一熟、一年二熟
山西吕梁市	交口县	春玉米、小麦/大豆、小麦/谷子	一年一熟、一年二熟
山西吕梁市	岚县	春玉米、小麦/大豆、小麦/谷子	一年一熟、一年二熟
山西吕梁市	临县	春玉米、小麦/玉米、小麦/谷子	一年一熟、二年三熟
山西吕梁市	柳林县	春玉米、小麦/玉米、小麦/谷子	一年一熟、一年二熟
山西吕梁市	石楼县	春玉米、小麦/玉米、小麦/谷子	一年一熟、一年二熟
山西吕梁市	文水县	春玉米、小麦/大豆、小麦/谷子	一年一熟、一年二熟
山西吕梁市	兴县	春玉米、马铃薯、小麦/谷子	一年一熟、一年二熟
山西吕梁市	中阳县	春玉米、小麦/大豆、小麦/谷子	一年一熟、一年二熟
山西朔州市	朔城区	春玉米、春小麦、马铃薯	一年一熟
山西朔州市	怀仁县	马铃薯、春小麦、春玉米	一年一熟
山西朔州市	平鲁区	春玉米、春小麦、马铃薯	一年一熟
山西朔州市	山阴县	春玉米、春小麦、马铃薯	一年一熟
山西朔州市	应县	马铃薯、春玉米	一年一熟
山西朔州市	右玉县	春玉米、春小麦、马铃薯	一年一熟
山西太原市	古交市	春玉米、小麦/大豆、小麦/谷子	一年一熟、一年二熟
山西太原市	尖草坪区	春玉米、小麦/大豆、小麦/谷子	一年一熟、一年二熟
山西太原市	晋源区	春玉米、小麦/大豆、小麦/谷子	一年一熟、一年二熟
山西太原市	万柏林区	春玉米、小麦/大豆、小麦/谷子	一年一熟、一年二熟
山西太原市	小店区	春玉米、小麦/大豆、小麦/谷子	一年一熟、一年二熟
山西太原市	杏花岭区	春玉米、小麦/大豆、小麦/谷子	一年一熟、一年二熟
山西太原市	迎泽区	春玉米、小麦/大豆、小麦/谷子	一年一熟、一年二熟

表 B.2（续）

省(区、市)	县(市、区、旗)	标准耕作制度	复种类型
山西太原市	娄烦县	春玉米、小麦/大豆、小麦/谷子	一年一熟、一年二熟
山西太原市	清徐县	春玉米、小麦/大豆、小麦/谷子	一年一熟、二年三熟
山西太原市	阳曲县	马铃薯、春玉米	一年一熟
山西忻州市	原平市	春玉米、小麦/大豆、小麦/谷子	一年一熟、一年二熟
山西忻州市	忻府区	春玉米、小麦/大豆、小麦/谷子	一年一熟、一年二熟
山西忻州市	保德县	春玉米、马铃薯、小麦/谷子	一年一熟、一年二熟
山西忻州市	代县	春玉米、小麦/玉米、小麦/谷子	一年一熟、一年二熟
山西忻州市	定襄县	春玉米、马铃薯	一年一熟
山西忻州市	繁峙县	春玉米、小麦/玉米、小麦/谷子	一年一熟、一年二熟
山西忻州市	河曲县	春玉米、马铃薯、小麦/谷子	一年一熟、一年二熟
山西忻州市	静乐县	春玉米、小麦/大豆、小麦/谷子	一年一熟、一年二熟
山西忻州市	岢岚县	春玉米、小麦/大豆、小麦/谷子	一年一熟、一年二熟
山西忻州市	宁武县	春玉米、小麦/大豆、小麦/谷子	一年一熟、一年二熟
山西忻州市	偏关县	春玉米、马铃薯、小麦/谷子	一年一熟、二年三熟
山西忻州市	神池县	春玉米、春小麦、马铃薯	一年一熟
山西忻州市	五台县	春玉米、马铃薯	一年一熟
山西忻州市	五寨县	春玉米、小麦/大豆、小麦/谷子	一年一熟、一年二熟
山西阳泉市	城区	冬小麦→冬小麦-夏玉米	二年三熟
山西阳泉市	郊区	冬小麦→冬小麦-夏玉米	二年三熟
山西阳泉市	矿区	冬小麦→冬小麦-夏玉米	二年三熟
山西阳泉市	平定县	冬小麦→冬小麦-夏玉米	一年一熟
山西阳泉市	盂县	冬小麦→冬小麦-夏玉米	二年三熟
山西运城市	河津市	春玉米、小麦/玉米、小麦/谷子	一年一熟、一年二熟
山西运城市	永济市	小麦-玉米、春玉米	一年一熟、一年二熟
山西运城市	盐湖区	小麦-玉米、春玉米	一年一熟、一年二熟
山西运城市	稷山县	春玉米、小麦/大豆、小麦/谷子	一年一熟、一年二熟
山西运城市	绛县	小麦-玉米、春玉米	一年一熟、一年二熟
山西运城市	临猗县	小麦-玉米、春玉米	一年一熟、一年二熟
山西运城市	平陆县	冬小麦→冬小麦-夏玉米	二年三熟
山西运城市	芮城县	小麦-玉米、春玉米	一年一熟、一年二熟
山西运城市	万荣县	小麦-玉米、春玉米	一年一熟、一年二熟
山西运城市	闻喜县	冬小麦、冬小麦-夏玉米	一年一熟、一年二熟
山西运城市	夏县	小麦-玉米、春玉米	一年一熟、一年二熟
山西运城市	新绛县	春玉米、小麦/大豆、小麦/谷子	一年一熟、一年二熟

表 B.2（续）

省(区、市)	县(市、区、旗)	标准耕作制度	复种类型
山西运城市	垣曲县	冬小麦→冬小麦-夏玉米	二年三熟
陕西安康市	汉滨区	冬小麦/夏玉米	一年一熟
陕西安康市	白河县	冬小麦/夏玉米	一年一熟
陕西安康市	汉阴县	油菜-水稻	一年二熟
陕西安康市	岚皋县	春玉米/马铃薯	一年一熟
陕西安康市	宁陕县	水稻/春玉米	一年一熟
陕西安康市	平利县	春玉米/马铃薯	一年一熟
陕西安康市	石泉县	水稻/春玉米	一年一熟
陕西安康市	旬阳县	水稻/春玉米	一年一熟
陕西安康市	镇坪县	春玉米/马铃薯	一年一熟
陕西安康市	紫阳县	水稻/春玉米	一年一熟
陕西宝鸡市	陈仓区	冬小麦-夏玉米	一年二熟
陕西宝鸡市	金台区	冬小麦-夏玉米	一年二熟
陕西宝鸡市	渭滨区	冬小麦-夏玉米	一年二熟
陕西宝鸡市	凤县	冬小麦/夏玉米	一年一熟
陕西宝鸡市	凤翔县	冬小麦-夏玉米	一年二熟
陕西宝鸡市	扶风县	冬小麦-夏玉米	一年二熟
陕西宝鸡市	麟游县	冬小麦-夏玉米→春玉米	二年三熟
陕西宝鸡市	陇县	冬小麦-夏玉米→春玉米	二年三熟
陕西宝鸡市	眉县	冬小麦-夏玉米	一年二熟
陕西宝鸡市	岐山县	冬小麦-夏玉米	一年二熟
陕西宝鸡市	千阳县	冬小麦-夏玉米→春玉米	二年三熟
陕西宝鸡市	太白县	水稻/春玉米	一年一熟
陕西汉中市	汉台区	油菜-水稻	一年二熟
陕西汉中市	城固县	油菜-水稻	一年二熟
陕西汉中市	佛坪县	水稻/春玉米	一年一熟
陕西汉中市	留坝县	冬小麦-夏玉米→春玉米	一年一熟
陕西汉中市	略阳县	冬小麦-夏玉米→春玉米	一年一熟
陕西汉中市	勉县	油菜-水稻	一年二熟
陕西汉中市	南郑县	油菜-水稻	一年二熟
陕西汉中市	宁强县	冬小麦/夏玉米	一年一熟
陕西汉中市	西乡县	油菜-水稻	一年二熟
陕西汉中市	洋县	油菜-水稻	一年二熟
陕西汉中市	镇巴县	冬小麦、春玉米	一年一熟

表 B.2（续）

省(区、市)	县(市、区、旗)	标准耕作制度	复种类型
陕西商洛市	商州区	冬小麦/夏玉米	一年一熟
陕西商洛市	丹凤县	冬小麦-夏玉米	一年二熟
陕西商洛市	洛南县	冬小麦-夏玉米→春玉米	二年三熟
陕西商洛市	山阳县	冬小麦/夏玉米	一年一熟
陕西商洛市	商南县	冬小麦/夏玉米	一年一熟
陕西商洛市	镇安县	冬小麦/夏玉米	一年一熟
陕西商洛市	柞水县	冬小麦/夏玉米	一年一熟
陕西铜川市	王益区	冬小麦-夏玉米→春玉米	二年三熟
陕西铜川市	耀州区	冬小麦-夏玉米→春玉米	二年三熟
陕西铜川市	印台区	冬小麦-夏玉米→春玉米	二年三熟
陕西铜川市	宜君县	冬小麦-夏玉米→春玉米	二年三熟
陕西渭南市	韩城市	冬小麦-夏玉米→春玉米	二年三熟
陕西渭南市	华阴市	冬小麦-夏玉米	一年二熟
陕西渭南市	临渭区	冬小麦-夏玉米	一年二熟
陕西渭南市	白水县	冬小麦-夏玉米→春玉米	二年三熟
陕西渭南市	澄城县	冬小麦-夏玉米→春玉米	二年三熟
陕西渭南市	大荔县	冬小麦-夏玉米	一年二熟
陕西渭南市	富平县	冬小麦-夏玉米	一年二熟
陕西渭南市	合阳县	冬小麦-夏玉米→春玉米	二年三熟
陕西渭南市	华县	冬小麦-夏玉米	一年二熟
陕西渭南市	蒲城县	冬小麦-夏玉米	一年二熟
陕西渭南市	潼关县	冬小麦-夏玉米	一年二熟
陕西西安市	灞桥区	冬小麦-夏玉米	一年二熟
陕西西安市	碑林区	冬小麦-夏玉米	一年二熟
陕西西安市	长安区	冬小麦-夏玉米	一年二熟
陕西西安市	莲湖区	冬小麦-夏玉米	一年二熟
陕西西安市	临潼区	冬小麦-夏玉米	一年二熟
陕西西安市	未央区	冬小麦-夏玉米	一年二熟
陕西西安市	新城区	冬小麦-夏玉米	一年二熟
陕西西安市	阎良区	冬小麦-夏玉米	一年二熟
陕西西安市	雁塔区	冬小麦-夏玉米	一年二熟
陕西西安市	高陵县	冬小麦-夏玉米	一年二熟
陕西西安市	户县	冬小麦-夏玉米	一年二熟
陕西西安市	蓝田县	冬小麦-夏玉米	一年二熟

表 B.2（续）

省(区、市)	县(市、区、旗)	标准耕作制度	复种类型
陕西西安市	周至县	冬小麦-夏玉米	一年二熟
陕西咸阳市	兴平市	冬小麦-夏玉米	一年二熟
陕西咸阳市	秦都区	冬小麦-夏玉米	一年二熟
陕西咸阳市	渭城区	冬小麦-夏玉米	一年二熟
陕西咸阳市	杨凌区	冬小麦-夏玉米	一年二熟
陕西咸阳市	彬县	冬小麦-夏玉米→春玉米	二年三熟
陕西咸阳市	长武县	冬小麦-夏玉米→春玉米	二年三熟
陕西咸阳市	淳化县	冬小麦-夏玉米→春玉米	二年三熟
陕西咸阳市	泾阳县	冬小麦-夏玉米	一年二熟
陕西咸阳市	礼泉县	冬小麦-夏玉米	一年二熟
陕西咸阳市	乾县	冬小麦-夏玉米	一年二熟
陕西咸阳市	三原县	冬小麦-夏玉米	一年二熟
陕西咸阳市	武功县	冬小麦-夏玉米	一年二熟
陕西咸阳市	旬邑县	冬小麦-夏玉米→春玉米	二年三熟
陕西咸阳市	永寿县	冬小麦-夏玉米→春玉米	二年三熟
陕西延安市	宝塔区	春玉米/谷子	一年一熟
陕西延安市	安塞县	春玉米/谷子	一年一熟
陕西延安市	富县	冬小麦-夏玉米→春玉米	二年三熟
陕西延安市	甘泉县	春玉米/谷子	一年一熟
陕西延安市	黄陵县	冬小麦-夏玉米→春玉米	二年三熟
陕西延安市	黄龙县	冬小麦-夏玉米→春玉米	二年三熟
陕西延安市	洛川县	冬小麦-夏玉米→春玉米	二年三熟
陕西延安市	吴起县	春玉米/谷子	一年一熟
陕西延安市	延长县	春玉米/谷子	一年一熟
陕西延安市	延川县	春玉米/谷子	一年一熟
陕西延安市	宜川县	冬小麦-夏玉米→春玉米	二年三熟
陕西延安市	志丹县	春玉米/谷子	一年一熟
陕西延安市	子长县	春玉米/谷子	一年一熟
陕西榆林市	榆阳区	春玉米/马铃薯	一年一熟
陕西榆林市	定边县	春玉米/马铃薯	一年一熟
陕西榆林市	府谷县	春玉米/马铃薯	一年一熟
陕西榆林市	横山县	春玉米/马铃薯	一年一熟
陕西榆林市	佳县	春玉米/谷子	一年一熟
陕西榆林市	靖边县	春玉米/马铃薯	一年一熟

表 B.2（续）

省(区、市)	县(市、区、旗)	标准耕作制度	复种类型
陕西榆林市	米脂县	春玉米/谷子	一年一熟
陕西榆林市	清涧县	春玉米/谷子	一年一熟
陕西榆林市	神木县	春玉米/马铃薯	一年一熟
陕西榆林市	绥德县	春玉米/谷子	一年一熟
陕西榆林市	吴堡县	春玉米/谷子	一年一熟
陕西榆林市	子洲县	春玉米/谷子	一年一熟
上海市	宝山区	油菜-水稻、小麦-水稻、小麦/棉花	一年二熟
上海市	长宁区	油菜-水稻、小麦-水稻、小麦/棉花	一年二熟
上海市	奉贤区	油菜-水稻、小麦-水稻、小麦/棉花	一年二熟
上海市	虹口区	油菜-水稻、小麦-水稻、小麦/棉花	一年二熟
上海市	黄浦区	油菜-水稻、小麦-水稻、小麦/棉花	一年二熟
上海市	嘉定区	油菜-水稻、小麦-水稻、小麦/棉花	一年二熟
上海市	金山区	油菜-水稻、小麦-水稻、小麦/棉花	一年二熟
上海市	静安区	油菜-水稻、小麦-水稻、小麦/棉花	一年二熟
上海市	卢湾区	油菜-水稻、小麦-水稻、小麦/棉花	一年二熟
上海市	闵行区	油菜-水稻、小麦-水稻、小麦/棉花	一年二熟
上海市	南汇区	油菜-水稻、小麦-水稻、小麦/棉花	一年二熟
上海市	浦东新区	油菜-水稻、小麦-水稻、小麦/棉花	一年二熟
上海市	普陀区	油菜-水稻、小麦-水稻、小麦/棉花	一年二熟
上海市	青浦区	油菜-水稻、小麦-水稻、小麦/棉花	一年二熟
上海市	松江区	油菜-水稻、小麦-水稻、小麦/棉花	一年二熟
上海市	徐汇区	油菜-水稻、小麦-水稻、小麦/棉花	一年二熟
上海市	杨浦区	油菜-水稻、小麦-水稻、小麦/棉花	一年二熟
上海市	闸北区	油菜-水稻、小麦-水稻、小麦/棉花	一年二熟
上海市	崇明县	油菜-水稻、小麦-水稻、小麦/棉花	一年二熟
四川阿坝藏族羌族自治州	阿坝县	小麦、青稞、玉米	一年一熟
四川阿坝藏族羌族自治州	黑水县	小麦-水稻、小麦-玉米、油菜-玉米	一年二熟
四川阿坝藏族羌族自治州	红原县	春小麦、青稞、油菜	一年一熟
四川阿坝藏族羌族自治州	金川县	春小麦、青稞、油菜	一年一熟
四川阿坝藏族羌族自治州	九寨沟县	春小麦、青稞、油菜	一年一熟

表 B.2（续）

省(区、市)	县(市、区、旗)	标准耕作制度	复种类型
四川阿坝藏族羌族自治州	理县	小麦-水稻、小麦-玉米、油菜-玉米	一年二熟
四川阿坝藏族羌族自治州	马尔康县	春小麦、青稞、油菜	一年一熟
四川阿坝藏族羌族自治州	茂县	小麦-水稻、小麦-玉米、油菜-玉米	一年二熟
四川阿坝藏族羌族自治州	壤塘县	春小麦、青稞、油菜	一年一熟
四川阿坝藏族羌族自治州	若尔盖县	春小麦、青稞、油菜	一年一熟
四川阿坝藏族羌族自治州	松潘县	小麦-水稻、小麦-玉米、油菜-玉米	一年二熟
四川阿坝藏族羌族自治州	汶川县	小麦-水稻、小麦-玉米、油菜-玉米	一年二熟
四川阿坝藏族羌族自治州	小金县	春小麦、青稞、油菜	一年一熟
四川巴中市	巴州区	小麦-水稻、麦-玉米(海拔 600 m 以上,旱)、麦/玉米(海拔 900 m 以上,旱)	一年二熟
四川巴中市	南江县	小麦-水稻、小麦-玉米、油菜-玉米	一年二熟
四川巴中市	平昌县	小麦-水稻、麦-玉米(海拔 600 m 以上,旱)、麦/玉米(海拔 900 m 以上,旱)	一年二熟
四川巴中市	通江县	小麦-水稻、小麦-玉米、油菜-玉米	一年二熟
四川成都市	崇州市	小麦-中稻	一年二熟
四川成都市	都江堰市	小麦-中稻	一年二熟
四川成都市	彭州市	小麦-中稻	一年二熟
四川成都市	邛崃市	小麦-中稻	一年二熟
四川成都市	成华区	小麦-中稻	一年二熟
四川成都市	金牛区	小麦-中稻	一年二熟
四川成都市	锦江区	小麦-中稻	一年二熟
四川成都市	龙泉驿区	小麦-中稻	一年二熟
四川成都市	青白江区	小麦-中稻	一年二熟
四川成都市	青羊区	小麦-中稻	一年二熟
四川成都市	温江区	小麦-中稻	一年二熟
四川成都市	武侯区	小麦-中稻	一年二熟
四川成都市	新都区	小麦-中稻	一年二熟
四川成都市	大邑县	小麦-中稻	一年二熟

表 B.2（续）

省(区、市)	县(市、区、旗)	标准耕作制度	复种类型
四川成都市	金堂县	小麦-中稻	一年二熟
四川成都市	郫县	小麦-中稻	一年二熟
四川成都市	蒲江县	小麦-中稻	一年二熟
四川成都市	双流县	小麦-中稻	一年二熟
四川成都市	新津县	小麦-中稻	一年二熟
四川达州市	万源市	小麦-水稻、小麦-玉米、油菜-玉米	一年二熟
四川达州市	通川区	小麦-水稻、麦-玉米(海拔 600 m 以上,旱)、麦/玉米(海拔 900 m 以上,旱)	一年二熟
四川达州市	达县	小麦-水稻、麦-玉米(海拔 600 m 以上,旱)、麦/玉米(海拔 900 m 以上,旱)	一年二熟
四川达州市	大竹县	小麦-水稻、麦-玉米(海拔 600 m 以上,旱)、麦/玉米(海拔 900 m 以上,旱)	一年二熟
四川达州市	开江县	小麦-水稻、麦-玉米(海拔 600 m 以上,旱)、麦/玉米(海拔 900 m 以上,旱)	一年二熟
四川达州市	渠县	小麦-水稻、麦-玉米(海拔 600 m 以上,旱)、麦/玉米(海拔 900 m 以上,旱)	一年二熟
四川达州市	宣汉县	小麦-水稻、麦-玉米(海拔 600 m 以上,旱)、麦/玉米(海拔 900 m 以上,旱)	一年二熟
四川德阳市	广汉市	小麦-中稻	一年二熟
四川德阳市	绵竹市	小麦-中稻	一年二熟
四川德阳市	什邡市	小麦-中稻	一年二熟
四川德阳市	旌阳区	小麦-中稻	一年二熟
四川德阳市	罗江县	小麦-中稻	一年二熟
四川德阳市	中江县	小麦-水稻、麦-玉米(海拔 600 m 以上,旱)、麦/玉米(海拔 900 m 以上,旱)	一年二熟
四川甘孜藏族自治州	巴塘县	春小麦、青稞、油菜	一年一熟
四川甘孜藏族自治州	白玉县	春小麦、青稞、油菜	一年一熟
四川甘孜藏族自治州	丹巴县	春小麦、青稞、油菜	一年一熟
四川甘孜藏族自治州	道孚县	春小麦、青稞、油菜	一年一熟
四川甘孜藏族自治州	稻城县	春小麦、青稞、油菜	一年一熟
四川甘孜藏族自治州	得荣县	春小麦、青稞、油菜	一年一熟
四川甘孜藏族自治州	德格县	春小麦、青稞、油菜	一年一熟
四川甘孜藏族自治州	甘孜县	春小麦、青稞、油菜	一年一熟
四川甘孜藏族自治州	九龙县	春小麦、青稞、油菜	一年一熟
四川甘孜藏族自治州	康定县	春小麦、青稞、油菜	一年一熟
四川甘孜藏族自治州	理塘县	春小麦、青稞、油菜	一年一熟

表 B.2（续）

省(区、市)	县(市、区、旗)	标准耕作制度	复种类型
四川甘孜藏族自治州	泸定县	春小麦、青稞、油菜	一年一熟
四川甘孜藏族自治州	炉霍县	春小麦、青稞、油菜	一年一熟
四川甘孜藏族自治州	色达县	春小麦、青稞、油菜	一年一熟
四川甘孜藏族自治州	石渠县	春小麦、青稞、油菜	一年一熟
四川甘孜藏族自治州	乡城县	春小麦、青稞、油菜	一年一熟
四川甘孜藏族自治州	新龙县	春小麦、青稞、油菜	一年一熟
四川甘孜藏族自治州	雅江县	春小麦、青稞、油菜	一年一熟
四川广安市	华蓥市	小麦-水稻、麦-玉米(海拔 600 m 以上,旱)、麦/玉米(海拔 900 m 以上,旱)	一年二熟
四川广安市	广安区	小麦-水稻、麦-玉米(海拔 600 m 以上,旱)、麦/玉米(海拔 900 m 以上,旱)	一年二熟
四川广安市	邻水县	小麦-水稻、麦-玉米(海拔 600 m 以上,旱)、麦/玉米(海拔 900 m 以上,旱)	一年二熟
四川广安市	武胜县	小麦-水稻、麦-玉米(海拔 600 m 以上,旱)、麦/玉米(海拔 900 m 以上,旱)	一年二熟
四川广安市	岳池县	小麦-水稻、麦-玉米(海拔 600 m 以上,旱)、麦/玉米(海拔 900 m 以上,旱)	一年二熟
四川广元市	朝天区	小麦-水稻、小麦-玉米、油菜-玉米	一年二熟
四川广元市	市中区	小麦-水稻、小麦-玉米、油菜-玉米	一年二熟
四川广元市	元坝区	小麦-水稻、小麦-玉米、油菜-玉米	一年二熟
四川广元市	苍溪县	小麦-水稻、麦-玉米(海拔 600 m 以上,旱)、麦/玉米(海拔 900 m 以上,旱)	一年二熟
四川广元市	剑阁县	小麦-水稻、麦-玉米(海拔 600 m 以上,旱)、麦/玉米(海拔 900 m 以上,旱)	一年二熟
四川广元市	青川县	小麦-水稻、小麦-玉米、油菜-玉米	一年二熟
四川广元市	旺苍县	小麦-水稻、小麦-玉米、油菜-玉米	一年二熟
四川乐山市	峨眉山市	小麦-中稻	一年二熟
四川乐山市	金口河区	小麦-水稻(800 m 以下)、小麦/玉米(80 m～1 500 m)、玉米(1 500 m 以上)	一年一熟、一年二熟
四川乐山市	沙湾区	小麦-水稻、麦-玉米(海拔 600 m 以上,旱)、麦/玉米(海拔 900 m 以上,旱)	一年二熟
四川乐山市	市中区	小麦-水稻、麦-玉米(海拔 600 m 以上,旱)、麦/玉米(海拔 900 m 以上,旱)	一年二熟
四川乐山市	五通桥区	小麦-水稻、麦-玉米(海拔 600 m 以上,旱)、麦/玉米(海拔 900 m 以上,旱)	一年二熟
四川乐山市	峨边彝族自治县	小麦-水稻、麦-玉米(海拔 600 m 以上,旱)、麦/玉米(海拔 900 m 以上,旱)	一年二熟

表 B.2（续）

省(区、市)	县(市、区、旗)	标准耕作制度	复种类型
四川乐山市	夹江县	小麦-中稻	一年二熟
四川乐山市	犍为县	小麦-水稻、麦-玉米(海拔 600 m 以上,旱)、麦/玉米(海拔 900 m 以上,旱)	一年二熟
四川乐山市	井研县	小麦-水稻、麦-玉米(海拔 600 m 以上,旱)、麦/玉米(海拔 900 m 以上,旱)	一年二熟
四川乐山市	马边彝族自治县	小麦-水稻、麦-玉米(海拔 600 m 以上,旱)、麦/玉米(海拔 900 m 以上,旱)	一年二熟
四川乐山市	沐川县	小麦-水稻、麦-玉米(海拔 600 m 以上,旱)、麦/玉米(海拔 900 m 以上,旱)	一年二熟
四川凉山彝族自治州	西昌市	小麦-水稻(800 m 以下)、小麦/玉米(800 m～1 500 m)、玉米(1 500 m 以上)	一年一熟、一年二熟
四川凉山彝族自治州	布拖县	小麦-水稻(800 m 以下)、小麦/玉米(800 m～1 500 m)、玉米(1 500 m 以上)	一年一熟、一年二熟
四川凉山彝族自治州	德昌县	小麦-水稻(800 m 以下)、小麦/玉米(800 m～1 500 m)、玉米(1 500 m 以上)	一年一熟、一年二熟
四川凉山彝族自治州	甘洛县	小麦-水稻(800 m 以下)、小麦/玉米(800 m～1 500 m)、玉米(1 500 m 以上)	一年一熟、一年二熟
四川凉山彝族自治州	会东县	小麦-水稻(800 m 以下)、小麦/玉米(800 m～1 500 m)、玉米(1 500 m 以上)	一年一熟、一年二熟
四川凉山彝族自治州	会理县	小麦-水稻(800 m 以下)、小麦/玉米(800 m～1 500 m)、玉米(1 500 m 以上)	一年一熟、一年二熟
四川凉山彝族自治州	金阳县	小麦-水稻(800 m 以下)、小麦/玉米(800 m～1 500 m)、玉米(1 500 m 以上)	一年一熟、一年二熟
四川凉山彝族自治州	雷波县	小麦-水稻(800 m 以下)、小麦/玉米(800 m～1 500 m)、玉米(1 500 m 以上)	一年一熟、一年二熟
四川凉山彝族自治州	美姑县	小麦-水稻(800 m 以下)、小麦/玉米(800 m～1 500 m)、玉米(1 500 m 以上)	一年一熟、一年二熟
四川凉山彝族自治州	冕宁县	小麦-水稻(800 m 以下)、小麦/玉米(800 m～1 500 m)、玉米(1 500 m 以上)	一年一熟、一年二熟
四川凉山彝族自治州	木里藏族自治县	春小麦、青稞、油菜	一年一熟
四川凉山彝族自治州	宁南县	小麦-水稻(800 m 以下)、小麦/玉米(800 m～1 500 m)、玉米(1 500 m 以上)	一年一熟、一年二熟
四川凉山彝族自治州	普格县	小麦-水稻(800 m 以下)、小麦/玉米(800 m～1 500 m)、玉米(1 500 m 以上)	一年一熟、一年二熟
四川凉山彝族自治州	喜德县	小麦-水稻(800 m 以下)、小麦/玉米(800 m～1 500 m)、玉米(1 500 m 以上)	一年一熟、一年二熟
四川凉山彝族自治州	盐源县	小麦-水稻(800 m 以下)、小麦/玉米(800 m～1 500 m)、玉米(1 500 m 以上)	一年二熟

表 B.2（续）

省(区、市)	县(市、区、旗)	标准耕作制度	复种类型
四川凉山彝族自治州	越西县	小麦-水稻（800 m 以下）、小麦/玉米（800 m～1 500 m）、玉米(1 500 m 以上)	一年二熟
四川凉山彝族自治州	昭觉县	小麦-水稻（800 m 以下）、小麦/玉米（800 m～1 500 m）、玉米(1 500 m 以上)	一年二熟
四川泸州市	江阳区	小麦-水稻、麦-玉米(海拔 600 m 以上，旱)、麦/玉米(海拔 900 m 以上，旱)	一年二熟
四川泸州市	龙马潭区	小麦-水稻、麦-玉米(海拔 600 m 以上，旱)、麦/玉米(海拔 900 m 以上，旱)	一年二熟
四川泸州市	纳溪区	小麦-水稻、麦-玉米(海拔 600 m 以上，旱)、麦/玉米(海拔 900 m 以上，旱)	一年二熟
四川泸州市	古蔺县	小麦-水稻、麦-玉米(海拔 600 m 以上，旱)、麦/玉米(海拔 900 m 以上，旱)	一年二熟
四川泸州市	合江县	小麦-水稻、麦-玉米(海拔 600 m 以上，旱)、麦/玉米(海拔 900 m 以上，旱)	一年二熟
四川泸州市	泸县	小麦-水稻、麦-玉米(海拔 600 m 以上，旱)、麦/玉米(海拔 900 m 以上，旱)	一年二熟
四川泸州市	叙永县	小麦-水稻、麦-玉米(海拔 600 m 以上，旱)、麦/玉米(海拔 900 m 以上，旱)	一年二熟
四川眉山市	东坡区	小麦-中稻	一年二熟
四川眉山市	丹棱县	小麦-中稻	一年二熟
四川眉山市	洪雅县	小麦-水稻、小麦-玉米、油菜-玉米	一年二熟
四川眉山市	彭山县	小麦-中稻	一年二熟
四川眉山市	青神县	小麦-中稻	一年二熟
四川眉山市	仁寿县	小麦-水稻、麦-玉米(海拔 600 m 以上，旱)、麦/玉米(海拔 900 m 以上，旱)	一年二熟
四川绵阳市	江油市	小麦-中稻	一年二熟
四川绵阳市	涪城区	小麦-中稻	一年二熟
四川绵阳市	游仙区	小麦-中稻	一年二熟
四川绵阳市	安县	小麦-中稻	一年二熟
四川绵阳市	北川羌族自治县	小麦-水稻、小麦-玉米、油菜-玉米	一年二熟
四川绵阳市	平武县	小麦-水稻、小麦-玉米、油菜-玉米	一年二熟
四川绵阳市	三台县	小麦-水稻、麦-玉米(海拔 600 m 以上，旱)、麦/玉米(海拔 900 m 以上，旱)	一年二熟或三熟
四川绵阳市	盐亭县	小麦-水稻、麦-玉米(海拔 600 m 以上，旱)、麦/玉米(海拔 900 m 以上，旱)	一年二熟
四川绵阳市	梓潼县	小麦-水稻、麦-玉米(海拔 600 m 以上，旱)、麦/玉米(海拔 900 m 以上，旱)	一年二熟

表 B.2（续）

省(区、市)	县(市、区、旗)	标准耕作制度	复种类型
四川内江市	东兴区	小麦-水稻、麦-玉米(海拔 600 m 以上,旱)、麦/玉米(海拔 900 m 以上,旱)	一年二熟
四川内江市	市中区	小麦-水稻、麦-玉米(海拔 600 m 以上,旱)、麦/玉米(海拔 900 m 以上,旱)	一年二熟
四川内江市	隆昌县	小麦-水稻、麦-玉米(海拔 600 m 以上,旱)、麦/玉米(海拔 900 m 以上,旱)	一年二熟
四川内江市	威远县	小麦-水稻、麦-玉米(海拔 600 m 以上,旱)、麦/玉米(海拔 900 m 以上,旱)	一年二熟
四川内江市	资中县	小麦-水稻、麦-玉米(海拔 600 m 以上,旱)、麦/玉米(海拔 900 m 以上,旱)	一年二熟
四川南充市	阆中市	小麦-水稻、麦-玉米(海拔 600 m 以上,旱)、麦/玉米(海拔 900 m 以上,旱)	一年二熟
四川南充市	高坪区	小麦-水稻、麦-玉米(海拔 600 m 以上,旱)、麦/玉米(海拔 900 m 以上,旱)	一年二熟
四川南充市	嘉陵区	小麦-水稻、麦-玉米(海拔 600 m 以上,旱)、麦/玉米(海拔 900 m 以上,旱)	一年二熟
四川南充市	顺庆区	小麦-水稻、麦-玉米(海拔 600 m 以上,旱)、麦/玉米(海拔 900 m 以上,旱)	一年二熟
四川南充市	南部县	小麦-水稻、麦-玉米(海拔 600 m 以上,旱)、麦/玉米(海拔 900 m 以上,旱)	一年二熟
四川南充市	蓬安县	小麦-水稻、麦-玉米(海拔 600 m 以上,旱)、麦/玉米(海拔 900 m 以上,旱)	一年二熟
四川南充市	西充县	小麦-水稻、麦-玉米(海拔 600 m 以上,旱)、麦/玉米(海拔 900 m 以上,旱)	一年二熟
四川南充市	仪陇县	小麦-水稻、麦-玉米(海拔 600 m 以上,旱)、麦/玉米(海拔 900 m 以上,旱)	一年二熟
四川南充市	营山县	小麦-水稻、麦-玉米(海拔 600 m 以上,旱)、麦/玉米(海拔 900 m 以上,旱)	一年二熟
四川攀枝花市	东区	小麦-水稻(800 m 以下)、小麦/玉米(800 m～1 500 m)、玉米(1 500 m 以上)	一年一熟、一年二熟
四川攀枝花市	仁和区	小麦-水稻(800 m 以下)、小麦/玉米(800 m～1 500 m)、玉米(1 500 m 以上)	一年一熟、一年二熟
四川攀枝花市	西区	小麦-水稻(800 m 以下)、小麦/玉米(800 m～1 500 m)、玉米(1 500 m 以上)	一年一熟、一年二熟
四川攀枝花市	米易县	小麦-水稻(800 m 以下)、小麦/玉米(800 m～1 500 m)、玉米(1 500 m 以上)	一年一熟、一年二熟
四川攀枝花市	盐边县	小麦-水稻(800 m 以下)、小麦/玉米(800 m～1 500 m)、玉米(1 500 m 以上)	一年二熟

表 B.2（续）

省(区、市)	县(市、区、旗)	标准耕作制度	复种类型
四川遂宁市	安居区	小麦-水稻、麦-玉米(海拔 600 m 以上,旱)、麦/玉米(海拔 900 m 以上,旱)	一年二熟
四川遂宁市	船山区	小麦-水稻、麦-玉米(海拔 600 m 以上,旱)、麦/玉米(海拔 900 m 以上,旱)	一年二熟
四川遂宁市	大英县	小麦-水稻、麦-玉米(海拔 600 m 以上,旱)、麦/玉米(海拔 900 m 以上,旱)	一年二熟
四川遂宁市	蓬溪县	小麦-水稻、麦-玉米(海拔 600 m 以上,旱)、麦/玉米(海拔 900 m 以上,旱)	一年二熟
四川遂宁市	射洪县	小麦-水稻、麦-玉米(海拔 600 m 以上,旱)、麦/玉米(海拔 900 m 以上,旱)	一年二熟
四川雅安市	雨城区	小麦-水稻、麦-玉米(海拔 600 m 以上,旱)、麦/玉米(海拔 900 m 以上,旱)	一年二熟
四川雅安市	宝兴县	小麦-水稻、麦-玉米(海拔 600 m 以上,旱)、麦/玉米(海拔 900 m 以上,旱)	一年二熟
四川雅安市	汉源县	小麦-水稻、麦-玉米(海拔 600 m 以上,旱)、麦/玉米(海拔 900 m 以上,旱)	一年二熟
四川雅安市	芦山县	小麦-水稻、麦-玉米(海拔 600 m 以上,旱)、麦/玉米(海拔 900 m 以上,旱)	一年二熟
四川雅安市	名山县	小麦-中稻	一年二熟
四川雅安市	石棉县	小麦-水稻(800 m 以下)、小麦/玉米(800 m～1 500 m)、玉米(1 500 m 以上)	一年一熟、一年二熟
四川雅安市	天全县	小麦-水稻、麦-玉米(海拔 600 m 以上,旱)、麦/玉米(海拔 900 m 以上,旱)	一年二熟
四川雅安市	荥经县	小麦-水稻、麦-玉米(海拔 600 m 以上,旱)、麦/玉米(海拔 900 m 以上,旱)	一年二熟
四川宜宾市	翠屏区	小麦-水稻、麦-玉米(海拔 600 m 以上,旱)、麦/玉米(海拔 900 m 以上,旱)	一年二熟
四川宜宾市	长宁县	小麦-水稻、麦-玉米(海拔 600 m 以上,旱)、麦/玉米(海拔 900 m 以上,旱)	一年二熟
四川宜宾市	高县	小麦-水稻、麦-玉米(海拔 600 m 以上,旱)、麦/玉米(海拔 900 m 以上,旱)	一年二熟
四川宜宾市	珙县	小麦-水稻、麦-玉米(海拔 600 m 以上,旱)、麦/玉米(海拔 900 m 以上,旱)	一年二熟
四川宜宾市	江安县	小麦-水稻、麦-玉米(海拔 600 m 以上,旱)、麦/玉米(海拔 900 m 以上,旱)	一年二熟
四川宜宾市	筠连县	小麦-水稻、麦-玉米(海拔 600 m 以上,旱)、麦/玉米(海拔 900 m 以上,旱)	一年二熟
四川宜宾市	南溪县	小麦-水稻、麦-玉米(海拔 600 m 以上,旱)、麦/玉米(海拔 900 m 以上,旱)	一年二熟

表 B.2（续）

省(区、市)	县(市、区、旗)	标准耕作制度	复种类型
四川宜宾市	屏山县	小麦-水稻、麦-玉米(海拔 600 m 以上,旱)、麦/玉米(海拔 900 m 以上,旱)	一年二熟
四川宜宾市	兴文县	小麦-水稻、麦-玉米(海拔 600 m 以上,旱)、麦/玉米(海拔 900 m 以上,旱)	一年二熟
四川宜宾市	宜宾县	小麦-水稻、麦-玉米(海拔 600 m 以上,旱)、麦/玉米(海拔 900 m 以上,旱)	一年二熟
四川资阳市	简阳市	小麦-水稻、麦-玉米(海拔 600 m 以上,旱)、麦/玉米(海拔 900 m 以上,旱)	一年二熟
四川资阳市	雁江区	小麦-水稻、麦-玉米(海拔 600 m 以上,旱)、麦/玉米(海拔 900 m 以上,旱)	一年二熟
四川资阳市	安岳县	小麦-水稻、麦-玉米(海拔 600 m 以上,旱)、麦/玉米(海拔 900 m 以上,旱)	一年二熟
四川资阳市	乐至县	小麦-水稻、麦-玉米(海拔 600 m 以上,旱)、麦/玉米(海拔 900 m 以上,旱)	一年二熟
四川自贡市	大安区	小麦-水稻、麦-玉米(海拔 600 m 以上,旱)、麦/玉米(海拔 900 m 以上,旱)	一年二熟
四川自贡市	贡井区	小麦-水稻、麦-玉米(海拔 600 m 以上,旱)、麦/玉米(海拔 900 m 以上,旱)	一年二熟
四川自贡市	沿滩区	小麦-水稻、麦-玉米(海拔 600 m 以上,旱)、麦/玉米(海拔 900 m 以上,旱)	一年二熟
四川自贡市	自流井区	小麦-水稻、麦-玉米(海拔 600 m 以上,旱)、麦/玉米(海拔 900 m 以上,旱)	一年二熟
四川自贡市	富顺县	小麦-水稻、麦-玉米(海拔 600 m 以上,旱)、麦/玉米(海拔 900 m 以上,旱)	一年二熟
四川自贡市	荣县	小麦-水稻、麦-玉米(海拔 600 m 以上,旱)、麦/玉米(海拔 900 m 以上,旱)	一年二熟
台湾	台湾	甘薯-早稻-晚稻、花生-早稻-晚稻、早稻-晚稻、豆-稻	热三熟、一年二熟
天津市	北辰区	冬小麦-夏玉米、春玉米(旱)	一年二熟、一年一熟(旱)
天津市	大港区	冬小麦-夏玉米、春玉米(旱)	一年二熟、一年一熟(旱)
天津市	东丽区	冬小麦-夏玉米、春玉米(旱)	一年二熟、一年一熟(旱)
天津市	汉沽区	冬小麦-夏玉米、春玉米(旱)	一年二熟、一年一熟(旱)
天津市	和平区	冬小麦-夏玉米、春玉米(旱)	一年二熟、一年一熟(旱)

表 B.2（续）

省(区、市)	县(市、区、旗)	标准耕作制度	复种类型
天津市	河北区	冬小麦-夏玉米、春玉米(旱)	一年二熟、一年一熟(旱)
天津市	河东区	冬小麦-夏玉米、春玉米(旱)	一年二熟、一年一熟(旱)
天津市	河西区	冬小麦-夏玉米、春玉米(旱)	一年二熟、一年一熟(旱)
天津市	红桥区	冬小麦-夏玉米、春玉米(旱)	一年二熟、一年一熟(旱)
天津市	津南区	冬小麦-夏玉米、春玉米(旱)	一年二熟、一年一熟(旱)
天津市	南开区	冬小麦-夏玉米、春玉米(旱)	一年二熟、一年一熟(旱)
天津市	塘沽区	冬小麦-夏玉米、春玉米(旱)	一年二熟、一年一熟(旱)
天津市	武清区	冬小麦-夏玉米、春玉米(旱)	一年二熟、一年一熟(旱)
天津市	西青区	冬小麦-夏玉米、春玉米(旱)	一年二熟、一年一熟(旱)
天津市	宝坻县	冬小麦-夏玉米、春玉米(旱)	一年二熟、一年一熟(旱)
天津市	蓟县	冬小麦-夏玉米、春玉米(旱)	一年二熟、一年一熟(旱)
天津市	静海县	冬小麦-夏玉米、春玉米(旱)	一年二熟、一年一熟(旱)
天津市	宁河县	冬小麦-夏玉米、春玉米(旱)	一年二熟、一年一熟(旱)
西藏阿里地区	措勤县	—	—
西藏阿里地区	噶尔县	—	—
西藏阿里地区	改则县	—	—
西藏阿里地区	革吉县	—	—
西藏阿里地区	普兰县	冬小麦、青稞	一年一熟
西藏阿里地区	日土县	—	—
西藏阿里地区	札达县	冬小麦、青稞	一年一熟
西藏昌都地区	八宿县	冬小麦、青稞	一年一熟
西藏昌都地区	边坝县	—	—
西藏昌都地区	察雅县	冬小麦、青稞、油菜	一年一熟
西藏昌都地区	昌都县	冬小麦、青稞、油菜	一年一熟

表 B.2（续）

省(区、市)	县(市、区、旗)	标准耕作制度	复种类型
西藏昌都地区	丁青县	—	—
西藏昌都地区	贡觉县	冬小麦、青稞、油菜	一年一熟
西藏昌都地区	江达县	冬小麦、青稞、油菜	一年一熟
西藏昌都地区	类乌齐县	冬小麦、青稞、油菜	一年一熟
西藏昌都地区	洛隆县	冬小麦、青稞、油菜	一年一熟
西藏昌都地区	芒康县	冬小麦、青稞、油菜	一年一熟
西藏昌都地区	左贡县	冬小麦、青稞、油菜	一年一熟
西藏拉萨市	城关区	冬小麦、青稞	一年一熟
西藏拉萨市	达孜县	冬小麦、青稞	一年一熟
西藏拉萨市	当雄县	—	—
西藏拉萨市	堆龙德庆县	冬小麦、青稞	一年一熟
西藏拉萨市	林周县	冬小麦、青稞	一年一熟
西藏拉萨市	墨竹工卡县	冬小麦、青稞	一年一熟
西藏拉萨市	尼木县	冬小麦、青稞	一年一熟
西藏拉萨市	曲水县	冬小麦、青稞	一年一熟
西藏林芝地区	波密县	冬小麦、青稞、油菜	一年一熟
西藏林芝地区	察隅县	冬小麦、青稞、油菜	一年一熟
西藏林芝地区	工布江达县	—	—
西藏林芝地区	朗县	冬小麦、青稞、油菜	一年一熟
西藏林芝地区	林芝县	冬小麦、青稞、油菜	一年一熟
西藏林芝地区	米林县	冬小麦、青稞、油菜	一年一熟
西藏林芝地区	墨脱县	冬小麦、青稞、油菜	一年一熟
西藏那曲地区	安多县	—	—
西藏那曲地区	巴青县	—	—
西藏那曲地区	班戈县	—	—
西藏那曲地区	比如县	—	—
西藏那曲地区	嘉黎县	—	—
西藏那曲地区	那曲县	—	—
西藏那曲地区	尼玛县	—	—
西藏那曲地区	聂荣县	—	—
西藏那曲地区	申扎县	—	—
西藏那曲地区	索县	—	—
西藏日喀则地区	日喀则市	冬小麦、青稞	一年一熟
西藏日喀则地区	昂仁县	冬小麦、青稞	一年一熟

表 B.2（续）

省(区、市)	县(市、区、旗)	标准耕作制度	复种类型
西藏日喀则地区	白朗县	冬小麦、青稞	一年一熟
西藏日喀则地区	定结县	冬小麦、青稞	一年一熟
西藏日喀则地区	定日县	冬小麦、青稞	一年一熟
西藏日喀则地区	岗巴县	冬小麦、青稞	一年一熟
西藏日喀则地区	吉隆县	冬小麦、青稞	一年一熟
西藏日喀则地区	江孜县	冬小麦、青稞	一年一熟
西藏日喀则地区	康马县	冬小麦、青稞	一年一熟
西藏日喀则地区	拉孜县	冬小麦、青稞	一年一熟
西藏日喀则地区	南木林县	冬小麦、青稞	一年一熟
西藏日喀则地区	聂拉木县	冬小麦、青稞	一年一熟
西藏日喀则地区	仁布县	冬小麦、青稞	一年一熟
西藏日喀则地区	萨嘎县	冬小麦、青稞	一年一熟
西藏日喀则地区	萨迦县	冬小麦、青稞	一年一熟
西藏日喀则地区	谢通门县	冬小麦、青稞	一年一熟
西藏日喀则地区	亚东县	冬小麦、青稞	一年一熟
西藏日喀则地区	仲巴县	冬小麦、青稞	一年一熟
西藏山南地区	措美县	冬小麦、青稞	一年一熟
西藏山南地区	错那县	冬小麦、青稞、油菜	一年一熟
西藏山南地区	贡嘎县	冬小麦、青稞	一年一熟
西藏山南地区	加查县	冬小麦、青稞	一年一熟
西藏山南地区	浪卡子县	冬小麦、青稞	一年一熟
西藏山南地区	隆子县	冬小麦、青稞、油菜	一年一熟
西藏山南地区	洛扎县	冬小麦、青稞	一年一熟
西藏山南地区	乃东县	冬小麦、青稞	一年一熟
西藏山南地区	琼结县	冬小麦、青稞	一年一熟
西藏山南地区	曲松县	冬小麦、青稞	一年一熟
西藏山南地区	桑日县	冬小麦、青稞	一年一熟
西藏山南地区	扎囊县	冬小麦、青稞	一年一熟
香港	香港	油菜-早稻-晚稻、玉米-水稻、玉米-甘薯	一年三熟、水旱二熟
新疆阿克苏地区	阿克苏市	小麦-玉米、棉花、水稻	一年一熟、一年二熟
新疆阿克苏地区	阿瓦提县	小麦-玉米、棉花、水稻	一年一熟、一年二熟
新疆阿克苏地区	拜城县	小麦-玉米、棉花、水稻	一年一熟、一年二熟
新疆阿克苏地区	柯坪县	小麦-玉米、棉花、水稻	一年一熟、一年二熟
新疆阿克苏地区	库车县	小麦-玉米、棉花、水稻	一年一熟、一年二熟

表 B.2（续）

省（区、市）	县（市、区、旗）	标准耕作制度	复种类型
新疆阿克苏地区	沙雅县	小麦-玉米、棉花、水稻	一年一熟、一年二熟
新疆阿克苏地区	温宿县	小麦-玉米、棉花、水稻	一年一熟、一年二熟
新疆阿克苏地区	乌什县	小麦-玉米、棉花、水稻	一年一熟、一年二熟
新疆阿克苏地区	新和县	小麦-玉米、棉花、水稻	一年一熟、一年二熟
新疆阿勒泰地区	阿勒泰市	小麦、玉米、棉花、水稻	一年一熟
新疆阿勒泰地区	布尔津县	小麦、玉米、棉花、水稻	一年一熟
新疆阿勒泰地区	福海县	小麦、玉米、棉花、水稻	一年一熟
新疆阿勒泰地区	富蕴县	小麦、玉米、棉花、水稻	一年一熟
新疆阿勒泰地区	哈巴河县	小麦、玉米、棉花、水稻	一年一熟
新疆阿勒泰地区	吉木乃县	小麦、玉米、棉花、水稻	一年一熟
新疆阿勒泰地区	青河县	小麦、玉米、棉花、水稻	一年一熟
新疆巴音郭楞蒙古自治州	库尔勒市	小麦-玉米、棉花、水稻	一年一熟、一年二熟
新疆巴音郭楞蒙古自治州	博湖县	小麦-玉米、棉花、水稻	一年一熟、一年二熟
新疆巴音郭楞蒙古自治州	和静县	小麦-玉米、棉花、水稻	一年一熟、一年二熟
新疆巴音郭楞蒙古自治州	和硕县	小麦-玉米、棉花、水稻	一年一熟、一年二熟
新疆巴音郭楞蒙古自治州	轮台县	小麦-玉米、棉花、水稻	一年一熟、一年二熟
新疆巴音郭楞蒙古自治州	且末县	小麦-玉米、棉花、水稻	一年一熟、一年二熟
新疆巴音郭楞蒙古自治州	若羌县	小麦-玉米、棉花、水稻	一年一熟、一年二熟
新疆巴音郭楞蒙古自治州	尉犁县	小麦-玉米、棉花、水稻	一年一熟、一年二熟
新疆巴音郭楞蒙古自治州	焉耆回族自治县	小麦-玉米、棉花、水稻	一年一熟、一年二熟
新疆博尔塔拉蒙古自治州	博乐市	小麦、玉米、棉花、水稻	一年一熟
新疆博尔塔拉蒙古自治州	精河县	小麦、玉米、棉花、水稻	一年一熟
新疆博尔塔拉蒙古自治州	温泉县	小麦、玉米、棉花、水稻	一年一熟
新疆昌吉回族自治州	昌吉市	小麦、玉米、棉花、水稻	一年一熟
新疆昌吉回族自治州	阜康市	小麦、玉米、棉花、水稻	一年一熟

表 B.2(续)

省(区、市)	县(市、区、旗)	标准耕作制度	复种类型
新疆昌吉回族自治州	呼图壁县	小麦、玉米、棉花、水稻	一年一熟
新疆昌吉回族自治州	吉木萨尔县	小麦、玉米、棉花、水稻	一年一熟
新疆昌吉回族自治州	玛纳斯县	小麦、玉米、棉花、水稻	一年一熟
新疆昌吉回族自治州	木垒哈萨克自治县	小麦、玉米、棉花、水稻	一年一熟
新疆昌吉回族自治州	奇台县	小麦、玉米、棉花、水稻	一年一熟
新疆哈密地区	哈密市	小麦、玉米、棉花、水稻	一年一熟
新疆哈密地区	巴里坤哈萨克自治县	小麦、玉米、棉花、水稻	一年一熟
新疆哈密地区	伊吾县	小麦、玉米、棉花、水稻	一年一熟
新疆和田地区	和田市	小麦-玉米、棉花、水稻	一年一熟、一年二熟
新疆和田地区	策勒县	小麦-玉米、棉花、水稻	一年一熟、一年二熟
新疆和田地区	和田县	小麦-玉米、棉花、水稻	一年一熟、一年二熟
新疆和田地区	洛浦县	小麦-玉米、棉花、水稻	一年一熟、一年二熟
新疆和田地区	民丰县	小麦-玉米、棉花、水稻	一年一熟、一年二熟
新疆和田地区	墨玉县	小麦-玉米、棉花、水稻	一年一熟、一年二熟
新疆和田地区	皮山县	小麦-玉米、棉花、水稻	一年一熟、一年二熟
新疆和田地区	于田县	小麦-玉米、棉花、水稻	一年一熟、一年二熟
新疆喀什地区	喀什市	小麦-玉米、棉花、水稻	一年一熟、一年二熟
新疆喀什地区	巴楚县	小麦-玉米、棉花、水稻	一年一熟、一年二熟
新疆喀什地区	伽师县	小麦-玉米、棉花、水稻	一年一熟、一年二熟
新疆喀什地区	麦盖提县	小麦-玉米、棉花、水稻	一年一熟、一年二熟
新疆喀什地区	莎车县	小麦-玉米、棉花、水稻	一年一熟、一年二熟
新疆喀什地区	疏附县	小麦-玉米、棉花、水稻	一年一熟、一年二熟
新疆喀什地区	疏勒县	小麦-玉米、棉花、水稻	一年一熟、一年二熟
新疆喀什地区	塔什库尔干塔吉克自治县	小麦-玉米、棉花、水稻	一年一熟、一年二熟
新疆喀什地区	叶城县	小麦-玉米、棉花、水稻	一年一熟、一年二熟
新疆喀什地区	英吉沙县	小麦-玉米、棉花、水稻	一年一熟、一年二熟
新疆喀什地区	岳普湖县	小麦-玉米、棉花、水稻	一年一熟、一年二熟
新疆喀什地区	泽普县	小麦-玉米、棉花、水稻	一年一熟、一年二熟
新疆克拉玛依市	白碱滩区	小麦、玉米、棉花、水稻	一年一熟
新疆克拉玛依市	独山子区	小麦、玉米、棉花、水稻	一年一熟
新疆克拉玛依市	克拉玛依区	小麦、玉米、棉花、水稻	一年一熟
新疆克拉玛依市	乌尔禾区	小麦、玉米、棉花、水稻	一年一熟

表 B.2（续）

省(区、市)	县(市、区、旗)	标准耕作制度	复种类型
新疆克孜勒苏柯尔克孜自治州	阿图什市	小麦-玉米、棉花、水稻	一年一熟、一年二熟
新疆克孜勒苏柯尔克孜自治州	阿合奇县	小麦、玉米、棉花、水稻	一年一熟
新疆克孜勒苏柯尔克孜自治州	阿克陶县	小麦-玉米、棉花、水稻	一年一熟、一年二熟
新疆克孜勒苏柯尔克孜自治州	乌恰县	小麦、玉米、棉花、水稻	一年一熟
新疆塔城地区	塔城市	小麦、玉米、棉花、水稻	一年一熟
新疆塔城地区	乌苏市	小麦、玉米、棉花、水稻	一年一熟
新疆塔城地区	额敏县	小麦、玉米、棉花、水稻	一年一熟
新疆塔城地区	和布克赛尔蒙古自治县	小麦、玉米、棉花、水稻	一年一熟
新疆塔城地区	沙湾县	小麦、玉米、棉花、水稻	一年一熟
新疆塔城地区	托里县	小麦、玉米、棉花、水稻	一年一熟
新疆塔城地区	裕民县	小麦、玉米、棉花、水稻	一年一熟
新疆吐鲁番地区	吐鲁番市	小麦-玉米、棉花、水稻	一年一熟、一年二熟
新疆吐鲁番地区	鄯善县	小麦-玉米、棉花、水稻	一年一熟、一年二熟
新疆吐鲁番地区	托克逊县	小麦、玉米、棉花、水稻	一年一熟
新疆乌鲁木齐市	达坂城区	小麦、玉米、棉花、水稻	一年一熟
新疆乌鲁木齐市	米东区	小麦、玉米、棉花、水稻	一年一熟
新疆乌鲁木齐市	沙依巴克区	小麦、玉米、棉花、水稻	一年一熟
新疆乌鲁木齐市	水磨沟区	小麦、玉米、棉花、水稻	一年一熟
新疆乌鲁木齐市	天山区	小麦、玉米、棉花、水稻	一年一熟
新疆乌鲁木齐市	头屯河区	小麦、玉米、棉花、水稻	一年一熟
新疆乌鲁木齐市	新市区	小麦、玉米、棉花、水稻	一年一熟
新疆乌鲁木齐市	乌鲁木齐县	小麦、玉米、棉花、水稻	一年一熟
新疆伊犁哈萨克自治州	奎屯市	小麦、玉米、棉花、水稻	一年一熟
新疆伊犁哈萨克自治州	伊宁市	小麦、玉米、棉花、水稻	一年一熟
新疆伊犁哈萨克自治州	察布查尔锡伯自治县	小麦、玉米、棉花、水稻	一年一熟
新疆伊犁哈萨克自治州	巩留县	小麦、玉米、棉花、水稻	一年一熟

表 B.2（续）

省(区、市)	县(市、区、旗)	标准耕作制度	复种类型
新疆伊犁哈萨克自治州	霍城县	小麦-玉米、棉花、水稻	一年二熟
新疆伊犁哈萨克自治州	尼勒克县	小麦、玉米、棉花、水稻	一年一熟
新疆伊犁哈萨克自治州	特克斯县	小麦、玉米、棉花、水稻	一年一熟
新疆伊犁哈萨克自治州	新源县	小麦、玉米、棉花、水稻	一年一熟
新疆伊犁哈萨克自治州	伊宁县	小麦、玉米、棉花、水稻	一年一熟
新疆伊犁哈萨克自治州	昭苏县	小麦、玉米、棉花、水稻	一年一熟
新疆自治县	阿拉尔市		
新疆自治县	石河子市	小麦、玉米、棉花、水稻	一年一熟
新疆自治县	图木舒克市		
新疆自治县	五家渠市		
云南保山市	隆阳区	小麦-水稻、小麦-玉米	一年二熟
云南保山市	昌宁县	小麦-水稻、小麦-玉米	一年二熟
云南保山市	龙陵县	小麦-水稻、小麦-玉米	一年二熟
云南保山市	施甸县	小麦-水稻、小麦-玉米	一年二熟
云南保山市	腾冲县	小麦-水稻、小麦-玉米	一年二熟
云南楚雄彝族自治州	楚雄市	小麦-水稻、小麦/玉米、玉米	一年一熟、一年二熟
云南楚雄彝族自治州	大姚县	小麦-水稻、小麦/玉米、玉米	一年一熟、一年二熟
云南楚雄彝族自治州	禄丰县	小麦-水稻、小麦/玉米、玉米	一年一熟、一年二熟
云南楚雄彝族自治州	牟定县	小麦-水稻、小麦/玉米、玉米	一年一熟、一年二熟
云南楚雄彝族自治州	南华县	小麦-水稻、小麦/玉米、玉米	一年一熟、一年二熟
云南楚雄彝族自治州	双柏县	小麦-水稻、小麦/玉米、玉米	一年一熟、一年二熟
云南楚雄彝族自治州	武定县	小麦-水稻、小麦/玉米、玉米	一年一熟、一年二熟
云南楚雄彝族自治州	姚安县	小麦-水稻、小麦/玉米、玉米	一年一熟、一年二熟
云南楚雄彝族自治州	永仁县	小麦-水稻、小麦/玉米、玉米	一年一熟、一年二熟
云南楚雄彝族自治州	元谋县	小麦-水稻、小麦/玉米、玉米	一年一熟、一年二熟
云南大理白族自治州	宾川县	小麦-水稻、小麦/玉米、玉米	一年一熟、一年二熟
云南大理白族自治州	大理市	小麦-水稻、小麦-玉米	一年二熟
云南大理白族自治州	洱源县	春小麦、青稞、油菜	一年一熟
云南大理白族自治州	鹤庆县	春小麦、青稞、油菜	一年一熟

表 B.2（续）

省（区、市）	县（市、区、旗）	标准耕作制度	复种类型
云南大理白族自治州	剑川县	春小麦、青稞、油菜	一年一熟
云南大理白族自治州	弥渡县	小麦-水稻、小麦-玉米	一年二熟
云南大理白族自治州	南涧彝族自治县	小麦-水稻、小麦-玉米	一年二熟
云南大理白族自治州	巍山彝族回族自治县	小麦-水稻、小麦-玉米	一年二熟
云南大理白族自治州	祥云县	小麦-水稻、小麦/玉米、玉米	一年一熟、一年二熟
云南大理白族自治州	漾濞彝族自治县	小麦-水稻、小麦-玉米	一年二熟
云南大理白族自治州	永平县	小麦-水稻、小麦-玉米	一年二熟
云南大理白族自治州	云龙县	春小麦、青稞、油菜	一年一熟
云南德宏傣族景颇族自治州	潞西市	小麦-水稻、小麦-玉米	一年二熟
云南德宏傣族景颇族自治州	瑞丽市	小麦-水稻、小麦-玉米	一年二熟
云南德宏傣族景颇族自治州	梁河县	小麦-水稻、小麦-玉米	一年二熟
云南德宏傣族景颇族自治州	陇川县	小麦-水稻、小麦-玉米	一年二熟
云南德宏傣族景颇族自治州	泸水县	春小麦、青稞、油菜	一年一熟
云南德宏傣族景颇族自治州	盈江县	小麦-水稻、小麦-玉米	一年二熟
云南迪庆藏族自治州	德钦县	春小麦、青稞、油菜	一年一熟
云南迪庆藏族自治州	维西傈僳族自治县	春小麦、青稞、油菜	一年一熟
云南迪庆藏族自治州	香格里拉县	春小麦、青稞、油菜	一年一熟
云南红河哈尼族彝族自治州	个旧市	小麦-水稻、小麦-玉米	一年二熟
云南红河哈尼族彝族自治州	开远市	小麦-水稻、小麦-玉米	一年二熟
云南红河哈尼族彝族自治州	河口瑶族自治县	小麦-水稻、小麦-玉米	一年二熟
云南红河哈尼族彝族自治州	红河县	小麦-水稻、小麦-玉米	一年二熟
云南红河哈尼族彝族自治州	建水县	小麦-水稻、小麦-玉米	一年二熟
云南红河哈尼族彝族自治州	金平苗族瑶族傣族自治县	甘薯-早稻-晚稻、花生-早稻-晚稻、早稻-晚稻、豆-稻	热三熟、一年二熟
云南红河哈尼族彝族自治州	泸西县	小麦-水稻、小麦-玉米	一年二熟

表 B.2（续）

省(区、市)	县(市、区、旗)	标准耕作制度	复种类型
云南红河哈尼族彝族自治州	绿春县	甘薯-早稻-晚稻、花生-早稻-晚稻、早稻-晚稻、豆-稻	热三熟、一年二熟
云南红河哈尼族彝族自治州	蒙自县	小麦-水稻、小麦-玉米	一年二熟
云南红河哈尼族彝族自治州	弥勒县	小麦-水稻、小麦-玉米	一年二熟
云南红河哈尼族彝族自治州	屏边苗族自治县	小麦-水稻、小麦-玉米	一年二熟
云南红河哈尼族彝族自治州	石屏县	小麦-水稻、小麦-玉米	一年二熟
云南红河哈尼族彝族自治州	元阳县	小麦-水稻、小麦-玉米	一年二熟
云南昆明市	安宁市	小麦-水稻、小麦/玉米、玉米	一年一熟、一年二熟
云南昆明市	东川区	小麦-水稻、小麦/玉米、玉米	一年一熟、一年二熟
云南昆明市	官渡区	小麦-水稻、小麦/玉米、玉米	一年一熟、一年二熟
云南昆明市	盘龙区	小麦-水稻、小麦/玉米、玉米	一年一熟、一年二熟
云南昆明市	五华区	小麦-水稻、小麦/玉米、玉米	一年一熟、一年二熟
云南昆明市	西山区	小麦-水稻、小麦/玉米、玉米	一年一熟、一年二熟
云南昆明市	富民县	小麦-水稻、小麦/玉米、玉米	一年一熟、一年二熟
云南昆明市	晋宁县	小麦-水稻、小麦/玉米、玉米	一年一熟、一年二熟
云南昆明市	禄劝彝族苗族自治县	小麦-水稻、小麦/玉米、玉米	一年一熟、一年二熟
云南昆明市	石林彝族自治县	小麦-水稻、小麦/玉米、玉米	一年一熟、一年二熟
云南昆明市	嵩明县	小麦-水稻、小麦/玉米、玉米	一年一熟、一年二熟
云南昆明市	寻甸回族彝族自治县	小麦-水稻、小麦/玉米、玉米	一年一熟、一年二熟
云南昆明市	宜良县	小麦-水稻、小麦/玉米、玉米	一年一熟、一年二熟
云南丽江市	古城区	春小麦、青稞、油菜	一年一熟
云南丽江市	华坪县	小麦-水稻、小麦/玉米、玉米	一年一熟、一年二熟
云南丽江市	宁蒗彝族自治县	春小麦、青稞、油菜	一年一熟
云南丽江市	永胜县	春小麦、青稞、油菜	一年一熟
云南丽江市	玉龙纳西族自治县	春小麦、青稞、油菜	一年一熟
云南临沧市	临翔区	小麦-水稻、小麦-玉米	一年二熟
云南临沧市	沧源佤族自治县	甘薯-早稻-晚稻、花生-早稻-晚稻、早稻-晚稻、豆-稻	热三熟、一年二熟
云南临沧市	凤庆县	小麦-水稻、小麦-玉米	一年二熟
云南临沧市	耿马傣族佤族自治县	小麦-水稻、小麦-玉米	一年二熟

表 B.2（续）

省(区、市)	县(市、区、旗)	标准耕作制度	复种类型
云南临沧市	双江拉祜族佤族布朗族傣族自治县	小麦-水稻、小麦-玉米	一年二熟
云南临沧市	永德县	小麦-水稻、小麦-玉米	一年二熟
云南临沧市	云县	小麦-水稻、小麦-玉米	一年二熟
云南临沧市	镇康县	小麦-水稻、小麦-玉米	一年二熟
云南怒江傈僳族自治州	福贡县	春小麦、青稞、油菜	一年一熟
云南怒江傈僳族自治州	贡山独龙族怒族自治县	春小麦、青稞、油菜	一年一熟
云南怒江傈僳族自治州	兰坪白族普米族自治县	春小麦、青稞、油菜	一年一熟
云南普洱市	思茅区	甘薯-早稻-晚稻、花生-早稻-晚稻、早稻-晚稻、豆-稻	热三熟、一年二熟
云南普洱市	江城哈尼族彝族自治县	甘薯-早稻-晚稻、花生-早稻-晚稻、早稻-晚稻、豆-稻	热三熟、一年二熟
云南普洱市	景东彝族自治县	小麦-水稻、小麦-玉米	一年二熟
云南普洱市	景谷傣族彝族自治县	小麦-水稻、小麦-玉米	一年二熟
云南普洱市	澜沧拉祜族自治县	甘薯-早稻-晚稻、花生-早稻-晚稻、早稻-晚稻、豆-稻	热三熟、一年二熟
云南普洱市	孟连傣族拉祜族佤族自治县	甘薯-早稻-晚稻、花生-早稻-晚稻、早稻-晚稻、豆-稻	热三熟、一年二熟
云南普洱市	墨江哈尼族自治县	小麦-水稻、小麦-玉米	一年二熟
云南普洱市	宁洱哈尼族彝族自治县	小麦-水稻、小麦-玉米	一年二熟
云南普洱市	西盟佤族自治县	甘薯-早稻-晚稻、花生-早稻-晚稻、早稻-晚稻、豆-稻	热三熟、一年二熟
云南普洱市	镇沅彝族哈尼族拉祜族自治县	小麦-水稻、小麦-玉米	一年二熟
云南曲靖市	宜威市	小麦-水稻、小麦-玉米	一年二熟
云南曲靖市	麒麟区	小麦-水稻、小麦-玉米	一年二熟
云南曲靖市	富源县	小麦-水稻、小麦-玉米	一年二熟
云南曲靖市	会泽县	小麦-水稻、小麦/玉米、玉米	一年一熟、一年二熟
云南曲靖市	陆良县	小麦-水稻、小麦-玉米	一年二熟
云南曲靖市	罗平县	小麦-水稻、小麦-玉米	一年二熟
云南曲靖市	马龙县	小麦-水稻、小麦-玉米	一年二熟
云南曲靖市	师宗县	小麦-水稻、小麦-玉米	一年二熟
云南曲靖市	沾益县	小麦-水稻、小麦-玉米	一年二熟

表 B.2（续）

省(区、市)	县(市、区、旗)	标准耕作制度	复种类型
云南文山壮族苗族自治州	富宁县	小麦-水稻、小麦-玉米	一年二熟
云南文山壮族苗族自治州	广南县	小麦-水稻、小麦-玉米	一年二熟
云南文山壮族苗族自治州	麻栗坡县	小麦-水稻、小麦-玉米	一年二熟
云南文山壮族苗族自治州	马关县	小麦-水稻、小麦-玉米	一年二熟
云南文山壮族苗族自治州	丘北县	小麦-水稻、小麦-玉米	一年二熟
云南文山壮族苗族自治州	文山县	小麦-水稻、小麦-玉米	一年二熟
云南文山壮族苗族自治州	西畴县	小麦-水稻、小麦-玉米	一年二熟
云南文山壮族苗族自治州	砚山县	小麦-水稻、小麦-玉米	一年二熟
云南西双版纳傣族自治州	景洪市	甘薯-早稻-晚稻、花生-早稻-晚稻、早稻-晚稻、豆-稻	热三熟、一年二熟
云南西双版纳傣族自治州	勐海县	甘薯-早稻-晚稻、花生-早稻-晚稻、早稻-晚稻、豆-稻	热三熟、一年二熟
云南西双版纳傣族自治州	勐腊县	甘薯-早稻-晚稻、花生-早稻-晚稻、早稻-晚稻、豆-稻	热三熟、一年二熟
云南玉溪市	红塔区	小麦-水稻、小麦/玉米、玉米	一年一熟、一年二熟
云南玉溪市	澄江县	小麦-水稻、小麦/玉米、玉米	一年一熟、一年二熟
云南玉溪市	峨山彝族自治县	小麦-水稻、小麦/玉米、玉米	一年一熟、一年二熟
云南玉溪市	华宁县	小麦-水稻、小麦/玉米、玉米	一年一熟、一年二熟
云南玉溪市	江川县	小麦-水稻、小麦/玉米、玉米	一年一熟、一年二熟
云南玉溪市	通海县	小麦-水稻、小麦/玉米、玉米	一年一熟、一年二熟
云南玉溪市	新平彝族傣族自治县	小麦-水稻、小麦-玉米	一年二熟
云南玉溪市	易门县	小麦-水稻、小麦/玉米、玉米	一年一熟、一年二熟
云南玉溪市	元江哈尼族彝族傣族自治县	小麦-水稻、小麦-玉米	一年二熟
云南昭通市	昭阳区	小麦-水稻、小麦/玉米、玉米	一年一熟、一年二熟
云南昭通市	大关县	小麦-水稻、小麦/玉米、玉米	一年一熟、一年二熟
云南昭通市	鲁甸县	小麦-水稻、小麦/玉米、玉米	一年一熟、一年二熟
云南昭通市	巧家县	小麦-水稻、小麦/玉米、玉米	一年一熟、一年二熟
云南昭通市	水富县	小麦-水稻、小麦/玉米、玉米	一年一熟、一年二熟

表 B.2（续）

省(区、市)	县(市、区、旗)	标准耕作制度	复种类型
云南昭通市	绥江县	小麦-水稻、小麦/玉米、玉米	一年一熟、一年二熟
云南昭通市	威信县	小麦-水稻、小麦/玉米、玉米	一年一熟、一年二熟
云南昭通市	盐津县	小麦-水稻、小麦/玉米、玉米	一年一熟、一年二熟
云南昭通市	彝良县	小麦-水稻、小麦/玉米、玉米	一年一熟、一年二熟
云南昭通市	永善县	小麦-水稻、小麦/玉米、玉米	一年一熟、一年二熟
云南昭通市	镇雄县	小麦-水稻、小麦/玉米、玉米	一年一熟、一年二熟
浙江杭州市	富阳市	早稻-晚稻、油菜-水稻、小麦-春玉米/甘薯	一年二熟、一年三熟
浙江杭州市	建德市	早稻-晚稻、油菜-水稻	一年二熟、一年三熟
浙江杭州市	临安市	早稻-晚稻、油菜-水稻、小麦-春玉米/甘薯	一年二熟、一年三熟
浙江杭州市	滨江区	油菜-早稻-晚稻	一年三熟
浙江杭州市	拱墅区	油菜-早稻-晚稻	一年二熟、一年三熟
浙江杭州市	江干区	油菜-早稻-晚稻	一年二熟、一年三熟
浙江杭州市	上城区	油菜-早稻-晚稻	一年三熟
浙江杭州市	西湖区	油菜-早稻-晚稻	一年二熟、一年三熟
浙江杭州市	下城区	油菜-早稻-晚稻	一年二熟、一年三熟
浙江杭州市	萧山区	油菜-早稻-晚稻	一年二熟、一年三熟
浙江杭州市	余杭区	油菜-早稻-晚稻	一年三熟
浙江杭州市	淳安县	早稻-晚稻、油菜-水稻、小麦-春玉米/甘薯	一年二熟、一年三熟
浙江杭州市	桐庐县	油菜-早稻-晚稻	一年二熟、一年三熟
浙江湖州市	南浔区	油菜-早稻-晚稻	一年二熟、一年三熟
浙江湖州市	吴兴区	油菜-早稻-晚稻	一年二熟、一年三熟
浙江湖州市	安吉县	早稻-晚稻、油菜-水稻	一年二熟
浙江湖州市	长兴县	油菜-早稻-晚稻	一年三熟
浙江湖州市	德清县	油菜-早稻-晚稻	一年二熟、一年三熟
浙江嘉兴市	海宁市	油菜-早稻-晚稻	一年二熟、一年三熟
浙江嘉兴市	平湖市	油菜-早稻-晚稻	一年二熟、一年三熟
浙江嘉兴市	桐乡市	油菜-早稻-晚稻	一年二熟、一年三熟
浙江嘉兴市	南湖区	油菜-早稻-晚稻	一年二熟、一年三熟
浙江嘉兴市	秀洲区	油菜-早稻-晚稻	一年二熟、一年三熟
浙江嘉兴市	海盐县	油菜-早稻-晚稻	一年二熟、一年三熟
浙江嘉兴市	嘉善县	油菜-早稻-晚稻	一年二熟、一年三熟
浙江金华市	东阳市	油菜-水稻、小麦-春玉米/甘薯	一年二熟、一年三熟
浙江金华市	兰溪市	油菜-水稻、小麦-春玉米/甘薯	一年二熟、一年三熟
浙江金华市	义乌市	油菜-水稻、小麦-春玉米/甘薯	一年二熟、一年三熟

表 B.2（续）

省(区、市)	县(市、区、旗)	标准耕作制度	复种类型
浙江金华市	永康市	早稻-晚稻、油菜-水稻、小麦-春玉米/甘薯	一年二熟、一年三熟
浙江金华市	金东区	油菜-水稻、小麦-春玉米/甘薯	一年二熟、一年三熟
浙江金华市	婺城区	油菜-水稻、小麦-春玉米/甘薯	一年二熟、一年三熟
浙江金华市	磐安县	油菜-水稻、小麦-春玉米/甘薯	一年二熟、一年三熟
浙江金华市	浦江县	油菜-水稻、小麦-春玉米/甘薯	一年二熟、一年三熟
浙江金华市	武义县	油菜-水稻、小麦-春玉米/甘薯	一年二熟、一年三熟
浙江丽水市	龙泉市	早稻-晚稻、油菜-水稻、小麦-春玉米/甘薯	一年二熟、一年三熟
浙江丽水市	莲都区	早稻-晚稻、油菜-水稻、小麦-春玉米/甘薯	一年二熟、一年三熟
浙江丽水市	缙云县	早稻-晚稻、油菜-水稻、小麦-春玉米/甘薯	一年二熟、一年三熟
浙江丽水市	景宁畲族自治县	早稻-晚稻、油菜-水稻、小麦-春玉米/甘薯	一年二熟、一年三熟
浙江丽水市	青田县	早稻-晚稻、油菜-水稻、小麦-春玉米/甘薯	一年二熟、一年三熟
浙江丽水市	庆元县	早稻-晚稻、油菜-水稻、小麦-春玉米/甘薯	一年二熟、一年三熟
浙江丽水市	松阳县	早稻-晚稻、油菜-水稻、小麦-春玉米/甘薯	一年二熟、一年三熟
浙江丽水市	遂昌县	早稻-晚稻、油菜-水稻、小麦-春玉米/甘薯	一年二熟、一年三熟
浙江丽水市	云和县	早稻-晚稻、油菜-水稻、小麦-春玉米/甘薯	一年二熟、一年三熟
浙江宁波市	慈溪市	油菜-早稻-晚稻	一年二熟、一年三熟
浙江宁波市	奉化市	油菜-早稻-晚稻	一年二熟、一年三熟
浙江宁波市	余姚市	油菜-早稻-晚稻	一年三熟
浙江宁波市	北仑区	油菜-早稻-晚稻	一年三熟
浙江宁波市	海曙区	油菜-早稻-晚稻	一年二熟、一年三熟
浙江宁波市	江北区	油菜-早稻-晚稻	一年二熟、一年三熟
浙江宁波市	江东区	油菜-早稻-晚稻	一年二熟、一年三熟
浙江宁波市	鄞州区	油菜-早稻-晚稻	一年二熟、一年三熟
浙江宁波市	镇海区	油菜-早稻-晚稻	一年三熟
浙江宁波市	宁海县	早稻-晚稻、油菜-水稻、小麦-春玉米/甘薯	一年二熟、一年三熟
浙江宁波市	象山县	早稻-晚稻、油菜-水稻、小麦-春玉米/甘薯	一年二熟、一年三熟
浙江衢州市	江山市	油菜-水稻、小麦-春玉米/甘薯	一年二熟、一年三熟
浙江衢州市	柯城区	油菜-水稻、小麦-春玉米/甘薯	一年二熟、一年三熟
浙江衢州市	衢江区	油菜-水稻、小麦-春玉米/甘薯	一年二熟、一年三熟
浙江衢州市	常山县	油菜-水稻、小麦-春玉米/甘薯	一年二熟、一年三熟
浙江衢州市	开化县	早稻-晚稻、油菜-水稻、小麦-春玉米/甘薯	一年二熟、一年三熟
浙江衢州市	龙游县	油菜-水稻、小麦-春玉米/甘薯	一年二熟、一年三熟
浙江绍兴市	上虞市	油菜-早稻-晚稻	一年三熟
浙江绍兴市	嵊州市	油菜-水稻、小麦-春玉米/甘薯	一年二熟、一年三熟

表 B.2（续）

省(区、市)	县(市、区、旗)	标准耕作制度	复种类型
浙江绍兴市	诸暨市	油菜-水稻、小麦-春玉米/甘薯	一年二熟、一年三熟
浙江绍兴市	越城区	油菜-早稻-晚稻	一年三熟
浙江绍兴市	绍兴县	油菜-早稻-晚稻	一年三熟
浙江绍兴市	新昌县	油菜-水稻、小麦-春玉米/甘薯	一年二熟、一年三熟
浙江台州市	临海市	早稻-晚稻、油菜-水稻、小麦-春玉米/甘薯	一年二熟、一年三熟
浙江台州市	温岭市	早稻-晚稻、油菜-水稻、小麦-春玉米/甘薯	一年二熟、一年三熟
浙江台州市	黄岩区	早稻-晚稻、油菜-水稻、小麦-春玉米/甘薯	一年二熟、一年三熟
浙江台州市	椒江区	早稻-晚稻、油菜-水稻、小麦-春玉米/甘薯	一年二熟、一年三熟
浙江台州市	路桥区	早稻-晚稻、油菜-水稻、小麦-春玉米/甘薯	一年二熟、一年三熟
浙江台州市	三门县	早稻-晚稻、油菜-水稻、小麦-春玉米/甘薯	一年二熟、一年三熟
浙江台州市	天台县	油菜-水稻、小麦-春玉米/甘薯	一年二熟、一年三熟
浙江台州市	仙居县	油菜-水稻、小麦-春玉米/甘薯	一年二熟、一年三熟
浙江台州市	玉环县	早稻-晚稻、油菜-水稻、小麦-春玉米/甘薯	一年二熟、一年三熟
浙江温州市	乐清市	早稻-晚稻、油菜-水稻、小麦-春玉米/甘薯	一年二熟、一年三熟
浙江温州市	瑞安市	早稻-晚稻、油菜-水稻、小麦-春玉米/甘薯	一年二熟、一年三熟
浙江温州市	龙湾区	早稻-晚稻、油菜-水稻、小麦-春玉米/甘薯	一年二熟、一年三熟
浙江温州市	鹿城区	早稻-晚稻、油菜-水稻、小麦-春玉米/甘薯	一年二熟、一年三熟
浙江温州市	瓯海区	早稻-晚稻、油菜-水稻、小麦-春玉米/甘薯	一年二熟、一年三熟
浙江温州市	苍南县	早稻-晚稻、油菜-水稻、小麦-春玉米/甘薯	一年二熟、一年三熟
浙江温州市	洞头县	油菜-水稻、小麦-春玉米/甘薯	一年二熟、一年三熟
浙江温州市	平阳县	早稻-晚稻、油菜-水稻、小麦-春玉米/甘薯	一年二熟、一年三熟
浙江温州市	泰顺县	早稻-晚稻、油菜-水稻、小麦-春玉米/甘薯	一年二熟、一年三熟
浙江温州市	文成县	早稻-晚稻、油菜-水稻、小麦-春玉米/甘薯	一年二熟、一年三熟
浙江温州市	永嘉县	早稻-晚稻、油菜-水稻、小麦-春玉米/甘薯	一年二熟、一年三熟
浙江舟山市	定海区	油菜-水稻、小麦-春玉米/甘薯	一年二熟、一年三熟
浙江舟山市	普陀区	油菜-水稻、小麦-春玉米/甘薯	一年二熟、一年三熟
浙江舟山市	岱山县	油菜-水稻、小麦-春玉米/甘薯	一年二熟、一年三熟
浙江舟山市	嵊泗县	油菜-水稻、小麦-春玉米/甘薯	一年二熟、一年三熟

附 录 C
（规范性附录）
农用地质量分等推荐因素及其分级、分值和权重

C.1 总则

本附录所确定的12个农用地质量分等因素是指对农用地质量有显著影响的农用地质量构成因素。

本附录确定了不同地区农用地的分等推荐因素，并推荐了权重。

使用本附录时，需要对推荐因素和权重进行验证，必要时可进行调整。将验证和调整结果上报农用地质量分等任务下达部门，经批准后在农用地质量分等任务书中予以明确。

C.2 农用地质量分等因素及其数据采集来源

C.2.1 基本要求

C.2.1.1 农用地质量分等因素及其分级的调查以比例尺为1：10 000～1：100 000，与土地现状调查精度一致的土地利用现状图为工作底图。

C.2.1.2 农用地质量分等因素及其分级的调查可利用已有资料数据，如乡级或县级土壤普查资料、土地利用现状调查资料、地形图、水利资料等；所有因素都要落实到分等单元上，并填表注记。

C.2.1.3 农用地质量分等因素及其分级的调查方法参照土壤普查、土地利用现状调查等其他资源调查的技术规程。

C.2.1.4 农用地质量分等因素及其分级调查内容可逐项记录在《农用地质量分等因素调查表》（见表C.1）上，各县可参照表C.1中的表格，绘制适合本地情况的《农用地质量分等因素及其分级调查表》。

C.2.2 农用地质量分等因素

C.2.2.1 有效土层厚度

从全国第二次土壤普查的乡级或县级成果的土种类型图及其报告中获得土层厚度数据。

C.2.2.2 表层土壤质地

从全国第二次土壤普查成果的乡级或县级土壤图及其报告中获得表层土壤质地信息，或进行野外实地调查。

C.2.2.3 剖面构型

从第二次土壤普查成果的乡级或县级土种类型图及其报告中获得剖面构型信息，或进行野外实地调查。

C.2.2.4 盐渍化程度

从第二次土壤普查成果的乡级或县级土壤图及其报告中获得盐渍化程度信息，或进行野外实地调查。

C.2.2.5 土壤有机质含量

从第二次土壤普查的乡级或县级土壤成果图及其报告中获得土壤有机质含量信息，并通过野外典型调查和样品的实验室分析，对第二次土壤普查成果进行校对。

C.2.2.6 土壤酸碱度（土壤 pH 值）

从第二次土壤普查成果的乡级或县级土壤图及其报告中获得土壤酸碱度信息，或进行野外实地调查。

C.2.2.7 障碍层距地表深度

从第二次土壤普查成果的乡级或县级土壤图及其报告中获得障碍层的信息，或进行野外实地调查。

C.2.2.8 排水条件

根据当地有关排水体系资料、地形坡度和调查访问确定。

C.2.2.9 地形坡度

用罗盘实地量测，或在地形图上量算地形坡度。

C.2.2.10 灌溉保证率

从乡级或县级土地利用现状图上获取灌溉保证率信息，或利用实地调查与水利资料图件信息相结合的方法计算灌溉保证率。

C.2.2.11 地表岩石露头度

从全国第二次土壤普查资料中获得信息，或进行野外实地调查。

C.2.2.12 灌溉水源

利用水利部门资料或实地调查访问获得信息。

C.3 农用地质量分等因素及其分级

C.3.1 有效土层厚度

有效土层厚度是指土壤层和松散的母质层之和，共分为 5 个等级。有效土层厚度分级界限下含上不含：

a） 1 级，有效土层厚度≥150 cm；

b） 2 级，有效土层厚度 100 cm～150 cm；

c） 3 级，有效土层厚度 60 cm～100 cm；

d） 4 级，有效土层厚度 30 cm～60 cm；

e） 5 级，有效土层厚度＜30 cm。

C.3.2 表层土壤质地

表层土壤质地一般指耕层土壤的质地。质地分为砂土、壤土、粘土和砾质土 4 个级别：

a) 1级，壤土，包括前苏联卡庆斯基制的砂壤、轻壤和中壤，1992年全国土壤普查办公室制定的中国土壤质地试行分类中的壤土；

b) 2级，粘土，包括前苏联卡庆斯基制的粘土和重壤，1992年全国土壤普查办公室制定的中国土壤质地试行分类中的粘土；

c) 3级，砂土，包括前苏联卡庆斯基制的紧砂土和松砂土，1992年全国土壤普查办公室制定的中国土壤质地试行分类中的砂土；

d) 4级，砾质土，即按体积计，直径大于3 mm～1 mm的砾石等粗碎屑含量大于10%；包括前苏联卡庆斯基制的强石质土；1992年全国土壤普查办公室制定的多砾质土。

C.3.3 剖面构型

剖面构型是指土壤剖面中不同质地的土层的排列次序，包括：

a) 均质质地剖面构型：即指从土表到100 cm深度土壤质地基本均一，或其他质地的土层的连续厚度<15 cm，或这些土层的累加厚度<40 cm；分为通体壤、通体砂、通体粘，以及通体砾4种类型；

b) 夹层质地剖面构型：即指从土表20 cm～30 cm至60 cm～70 cm深度内，夹有厚度15 cm～30 cm的与上下层土壤质地明显不同的质地土层；续分为：砂/粘/砂、粘/砂/粘、壤/粘/壤、壤/砂/壤4种类型；

c) 体(垫)层质地剖面构型：即指从土表20 cm～30 cm以下出现厚度>40 cm的不同质地的土层；续分为：砂/粘/粘、粘/砂/砂、壤/粘/粘、壤/砂/砂4种类型。

C.3.4 盐渍化程度

土壤盐渍化程度分为：无，轻度盐化，中度盐化，重度盐化4个区间，分级界线下含上不含：

a) 1级，无盐化：土壤无盐化，作物没有因盐渍化引起的缺苗断垄现象，表层土壤含盐量<0.1%(易溶盐以苏打为主)或<0.2%(易溶盐以氯化物为主)或<0.3%(易溶盐以硫酸盐为主)；

b) 2级，轻度盐化：由盐渍化造成的作物缺苗2～3成，表层土壤含盐量0.1%～0.3%(易溶盐以苏打为主)或0.2%～0.4%(易溶盐以氯化物为主)或0.3%～0.5%(易溶盐以硫酸盐为主)；

c) 3级，中度盐化：由盐渍化造成的作物缺苗3～5成，表层土壤含盐量0.3%～0.5%(易溶盐以苏打为主)或0.4%～0.6%(易溶盐以氯化物为主)或0.5%～0.7%(易溶盐以硫酸盐为主)；

d) 4级，重度盐化：由盐渍化造成的作物缺苗≥5成，表层土壤含盐量≥0.5%(易溶盐以苏打为主)或≥0.6%(易溶盐以氯化物为主)或≥0.7%(易溶盐以硫酸盐为主)。

C.3.5 土壤有机质含量

土壤有机质含量分为6个级别，分级界限下含上不含：

a) 1级，土壤有机质含量≥40 g/kg；

b) 2级，土壤有机质含量40 g/kg～30 g/kg；

c) 3级，土壤有机质含量30 g/kg～20 g/kg；

d) 4级，土壤有机质含量20 g/kg～10 g/kg；

e) 5级，土壤有机质含量10 g/kg～6 g/kg；

f) 6级，土壤有机质含量<6 g/kg。

C.3.6 土壤酸碱度

土壤 pH 值按照其对作物生长的影响程度分为 6 个等级，分级界限下含上不含：

a) 1 级，土壤 pH 值 6.0～7.9；

b) 2 级，土壤 pH 值 5.5～6.0，7.9～8.5；

c) 3 级，土壤 pH 值 5.0～5.5，8.5～9.0；

d) 4 级，土壤 pH 值 4.5～5.0；

e) 5 级，土壤 pH 值＜4.5，9.0～9.5；

f) 6 级，土壤 pH 值≥9.5。

C.3.7 障碍层距地表深度

土壤障碍层指在耕层以下出现白浆层、石灰姜石层、砾石层、粘土磐和铁磐等阻碍耕系伸展或影响水分渗透的层次。根据其距地表的距离分为 3 个级别，分级界限下含上不含：

a) 1 级，60 cm～90 cm；

b) 2 级，30 cm～60 cm；

c) 3 级，＜30 cm。

如果这些障碍层次在距地表≥90 cm 处出现，则不算作障碍层次。

C.3.8 排水条件

排水条件是指受地形和排水体系共同影响的雨后（或灌溉后）地表积水情况，分为 4 个级别，分级界限下含上不含：

a) 1 级，有健全的干、支、斗、农排水沟道（包括抽排），无洪涝灾害；

b) 2 级，排水体系（包括抽排）基本健全，丰水年暴雨后有短期洪涝发生（田面积水 1 d～2 d）；

c) 3 级，排水体系（包括抽排）一般，丰水年大雨后有洪涝发生（田面积水 2 d～3 d）；

d) 4 级，无排水体系（包括抽排），一般年份在大雨后发生洪涝（田面积水≥3 d）。

C.3.9 地形坡度

水田、水浇地、望天田和菜地一般均作为平地处理，只对旱地进行坡度分级。坡度分为 6 个级别，坡度分级界限下含上不含：

a) 1 级，地形坡度＜2°，梯田按＜2°坡耕地对待；

b) 2 级，地形坡度 2°～5°；

c) 3 级，地形坡度 5°～8°；

d) 4 级，地形坡度 8°～15°；

e) 5 级，地形坡度 15°～25°；

f) 6 级，地形坡度≥25°。

C.3.10 灌溉保证率

灌溉保证率分为 4 个级别：

a) 1 级，充分满足，包括水田、菜地和可随时灌溉的水浇地；

b) 2 级，基本满足，有良好的灌溉系统，在关键需水生长季节有灌溉保证的水浇地；

c) 3 级，一般满足，有灌溉系统，但在大旱年不能保证灌溉的水浇地；

d) 4级,无灌溉条件,包括旱地与望天田。

C.3.11 地表岩石露头度

地表岩石露头度是指基岩出露地面占地面的百分比。根据地表岩石露头度对耕作的干扰程度可分为以下四个级别,岩石露头值下含上不含:

a) 1级,岩石露头<2%,不影响耕作;

b) 2级,岩石露头2%~10%,露头之间的间距35 m~100 m,已影响耕作;

c) 3级,岩石露头10%~25%,露头之间的间距10 m~35 m,影响机械化耕作;

d) 4级,岩石露头≥25%,露头之间的间距3.5 m~10 m,影响小型机械耕作。

C.3.12 灌溉水源

灌溉水源分为以下三级:

a) 1级:用地表水灌溉;

b) 2级:用浅层地下水灌溉;

c) 3级:用深层地下水灌溉。

C.4 农用地质量分等因素分值和权重的确定

C.4.1 农用地质量分等因素分值是指根据某因素的级别确定的对于农用地质量而言的分数,其值越大,说明该农用地在这方面的质量越好;其值越小,说明该农用地在这方面的质量越差。

C.4.2 农用地质量分等因素权重是指各因素对农用地质量影响的大小,权重越大,说明该性质对农用地质量的影响越大,权重越小,说明该性质对农用地质量的影响越小。

C.4.3 根据自然条件对全国进行了分区(见表B.1);各县可以在表B.1中查到本县所处分区,在表C.2~表C.49中查到本县农用地质量分等因素体系所包含的必选因素、分级及其分值和权重。

C.4.4 如果各地实际情况与表C.2~表C.49中给出的因素、分级、分值及权重有较大出入,可参考表C.50~表C.53给出的全国性因素、分级、分值及权重,来确定本地区的因素、分级、分值及权重。

表C.1 农用地质量分等单元土壤指标及其分级调查记载表

分等单元编号	地类名称	权属	灌溉保证率(级)	灌溉水源	有效土层厚度cm	表层土壤质地	剖面构型	盐渍化程度	土壤有机质含量(g/kg)	土壤pH值	障碍层距地表深度cm	地形坡度(°)	地表岩石露头度%	排水条件(级)	备注

注1:权属注明县、乡、村委会(或集体经济组织)名称。

注2:在备注栏填写本表没有设计而对农用地质量影响重大的因素及其分级。

表 C.2 东北区土壤指标分级及其分值

分值	有效土层厚度/cm	表层土壤质地	剖面构型	盐渍化程度	土壤有机质含量	土壤pH值	障碍层距地表深度/cm
100	≥150	壤土	通体壤、壤/砂/壤	无	1级	1级	60～90
90	100～150		壤/粘/壤	轻度	2级	2级	
80		粘土			3级	3级	30～60
70	60～100		砂/粘/砂、壤/粘/粘、壤/砂/砂	中度	4级		
60		砂土	砂/粘/粘		5级	4级	<30
50			粘/砂/粘、通体粘、粘/砂/砂				
40	30～60	砾质土	通体沙、通体砾	重度			
30						5级	
20							
10	<30					6级	

表 C.3 东北区土壤环境指标及其分值

分值	排水条件	地形坡度/(°)	灌溉保证率	地表岩石露头度	灌溉水源
100	1级	<2	充分满足	1级	1级
90	2级	2～5	基本满足	2级	2级
80					3级
70	3级	5～8	一般满足	3级	
60					
50		8～15	无灌溉条件		
40				4级	
30	4级				
20					
10		≥15			

表 C.4 东北区山地丘陵(岗地)坡耕地评价因素及权重

参评因素	地形坡度	地表岩石露头度	有效土层厚度	表层土壤质地	土壤有机质含量	土壤pH值	灌溉保证率
权重	0.23	0.12	0.30	0.10	0.08	0.05	0.12

表 C.5 东北区平原耕地评价因素及权重

参评因素	障碍层距地表深度	剖面构型	表层土壤质地	土壤有机质含量	土壤 pH 值	盐渍化程度	灌溉保证率	灌溉水源	排水条件
权重	0.04	0.06	0.11	0.06	0.06	0.13	0.23	0.04	0.27

表 C.6 黄淮海区土壤指标分级及其分值

分值	有效土层厚度/cm	表层土壤质地	剖面构型	盐渍化程度	土壤有机质含量	土壤 pH 值	障碍层距地表深度/cm
100	≥150	壤土	通体壤、壤/粘/壤	无		1 级	60～90
90	100～150	粘土	壤/粘/粘、壤/砂/壤、砂/粘/粘	轻度		2 级	
80			粘/砂/粘、通体粘		3 级	3 级	30～60
70	60～100	砂土	砂/粘/砂	中度	4 级		
60			壤/砂/砂		5 级	4 级	＜30
50			粘/砂/砂		6 级		
40	30～60	砾质土	通体沙、通体砾	重度			
30						5 级	
20							
10	＜30					6 级	

表 C.7 黄淮海区土壤环境指标及其分值

分值	排水条件	地形坡度/(°)	灌溉保证率	地表岩石露头度	灌溉水源
100	1 级	＜2	充分满足	1 级	1 级
90	2 级	2～5	基本满足	2 级	2 级
80		5～8			3 级
70	3 级		一般满足	3 级	
60		8～15			
50			无灌溉条件		
40	4 级			4 级	
30		15～25			
20					
10		≥25			

表 C.8　黄淮海区山地丘陵坡耕地评价因素及权重

参评因素	地形坡度	地表岩石露头度	有效土层厚度	表层质地	土壤有机质含量	土壤 pH 值	灌溉保证率
权重	0.25	0.10	0.30	0.07	0.06	0.04	0.18

表 C.9　黄淮海平原区平原耕地评价因素及权重

参评因素	障碍层距地表深度	剖面构型	表层土壤质地	土壤有机质含量	土壤 pH 值	盐渍化程度	灌溉保证率	灌溉水源	排水条件
权重	0.03	0.08	0.07	0.04	0.06	0.12	0.30	0.06	0.24

表 C.10　长江中下游区土壤指标分级及其分值

分值	有效土层厚度/cm	表层土壤质地	剖面构型	土壤有机质含量	土壤 pH 值	障碍层距地表深度/cm
100	≥150	壤土	通体壤、壤/砂/壤		1 级	60～90
90	100～150		壤/粘/壤	2 级	2 级	
80		粘土		3 级	3 级	30～60
70	60～100	砂土	砂/粘/砂、壤/粘/粘、壤/砂/砂	4 级		
60			砂/粘/粘	5 级	4 级	<30
50	30～60	砾质土	粘/砂/粘、通体粘、粘/砂/砂	6 级		
40			通体沙、通体砾			
30					5 级	
20	<30					
10						

表 C.11　长江中下游区土壤环境指标及其分值

分值	排水条件	地形坡度/(°)	灌溉保证率	地表岩石露头度
100	1 级	<2	充分满足	1 级
90	2 级	2～5	基本满足	2 级
80		5～8	一般满足	
70	3 级			3 级
60		8～15	无灌溉条件	
50	4 级			4 级
40				
30		15～25		
20				
10		≥25		

表 C.12 长江中下游区山地丘陵坡耕地评价因素及权重

参评因素	地形坡度	地表岩石露头度	有效土层厚度	表层土壤质地	土壤有机质含量	土壤 pH 值	灌溉保证率
权重	0.26	0.10	0.29	0.08	0.06	0.06	0.15

表 C.13 长江中下游区平原耕地评价因素及权重

参评因素	障碍层距地表深度	剖面构型	表层土壤质地	土壤有机质含量	土壤 pH 值	灌溉保证率	排水条件
权重	0.05	0.18	0.14	0.09	0.07	0.27	0.20

表 C.14 江南区土壤指标分级及其分值

分值	有效土层厚度/cm	表层土壤质地	剖面构型	土壤有机质含量	土壤 pH 值	障碍层距地表深度/cm
100	≥100	壤土	通体壤、壤/砂/壤		1 级	60～90
90	60～100		壤/粘/壤	2 级	2 级	
80		粘土	壤/粘/粘	3 级	3 级	30～60
70		砂土	砂/粘/砂、壤/砂/砂	4 级		
60	30～60		砂/粘/粘	5 级	4 级	<30
50		砾质土	粘/砂/粘、通体粘、粘/砂/砂			
40			通体沙、通体砾			
30	<30				5 级	
20						
10						

表 C.15 江南区土壤环境指标及其分值

分值	排水条件	地形坡度/(°)	灌溉保证率	地表岩石露头度
100	1 级	<2	充分满足	1 级
90	2 级	2～5	基本满足	2 级
80	3 级	5～8	一般满足	
70				3 级
60	4 级	8～15	无灌溉条件	
50				4 级
40				
30		15～25		
20				
10		≥25		

表 C.16 江南区山地丘陵坡耕地评价因素及权重

参评因素	地形坡度	地表岩石露头度	有效土层厚度	表层土壤质地	土壤有机质含量	土壤 pH 值	灌溉保证率
权重	0.26	0.11	0.28	0.08	0.07	0.07	0.13

表 C.17 江南区平原耕地评价因素及权重

参评因素	障碍层距地表深度	剖面构型	表层土壤质地	土壤有机质含量	土壤 pH 值	灌溉保证率	排水条件
权重	0.05	0.18	0.14	0.08	0.09	0.26	0.20

表 C.18 华南区土壤指标分级及其分值

分值	有效土层厚度/cm	表层土壤质地	剖面构型	土壤有机质含量	土壤 pH 值	障碍层距地表深度/cm
100	≥100	壤土	通体壤、壤/砂/壤		1 级	60～90
90	60～100		壤/粘/壤	2 级	2 级	
80		粘土	砂/粘/粘、壤/粘/粘	3 级	3 级	30～60
70		砂土	粘/砂/粘、通体粘	4 级		
60	30～60		砂/粘/砂、壤/砂/砂	5 级	4 级	<30
50		砾质土	粘/砂/砂			
40			通体沙、通体砾			
30	<30				5 级	
20						
10						

表 C.19 华南区土壤环境指标及其分值

分值	排水条件	地形坡度/(°)	灌溉保证率	地表岩石露头度
100	1 级	<2	充分满足	1 级
90	2 级	2～5	基本满足	2 级
80	3 级	5～8	一般满足	
70				3 级
60	4 级	8～15	无灌溉条件	
50				4 级
40				
30		15～25		
20				
10		≥25		

表 C.20 华南区山地丘陵坡耕地评价因素及权重

参评因素	地形坡度	地表岩石露头度	有效土层厚度	表层土壤质地	土壤有机质含量	土壤 pH 值	灌溉保证率
权重	0.26	0.11	0.27	0.08	0.08	0.10	0.10

表 C.21 华南区平原耕地评价因素及权重

参评因素	障碍层距地表深度	剖面构型	表层土壤质地	土壤有机质含量	土壤 pH 值	灌溉保证率	排水条件
权重	0.05	0.18	0.14	0.08	0.11	0.24	0.20

表 C.22 内蒙古高原及长城沿线区土壤指标分级及其分值

分值	有效土层厚度/cm	表层土壤质地	剖面构型	盐渍化程度	土壤有机质含量	土壤 pH 值
100	≥150	壤土	通体壤、壤/粘/壤	无	1 级	1 级
90	100～150	粘土	壤/粘/粘、壤/砂/壤、砂/粘/粘	轻度	2 级	2 级
80			粘/砂/粘、通体粘		3 级	3 级
70	60～100	砂土	砂/粘/砂	中度	4 级	
60			壤/砂/砂		5 级	4 级
50			粘/砂/砂		6 级	
40	30～60	砾质土	通体沙	重度		
30			通体砾			5 级
20						
10	<30					6 级

表 C.23 内蒙古高原及长城沿线区土壤环境指标及其分值

分值	排水条件	地形坡度/(°)	灌溉保证率	地表岩石露头度	灌溉水源
100	1 级	<2	充分满足	1 级	1 级
90	2 级	2～5	基本满足	2 级	2 级
80		5～8			3 级
70	3 级		一般满足	3 级	
60		8～15			
50	4 级				
40			无灌溉条件	4 级	
30		15～25			
20					
10		≥25			

表 C.24 内蒙古高原及长城沿线区山地丘陵坡耕地评价因素及权重

参评因素	地形坡度	地表岩石露头度	有效土层厚度	表层土壤质地	土壤有机质含量	土壤 pH 值	灌溉保证率
权重	0.23	0.10	0.27	0.08	0.08	0.04	0.20

表 C.25 内蒙古高原及长城沿线区平原耕地评价因素及权重

参评因素	剖面构型	表层土壤质地	土壤有机质含量	土壤 pH 值	盐渍化程度	灌溉保证率	灌溉水源	排水条件
权重	0.10	0.07	0.06	0.09	0.14	0.30	0.06	0.18

表 C.26 黄土高原区土壤指标分级及其分值

分值	有效土层厚度/cm	表层土壤质地	剖面构型	盐渍化程度	土壤有机质含量	土壤 pH 值
100	≥150	壤土	通体壤、壤/粘/壤	无		1 级
90	100～150	粘土	壤/粘/粘、壤/砂/壤、砂/粘/粘	轻度		2 级
80			粘/砂/粘、通体粘		3 级	3 级
70	60～100	砂土	砂/粘/砂	中度	4 级	
60			壤/砂/砂		5 级	4 级
50			粘/砂/砂		6 级	
40	30～60	砾质土	通体沙、通体砾	重度		
30						5 级
20	＜30					
10						6 级

表 C.27 黄土高原区土壤环境指标及其分值

分值	排水条件	地形坡度/(°)	灌溉保证率	地表岩石露头度	灌溉水源
100	1 级	＜2	充分满足	1 级	1 级
90	2 级	2～5	基本满足	2 级	2 级
80		5～8			3 级
70	3 级		一般满足	3 级	
60		8～15			
50	4 级		无灌溉条件		
40				4 级	
30		15～25			
20					
10		≥25			

表 C.28 黄土高原区山地丘陵坡耕地评价因素及权重

参评因素	地形坡度	地表岩石露头度	有效土层厚度	表层土壤质地	土壤有机质含量	土壤 pH 值	灌溉保证率
权重	0.27	0.08	0.27	0.08	0.08	0.04	0.18

表 C.29 黄土高原区平原耕地评价因素及权重

参评因素	剖面构型	表层土壤质地	土壤有机质含量	土壤 pH 值	盐渍化程度	灌溉保证率	灌溉水源	排水条件
权重	0.10	0.07	0.05	0.09	0.13	0.30	0.06	0.20

表 C.30 四川盆地区土壤指标分级及其分值

分值	有效土层厚度/cm	表层土壤质地	剖面构型	土壤有机质含量	土壤 pH 值
100	≥100	壤土	通体壤、壤/砂/壤		1 级
90	60～100		壤/粘/壤	2 级	2 级
80		粘土	砂/粘/粘、壤/粘/粘	3 级	3 级
70		砂土	粘/砂/粘、通体粘	4 级	
60	30～60	砾石	砂/粘/砂、壤/砂/砂	5 级	4 级
50			粘/砂/砂、通体沙	6 级	
40			通体砾		
30					5 级
20	<30				
10					

表 C.31 四川盆地区土壤环境指标及其分值

分值	排水条件	地形坡度/(°)	灌溉保证率	地表岩石露头度
100	1 级	<2	充分满足	1 级
90	2 级	2～5	基本满足	2 级
80	3 级	5～8	一般满足	
70				3 级
60	4 级	8～15		4 级
50			无灌溉条件	
40				
30		15～25		
20				
10		≥25		

表 C.32　四川盆地区山地丘陵坡耕地评价因素及权重

参评因素	地形坡度	地表岩石露头度	有效土层厚度	表层土壤质地	土壤有机质含量	土壤 pH 值	灌溉保证率
权重	0.24	0.12	0.27	0.09	0.08	0.07	0.13

表 C.33　四川盆地区平原耕地评价因素及权重

参评因素	剖面构型	表层土壤质地	土壤有机质含量	土壤 pH 值	灌溉保证率	土壤排水
权重	0.18	0.14	0.14	0.11	0.23	0.20

表 C.34　云贵高原区土壤指标分级及其分值

分值	有效土层厚度/cm	表层土壤质地	剖面构型	土壤有机质含量	土壤 pH 值	障碍层距地表深度/cm
100	≥100	壤土	通体壤、壤/砂/壤		1 级	60～90
90	60～100		壤/粘/壤	2 级	2 级	
80		粘土	砂/粘/粘、壤/粘/粘	3 级	3 级	30～60
70		砂土	粘/砂/粘、通体粘	4 级		
60	30～60		砂/粘/砂、壤/砂/砂	5 级	4 级	＜30
50		砾质土	粘/砂/砂、通体沙			
40			通体砾			
30					5 级	
20	＜30					
10						

表 C.35　云贵高原区土壤环境指标及其分值

分值	排水条件	地形坡度/(°)	灌溉保证率	地表岩石露头度
100	1 级	＜2	充分满足	1 级
90	2 级	2～5	基本满足	2 级
80	3 级	5～8	一般满足	
70				3 级
60	4 级	8～15	无灌溉条件	
50				4 级
40				
30		15～25		
20				
10		≥25		

表 C.36 云贵高原区山地丘陵坡耕地评价因素及权重

参评因素	地形坡度	地表岩石露头度	有效土层厚度	表层土壤质地	土壤有机质含量	土壤 pH 值	灌溉保证率
权重	0.27	0.11	0.30	0.06	0.08	0.08	0.10

表 C.37 云贵高原区平原耕地及梯田评价因素及权重

参评因素	障碍层距地表深度	剖面构型	表层土壤质地	土壤有机质含量	土壤 pH 值	灌溉保证率	排水条件
权重	0.05	0.18	0.16	0.10	0.11	0.20	0.20

表 C.38 横断山区土壤指标分级及其分值

分值	有效土层厚度/cm	表层土壤质地	剖面构型	土壤有机质含量	土壤 pH 值
100	≥100	壤土	通体壤、壤/粘/壤	1 级	1 级
90		粘土	壤/粘/粘、壤/砂/壤、砂/粘/粘	2 级	2 级
80	60～100		粘/砂/粘、通体粘	3 级	3 级
70		砂土	砂/粘/砂	4 级	
60			壤/砂/砂	5 级	4 级
50	30～60	砾质土	粘/砂/砂	6 级	
40			通体沙		
30			通体砾		5 级
20	<30				
10					

表 C.39 横断山区土壤环境指标及其分值

分值	排水条件	地形坡度/(°)	灌溉保证率	地表岩石露头度
100	1 级	<2	充分满足	1 级
90	2 级	2～5	基本满足	2 级
80		5～8		
70	3 级		一般满足	3 级
60		8～15		
50	4 级		无灌溉条件	4 级
40				
30		15～25		
20				
10		≥25		

表 C.40 横断山区山地丘陵坡耕地评价因素及权重

参评因素	地形坡度	地表岩石露头度	有效土层厚度	表层土壤质地	土壤有机质含量	土壤 pH 值	灌溉保证率
权重	0.24	0.12	0.26	0.06	0.08	0.09	0.15

表 C.41 横断山区平原耕地评价因素及权重

参评因素	剖面构型	表层土壤质地	土壤有机质含量	土壤 pH 值	灌溉保证率	排水条件
权重	0.15	0.12	0.13	0.10	0.25	0.25

表 C.42 西北区土壤指标分级及其分值

分值	有效土层厚度/cm	表层土壤质地	剖面构型	盐渍化程度	土壤有机质含量	土壤 pH 值
100	≥150	壤土	通体壤、壤/粘/壤	无	1 级	1 级
90	100～150	粘土	壤/粘/粘、壤/砂/壤、砂/粘/粘	轻度	2 级	2 级
80			粘/砂/粘、通体粘		3 级	3 级
70	60～100	砂土	砂/粘/砂	中度	4 级	
60			壤/砂/砂		5 级	4 级
50			粘/砂/砂		6 级	
40	30～60	砾质土	通体沙	重度		
30			通体砾			5 级
20						
10	<30					6 级

表 C.43 西北区土壤环境指标及其分值

分值	排水条件	地形坡度/(°)	灌溉保证率	地表岩石露头度	灌溉水源
100	1 级	<2	充分满足	1 级	1 级
90	2 级	2～5		2 级	2 级
80		5～8	基本满足		3 级
70	3 级			3 级	
60		8～15			
50	4 级		一般满足		
40				4 级	
30		15～25			
20					
10		≥25	无灌溉条件		

表 C.44　西北区山地丘陵坡耕地评价因素及权重

参评因素	地形坡度	地表岩石露头度	有效土层厚度	表层土壤质地	土壤有机质含量	土壤 pH 值	灌溉保证率
权重	0.24	0.10	0.27	0.10	0.10	0.04	0.15

表 C.45　西北区平原耕地评价因素及权重

参评因素	剖面构型	表层土壤质地	土壤有机质含量	土壤 pH 值	盐渍化程度	灌溉保证率	灌溉水源	排水条件
权重	0.07	0.08	0.07	0.08	0.11	0.35	0.04	0.20

表 C.46　青藏高原区土壤指标分级及其分值

分值	有效土层厚度/cm	表层土壤质地	剖面构型	盐渍化程度	土壤有机质含量	土壤 pH 值
100	≥150	壤土	通体壤、壤/粘/壤	无	1 级	1 级
90	100～150	粘土	壤/粘/粘、壤/砂/壤、砂/粘/粘	轻度	2 级	2 级
80			粘/砂/粘、通体粘		3 级	3 级
70	60～100	砂土	砂/粘/砂	中度	4 级	
60			壤/砂/砂		5 级	4 级
50	30～60		粘/砂/砂		6 级	
40		砾质土	通体沙	重度		
30			通体砾			5 级
20	＜30					
10						

表 C.47　青藏高原区土壤环境指标及其分值

分值	排水条件	地形坡度/(°)	灌溉保证率	地表岩石露头度
100	1 级	＜2	充分满足	1 级
90	2 级	2～5		2 级
80		5～8	基本满足	
70	3 级			3 级
60		8～15		
50	4 级		一般满足	
40				4 级
30		15～25		
20			无灌溉条件	
10		≥25		

表 C.48 青藏高原区山地丘陵坡耕地评价因素及权重

参评因素	地形坡度	地表岩石露头度	有效土层厚度	表层土壤质地	土壤有机质含量	土壤 pH 值	灌溉保证率
权重	0.24	0.10	0.28	0.10	0.09	0.07	0.12

表 C.49 青藏高原区平原耕地评价因素及权重

参评因素	剖面构型	表层土壤质地	土壤有机质含量	土壤 pH 值	盐渍化程度	灌溉保证率	排水条件
权重	0.10	0.10	0.12	0.09	0.14	0.25	0.20

表 C.50 全国性土壤指标分级及其分值

分值	有效土层厚度/cm	表层土壤质地	剖面构型	盐渍化程度	土壤有机质含量	土壤 pH 值	障碍层距地表深度/cm
100	≥150	壤土	通体壤、壤/砂/壤	无	1 级	1 级	60～90
90	100～150	粘土	壤/粘/壤	轻度	2 级	2 级	
80					3 级	3 级	30～60
70	60～100	砂土	砂/粘/砂、壤/粘/粘、壤/砂/砂	中度	4 级		
60			砂/粘/粘		5 级	4 级	＜30
50	30～60		粘/砂/粘、通体粘、粘/砂/砂		6 级		
40		砾质土	通体沙	重度			
30			通体砾			5 级	
20							
10	＜30						

表 C.51 全国性土壤环境指标及其分值

分值	排水条件	地形坡度/(°)	灌溉保证率	地表岩石露头度	灌溉水源
100	1 级				
90	2 级	2～5	基本满足	2 级	浅层地下水
80		5～8			地下水
70	3 级	8～15	一般满足	3 级	
60		15～25			
50					
40	4 级	≥25		4 级	
30			无灌溉条件		
20					
10					

表 C.52 全国性山地丘陵坡耕地评价因素及权重

参评因素	地形坡度	地表岩石露头度	有效土层厚度	表层土壤质地	土壤有机质含量	土壤 pH 值	灌溉保证率
权重	0.20	0.12	0.25	0.06	0.02	0.05	0.30

表 C.53 全国性平原耕地评价因素及权重

参评因素	地下水矿化度	障碍层距地表深度	剖面构型	表层土壤质地	土壤有机质含量	土壤 pH 值	盐渍化程度	灌溉保证率	灌溉水源	地下水埋深	排水条件
权重	0.04	0.04	0.07	0.06	0.04	0.05	0.07	0.32	0.06	0.05	0.20

附 录 D
（规范性附录）
全国各省作物生产潜力指数速查表

D.1 使用说明

D.1.1 本表提供全国各省（自治区、直辖市）县级行政区域（不包括台湾、香港、澳门等地区）农用地质量分等指定作物的光温生产潜力指数和气候生产潜力指数，供农用地质量分等工作使用。表中各省级行政单位按行政区划代码顺序排列，县级行政单位分所属地区（市），按名称的拼音顺序排列。

D.1.2 各省（自治区、直辖市）农用地质量分等指定作物依据标准耕作制度和当地大宗粮食作物实际播种情况确定。本表提供标准耕作制度中涉及的春小麦、冬小麦、春玉米、夏玉米、双季早稻、双季晚稻、一季稻（中稻）、谷子、青稞、马铃薯、甘薯、花生、大豆、油菜、棉花、甘蔗共16种指定作物的光温生产潜力指数，以及春小麦、冬小麦、春玉米、夏玉米、谷子、青稞、马铃薯、甘薯、花生、大豆、油菜、棉花、甘蔗共13种指定作物的气候生产潜力指数。表中“—”表示该作物在当地未种植，或该作物不是当地农用地质量分等的指定作物。

D.1.3 光温生产潜力指数适用于水田和灌溉条件能够充分满足作物生长需要的旱地；气候生产潜力指数适用于无灌溉条件的旱地；在干旱、半干旱地区，对于灌溉条件不能充分满足作物生长需要的分等单元，可以按灌溉保证率在作物光温生产潜力指数和气候生产潜力指数之间内插获得作物生产潜力指数，或在农用地质量分等因素中，合理地确定灌溉保证率的权重。水稻的种植需要充足的水分，一般不测算水稻的气候生产潜力指数。

D.1.4 各指定作物的生产潜力指数依据各省（自治区、直辖市）上报的作物播种/收获日期资料和国家气象局2231站1961年～1990年30年地面气候资料，采用逐级订正法计算获得。受气象站点布局和记录长度的限制，没有气象站或气象资料不合格（如：观测年限不足、缺项缺测）的区县没有测算结果，需要根据临近区县同类作物的生产潜力指数内插获得。

D.1.5 依据气候资料测算的作物生产潜力指数只代表各区县气象站点所在地形区的状况，对于地形复杂、农用地分布区海拔差异较大的区域，可对具体分等单元所采用的作物光温生产潜力指数进行地形订正，为此，本表提供了各个气象站点的海拔高程。少数区县设有多个气象站，且位于不同的地段或海拔，可用于地形订正。

D.2 省（区、市）作物生产潜力指数表

D.2.1 北京市作物生产潜力表见表D.1和表D.2。

表 D.1 北京市作物光温生产潜力指数

区 县 名	冬小麦	春玉米	夏玉米	站点海拔/m
北京市区	1 594	—	1 948	31.3
昌平区	1 678	—	1 955	79.7
朝阳区	1 385	—	1 874	36.5
大兴区	1 424	—	1 957	41.3
房山区	1 454	—	1 887	48.9
房山区霞云岭	1 358	—	1 415	409.1
丰台区	1 414	—	1 925	56.3
海淀区	1 524	—	1 711	46.3
怀柔区	1 697	—	1 982	60.6
怀柔区汤河口镇	—	2 713	—	333.7
门头沟区	1 516	—	1 789	93.6
门头沟区斋堂镇	1 498	2 537	—	441.1
密云县	1 595	—	1 977	73.1
密云县上甸子	1 586	—	1 907	286.5
平谷区	1 562	—	1 884	29.4
石景山区	1 534	—	1 849	70.8
顺义区	1 699	—	2 028	39.5
通州区	1 368	—	1 910	26.9
延庆县	—	2 509	—	489.0
延庆县佛爷顶	1 088	—	1 099	1 216.9

表 D.2 北京市作物气候生产潜力指数

区 县 名	冬小麦	春玉米	夏玉米	站点海拔/m
北京市区	537	—	1 714	31.3
昌平区	573	—	1 665	79.7
朝阳区	450	—	1 656	36.5
大兴区	453	—	1 682	41.3
房山区	513	—	1 674	48.9
房山区霞云岭	658	—	1 340	409.1
丰台区	448	—	1 684	56.3
海淀区	622	—	1 524	46.3
怀柔区	717	—	1 785	60.6
怀柔区汤河口镇	—	1 967	—	333.7

表 D.2（续）

区　县　名	冬小麦	春玉米	夏玉米	站点海拔/m
门头沟区	577	—	1 605	93.6
门头沟区斋堂镇	605	1 807	—	441.1
密云县	687	—	1 773	73.1
密云县上甸子	679	—	1 745	286.5
平谷区	680	—	1 700	29.4
石景山区	646	—	1 627	70.8
顺义区	639	—	1 756	39.5
通州区	445	—	1 670	26.9
延庆县	—	1 705	—	489.0
延庆县佛爷顶	567	—	1 011	1 216.9

D.2.2　天津市作物生产潜力表见表 D.3 和 D.4。

表 D.3　天津市作物光温生产潜力指数

区　县　名	冬小麦	春玉米	夏玉米	一季稻	棉花	站点海拔/m
北辰区	1 396	3 080	2 305	2 261	—	5.2
汉沽区	1 332	2 939	2 251	2 193	—	2.3
汉盐	1 540	—	2 324	2 677	635	3.3
津南区	1 328	2 912	2 207	2 163	—	4.7
静海县	1 330	2 963	2 221	2 181	—	6.5
宁河县	1 289	2 882	2 189	2 132	—	4.1
西南郊区	1 346	3 021	2 279	2 218	—	2.5

表 D.4　天津市作物气候生产潜力指数

区　县　名	冬小麦	春玉米	夏玉米	棉花	站点海拔/m
北辰区	429	2 172	1 921	—	5.2
汉沽区	446	2 178	1 912	—	2.3
汉盐	453	—	1 977	421	3.3
津南区	442	2 154	1 871	—	4.7
静海县	409	2 071	1 831	—	6.5
宁河县	459	2 134	1 869	—	4.1
西南郊区	423	2 143	1 892	—	2.5

D.2.3　河北省作物生产潜力表见表 D.5 和表 D.6。

表 D.5 河北省作物光温生产潜力指数

区 县 名	春小麦	冬小麦	春玉米	夏玉米	站点海拔/m
保定市安国市	—	1 335	—	2 214	30.5
保定市安新县	—	1 297	—	2 354	12.8
保定市定州市	—	1 366	—	2 148	55.0
保定市阜平县	—	1 372	—	2 287	283.2
保定市高阳县	—	1 274	—	2 461	11.2
保定市涞源县	—	1 228	—	1 842	845.9
保定市曲阳县	—	1 275	—	2 267	105.3
保定市容城县	—	1 208	—	2 117	16.1
保定市市辖区	—	1 360	—	2 118	17.2
保定市顺平县	—	1 372	—	2 112	52.9
保定市易县	—	1 464	—	1 813	52.6
保定市涿州市	—	1 326	—	1 744	36.5
保定市紫荆关	—	1 374	—	1 950	529.1
沧州市东光县	—	1 199	—	2 740	14.8
沧州市河间市	—	1 299	—	2 650	13.1
沧州市黄骅市	—	1 267	—	2 605	6.6
沧州市青县	—	1 324	—	2 609	8.6
沧州市任丘市	—	1 296	—	2 481	10.4
沧州市市辖区	—	1 355	—	2 732	9.6
沧州市吴桥县	—	1 124	—	2 762	16.5
沧州市献县	—	1 330	—	2 777	13.8
沧州市盐山县	—	1 257	—	2 628	8.8
承德市承德县	—	—	2 475	—	269.1
承德市丰宁满族自治县	—	—	2 144	—	661.2
承德市宽城满族自治县	—	—	2 575	—	305.2
承德市隆化县	—	—	2 289	—	562.3
承德市滦平县	—	—	2 316	—	535.8
承德市平泉县	—	—	2 351	—	504.9
承德市塞罕坝	1 175	—	—	—	1 324.3
承德市市辖区	—	—	2 594	—	385.6
承德市围场满族蒙古族自治县	—	—	1 936	—	842.8
承德市兴隆县	—	—	2 312	—	583.6
邯郸市磁县	—	1 278	—	2 537	70.4
邯郸市大名县	—	1 109	—	2 821	45.7

表 D.5（续）

区 县 名	春小麦	冬小麦	春玉米	夏玉米	站点海拔/m
邯郸市肥乡县	—	1 148	—	2 923	50.9
邯郸市峰峰矿区	—	1 369	—	2 520	127.9
邯郸市馆陶县	—	1 132	—	2 765	42.1
邯郸市邯郸县	—	1 142	—	2 752	58.6
邯郸市曲周县	—	1 096	—	2 700	40.6
邯郸市涉县	—	1 243	—	2 296	470.9
邯郸市武安市	—	1 187	—	2 236	219.1
衡水市阜城县	—	1 190	—	2 700	19.5
衡水市故城县	—	1 143	—	2 630	28.0
衡水市冀州市	—	1 121	—	2 667	22.8
衡水市饶阳县	—	1 319	—	2 671	18.9
衡水市深州市	—	1 299	—	2 678	27.0
衡水市市辖区	—	1 163	—	2 708	22.0
廊坊市霸州市	—	1 358	—	2 133	9.0
廊坊市固安县	—	1 450	—	1 793	23.8
廊坊市三河市	—	1 537	—	1 736	19.4
廊坊市市辖区	—	1 461	—	1 793	14.3
廊坊市文安县	—	1 325	—	2 524	7.7
秦皇岛市昌黎县	—	1 445	—	1 769	14.6
秦皇岛市青龙满族自治县	—	—	2 734	—	227.5
秦皇岛市山海关区	—	1 415	—	2 242	2.6
石家庄市井陉县	—	1 349	—	2 394	256.0
石家庄市栾城县	—	1 302	—	2 228	53.2
石家庄市平山县	—	1 336	—	2 385	136.9
石家庄市市辖区	—	1 353	—	2 297	81.0
石家庄市无极县	—	1 280	—	2 121	46.2
石家庄市辛集市	—	1 188	—	2 608	36.8
石家庄市新乐市	—	1 337	—	2 214	75.2
石家庄市行唐县	—	1 329	—	2 087	97.5
石家庄市赞皇县	—	1 389	—	2 534	137.0
石家庄市赵县	—	1 291	—	2 352	43.0
石家庄市正定县	—	1 296	—	2 083	71.5
唐山市乐亭县	—	1 269	—	1 665	10.5
唐山市滦县	—	1 389	—	1 638	26.2

表 D.5(续)

区 县 名	春小麦	冬小麦	春玉米	夏玉米	站点海拔/m
唐山市迁安市	—	1 399	—	2 127	50.1
唐山市迁西县	—	1 379	—	2 224	107.5
唐山市市辖区	—	1 444	—	1 735	27.8
唐山市唐海县	—	1 418	—	1 926	5.3
唐山市玉田县	—	1 404	—	1 612	19.1
唐山市遵化市	—	1 558	—	2 382	54.9
邢台市巨鹿县	—	1 200	—	2 843	30.5
邢台市临城县	—	1 349	—	2 492	124.7
邢台市临西县	—	1 080	—	2 616	35.8
邢台市隆尧县	—	1 145	—	2 642	33.7
邢台市内丘县	—	1 064	—	2 437	77.8
邢台市南宫市	—	1 135	—	2 743	27.4
邢台市宁晋县	—	1 127	—	2 538	32.4
邢台市清河县	—	1 128	—	2 765	31.6
邢台市沙河市	—	1 125	—	2 579	69.0
邢台市威县	—	1 118	—	2 747	34.7
邢台市邢台县	—	1 302	—	2 446	76.8
邢台市邢台县浆水镇	—	1 253	—	2 042	490.7
张家口市赤城县	—	—	1 983	—	887.3
张家口市崇礼县	—	—	1 719	—	1 249.0
张家口市沽源县	1 339	—	—	—	1 411.4
张家口市怀安县	—	—	2 253	—	802.0
张家口市怀来县	—	—	2 913	—	536.8
张家口市康保县	1 386	—	—	—	1 423.9
张家口市尚义县	1 422	—	—	—	1 358.5
张家口市市辖区	—	—	2 572	—	724.2
张家口市蔚县	—	—	2 343	—	909.5
张家口市宣化县	—	—	2 489	—	630.3
张家口市阳原县	—	—	2 406	—	947.4
张家口市鱼儿山	1 296	—	—	—	1 459.8
张家口市张北县	1 399	—	—	—	1 394.2
张家口市涿鹿县	—	—	2 766	—	530.8
涿州市高碑店市	—	1 267	—	1 878	29.5

表 D.6 河北省作物气候生产潜力指数

区 县 名	春小麦	冬小麦	春玉米	夏玉米	站点海拔/m
保定市安国市	—	338	—	1 816	30.5
保定市安新县	—	365	—	1 878	12.8
保定市定州市	—	377	—	1 762	55.0
保定市阜平县	—	387	—	1 858	283.2
保定市高阳县	—	338	—	1 898	11.2
保定市涞源县	—	559	—	1 566	845.9
保定市曲阳县	—	372	—	1 798	105.3
保定市容城县	—	395	—	1 745	16.1
保定市市辖区	—	380	—	1 763	17.2
保定市顺平县	—	397	—	1 770	52.9
保定市易县	—	520	—	1 626	52.6
保定市涿州市	—	488	—	1 570	36.5
保定市紫荆关	—	668	—	1 689	529.1
沧州市东光县	—	301	—	2 040	14.8
沧州市河间市	—	371	—	2 070	13.1
沧州市黄骅市	—	373	—	2 017	6.6
沧州市青县	—	364	—	2 014	8.6
沧州市任丘市	—	344	—	1 958	10.4
沧州市市辖区	—	386	—	2 117	9.6
沧州市吴桥县	—	339	—	2 049	16.5
沧州市献县	—	362	—	2 040	13.8
沧州市盐山县	—	375	—	1 974	8.8
承德市承德县	—	—	2 038	—	269.1
承德市丰宁满族自治县	—	—	1 694	—	661.2
承德市宽城满族自治县	—	—	2 164	—	305.2
承德市隆化县	—	—	1 862	—	562.3
承德市滦平县	—	—	1 851	—	535.8
承德市平泉县	—	—	1 938	—	504.9
承德市塞罕坝	885	—	—	—	1 324.3
承德市市辖区	—	—	2 101	—	385.6
承德市围场满族蒙古族自治县	—	—	1 528	—	842.8
承德市兴隆县	—	—	1 983	—	583.6
邯郸市磁县	—	479	—	1 918	70.4
邯郸市大名县	—	391	—	2 119	45.7

表 D.6（续）

区　县　名	春小麦	冬小麦	春玉米	夏玉米	站点海拔/m
邯郸市肥乡县	—	357	—	2 136	50.9
邯郸市峰峰矿区	—	488	—	1 984	127.9
邯郸市馆陶县	—	402	—	2 165	42.1
邯郸市邯郸县	—	378	—	2 052	58.6
邯郸市曲周县	—	374	—	2 019	40.6
邯郸市涉县	—	516	—	1 906	470.9
邯郸市武安市	—	427	—	1 729	219.1
衡水市阜城县	—	304	—	1 997	19.5
衡水市故城县	—	329	—	1 970	28.0
衡水市冀州市	—	304	—	1 984	22.8
衡水市饶阳县	—	382	—	2 074	18.9
衡水市深州市	—	366	—	2 008	27.0
衡水市市辖区	—	310	—	2 082	22.0
廊坊市霸州市	—	369	—	1 778	9.0
廊坊市固安县	—	484	—	1 599	23.8
廊坊市三河市	—	597	—	1 567	19.4
廊坊市市辖区	—	442	—	1 592	14.3
廊坊市文安县	—	366	—	1 990	7.7
秦皇岛市昌黎县	—	763	—	1 615	14.6
秦皇岛市青龙满族自治县	—	—	2 272	—	227.5
秦皇岛市山海关区	—	823	—	2 018	2.6
石家庄市井陉县	—	429	—	1 937	256.0
石家庄市栾城县	—	399	—	1 802	53.2
石家庄市平山县	—	429	—	1 932	136.9
石家庄市市辖区	—	464	—	1 868	81.0
石家庄市无极县	—	360	—	1 720	46.2
石家庄市辛集市	—	318	—	1 986	36.8
石家庄市新乐市	—	389	—	1 808	75.2
石家庄市行唐县	—	395	—	1 752	97.5
石家庄市赞皇县	—	398	—	1 999	137.0
石家庄市赵县	—	422	—	1 833	43.0
石家庄市正定县	—	390	—	1 685	71.5
唐山市乐亭县	—	574	—	1 501	10.5
唐山市滦县	—	718	—	1 543	26.2

表 D.6（续）

区　县　名	春小麦	冬小麦	春玉米	夏玉米	站点海拔/m
唐山市迁安市	—	784	—	1 946	50.1
唐山市迁西县	—	887	—	2 144	107.5
唐山市市辖区	—	619	—	1 588	27.8
唐山市唐海县	—	557	—	1 707	5.3
唐山市玉田县	—	677	—	1 512	19.1
唐山市遵化市	—	803	—	2 220	54.9
邢台市巨鹿县	—	324	—	2 115	30.5
邢台市临城县	—	373	—	1 920	124.7
邢台市临西县	—	336	—	1 997	35.8
邢台市隆尧县	—	337	—	2 020	33.7
邢台市内丘县	—	325	—	1 848	77.8
邢台市南宫市		307		2 023	27.4
邢台市宁晋县	—	310	—	1 947	32.4
邢台市清河县	—	349	—	2 040	31.6
邢台市沙河市	—	349	—	1 901	69.0
邢台市威县	—	327	—	2 052	34.7
邢台市邢台县	—	425	—	1 904	76.8
邢台市邢台县浆水镇	—	504	—	1 794	490.7
张家口市赤城县	—	—	1 503	—	887.3
张家口市崇礼县	—	—	1 430	—	1 249.0
张家口市沽源县	877	—	—	—	1 411.4
张家口市怀安县	—	—	1 499	—	802.0
张家口市怀来县	—	—	1 788	—	536.8
张家口市康保县	791	—	—	—	1 423.9
张家口市尚义县	946	—	—	—	1 358.5
张家口市市辖区	—	—	1 672	—	724.2
张家口市蔚县	—	—	1 619	—	909.5
张家口市宣化县	—	—	1 451	—	630.3
张家口市阳原县	—	—	1 418	—	947.4
张家口市鱼儿山	944	—	—	—	1 459.8
张家口市张北县	877	—	—	—	1 394.2
张家口市涿鹿县	—	—	1 718	—	530.8
涿州市高碑店市	—	430	—	1 639	29.5

D.2.4 山西省作物生产潜力表见表 D.7 和表 D.8。

表 D.7 山西省作物光温生产潜力指数

区县名	冬小麦	春玉米	夏玉米	一季稻	谷子	马铃薯	甘薯	花生	大豆	棉花	站点海拔/m
长治市长子县	1 110	2 512	—	—	1 255	2 528	2 776	—	995	—	951.1
长治市壶关县	—	2 639	—	—	1 243	—	—	—	1 165	—	1 031.0
长治市黎城县	1 375	2 735	—	—	1 335	1 512	—	—	728	—	113.2
长治市潞城市	1 240	2 547	—	—	—	—	—	—	—	—	948.7
长治市平顺县	1 204	2 497	—	—	1 152	3 112	—	—	931	—	1 088.2
长治市沁县	1 191	2 555	—	—	1 270	3 367	—	—	—	—	962.0
长治市沁源县	1 207	2 372	—	—	1 224	3 207	—	—	981	—	1 001.1
长治市市辖区	1 214	2 690	—	—	1 233	2 657	—	—	1 098	—	926.5
长治市屯留县	1 341	2 575	—	—	—	—	—	—	—	—	953.2
长治市武乡县	1 493	2 703	—	—	1 416	3 123	—	—	—	—	965.5
长治市襄垣县	1 381	2 694	—	—	1 370	—	—	—	—	—	879.1
大同市大同县	—	2 645	—	—	—	3 726	—	—	—	—	1 035.4
大同市广灵县	—	2 593	—	—	1 242	2 997	—	—	—	—	979.2
大同市浑源县	—	2 472	—	—	1 213	3 551	—	—	—	—	1 093.1
大同市灵丘县	—	2 304	—	—	939	2 290	—	—	499	—	940.4
大同市市辖区	—	2 469	—	—	—	3 521	—	—	—	—	1 067.2
大同市天镇县	—	2 622	—	—	1 153	3 628	—	—	—	—	1 015.6
大同市左云县	—	—	—	—	1 162	3 386	—	—	—	—	1 337.1
晋城市高平市	1 246	2 615	—	—	1 226	—	—	—	659	—	834.7
晋城市陵川县	1 020	2 181	—	—	970	2 069	—	—	—	—	1 312.3
晋城市沁水县	1 165	2 393	2 407	—	1 453	—	—	—	—	—	903.7
晋城市市辖区	1 317	2 559	—	—	1 340	—	—	—	848	—	743.5
晋城市阳城县	1 449	2 866	—	—	1 496	—	—	—	1 186	—	659.5
晋中市和顺县	—	2 051	—	—	1 081	—	—	—	819	—	1 267.0
晋中市介休市	1 300	2 701	—	—	1 320	—	—	—	634	—	743.9
晋中市灵石县	1 450	2 677	—	—	—	—	—	—	—	—	812.3
晋中市平遥县	1 337	2 758	—	—	1 528	—	—	—	732	—	768.0
晋中市祁县	1 307	2 923	—	—	1 380	—	—	—	—	—	769.4
晋中市寿阳县	—	2 494	—	—	1 141	—	—	—	—	—	1 061.6
晋中市太谷县	1 362	2 881	—	—	812	—	—	—	665	—	782.6
晋中市昔阳县	—	2 682	—	—	1 189	—	—	—	1 044	—	876.5
晋中市榆次区	1 456	2 860	—	—	1 173	—	—	—	628	—	831.4
晋中市榆社县	—	2 671	—	—	1 417	—	—	—	1 065	—	1 041.4

表 D.7（续）

区 县 名	冬小麦	春玉米	夏玉米	一季稻	谷子	马铃薯	甘薯	花生	大豆	棉花	站点海拔/m
晋中市左权县	1 155	2 345	1 932	—	1 250	—	—	—	956	—	1 132.5
临汾市安泽县	1 428	2 607	—	—	1 326	—	—	—	—	—	858.0
临汾市大宁县	1 075	2 990	—	—	1 387	—	—	—	1 003	—	845.5
临汾市汾西县	1 373	2 618	—	—	1 303	—	—	—	1 098	—	1 012.5
临汾市浮山县	1 279	2 272	—	—	1 168	—	—	—	940	—	818.1
临汾市古县	1 072	2 517	1 006	—	—	—	—	—	—	—	663.6
临汾市洪洞县	1 245	—	2 246	—	1 393	2 000	3 800	783	875	555	464.1
临汾市霍州市	1 307	2 870	—	—	1 470	—	—	—	808	—	568.0
临汾市吉县	1 379	2 173	—	—	1 142	—	—	—	899	—	954.1
临汾市蒲县	1 555	2 521	—	—	1 384	—	—	—	1 074	—	1 039.9
临汾市曲沃县	1 182	3 025	—	—	1 137	—	—	—	877	—	473.3
临汾市市辖区	1 213	—	2 177	—	1 362	1 747	3 698	771	839	545	449.5
临汾市隰县	1 683	2 776	—	—	1 515	—	—	—	1 178	—	1 052.7
临汾市襄汾县	1 288	—	—	—	—	—	—	—	—	539	427.6
临汾市翼城县	1 295	3 139	—	—	1 637	—	—	—	1 273	—	585.3
临汾市永和县	1 103	2 480	—	—	1 107	—	—	—	1 022	—	917.5
吕梁市方山县	—	2 398	—	—	1 138	3 125	—	—	927	—	1 212.0
吕梁市汾阳市	1 278	2 769	—	—	—	—	—	—	1 167	—	748.9
吕梁市交城县	—	3 018	—	—	1 476	2 585	—	—	—	506	760.2
吕梁市交口县	1 078	2 075	—	—	974	2 838	—	—	858	—	1 407.2
吕梁市岚县	—	2 513	—	—	1 250	3 064	—	—	975	—	1 183.7
吕梁市离石区	—	2 737	—	—	1 126	2 866	—	—	1 172	—	950.8
吕梁市临县	—	2 586	—	—	1 066	2 738	—	—	1 211	—	1 164.1
吕梁市柳林县	—	2 980	—	—	1 206	1 954	—	—	1 290	—	815.5
吕梁市石楼县	1 378	2 724	—	—	1 317	2 662	—	—	1 086	—	110.5
吕梁市文水县	1 269	2 789	—	—	1 444	3 039	—	—	1 138	—	761.6
吕梁市孝义市	1 307	2 711	—	—	1 327	—	—	—	639	—	770.7
吕梁市兴县	—	2 483	—	—	1 016	2 364	—	—	1 158	—	1 012.6
吕梁市中阳县	—	2 285	2 051	—	964	3 775	—	—	1 086	—	1 212.2
朔州市怀仁县	—	2 553	—	—	—	3 555	—	—	—	—	1 045.7
朔州市平鲁区	—	—	—	—	1 078	2 991	—	—	—	—	1 407.8
朔州市山阴县	—	2 535	—	—	1 325	3 536	—	—	—	—	1 046.1
朔州市市辖区	—	2 403	—	—	1 261	3 587	—	—	—	—	1 092.4
朔州市应县	—	2 552	—	—	1 336	3 609	—	—	—	—	1 001.9

表 D.7（续）

区 县 名	冬小麦	春玉米	夏玉米	一季稻	谷子	马铃薯	甘薯	花生	大豆	棉花	站点海拔/m
朔州市右玉县	—	—	—	—	1 054	3 087	—	—	—	—	1 345.8
太原市北郊	1 302	2 546	—	—	1 049	—	—	—	1 047	—	807.7
太原市古交市	—	2 659	—	—	1 136	2 657	—	—	—	—	1 004.8
太原市娄烦县	—	2 445	—	—	1 298	3 494	—	—	—	—	1 171.4
太原市南郊	1 351	2 619	—	—	1 073	—	—	—	1 078	—	776.6
太原市清徐县	1 184	2 929	—	—	—	—	—	—	1 245	—	774.6
太原市市辖区	1 388	2 749	—	—	1 129	—	—	—	1 130	—	778.3
太原市阳曲县	—	2 904	—	—	1 520	—	—	—	—	—	898.2
忻州市保德县	—	—	—	—	1 539	2 266	3 553	—	—	—	893.5
忻州市代县	—	2 739	—	1 795	1 399	3 454	—	830	—	—	861.3
忻州市定襄县	—	2 760	—	—	1 282	3 542	—	—	—	—	760.4
忻州市繁峙县	—	2 615	—	—	1 264	—	—	—	—	—	934.2
忻州市河曲县	—	2 848	—	—	1 513	2 364	—	—	1 165	—	861.5
忻州市静乐县	—	—	—	—	1 252	3 431	—	—	—	—	1 213.4
忻州市岢岚县	—	2 092	—	—	1 059	2 886	—	—	—	—	1 393.7
忻州市宁武县	—	—	—	—	—	3 469	—	—	905	—	1 436.8
忻州市偏关县	—	2 603	—	—	1 392	3 474	—	—	1 153	—	1 050.3
忻州市神池县	—	1 997	—	—	—	3 323	—	—	—	—	1 531.7
忻州市五台县	—	2 342	—	—	1 089	3 219	—	—	—	—	1 097.1
忻州市五台县五台山	—	—	—	—	—	—	—	—	—	—	2 208.3
忻州市五寨县	—	2 023	—	—	1 028	2 765	—	—	—	—	1 401.0
忻州市忻府区	—	2 924	—	—	1 416	—	—	—	1 166	—	799.0
忻州市原平市	—	2 806	—	1 865	1 430	3 279	—	868	—	—	828.2
阳泉市盂县	1 226	2 536	2 008	—	1 347	3 472	—	—	1 050	—	953.8
阳泉市平定县	1 058	3 017	—	—	1 344	—	—	—	—	—	752.1
阳泉市市辖区	1 046	2 933	—	—	1 304	—	—	—	—	—	741.9
运城市河津市	1 231	—	2 337	—	—	—	—	—	—	—	459.5
运城市稷山县	1 202	—	2 198	—	1 134	—	—	—	—	531	390.5
运城市绛县	1 474	2 892	—	—	1 240	—	—	—	1 059	478	761.9
运城市临猗县	1 119	—	2 247	—	—	—	—	1 096	807	466	407.7
运城市平陆县	1 276	2 111	—	—	1 624	—	3 857	—	—	510	443.5
运城市芮城县	1 220	—	2 229	—	—	—	—	—	1 114	—	507.1
运城市万荣县	1 054	2 811	—	—	1 114	—	3 575	1 013	—	530	589.6
运城市闻喜县	1 262	—	1 997	—	1 032	—	—	—	1 277	550	469.8

表 D.7（续）

区 县 名	冬小麦	春玉米	夏玉米	一季稻	谷子	马铃薯	甘薯	花生	大豆	棉花	站点海拔/m
运城市夏县	1 286	—	2 633	—	1 130	—	—	—	1 279	534	404.2
运城市新绛县	1 180	—	2 243	—	1 065	—	—	—	861	520	431.8
运城市盐湖区	1 222	2 217	—	—	1 239	—	—	833	849	586	376.0
运城市永济市	1 115	—	2 562	—	—	—	—	—	930	533	355.0
运城市垣曲县	1 253	—	2 478	—	1 287	—	—	—	834	520	484.9

表 D.8 山西省作物气候生产潜力指数

区 县 名	冬小麦	春玉米	夏玉米	谷子	马铃薯	甘薯	花生	大豆	棉花	站点海拔/m
长治市长子县	536	1 930	—	1 007	1 572	2 364	—	760	—	951.1
长治市壶关县	—	2 047	—	1 077	—	—	—	893	—	1 031.0
长治市黎城县	678	2 045	—	1 079	1 332	—	—	683	—	113.2
长治市潞城市	559	1 895	—	—	—	—	—	—	—	948.7
长治市平顺县	575	1 896	—	976	2 045	—	—	757	—	1 088.2
长治市沁县	666	1 968	—	1 051	2 469	—	—	—	—	962.0
长治市沁源县	736	1 882	—	1 028	2 462	—	—	793	—	1 001.1
长治市市辖区	625	2 078	—	1 071	1 659	—	—	868	—	926.5
长治市屯留县	718	1 923	—	—	—	—	—	—	—	953.2
长治市武乡县	804	2 010	—	1 129	2 101	—	—	—	—	965.5
长治市襄垣县	701	2 008	—	1 085	—	—	—	—	—	879.1
大同市大同县	—	1 530	—	—	2 229	—	—	—	—	1 035.4
大同市广灵县	—	1 619	—	902	2 032	—	—	—	—	979.2
大同市浑源县	—	1 642	—	874	2 374	—	—	—	—	1 093.1
大同市灵丘县	—	1 683	—	789	1 779	—	—	310	—	940.4
大同市市辖区	—	1 437	—	—	2 086	—	—	—	—	1 067.2
大同市天镇县	—	1 662	—	886	2 305	—	—	—	—	1 015.6
大同市左云县	—	—	—	808	2 210	—	—	—	—	1 337.1
晋城市高平市	625	2 050	—	1 003	—	—	—	640	—	834.7
晋城市陵川县	552	1 736	—	858	1 329	—	—	—	—	1 312.3
晋城市沁水县	615	1 687	1 882	1 128	—	—	—	—	—	903.7
晋城市市辖区	751	1 907	—	1 047	—	—	—	601	—	743.5
晋城市阳城县	813	2 115	—	1 156	—	—	—	891	—	659.5
晋中市和顺县	—	1 616	—	894	—	—	—	662	—	1 267.0
晋中市介休市	538	1 969	—	1 075	—	—	—	634	—	743.9
晋中市灵石县	675	1 896	—	—	—	—	—	—	—	812.3

表 D.8（续）

区 县 名	冬小麦	春玉米	夏玉米	谷子	马铃薯	甘薯	花生	大豆	棉花	站点海拔/m
晋中市平遥县	527	1 828	—	1 101	—	—	—	661	—	768.0
晋中市祁县	531	1 946	—	1 103	—	—	—	—	—	769.4
晋中市寿阳县	—	1 816	—	924	—	—	—	—	—	1 061.6
晋中市太谷县	600	1 955	—	812	—	—	—	642	—	782.6
晋中市昔阳县	—	1 976	—	940	—	—	—	784	—	876.5
晋中市榆次区	532	1 718	—	953	—	—	—	543	—	831.4
晋中市榆社县	—	2 019	—	1 116	—	—	—	797	—	1 041.4
晋中市左权县	566	1 780	1 617	990	—	—	—	707	—	1 132.5
临汾市安泽县	835	1 933	—	1 069	—	—	—	—	—	858.0
临汾市大宁县	465	2 027	—	1 035	—	—	—	707	—	845.5
临汾市汾西县	715	1 863	—	959	—	—	—	787	—	1 012.5
临汾市浮山县	639	1 556	—	932	—	—	—	657	—	818.1
临汾市古县	413	1 862	1 004	—	—	—	—	—	—	663.6
临汾市洪洞县	507	—	1 841	930	1 199	2 791	508	727	382	464.1
临汾市霍州市	437	1 974	—	1 147	—	—	—	715	—	568.0
临汾市吉县	772	1 476	—	820	—	—	—	627	—	954.1
临汾市蒲县	868	1 868	—	1 059	—	—	—	805	—	1 039.9
临汾市曲沃县	519	2 028	—	1 006	—	—	—	726	—	473.3
临汾市市辖区	513	—	1 829	928	1 061	2 775	499	714	382	449.5
临汾市隰县	950	2 017	—	1 145	—	—	—	870	—	1 052.7
临汾市襄汾县	616	—	—	—	—	—	—	—	397	427.6
临汾市翼城县	686	2 096	—	1 194	—	—	—	872	—	585.3
临汾市永和县	424	1 794	—	861	—	—	—	731	—	917.5
吕梁市方山县	—	1 847	—	975	2 529	—	—	706	—	1 212.0
吕梁市汾阳市	511	1 961	—	—	—	—	—	844	—	748.9
吕梁市交城县	—	2 194	—	1 170	1 852	—	—	—	358	760.2
吕梁市交口县	687	1 721	—	907	2 547	—	—	726	—	1 407.2
吕梁市岚县	—	1 810	—	923	2 482	—	—	727	—	1 183.7
吕梁市离石区	—	1 991	—	980	2 162	—	—	868	—	950.8
吕梁市临县	—	1 798	—	959	2 230	—	—	878	—	1 164.1
吕梁市柳林县	—	2 092	—	1 041	1 413	—	—	928	—	815.5
吕梁市石楼县	590	1 901	—	1 002	1 869	—	—	760	—	110.5
吕梁市文水县	509	2 039	—	1 108	2 055	—	—	853	—	761.6
吕梁市孝义市	554	2 061	—	1 128	—	—	—	639	—	770.7

表 D.8（续）

区　县　名	冬小麦	春玉米	夏玉米	谷子	马铃薯	甘薯	花生	大豆	棉花	站点海拔/m
吕梁市兴县	—	1 694	—	908	1 895	—	—	816	—	1 012.6
吕梁市中阳县	—	1 767	1 692	870	2 654	—	—	802	—	1 212.2
朔州市怀仁县	—	1 351	—	—	1 957	—	—	—	—	1 045.7
朔州市平鲁区	—	—	—	743	2 011	—	—	—	—	1 407.8
朔州市山阴县	—	1 415	—	841	1 997	—	—	—	—	1 046.1
朔州市市辖区	—	1 507	—	877	2 286	—	—	—	—	1 092.4
朔州市应县	—	1 379	—	843	1 991	—	—	—	—	1 001.9
朔州市右玉县	—	—	—	777	2 213	—	—	—	—	1 345.8
太原市北郊	615	1 759	—	931	—	—	—	754	—	807.7
太原市古交市	—	1 800	—	965	1 975	—	—	—	—	1 004.8
太原市娄烦县	—	1 677	—	966	2 379	—	—	—	—	1 171.4
太原市南郊	610	1 881	—	964	—	—	—	805	—	776.6
太原市清徐县	528	1 929	—	—	—	—	—	855	—	774.6
太原市市辖区	582	1 916	—	973	—	—	—	804	—	778.3
太原市阳曲县	—	1 976	—	1 114	—	—	—	—	—	898.2
忻州市保德县	—	—	—	1 093	1 689	2 537	—	—	—	893.5
忻州市代县	—	1 845	—	1 030	2 230	—	609	—	—	861.3
忻州市定襄县	—	1 728	—	958	2 215	—	—	—	—	760.4
忻州市繁峙县	—	1 616	—	913	—	—	—	—	—	934.2
忻州市河曲县	—	1 765	—	1 080	1 743	—	—	753	—	861.5
忻州市静乐县	—	—	—	936	2 511	—	—	—	—	1 213.4
忻州市岢岚县	—	1 421	—	810	2 157	—	—	—	—	1 393.7
忻州市宁武县	—	—	—	—	2 411	—	—	639	—	1 436.8
忻州市偏关县	—	1 567	—	962	2 061	—	—	710	—	1 050.3
忻州市神池县	—	1 388	—	—	2 377	—	—	—	—	1 531.7
忻州市五台县	—	1 788	—	947	2 480	—	—	—	—	1 097.1
忻州市五台县五台山	—	—	—	—	—	—	—	—	—	2 208.3
忻州市五寨县	—	1 453	—	801	2 145	—	—	—	—	1 401.0
忻州市忻府区	—	1 938	—	1 075	—	—	—	800	—	799.0
忻州市原平市	—	1 798	—	1 032	2 025	—	623	—	—	828.2
阳泉市盂县	594	1 786	1 764	992	2 330	—	—	754	—	953.8
阳泉市平定县	341	2 062	—	1 102	—	—	—	—	—	752.1
阳泉市市辖区	396	2 097	—	1 097	—	—	—	—	—	741.9
运城市河津市	605	—	1 640	—	—	—	—	—	—	459.5

表 D.8（续）

区　县　名	冬小麦	春玉米	夏玉米	谷子	马铃薯	甘薯	花生	大豆	棉花	站点海拔/m
运城市稷山县	592	—	1 559	920	—	—	—	—	331	390.5
运城市绛县	870	2 167	—	1 021	—	—	—	863	369	761.9
运城市临猗县	553	—	1 498	—	—	—	694	565	250	407.7
运城市平陆县	735	1 165	—	1 186	—	2 950	—	—	332	443.5
运城市芮城县	689	—	1 490	—	—	—	—	673	—	507.1
运城市万荣县	561	1 839	—	965	—	2 756	762	—	370	589.6
运城市闻喜县	684	—	1 501	924	—	—	—	841	365	469.8
运城市夏县	783	—	2 011	985	—	—	—	923	386	404.2
运城市新绛县	569	—	1 735	949	—	—	—	690	343	431.8
运城市盐湖区	718	1 164	—	982	—	—	636	617	378	376.0
运城市永济市	575	—	1 760	—	—	—	—	662	318	355.0
运城市垣曲县	739	—	1 961	923	—	—	—	723	388	484.9

D.2.5　内蒙古自治区作物生产潜力表见表 D.9 和表 D.10。

表 D.9　内蒙古自治区作物光温生产潜力指数

区　县　名	春小麦	春玉米	一季稻	谷子	马铃薯	花生	大豆	油菜	站点海拔/m
阿拉善盟阿拉善右旗	1 663	—	—	—	—	—	—	—	1 510.1
阿拉善盟阿拉善右旗中泉子	1 699	—	—	—	—	—	—	—	1 240.8
阿拉善盟阿拉善左旗	1 667	—	—	—	—	—	—	—	1 561.4
阿拉善盟阿拉善左旗巴彦毛道	1 664	—	—	—	—	—	—	—	1 323.9
阿拉善盟阿拉善左旗巴彦诺尔贡	1 651	—	—	—	—	—	—	—	1 316.7
阿拉善盟阿拉善左旗吉兰太	1 739	—	—	—	—	—	—	—	1 031.8
阿拉善盟阿拉善左旗头道湖	1 689	—	—	—	—	—	—	—	1 342.9
阿拉善盟额济纳旗	1 698	—	—	—	—	—	—	—	940.5
阿拉善盟额济纳旗拐子湖	1 645	—	—	—	—	—	—	—	960.0
阿拉善盟额济纳旗吉柯德	1 673	—	—	—	—	—	—	—	966.5
巴彦淖尔市磴口县	1 611	3 258	—	—	—	—	—	—	1 055.7
巴彦淖尔市杭锦后旗	1 696	3 101	—	—	—	—	—	—	1 056.7
巴彦淖尔市临河区	1 593	3 302	—	—	—	—	—	—	1 039.3
巴彦淖尔市乌拉特后旗	1 305	2 479	—	—	—	—	—	—	1 650.6
巴彦淖尔市乌拉特后旗海力素	1 466	2 857	—	—	—	—	—	—	1 509.6
巴彦淖尔市乌拉特前旗	1 718	3 317	—	—	—	—	—	—	1 022.0
巴彦淖尔市乌拉特前旗大佘太	1 669	3 241	—	—	—	—	—	—	1 080.3
巴彦淖尔市乌拉特中旗	1 457	2 759	—	—	—	—	—	—	1 288.0

表 D.9（续）

区 县 名	春小麦	春玉米	一季稻	谷子	马铃薯	花生	大豆	油菜	站点海拔/m
巴彦淖尔市五原县	1 546	3 098	—	—	—	—	—	—	1 024.0
包头市白云鄂博矿区	1 710	2 076	—	—	—	—	—	—	1 613.0
包头市达尔罕茂明安联合旗	1 852	2 338	—	—	—	—	—	—	1 376.6
包头市达尔罕茂明安联合旗满都拉镇	2 052	2 746	—	—	—	—	—	—	1 225.2
包头市达尔罕茂明安联合旗希日穆仁苏木镇	1 588	—	—	—	3 122	—	—	807	1 603.2
包头市固阳县	1 753	2 487	—	—	3 974	—	—	—	1 361.4
包头市石拐区	1 638	2 613	—	1 340	3 798	—	—	—	1 240.7
包头市市辖区	1 762	3 018	—	1 154	3 985	—	—	—	1 067.2
包头市土默特右旗	1 608	2 944	—	—	3 719	—	—	—	999.7
赤峰市阿鲁科尔沁旗	1 283	2 633	—	—	—	—	1 090	—	374.9
赤峰市敖汉旗	—	2 486	1 674	1 305	—	—	1 029	—	588.8
赤峰市敖汉旗宝国图	—	2 539	1 734	1 330	—	—	1 051	—	400.5
赤峰市巴林右旗	2 010	2 353	—	—	—	—	—	—	623.3
赤峰市巴林左旗	1 270	2 514	—	1 335	—	—	1 044	—	484.4
赤峰市巴林左旗浩尔吐	1 131	2 239	—	1 195	—	—	926	—	670.8
赤峰市喀喇沁旗	1 151	2 556	1 449	1 205	3 620	—	—	—	737.4
赤峰市克什克腾旗	1 650	1 894	—	—	—	—	—	—	1 004.5
赤峰市克什克腾旗白音敖包	1 283	1 423	—	—	—	—	—	—	990.8
赤峰市林西县	1 632	2 433	—	—	—	—	933	—	799.0
赤峰市林西县新林	1 506	2 213	—	—	—	—	853	—	858.4
赤峰市宁城县	—	2 741	—	1 442	2 821	—	—	—	551.3
赤峰市宁城县八里罕	—	2 634	—	1 387	2 849	—	—	—	679.3
赤峰市市辖区	1 493	3 060	1 735	1 562	—	—	1 191	—	568.0
赤峰市松山区岗子	1 313	2 478	1 321	1 294	—	—	979	—	960.7
赤峰市翁牛特旗	1 520	2 779	1 678	1 444	—	—	1 013	—	631.8
鄂尔多斯市达拉特旗	1 594	3 163	—	1 411	—	—	1 180	757	1 012.2
鄂尔多斯市东胜区	1 614	2 626	—	—	3 710	—	—	—	1 460.4
鄂尔多斯市鄂托克旗	—	2 957	1 847	—	—	—	—	—	1 380.3
鄂尔多斯市鄂托克前旗	—	3 001	1 880	—	—	—	—	—	1 335.0
鄂尔多斯市杭锦旗	1 723	2 884	—	—	—	—	—	—	1 390.1
鄂尔多斯市杭锦旗伊克乌素	1 778	3 276	—	—	—	—	—	—	1 184.6
鄂尔多斯市乌审旗	—	2 885	1 790	—	—	—	—	—	1 369.3
鄂尔多斯市乌审旗仓窑洼	—	3 013	1 894	—	—	—	—	—	1 210.8

表 D.9（续）

区 县 名	春小麦	春玉米	一季稻	谷子	马铃薯	花生	大豆	油菜	站点海拔/m
鄂尔多斯市乌审旗乌审召	—	2 891	1 798	—	—	—	—	—	1 312.9
鄂尔多斯市伊金霍洛旗	1 705	2 847	—	—	—	—	—	—	1 329.3
鄂尔多斯市准格尔旗	1 585	3 141	—	—	—	—	—	—	1 039.6
呼和浩特市和林格尔县	—	2 665	—	—	3 681	—	—	—	1 153.9
呼和浩特市清水河县	—	2 796	—	—	3 204	—	—	—	1 190.8
呼和浩特市市辖区	1 710	2 747	—	—	—	—	—	—	1 063.0
呼和浩特市土默特左旗	1 528	2 773	—	—	3 667	—	—	—	1 022.0
呼和浩特市托克托县	1 582	2 934	—	—	3 637	—	—	—	1 017.5
呼和浩特市武川县	1 559	—	—	—	3 101	—	—	804	1 597.5
呼伦贝尔市阿荣旗	—	—	—	—	—	—	915	—	219.5
呼伦贝尔市陈巴尔虎旗	1 676	—	—	—	—	—	—	782	577.6
呼伦贝尔市额尔古纳市	1 499	—	—	—	—	—	—	—	581.4
呼伦贝尔市鄂伦春旗	—	—	—	—	—	—	617	—	424.7
呼伦贝尔市鄂伦春旗小二沟	—	1 833	—	—	—	—	771	—	286.1
呼伦贝尔市鄂温克旗	1 722	—	—	—	—	—	—	—	621.4
呼伦贝尔市根河市	1 248	—	—	—	—	—	—	—	981.3
呼伦贝尔市海拉尔区	1 504	—	—	—	—	—	—	685	610.2
呼伦贝尔市满洲里市	—	—	—	—	—	—	—	717	661.7
呼伦贝尔市莫力达瓦达斡尔族自治旗	—	—	—	—	—	—	934	—	193.4
呼伦贝尔市新巴尔虎右旗	—	—	—	—	—	—	—	776	554.2
呼伦贝尔市新巴尔虎左旗	—	—	—	—	—	—	—	—	642.0
呼伦贝尔市牙克石市	1 198	—	—	—	—	—	—	572	670.0
呼伦贝尔市牙克石市博克图镇	1 418	—	—	—	—	—	—	649	739.7
呼伦贝尔市牙克石市牙克石图里河镇	1 180	—	—	—	—	—	—	580	732.6
呼伦贝尔市扎兰屯市	—	2 222	—	—	—	—	937	—	306.5
呼伦贝尔市扎兰屯市蘑菇气镇	—	2 200	—	—	—	—	928	—	320.8
通辽市开鲁县	—	3 112	—	—	—	—	—	—	241.0
通辽市科尔沁区	1 463	3 141	2 081	—	—	—	1 234	—	178.5
通辽市科尔沁左翼后旗	1 297	2 891	1 872	—	—	—	1 110	—	249.3
通辽市科尔沁左翼中旗	1 377	2 964	1 760	1 552	—	870	1 174	—	146.0
通辽市科尔沁左翼中旗舍伯吐	—	2 901	—	—	—	—	—	—	182.7
通辽市库伦旗	—	2 809	1 941	—	—	—	—	—	287.3
通辽市鲁特旗巴雅尔吐胡硕	1 874	2 230	—	—	—	—	901	—	629.1
通辽市奈曼旗	1 371	2 971	2 006	1 540	—	911	1 163	—	363.6

表 D.9（续）

区 县 名	春小麦	春玉米	一季稻	谷子	马铃薯	花生	大豆	油菜	站点海拔/m
通辽市扎鲁特旗	2 130	3 015	—	—	—	—	1 203	—	265.0
乌海市市辖区	1 657	3 554	—	—	—	—	—	—	1 092.5
乌海市乌达区	1 679	3 480	—	—	—	—	—	—	1 121.7
乌拉盖垦区	1 745	—	—	—	—	—	—	819	867.3
乌兰察布市察哈尔右翼后旗	—	2 078	—	—	3 583	—	—	—	1 424.5
乌兰察布市察哈尔右翼前旗	1 858	2 294	—	—	3 807	—	—	—	1 317.7
乌兰察布市察哈尔右翼中旗	—	—	—	—	2 950	—	—	—	1 748.7
乌兰察布市丰镇市	1 311	2 307	—	1 139	3 277	—	—	—	1 229.8
乌兰察布市化德县	1 687	1 827	—	—	—	—	—	—	1 482.7
乌兰察布市集宁区	1 200	2 056	—	1 034	3 181	—	—	—	1 419.3
乌兰察布市凉城县	—	2 373	—	—	3 413	—	—	—	1 258.8
乌兰察布市商都县	1 716	2 101	—	—	3 379	—	—	—	1 386.9
乌兰察布市四子王旗	1 702	2 030	—	—	3 421	—	—	800	1 490.1
乌兰察布市兴和县	—	2 220	—	—	3 465	—	—	—	1 253.1
乌兰察布市卓资县	—	1 980	—	—	3 455	—	—	—	1 453.2
乌兰浩特市索轮	1 447	—	—	1 005	—	—	—	—	499.7
锡林郭勒盟阿巴嘎旗	—	—	—	—	—	—	—	789	1 126.1
锡林郭勒盟阿巴嘎旗红格日	—	—	—	—	—	—	—	812	1 187.7
锡林郭勒盟阿巴嘎旗那仁宝力格	—	—	—	—	—	—	—	815	1 181.6
锡林郭勒盟阿巴嘎旗伊和郭勒	—	—	—	—	—	—	—	783	1 098.6
锡林郭勒盟东乌珠穆沁旗	—	1 625	—	—	—	—	—	—	838.7
锡林郭勒盟多伦县	1 552	1 650	—	—	—	—	—	—	1 245.4
锡林郭勒盟二连浩特市	1 963	—	—	—	3 251	—	—	—	964.7
锡林郭勒盟苏尼特右旗	1 961	—	—	—	3 323	—	—	—	1 103.0
锡林郭勒盟苏尼特右旗朱日和	1 948	—	—	—	3 422	—	—	—	1 150.8
锡林郭勒盟苏尼特左旗	—	2 139	—	—	—	—	—	—	1 036.7
锡林郭勒盟苏尼特左旗白日乌拉	—	2 155	—	—	—	—	—	—	1 068.4
锡林郭勒盟苏尼特左旗达来	—	1 950	—	—	—	—	—	—	1 221.5
锡林郭勒盟太仆寺旗	1 489	—	—	—	3 116	—	—	—	1 468.7
锡林郭勒盟西乌珠穆沁旗	1 824	—	—	—	—	—	—	833	995.9
锡林郭勒盟锡林浩特朝克乌拉	—	—	—	—	—	—	—	—	896.0
锡林郭勒盟锡林浩特市	—	—	—	—	—	—	—	—	989.5
锡林郭勒盟镶黄旗	2 109	—	—	1 177	3 269	—	—	—	1 322.8
锡林郭勒盟正蓝旗	1 668	1 786	—	—	3 264	—	755	800	1 301.0

表 D.9（续）

区 县 名	春小麦	春玉米	一季稻	谷子	马铃薯	花生	大豆	油菜	站点海拔/m
锡林郭勒盟正蓝旗那日图	1 669	1 798	—	—	3 252	—	760	788	1 293.5
锡林郭勒盟正镶白旗	1 267	—	—	—	—	—	—	—	1 347.8
兴安盟阿尔山市	1 255	—	—	—	2 075	—	—	692	1 027.4
兴安盟科尔沁右翼中旗	1 407	2 603	1 544	1 366	—	—	1 077	—	250.6
兴安盟科尔沁右翼中旗高力板	1 361	2 593	1 550	1 360	—	—	1 073	—	204.4
兴安盟突泉县	2 160	2 526	1 440	1 304	—	—	1 045	—	306.0
兴安盟乌兰浩特市	1 859	2 647	1 712	1 317	3 296	—	1 073	—	274.7
兴安盟扎赉特旗	—	2 715	1 539	—	—	—	1 123	—	188.6
兴安盟扎赉特旗保安沼	—	2 725	1 545	—	—	—	1 128	—	145.5
兴安盟扎赉特旗胡尔勒	—	2 401	1 290	—	—	—	994	—	334.2

表 D.10 内蒙古自治区作物气候生产潜力指数

区 县 名	春小麦	春玉米	谷子	马铃薯	花生	大豆	油菜	站点海拔/m
阿拉善盟阿拉善右旗	142	—	—	—	—	—	—	1 510.1
阿拉善盟阿拉善右旗中泉子	97	—	—	—	—	—	—	1 240.8
阿拉善盟阿拉善左旗	277	—	—	—	—	—	—	1 561.4
阿拉善盟阿拉善左旗巴彦毛道	120	—	—	—	—	—	—	1 323.9
阿拉善盟阿拉善左旗巴彦诺尔贡	153	—	—	—	—	—	—	1 316.7
阿拉善盟阿拉善左旗吉兰太	126	—	—	—	—	—	—	1 031.8
阿拉善盟阿拉善左旗头道湖	181	—	—	—	—	—	—	1 342.9
阿拉善盟额济纳旗	43	—	—	—	—	—	—	940.5
阿拉善盟额济纳旗拐子湖	48	—	—	—	—	—	—	960.0
阿拉善盟额济纳旗吉柯德	44	—	—	—	—	—	—	966.5
巴彦淖尔市磴口县	179	597	—	—	—	—	—	1 055.7
巴彦淖尔市杭锦后旗	186	534	—	—	—	—	—	1 056.7
巴彦淖尔市临河区	162	615	—	—	—	—	—	1 039.3
巴彦淖尔市乌拉特后旗	148	434	—	—	—	—	—	1 650.6
巴彦淖尔市乌拉特后旗海力素	115	337	—	—	—	—	—	1 509.6
巴彦淖尔市乌拉特前旗	284	872	—	—	—	—	—	1 022.0
巴彦淖尔市乌拉特前旗大佘太	311	906	—	—	—	—	—	1 080.3
巴彦淖尔市乌拉特中旗	244	746	—	—	—	—	—	1 288.0
巴彦淖尔市五原县	216	694	—	—	—	—	—	1 024.0
包头市白云鄂博矿区	548	721	—	—	—	—	—	1 613.0
包头市达尔罕茂明安联合旗	593	816	—	—	—	—	—	1 376.6
包头市达尔罕茂明安联合旗满都拉镇	384	562	—	—	—	—	—	1 225.2

表 D.10（续）

区 县 名	春小麦	春玉米	谷子	马铃薯	花生	大豆	油菜	站点海拔/m
包头市达尔罕茂明安联合旗希日穆仁苏木镇	569	—	—	1 387	—	—	339	1 603.2
包头市固阳县	592	1 089	—	1 774	—	—	—	1 361.4
包头市石拐区	536	1 348	805	1 961	—	—	—	1 240.7
包头市市辖区	435	1 173	480	1 486	—	—	—	1 067.2
包头市土默特右旗	432	1 359	—	1 669	—	—	—	999.7
赤峰市阿鲁科尔沁旗	405	1 434	—	—	—	629	—	374.9
赤峰市敖汉旗	—	1 571	960	—	—	689	—	588.8
赤峰市敖汉旗宝国图	—	1 707	1 034	—	—	749	—	400.5
赤峰市巴林右旗	1 009	1 339	—	—	—	—	—	623.3
赤峰市巴林左旗	536	1 602	952	—	—	703	—	484.4
赤峰市巴林左旗浩尔吐	546	1 539	896	—	—	663	—	670.8
赤峰市喀喇沁旗	463	1 686	967	2 335	—	—	—	737.4
赤峰市克什克腾旗	1 039	1 309	—	—	—	—	—	1 004.5
赤峰市克什克腾旗白音敖包	884	1 068	—	—	—	—	—	990.8
赤峰市林西县	941	1 572	—	—	—	671	—	799.0
赤峰市林西县新林	833	1 341	—	—	—	577	—	858.4
赤峰市宁城县	—	1 895	1 089	2 084	—	—	—	551.3
赤峰市宁城县八里罕	—	1 909	1 052	2 214	—	—	—	679.3
赤峰市市辖区	571	1 566	936	—	—	665	—	568.0
赤峰市松山区岗子	596	1 540	923	—	—	661	—	960.7
赤峰市翁牛特旗	655	1 577	946	—	—	651	—	631.8
鄂尔多斯市达拉特旗	370	1 209	667	—	—	510	225	1 012.2
鄂尔多斯市东胜区	599	1 418	—	2 195	—	—	—	1 460.4
鄂尔多斯市鄂托克旗	—	1 052	—	—	—	—	—	1 380.3
鄂尔多斯市鄂托克前旗	—	973	—	—	—	—	—	1 335.0
鄂尔多斯市杭锦旗	395	1 007	—	—	—	—	—	1 390.1
鄂尔多斯市杭锦旗伊克乌素	242	723	—	—	—	—	—	1 184.6
鄂尔多斯市乌审旗	—	1 278	—	—	—	—	—	1 369.3
鄂尔多斯市乌审旗仓窑洼	—	1 328	—	—	—	—	—	1 210.8
鄂尔多斯市乌审旗乌审召	—	1 246	—	—	—	—	—	1 312.9
鄂尔多斯市伊金霍洛旗	515	1 293	—	—	—	—	—	1 329.3
鄂尔多斯市准格尔旗	546	1 766	—	—	—	—	—	1 039.6
呼和浩特市和林格尔县	—	1 525	—	2 092	—	—	—	1 153.9
呼和浩特市清水河县	—	1 529	—	1 884	—	—	—	1 190.8
呼和浩特市市辖区	661	1 558	—	—	—	—	—	1 063.0
呼和浩特市土默特左旗	497	1 529	—	1 960	—	—	—	1 022.0

表 D.10（续）

区 县 名	春小麦	春玉米	谷子	马铃薯	花生	大豆	油菜	站点海拔/m
呼和浩特市托克托县	461	1 366	—	1 657	—	—	—	1 017.5
呼和浩特市武川县	775	—	—	1 912	—	—	467	1 597.5
呼伦贝尔市阿荣旗	—	—	—	—	—	696	—	219.5
呼伦贝尔市陈巴尔虎旗	1 030	—	—	—	—	—	486	577.6
呼伦贝尔市额尔古纳市	1 097	—	—	—	—	—	—	581.4
呼伦贝尔市鄂伦春旗	—	—	—	—	—	566	—	424.7
呼伦贝尔市鄂伦春旗小二沟	—	1 539	—	—	—	651	—	286.1
呼伦贝尔市鄂温克旗	1 014	—	—	—	—	—	—	621.4
呼伦贝尔市根河市	1 056	—	—	—	—	—	—	981.3
呼伦贝尔市海拉尔区	915	—	—	—	—	—	418	610.2
呼伦贝尔市满洲里市	—	—	—	—	—	—	402	661.7
呼伦贝尔市莫力达瓦达斡尔族自治旗	—	—	—	—	—	745	—	193.4
呼伦贝尔市新巴尔虎右旗	—	—	—	—	—	—	334	554.2
呼伦贝尔市新巴尔虎左旗	—	—	—	—	—	—	—	642.0
呼伦贝尔市牙克石市	831	—	—	—	—	—	381	670.0
呼伦贝尔市牙克石市博克图镇	1 147	—	—	—	—	—	507	739.7
呼伦贝尔市牙克石市牙克石图里河镇	994	—	—	—	—	—	473	732.6
呼伦贝尔市扎兰屯市	—	1 713	—	—	—	727	—	306.5
呼伦贝尔市扎兰屯市蘑菇气镇	—	1 721	—	—	—	731	—	320.8
通辽市开鲁县	—	1 431	—	—	—	—	—	241.0
通辽市科尔沁区	601	1 641	—	—	—	703	—	178.5
通辽市科尔沁左翼后旗	601	1 851	—	—	—	772	—	249.3
通辽市科尔沁左翼中旗	613	1 829	1 046	—	631	763	—	146.0
通辽市科尔沁左翼中旗舍伯吐	—	1 499	—	—	—	—	—	182.7
通辽市库伦旗	—	1 731	—	—	—	—	—	287.3
通辽市鲁特旗巴雅尔吐胡硕	1 388	1 624	—	—	—	683	—	629.1
通辽市奈曼旗	517	1 546	939	—	578	660	—	363.6
通辽市扎鲁特旗	1 283	1 795	—	—	—	781	—	265.0
乌海市市辖区	155	603	—	—	—	—	—	1 092.5
乌海市乌达区	157	599	—	—	—	—	—	1 121.7
乌拉盖垦区	958	—	—	—	—	—	441	867.3
乌兰察布市察哈尔右翼后旗	—	1 023	—	1 845	—	—	—	1 424.5
乌兰察布市察哈尔右翼前旗	929	1 281	—	2 223	—	—	—	1 317.7
乌兰察布市察哈尔右翼中旗	—	—	—	1 831	—	—	—	1 748.7
乌兰察布市丰镇市	545	1 410	814	2 235	—	—	—	1 229.8
乌兰察布市化德县	792	909	—	—	—	—	—	1 482.7

表 D.10（续）

区县名	春小麦	春玉米	谷子	马铃薯	花生	大豆	油菜	站点海拔/m
乌兰察布市集宁区	458	1 186	685	2 062	—	—	—	1 419.3
乌兰察布市凉城县	—	1 504	—	2 329	—	—	—	1 258.8
乌兰察布市商都县	917	1 181	—	2 069	—	—	—	1 386.9
乌兰察布市四子王旗	658	885	—	1 596	—	—	373	1 490.1
乌兰察布市兴和县	—	1 408	—	2 277	—	—	—	1 253.1
乌兰察布市卓资县	—	1 281	—	2 294	—	—	—	1 453.2
乌兰浩特市索轮	1 038	—	864	—	—	—	—	499.7
锡林郭勒盟阿巴嘎旗	—	—	—	—	—	—	294	1 126.1
锡林郭勒盟阿巴嘎旗红格日	—	—	—	—	—	—	339	1 187.7
锡林郭勒盟阿巴嘎旗那仁宝力格	—	—	—	—	—	—	283	1 181.6
锡林郭勒盟阿巴嘎旗伊和郭勒	—	—	—	—	—	—	267	1 098.6
锡林郭勒盟东乌珠穆沁旗	—	725	—	—	—	—	—	838.7
锡林郭勒盟多伦县	967	1 021	—	—	—	—	—	1 245.4
锡林郭勒盟二连浩特市	292	—	—	533	—	—	—	964.7
锡林郭勒盟苏尼特右旗	373	—	—	689	—	—	—	1 103.0
锡林郭勒盟苏尼特右旗朱日和	444	—	—	849	—	—	—	1 150.8
锡林郭勒盟苏尼特左旗	—	564	—	—	—	—	—	1 036.7
锡林郭勒盟苏尼特左旗白日乌拉	—	668	—	—	—	—	—	1 068.4
锡林郭勒盟苏尼特左旗达来	—	456	—	—	—	—	—	1 221.5
锡林郭勒盟太仆寺旗	939	—	—	2 163	—	—	—	1 468.7
锡林郭勒盟西乌珠穆沁旗	982	—	—	—	—	—	437	995.9
锡林郭勒盟锡林浩特朝克乌拉	—	—	—	—	—	—	—	896.0
锡林郭勒盟锡林浩特市	—	—	—	—	—	—	—	989.5
锡林郭勒盟镶黄旗	733	—	485	1 253	—	—	—	1 322.8
锡林郭勒盟正蓝旗	968	1 090	—	2 032	—	473	487	1 301.0
锡林郭勒盟正蓝旗那日图	781	882	—	1 636	—	384	387	1 293.5
锡林郭勒盟正镶白旗	581	—	—	—	—	—	—	1 347.8
兴安盟阿尔山市	1 045	—	—	1 855	—	—	564	1 027.4
兴安盟科尔沁右翼中旗	645	1 677	976	—	—	732	—	250.6
兴安盟科尔沁右翼中旗高力板	580	1 610	946	—	—	707	—	204.4
兴安盟突泉县	1 311	1 609	914	—	—	688	—	306.0
兴安盟乌兰浩特市	1 181	1 785	977	2 072	—	755	—	274.7
兴安盟扎赉特旗	—	1 839	—	—	—	788	—	188.6
兴安盟扎赉特旗保安沼	—	1 756	—	—	—	764	—	145.5
兴安盟扎赉特旗胡尔勒	—	1 746	—	—	—	740	—	334.2

D.2.6 辽宁省作物生产潜力表见表 D.11 和表 D.12。

表 D.11 辽宁省作物光温生产潜力指数

区 县 名	春玉米	一季稻	谷子	大豆	站点海拔/m
鞍山市海城市	2 740	1 951	1 441	1 193	26.5
鞍山市千山区	2 749	1 955	1 446	1 179	77.3
鞍山市台安县	2 677	1 882	1 407	1 157	8.5
鞍山市岫岩满族自治县	2 003	1 381	1 039	882	79.8
本溪市本溪满族自治县	2 078	1 445	1 094	901	205.8
本溪市桓仁满族自治县	2 008	1 382	1 065	871	240.3
本溪市南芬区草河口	1 736	1 141	906	760	233.4
本溪市市辖区	2 292	1 623	1 196	1 006	185.2
朝阳市北票市	2 897	2 083	1 522	1 259	177.6
朝阳市朝阳县	2 858	2 058	1 492	1 238	169.9
朝阳市建平县	2 322	1 593	1 168	995	661.6
朝阳市建平县叶柏寿镇	2 807	1 984	1 450	1 212	421.7
朝阳市喀喇沁左翼蒙古自治县	2 842	2 032	1 480	1 232	298.3
朝阳市凌源县	2 732	1 950	1 425	1 188	417.5
大连市长海县	2 657	1 772	1 396	1 135	30.5
大连市甘井子区	595	402	312	250	91.5
大连市金州区	2 690	1 832	1 402	1 148	49.0
大连市旅顺口区	2 771	1 882	1 453	1 177	62.4
大连市普兰店市皮口镇	2 431	1 646	1 251	1 045	43.2
大连市瓦房店市	2 867	1 977	1 495	1 226	118.5
大连市庄河市	2 228	1 517	1 163	964	34.8
丹东市东港市	2 179	1 481	1 146	947	8.1
丹东市凤城市	2 078	1 436	1 087	912	74.0
丹东市宽甸满族自治县	1 963	1 360	1 036	863	260.1
丹东市振安区	2 233	1 525	1 173	975	13.8
抚顺市抚顺县章党煤矿	2 260	1 588	1 191	988	118.5
抚顺市清原满族自治县	2 009	1 366	1 055	846	237.2
抚顺市新宾满族自治县	1 786	1 186	933	740	328.7
阜新市阜新县	2 698	1 920	1 399	1 177	279.0
阜新市清河门区	2 750	1 950	1 440	1 196	103.0
阜新市市辖区	2 717	1 936	1 410	1 191	166.8

表 D.11(续)

区 县 名	春玉米	一季稻	谷子	大豆	站点海拔/m
阜新市新邱区	2 701	1 923	1 399	1 187	183.0
阜新市彰武县	2 588	1 830	1 333	1 126	79.4
葫芦岛市建昌县	2 692	1 879	1 390	1 166	366.5
葫芦岛市连山区	2 720	1 888	1 421	1 172	26.0
葫芦岛市绥中县	2 686	1 841	1 396	1 145	15.3
葫芦岛市兴城市	2 625	1 806	1 371	1 130	8.5
锦州市北镇市	2 661	1 862	1 396	1 154	69.2
锦州市黑山县	2 598	1 830	1 365	1 133	37.5
锦州市凌海市	2 761	1 913	1 432	1 186	28.3
锦州市市太和区	2 785	1 932	1 446	1 188	65.9
锦州市义县	2 613	1 852	1 377	1 147	87.0
辽阳市弓长岭区	2 590	1 864	1 358	1 132	78.0
辽阳市辽阳县	2 266	1 582	1 176	1 001	172.0
辽阳市灯塔市	2 613	1 869	1 374	1 137	36.0
辽阳市市辖区	2 620	1 874	1 378	1 140	25.7
盘锦市大洼县	2 746	1 929	1 431	1 185	4.8
盘锦市盘山县	2 779	1 957	1 461	1 223	4.0
盘锦市市辖区	2 710	1 906	1 422	1 175	4.6
沈阳市法库县	2 503	1 768	1 307	1 092	98.6
沈阳市康平县	2 595	1 833	1 349	1 134	119.6
沈阳市辽中县	2 631	1 872	1 388	1 152	20.6
沈阳市沈北新区	2 612	1 857	1 368	1 138	59.0
沈阳市市辖区	2 642	1 883	1 396	1 151	44.7
沈阳市苏家屯区	2 604	1 856	1 373	1 134	40.0
沈阳市新民市	2 617	1 841	1 359	1 135	31.9
铁岭市昌图县	2 592	1 845	1 358	1 130	165.0
铁岭市调兵山市	2 496	1 766	1 304	1 089	89.0
铁岭市开原市	2 307	1 636	1 213	1 009	98.2
铁岭市清河区	2 263	1 597	1 190	987	235.0
铁岭市铁岭县	2 589	1 843	1 350	1 129	83.3
铁岭市西丰县	2 222	1 527	1 163	944	197.4

表 D.12 辽宁省作物气候生产潜力指数

区 县 名	春玉米	谷子	大豆	站点海拔/m
鞍山市海城市	2 206	1 203	999	26.5
鞍山市千山区	2 180	1 183	970	77.3
鞍山市台安县	2 081	1 123	928	8.5
鞍山市岫岩满族自治县	1 828	957	819	79.8
本溪市本溪满族自治县	1 862	1 026	835	205.8
本溪市桓仁满族自治县	1 844	990	813	240.3
本溪市南芬区草河口	1 666	888	738	233.4
本溪市市辖区	1 984	1 086	902	185.2
朝阳市北票市	2 056	1 132	912	177.6
朝阳市朝阳县	1 958	1 057	864	169.9
朝阳市建平县	1 717	925	762	661.6
朝阳市建平县叶柏寿镇	2 070	1 123	915	421.7
朝阳市喀喇沁左翼蒙古自治县	2 043	1 106	904	298.3
朝阳市凌源县	1 949	1 062	869	417.5
大连市长海县	2 062	1 146	889	30.5
大连市甘井子区	2 185	1 208	936	92.0
大连市金州区	2 106	1 153	922	49.0
大连市旅顺口区	2 113	1 166	917	62.4
大连市普兰店市皮口镇	2 063	1 121	911	43.2
大连市瓦房店市	2 149	1 168	948	118.5
大连市庄河市	2 043	1 072	894	34.8
丹东市东港市	2 033	1 081	896	8.1
丹东市凤城市	1 924	1 023	859	74.0
丹东市宽甸满族自治县	1 865	1 006	832	260.1
丹东市振安区	2 096	1 118	927	13.8
抚顺市抚顺县章党煤矿	2 051	1 090	915	118.5
抚顺市清原满族自治县	1 881	1 003	807	237.2
抚顺市新宾满族自治县	1 685	897	712	328.7
阜新市阜新县	1 985	1 068	889	279.0
阜新市清河门区	2 057	1 124	919	103.0
阜新市市辖区	2 003	1 074	902	166.8
阜新市新邱区	2 005	1 069	906	183.0

表 D.12（续）

区 县 名	春玉米	谷子	大豆	站点海拔/m
阜新市彰武县	1 935	1 032	866	79.4
葫芦岛市建昌县	2 000	1 078	888	366.5
葫芦岛市连山区	1 690	887	754	26.0
葫芦岛市绥中县	2 116	1 157	929	15.3
葫芦岛市兴城市	2 036	1 111	898	8.5
锦州市北镇市	2 081	1 140	932	69.2
锦州市黑山县	1 982	1 085	893	37.5
锦州市凌海市	2 140	1 159	948	28.3
锦州市市太和区	2 059	1 117	902	65.9
锦州市义县	1 942	1 062	871	87.0
辽阳弓长岭区	2 135	1 172	971	454.0
辽阳市辽阳县	1 997	1 093	916	172.0
辽阳市灯塔市	2 130	1 163	961	36.0
辽阳市市辖区	2 133	1 164	962	25.7
盘锦市大洼县	2 113	1 143	945	4.8
盘锦市盘山县	2 087	1 223	957	4.0
盘锦市市辖区	2 089	1 144	937	4.6
沈阳市法库县	1 943	1 052	878	98.6
沈阳市康平县	1 910	1 032	852	119.6
沈阳市辽中县	2 043	1 108	926	20.6
沈阳市沈北新区	2 123	1 157	960	59.0
沈阳市市辖区	2 146	1 178	970	44.7
沈阳市苏家屯区	2 134	1 166	963	40.0
沈阳市新民市	1 986	1 065	896	31.9
铁岭市昌图县	2 043	1 117	919	165.0
铁岭调兵山市	1 972	1 071	892	89.0
铁岭市开原市	1 901	1 042	866	98.2
铁岭市清河区	1 894	1 036	861	235.0
铁岭市铁岭县	2 146	1 169	972	83.3
铁岭市西丰县	1 967	1 058	868	197.4

D.2.7 吉林省作物生产潜力表见表 D.13 和表 D.14。

表 D.13 吉林省作物光温生产潜力指数

区县名	春玉米	一季稻	大豆	站点海拔/m
白城市大安市	2 727	1 778	1 099	138.5
白城市市辖区	2 625	1 712	978	155.2
白城市洮南市	2 742	1 748	—	151.7
白城市通榆县	2 762	—	—	149.5
白城市镇赉县	2 555	1 642	1 032	142.3
白山市长白县	1 363	695	564	1 016.7
白山市抚松县	1 930	1 199	799	431.5
白山市抚松县东岗镇	1 706	976	706	774.2
白山市靖宇县	1 693	986	701	549.2
白山市临江市	1 884	1 185	779	332.7
白山市八道江区	1 687	1 021	698	523.3
白山市抚松县长白山天池	117	—	48	2 624.0
长春市德惠市	2 375	1 502	960	185.4
长春市九台市	2 365	1 527	943	175.6
长春市农安县	2 338	1 492	856	190.0
长春市市辖区	2 405	1 525	992	236.8
长春市双阳区	2 318	1 460	956	235.4
长春市榆树市	2 347	1 496	966	206.1
吉林市桦甸市	2 093	1 294	864	263.3
吉林市蛟河市	1 999	1 209	813	295.0
吉林市磐石市	2 124	1 327	879	332.9
吉林市磐石市烟筒山镇	2 202	1 387	909	271.6
吉林市舒兰市	2 138	1 318	874	252.2
吉林市永吉县	2 208	1 398	911	228.8
辽源市东丰县	2 201	1 384	911	341.5
辽源市市辖区	2 273	1 458	941	254.4
四平市公主岭市	2 412	1 545	989	200.6
四平市梨树县	2 458	1 580	1 012	160.1
四平市市辖区	2 468	1 619	1 025	164.2
四平市双辽市	2 646	1 710	1 084	114.9
四平市伊通满族自治县	2 140	1 342	881	249.1
松原市长岭县	2 623	—	1 057	189.3
松原市扶余县三岔河镇	2 309	1 383	927	196.6

表 D.13（续）

区　县　名	春玉米	一季稻	大豆	站点海拔/m
松原市前郭尔罗斯蒙古族自治县	2 600	1 698	989	134.7
松原市乾安县	2 682	—	—	146.3
松原市宁江区	2 563	1 669	975	137.0
通化市辉南县	2 178	1 350	882	298.2
通化市集安市	2 225	1 420	918	177.7
通化市柳河县	2 227	1 381	883	363.2
通化市梅河口市	2 225	1 382	899	339.9
通化市市辖区	1 998	1 240	805	402.9
通化市通化县	2 010	1 220	802	373.3
延边朝鲜族自治州安图县	1 562	956	646	591.4
延边朝鲜族自治州安图县明月镇	1 522	870	630	369.0
延边朝鲜族自治州敦化市	1 581	870	682	523.7
延边朝鲜族自治州敦化市额穆县	1 548	845	666	381.3
延边朝鲜族自治州和龙市	1 810	1 073	746	474.7
延边朝鲜族自治州珲春市	1 654	973	654	37.8
延边朝鲜族自治州龙井市	1 929	1 181	764	242.4
延边朝鲜族自治州图们市	1 525	918	630	141.0
延边朝鲜族自治州汪清县罗子沟镇	1 569	918	684	466.7
延边朝鲜族自治州延吉市	1 837	1 131	719	176.8

表 D.14　吉林省作物气候生产潜力指数

区　县　名	春玉米	大豆	站点海拔/m	区　县　名	春玉米	大豆	站点海拔/m
白城市大安市	1 770	749	138.5	吉林市桦甸市	1 966	818	263.3
白城市市辖区	1 707	712	155.2	吉林市蛟河市	1 867	762	295.0
白城市洮南市	1 705	—	151.7	吉林市磐石市	1 978	823	332.9
白城市通榆县	1 743	—	149.5	吉林市磐石市烟筒山镇	2 033	845	271.6
白城市镇赉县	1 647	696	142.3	吉林市舒兰市	1 939	808	252.2
白山市长白县	1 290	537	1 016.7	吉林市永吉县	2 041	850	228.8
白山市抚松县	1 850	771	431.5	辽源市东丰县	1 959	830	341.5
白山市抚松县长白山	117	48	2 624.0	辽源市市辖区	2 005	846	254.4
白山市抚松县东岗镇	1 636	682	774.2	四平市公主岭市	1 916	808	200.6
白山市靖宇县	1 632	680	549.2	四平市梨树县	1 904	804	160.1

表 D.14（续）

区 县 名	春玉米	大豆	站点海拔/m	区 县 名	春玉米	大豆	站点海拔/m
白山市临江市	1 816	758	332.7	四平市市辖区	2 034	874	164.2
白山市八道江区	1 674	698	523.3	四平市双辽市	1 834	785	114.9
长春市德惠市	1 851	767	185.4	四平市伊通满族自治县	1 852	781	249.1
长春市九台市	1 965	811	175.6	松原市长岭县	1 808	763	189.3
长春市农安县	1 828	732	190.0	松原市扶余县三岔河镇	1 779	746	196.6
长春市市辖区	1 851	783	236.8	松原市前郭尔罗斯蒙古族自治县	1 820	729	134.7
长春市双阳区	1 959	830	235.4	松原市乾安县	1 789	—	146.3
长春市榆树市	1 964	829	206.1	松原市宁江区	1 777	715	137.0
通化市辉南县	2 007	829	298.2	延边州敦化市	1 483	643	523.7
通化市集安市	2 123	883	177.7	延边州敦化市额穆县	1 491	646	381.3
通化市柳河县	2 098	837	363.2	延边州和龙市	1 651	688	474.7
通化市梅河口市	2 020	833	339.9	延边州珲春市	1 538	622	37.8
通化市市辖区	1 915	778	402.9	延边州龙井市	1 715	697	242.4
通化市通化县	1 913	768	373.3	延边州图们市	1 406	589	141.0
延边朝鲜族自治州安图县	1 446	602	591.4	延边州汪清县罗子沟镇	1 365	610	466.7
延边朝鲜族自治州安图县明月镇	1 462	609	369.0	延边州延吉市	1 659	679	176.8

D.2.8 黑龙江省作物生产潜力表见表 D.15 和表 D.16。

表 D.15 黑龙江省作物光温生产潜力指数

区 县 名	春小麦	春玉米	一季稻	马铃薯	大豆	站点海拔/m
大庆市杜尔伯特蒙古自治县	1 471	2 585	1 688	—	1 069	151.0
大庆市林甸县	1 393	2 320	1 472	—	957	154.6
大庆市肇源县	1 452	2 519	1 639	—	1 040	128.5
大庆市肇州县	1 474	2 499	1 611	—	1 032	149.7
大兴安岭地区阿木尔	—	—	—	—	—	551.0
大兴安岭地区呼玛县	1 284	—	—	—	626	177.4
大兴安岭地区呼中区	851	—	—	—	—	521.6
大兴安岭地区加格达奇区	1 055	—	—	—	519	371.7
大兴安岭地区漠河县	1 013	—	—	—	469	433.0
大兴安岭地区塔河县	1 012	—	—	—	478	361.9
大兴安岭地区新林区	912	—	—	—	—	494.6
哈尔滨市阿城区	—	2 314	1 473	—	957	175.3

表 D.15（续）

区 县 名	春小麦	春玉米	一季稻	马铃薯	大豆	站点海拔/m
哈尔滨市巴彦县	—	2 267	1 424	—	938	134.8
哈尔滨市宾县	1 441	2 398	1 535	—	988	192.5
哈尔滨市方正县	1 288	2 003	1 259	—	829	120.0
哈尔滨市呼兰区	1 408	2 410	1 555	—	989	124.6
哈尔滨市木兰县	—	2 139	1 342	—	873	113.6
哈尔滨市尚志市	—	1 982	1 204	—	808	189.7
哈尔滨市市辖区	1 416	2 356	1 508	—	967	142.3
哈尔滨市双城市	1 303	2 228	1 430	—	920	167.3
哈尔滨市通河县	1 228	1 911	1 165	—	770	108.6
哈尔滨市五常市	1 350	2 239	1 412	—	923	196.2
哈尔滨市延寿县	1 252	1 938	1 199	—	802	157.0
哈尔滨市依兰县	1 290	2 015	1 273	—	834	100.1
鹤岗市萝北县	1 272	1 926	1 155	—	797	84.8
鹤岗市市辖区	1 198	1 848	1 129	—	763	227.9
鹤岗市绥滨县	1 348	2 122	1 338	—	878	63.0
黑河市北安市	1 294	1 785	1 095	—	748	269.7
黑河市嫩江县	1 392	—	1 080	—	738	242.2
黑河市市辖区	1 326	—	1 003	—	721	166.4
黑河市孙吴县	1 211	—	—	—	609	234.5
黑河市五大连池市	—	1 770	1 085	—	742	273.2
黑河市逊克县	1 330	—	1 085	—	724	113.0
鸡西市虎林市	1 105	1 719	1 047	—	693	100.2
鸡西市鸡东县	1 262	2 002	1 273	—	822	177.7
鸡西市密山市	1 223	1 922	1 185	—	776	151.4
鸡西市市辖区	1 353	2 060	1 304	—	853	238.3
佳木斯市抚远县	1 120	1 769	1 100	—	726	65.5
佳木斯市富锦市	1 174	1 975	1 223	—	805	64.2
佳木斯市桦川县	1 284	2 036	1 287	—	836	79.3
佳木斯市桦南县	1 221	1 885	1 181	—	791	183.0
佳木斯市市辖区	1 310	2 038	1 294	—	843	81.2
佳木斯市汤原县	1 251	1 924	1 193	—	796	95.9
佳木斯市同江市	1 237	1 952	1 195	—	808	54.9
牡丹江市东宁县	1 280	2 134	1 320	—	883	117.5
牡丹江市海林市	1 271	1 940	1 215	—	806	262.2

表 D.15（续）

区　县　名	春小麦	春玉米	一季稻	马铃薯	大豆	站点海拔/m
牡丹江市林口县	1 269	1 892	1 142	—	780	274.2
牡丹江市穆棱市	1 282	1 922	1 166	—	793	266.7
牡丹江市宁安市	1 380	2 131	1 360	—	882	272.4
牡丹江市市辖区	1 278	1 994	1 276	—	825	241.4
牡丹江市绥芬河市	—	1 482	841	—	622	496.7
七台河市勃利县	1 323	2 051	1 285	—	848	220.5
齐齐哈尔市拜泉县	1 381	2 007	1 252	—	832	232.4
齐齐哈尔市富裕县	1 355	2 155	1 350	—	867	162.7
齐齐哈尔市甘南县	1 374	2 167	1 360	—	871	186.6
齐齐哈尔市克东县	1 362	1 977	1 215	—	807	294.7
齐齐哈尔市克山县	1 387	2 027	1 265	2 951	828	234.6
齐齐哈尔市龙江县	1 395	2 308	1 467	—	952	190.5
齐齐哈尔市讷河市	1 373	1 998	1 246	—	834	203.9
齐齐哈尔市市辖区	1 466	2 480	1 592	—	1 023	145.9
齐齐哈尔市泰来县	1 509	2 644	1 727	—	1 091	149.5
齐齐哈尔市依安县	1 366	2 029	1 289	—	828	220.1
双鸭山市宝清县	1 308	2 061	1 322	—	866	83.0
双鸭山市集贤县	1 304	2 194	1 398	—	907	106.0
双鸭山市饶河县	1 133	1 712	1 013	—	709	55.7
双鸭山市市辖区	—	1 972	1 230	—	805	176.0
绥化市安达市	1 544	2 461	1 577	—	1 018	149.3
绥化市海伦市	1 371	2 060	1 231	—	817	239.2
绥化市兰西县	1 391	2 348	1 475	—	958	163.9
绥化市明水县	1 407	2 097	1 337	—	855	249.2
绥化市青冈县	1 384	2 164	1 360	—	874	206.3
绥化市庆安县	1 359	2 051	1 292	—	826	185.8
绥化市市辖区	1 413	2 234	1 391	—	906	179.6
绥化市绥棱县	1 409	2 095	1 299	—	856	204.0
绥化市望奎县	1 359	2 216	1 386	—	911	170.1
绥化市肇东市	1 422	2 401	1 537	—	986	148.0
伊春市嘉荫县	1 220	—	1 024	—	710	91.5
伊春市市辖区	1 129	—	934	—	642	240.9
伊春市铁力市	1 248	1 821	1 115	—	744	210.5
伊春市乌伊岭区	985	—	—	—	543	404.9
伊春市五营区	1 037	1 435	—	—	585	299.1

表 D.16 黑龙江省作物气候生产潜力指数

区 县 名	春小麦	春玉米	马铃薯	大豆	站点海拔/m
大庆市杜尔伯特蒙古族自治县	826	1 722	—	738	151.0
大庆市林甸县	851	1 672	—	706	154.6
大庆市肇源县	835	1 695	—	727	128.5
大庆市肇州县	880	1 806	—	763	149.7
大兴安岭地区阿木尔	—	—	—	—	551.0
大兴安岭地区呼玛县	1 009	—	—	547	177.4
大兴安岭地区呼中区	766	—	—	—	521.6
大兴安岭地区加格达奇区	875	—	—	469	371.7
大兴安岭地区漠河县	813	—	—	416	433.0
大兴安岭地区塔河县	703	—	—	381	361.9
大兴安岭地区新林区	820	—	—	—	494.6
哈尔滨市阿城区	—	1 885	—	798	175.3
哈尔滨市巴彦县	—	1 859	—	787	134.8
哈尔滨市宾县	1 014	1 934	—	815	192.5
哈尔滨市方正县	1 053	1 774	—	747	120.0
哈尔滨市呼兰区	937	1 879	—	788	124.6
哈尔滨市木兰县	—	1 874	—	778	113.6
哈尔滨市尚志市	—	1 791	—	747	189.7
哈尔滨市市辖区	936	1 840	—	771	142.3
哈尔滨市双城市	878	1 740	—	735	167.3
哈尔滨市通河县	1 026	1 702	—	701	108.6
哈尔滨市五常市	1 076	1 974	—	829	196.2
哈尔滨市延寿县	1 037	1 738	—	733	157.0
哈尔滨市依兰县	1 030	1 757	—	744	100.1
鹤岗市萝北县	1 035	1 699	—	715	84.8
鹤岗市市辖区	1 025	1 681	—	712	227.9
鹤岗市绥滨县	940	1 661	—	716	63.0
黑河市北安市	1 015	1 536	—	650	269.7
黑河市嫩江县	1 010	—	—	603	242.2
黑河市市辖区	1 072	—	—	624	166.4
黑河市孙吴县	1 040	—	—	559	234.5
黑河市五大连池市	—	1 490	—	630	273.2

表 D.16（续）

区　县　名	春小麦	春玉米	马铃薯	大豆	站点海拔/m
黑河市逊克县	1 083	—	—	639	113.0
鸡西市虎林市	928	1 553	—	636	100.2
鸡西市鸡东县	1 031	1 779	—	748	177.7
鸡西市密山市	955	1 666	—	682	151.4
鸡西市市辖区	1 085	1 777	—	753	238.3
佳木斯市抚远县	941	1 584	—	661	65.5
佳木斯市富锦市	908	1 685	—	710	64.2
佳木斯市桦川县	983	1 711	—	730	79.3
佳木斯市桦南县	978	1 656	—	709	183.0
佳木斯市市辖区	993	1 723	—	729	81.2
佳木斯市汤原县	1 014	1 697	—	718	95.9
佳木斯市同江市	962	1 659	—	712	54.9
牡丹江市东宁县	963	1 828	—	782	117.5
牡丹江市海林市	1 096	1 763	—	750	262.2
牡丹江市林口县	1 039	1 656	—	699	274.2
牡丹江市穆棱市	1 011	1 666	—	700	266.7
牡丹江市宁安市	1 069	1 818	—	770	272.4
牡丹江市市辖区	1 032	1 755	—	744	241.4
牡丹江市绥芬河市	—	1 405	—	588	496.7
七台河市勃利县	998	1 725	—	730	220.5
齐齐哈尔市拜泉县	994	1 609	—	688	232.4
齐齐哈尔市富裕县	886	1 625	—	681	162.7
齐齐哈尔市甘南县	882	1 604	—	669	186.6
齐齐哈尔市克东县	1 011	1 625	—	680	294.7
齐齐哈尔市克山县	987	1 613	2 307	677	234.6
齐齐哈尔市龙江县	859	1 692	—	712	190.5
齐齐哈尔市讷河市	947	1 558	—	659	203.9
齐齐哈尔市市辖区	882	1 724	—	737	145.9
齐齐哈尔市泰来县	861	1 669	—	714	149.5
齐齐哈尔市依安县	955	1 591	—	668	220.1
双鸭山市宝清县	951	1 701	—	742	83.0
双鸭山市集贤县	962	1 808	—	775	106.0

表 D.16（续）

区　县　名	春小麦	春玉米	马铃薯	大豆	站点海拔/m
双鸭山市饶河县	959	1 546	—	651	55.7
双鸭山市市辖区	—	1 655	—	696	176.0
绥化市安达市	937	1 702	—	730	149.3
绥化市海伦市	1 112	1 788	—	730	239.2
绥化市兰西县	900	1 800	—	749	163.9
绥化市明水县	993	1 637	—	686	249.2
绥化市青冈县	975	1 701	—	707	206.3
绥化市庆安县	1 056	1 754	—	722	185.8
绥化市市辖区	1 005	1 818	—	756	179.6
绥化市绥棱县	1 085	1 773	—	742	204.0
绥化市望奎县	932	1 751	—	735	170.1
绥化市肇东市	894	1 760	—	747	148.0
伊春市嘉荫县	1 011	—	—	640	91.5
伊春市市辖区	1 016	—	—	614	240.9
伊春市铁力市	1 099	1 683	—	703	210.5
伊春市乌伊岭区	914	—	—	525	404.9
伊春市五营区	963	1 376	—	566	299.1

D.2.9　上海市作物生产潜力表见表 D.17 和表 D.18。

表 D.17　上海市作物光温生产潜力指数

区　县　名	冬小麦	一季稻	油菜	棉花	站点海拔/m
宝山区	949	2 054	528	449	8.2
崇明县	850	1 951	507	431	8.9
奉贤区	864	1 984	503	429	9.3
嘉定区	901	1 993	513	444	8.2
金山区	824	2 024	506	446	8.6
闵行区	813	1 939	576	438	9.1
浦东新区	886	2 025	517	442	8.8
青浦区	852	1 925	496	430	7.6
松江区	834	1 980	503	438	8.5
徐汇区龙华镇	868	1 929	582	438	2.6

表 D.18 上海市作物气候生产潜力指数

区　县　名	冬小麦	油菜	棉花	站点海拔/m
宝山区	940	516	449	8.2
崇明县	850	507	426	8.9
奉贤区	864	503	408	9.3
嘉定区	900	513	444	8.2
金山区	824	506	441	8.6
闵行区	813	576	436	9.1
浦东新区	886	517	442	8.8
青浦区	852	496	426	7.6
松江区	834	503	427	8.5
徐汇区龙华镇	868	582	438	2.6

D.2.10 江苏省作物生产潜力表见表 D.19 和表 D.20。

表 D.19 江苏省作物光温生产潜力指数

区　县　名	冬小麦	春玉米	夏玉米	早稻	晚稻	一季稻	花生	大豆	油菜	棉花	站点海拔/m
常州市金坛市	987	2 191	2 059	1 404	1 713	1 983	918	1 008	549	531	10.1
常州市溧阳市	1 009	2 271	2 131	1 307	1 760	2 044	946	1 031	559	547	7.2
常州市市辖区	1 006	2 279	2 096	1 408	1 740	1 996	919	1 141	553	537	4.9
淮安市洪泽县	1 111	2 279	2 098	—	—	1 946	952	1 062	561	565	19.6
淮安市淮阴区	1 025	2 357	1 942	—	—	1 896	892	910	520	525	17.5
淮安市金湖县	1 044	2 147	1 983	—	—	1 837	897	1 010	533	532	10.9
淮安市涟水县	1 041	2 401	2 202	—	—	1 935	908	936	532	536	10.2
淮安市盱眙县	1 076	2 241	2 053	—	—	1 905	934	926	541	550	40.8
连云港市东海县	1 119	2 342	2 189	—	—	1 995	893	956	517	541	35.2
连云港市赣榆县	1 109	2 371	2 267	—	—	2 035	905	996	526	548	3.3
连云港市灌南县	1 124	2 441	2 226	—	—	1 970	897	955	525	543	6.0
连云港市灌云县	1 114	2 423	2 216	—	—	1 896	894	960	524	541	5.0
连云港市连云区西连岛	1 164	2 293	2 242	—	—	2 009	876	971	555	545	22.0
连云港市市辖区	1 158	2 396	2 247	—	—	2 032	908	962	535	553	4.1
连云港市燕尾港	1 129	2 356	2 211	—	—	1 875	874	965	545	537	5.0
南京市高淳县	1 051	2 357	2 196	1 367	1 812	2 104	971	930	467	567	15.3
南京市溧水县	1 035	2 342	2 156	1 360	1 787	2 093	974	937	458	562	17.5
南京市市辖区	1 010	2 261	2 132	1 315	1 729	1 921	943	911	551	545	8.9
南通市海安县	932	2 139	2 040	1 341	1 697	2 015	863	1 156	543	529	5.2
南通市海门市	913	2 195	2 310	1 361	1 786	2 074	907	1 069	568	547	5.5
南通市启东市	877	2 100	2 085	1 298	1 754	2 012	853	1 039	558	530	8.7
南通市启东市吕泗港镇	886	2 114	2 283	1 314	1 802	2 054	864	1 072	570	540	5.5
南通市如东县	929	2 075	2 178	1 291	1 698	1 977	840	1 034	545	520	4.6
南通市如皋市	917	2 099	2 008	1 310	1 661	1 969	866	1 122	533	517	5.8

表 D.19（续）

区　县　名	冬小麦	春玉米	夏玉米	早稻	晚稻	一季稻	花生	大豆	油菜	棉花	站点海拔/m
南通市市辖区	995	2 213	2 297	1 376	1 776	2 077	914	1 074	567	548	6.1
苏州市常熟市	941	2 264	2 162	1 398	1 807	2 110	928	1 069	567	545	5.4
苏州市昆山市	941	2 292	2 201	1 416	1 829	2 136	943	1 093	577	550	8.6
苏州市市辖区	932	2 210	2 089	1 359	1 738	2 034	897	1 027	555	526	10.7
苏州市吴县东山	1 000	2 291	2 249	1 452	1 856	2 171	950	605	583	562	17.5
苏州市张家港市	904	2 176	2 043	1 357	1 724	2 035	899	1 054	553	538	7.5
宿迁市市辖区	1 130	2 445	2 198	—	—	1 963	927	936	522	541	28.1
宿迁市沭阳县	1 101	2 404	2 175	—	—	1 936	911	938	512	532	8.8
宿迁市泗洪县	1 101	2 336	2 118	—	—	2 067	978	965	543	572	17.0
宿迁市泗阳县	1 042	2 413	2 182	—	—	1 936	912	926	523	535	15.6
泰州市靖江市	969	2 226	2 269	1 386	1 742	2 064	914	1 160	553	544	8.5
泰州市市辖区	973	2 231	2 098	1 397	1 737	2 003	918	1 179	555	547	6.6
泰州市泰兴市	969	2 241	2 112	1 397	1 730	2 062	916	1 158	550	544	7.0
泰州市兴化市	1 016	2 239	2 144	—	—	2 059	944	1 064	571	565	7.3
无锡市市辖区	929	2 260	2 117	1 393	1 748	2 067	917	1 050	557	534	11.4
无锡市宜兴市	930	2 182	2 084	1 392	1 725	1 977	910	900	552	531	7.7
徐州市丰县	1 145	2 524	2 297	—	—	2 105	1 041	990	517	568	40.6
徐州市沛县	1 143	2 471	2 250	—	—	2 066	1 021	970	513	560	36.7
徐州市邳州市	1 131	2 425	2 258	—	—	2 046	1 002	970	519	553	24.0
徐州市市辖区	1 172	2 493	2 253	—	—	2 071	1 026	956	529	564	41.0
徐州市睢宁县	1 127	2 507	2 268	—	—	2 017	953	967	522	553	23.5
徐州市新沂市	1 158	2 475	2 303	—	—	2 092	973	994	530	566	29.4
盐城市滨海县	1 094	2 372	2 212	—	—	1 924	873	943	526	533	4.5
盐城市大丰市	913	2 362	2 012	—	—	1 932	857	1 034	531	523	7.3
盐城市东台市	950	2 165	2 045	—	—	1 958	868	1 163	545	534	4.3
盐城市阜宁县	1 011	2 343	2 178	—	—	1 901	864	1 036	524	527	3.1
盐城市建湖县	1 019	2 367	1 998	—	—	1 852	872	1 034	527	533	3.4
盐城市射阳县	982	2 297	1 976	—	—	1 874	849	1 036	522	513	2.0
盐城市市辖区	1 035	2 393	2 051	—	—	1 881	882	1 058	546	541	3.4
扬州市宝应县	1 034	2 148	1 999	—	—	1 849	901	1 024	533	534	8.4
扬州市高邮市	970	2 175	2 060	—	—	1 988	916	1 037	543	543	5.4
扬州市市辖区	989	2 202	2 083	1 417	1 711	1 995	922	1 025	552	547	14.7
扬州市仪征市	1 008	2 234	2 104	1 439	1 724	2 015	935	1 031	556	553	14.9
镇江市丹阳市	956	2 149	2 214	1 379	1 694	1 956	903	1 007	541	522	9.3
镇江市句容市	996	2 227	2 073	1 248	1 733	2 019	934	1 031	552	540	27.1
镇江市市辖区	1 020	2 216	2 107	1 421	1 730	2 000	924	1 016	560	551	26.0
镇江市扬中市	1 013	2 402	2 234	1 506	1 820	2 121	983	1 092	554	577	5.8

表 D.20 江苏省作物气候生产潜力指数

区 县 名	冬小麦	春玉米	夏玉米	花生	大豆	油菜	棉花	站点海拔/m
常州市金坛市	987	2 191	2 059	918	1 008	549	531	10.1
常州市溧阳市	1 009	2 271	2 131	946	1 031	559	547	7.2
常州市市辖区	1 006	2 265	2 024	919	1 132	553	529	4.9
淮安市洪泽县	836	1 970	2 072	903	1 015	458	519	19.6
淮安市淮阴区	773	2 074	1 919	850	905	425	487	17.5
淮安市金湖县	943	2 029	1 983	882	993	503	516	10.9
淮安市涟水县	841	2 202	2 189	884	936	448	512	10.2
淮安市盱眙县	902	2 062	2 053	904	925	480	524	40.8
连云港市东海县	758	1 968	2 097	831	923	377	481	35.2
连云港市赣榆县	782	2 058	2 216	862	986	398	502	3.3
连云港市灌南县	832	2 163	2 200	862	954	407	505	6.0
连云港市灌云县	802	2 089	2 163	851	947	405	495	5.0
连云港市连云区西连岛	636	1 805	2 100	778	909	328	462	22.0
连云港市市辖区	762	2 037	2 192	855	949	378	496	4.1
连云港市燕尾港	779	1 949	2 107	811	925	401	481	5.0
南京市高淳县	1 051	2 343	2 124	971	922	467	559	15.3
南京市溧水县	1 035	2 331	2 096	974	933	458	556	17.5
南京市市辖区	1 010	2 251	2 132	943	911	551	545	8.9
南通市海安县	926	2 120	2 040	863	1 156	541	528	5.2
南通市海门市	913	2 192	2 294	907	1 069	568	547	5.5
南通市启东市	877	2 097	2 071	853	1 039	558	530	8.7
南通市启东市吕泗港镇	886	2 108	2 255	864	1 072	559	537	5.5
南通市如东县	929	2 074	2 169	840	1 034	545	520	4.6
南通市如皋市	917	2 099	2 008	866	1 122	533	517	5.8
南通市市辖区	995	2 193	2 193	909	1 055	567	535	6.1
苏州市常熟市	941	2 245	2 066	928	1 054	567	533	5.4
苏州市昆山市	941	2 287	2 178	943	1 093	577	550	8.6
苏州市市辖区	932	2 210	2 084	897	1 027	555	526	10.7
苏州市吴县东山	1 000	2 282	2 203	950	605	583	559	17.5
苏州市张家港市	904	2 152	1 920	886	1 029	553	522	7.5
宿迁市市辖区	841	2 126	2 135	879	919	414	494	28.1
宿迁市沭阳县	872	2 130	2 116	877	923	428	494	8.8

表 D.20（续）

区　县　名	冬小麦	春玉米	夏玉米	花生	大豆	油菜	棉花	站点海拔/m
宿迁市泗洪县	796	1 958	2 070	915	940	429	515	17.0
宿迁市泗阳县	821	2 134	2 120	878	909	440	496	15.6
泰州市靖江市	969	2 223	2 257	914	1 160	553	544	8.5
泰州市市辖区	916	2 156	2 098	911	1 158	543	537	6.6
泰州市泰兴市	969	2 241	2 112	916	1 158	550	544	7.0
泰州市兴化市	922	2 125	2 144	924	1 044	544	547	7.3
无锡市市辖区	929	2 249	2 059	917	1 047	557	529	11.4
无锡市宜兴市	930	2 182	2 084	910	900	552	531	7.7
徐州市丰县	671	1 931	2 109	889	911	352	473	40.6
徐州市沛县	684	1 908	2 072	878	894	353	469	36.7
徐州市邳州市	858	2 093	2 163	941	938	423	503	24.0
徐州市市辖区	786	2 015	2 102	915	895	390	488	41.0
徐州市睢宁县	873	2 190	2 196	904	946	438	507	23.5
徐州市新沂市	779	2 035	2 167	877	939	389	494	29.4
盐城市滨海县	852	2 146	2 196	847	943	426	503	4.5
盐城市大丰市	863	2 296	2 012	853	1 025	519	515	7.3
盐城市东台市	896	2 093	2 045	863	1 143	534	524	4.3
盐城市阜宁县	834	2 181	2 178	848	1 016	446	506	3.1
盐城市建湖县	868	2 208	1 998	852	1 011	476	512	3.4
盐城市射阳县	859	2 155	1 967	840	1 021	470	500	2.0
盐城市市辖区	949	2 277	2 043	876	1 046	517	530	3.4
扬州市宝应县	902	2 013	1 999	881	1 004	485	514	8.4
扬州市高邮市	897	2 082	2 060	903	1 021	529	530	5.4
扬州市市辖区	956	2 152	2 083	922	1 019	546	541	14.7
扬州市仪征市	979	2 189	2 104	935	1 026	551	547	14.9
镇江市丹阳市	956	2 149	2 214	903	1 007	541	522	9.3
镇江市句容市	968	2 183	2 073	934	1 027	547	535	27.1
镇江市市辖区	1 000	2 181	2 107	924	1 014	556	547	26.0
镇江市扬中市	1 010	2 385	2 234	983	1 092	554	576	5.8

D.2.11 浙江省作物生产潜力表见表 D.21 和表 D.22。

表 D.21 浙江省作物光温生产潜力指数

区 县 名	冬小麦	春玉米	夏玉米	早稻	晚稻	一季稻	马铃薯	甘薯	花生	大豆	油菜	棉花	站点海拔/m
杭州市淳安县	920	2 353	2 017	1 348	1 860	2 206	946	3 704	949	461	493	563	172.2
杭州市富阳市	863	2 313	2 409	1 329	1 624	2 058	1 287	3 583	946	459	571	543	11.0
杭州市建德市	789	2 309	1 978	1 331	1 829	2 178	968	3 664	974	455	490	556	87.2
杭州市临安市	825	2 191	2 282	1 269	1 563	1 979	1 263	2 822	918	450	463	521	42.6
杭州市临安昌化镇	769	2 058	2 143	1 191	1 614	1 879	826	2 687	869	429	437	493	167.1
杭州市临安天目山	333	1 163	1 238	538	808	959	788	1 261	378	276	229	237	1 505.9
杭州市市辖区	859	2 239	2 372	1 279	1 604	2 007	1 264	2 878	919	585	568	529	41.7
杭州市桐庐县	886	2 346	1 944	1 345	1 662	2 092	953	3 645	949	459	481	552	44.8
杭州市萧山区	876	2 330	2 455	1 333	1 665	2 094	1 282	3 666	964	611	586	550	9.4
湖州市安吉县	796	2 135	1 990	1 235	1 614	1 908	1 248	2 674	889	436	545	514	21.6
湖州市长兴县	961	2 256	2 149	1 299	1 750	2 037	1 260	2 903	945	933	571	548	8.2
湖州市德清县	836	2 138	2 217	1 233	1 648	1 915	1 249	2 735	887	432	556	519	31.0
湖州市市辖区	823	2 221	2 113	1 273	1 710	1 991	1 249	2 846	918	452	558	536	4.1
嘉兴市海宁市	845	2 240	2 359	1 277	1 644	2 095	1 275	2 905	932	595	575	543	11.1
嘉兴市海盐县	829	2 240	2 360	1 408	1 652	2 060	1 234	2 893	901	569	562	534	5.7
嘉兴市平湖市	816	2 290	2 461	1 401	1 712	2 133	1 255	3 021	933	579	576	549	5.4
嘉兴市市辖区	835	2 324	2 434	1 430	1 833	2 140	1 273	2 994	947	595	579	554	6.0
嘉兴市桐乡市	836	2 218	2 319	1 268	1 622	2 077	1 265	2 873	926	594	570	539	11.2
金华市东阳市	829	2 132	2 066	1 407	1 895	2 177	983	3 771	984	624	508	578	91.9
金华市兰溪市	852	2 150	2 108	1 413	1 905	2 273	961	3 770	966	457	507	582	48.3
金华市浦江县	761	2 015	1 910	1 338	1 650	2 075	940	3 624	956	608	482	548	85.2
金华市市辖区	851	2 163	2 118	1 434	1 939	2 311	991	3 849	1 005	637	517	591	62.6
金华市武义县	828	2 099	1 957	1 387	1 815	2 186	963	3 636	968	609	495	560	90.2
金华市义乌市	824	2 134	2 000	1 411	1 858	2 153	991	3 734	990	629	506	571	75.0
丽水市缙云县	671	1 966	1 738	1 340	1 729	2 071	965	3 471	862	586	484	529	179.1
丽水市龙泉市	784	1 982	1 798	1 215	1 824	2 095	1 006	3 639	906	612	521	548	195.5
丽水市青田县	802	2 107	1 833	1 358	1 836	2 124	1 049	3 579	864	584	560	539	59.3
丽水市庆元县	745	1 891	1 729	1 166	1 727	2 034	1 035	3 587	878	596	421	532	354.0
丽水市市辖区	787	2 069	1 886	1 412	1 837	2 179	974	3 619	875	595	513	561	60.8
丽水市遂昌县	810	1 886	1 817	1 301	1 732	2 051	981	3 479	860	578	500	525	238.6
丽水市云和县	708	1 971	1 775	1 193	1 769	2 107	966	3 523	881	593	503	535	159.6
宁波市慈溪市	743	2 059	2 508	1 296	1 760	2 191	1 282	3 704	958	598	584	552	3.5

表 D.21(续)

区 县 名	冬小麦	春玉米	夏玉米	早稻	晚稻	一季稻	马铃薯	甘薯	花生	大豆	油菜	棉花	站点海拔/m
宁波市奉化市	755	1 952	1 788	1 232	1 608	2 017	1 259	3 423	895	568	575	511	8.6
宁波市宁海县	744	1 886	1 842	1 191	1 622	2 033	850	3 464	887	554	586	513	28.3
宁波市象山石浦镇	766	1 824	1 976	1 145	1 759	2 104	791	3 822	893	541	609	526	128.4
宁波市鄞州区	753	1 994	1 937	1 256	1 723	2 133	1 286	3 624	935	580	583	538	4.8
宁波市余姚市	773	2 116	1 979	1 333	1 751	2 204	1 337	3 728	970	612	594	558	13.0
宁波市镇海区	757	1 948	1 900	1 221	1 714	2 090	1 269	3 567	910	570	584	526	22.8
衢州市江山市	823	2 122	2 106	1 443	1 945	2 228	962	3 869	1 020	478	508	589	95.8
衢州市开化县	833	2 144	1 841	1 272	1 742	1 950	887	3 508	936	438	455	526	154.1
衢州市市辖区	837	2 130	2 121	1 452	1 952	2 178	962	3 866	1 015	479	510	592	66.9
绍兴市嵊州市	769	1 992	1 943	1 314	1 680	2 161	941	3 642	948	597	588	549	104.3
绍兴市市辖区	753	2 019	1 945	1 331	1 663	2 163	1 247	3 625	942	601	573	549	8.0
绍兴市诸暨市	750	2 015	1 872	1 338	1 621	2 055	942	3 586	953	610	574	542	12.7
台州市椒江大陈岛	738	1 537	1 753	991	1 683	1 944	697	3 588	725	479	500	484	86.2
台州市椒江洪家镇	833	1 942	1 858	1 249	1 852	2 126	892	3 822	853	561	520	537	1.3
台州市临海市	848	2 013	1 819	1 301	1 806	2 114	972	3 746	869	578	615	538	8.9
台州市临海括苍山	333	1 140	1 012	628	939	1 090	396	1 701	412	370	277	273	1 383.1
台州市天台县	805	2 078	1 888	1 321	1 804	2 146	956	3 627	955	606	606	545	59.5
台州市温岭市	677	1 938	1 810	1 245	1 795	2 071	917	3 709	837	550	515	525	6.5
台州市仙居县	847	2 086	1 858	1 350	1 830	2 069	988	3 618	882	593	518	550	52.0
台州市玉环县	687	1 855	1 931	1 195	1 830	2 065	835	4 006	837	552	544	553	95.9
温州市洞头县	702	1 862	1 920	1 204	1 894	2 065	820	4 031	839	553	544	527	68.8
温州市乐清市	726	1 880	1 830	1 215	1 826	1 972	926	3 779	821	542	541	512	6.9
温州市平阳县	736	2 001	1 908	1 293	1 762	2 142	951	3 908	871	569	543	537	6.2
温州市瑞安市	757	2 023	1 952	1 306	1 944	2 180	956	4 018	886	574	555	547	9.5
温州市市辖区	748	1 934	1 866	1 250	1 856	2 082	967	3 837	844	552	547	524	28.3
温州市泰顺县	635	1 810	1 549	1 024	1 651	1 815	905	3 312	800	552	383	483	506.3
温州市文成县	790	2 085	1 795	1 178	1 827	2 121	1 063	3 584	881	592	561	537	130.0
舟山市定海区	791	1 880	1 957	1 381	1 792	2 119	1 334	3 631	906	562	610	531	35.7
舟山市普陀区	766	1 794	1 975	1 334	1 833	2 115	1 302	3 631	893	546	609	527	84.5
舟山市嵊泗县	843	2 078	2 443	1 295	1 932	2 103	1 309	3 100	888	545	599	558	79.6
舟山市嵊泗嵊山镇	822	1 834	2 172	1 155	1 775	1 903	1 271	2 864	794	502	605	506	124.6

表 D.22 浙江省作物气候生产潜力指数

区县名	冬小麦	春玉米	夏玉米	马铃薯	甘薯	花生	大豆	油菜	棉花	站点海拔/m
杭州市淳安县	920	2 285	1 823	946	3 641	922	461	493	539	172.2
杭州市富阳市	863	2 313	2 409	1 287	3 583	946	459	571	543	11.0
杭州市建德市	789	2 301	1 934	968	3 664	974	455	490	553	87.2
杭州市临安市	825	2 191	2 282	1 263	2 822	918	450	463	521	42.6
杭州市临安市昌化镇	769	2 058	2 143	826	2 687	869	429	437	493	167.1
杭州市临安市天目山	333	1 163	1 238	788	1 261	378	276	229	237	1 505.9
杭州市市辖区	859	2 239	2 372	1 264	2 878	919	585	568	529	41.7
杭州市桐庐县	886	2 340	1 916	953	3 645	949	459	481	552	44.8
杭州市萧山区	876	2 265	2 390	1 282	3 666	964	609	586	544	9.4
湖州市安吉县	796	2 135	1 990	1 248	2 674	889	436	545	514	21.6
湖州市长兴县	961	2 256	2 149	1 260	2 903	945	933	571	548	8.2
湖州市德清县	836	2 138	2 217	1 249	2 735	887	432	556	519	31.0
湖州市市辖区	823	2 221	2 113	1 249	2 846	918	452	558	536	4.1
嘉兴市海宁市	845	2 235	2 329	1 275	2 905	932	595	575	542	11.1
嘉兴市海盐县	829	2 234	2 332	1 234	2 893	901	569	562	533	5.7
嘉兴市平湖市	816	2 209	2 276	1 255	3 012	921	578	576	528	5.4
嘉兴市市辖区	835	2 298	2 321	1 273	2 994	943	595	579	540	6.0
嘉兴市桐乡市	836	2 216	2 309	1 265	2 873	926	594	570	539	11.2
金华市东阳市	829	2 118	1 886	983	3 718	961	624	508	556	91.9
金华市兰溪市	852	2 007	1 702	961	3 511	882	443	507	518	48.3
金华市浦江县	761	1 998	1 900	940	3 624	956	608	482	548	85.2
金华市市辖区	851	2 006	1 721	991	3 587	916	620	517	526	62.6
金华市武义县	828	2 099	1 940	963	3 636	968	609	495	560	90.2
金华市义乌市	824	2 070	1 750	991	3 628	951	626	506	535	75.0
丽水市缙云县	671	1 966	1 738	965	3 471	862	586	484	529	179.1
丽水市龙泉市	784	1 982	1 769	1 006	3 639	906	612	521	547	195.5
丽水市青田县	799	2 107	1 833	1 049	3 579	864	584	558	539	59.3
丽水市庆元县	745	1 891	1 729	1 035	3 587	878	596	421	532	354.0
丽水市市辖区	787	2 011	1 797	974	3 619	875	593	513	550	60.8
丽水市遂昌县	810	1 886	1 817	981	3 479	860	578	500	525	238.6
丽水市云和县	708	1 971	1 775	966	3 523	881	593	503	535	159.6
宁波市慈溪市	743	2 027	2 451	1 282	3 704	958	598	584	550	3.5

表 D.22（续）

区 县 名	冬小麦	春玉米	夏玉米	马铃薯	甘薯	花生	大豆	油菜	棉花	站点海拔/m
宁波市奉化市	755	1 952	1 788	1 259	3 423	895	568	575	511	8.6
宁波市宁海县	744	1 886	1 842	850	3 464	887	554	586	513	28.3
宁波市象山县石浦镇	766	1 644	1 865	791	3 698	847	513	609	494	128.4
宁波市鄞州区	753	1 994	1 937	1 286	3 624	935	580	583	538	4.8
宁波市余姚市	773	2 093	1 965	1 337	3 728	970	612	594	558	13.0
宁波市镇海区	757	1 948	1 900	1 269	3 567	910	570	584	526	22.8
衢州市江山市	823	2 101	1 851	962	3 730	971	478	508	556	95.8
衢州市开化县	833	2 133	1 786	887	3 508	936	438	455	521	154.1
衢州市市辖区	837	2 111	1 796	962	3 645	944	479	510	548	66.9
绍兴市嵊州市	769	1 992	1 943	941	3 642	948	597	588	549	104.3
绍兴市市辖区	753	2 019	1 945	1 247	3 625	942	601	573	549	8.0
绍兴市诸暨市	750	2 015	1 872	942	3 586	953	610	574	542	12.7
台州市椒江区大陈岛	738	1 518	1 723	697	3 588	725	479	500	484	86.2
台州市椒江区洪家镇	833	1 940	1 857	892	3 822	853	561	520	537	1.3
台州市临海市	848	2 013	1 819	972	3 746	869	578	615	538	8.9
台州市临海市括苍山	333	1 140	1 012	396	1 701	412	370	277	273	1 383.1
台州市天台县	805	2 078	1 888	956	3 627	955	606	606	545	59.5
台州市温岭市	677	1 938	1 810	917	3 709	837	550	515	525	6.5
台州市仙居县	847	2 086	1 858	988	3 618	882	593	518	550	52.0
台州市玉环县	683	1 715	1 832	835	3 928	809	531	533	527	95.9
温州市洞头县	685	1 585	1 723	820	3 703	748	505	522	476	68.8
温州市乐清市	726	1 880	1 830	926	3 779	821	542	541	512	6.9
温州市平阳县	736	2 001	1 908	951	3 908	871	569	543	537	6.2
温州市瑞安市	757	2 023	1 952	956	4 018	886	574	555	547	9.5
温州市市辖区	748	1 934	1 866	967	3 837	844	552	547	524	28.3
温州市泰顺县	635	1 810	1 549	905	3 312	800	552	383	483	506.3
温州市文成县	784	2 085	1 795	1 063	3 584	881	592	557	537	130.0
舟山市定海区	791	1 820	1 920	1 334	3 631	906	558	610	523	35.7
舟山市普陀区	766	1 581	1 756	1 302	3 445	828	507	609	477	84.5
舟山市嵊泗县	830	1 672	1 748	1 309	2 522	704	490	569	446	79.6
舟山市嵊泗县嵊山镇	801	1 603	1 892	1 271	2 660	732	463	567	459	124.6

D.2.12 安徽省作物生产潜力表见表 D.23 和表 D.24。

表 D.23 安徽省作物光温生产潜力指数

区 县 名	冬小麦	春玉米	夏玉米	早稻	晚稻	一季稻	甘薯	花生	大豆	油菜	棉花	站点海拔/m
安庆市怀宁县	—	—	—	1 417	1 904	2 032	—	—	—	565	—	16.6
安庆市潜山县	846	—	—	1 313	1 681	1 812	—	—	—	512	—	35.8
安庆市市辖区	1 218	—	—	1 045	1 965	2 124	—	—	—	540	—	19.8
安庆市宿松县	—	—	—	1 403	1 204	—	—	—	—	520	617	53.5
安庆市太湖县	1 025	—	—	—	—	2 401	—	—	—	550	—	38.8
安庆市桐城市	—	2 612	—	1 055	1 137	1 599	—	—	—	506	—	81.8
安庆市望江县	—	—	—	1 309	1 812	—	—	—	—	—	434	20.8
安庆市岳西县	1 069	—	—	—	—	1 948	—	—	—	592	—	431.0
蚌埠市市辖区	1 014	—	—	—	—	1 992	—	—	—	—	—	18.7
蚌埠市五河县	1 038	—	—	—	—	1 539	—	—	745	—	—	21.0
亳州市蒙城县	1 110	—	2 414	—	—	—	2 535	—	657	—	—	27.5
亳州市谯城区	1 192	—	2 560	—	—	—	3 514	—	903	—	—	37.7
亳州市涡阳县	1 170	—	2 219	—	—	—	3 816	—	760	—	—	31.2
巢湖市含山县	975	—	—	—	—	1 934	—	—	—	574	563	18.5
巢湖市庐江县	—	—	—	—	—	2 304	—	—	—	534	—	21.5
巢湖市市辖区	977	—	—	—	—	2 043	—	—	—	548	—	22.4
巢湖市无为县	886	—	—	—	—	2 099	—	—	—	565	409	21.1
池州市东至县	1 342	—	—	—	—	2 220	—	—	1 070	617	597	23.0
池州市贵池区	—	—	—	—	—	—	—	—	—	526	—	39.4
池州市青阳县	—	—	—	—	—	1 888	—	—	—	559	—	32.7
滁州市定远县	1 046	2 341	—	—	—	1 886	—	998	—	600	576	76.7
滁州市凤阳县	1 035	2 330	—	—	—	2 026	—	987	—	585	562	28.0
滁州市来安县	802	—	—	—	—	2 120	—	—	—	466	—	46.4
滁州市明光市	693	2 185	—	—	—	1 965	—	860	890	443	—	35.6
滁州市全椒县	1 051	2 268	—	—	—	1 986	—	964	—	594	556	38.2
滁州市市辖区	1 052	2 251	—	—	—	1 971	—	956	—	596	550	27.5
滁州市天长市	1 010	2 194	—	—	—	1 943	—	934	—	583	540	21.0
阜阳市阜南县	1 141	—	2 235	—	—	1 656	2 617	—	804	—	—	35.7
阜阳市界首市	1 010	—	2 165	—	—	—	2 945	—	799	—	—	38.7
阜阳市临泉县	1 014	—	2 211	—	—	—	2 571	—	745	—	—	36.5
阜阳市市辖区	1 140	—	2 188	—	—	—	—	—	904	—	—	30.6
阜阳市颍上县	1 013	—	2 191	—	—	—	2 607	—	730	—	—	25.5
合肥市市辖区	523	—	—	—	—	1 238	—	—	—	331	—	27.9

表 D.23（续）

区县名	冬小麦	春玉米	夏玉米	早稻	晚稻	一季稻	甘薯	花生	大豆	油菜	棉花	站点海拔/m
淮北市濉溪县	1 112	—	2 097	—	—	—	3 043	936	872	471	590	32.3
淮南市凤台县	1 120	—	—	—	—	1 642	—	—	817	—	—	36.9
淮南市市辖区	1 142	—	—	—	—	1 665	—	—	865	—	—	36.9
黄山市黄山区	—	2 094	—	—	—	—	—	—	—	470	—	194.8
黄山市祁门县	—	—	—	—	—	1 933	—	—	—	522	—	139.4
黄山市屯溪区	—	—	—	1 152	1 830	1 991	—	—	—	498	—	142.7
黄山市歙县	—	—	—	1 184	1 845	1 978	—	—	—	476	—	169.9
黄山市黟县	—	—	—	—	—	1 917	—	—	—	457	—	227.3
六安市霍山县	937	—	—	—	—	1 983	—	—	—	537	—	68.1
六安市金寨县	1 056	—	—	—	—	2 017	—	—	—	572	—	94.0
六安市金寨县南溪镇	948	—	—	—	—	1 899	—	—	—	515	—	178.8
六安市市辖区	1 102	—	—	—	—	2 106	—	—	—	501	—	60.5
六安市寿县	949	—	—	—	—	2 213	—	—	989	483	573	22.7
六安市舒城县	1 004	—	—	—	1 618	—	—	—	—	551	—	29.4
马鞍山市当涂县	1 043	—	—	1 320	1 633	2 142	—	—	—	569	482	13.6
马鞍山市市辖区	1 043	—	—	—	—	2 131	—	—	—	567	—	20.1
宿州市砀山县	—	—	—	—	—	—	—	—	—	—	—	43.2
宿州市灵璧县	1 148	—	2 522	—	—	—	—	738	800	—	—	28.1
宿州市市辖区	1 123	2 291	2 083	—	—	2 074	3 886	1 114	894	396	540	25.9
宿州市泗县	637	2 353	2 411	—	—	—	—	—	825	—	—	20.6
宿州市萧县	1 170	—	2 340	—	—	—	—	—	839	—	—	39.2
铜陵市铜陵县	—	—	—	2 125	348	—	—	—	—	490	430	37.8
芜湖市繁昌县	954	—	—	1 130	1 712	—	—	—	—	641	—	27.3
芜湖市南陵县	713	—	—	1 159	1 673	1 827	—	—	—	555	581	13.9
芜湖市芜湖县	—	—	—	1 025	1 499	—	—	—	—	568	587	16.5
宣城市广德县	—	—	—	—	—	1 809	—	—	—	377	—	46.8
宣城市绩溪县	—	—	—	—	—	1 920	—	—	—	586	—	193.4
宣城市泾县	—	—	—	1 284	1 866	1 923	—	—	—	562	516	36.6
宣城市旌德县	—	—	—	—	—	1 905	—	—	—	557	—	218.4
宣城市郎溪县	—	—	—	1 214	1 333	—	—	—	—	410	—	16.7
宣城市宁国市	—	—	—	—	—	2 060	—	—	—	541	—	89.4
宣城市宣州区	—	—	—	1 208	1 884	1 926	—	—	—	601	—	34.0

表 D.24 安徽省作物气候生产潜力指数

区 县 名	冬小麦	春玉米	夏玉米	甘薯	花生	大豆	油菜	棉花	站点海拔/m
安庆市怀宁县	—	—	—	—	—	—	565	—	16.6
安庆市潜山县	846	—	—	—	—	—	512	—	35.8
安庆市市辖区	1 218	—	—	—	—	—	540	—	19.8
安庆市宿松县	—	—	—	—	—	—	519	596	53.5
安庆市太湖县	1 025	—	—	—	—	—	550	—	38.8
安庆市桐城市	—	2 612	—	—	—	—	503	—	81.8
安庆市望江县	—	—	—	—	—	—	—	419	20.8
安庆市岳西县	1 069	—	—	—	—	—	592	—	431.0
蚌埠市市辖区	834	—	—	—	—	—	—	—	18.7
蚌埠市五河县	821	—	—	—	—	728	—	—	21.0
亳州市蒙城县	829	—	2 209	2 473	—	614	—	—	27.5
亳州市谯城区	826	—	2 341	3 104	—	830	—	—	37.7
亳州市涡阳县	816	—	2 071	3 438	—	712	—	—	31.2
巢湖市含山县	894	—	—	—	—	—	576	410	18.5
巢湖市庐江县	—	—	—	—	—	—	534	—	21.5
巢湖市市辖区	977	—	—	—	—	—	548	—	22.4
巢湖市无为县	886	—	—	—	—	—	565	409	21.1
池州市东至县	1 342	—	—	—	—	1 070	617	597	23.0
池州市贵池区	—	—	—	—	—	—	526	—	39.4
池州市青阳县	—	—	—	—	—	—	559	—	32.7
滁州市定远县	924	2 194	—	—	969	—	557	553	76.7
滁州市凤阳县	878	2 057	—	—	948	—	525	523	28.0
滁州市来安县	728	—	—	—	—	—	439	—	46.4
滁州市明光市	643	1 954	—	—	827	871	408	—	35.6
滁州市全椒县	1 020	2 218	—	—	964	—	587	550	38.2
滁州市市辖区	1 008	2 187	—	—	953	—	586	542	27.5
滁州市天长市	914	2 074	—	—	911	—	561	523	21.0
阜阳市阜南县	1 103	—	2 204	2 617	—	804	—	—	35.7
阜阳市界首市	731	—	2 022	2 890	—	765	—	—	38.7
阜阳市临泉县	834	—	2 203	2 571	—	745	—	—	36.5
阜阳市市辖区	1 003	—	2 100	—	—	892	—	—	30.6
阜阳市颍上县	931	—	2 191	2 607	—	730	—	—	25.5
合肥市市辖区	523	—	—	—	—	—	331	—	27.9
淮北市濉溪县	765	—	1 969	2 883	859	802	336	502	32.3

表 D.24（续）

区　县　名	冬小麦	春玉米	夏玉米	甘薯	花生	大豆	油菜	棉花	站点海拔/m
淮南市凤台县	1 113	—	—	—	—	817	—	—	36.9
淮南市市辖区	993	—	—	—	—	864	—	—	36.9
黄山市黄山区	—	2 094	—	—	—	—	470	—	194.8
黄山市祁门县	—	—	—	—	—	—	522	—	139.4
黄山市屯溪区	—	—	—	—	—	—	498	—	142.7
黄山市歙县	—	—	—	—	—	—	476	—	169.9
黄山市黟县	—	—	—	—	—	—	457	—	227.3
六安市霍山县	937	—	—	—	—	—	537	—	68.1
六安市金寨县	1 056	—	—	—	—	—	572	—	94.0
六安市金寨县南溪镇	948	—	—	—	—	—	512	—	178.8
六安市市辖区	1 102	—	—	—	—	—	501	—	60.5
六安市寿县	858	—	—	—	—	988	448	557	22.7
六安市舒城县	1 004	—	—	—	—	—	551	—	29.4
马鞍山市当涂县	1 043	—	—	—	—	—	569	467	13.6
马鞍山市市辖区	1 043	—	—	—	—	—	564	—	20.1
宿州市砀山县	—	—	—	—	—	—	—	—	43.2
宿州市灵璧县	789	—	2 388	—	721	774	—	—	28.1
宿州市市辖区	800	1 808	1 943	3 506	998	845	314	468	25.9
宿州市泗县	437	1 993	2 321	—	—	798	—	—	20.6
宿州市萧县	809	—	2 184	—	—	788	—	—	39.2
铜陵市铜陵县	—	—	—	—	—	—	490	430	37.8
芜湖市繁昌县	954	—	—	—	—	—	641	—	27.3
芜湖市南陵县	713	—	—	—	—	—	555	581	13.9
芜湖市芜湖县	—	—	—	—	—	—	568	583	16.5
宣城市广德县	—	—	—	—	—	—	377	—	46.8
宣城市绩溪县	—	—	—	—	—	—	586	—	193.4
宣城市泾县	—	—	—	—	—	—	562	516	36.6
宣城市旌德县	—	—	—	—	—	—	557	—	218.4
宣城市郎溪县	—	—	—	—	—	—	410	—	16.7
宣城市宁国市	—	—	—	—	—	—	541	—	89.4
宣城市宣州区	—	—	—	—	—	—	601	—	34.0

D.2.13 福建省作物生产潜力表见表 D.25 和表 D.26。

表 D.25 福建省作物光温生产潜力指数

地　点	早稻	晚稻	一季稻	甘薯	花生	大豆	站点海拔/m
福州市长乐市	1 358	1 908	—	3 858	754	—	8.0
福州市福清市	1 389	1 788	—	3 933	692	—	38.0
福州市连江县	1 260	1 757	—	3 542	—	—	7.1
福州市罗源县	1 237	1 695	2 104	3 455	—	—	57.2
福州市闽侯县	1 307	1 996	2 398	3 527	—	—	49.6
福州市闽清县	1 273	1 444	1 911	3 434	—	—	39.8
福州市平潭县	1 344	1 779	—	4 412	831	—	32.4
福州市市辖区	1 337	1 663	2 189	3 441	—	—	84.0
福州市永泰县	1 299	1 607	2 098	3 551	—	—	86.3
龙岩市长汀县	1 171	1 712	2 143	2 052	576	—	310.0
龙岩市连城县	1 290	1 967	1 886	3 148	701	—	381.8
龙岩市上杭县	1 275	1 879	2 294	2 077	906	—	198.0
龙岩市市辖区	1 391	1 957	2 245	2 314	494	—	342.3
龙岩市武平县	1 211	1 879	1 716	2 320	557	—	266.8
龙岩市永定县	1 471	1 738	2 292	2 079	720	—	221.7
龙岩市漳平市	1 392	1 777	2 350	2 255	659	—	203.0
南平市光泽县	1 090	1 849	2 260	3 587	—	—	264.0
南平市建瓯市	1 195	1 927	2 077	4 221	—	—	154.9
南平市建阳市	1 139	1 866	2 146	4 123	—	—	196.9
南平市浦城县	1 125	1 654	2 181	3 273	—	—	276.9
南平市邵武市	1 104	1 818	—	3 820	—	—	192.6
南平市市辖区	901	1 991	2 055	3 725	—	—	125.6
南平市顺昌县	1 287	1 885	2 181	3 929	—	—	173.7
南平市松溪县	1 028	1 957	2 291	4 213	—	—	201.4
南平市武夷山市	1 222	1 351	1 948	4 045	—	—	221.3
南平市武夷山市七仙山	605	611	1 064	—	—	—	1 401.9
宁德市福安市	1 195	1 810	2 225	3 549	—	—	46.4
宁德市福鼎市	1 235	1 719	2 080	3 836	—	—	36.2
宁德市福鼎市台山岛	1 060	1 877	—	3 374	—	—	106.6
宁德市古田县	1 457	—	2 324	3 712	—	—	355.6
宁德市屏南县	—	—	1 573	3 098	—	—	869.5
宁德市三都澳	1 138	1 339	1 711	—	—	—	44.5
宁德市市辖区	1 257	1 706	1 592	3 497	—	—	32.9

表 D.25（续）

地　　点	早稻	晚稻	一季稻	甘薯	花生	大豆	站点海拔/m
宁德市寿宁县	992	—	1 853	3 231	—	—	826.2
宁德市霞浦县	1 246	1 891	2 073	3 397	—	—	12.9
宁德市柘荣县	—	—	1 712	2 714	—	—	670.0
宁德市周宁县	960	1 406	1 754	2 936	—	—	900.1
莆田市仙游县	1 337	1 921	2 335	2 602	622	—	77.0
泉州市安溪县	1 290	1 801	2 233	3 350	—	—	89.4
泉州市德化县	1 073	1 266	1 851	3 643	—	—	516.8
泉州市德化县九仙山	484	876	1 056	—	—	—	1 653.5
泉州市惠安县	1 200	1 715	—	3 998	672	—	21.8
泉州市晋江市	1 365	2 002	—	3 994	722	—	55.0
泉州市南安市	1 297	1 850	2 016	2 949	676	—	44.9
泉州市永春县	1 283	1 670	—	2 786	—	—	170.3
三明市大田县	1 266	1 868	1 938	3 165	441	658	400.9
三明市建宁县	1 218	1 822	1 982	3 527	—	—	341.8
三明市将乐县	1 202	1 746	2 099	4 320	744	—	153.9
三明市明溪县	1 194	1 752	2 064	4 048	530	—	319.4
三明市宁化县	1 257	2 030	1 976	3 436	—	673	359.4
三明市清流县	1 196	1 923	2 289	3 245	—	—	310.0
三明市沙县	1 122	1 923	2 318	3 757	627	—	119.9
三明市市辖区	1 363	1 951	2 206	3 685	—	—	213.0
三明市泰宁县	1 160	1 406	2 045	2 955	607	—	342.9
三明市永安市	1 195	1 958	2 332	4 255	484	—	206.0
三明市尤溪县	1 248	1 900	2 274	3 792	789	—	126.7
厦门市市辖区	1 358	1 850	—	3 036	756	—	139.4
厦门市同安区	1 309	1 787	—	2 984	680	—	44.9
漳州市长泰县	1 424	1 961	—	3 163	—	—	42.2
漳州市东山县	1 532	2 076	—	—	756	—	53.3
漳州市华安县	1 222	1 613	2 163	3 309	—	—	160.9
漳州市龙海市	1 483	1 921	1 907	1 626	647	—	7.6
漳州市南靖县	1 498	1 979	—	1 813	—	—	28.2
漳州市平和县	1 289	1 695	1 444	2 878	—	—	36.8
漳州市市辖区	1 548	1 766	—	2 813	684	—	28.9
漳州市云霄县	1 339	1 434	—	2 541	886	—	20.2
漳州市漳浦县	1 431	1 826	—	2 853	759	—	51.1
漳州市诏安县	1 596	2 251	—	2 982	733	—	20.4

表 D.26　福建省作物气候生产潜力指数

区　县　名	甘薯	花生	大豆	站点海拔/m
福州市长乐市	3 535	695	—	8.0
福州市福清市	3 762	646	—	38.0
福州市连江县	3 513	—	—	7.1
福州市罗源县	3 455	—	—	57.2
福州市闽侯县	3 311	—	—	49.6
福州市闽清县	3 434	—	—	39.8
福州市平潭县	3 821	742	—	32.4
福州市市辖区	3 045	—	—	84.0
福州市永泰县	3 540	—	—	86.3
龙岩市长汀县	2 052	576	—	310.0
龙岩市连城县	3 073	676	—	381.8
龙岩市上杭县	2 077	906	—	198.0
龙岩市市辖区	2 314	494	—	342.3
龙岩市武平县	2 225	557	—	266.8
龙岩市永定县	2 079	720	—	221.7
龙岩市漳平市	2 255	659	—	203.0
南平市光泽县	3 587	—	—	264.0
南平市建瓯市	4 221	—	—	154.9
南平市建阳市	4 111	—	—	196.9
南平市浦城县	3 273	—	—	276.9
南平市邵武市	3 820	—	—	192.6
南平市市辖区	3 725	—	—	125.6
南平市顺昌县	3 929	—	—	173.7
南平市松溪县	4 213	—	—	201.4
南平市武夷山市	4 045	—	—	221.3
南平市武夷山市七仙山	—	—	—	1 401.9
宁德市福安市	3 549	—	—	46.4
宁德市福鼎市	3 836	—	—	36.2
宁德市福鼎市台山岛	2 497	—	—	106.6
宁德市古田县	3 712	—	—	355.6
宁德市屏南县	3 098	—	—	869.5
宁德市三都澳	—	—	—	44.5
宁德市市辖区	3 497	—	—	32.9
宁德市寿宁县	3 231	—	—	826.2

表 D.26（续）

区　县　名	甘薯	花生	大豆	站点海拔/m
宁德市霞浦县	3 053	—	—	12.9
宁德市柘荣县	2 714	—	—	670.0
宁德市周宁县	2 936	—	—	900.1
莆田市仙游县	2 378	622	—	77.0
泉州市安溪县	3 173	—	—	89.4
泉州市德化县	3 641	—	—	516.8
泉州市德化县九仙山	—	—	—	1 653.5
泉州市惠安县	3 575	624	—	21.8
泉州市晋江市	3 448	722	—	55.0
泉州市南安市	2 671	676	—	44.9
泉州市永春县	2 786	—	—	170.3
三明市大田县	3 165	441	658	400.9
三明市建宁县	3 521	—	—	341.8
三明市将乐县	4 320	744	—	153.9
三明市明溪县	4 048	530	—	319.4
三明市宁化县	3 436	—	673	359.4
三明市清流县	3 245	—	—	310.0
三明市沙县	3 756	622	—	119.9
三明市市辖区	3 685	—	—	213.0
三明市泰宁县	2 955	607	—	342.9
三明市永安市	4 095	484	—	206.0
三明市尤溪县	3 792	789	—	126.7
厦门市市辖区	2 422	756	—	139.4
厦门市同安区	2 405	680	—	44.9
漳州市长泰县	3 163	—	—	42.2
漳州市东山县	—	751	—	53.3
漳州市华安县	3 309	—	—	160.9
漳州市龙海市	1 626	647	—	7.6
漳州市南靖县	1 813	—	—	28.2
漳州市平和县	2 878	—	—	36.8
漳州市市辖区	2 728	684	—	28.9
漳州市云霄县	2 452	886	—	20.2
漳州市漳浦县	2 598	759	—	51.1
漳州市诏安县	2 594	733	—	20.4

D.2.14 江西省作物生产潜力表见表 D.27 和表 D.28。

表 D.27 江西省作物光温生产潜力指数

区县名	早稻	晚稻	甘薯	花生	油菜	棉花	蚕豆	站点海拔/m
抚州市崇仁县	1 111	1 727	—	828	430	—	—	75.6
抚州市东乡县	1 248	1 807	—	—	527	554	—	51.3
抚州市广昌县	1 153	1 783	—	856	464	—	—	143.8
抚州市金溪县	1 126	1 745	—	798	438	—	—	128.8
抚州市乐安县	1 109	1 714	—	867	434	—	—	184.8
抚州市黎川县	1 126	1 745	—	798	438	—	—	220.6
抚州市临川区	1 261	1 818	—	—	475	633	—	47.3
抚州市南城县	1 129	1 760	—	716	449	—	—	106.5
抚州市南丰县	1 176	1 831	—	824	469	—	—	130.6
抚州市宜黄县	1 095	1 674	—	838	421	—	—	80.8
抚州市资溪县	1 042	1 605	—	823	425	—	—	88.3
赣州市安远县	1 169	1 747	—	815	506	—	—	288.3
赣州市崇义县	1 065	1 630	2 140	775	473	—	228	247.2
赣州市大余县	1 158	1 824	2 337	840	512	—	262	213.7
赣州市定南县	1 154	1 757	2 333	809	548	—	307	251.5
赣州市赣县	1 281	1 945	—	798	506	—	—	130.6
赣州市会昌县	1 273	1 905	—	861	524	—	—	167.9
赣州市龙南县	1 193	1 811	2 409	842	540	—	265	206.5
赣州市南康市	1 255	1 895	2 504	781	515	—	286	127.0
赣州市宁都县	1 209	1 942	—	855	496	—	—	210.1
赣州市全南县	1 156	1 735	2 340	815	534	—	290	253.4
赣州市瑞金市	1 206	1 865	—	840	498	—	—	194.1
赣州市上犹县	1 174	1 827	2 352	830	501	—	266	140.8
赣州市石城县	1 212	1 925	—	859	499	—	—	230.7
赣州市市辖区	1 236	1 974	—	736	518	—	—	123.8
赣州市信丰县	1 227	1 874	—	797	496	—	—	163.5
赣州市兴国县	1 224	1 930	—	812	495	—	—	148.8
赣州市寻乌县	1 163	1 825	—	818	534	—	—	303.9
赣州市于都县	1 241	1 910	—	790	506	—	—	132.6
吉安市安福县	1 103	1 761	3 634	—	358	—	—	85.7
吉安市吉安县	1 179	1 842	3 706	—	374	—	—	56.0
吉安市吉水县	1 150	1 803	3 650	—	363	—	—	115.1
吉安市井冈山市茨坪镇	799	1 347	1 751	—	415	—	—	838.1

表 D.27（续）

区　县　名	早稻	晚稻	甘薯	花生	油菜	棉花	蚕豆	站点海拔/m
吉安市井冈山市龙市镇	1 068	1 651	3 473	—	342	—	—	263.1
吉安市市辖区	1 215	1 885	2 566	—	479	—	—	76.4
吉安市遂川县	1 188	1 797	3 585	692	391	—	—	126.1
吉安市泰和县	1 206	1 852	3 569	—	380	—	—	61.8
吉安市万安县	1 211	1 846	3 614	—	387	547	—	96.8
吉安市峡江县	1 134	1 796	3 644	—	347	—	—	49.5
吉安市新干县	1 119	1 791	3 547	—	344	—	—	44.5
吉安市永丰县	1 153	1 812	3 674	—	360	—	—	87.7
吉安市永新县	1 177	1 821	3 773	—	375	—	—	144.6
景德镇市浮梁县	1 171	1 758	—	855	386	—	—	239.0
景德镇市乐平市	1 275	1 888	—	—	548	562	—	35.0
景德镇市市辖区	1 222	1 800	—	852	450	—	—	61.5
九江市德安县	1 199	1 775	—	—	520	546	—	42.9
九江市都昌县	1 280	1 850	—	—	524	539	—	35.9
九江市湖口县	1 243	1 773	—	—	524	538	—	40.9
九江市九江县	1 199	1 733	—	—	508	539	—	15.0
九江市庐山	688	1 152	—	—	357	363	—	1 164.5
九江市彭泽县	1 271	1 805	—	—	527	536	—	25.1
九江市瑞昌市	1 198	1 702	—	—	510	542	—	22.8
九江市市辖区	1 248	1 753	—	—	508	539	—	36.1
九江市武宁县	1 163	1 673	3 502	—	329	—	—	76.5
九江市星子县	1 228	1 784	—	—	496	528	—	35.6
九江市修水县	1 119	1 791	3 547		344	—	—	146.8
九江市永修县	1 225	1 729	—	—	524	537	—	36.8
南昌市安义县	1 180	1 717	—	—	519	525	—	38.9
南昌市进贤县	1 276	1 856	—	—	482	646	—	31.1
南昌市南昌县	1 260	1 853	—	—	504	500	—	18.0
南昌市市辖区	1 265	1 857	—	—	510	512	—	46.7
南昌市新建县	1 241	1 812	—	—	519	544	—	37.9
萍乡市莲花县	1 146	1 787	3 697	—	356	—	—	181.4
萍乡市市辖区	1 173	1 689	2 297	—	439	—	—	110.0
上饶市德兴市	1 192	1 758	—	841	442	—	—	77.1
上饶市广丰县	1 231	1 844	—	797	459	—	—	96.1
上饶市横峰县	1 200	1 788	—	760	449	—	—	79.2

表 D.27（续）

区　县　名	早稻	晚稻	甘薯	花生	油菜	棉花	蚕豆	站点海拔/m
上饶市鄱阳县	1 296	1 895	—	—	499	547	—	40.1
上饶市铅山县	1 237	1 847		786	459	—	—	57.5
上饶市上饶县	1 229	1 857	—	812	465	—	—	85.0
上饶市市辖区	1 282	1 887	—	812	469	—	—	114.9
上饶市万年县	1 267	1 833	—	—	480	637	—	55.5
上饶市婺源县	1 148	1 728	—	846	434	—	—	82.0
上饶市弋阳县	1 228	1 822	—	773	455	—	—	59.5
上饶市余干县	1 236	1 795	—	—	526	537	—	22.0
上饶市玉山县	1 202	1 807	—	788	458	—	—	116.3
新余市分宜县	1 159	1 714	3 542	—	341	—	—	96.1
新余市市辖区	1 222	1 780	2 398	—	457	—	—	79.0
宜春市丰城市	1 259	1 797	—	—	513	530	—	26.9
宜春市奉新县	1 185	1 775	3 651	—	349	—	—	53.3
宜春市高安市	1 255	1 761	—	—	524	517	—	45.7
宜春市靖安县	1 200	1 784	3 688	—	359	—	—	79.5
宜春市上高县	1 189	1 758	3 626	343	453	—	—	66.6
宜春市市辖区	1 215	1 741	2 371	—	463	—	—	131.3
宜春市铜鼓县	1 049	1 561	3 270	—	307	—	—	256.2
宜春市万载县	1 184	1 757	3 620	—	340	—	—	99.5
宜春市宜丰县	1 180	1 704	2 295	—	452	—	—	88.4
宜春市樟树市	1 271	1 819	—	—	529	532	—	30.4
鹰潭市贵溪市	1 266	1 823	—	809	464	—	—	51.2
鹰潭市余江县	1 225	1 756	—	—	527	547	—	41.0

表 D.28　江西省作物气候生产潜力指数

区　县　名	甘薯	花生	油菜	棉花	蚕豆	站点海拔/m
抚州市崇仁县	—	—	459	—	—	75.6
抚州市东乡县		—	478	621	—	51.3
抚州市广昌县	—	—	495	—	—	143.8
抚州市金溪县	—	664	469	—	—	128.8
抚州市乐安县	—	679	468	—	—	184.8
抚州市黎川县	—	—	469	—	—	220.6
抚州市临川区	—	—	475	615	—	47.3

表 D.28（续）

区　县　名	甘薯	花生	油菜	棉花	蚕豆	站点海拔/m
抚州市南城县	—	663	481	—	—	106.5
抚州市南丰县	—	673	492	—	—	130.6
抚州市宜黄县	—	—	452	—	—	80.8
抚州市资溪县	—	645	459	—	—	88.3
赣州市安远县	—	697	527	—	—	288.3
赣州市崇义县	2 140	—	473	—	228	247.2
赣州市大余县	2 337	—	512	—	262	213.7
赣州市定南县	2 333	—	546	—	307	251.5
赣州市赣县	—	683	518	—	—	130.6
赣州市会昌县	—	732	540	—	—	167.9
赣州市龙南县	2 409	—	467	—	265	206.5
赣州市南康市	2 341	—	515	—	286	127.0
赣州市宁都县	—	703	513	—	—	210.1
赣州市全南县	2 340	—	534	—	290	253.4
赣州市瑞金市	—	707	515	—	—	194.1
赣州市上犹县	2 352	—	501	—	—	140.8
赣州市石城县	—	711	518	—	266	230.7
赣州市市辖区	—	681	518	—	—	123.8
赣州市信丰县	—	679	511	—	—	163.5
赣州市兴国县	—	681	510	—	—	148.8
赣州市寻乌县	—	691	555	—	—	303.9
赣州市于都县	—	679	518	—	—	132.6
吉安市安福县	2 412	—	466	—	—	85.7
吉安市吉安县	3 706	—	373	—	—	56.0
吉安市吉水县	2 468	—	467	—	—	115.1
吉安市井冈山市茨坪镇	1 751	—	415	—	—	838.1
吉安市井冈山市龙市镇	2 319	—	463	—	—	263.1
吉安市市辖区	2 511	—	474	—	—	76.4
吉安市遂川县	2 466	658	498	—	—	126.1
吉安市泰和县	2 391	—	487	—	—	61.8
吉安市万安县	2 453	—	498	—	—	96.8
吉安市峡江县	2 433	—	459	—	—	49.5
吉安市新干县	2 421	—	445	—	—	44.5
吉安市永丰县	2 474	—	470	—	—	87.7

表 D.28（续）

区　县　名	甘薯	花生	油菜	棉花	蚕豆	站点海拔/m
吉安市永新县	2 561	—	487	—	—	144.6
景德镇市浮梁县						239.0
景德镇市乐平市	—	—	498	631	—	35.0
景德镇市市辖区		680	481	—	—	61.5
九江市德安县	—	—	468	606	—	42.9
九江市都昌县		—	470	600	—	35.9
九江市湖口县	—		476	598	—	40.9
九江市九江县					—	15.0
九江市庐山	—	—	357	363	—	1 164.5
九江市彭泽县	—	—	478	595	—	25.1
九江市瑞昌市	—	—	463	599	—	22.8
九江市市辖区	—	—	469	608	—	36.1
九江市武宁县	2 314	—	453	—	—	76.5
九江市星子县	—	—	442	586	—	35.6
九江市修水县	2 238	—	436	—	—	146.8
九江市永修县	—	—	476	585	—	36.8
南昌市安义县	—	—	469	585	—	38.9
南昌市进贤县	—	—	463	596	—	31.1
南昌市南昌县						18.0
南昌市市辖区	—	—	454	574	—	46.7
南昌市新建县	—	—	465	606	—	37.9
萍乡市莲花县	2 500	—	466	—	—	181.4
萍乡市市辖区	2 297	—	430	—	—	110.0
上饶市德兴市	—	665	475	—	—	77.1
上饶市广丰县	—	672	490	—	—	96.1
上饶市横峰县	—	649	473	—	—	79.2
上饶市鄱阳县	—	—	489	614	—	40.1
上饶市铅山县		675	488	—	—	57.5
上饶市上饶县		801	465			85.0
上饶市市辖区	—	680	500	—	—	114.9
上饶市万年县	—	—	480	612	—	55.5
上饶市婺源县	—	653	470	—	—	82.0
上饶市弋阳县	—	666	482	—	—	59.5
上饶市余干县	—	—	477	604	—	22.0

表 D.28(续)

区　县　名	甘薯	花生	油菜	棉花	蚕豆	站点海拔/m
上饶市玉山县	—	664	488	—	—	116.3
新余市分宜县	2 345	—	453	—	—	96.1
新余市市辖区	2 398	—	457	—	—	79.0
宜春市丰城市		—	462	594	—	26.9
宜春市奉新县	2 382	—	463	—	—	53.3
宜春市高安市	—	—	472	583	—	45.7
宜春市靖安县	2 399	—	480	—	—	79.5
宜春市上高县	2 405	—	453	—	—	66.6
宜春市市辖区	2 371	—	463	—	—	131.3
宜春市铜鼓县	2 124	—	437	—	—	256.2
宜春市万载县	2 389	—	457	—	—	99.5
宜春市宜丰县	2 295	—	452	—	—	88.4
宜春市樟树市	—	—	477	599	—	30.4
鹰潭市贵溪市	—	681	491	—	—	51.2
鹰潭市余江县	—	—	480	612	—	41.0

D.2.15 山东省作物生产潜力表见表 D.29 和表 D.30。

表 D.29 山东省作物光温生产潜力指数

区　县　名	冬小麦	春玉米	夏玉米	一季稻	谷子	马铃薯	甘薯	花生	大豆	油菜	棉花	站点海拔/m
滨州市博兴县	1 293	2 933	2 136	2 414	1 291	1 371	4 095	1 079	1 077	517	587	9.6
滨州市惠民县	1 345	3 075	2 253	2 526	1 357	1 451	4 278	1 130	1 132	541	614	11.4
滨州市惠民县	1 286	2 917	2 110	2 400	1 281	1 399	4 052	1 074	1 081	517	583	11.7
滨州市无棣县	1 300	3 039	2 228	2 509	1 344	1 416	4 219	1 123	1 138	526	610	7.7
滨州市阳信县	1 295	3 023	2 205	2 487	1 334	1 395	4 189	1 115	1 118	518	604	11.0
滨州市沾化县	1 274	2 961	2 186	2 442	1 310	1 418	4 125	1 091	1 103	516	594	7.7
滨州市邹平县	1 361	3 045	2 182	2 476	1 329	1 433	4 242	1 107	1 074	545	615	24.8
德州市乐陵市	1 291	3 022	2 349	2 522	1 332	1 368	4 186	1 114	1 108	514	603	12.7
德州市临邑县	1 323	3 085	2 237	2 523	1 358	1 392	4 276	1 132	1 115	527	613	24.0
德州市陵县	1 326	3 101	2 396	2 528	1 559	1 402	4 271	1 136	1 123	647	615	19.2
德州市宁津县	1 331	3 080	2 382	2 567	1 549	1 413	4 250	1 134	1 136	658	613	17.2
德州市平原县	1 291	2 961	2 301	2 424	1 492	1 356	4 102	1 086	1 078	629	590	23.0
德州市齐河县	1 402	3 160	2 266	2 556	1 380	1 467	4 412	1 142	1 091	557	636	23.6
德州市庆云县	1 374	2 849	2 325	2 629	1 405	1 490	4 438	1 178	1 182	551	639	9.3

表 D.29（续）

区　县　名	冬小麦	春玉米	夏玉米	一季稻	谷子	马铃薯	甘薯	花生	大豆	油菜	棉花	站点海拔/m
德州市市辖区	1 351	3 112	2 400	2 578	1 559	1 434	4 329	1 132	1 095	648	615	21.2
德州市武城县	1 343	3 116	2 384	2 577	1 556	1 439	4 309	1 134	1 102	651	615	27.2
德州市夏津县	1 317	3 018	2 279	2 445	1 101	1 411	4 158	1 098	1 068	640	594	37.7
德州市禹城市	1 305	3 073	2 427	2 495	1 350	1 399	4 261	1 117	1 086	538	619	25.0
东营市广饶县	1 271	2 860	2 090	2 353	1 260	1 389	3 981	1 050	1 059	516	572	15.8
东营市垦利县	1 326	3 027	2 249	2 507	1 339	1 528	4 278	1 116	1 146	541	610	9.6
东营市利津县	1 363	3 107	2 294	2 569	1 372	1 473	4 374	1 146	1 151	546	626	11.2
菏泽市曹县	1 274	2 861	2 274	2 348	978	1 409	4 317	1 125	1 084	568	634	50.0
菏泽市成武县	1 198	2 661	2 083	2 173	1 267	1 331	4 006	1 081	996	528	588	45.1
菏泽市单县	1 190	2 638	2 111	2 178	1 264	1 314	4 020	1 081	1 006	531	590	44.3
菏泽市定陶县	1 237	2 837	2 250	2 390	970	1 367	4 261	1 155	1 074	546	626	51.7
菏泽市东明县	1 344	2 753	3 081	2 318	1 116	1 365	4 147	1 081	1 039	536	609	59.5
菏泽市巨野县	1 218	2 725	2 160	2 308	1 303	1 355	4 109	1 115	1 045	537	605	41.1
菏泽市鄄城县	1 225	2 734	2 138	2 310	921	1 377	4 105	1 117	1 051	536	605	51.4
菏泽市市辖区	1 255	2 806	2 203	2 361	948	1 399	4 221	1 142	1 059	551	620	49.7
菏泽市郓城县	1 228	2 734	2 147	2 314	1 301	1 377	4 123	1 117	1 044	537	607	46.3
济南市长清区	1 442	3 181	2 257	2 558	1 382	1 498	4 448	1 140	1 072	576	649	45.4
济南市济阳县	1 328	3 023	2 171	2 461	1 324	1 403	4 187	1 102	1 077	531	610	22.4
济南市平阴县	1 261	2 797	2 403	2 350	1 324	1 421	4 225	1 096	879	551	599	42.8
济南市商河县	1 357	3 145	2 290	2 582	1 386	1 423	4 370	1 158	1 153	545	628	15.7
济南市市辖区	1 638	3 188	2 936	2 533	1 429	1 366	4 692	1 176	1 067	605	660	51.6
济南市章丘市	1 340	2 982	2 138	2 419	1 304	1 411	4 124	1 081	1 052	537	610	75.1
济宁市嘉祥县	1 250	2 745	2 165	2 315	1 306	1 399	4 175	1 118	1 020	548	611	42.9
济宁市金乡县	1 208	2 631	2 089	2 173	1 257	1 327	4 002	1 077	1 008	538	589	41.3
济宁市梁山县	1 334	2 754	2 167	2 338	1 315	1 371	4 147	1 127	1 060	537	612	40.8
济宁市曲阜市	1 353	2 696	2 401	2 298	1 282	1 409	4 122	1 106	1 028	550	605	69.1
济宁市市辖区	1 331	2 701	2 163	2 311	1 294	1 361	4 124	1 112	1 047	544	607	45.2
济宁市泗水县	1 314	2 618	2 318	2 241	1 243	1 358	4 008	1 081	1 018	530	590	110.4
济宁市微山县	1 250	2 740	2 524	2 303	1 328	1 358	4 218	1 135	1 090	561	622	40.5
济宁市汶上县	1 260	2 545	2 014	2 173	1 216	1 298	3 842	1 044	992	509	569	47.9
济宁市兖州市	1 384	2 793	2 214	2 382	1 334	1 426	4 245	1 148	1 078	563	625	51.7
济宁市鱼台县	1 202	2 540	2 290	2 121	1 216	1 353	3 898	1 046	1 005	539	575	36.2
济宁市邹城市	1 379	2 727	2 429	2 312	1 295	1 419	4 200	1 113	1 016	566	613	78.9
莱芜市市辖区	1 326	2 631	2 074	2 278	1 254	1 433	4 029	1 055	1 066	535	595	190.3

表 D.29（续）

区　县　名	冬小麦	春玉米	夏玉米	一季稻	谷子	马铃薯	甘薯	花生	大豆	油菜	棉花	站点海拔/m
聊城市茌平县	1 381	2 942	2 309	2 593	1 403	1 449	4 420	1 164	1 135	551	651	32.1
聊城市东阿县	1 361	3 092	2 224	2 500	1 355	1 419	4 302	1 119	1 074	544	631	36.6
聊城市高唐县	1 363	3 155	2 270	2 562	1 580	1 441	4 374	1 149	1 114	541	635	28.3
聊城市冠县	1 356	3 116	2 374	2 514	1 147	1 434	4 307	1 129	1 087	654	624	40.9
聊城市临清市	1 339	3 059	2 344	2 487	1 131	1 429	4 237	1 115	1 090	648	605	37.5
聊城市市辖区	1 359	3 055	2 209	2 488	1 533	1 413	4 248	1 113	1 089	544	626	34.0
聊城市阳谷县	1 335	3 040	2 196	2 368	942	1 398	4 214	1 144	1 068	537	620	44.0
聊城市阳谷县朝城	1 299	2 942	2 119	2 295	1 093	1 354	4 075	1 109	1 042	521	601	42.7
临沂市苍山县	1 159	2 453	2 256	2 085	1 188	1 343	3 514	1 018	1 008	528	562	50.3
临沂市费县	1 260	2 586	2 307	2 183	1 230	1 445	4 066	1 038	1 036	554	593	120.5
临沂市莒南县	1 136	2 282	2 118	1 975	1 109	1 438	3 384	876	984	532	533	113.1
临沂市临沭县	1 205	2 521	2 348	2 169	1 229	1 466	3 703	971	1 060	553	584	62.7
临沂市蒙阴县	1 307	2 556	2 266	2 212	1 217	1 445	3 962	1 023	1 032	522	579	202.9
临沂市平邑县	1 342	2 590	2 298	2 248	1 233	1 420	4 036	1 078	1 041	542	591	167.0
临沂市市辖区	1 206	2 464	2 255	2 102	1 188	1 430	3 575	993	1 014	547	569	87.9
临沂市郯城县	1 146	2 439	2 274	2 079	1 191	1 324	3 521	963	1 004	530	560	38.4
临沂市沂南县	1 181	2 428	2 191	2 068	1 164	1 422	3 825	978	1 005	524	559	118.2
临沂市沂水县	1 202	2 334	1 962	2 058	1 122	1 423	3 652	943	993	509	535	160.6
青岛市即墨市	1 410	2 575	2 481	2 153	1 185	1 574	3 530	975	1 061	537	550	26.2
青岛市胶南市	1 163	2 061	2 216	1 910	1 036	1 472	3 138	846	966	514	489	10.1
青岛市胶州市	1 358	2 542	2 403	2 083	1 140	1 516	3 652	939	1 029	523	533	16.7
青岛市莱西市	1 351	2 557	2 481	2 142	1 182	1 594	3 729	966	1 081	529	544	56.2
青岛市崂山区	1 324	2 313	2 277	1 964	1 071	1 565	3 227	872	986	529	503	44.7
青岛市平度市	1 374	2 625	2 471	2 148	1 177	1 531	3 762	972	1 066	528	548	48.7
青岛市市辖区	1 276	2 163	2 147	1 846	988	1 353	3 105	796	947	529	477	76.0
日照市莒县	1 263	2 339	2 372	2 007	1 140	1 492	3 629	942	1 013	517	534	107.4
日照市市辖区	1 052	2 127	2 150	1 925	1 079	1 449	3 339	827	1 003	541	516	16.1
日照市五莲县	1 343	2 407	2 407	2 123	1 159	1 523	3 797	969	1 024	536	554	154.2
泰安市东平县	1 320	2 668	2 123	2 287	1 279	1 352	4 041	1 098	1 049	536	599	48.3
泰安市肥城市	1 356	2 745	2 160	2 362	1 309	1 413	4 161	1 098	1 102	546	617	108.0
泰安市宁阳县	1 402	2 866	2 280	2 444	1 370	1 449	4 344	1 176	1 109	567	640	61.2
泰安市市辖区	1 326	2 673	2 138	2 316	1 284	1 423	4 061	1 072	1 094	546	603	128.8
泰安市泰山区	594	1 381	1 174	901	742	905	1 064	319	623	286	219	1 533.7

表 D.29（续）

区 县 名	冬小麦	春玉米	夏玉米	一季稻	谷子	马铃薯	甘薯	花生	大豆	油菜	棉花	站点海拔/m
泰安市新泰市	1 310	2 468	2 623	2 143	1 177	1 410	3 815	1 042	1 007	516	560	199.2
威海市荣成市	1 373	2 189	2 176	1 848	1 022	1 432	3 057	804	961	502	470	38.9
威海市荣成市成山头	1 224	1 819	1 932	1 591	873	1 030	2 689	642	878	471	412	47.7
威海市荣成市石岛镇	1 214	1 943	1 993	1 702	913	1 248	2 900	716	895	512	441	21.9
威海市乳山市	1 402	2 277	2 255	1 935	1 060	1 491	3 159	856	992	509	493	38.4
威海市市辖区	1 478	2 347	2 304	1 996	1 088	1 603	3 354	877	1 014	528	512	65.4
威海市文登市	1 311	2 153	2 109	1 798	1 000	1 429	2 933	793	924	476	455	56.2
潍坊市安丘市	1 263	2 464	2 666	2 167	1 196	1 454	3 819	993	1 051	518	553	64.7
潍坊市昌乐县	1 471	2 874	2 371	2 306	1 267	1 443	4 066	1 064	1 095	536	591	73.1
潍坊市昌邑市	1 376	2 704	2 512	2 180	1 205	1 459	3 848	996	1 054	513	556	8.8
潍坊市高密市	1 406	2 657	2 466	2 151	1 181	1 490	3 822	980	1 043	525	550	37.1
潍坊市寒亭区	1 405	2 805	2 356	2 254	1 247	1 420	3 974	1 036	1 075	515	575	25.4
潍坊市临朐县	1 440	2 601	2 325	2 246	1 247	1 444	3 950	1 039	1 072	529	583	110.4
潍坊市青州市	1 479	2 922	2 388	2 324	1 283	1 421	4 113	1 077	1 086	531	607	111.0
潍坊市市辖区	1 467	2 852	2 377	2 290	1 261	1 482	4 057	1 052	1 089	537	587	22.2
潍坊市寿光市	1 443	2 853	2 353	2 348	1 258	1 434	3 982	1 046	1 067	527	580	30.2
潍坊市寿光市羊角沟港	1 365	3 076	2 304	2 543	1 362	1 488	4 377	1 129	1 126	545	620	6.0
潍坊市诸城市	1 260	2 359	2 400	2 084	1 153	1 491	3 665	950	1 025	515	533	95.5
烟台市长岛县	1 500	2 486	2 487	2 126	1 166	1 561	3 778	929	1 098	535	544	43.0
烟台市福山区	1 634	2 619	2 713	2 238	1 207	1 624	3 737	1 051	1 111	549	576	32.6
烟台市海阳市	1 252	2 194	2 180	1 876	1 020	1 458	3 075	824	963	510	479	65.2
烟台市海阳市千里岩	1 234	2 171	2 299	1 928	1 040	1 142	3 268	822	1 016	527	498	70.5
烟台市莱阳市	1 273	2 430	2 354	2 026	1 124	1 533	3 484	915	1 024	501	512	54.4
烟台市莱州市	1 481	2 822	2 683	2 338	1 292	1 499	4 143	1 072	1 116	541	599	48.9
烟台市龙口市	1 391	2 731	2 663	2 280	1 271	1 607	3 978	1 031	1 147	537	579	4.8
烟台市牟平区	1 461	2 491	2 425	2 084	1 157	1 575	3 421	933	1 058	519	530	11.7
烟台市蓬莱市	1 548	2 650	2 598	2 233	1 234	1 654	3 957	996	1 136	547	569	48.4
烟台市栖霞市	1 480	2 541	2 435	2 106	1 170	1 594	3 724	949	1 057	514	535	165.9
烟台市招远市	1 377	2 676	2 575	2 225	1 235	1 551	3 898	1 012	1 106	521	565	81.2
枣庄市市辖区	1 226	2 522	2 276	2 120	1 205	1 349	3 952	1 045	995	550	579	74.8
枣庄市台儿庄区	1 164	2 356	2 099	1 977	1 121	1 327	3 307	975	925	513	539	32.3
枣庄市滕州市	1 334	2 617	2 350	2 182	1 250	1 355	4 014	1 078	1 021	547	592	65.9
枣庄市薛城区	1 208	2 492	2 209	2 078	1 178	1 357	3 899	1 032	958	536	569	45.5

表 D.29（续）

区　县　名	冬小麦	春玉米	夏玉米	一季稻	谷子	马铃薯	甘薯	花生	大豆	油菜	棉花	站点海拔/m
枣庄市峄城区	1 153	2 297	2 046	1 941	1 087	1 304	3 244	957	911	515	531	48.8
淄博市博山区	1 332	2 662	2 068	2 289	1 260	1 416	4 070	1 063	1 070	535	600	192.1
淄博市高青县	1 292	2 947	2 147	2 427	1 295	1 361	4 103	1 086	1 081	519	590	14.0
淄博市桓台县	1 348	3 091	2 290	2 537	1 371	1 438	4 261	1 134	1 151	559	627	22.0
淄博市临淄区	1 247	2 787	2 040	2 298	1 230	1 365	3 879	1 026	1 048	513	576	51.7
淄博市市辖区	1 316	2 926	2 115	2 385	1 284	1 367	4 056	1 067	1 052	528	592	34.0
淄博市沂源县	1 259	2 489	2 195	2 145	1 187	1 533	3 818	988	1 038	521	556	303.3
淄博市周村区	1 355	2 980	2 173	2 447	1 300	1 421	4 209	1 091	1 074	548	610	45.6
淄博市淄川区	1 315	2 712	2 627	2 308	1 284	1 404	4 078	1 073	1 060	538	604	93.7

表 D.30　山东省作物气候生产潜力指数

区　县　名	冬小麦	春玉米	夏玉米	谷子	马铃薯	甘薯	花生	大豆	油菜	棉花	站点海拔/m
滨州市博兴县	479	1 927	1 810	964	441	2 922	785	826	210	400	9.6
滨州市惠民县	479	2 052	1 928	1 037	434	3 087	836	884	212	423	11.4
滨州市惠民县	444	1 895	1 773	956	399	2 818	772	821	198	388	11.7
滨州市无棣县	405	1 957	1 831	988	393	2 852	791	830	173	394	7.7
滨州市阳信县	430	2 009	1 868	1 020	387	2 951	815	861	187	407	11.0
滨州市沾化县	440	1 922	1 817	967	415	2 833	776	818	196	391	7.7
滨州市邹平县	566	2 029	1 894	1 010	487	3 152	829	867	254	432	24.8
德州市乐陵市	405	1 898	1 881	956	360	2 789	769	806	178	386	12.7
德州市临邑县	459	2 002	1 899	1 008	406	3 009	815	860	207	413	24.0
德州市陵县	413	1 927	1 934	1 117	371	2 851	781	824	275	394	19.2
德州市宁津县	393	1 920	1 895	1 103	372	2 810	778	819	259	389	17.2
德州市平原县	451	1 894	1 864	1 088	436	2 807	763	793	281	386	23.0
德州市齐河县	546	2 080	1 941	1 038	477	3 160	835	856	243	432	23.6
德州市庆云县	407	2 075	1 960	1 058	350	3 064	847	901	178	423	9.3
德州市市辖区	440	1 977	1 958	1 145	382	2 925	794	819	279	400	21.2
德州市武城县	418	1 958	1 927	1 129	370	2 873	788	819	271	395	27.2
德州市夏津县	427	1 877	1 885	950	370	2 835	768	814	289	390	37.7
德州市禹城市	451	1 987	1 943	994	434	2 960	797	821	216	409	25.0
东营市广饶县	492	1 978	1 835	999	459	3 045	814	869	215	414	15.8
东营市垦利县	429	1 986	1 885	1 006	425	2 983	810	864	187	407	9.6
东营市利津县	434	1 989	1 888	1 010	421	2 993	813	852	186	410	11.2

表 D.30（续）

区 县 名	冬小麦	春玉米	夏玉米	谷子	马铃薯	甘薯	花生	大豆	油菜	棉花	站点海拔/m
菏泽市曹县	621	1 947	2 034	874	646	3 405	883	912	323	479	50.0
菏泽市成武县	569	1 747	1 845	966	583	3 076	813	821	298	434	45.1
菏泽市单县	650	1 908	1 945	1 051	667	3 316	878	885	338	467	44.3
菏泽市定陶县	596	1 900	1 997	856	622	3 326	884	892	305	470	51.7
菏泽市东明县	676	1 844	2 319	1 018	558	3 241	844	875	289	456	59.5
菏泽市巨野县	531	1 863	1 968	1 047	530	3 260	873	902	280	459	41.1
菏泽市鄄城县	518	1 792	1 908	823	503	3 163	847	884	277	447	51.4
菏泽市市辖区	591	1 930	1 992	862	585	3 367	897	908	303	473	49.7
菏泽市郓城县	525	1 852	1 929	1 041	523	3 253	870	894	272	453	46.3
济南市长清区	506	2 068	1 944	1 038	434	3 178	835	856	222	438	45.4
济南市济阳县	476	1 975	1 844	990	433	2 956	798	833	213	408	22.4
济南市平阴县	476	1 769	1 996	1 003	454	3 081	795	737	245	416	42.8
济南市商河县	463	2 027	1 910	1 019	410	3 000	821	861	206	413	15.7
济南市市辖区	597	2 092	2 241	1 066	395	3 266	846	841	238	442	51.6
济南市章丘市	512	1 995	1 862	1 002	443	3 062	814	855	229	425	75.1
济宁市嘉祥县	513	1 801	1 951	1 016	512	3 208	847	868	275	451	42.9
济宁市金乡县	572	1 819	1 903	1 014	573	3 202	848	873	302	451	41.3
济宁市梁山县	560	1 768	1 891	998	484	3 135	836	860	251	434	40.8
济宁市曲阜市	591	1 832	2 087	1 042	481	3 271	866	888	267	451	69.1
济宁市市辖区	616	1 887	1 975	1 063	541	3 333	889	918	273	465	45.2
济宁市泗水县	591	1 844	2 075	1 043	504	3 262	873	915	264	454	110.4
济宁市微山县	677	2 078	2 299	1 156	698	3 628	963	991	346	511	40.5
济宁市汶上县	554	1 729	1 803	978	477	3 051	816	843	244	422	47.9
济宁市兖州市	635	1 927	2 015	1 089	544	3 404	910	940	285	474	51.7
济宁市鱼台县	637	1 847	2 027	1 025	645	3 275	864	889	324	461	36.2
济宁市邹城市	603	1 862	2 136	1 053	510	3 324	874	894	273	463	78.9
莱芜市市辖区	608	1 868	1 919	1 057	563	3 333	879	961	269	463	190.3
聊城市茌平县	492	2 092	1 972	1 055	410	3 143	849	888	221	439	32.1
聊城市东阿县	560	2 069	1 923	1 032	489	3 175	837	864	248	440	36.6
聊城市高唐县	476	2 042	1 905	1 176	445	3 034	821	844	205	419	28.3
聊城市冠县	505	2 053	1 980	1 004	429	3 046	824	847	312	420	40.9
聊城市临清市	472	1 941	1 918	968	431	2 903	785	819	300	398	37.5
聊城市市辖区	514	2 016	1 893	1 178	438	3 069	820	856	229	427	34.0
聊城市阳谷县	531	2 011	1 890	833	455	3 086	832	851	238	429	44.0

表 D.30（续）

区　县　名	冬小麦	春玉米	夏玉米	谷子	马铃薯	甘薯	花生	大豆	油菜	棉花	站点海拔/m
聊城市阳谷县朝城	522	1 940	1 823	971	440	2 984	804	828	236	415	42.7
临沂市苍山县	671	1 936	2 098	1 075	758	3 243	901	942	332	478	50.3
临沂市费县	611	1 910	2 137	1 074	643	3 451	889	965	315	480	120.5
临沂市莒南县	615	1 831	2 033	1 036	779	3 222	803	955	313	461	113.1
临沂市临沭县	647	1 977	2 209	1 116	775	3 430	865	1 004	329	495	62.7
临沂市蒙阴县	655	1 915	2 091	1 081	630	3 421	891	961	281	468	202.9
临沂市平邑县	609	1 818	2 057	1 032	552	3 288	871	935	276	454	167.0
临沂市市辖区	683	1 972	2 149	1 103	783	3 374	905	975	338	490	87.9
临沂市郯城县	718	1 924	2 090	1 065	798	3 217	841	924	365	476	38.4
临沂市沂南县	614	1 837	2 027	1 034	690	3 338	856	942	310	461	118.2
临沂市沂水县	630	1 769	1 863	995	707	3 204	828	930	293	445	160.6
青岛市即墨市	717	1 906	2 087	972	686	3 035	812	939	295	439	26.2
青岛市胶南市	775	1 772	2 144	990	971	3 059	810	965	333	451	10.1
青岛市胶州市	656	1 873	2 024	947	648	3 068	788	903	262	419	16.7
青岛市莱西市	640	1 904	2 049	976	686	3 061	799	921	257	419	56.2
青岛市崂山区	773	1 819	2 023	933	785	2 947	771	912	320	428	44.7
青岛市平度市	616	1 896	2 011	958	625	3 006	789	892	240	411	48.7
青岛市市辖区	733	1 781	1 955	909	772	2 947	740	894	283	410	76.0
日照市莒县	714	1 848	2 193	1 051	773	3 313	859	977	302	458	107.4
日照市市辖区	718	1 901	2 142	1 039	1 050	3 267	796	1 002	379	483	16.1
日照市五莲县	679	1 824	2 195	1 043	679	3 354	860	979	283	460	154.2
泰安市东平县	583	1 783	1 875	1 008	505	3 150	843	868	257	437	48.3
泰安市肥城市	580	1 834	1 931	1 041	493	3 273	865	935	260	455	108.0
泰安市宁阳县	607	1 964	2 042	1 113	521	3 427	919	941	267	474	61.2
泰安市市辖区	620	1 885	1 950	1 070	550	3 354	886	962	277	466	128.8
泰安市泰山区	397	1 198	1 157	704	665	1 064	319	620	209	207	1 533.7
泰安市新泰市	653	1 843	2 222	1 043	603	3 296	894	938	268	452	199.2
威海市荣成市	874	1 746	1 940	898	779	2 826	721	891	310	402	38.9
威海市荣成市成山头	762	1 522	1 742	795	638	2 563	606	819	265	354	47.7
威海市荣成市石岛镇	813	1 664	1 864	859	840	2 805	680	866	333	395	21.9
威海市乳山市	960	1 858	2 020	945	910	2 926	773	921	343	427	38.4
威海市市辖区	749	1 685	1 887	865	647	2 863	723	874	265	396	65.4
威海市文登市	866	1 718	1 870	878	820	2 696	707	853	313	389	56.2
潍坊市安丘市	622	1 730	2 111	981	621	3 105	812	897	268	425	64.7

表 D.30（续）

区 县 名	冬小麦	春玉米	夏玉米	谷子	马铃薯	甘薯	花生	大豆	油菜	棉花	站点海拔/m
潍坊市昌乐县	617	1 994	1 979	1 007	496	3 084	825	893	234	424	73.1
潍坊市昌邑市	583	1 914	2 013	969	529	2 957	785	860	221	404	8.8
潍坊市高密市	601	1 846	1 973	933	527	2 953	770	860	237	403	37.1
潍坊市寒亭区	613	2 000	2 019	1 026	491	3 134	832	912	231	428	25.4
潍坊市临朐县	673	1 819	2 047	1 036	536	3 244	856	945	260	448	110.4
潍坊市青州市	667	2 074	2 048	1 045	506	3 235	858	918	251	448	111.0
潍坊市市辖区	605	1 990	2 013	1 009	495	3 119	825	903	231	426	22.2
潍坊市寿光市	599	2 015	1 991	1 022	487	3 065	824	879	219	421	30.2
潍坊市寿光市羊角沟港	469	2 046	1 941	1 029	457	3 066	821	846	199	416	6.0
潍坊市诸城市	650	1 781	2 135	1 017	711	3 220	836	957	281	444	95.5
烟台市长岛县	599	1 797	1 951	928	594	2 916	738	870	194	388	43.0
烟台市福山区	742	1 854	2 179	945	638	3 090	836	936	267	432	32.6
烟台市海阳市	795	1 830	1 973	929	929	2 889	758	905	319	419	65.2
烟台市海阳市千里岩	580	1 713	1 914	885	559	2 781	709	851	236	387	70.5
烟台市莱阳市	706	1 852	2 019	945	751	2 987	782	919	300	421	54.4
烟台市莱州市	581	1 918	2 060	976	507	3 039	803	876	230	417	48.9
烟台市龙口市	633	1 992	2 152	1 023	636	3 182	834	954	254	437	4.8
烟台市牟平区	804	1 821	2 002	931	680	2 924	774	918	294	417	11.7
烟台市蓬莱市	691	1 943	2 103	1 003	662	3 158	808	942	226	423	48.4
烟台市栖霞市	733	1 825	1 977	938	627	2 996	765	893	256	404	165.9
烟台市招远市	631	1 935	2 082	991	615	3 100	814	924	253	424	81.2
枣庄市市辖区	654	1 968	2 141	1 096	670	3 499	918	942	323	486	74.8
枣庄市台儿庄区	714	1 918	2 028	1 065	659	3 183	899	905	341	476	32.3
枣庄市滕州市	682	1 864	2 099	1 043	591	3 300	873	909	311	465	65.9
枣庄市薛城区	646	1 895	2 053	1 062	568	3 422	898	894	311	478	45.5
枣庄市峄城区	635	1 733	1 879	971	578	2 976	830	846	311	443	48.8
淄博市博山区	571	1 823	1 862	1 033	486	3 232	854	922	250	447	192.1
淄博市高青县	470	1 940	1 816	970	436	2 907	788	826	207	399	14.0
淄博市桓台县	511	2 077	1 947	1 055	474	3 174	856	909	227	438	22.0
淄博市临淄区	549	2 005	1 829	1 012	506	3 117	830	895	242	432	51.7
淄博市市辖区	566	2 006	1 862	1 004	478	3 110	822	867	254	427	34.0
淄博市沂源县	583	1 779	1 968	1 008	645	3 208	833	939	262	437	303.3
淄博市周村区	573	2 141	1 930	1 070	525	3 293	873	900	239	449	45.6
淄博市淄川区	582	1 810	2 243	1 021	483	3 198	843	902	276	446	93.7

D.2.16 河南省作物生产潜力表见表 D.31 和表 D.32。

表 D.31 河南省作物光温生产潜力指数

区 县 名	冬小麦	夏玉米	早稻	晚稻	一季稻	谷子	马铃薯	甘薯	花生	大豆	油菜	棉花	站点海拔/m
安阳市滑县	1 352	1 846	—	—	—	—	—	—	1 035	802	453	497	65.7
安阳市林州市	1 336	1 689	—	—	—	980	—	—	—	—	—	—	308.6
安阳市市辖区	1 534	1 908	—	—	—	1 568	—	—	—	—	—	—	75.5
鹤壁市市辖区	1 476	1 888	—	—	—	—	—	—	—	—	—	—	177.1
焦作市孟州市	1 398	1 987	—	—	—	—	—	—	1 072	—	—	610	117.6
焦作市市辖区	1 443	1 977	—	—	—	—	—	—	—	—	—	—	113.2
开封市杞县	1 309	1 396	—	—	—	—	—	—	1 049	741	—	567	60.7
开封市市辖区	1 332	1 429	—	—	1 730	—	—	—	1 102	—	—	—	72.5
开封市尉氏县	1 399	1 511	—	—	—	—	—	—	1 122	798	—	600	67.5
洛阳市栾川县	1 145	923	—	—	—	—	—	2 811	—	—	—	—	750.1
洛阳市洛宁县	1 458	1 473	—	—	—	—	—	—	—	860	—	—	329.7
洛阳市孟津县	1 688	1 936	—	—	—	—	—	3 231	821	—	—	—	323.3
洛阳市市辖区	1 742	2 035	—	—	1 677	—	—	—	—	—	—	—	137.1
洛阳市嵩县	1 562	1 474	—	—	—	—	—	3 800	—	—	—	—	327.5
洛阳市伊川县	1 613	1 999	—	—	1 877	—	—	3 873	—	839	—	—	198.2
漯河市市辖区	1 248	1 641	—	—	—	—	—	—	—	—	—	—	62.1
漯河市舞阳县	1 230	1 652	—	—	—	—	—	—	—	891	505	554	92.3
南阳市邓州市	1 202	1 438	—	—	2 057	—	437	—	856	—	—	—	112.7
南阳市方城县	1 326	1 451	—	—	—	—	—	—	—	667	—	—	161.5
南阳市内乡县	1 144	1 394	—	—	—	—	—	—	809	—	—	—	160.0
南阳市南召县	1 114	1 320	—	—	2 037	—	—	3 412	959	—	—	—	199.7
南阳市市辖区	1 261	1 411	1 787	2 096	—	—	—	—	—	—	—	530	129.2
南阳市唐河县	1 289	1 605	—	—	2 272	—	—	—	1 106	714	434	387	109.9
南阳市西峡县	1 246	1 353	—	—	2 069	—	—	—	1 045	—	—	—	250.3
南阳县桐柏县	1 318	—	—	—	2 057	—	—	—	849	—	—	—	149.1
平顶山市宝丰县	1 322	1 460	—	—	—	—	—	—	—	697	274	—	136.4
平顶山市汝州市	1 383	1 380	—	—	—	—	—	—	—	—	—	—	214.2
濮阳市南乐县	1 499	1 955	—	—	—	—	—	—	1 045	—	—	—	49.6
濮阳市市辖区	1 416	2 007	—	—	—	—	—	—	1 040	—	—	—	53.1
三门峡市卢氏县	1 143	1 107	—	—	—	—	—	—	885	—	—	81	568.8
三门峡市渑池县	1 273	1 792	—	—	—	—	2 141	—	—	—	—	—	521.6
三门峡市市辖区	1 424	1 957	—	—	—	—	—	3 211	1 087	1 205	524	562	409.9
商丘市民权县	1 376	1 525	—	—	—	—	—	—	1 095	—	—	538	61.0

表 D.31（续）

区 县 名	冬小麦	夏玉米	早稻	晚稻	一季稻	谷子	马铃薯	甘薯	花生	大豆	油菜	棉花	站点海拔/m
商丘市市辖区	1 421	1 510	—	—	—	—	667	—	873	867	—	597	50.1
商丘市永城市	1 437	1 488	—	—	—	—	—	—	—	787	—	—	32.7
新乡市长垣县	1 384	1 907	—	—	2 161	—	—	—	972	908	—	514	62.7
新乡市市辖区	1 399	1 847	—	—	1 760	—	—	—	990	—	—	600	72.7
新乡市延津县	1 423	2 037	—	—	1 797	—	—	—	1 108	1 000	565	561	72.3
信阳市固始县	1 384	—	—	—	2 220	—	—	—	—	—	—	—	57.1
信阳市淮滨县	1 246	1 480	—	—	2 217	—	—	—	920	—	441	475	34.8
信阳市潢川县	1 334	—	—	—	2 258	—	—	—	—	—	—	—	42.9
信阳市商城县	1 242	—	—	—	2 115	—	—	—	—	—	523	—	79.1
信阳市市辖区	1 256	—	—	—	2 172	—	—	—	—	—	506	—	114.5
信阳市新县	1 314	—	—	—	2 066	—	—	—	1 014	—	—	—	130.8
许昌市襄城县	1 295	1 531	—	—	—	—	—	2 720	—	732	—	—	81.4
许昌市许昌县	1 250	1 462	—	—	—	—	—	—	—	—	—	—	66.8
郑州市巩义市	1 417	2 028	—	—	—	—	—	—	—	—	—	—	166.0
郑州市市辖区	1 390	2 009	—	—	—	—	1 824	—	734	—	—	—	110.4
周口市鹿邑县	1 247	1 648	—	—	—	—	—	—	—	768	—	546	41.2
周口市沈丘县	1 161	1 687	—	—	—	—	—	—	—	—	—	—	42.0
周口市西华县	1 273	1 653	—	—	—	—	—	—	—	797	—	548	52.6
驻马店市泌阳县	1 324	1 710	—	—	—	—	—	—	952	—	—	—	142.5
驻马店市上蔡县	1 289	1 519	—	—	—	—	—	—	—	716	—	—	60.8
驻马店市市辖区	1 277	1 632	—	—	—	—	—	—	—	—	—	—	82.7
驻马店市新蔡县	1 224	1 746	—	—	2 276	—	—	2 854	850	736	470	556	39.1
驻马店市正阳县	1 304	1 674	—	—	—	—	—	—	710	—	—	447	79.7

表 D.32　河南省作物气候生产潜力指数

区 县 名	冬小麦	夏玉米	谷子	马铃薯	甘薯	花生	大豆	油菜	棉花	站点海拔/m
安阳市滑县	575	1 534	—	—	—	810	711	197	381	65.7
安阳市林州市	619	1 397	878	—	—	—	—	—	—	308.6
安阳市市辖区	576	1 497	1 220	—	—	—	—	—	—	75.5
鹤壁市市辖区	554	1 495	—	—	—	—	—	—	—	177.1
焦作市孟州市	713	1 589	—	—	—	838	—	—	447	117.6
焦作市市辖区	584	1 664	—	—	—	—	—	—	—	113.2
开封市杞县	729	1 199	—	—	—	884	670	—	447	60.7
开封市市辖区	649	1 211	—	—	—	856	—	—	—	72.5

表 D.32（续）

区 县 名	冬小麦	夏玉米	谷子	马铃薯	甘薯	花生	大豆	油菜	棉花	站点海拔/m
开封市尉氏县	797	1 260	—	—	—	881	711	—	464	67.5
洛阳市栾川县	1 065	893	—	—	2 779	—	—	—	—	750.1
洛阳市洛宁县	933	1 267	—	—	—	—	740	—	—	329.7
洛阳市孟津县	891	1 516	—	—	2 644	673	—	—	—	323.3
洛阳市市辖区	951	1 628	—	—	—	—	—	—	—	137.1
洛阳市嵩县	1 134	1 283	—	—	3 214	—	—	—	—	327.5
洛阳市伊川县	986	1 691	—	—	3 208	—	745	—	—	198.2
漯河市市辖区	994	1 479	—	—	—	—	—	—	—	62.1
漯河市舞阳县	1 015	1 471	—	—	—	—	802	429	480	92.3
南阳市邓州市	1 038	1 299	—	437	—	787	—	—	—	112.7
南阳市方城县	953	1 301	—	—	—	—	641	—	—	161.5
南阳市内乡县	1 001	1 257	—	—	—	745	—	—	—	160.0
南阳市南召县	940	1 220	—	—	3 271	902	—	—	—	199.7
南阳市市辖区	1 039	1 290	—	—	—	—	—	—	474	129.2
南阳市唐河县	1 125	1 529	—	—	—	1 080	684	383	355	109.9
南阳市西峡县	1 096	1 246	—	—	—	979	—	—	—	250.3
南阳县桐柏县	1 316	—	—	—	—	849	—	—	—	149.1
平顶山市宝丰县	966	1 263	—	—	—	—	671	176	—	136.4
平顶山市汝州市	837	1 175	—	—	—	—	—	—	—	214.2
濮阳市南乐县	578	1 603	—	—	—	819	—	—	—	49.6
濮阳市市辖区	604	1 642	—	—	—	831	—	—	—	53.1
三门峡市卢氏县	862	984	—	—	—	795	—	—	58	568.8
三门峡市渑池县	744	1 544	—	1 566	—	—	—	—	—	521.6
三门峡市市辖区	764	1 406	—	—	2 499	793	818	313	388	409.9
商丘市民权县	720	1 291	—	—	—	868	—	—	422	61.0
商丘市市辖区	786	1 292	—	650	—	743	763	—	463	50.1
商丘市永城市	956	1 326	—	—	—	—	717	—	—	32.7
新乡市长垣县	612	1 591	—	—	—	770	746	—	398	62.7
新乡市市辖区	594	1 548	—	—	—	806	—	—	441	72.7
新乡市延津县	585	1 670	—	—	—	897	845	255	428	72.3
信阳市固始县	1 382	—	—	—	—	—	—	—	—	57.1
信阳市淮滨县	1 199	1 480	—	—	—	919	—	434	467	34.8
信阳市潢川县	1 332	—	—	—	—	—	—	—	—	42.9
信阳市商城县	1 242	—	—	—	—	—	—	523	—	79.1

表 D.32（续）

区　县　名	冬小麦	夏玉米	谷子	马铃薯	甘薯	花生	大豆	油菜	棉花	站点海拔/m
信阳市市辖区	1 254	—	—	—	—	—	—	505	—	114.5
信阳市新县	1 312	—	—	—	—	1 014	—	—	—	130.8
许昌市襄城县	958	1 322	—	—	2 457	—	657	—	—	81.4
许昌市许昌县	885	1 268	—	—	—	—	—	—	—	66.8
郑州市巩义市	655	1 632	—	—	—	—	—	—	—	166.0
郑州市市辖区	747	1 637	—	1 257	—	676	—	—	—	110.4
周口市鹿邑县	803	1 439	—	—	—	—	703	—	454	41.2
周口市沈丘县	882	1 544	—	—	—	—	—	—	—	42.0
周口市西华县	870	1 455	—	—	—	—	732	—	464	52.6
驻马店市泌阳县	1 183	1 633	—	—	—	929	—	—	—	142.5
驻马店市上蔡县	1 048	1 454	—	—	—	—	706	—	—	60.8
驻马店市市辖区	1 176	1 584	—	—	—	—	—	—	—	82.7
驻马店市新蔡县	1 124	1 689	—	—	2 854	850	734	449	532	39.1
驻马店市正阳县	1 234	1 632	—	—	—	710	—	—	439	79.7

D.2.17　湖北省作物生产潜力表见表 D.33 和表 D.34。

表 D.33　湖北省作物光温生产潜力指数

区　县　名	冬小麦	春玉米	早稻	晚稻	一季稻	马铃薯	甘薯	油菜	棉花	站点海拔/m
鄂州市市辖区	937	1 700	1 391	1 737	1 875	—	3 494	487	633	22.1
恩施州巴东县	1 135	1 716	1 291	1 530	1 714	1 225	3 905	466	566	294.5
恩施州巴东县绿葱坡	342	1 020	381	599	631	608	1 098	176	189	1 819.3
恩施州恩施市	958	1 585	1 110	1 415	1 538	1 236	3 584	408	506	457.1
恩施州鹤峰县	887	1 364	998	1 320	1 413	1 200	3 321	390	463	538.2
恩施州建始县	912	1 587	1 060	1 397	1 505	1 232	3 517	396	491	612.1
恩施州来凤县	904	1 612	1 056	1 395	1 490	1 169	3 501	388	491	459.5
恩施州利川市	648	1 414	781	1 084	1 161	1 126	2 778	316	368	1 072.5
恩施州咸丰县	736	1 501	897	1 231	1 313	1 154	3 071	339	422	776.9
恩施州宣恩县	889	1 509	1 023	1 333	1 436	1 181	3 355	383	470	533.4
黄冈市红安县	1 044	1 643	1 315	1 584	1 780	—	4 069	441	583	75.5
黄冈市黄梅县	902	1 628	1 317	1 716	1 801	—	3 439	477	616	23.8
黄冈市罗田县	1 114	1 646	1 334	1 643	1 800	—	3 347	478	601	103.6
黄冈市麻城市	1 103	1 680	1 353	1 653	1 828	—	3 392	458	607	59.3
黄冈市蕲春县	901	1 673	1 364	1 710	1 851	—	3 457	478	621	31.7
黄冈市市辖区	920	1 679	1 367	1 729	1 856	—	3 486	482	627	41.2

表 D.33（续）

区 县 名	冬小麦	春玉米	早稻	晚稻	一季稻	马铃薯	甘薯	油菜	棉花	站点海拔/m
黄冈市武穴市	876	1 613	1 302	1 668	1 781	—	3 362	465	601	20.1
黄冈市浠水县	912	1 626	1 335	1 666	1 798	—	3 349	476	608	46.8
黄冈市英山县	1 131	1 661	1 343	1 659	1 811	—	3 380	456	607	123.8
黄石市大冶市	914	1 600	1 306	1 628	1 754	—	3 276	475	595	38.2
黄石市市辖区	934	1 671	1 368	1 715	1 845	—	3 452	487	624	19.6
黄石市阳新县	852	1 625	1 317	1 686	1 795	—	3 391	472	608	47.0
荆门市京山县	856	1 660	1 345	1 613	1 810	—	4 152	463	596	68.5
荆门市市辖区	849	1 665	1 336	1 588	1 805	—	4 082	460	586	112.3
荆门市钟祥市	864	1 681	1 348	1 611	1 823	—	4 136	469	594	65.8
荆州市公安县	872	1 549	1 318	1 637	1 798	—	4 145	464	593	38.7
荆州市洪湖市	900	1 780	1 372	1 712	1 863	—	4 326	476	620	27.5
荆州市监利县	875	1 783	1 364	1 699	1 865	—	4 296	470	614	30.6
荆州市石首市	850	1 539	1 305	1 648	1 790	—	4 153	456	592	36.7
荆州市市辖区	862	1 729	1 317	1 622	1 794	—	4 121	461	590	32.6
荆州市松滋市	884	1 732	1 325	1 638	1 799	—	4 164	465	596	67.2
潜江市	837	1 730	1 321	1 628	1 806	—	4 138	453	591	33.0
神农架林区	709	1 543	848	1 065	1 213	1 277	2 767	342	376	937.2
十堰市丹江口市	1 065	1 689	1 328	1 469	1 754	1 247	3 870	457	562	135.8
十堰市房县	896	1 697	1 160	1 359	1 599	1 261	3 519	396	498	426.9
十堰市市辖区	1 030	1 696	1 310	1 437	1 733	1 333	3 762	441	546	253.9
十堰市郧西县	991	1 691	1 297	1 433	1 735	1 260	3 751	424	542	249.9
十堰市郧县	1 067	1 700	1 339	1 459	1 767	1 259	3 849	457	559	201.9
十堰市竹山县	977	1 720	1 237	1 407	1 669	1 279	3 653	420	524	309.0
十堰市竹溪县	879	1 687	1 151	1 364	1 600	1 230	3 518	388	496	450.1
随州市市辖区	1 039	1 655	1 321	1 566	1 784	—	4 046	428	580	97.5
天门市	859	1 748	1 345	1 635	1 820	—	4 183	460	599	34.1
武汉市汉阳区	898	1 812	1 395	1 726	1 897	—	4 390	477	629	39.4
武汉市黄陂区	857	1 645	1 327	1 650	1 806	—	3 370	463	601	31.6
武汉市市辖区	880	1 710	1 381	1 705	1 877	—	3 485	472	621	23.1
武汉市武昌区	890	1 737	1 340	1 660	1 810	—	3 369	471	605	38.2
武汉市新洲区	888	1 694	1 373	1 695	1 859	—	3 457	478	620	36.0
仙桃市	879	1 772	1 359	1 691	1 853	—	4 295	471	614	29.7
咸宁市赤壁市	880	1 706	1 317	1 627	1 775	—	3 293	464	591	47.4
咸宁市崇阳县	821	1 664	1 280	1 627	1 738	—	3 278	455	586	79.3

表 D.33（续）

区 县 名	冬小麦	春玉米	早稻	晚稻	一季稻	马铃薯	甘薯	油菜	棉花	站点海拔/m
咸宁市嘉鱼县	897	1 723	1 331	1 680	1 807	—	3 388	471	608	36.0
咸宁市市辖区	874	1 679	1 295	1 616	1 752	—	3 270	463	586	62.4
咸宁市通城县	845	1 737	1 337	1 693	1 821	—	4 244	470	610	100.3
咸宁市通山县	811	1 688	1 289	1 628	1 762	—	3 311	457	586	73.5
襄樊市保康县	967	1 702	1 204	1 362	1 621	1 275	3 545	424	508	330.2
襄樊市谷城县	987	1 729	1 273	1 437	1 703	—	3 762	419	543	87.8
襄樊市老河口市	992	1 736	1 274	1 433	1 701	—	3 744	415	541	90.0
襄樊市南漳县	790	1 631	1 303	1 492	1 750	—	3 879	432	559	108.3
襄樊市市辖区	1 031	1 633	1 316	1 492	1 757	—	3 902	420	563	69.8
襄樊市宜城市	807	1 603	1 288	1 496	1 731	—	3 877	439	559	67.3
襄樊市枣阳市	1 040	1 667	1 333	1 542	1 796	—	4 004	446	577	125.5
孝感市安陆市	853	1 701	1 366	1 642	1 847	—	4 227	465	605	53.7
孝感市大悟县	1 038	1 683	1 338	1 601	1 815	—	4 119	446	590	71.8
孝感市汉川市	840	1 754	1 342	1 663	1 834	—	4 227	457	603	25.9
孝感市市辖区	871	1 718	1 389	1 689	1 884	—	4 331	470	620	26.1
孝感市应城市	812	1 644	1 320	1 616	1 798	—	4 129	445	590	31.5
孝感市云梦县	833	1 660	1 334	1 617	1 812	—	4 144	454	594	33.5
宜昌市长阳县	1 038	1 526	1 219	1 471	1 645	1 230	3 754	444	539	144.2
宜昌市当阳市	868	1 628	1 317	1 583	1 775	—	4 064	461	583	91.5
宜昌市市辖区	1 095	1 566	1 280	1 523	1 707	1 188	3 906	461	564	133.1
宜昌市五峰县	723	1 373	884	1 192	1 288	1 228	3 037	348	409	619.9
宜昌市兴山县	1 119	1 713	1 274	1 497	1 694	1 286	3 841	471	555	275.6
宜昌市宜都市	875	1 592	1 293	1 553	1 738	—	3 977	459	572	71.6
宜昌市远安县	855	1 641	1 322	1 562	1 781	—	4 030	461	579	116.0
宜昌市枝江市	865	1 591	1 291	1 572	1 740	—	4 012	454	577	50.7
宜昌市秭归县	1 209	1 729	1 334	1 550	1 735	1 176	3 941	480	580	151.5

表 D.34 湖北省作物气候生产潜力指数

区 县 名	冬小麦	春玉米	马铃薯	甘薯	油菜	棉花	站点海拔/m
鄂州市市辖区	937	1 684	—	3 095	487	620	22.1
恩施州巴东县	1 066	1 716	1 201	3 890	417	566	294.5
恩施州巴东县绿葱坡	342	1 020	608	1 098	176	189	1 819.3
恩施州恩施市	958	1 585	1 236	3 584	408	506	457.1
恩施州鹤峰县	887	1 364	1 200	3 321	390	463	538.2

表 D.34（续）

区 县 名	冬小麦	春玉米	马铃薯	甘薯	油菜	棉花	站点海拔/m
恩施州建始县	912	1 587	1 232	3 517	396	491	612.1
恩施州来凤县	904	1 612	1 169	3 501	388	491	459.5
恩施州利川市	648	1 414	1 126	2 778	316	368	1 072.5
恩施州咸丰县	736	1 501	1 154	3 071	339	422	776.9
恩施州宣恩县	889	1 509	1 181	3 355	383	470	533.4
黄冈市红安县	1 040	1 625	—	3 773	436	575	75.5
黄冈市黄梅县	902	1 571	—	2 942	477	606	23.8
黄冈市罗田县	1 114	1 646	—	3 294	478	601	103.6
黄冈市麻城市	1 101	1 668	—	3 153	456	607	59.3
黄冈市蕲春县	901	1 667	—	3 329	478	621	31.7
黄冈市市辖区	920	1 627	—	2 922	482	605	41.2
黄冈市武穴市	876	1 588	—	3 214	465	601	20.1
黄冈市浠水县	912	1 623	—	3 215	476	608	46.8
黄冈市英山县	1 131	1 661	—	3 351	456	607	123.8
黄石市大冶市	914	1 591	—	3 157	475	595	38.2
黄石市市辖区	934	1 666	—	3 287	487	624	19.6
黄石市阳新县	852	1 589	—	3 153	472	608	47
荆门市京山县	853	1 659	—	4 035	458	596	68.5
荆门市市辖区	821	1 653	—	3 968	430	586	112.3
荆门市钟祥市	853	1 638	—	3 876	455	594	65.8
荆州市公安县	872	1 492	—	3 866	464	593	38.7
荆州市洪湖市	900	1 653	—	3 788	476	608	27.5
荆州市监利县	875	1 653	—	3 702	470	604	30.6
荆州市石首市	850	1 375	—	3 361	456	547	36.7
荆州市市辖区	862	1 703	—	3 969	461	590	32.6
荆州市松滋市	884	1 732	—	4 164	465	596	67.2
潜江市	837	1 693	—	3 990	453	591	33
神农架林区	702	1 543	1 277	2 767	329	376	937.2
十堰市丹江口市	998	1 391	1 196	3 360	421	512	135.8
十堰市房县	874	1 658	1 250	3 415	366	498	426.9
十堰市市辖区	1 025	1 547	1 331	3 487	435	534	253.9
十堰市郧西县	833	1 407	1 224	3 229	218	502	249.9
十堰市郧县	1 009	1 426	1 226	3 334	419	519	201.9
十堰市竹山县	950	1 613	1 271	3 308	389	521	309.0

表 D.34（续）

区 县 名	冬小麦	春玉米	马铃薯	甘薯	油菜	棉花	站点海拔/m
十堰市竹溪县	874	1 654	1 230	3 427	374	496	450.1
随州市市辖区	1 032	1 596	—	3 797	419	580	97.5
天门市	859	1 738	—	3 966	460	599	34.1
武汉市汉阳区	898	1 788	—	4 124	477	629	39.4
武汉市黄陂区	854	1 628	—	3 016	460	593	31.6
武汉市市辖区	880	1 697	—	3 214	472	621	23.1
武汉市武昌区	890	1 707	—	2 969	471	598	38.2
武汉市新洲区	888	1 683	—	3 202	478	620	36
仙桃市	879	1 692	—	3 758	471	594	29.7
咸宁市赤壁市	880	1 706	—	3 275	464	591	47.4
咸宁市崇阳县	821	1 664	—	3 188	455	586	79.3
咸宁市嘉鱼县	897	1 655	—	2 917	471	600	36
咸宁市市辖区	874	1 679	—	3 270	463	586	62.4
咸宁市通城县	845	1 700	—	3 952	470	610	100.3
咸宁市通山县	811	1 685	—	3 275	457	586	73.5
襄樊市保康县	947	1 659	1 270	3 442	397	508	330.2
襄樊市谷城县	987	1 555	—	3 360	419	526	87.8
襄樊市老河口市	991	1 516	—	3 271	414	515	90
襄樊市南漳县	784	1 511	—	3 611	421	542	108.3
襄樊市市辖区	1 021	1 440	—	3 465	404	534	69.8
襄樊市宜城市	792	1 520	—	3 650	422	551	67.3
襄樊市枣阳市	1 014	1 489	—	3 657	415	559	125.5
孝感市安陆市	848	1 682	—	3 951	459	598	53.7
孝感市大悟县	1 033	1 674	—	3 930	437	590	71.8
孝感市汉川市	840	1 745	—	4 046	457	603	25.9
孝感市市辖区	871	1 694	—	3 947	470	607	26.1
孝感市应城市	810	1 623	—	3 770	443	578	31.5
孝感市云梦县	831	1 633	—	3 719	452	573	33.5
宜昌市长阳县	1 038	1 526	1 230	3 754	444	539	144.2
宜昌市当阳市	853	1 618	—	3 929	445	583	91.5
宜昌市市辖区	1 090	1 566	1 188	3 906	456	564	133.1
宜昌市五峰县	723	1 373	1 228	3 037	348	409	619.9
宜昌市兴山县	1 094	1 710	1 286	3 841	451	555	275.6
宜昌市宜都市	875	1 592	—	3 977	459	572	71.6
宜昌市远安县	844	1 641	—	4 030	448	579	116
宜昌市枝江市	857	1 582	—	3 893	446	577	50.7
宜昌市秭归县	1 166	1 720	1 171	3 880	451	580	151.5

D.2.18 湖南省作物生产潜力表见表 D.35、表 D.36 和表 D.37。

表 D.35 湖南省作物光温生产潜力指数(一)

区 县 名	冬小麦	春玉米	早稻	晚稻	一季稻	站点海拔/m
长沙市长沙县	—	1 775	1 266	1 717	—	45.7
长沙市浏阳市	—	1 913	1 131	1 734	—	97.4
长沙市宁乡县	—	1 822	1 334	1 727	—	73.0
常德市安乡县	—	—	1 130	1 791	—	37.5
常德市汉寿县	—	—	1 271	1 633	—	31.9
常德市澧县	—	1 537	1 006	1 674	—	39.6
常德市临澧县	—	—	1 136	1 732	—	50.7
常德市石门县	—	1 501	987	1 620	—	116.9
常德市市辖区	—	—	1 265	1 634	—	35.0
常德市桃源县	—	—	1 199	1 560	—	47.3
郴州市安仁县	—	—	1 375	1 711	—	101.7
郴州市桂东县	—	—	1 029	1 417	—	833.6
郴州市桂阳县	—	—	1 330	1 796	—	327.6
郴州市嘉禾县	—	—	1 626	1 737	—	213.3
郴州市临武县	—	—	1 323	1 206	—	292.0
郴州市汝城县	—	—	1 254	1 160	—	607.9
郴州市市辖区	—	—	685	1 262	—	184.9
郴州市宜章县	—	—	1 337	1 235	—	222.9
郴州市永兴县	—	—	1 312	1 790	—	121.7
郴州市资兴市	—	—	1 205	1 636	—	363.7
衡阳市常宁市	—	—	1 009	2 044	—	116.4
衡阳市衡东县	—	—	1 307	1 781	—	67.3
衡阳市衡南县	—	—	1 018	2 110	—	69.7
衡阳市衡山县	—	—	1 278	1 772	—	62.0
衡阳市衡阳县	—	—	1 308	1 833	—	91.0
衡阳市耒阳市	—	—	1 027	2 091	—	83.2
衡阳市南岳区	—	—	662	1 053	—	1 265.9
衡阳市祁东县	—	—	991	2 060	—	147.1
衡阳市市辖区	—	—	1 265	1 775	—	104.7
怀化市辰溪县	—	2 316	1 226	1 960	—	140.8
怀化市洪江市	—	1 105	522	835	—	1 404.9
怀化市会同县	—	—	—	—	1 987	278.2
怀化市靖州县	—	—	—	—	1 844	320.6

表 D.35（续）

区 县 名	冬小麦	春玉米	早稻	晚稻	一季稻	站点海拔/m
怀化市麻阳县	—	1 851	1 204	1 671	—	173.9
怀化市市辖区	—	2 283	1 214	1 927	—	261.0
怀化市通道县	—	—	—	—	1 768	397.5
怀化市新晃县	—	2 002	1 140	1 602	—	352.6
怀化市溆浦县	—	2 302	1 225	1 951	—	205.3
怀化市沅陵县	—	2 247	1 190	1 908	—	151.6
怀化市芷江县	—	2 130	1 211	1 717	—	272.2
怀化市中方县	—	2 131	1 213	1 683	—	170.7
娄底市冷水江市	470	—	1 161	1 205	—	247.7
娄底市涟源市	780	—	1 241	1 719	—	149.4
娄底市市辖区	767	—	1 222	1 673	—	151.0
娄底市双峰县	759	—	1 237	1 730	—	100.0
娄底市新化县	—	1 836	1 147	1 164	—	213.4
邵阳市城步苗族自治县	400	—	1 263	1 310	—	475.8
邵阳市洞口县	560	—	1 163	1 060	—	323.0
邵阳市隆回县	709	—	1 283	1 780	—	267.7
邵阳市邵东县	806	—	1 257	1 721	—	253.3
邵阳市邵阳县	756	—	1 220	1 720	—	277.6
邵阳市市辖区	822	—	1 237	1 686	—	248.6
邵阳市绥宁县	—	—	1 047	1 535	—	306.3
邵阳市武冈市	—	—	1 114	1 624	—	341.0
邵阳市新宁县	443	—	1 444	1 419	—	304.0
湘潭市韶山市	—	—	1 181	1 697	—	89.5
湘潭市湘潭县	—	—	1 274	1 496	—	63.9
湘潭市湘乡市	—	—	1 187	1 697	—	84.9
湘西土家族苗族自治州保靖县	—	2 256	—	—	1 731	323.5
湘西土家族苗族自治州凤凰县	851	2 622	—	—	1 522	349.6
湘西土家族苗族自治州古丈县	—	2 232	—	—	1 719	301.8
湘西土家族苗族自治州花垣县	—	2 213	—	—	1 706	341.8
湘西土家族苗族自治州吉首市	914	2 802	—	—	1 613	208.4
湘西土家族苗族自治州龙山县	865	1 630	—	—	1 530	486.9
湘西土家族苗族自治州泸溪县	947	2 936	—	—	1 667	132.0
湘西土家族苗族自治州永顺县	1 455	1 717	1 732	1 415	—	268.6
益阳市安化县	—	—	1 118	1 466	1 868	128.3

表 D.35(续)

区　县　名	冬小麦	春玉米	早稻	晚稻	一季稻	站点海拔/m
益阳市南县	—	—	1 256	1 765	—	36.0
益阳市市辖区	—	—	1 078	1 570	—	46.3
益阳市桃江县	—	—	1 193	1 635	—	49.3
益阳市沅江市	—	—	1 253	1 745	—	36.0
永州市道县	—	—	1 465	1 538	—	192.2
永州市东安县	—	—	1 283	1 744	1 651	167.9
永州市江华瑶族自治县	—	—	1 276	1 350	—	261.8
永州市江永县	—	—	1 372	1 496	—	227.4
永州市蓝山县	—	—	1 417	1 451	—	275.4
永州市零陵区	—	—	1 305	1 766	1 680	172.6
永州市宁远县	—	—	1 513	1 576	—	203.7
永州市祁阳县	—	—	1 339	1 800	1 715	112.4
永州市双牌县	—	—	1 221	1 618	1 559	162.5
永州市新田县	—	—	1 502	1 603	—	217.7
岳阳市华容县	—	—	1 125	1 416	—	32.5
岳阳市临湘市	—	—	1 202	1 638	—	55.1
岳阳市汨罗市	—	1 796	1 229	1 922	—	46.7
岳阳市平江县	—	1 778	1 133	1 772	—	106.3
岳阳市湘阴县	—	1 697	1 219	1 660	—	54.6
岳阳市岳阳县	—	1 718	1 228	1 653	—	53.0
张家界市慈利县	1 484	2 521	1 860	1 495	—	100.3
张家界市桑植县	1 444	2 267	1 711	1 387	—	322.2
张家界市市辖区	1 494	2 453	1 824	1 476	—	18.5
株洲市茶陵县	—	—	1 246	1 883	—	133.6
株洲市醴陵市	—	—	1 127	1 798	—	74.9
株洲市炎陵县	—	—	1 173	1 685	—	226.5
株洲市攸县	—	—	1 236	1 839	—	100.8
株洲市株洲县	—	—	1 096	1 761	—	72.9

表 D.36　湖南省作物光温生产潜力指数(二)

站　　名	马铃薯	甘薯	花生	大豆	油菜	棉花	站点海拔/m
长沙市长沙县	307	—	—	—	532	—	45.7
长沙市浏阳市	—	4 219	—	—	542	—	97.4
长沙市宁乡县	—	4 227	—	—	553	—	73.0

表 D.36（续）

站名	马铃薯	甘薯	花生	大豆	油菜	棉花	站点海拔/m
常德市安乡县	—	—	—	—	599	585	37.5
常德市汉寿县	—	—	—	—	529	589	31.9
常德市澧县	739	—	—	—	558	—	39.6
常德市临澧县	—	—	—	—	526	511	50.7
常德市石门县	746	—	—	—	553	—	116.9
常德市市辖区	—	—	—	—	527	589	35.0
常德市桃源县	—	—	—	—	504	559	47.3
郴州市安仁县	—	4 287	458	—	456	—	101.7
郴州市桂东县	—	3 487	333	—	483	—	833.6
郴州市桂阳县	—	4 410	—	632	477	—	327.6
郴州市嘉禾县	—	3 858	—	401	465	—	213.3
郴州市临武县	—	4 217	781	—	483	—	292.0
郴州市汝城县	—	4 079	739	—	509	—	607.9
郴州市市辖区	—	4 262	468	—	460	—	184.9
郴州市宜章县	—	4 268	784	—	488	—	222.9
郴州市永兴县	—	4 290	455	—	455	—	121.7
郴州市资兴市	—	3 954	415	—	459	—	363.7
衡阳市常宁市	—	4 298	686	—	488	—	116.4
衡阳市衡东县	—	4 370	692	—	478	—	67.3
衡阳市衡南县	—	4 403	700	—	458	—	69.7
衡阳市衡山县	—	4 301	685	—	476	—	62.0
衡阳市衡阳县	—	4 439	700	—	487	—	91.0
衡阳市耒阳市	—	4 386	709	—	462	—	83.2
衡阳市南岳区	—	2 198	370	—	310	—	1 265.9
衡阳市祁东县	—	4 281	688	—	490	—	147.1
衡阳市市辖区	—	4 288	677	—	474	—	104.7
怀化市辰溪县	—	4 131	—	—	421	—	140.8
怀化市洪江市雪峰山	—	1 633	—	—	267	—	1 404.9
怀化市会同县	—	4 050	—	705	420	—	278.2
怀化市靖州苗族侗族自治县	—	3 967	—	702	493	—	320.6
怀化市麻阳苗族自治县	—	4 030	—	—	420	—	173.9
怀化市市辖区	—	4 061	—	—	413	—	261.0
怀化市通道侗族自治县	—	3 828	—	686	503	—	397.5
怀化市新晃侗族自治县	—	3 829	—	—	443	—	352.6

表 D.36（续）

站　　名	马铃薯	甘薯	花生	大豆	油菜	棉花	站点海拔/m
怀化市溆浦县	—	4 122	—	—	428	—	205.3
怀化市沅陵县	—	4 022	—	—	411	—	151.6
怀化市芷江侗族自治县	—	4 091	—	—	461	—	272.2
怀化市中方县	—	4 029	—	—	459	—	170.7
娄底市冷水江市	—	—	—	780	411	—	247.7
娄底市涟源市	—	—	—	740	547	—	149.4
娄底市市辖区	—	—	—	711	531	—	151.0
娄底市双峰县	—	—	—	724	535	—	100.0
娄底市新化县	—	4 037	—	—	492	—	213.4
邵阳市城步苗族自治县	—	—	—	587	445	—	475.8
邵阳市洞口县	—	—	—	626	380	—	323.0
邵阳市隆回县	—	4 088	—	—	525	—	267.7
邵阳市邵东县	—	—	—	639	496	—	253.3
邵阳市邵阳县	—	—	—	583	539	—	277.6
邵阳市市辖区	—	—	—	620	490	—	248.6
邵阳市绥宁县	—	2 835	—	572	531	—	306.3
邵阳市武冈市	—	2 973	—	600	529	—	341.0
邵阳市新宁县	—	—	—	651	466	—	304.0
湘潭市韶山市	—	4 171	689	—	341	—	89.5
湘潭市湘潭县	—	4 300	695	—	356	—	63.9
湘潭市湘乡市	—	4 183	679	—	350	—	84.9
湘西土家族苗族自治州保靖县	—	—	—	—	556	—	323.5
湘西土家族苗族自治州凤凰县	—	—	—	—	387	—	349.6
湘西土家族苗族自治州古丈县	—	—	—	—	557	—	301.8
湘西土家族苗族自治州花垣县	—	—	—	—	546	—	341.8
湘西土家族苗族自治州吉首市	—	—	—	—	404	—	208.4
湘西土家族苗族自治州龙山县	—	—	—	—	454	—	486.9
湘西土家族苗族自治州泸溪县	—	—	—	—	413	—	132.0
湘西土家族苗族自治州永顺县	—	—	—	—	461	—	268.6
益阳市安化县	—	3 608	—	—	479	—	128.3
益阳市南县	—	—	—	—	503	581	36.0
益阳市市辖区	—	—	—	—	474	334	46.3
益阳市桃江县	—	3 904	—	789	486	—	49.3
益阳市沅江市	—	—	—	—	506	580	36.0

表 D.36（续）

站　　名	马铃薯	甘薯	花生	大豆	油菜	棉花	站点海拔/m
永州市道县	—	4 378	—	787	528	—	192.2
永州市东安县	—	3 852	752	614	504	—	167.9
永州市江华瑶族自治县	—	3 895	—	764	528	—	261.8
永州市江永县	—	4 232	—	778	519	—	227.4
永州市蓝山县	—	4 136	—	788	520	—	275.4
永州市零陵区	—	3 922	764	626	511	—	172.6
永州市宁远县	—	4 470	—	818	538	—	203.7
永州市祁阳县	—	3 990	759	629	510	—	112.4
永州市双牌县	—	3 623	720	589	497	—	162.5
永州市新田县	—	4 484	—	822	530	—	217.7
岳阳市华容县	—	—	—	—	495	348	32.5
岳阳市临湘市	—	—	—	—	531	555	55.1
岳阳市汨罗市	—	—	—	—	355	—	46.7
岳阳市平江县	—	—	—	—	360	—	106.3
岳阳市湘阴县	—	—	—	—	499	—	54.6
岳阳市岳阳县	—	—	—	—	516	—	53.0
张家界市慈利县	—	—	—	—	568	—	100.3
张家界市桑植县	—	—	—	—	552	—	322.2
张家界市市辖区	—	—	—	—	571	—	18.5
株洲市茶陵县	—	4 444	710	—	382	—	133.6
株洲市醴陵市	—	4 298	692	—	359	—	74.9
株洲市炎陵县	—	4 080	690	—	362	—	226.5
株洲市攸县	—	4 347	691	—	357	—	100.8
株洲市株洲县	—	4 196	673	—	351	—	72.9

表 D.37　湖南省作物气候生产潜力指数

区　县　名	冬小麦	春玉米	马铃薯	甘薯	花生	大豆	油菜	棉花	站点海拔/m
长沙市长沙县	—	1 682	307	—	—	—	518	—	45.7
长沙市浏阳市	—	1 913	—	4 216	—	—	535	—	97.4
长沙市宁乡县	—	1 713	—	4 067	—	—	542	—	73.0
常德市安乡县	—	—	—	—	—	—	599	567	37.5
常德市汉寿县	—	—	—	—	—	—	529	588	31.9
常德市澧县	—	1 536	739	—	—	—	558	—	39.6
常德市临澧县	—	—	—	—	—	—	526	511	50.7

表 D.37（续）

区　县　名	冬小麦	春玉米	马铃薯	甘薯	花生	大豆	油菜	棉花	站点海拔/m
常德市石门县	—	1 501	746	—	—	—	553	—	116.9
常德市市辖区	—	—	—	—	—	—	526	588	35.0
常德市桃源县	—	—	—	—	—	—	504	559	47.3
郴州市安仁县	—	—	—	3 992	458	—	456	—	101.7
郴州市桂东县	—	—	—	3 487	333	—	483	—	833.6
郴州市桂阳县	—	—	—	4 252	—	609	477	—	327.6
郴州市嘉禾县	—	—	—	3 755	—	401	465	—	213.3
郴州市临武县	—	—	—	4 184	766	—	483	—	292.0
郴州市汝城县	—	—	—	4 079	739	—	509	—	607.9
郴州市市辖区	—	—	—	4 091	468	—	460	—	184.9
郴州市宜章县	—	—	—	4 231	784	—	488	—	222.9
郴州市永兴县	—	—	—	4 174	455	—	455	—	121.7
郴州市资兴市	—	—	—	3 954	415	—	459	—	363.7
衡阳市常宁市	—	—	—	4 094	627	—	486	—	116.4
衡阳市衡东县	—	—	—	3 942	636	—	478	—	67.3
衡阳市衡南县	—	—	—	3 884	618	—	458	—	69.7
衡阳市衡山县	—	—	—	3 918	634	—	476	—	62.0
衡阳市衡阳县	—	—	—	3 763	631	—	487	—	91.0
衡阳市耒阳市	—	—	—	4 051	625	—	462	—	83.2
衡阳市南岳区	—	—	—	2 198	370	—	310	—	1 265.9
衡阳市祁东县	—	—	—	3 940	636	—	480	—	147.1
衡阳市市辖区	—	—	—	3 805	596	—	474	—	104.7
怀化市辰溪县	—	2 181	—	4 124	—	—	418	—	140.8
怀化市洪江市雪峰山	—	1 105	—	1 633	—	—	267	—	1 404.9
怀化市会同县	—	—	—	4 050	—	705	419	—	278.2
怀化市靖州苗族侗族自治县	—	—	—	3 967	—	702	493	—	320.6
怀化市麻阳苗族自治县	—	1 768	—	4 028	—	—	418	—	173.9
怀化市市辖区	—	2 129	—	4 025	—	—	412	—	261.0
怀化市通道侗族自治县	—	—	—	3 828	—	686	503	—	397.5
怀化市新晃侗族自治县	—	2 002	—	3 829	—	—	441	—	352.6
怀化市溆浦县	—	2 169	—	4 115	—	—	424	—	205.3
怀化市沅陵县	—	2 247	—	4 022	—	—	411	—	151.6
怀化市芷江侗族自治县	—	2 096	—	4 052	—	—	455	—	272.2
怀化市中方县	—	2 025	—	4 029	—	—	455	—	170.7

表 D.37（续）

区 县 名	冬小麦	春玉米	马铃薯	甘薯	花生	大豆	油菜	棉花	站点海拔/m
娄底市冷水江市	470	—	—	—	—	765	411	—	247.7
娄底市涟源市	780	—	—	—	—	702	543	—	149.4
娄底市市辖区	767	—	—	—	—	656	522	—	151.0
娄底市双峰县	759	—	—	—	—	655	525	—	100.0
娄底市新化县	—	1 823	—	4 037	—	—	492	—	213.4
邵阳市城步县	400	—	—	—	—	574	445	—	475.8
邵阳市洞口县	560	—	—	—	—	626	380	—	323.0
邵阳市隆回县	709	—	—	4 068	—	—	519	—	267.7
邵阳市邵东县	806	—	—	—	—	620	489	—	253.3
邵阳市邵阳县	756	—	—	—	—	554	536	—	277.6
邵阳市市辖区	822	—	—	—	—	604	487	—	248.6
邵阳市绥宁县	—	—	—	2 835	—	572	531	—	306.3
邵阳市武冈市	—	—	—	2 973	—	596	529	—	341.0
邵阳市新宁县	443	—	—	—	—	621	466	—	304.0
湘潭市韶山市	—	—	—	3 977	660	—	341	—	89.5
湘潭市湘潭县	—	—	—	3 857	625	—	356	—	63.9
湘潭市湘乡市	—	—	—	3 877	643	—	350	—	84.9
湘西土家族和苗族自治州保靖县	—	2 256	—	—	—	—	556	—	323.5
湘西土家族和苗族自治州凤凰县	851	2 622	—	—	—	—	387	—	349.6
湘西土家族和苗族自治州古丈县	—	2 232	—	—	—	—	557	—	301.8
湘西土家族和苗族自治州花垣县	—	2 213	—	—	—	—	546	—	341.8
湘西土家族和苗族自治州吉首市	914	2 802	—	—	—	—	404	—	208.4
湘西土家族和苗族自治州龙山县	864	1 630	—	—	—	—	453	—	486.9
湘西土家族和苗族自治州泸溪县	947	2 933	—	—	—	—	413	—	132.0
湘西土家族和苗族自治州永顺县	1 455	1 717	—	—	—	—	461	—	268.6
益阳市安化县	—	—	—	3 608	—	—	479	—	128.3
益阳市南县	—	—	—	—	—	—	503	558	36.0
益阳市市辖区	—	—	—	—	—	—	473	318	46.3
益阳市桃江县	—	—	—	3 904	—	789	486	—	49.3
益阳市沅江市	—	—	—	—	—	—	505	551	36.0
永州市道县	—	—	—	4 322	—	754	528	—	192.2
永州市东安县	—	—	—	3 760	738	606	504	—	167.9
永州市江华县	—	—	—	3 895	—	764	528	—	261.8
永州市江永县	—	—	—	4 120	—	764	519	—	227.4

表 D.37(续)

区县名	冬小麦	春玉米	马铃薯	甘薯	花生	大豆	油菜	棉花	站点海拔/m
永州市蓝山县	—	—	—	4 136	—	766	520	—	275.4
永州市零陵区	—	—	—	3 643	713	608	511	—	172.6
永州市宁远县	—	—	—	4 399	—	779	538	—	203.7
永州市祁阳县	—	—	—	3 688	702	609	510	—	112.4
永州市双牌县	—	—	—	3 616	720	588	497	—	162.5
永州市新田县	—	—	—	4 386	—	787	530	—	217.7
岳阳市华容县	—	—	—	—	—	—	495	333	32.5
岳阳市临湘市	—	—	—	—	—	—	531	555	55.1
岳阳市汨罗市	—	1 720	—	—	—	—	349	—	46.7
岳阳市平江县	—	1 778	—	—	—	—	357	—	106.3
岳阳市湘阴县	—	1 643	—	—	—	—	496	—	54.6
岳阳市岳阳县	—	1 636	—	—	—	—	512	—	53.0
张家界市慈利县	1 484	2 521	—	—	—	—	568	—	100.3
张家界市桑植县	1 444	2 267	—	—	—	—	552	—	322.2
张家界市市辖区	1 494	2 453	—	—	—	—	571	—	18.5
株洲市茶陵县	—	—	—	4 146	678	—	382	—	133.6
株洲市醴陵市	—	—	—	4 052	657	—	359	—	74.9
株洲市炎陵县	—	—	—	4 080	690	—	362	—	226.5
株洲市攸县	—	—	—	3 938	637	—	357	—	100.8
株洲市株洲县	—	—	—	3 874	605	—	351	—	72.9

D.2.19 广东省作物生产潜力表见表 D.38 和表 D.39。

表 D.38 广东省作物光温潜力指数表

区县名	早稻	晚稻	中稻	秋甘薯	冬甘薯*	花生	站点海拔/m
潮州市饶平县	1 296	1 870	—	2 853	446	825	5.8
潮州市湘桥区	1 204	1 683	—	2 399	534	699	11.3
潮州市潮安县	1 260	1 797	—	2 691	555	756	10
东莞市	1 444	1 844	—	3 114	546	849	19.8
佛山市	1 286	1 749	—	—	508	—	
佛山市南海区	1 282	1 750	—	—	500	—	6.5
佛山市顺德区	1 280	1 728	—	—	533	—	19
佛山市三水区	1 237	1 750	—	2 312	421	808	84.4
佛山市高明区	1 198	1 719	—	2 500	464	654	

表 D.38（续）

区 县 名	早稻	晚稻	中稻	秋甘薯	冬甘薯*	花生	站点海拔/m
广州市市7区	1 311	1 860	—	2 601	545	860	
广州市白云区	1 327	1 720	—	2 537	566	768	41.7
广州市从化市	1 337	1 657	—	2 501	404	613	34.5
广州市番禺区	1 256	1 950	—	2 708	660	618	9.7
广州市花都区	1 318	1 834	—	2 587	544	843	6.1
广州市增城市	1 226	1 927	—	2 672	505	835	9.7
河源市城区	1 224	1 835	—	3 186	358	610	40.6
河源市和平县	1 209	1 677	—	2 829	—	507	
河源市连平县	1 159	1 653	—	2 791	—	487	175.0
河源市龙川县	1 340	1 796	—	3 060	—	579	214.8
河源市紫金县	1 136	1 682	—	2 915	248	566	101.5
河源市东源县	1 242	1 837	—	3 181	431	608	140.8
惠州市博罗	1 240	1 757	—	2 499	588	818	16.4
惠州市惠东县	1 330	1 763	—	2 891	689	779	43.9
惠州市惠阳县	1 337	1 776	—	2 886	485	749	22.4
惠州市龙门县	1 096	1 575	—	2 270	404	555	
惠州市大亚湾	1 386	1 770	—	2 960	684	578	
惠州市惠城区	1 371	1 786	—	3 014	406	719	71.3
江门市	1 215	1 671	—	2 486	532	599	
江门市恩平市	1 213	1 669	—	2 549	665	607	25.4
江门市鹤山市	1 193	1 704	—	2 564	457	593	17.6
江门市开平市	1 322	1 755	—	2 703	602	679	17.7
江门市台山市	1 353	1 715	—	2 583	602	675	32.7
江门市台山市上川岛	1 362	1 817	—	2 843	837	689	21.5
江门市新会区	1 212	1 667	—	2 528	549	604	28.8
揭阳市惠来县	1 229	1 793	—	3 240	655	794	12.9
揭阳市揭西县	1 113	1 639	—	2 657	525	717	41.7
揭阳市普宁市	1 176	1 690	—	2 738	444	771	14.9
揭阳市榕城区	1 252	1 906	—	3 181	—	803	3.7
揭阳市揭东县	1 247	1 878	—	3 078	542	718	
茂名市电白县	1 498	1 924	—	3 397	1 072	713	11.8
茂名市高州市	1 379	1 792	—	3 176	860	653	31.4
茂名市化州市	1 389	1 820	—	3 238	850	663	31.8
茂名市茂南区	1 361	1 726	—	3 055	996	709	26.4
茂名市信宜市	1 361	1 784	—	3 164	821	723	84.6

表 D.38（续）

区　县　名	早稻	晚稻	中稻	秋甘薯	冬甘薯*	花生	站点海拔/m
梅州市	1 439	1 795	—	2 260	—	673	80.7
梅州市大埔县	1 276	1 645	—	2 295	266	598	39.1
梅州市丰顺县	1 186	1 778	—	2 863	494	658	106.1
梅州市蕉岭县	1 287	1 723	—	2 792	—	681	
梅州市梅县	1 425	1 815	—	2 386	—	696	87.8
梅州市平远县	1 225	1 782	—	2 968	—	739	148.7
梅州市五华县	1 306	1 838	—	3 037	—	498	120.9
梅州市兴宁市	1 389	1 826	—	3 069	—	731	123.0
清远市佛冈县	1 217	1 711	—	2 304	228	583	67.8
清远市连南瑶族自治县	1 251	1 581	2 152	2 455	—	638	115.3
清远市连山壮族瑶族自治县	1 032	1 464	1 978	1 530	—	722	300
清远市连州市	1 298	1 612	2 244	2 253	—	641	98.3
清远市清城区	1 251	1 687	—	2 429	506	563	19.4
清远市阳山县	804	1 676	2 004	2 541	—	505	
清远市英德市	1 188	1 673	—	2 028	297	632	70.0
清远市清新县	1 225	1 694	—	2 335	500	616	44.4
汕头市潮阳区	1 273	1 924	—	3 161	611	829	6.7
汕头市澄海区	1 300	1 795	—	2 563	527	747	5.4
汕头市河浦区	1 220	1 697	—	2 427	493	703	1.1
汕头市南澳县	1 347	1 915	—	2 965	518	853	7.2
汕尾市	1 360	1 825	—	3 021	801	667	17.3
汕尾市海丰县	1 258	1 852	—	3 151	751	623	5.7
汕尾市陆丰县	1 354	1 800	—	2 982	731	662	5.1
汕尾市陆河县	1 201	1 703	—	2 817	546	671	20.0
韶关市	1 460	1 808	—	3 009	—	556	60.7
韶关市乐昌市	1 117	1 597	2 124	2 601	—	511	103.4
韶关市南雄市	1 118	1 697	2 442	3 005	—	626	133.8
韶关市曲江区	1 210	1 653	2 283	2 822	—	586	59.8
韶关市仁化县	1 194	1 724	2 374	2 290	—	653	96.3
韶关市始兴县	1 083	1 631	2 175	2 430	—	645	106.9
韶关市翁源县	1 196	1 708	—	3 185	—	505	450.0
韶关市新丰县	1 158	1 655	—	2 644	—	423	136.3
乳源瑶族自治县	1 391	1 739	2 248	2 789	—	582	160.6
深圳市	1 407	1 740	—	2 942	661	501	

表 D.38（续）

区 县 名	早稻	晚稻	中稻	秋甘薯	冬甘薯*	花生	站点海拔/m
阳江市	1 297	1 732	—	2 695	730	845	18.2
阳江市阳春市	1 361	1 640	—	2 362	657	617	23.3
阳江市海陵岛	1 457	1 898	—	3 207	928	675	17.1
阳江市阳东县	1 338	1 751	—	2 695	735	731	
阳江市阳西县	1 375	1 798	—	2 934	852	783	
云浮市罗定市	1 397	1 825	—	2 162	455	601	
云浮市	1 063	1 457	—	1 901	325	592	53.3
云浮市新兴县	1 192	1 579	—	2 044	353	679	102.8
云浮市郁南县	1 338	1 745	—	2 037	281	616	28.8
云浮市云安县	1 177	1 730	—	2 533	423	603	29.6
湛江市雷州市	1 422	1 904	—	2 226	784	680	
湛江市廉江市	1 225	1 751	—	2 433	934	631	22.2
湛江市麻章区	1 366	1 825	—	3 221	999	586	21.2
湛江市坡头区	1 408	1 848	—	3 120	1 004	612	27.7
湛江市霞山区	1 358	1 821	—	3 232	996	582	
湛江市东海岛	1 538	1 892	—	2 480	942	689	
湛江市遂溪县	1 349	1 667	—	3 175	783	610	
湛江市吴川市	1 564	1 937	—	2 685	1 006	713	28.2
湛江市徐闻县	1 739	1 764	—	2 600	1 155	653	29.7
肇庆市德庆县	1 251	1 862	—	2 832	397	587	67.9
肇庆市封开县	1 248	1 771	—	2 850	—	575	22.0
肇庆市鼎湖区	1 256	1 785	—	2 421	389	770	37.8
肇庆市	1 168	1 750	—	2 542	535	671	
肇庆市高要县	1 139	1 734	—	2 558	583	648	
肇庆市广宁县	1 143	1 740	—	2 195	—	829	41.0
肇庆市怀集县	1 177	1 848	—	2 921	—	669	56.8
肇庆市四会市	1 090	1 717	—	2 123	314	784	56.9
中山市	1 251	1 659	—	2 182	521	584	48.3
珠海市斗门区	1 176	1 669	—	2 282	664	885	2.1
珠海市	1 217	1 758	—	2 445	811	904	20.3
注：根据当地实际，甘薯种植两季，下同。							

表 D.39 广东省作物气候潜力指数表

区 县 名	早稻*	晚稻*	秋甘薯	冬甘薯	花生	站点海拔/m
潮州市饶平县	—	—	2 365	353	825	5.8
潮州市湘桥区	—	—	2 116	450	699	11.3

表 D.39（续）

区 县 名	早稻*	晚稻*	秋甘薯	冬甘薯	花生	站点海拔/m
潮州市潮安县	—	—	2 371	456	756	10
东莞市	—	—	3 035	482	849	19.8
佛山市	—	—	—	445	—	
佛山市南海区	—	—	—	438	—	6.5
佛山市顺德区	—	—	—	466	—	19
佛山市三水区	—	—	2 240	371	808	84.4
佛山市高明区	—	—	2 472	423	654	
广州市市7区	—	—	2 506	475	860	
广州市白云区	—	—	2 425	473	768	41.7
广州市从化市	—	—	2 453	374	613	34.5
广州市番禺区	—	—	2 586	550	618	9.7
广州市花都区	—	—	2 510	479	843	6.1
广州市增城市	—	—	2 516	410	835	9.7
河源市城区	—	—	3 153	338	610	40.6
河源市东源县	—	—	3 152	392	608	
河源市和平县	—	—	2 801	—	507	175.0
河源市连平县	—	—	2 780	—	487	214.8
河源市龙川县	—	—	3 060	—	579	101.5
河源市紫金县	—	—	2 879	243	566	140.8
惠州市博罗县	—	—	2 259	467	818	16.4
惠州市惠东县	—	—	2 737	597	779	43.9
惠州市惠阳县	—	—	2 667	400	749	22.4
惠州市大亚湾	—	—	2 774	505	578	
惠州市惠城区	—	—	2 787	335	719	
惠州市龙门县	—	—	2 248	374	555	71.3
江门市	—	—	2 429	460	599	
江门市恩平市	—	—	2 502	603	607	25.4
江门市鹤山市	—	—	2 557	423	593	17.6
江门市开平市	—	—	2 693	550	679	17.7
江门市台山市	—	—	2 521	510	675	32.7
江门市台山市上川岛	—	—	2 677	614	689	21.5
江门市新会区	—	—	2 454	460	604	28.8
揭阳市惠来县	—	—	3 086	477	794	12.9
揭阳市揭西县	—	—	2 629	508	717	41.7

表 D.39（续）

区　县　名	早稻*	晚稻*	秋甘薯	冬甘薯	花生	站点海拔/m
揭阳市普宁市	—	—	2 737	430	771	14.9
揭阳市榕城区	—	—	3 144	—	803	3.7
揭阳市揭东县	—	—	2 984	469	718	
茂名市电白县	—	—	3 257	789	713	11.8
茂名市高州市	—	—	3 109	714	653	31.4
茂名市化州市	—	—	3 105	646	663	31.8
茂名市茂南区	—	—	2 832	697	709	26.4
茂名市信宜市	—	—	3 024	660	723	84.6
梅州市大埔县	—	—	2 295	265	598	80.7
梅州市丰顺县	—	—	2 754	408	658	39.1
梅州市蕉岭县	—	—	2 630	—	681	106.1
梅州市	—	—	2 248	—	673	
梅州市梅县	—	—	2 358	—	696	87.8
梅州市平远县	—	—	2 883	—	739	148.7
梅州市五华县	—	—	2 958	—	498	120.9
梅州市兴宁市	—	—	2 962	—	731	123.0
清远市佛冈县	—	—	2 302	228	583	67.8
清远市连南瑶族自治县	—	—	2 455	—	638	115.3
清远市连山壮族瑶族自治县	—	—	1 530	—	722	300
清远市连州市	—	—	2 253	—	641	98.3
清远市清城区	—	—	2 399	473	563	19.4
清远市清新	—	—	2 315	474	616	
清远市阳山	—	—	2 541	—	505	70.0
清远市英德市	—	—	2 028	297	632	44.4
汕头市潮阳区	—	—	2 856	488	829	6.7
汕头市澄海区	—	—	2 200	434	747	5.4
汕头市河浦区	—	—	2 188	419	703	1.1
汕头市南澳县	—	—	2 360	370	853	7.2
汕尾市	—	—	2 817	603	667	17.3
汕尾市海丰县	—	—	3 016	599	623	5.7
汕尾市陆丰县	—	—	2 755	582	662	5.1
汕尾市陆河县	—	—	2 718	485	671	20.0
韶关市	—	—	3 009	—	556	60.7
韶关市乐昌市	—	—	2 601	—	511	103.4

表 D.39（续）

区　县　名	早稻*	晚稻*	秋甘薯	冬甘薯	花生	站点海拔/m
韶关市南雄市	—	—	3 005	—	626	133.8
韶关市曲江区	—	—	2 822	—	586	59.8
韶关市仁化县	—	—	2 290	—	653	96.3
韶关市始兴县	—	—	2 430	—	645	106.9
韶关市始兴县	—	—	2 340	—	578	450.0
韶关市翁源县	—	—	3 173	—	505	136.3
韶关市新丰县	—	—	2 644	—	423	160.6
韶关市乳源瑶族自治县	—	—	2 789	—	582	
深圳市	—	—	2 771	475	501	18.2
阳江市	—	—	2 585	625	845	23.3
阳江市阳春市	—	—	2 319	614	617	17.1
阳江市海陵岛	—	—	3 047	791	675	
阳江市阳东县	—	—	2 573	609	731	
阳江市阳西县	—	—	2 816	684	783	
云浮市罗定县	—	—	2 157	429	601	53.3
云浮市	—	—	1 888	315	592	102.8
云浮市新兴县	—	—	2 041	335	679	28.8
云浮市郁南县	—	—	1 973	247	616	29.6
云浮市云安县	—	—	2 516	398	603	
湛江市雷州市	1 346	1 813	2 143	599	679	22.2
湛江市廉江市	1 204	1 583	2 253	732	631	21.2
湛江市麻章区	1 332	1 693	3 098	737	586	27.7
湛江市坡头区	1 373	1 709	2 950	686	612	
湛江市霞山区	1 324	1 691	3 119	657	582	
湛江市东海岛	1 388	1 786	2 306	690	671	
湛江市遂溪县	1 304	1 608	3 175	605	610	28.2
湛江市吴川市	1 521	1 777	2 350	768	713	29.7
湛江市徐闻县	1 192	1 745	2 572	725	563	67.9
肇庆市德庆县	—	—	2 826	380	587	22.0
肇庆市封开县	—	—	2 803	—	575	37.8
肇庆市鼎湖区	—	—	2 364	350	770	
肇庆市	—	—	2 495	484	671	
肇庆市高要县	—	—	2 512	526	648	41.0
肇庆市广宁县	—	—	2 195	—	829	56.8

表 D.39（续）

区　县　名	早稻*	晚稻*	秋甘薯	冬甘薯	花生	站点海拔/m
肇庆市怀集县	—	—	2 921	—	669	56.9
肇庆市四会市	—	—	2 121	309	784	48.3
中山市	—	—	2 160	493	584	2.1
珠海市斗门	—	—	2 157	536	885	20.3
珠海市	—	—	2 282	646	904	45.8
注：湛江地区的灌溉条件不能充分满足作物生长的水分需求，需要气候生产潜力指数进行内插。						

D.2.20　广西壮族自治区作物生产潜力表见表 D.40 和表 D.41。

表 D.40　广西壮族自治区作物光温生产潜力指数

区　县　名	春玉米	夏玉米	早稻	晚稻	一季稻	甘薯	甘蔗	站点海拔/m
百色市德保县	1 947	1 570	1 316	1 323	1 841	—	5 525	635.7
百色市靖西县	1 573	—	1 271	1 599	1 697	—	5 510	739.4
百色市乐业县	1 405	1 130	—	—	1 412	—	—	973.2
百色市凌云县	1 931	1 333	1 180	1 376	1 733	—	—	439.0
百色市隆林各族自治县	2 215	1 400	1 609	—	1 785	—	5 941	674.4
百色市那坡县	1 776	1 366	1 209	1 190	1 728	—	5 132	793.6
百色市市辖区	2 484	2 273	—	1 735	1 902	—	6 379	173.5
百色市田东县	2 445	2 380	1 497	1 832	—	—	6 389	115.8
百色市田林县	2 335	1 825	1 568	1 501	1 841	—	6 047	278.9
百色市田阳县	2 676	—	1 727	1 787	2 038	—	6 451	110.0
百色市西林县	2 025	1 581	1 437	—	1 872	—	—	725.9
北海市合浦县	2 054	2 331	1 603	1 813	—	—	7 036	6.0
北海市市辖区	2 196	2 491	1 676	1 871	—	2 925	7 275	12.8
北海市涠洲岛	—	—	1 543	2 123	—	—	7 599	55.2
崇左市大新县	1 816	—	1 372	1 596	—	—	5 994	255.2
崇左市扶绥县	2 181	1 997	1 583	1 779	—	—	6 089	88.9
崇左市龙州县	2 135	—	1 513	1 679	—	—	6 130	128.8
崇左市宁明县	1 963	2 190	1 485	1 686	—	—	6 168	162.6
崇左市凭祥市	2 128	—	1 457	1 579	—	—	5 729	243.4
崇左市市辖区	2 012	—	1 508	1 676	—	—	6 314	106.5
崇左市天等县	2 010	1 792	1 305	1 519	—	—	5 550	438.0
防城港市东兴市	1 890	—	1 436	1 633	—	—	6 003	22.1
防城港市上思县	2 529	2 418	1 738	1 831	—	—	6 697	183.9
贵港市桂平市	1 575	2 269	1 326	1 881	—	—	6 093	42.5
贵港市平南县	—	—	1 264	1 884	—	—	6 155	36.9

表 D.40（续）

区 县 名	春玉米	夏玉米	早稻	晚稻	一季稻	甘薯	甘蔗	站点海拔/m
贵港市市辖区	1 763	2 467	1 439	1 764	—	—	6 098	56.0
桂林市恭城瑶族自治县	1 510	1 917	1 244	1 750	—	—	5 527	167.5
桂林市灌阳县	1 539	1 618	1 041	1 347	—	4 009	4 813	259.2
桂林市荔浦县	1 680	2 016	1 254	1 652	—	—	5 392	167.7
桂林市临桂县	1 670	1 734	1 137	1 557	—	—	5 461	157.8
桂林市灵川县	1 629	—	1 110	1 853	1 754	—	5 353	169.0
桂林市龙胜各族自治县	1 449	1 414	1 032	1 381	1 721	—	—	269.0
桂林市平乐县	1 984	2 238	1 294	1 903	—	—	5 757	104.4
桂林市全州县	1 910	1 712	1 249	1 537	—	3 415	—	196.7
桂林市市辖区	1 641	2 056	1 192	1 729	—	1 722	5 328	164.4
桂林市兴安县	1 657	1 675	1 183	1 601	1 552	—	—	224.0
桂林市阳朔县	1 658	1 596	1 176	1 727	1 784	—	5 268	135.3
桂林市永福县	1 819	2 044	1 109	1 839	—	—	—	157.0
桂林市资源县	1 590	1 360	1 092	1 422	1 729	—	—	409.0
河池市巴马瑶族自治县	1 722	1 617	1 352	1 668	—	—	5 728	253.1
河池市东兰县	1 615	1 954	1 308	1 500	1 947	—	5 537	286.0
河池市都安瑶族自治县	1 368	1 908	1 226	1 598	—	—	5 533	170.8
河池市凤山县	1 423	1 535	1 325	—	1 646	2 681	—	484.6
河池市环江毛南族自治县	1 705	1 735	1 310	1 430	1 853	—	5 171	206.7
河池市罗城仫佬族自治县	1 288	2 083	1 225	1 542	—	—	5 086	329.1
河池市市辖区	1 505	1 887	1 213	1 512	1 961	—	5 149	211.0
河池市天峨县	1 774	1 586	1 142	—	1 756	—	—	246.4
河池市宜州市	1 950	2 236	1 434	1 643	—	—	5 747	149.8
贺州市富川瑶族自治县	1 597	—	1 267	1 696	1 933	4 056	5 389	193.5
贺州市市辖区	—	—	1 206	1 577	—	—	5 578	108.8
贺州市昭平县	1 679	1 863	1 219	1 671	—	—	5 401	108.3
贺州市钟山县	1 771	—	1 334	1 750	—	—	5 565	140.0
来宾市金秀瑶族自治县	1 195	1 186	855	1 064	—	1 708	4 130	773.6
来宾市市辖区	1 586	2 216	1 318	1 759	—	—	5 847	84.9
来宾市武宣县	1 739	2 430	1 529	1 775	—	—	6 238	70.4
来宾市象州县	1 758	2 417	1 244	1 707	—	—	6 049	91.3
来宾市忻城县	1 604	2 102	1 302	1 760	—	—	5 865	139.2
柳州市柳城县	1 527	—	1 262	1 679	—	—	5 690	108.2
柳州市柳江县	1 558	—	1 264	1 680	1 852	—	5 685	101.7

表 D.40（续）

区 县 名	春玉米	夏玉米	早稻	晚稻	一季稻	甘薯	甘蔗	站点海拔/m
柳州市鹿寨县	1 633	2 554	1 343	1 720	1 752	—	5 673	95.2
柳州市融安县	1 680	1 698	1 145	1 615	—	—	5 115	121.3
柳州市融水苗族自治县	1 637	1 667	1 166	1 572	—	—	4 995	123.4
柳州市三江侗族自治县	1 688	1 805	1 159	1 626	1 828	2 367	—	198.4
柳州市沙塘镇	—	—	1 419	1 352	—	—	—	99.1
柳州市市辖区	1 590	—	1 458	1 658	—	—	5 781	96.8
南宁市宾阳县	1 370	2 086	1 345	1 622	—	—	5 652	122.7
南宁市横县	1 826	2 453	1 579	2 015	—	—	6 164	77.2
南宁市隆安县	2 115	—	1 390	1 714	—	—	5 691	98.0
南宁市马山县	1 710	2 161	1 298	1 691	—	—	5 427	168.9
南宁市上林县	2 032	1 805	1 288	1 610	—	2 349	5 705	116.4
南宁市市辖区	1 729	—	1 430	1 554	—	—	—	73.1
南宁市武鸣县	2 061	2 068	1 374	1 838	—	—	6 252	115.3
南宁市邕宁区	1 708	—	—	1 712	—	—	5 979	78.8
钦州市灵山县	—	—	1 384	1 737	—	—	5 976	66.6
钦州市浦北县	1 601	2 344	1 347	1 655	—	1 939	5 667	69.4
钦州市市辖区	2 363	—	1 480	1 691	—	—	6 172	4.5
梧州市苍梧县	2 135	—	1 313	1 787	—	—	6 211	41.4
梧州市岑溪市	2 264	—	1 473	1 846	—	—	6 174	99.6
梧州市蒙山县	—	—	1 164	1 724	—	—	5 461	145.7
梧州市市辖区	1 827	—	1 404	1 925	—	—	6 183	114.8
梧州市藤县	1 953	—	1 291	1 827	—	—	5 938	54.6
玉林市北流市	—	2 057	1 200	1 802	—	—	6 062	102.5
玉林市博白县	—	—	1 264	1 831	—	—	6 210	70.4
玉林市陆川县	1 950	—	1 414	1 653	—	2 196	6 127	121.4
玉林市容县	—	—	1 481	1 789	—	—	6 019	97.2
玉林市市辖区	1 876	—	1 372	1 824	—	2 031	6 156	81.8

表 D.41 广西壮族自治区作物气候生产潜力指数

区 县 名	春玉米	夏玉米	甘薯	甘蔗	站点海拔/m
百色市德保县	1 879	1 570	—	5 370	635.7
百色市靖西县	1 542	—	—	5 409	739.4
百色市乐业县	1 384	1 130	—	—	973.2
百色市凌云县	1 905	1 333	—	—	439.0

表 D.41（续）

区　县　名	春玉米	夏玉米	甘薯	甘蔗	站点海拔/m
百色市隆林各族自治县	2 136	1 400	—	5 547	674.4
百色市那坡县	1 607	1 366	—	4 799	793.6
百色市市辖区	2 203	2 273	—	5 874	173.5
百色市田东县	2 191	2 380	—	5 973	115.8
百色市田林县	2 213	1 825	—	5 628	278.9
百色市田阳县	2 252	—	—	5 756	110.0
百色市西林县	1 850	1 581	—	—	725.9
北海市合浦县	2 054	2 331	—	6 526	6.0
北海市市辖区	2 196	2 491	2 925	6 764	12.8
北海市涠洲岛	—	—	—	6 535	55.2
崇左市大新县	1 816	—	—	5 865	255.2
崇左市扶绥县	2 140	1 997	—	5 916	88.9
崇左市龙州县	2 134	—	—	5 983	128.8
崇左市宁明县	1 887	2 190	—	5 950	162.6
崇左市凭祥市	2 128	—	—	5 729	243.4
崇左市市辖区	1 977	—	—	5 983	106.5
崇左市天等县	2 010	1 792	—	5 540	438.0
防城港市东兴市	1 890	—	—	5 984	22.1
防城港市上思县	2 402	2 418	—	6 284	183.9
贵港市桂平市	1 575	2 269	—	6 092	42.5
贵港市平南县	—	—	—	5 795	36.9
贵港市市辖区	1 763	2 395	—	5 690	56.0
桂林市恭城瑶族自治县	1 510	1 674	—	5 084	167.5
桂林市灌阳县	1 509	1 506	3 969	4 498	259.2
桂林市荔浦县	1 680	1 914	—	5 215	167.7
桂林市临桂县	1 670	1 572	—	5 211	157.8
桂林市灵川县	1 629	—	—	5 091	169.0
桂林市龙胜各族自治县	1 449	1 414	—	—	269.0
桂林市平乐县	1 984	2 039	—	5 370	104.4
桂林市全州县	1 910	1 497	3 211	—	196.7
桂林市市辖区	1 641	1 869	1 585	5 044	164.4
桂林市兴安县	1 657	1 503	—	—	224.0
桂林市阳朔县	1 658	1 460	—	5 047	135.3
桂林市永福县	1 819	1 985	—	—	157.0

表 D.41（续）

区 县 名	春玉米	夏玉米	甘薯	甘蔗	站点海拔/m
桂林市资源县	1 590	1 360	—	—	409.0
河池市巴马瑶族自治县	1 705	1 617	—	5 631	253.1
河池市东兰县	1 596	1 954	—	5 479	286.0
河池市都安瑶族自治县	1 368	1 908	—	5 498	170.8
河池市凤山县	1 356	1 535	2 681	—	484.6
河池市环江毛南族自治县	1 705	1 735	—	5 170	206.7
河池市罗城仫佬族自治县	1 288	2 083	—	5 062	329.1
河池市市辖区	1 505	1 887	—	5 146	211.0
河池市天峨县	1 743	1 586	—	—	246.4
河池市宜州市	1 950	2 161	—	5 596	149.8
贺州市富川县	1 597	—	3 948	5 069	193.5
贺州市市辖区	—	—	—	5 308	108.8
贺州市昭平县	1 679	1 863	—	5 401	108.3
贺州市钟山县	1 771	—	—	5 113	140.0
来宾市金秀瑶族自治县	1 195	1 186	1 708	4 130	773.6
来宾市市辖区	1 586	1 968	—	5 419	84.9
来宾市武宣县	1 739	2 229	—	5 651	70.4
来宾市象州县	1 758	2 143	—	5 471	91.3
来宾市忻城县	1 604	2 075	—	5 749	139.2
柳州市柳城县	1 527	—	—	5 469	108.2
柳州市柳江县	1 558	—	—	5 409	101.7
柳州市鹿寨县	1 633	2 312	—	5 306	95.2
柳州市融安县	1 680	1 698	—	5 083	121.3
柳州市融水县	1 637	1 667	—	4 976	123.4
柳州市三江县	1 688	1 798	2 367	—	198.4
柳州市沙塘镇	—	—	—	—	99.1
柳州市市辖区	1 590	—	—	5 464	96.8
南宁市宾阳县	1 370	2 086	—	5 652	122.7
南宁市横县	1 826	2 453	—	6 066	77.2
南宁市隆安县	2 088	—	—	5 583	98.0
南宁市马山县	1 710	2 161	—	5 427	168.9
南宁市上林县	2 032	1 805	2 349	5 705	116.4
南宁市市辖区	1 729	—	—	—	73.1
南宁市武鸣县	2 061	2 068	—	5 984	115.3

表 D.41（续）

区　县　名	春玉米	夏玉米	甘薯	甘蔗	站点海拔/m
南宁市邕宁区	1 691	—	—	5 651	78.8
钦州市灵山县	—	—	—	5 926	66.6
钦州市浦北县	1 601	2 344	1 901	5 500	69.4
钦州市市辖区	2 363	—	—	6 127	4.5
梧州市苍梧县	2 135	—	—	5 872	41.4
梧州市岑溪市	2 264	—	—	6 003	99.6
梧州市蒙山县	—	—	—	5 454	145.7
梧州市市辖区	1 827	—	—	5 796	114.8
梧州市藤县	1 953	—	—	5 748	54.6
玉林市北流市	—	2 057	—	5 603	102.5
玉林市博白县	—	—	—	5 769	70.4
玉林市陆川县	1 950	—	2 194	5 884	121.4
玉林市容县	—	—	—	5 724	97.2
玉林市市辖区	1 876	—	2 031	5 939	81.8

D.2.21 海南省作物生产潜力表见表 D.42 和表 D.43。

表 D.42　海南省作物光温生产潜力指数

区　县　名	早稻	晚稻	春播甘薯*	夏播甘薯*	站点海拔/m
白沙黎族自治县	1 417	1 897	2 974	3 015	217.7
保亭黎族苗族自治县	1 389	1 740	2 937	2 814	67.4
昌江黎族苗族自治县	1 512	1 972	3 400	3 151	98.9
澄迈县	1 467	1 957	2 903	3 199	32.1
儋州市	1 432	1 923	2 905	3 072	168.7
定安县	1 341	1 940	2 803	3 003	25.2
东方市	1 484	2 208	3 618	3 552	8.4
海口市市辖区	1 423	2 110	2 734	3 145	13.9
乐东黎族苗族自治县	1 609	1 797	3 146	2 937	160.6
临高县	1 456	1 961	2 879	3 277	31.6
陵水黎族苗族自治县	1 543	2 072	3 597	3 392	13.9
琼海市	1 352	2 119	2 812	3 259	24.0
琼中黎族苗族自治县	1 338	1 772	2 620	2 808	250.9
三亚市	1 602	2 108	4 062	3 418	5.9
珊瑚岛	2 121	2 317	4 772	3 728	4.0
屯昌县	1 349	1 981	2 871	3 133	118.7

表 D.42（续）

区 县 名	早稻	晚稻	春播甘薯*	夏播甘薯*	站点海拔/m
万宁市	1 549	2 096	2 997	3 359	9.6
文昌市	1 379	2 084	2 676	3 089	22.5
五指山市	1 199	1 718	2 989	2 751	328.5
西沙群岛	2 056	2 291	4 718	3 674	4.7
注：根据当地实际，甘薯种植两季。					

表 D.43 海南省作物气候生产潜力指数

区 县 名	春播甘薯	夏播甘薯	站点海拔/m	区县名	春播甘薯	夏播甘薯	站点海拔/m
白沙黎族自治县	2 383	3 015	217.7	陵水县	2 361	3 392	13.9
保亭黎族苗族自治县	2 329	2 814	67.4	琼海市	2 770	3 259	24.0
昌江黎族自治县	2 356	3 151	98.9	琼中县	2 459	2 808	250.9
澄迈县	2 644	3 199	32.1	三亚市	2 059	3 418	5.9
儋州市	2 425	3 072	168.7	珊瑚岛	1 571	3 669	4.0
定安县	2 611	3 003	25.2	屯昌县	2 667	3 133	118.7
东方市	1 554	3 415	8.4	万宁市	2 966	3 359	9.6
海口市市辖区	2 580	3 145	13.9	文昌市	2 657	3 089	22.5
乐东县	2 204	2 937	160.6	五指山市	2 266	2 751	328.5
临高县	2 336	3 277	31.6	西沙	1 773	3 674	4.7

D.2.22 重庆市作物生产潜力表见表 D.44 和表 D.45。

表 D.44 重庆市作物光温生产潜力指数

区 县 名	冬小麦	春玉米	一季稻	甘薯	油菜	站点海拔/m
巴南区	734	1 926	1 778	4 028	415	205.1
北碚区	717	1 881	1 737	3 931	420	242.9
璧山县	720	1 896	1 755	4 021	446	289.2
长寿区	690	1 866	1 728	3 944	441	379.0
城口县	604	1 726	1 664	2 963	424	800.0
大足县	652	1 799	1 632	3 799	450	393.6
垫江县	661	1 800	1 710	3 732	439	418.2
丰都县	705	1 819	1 739	4 024	440	214.8
奉节县	671	1 785	1 787	3 919	508	607.3
涪陵区	714	1 801	1 682	3 937	438	273.5
合川区	715	1 959	1 747	4 024	449	231.1

表 D.44（续）

区　县　名	冬小麦	春玉米	一季稻	甘薯	油菜	站点海拔/m
江北区	640	1 812	1 690	3 851	423	438.0
江津区	775	1 952	1 786	4 039	449	209.0
开县	757	1 934	1 777	4 115	444	166.4
梁平县	603	1 874	1 727	3 753	453	454.5
南岸区	673	1 731	1 637	3 724	417	351.5
南川区金佛山	149	739	579	841	190	1 905.9
南川市	634	1 771	1 663	3 662	453	559.5
彭水苗族土家族自治县	625	1 701	1 653	3 547	408	310.6
綦江县	767	1 936	1 753	3 975	426	252.7
黔江区	604	1 684	1 665	3 426	447	608.8
荣昌县	647	1 830	1 670	3 839	444	330.0
沙坪坝区	731	1 851	1 744	3 945	436	259.1
石柱土家族自治县	646	1 738	1 730	3 687	454	569.5
铜梁县	728	1 919	1 724	3 963	449	282.1
潼南县	704	1 913	1 710	3 886	437	248.1
万盛区南桐镇	725	1 834	1 716	3 904	434	325.7
万州区	760	1 881	1 833	4 138	445	186.7
巫山县	814	2 070	1 775	4 252	469	270.8
巫溪县	824	2 008	1 809	4 224	492	339.8
武隆县	664	1 778	1 679	3 720	433	406.4
秀山土家族苗族自治县	650	1 842	1 797	3 728	432	363.6
永川区	740	1 888	1 729	2 942	453	319.6
云阳县	813	2 074	1 732	4 168	456	206.5
忠县	689	1 904	1 827	4 092	438	232.2

表 D.45　重庆市作物气候生产潜力指数

区　县　名	冬小麦	春玉米	甘薯	油菜	站点海拔/m
巴南区	685	1 905	4 028	387	205.1
北碚区	644	1 858	3 931	378	242.9
璧山县	631	1 866	4 021	394	289.2
长寿区	654	1 856	3 944	418	379.0
城口县	603	1 726	2 963	422	800.0
大足县	540	1 739	3 799	388	393.6
垫江县	655	1 799	3 732	434	418.2

表 D.45（续）

区县名	冬小麦	春玉米	甘薯	油菜	站点海拔/m
丰都县	668	1 815	4 024	416	214.8
奉节县	631	1 780	3 919	477	607.3
涪陵区	674	1 794	3 937	412	273.5
合川区	675	1 938	4 024	427	231.1
江北区	594	1 794	3 851	396	438.0
江津区	694	1 918	4 039	403	209.0
开县	732	1 934	4 115	427	166.4
梁平县	589	1 874	3 753	442	454.5
南岸区	613	1 709	3 724	382	351.5
南川区金佛山	149	739	841	190	1 905.9
南川市	619	1 765	3 662	443	559.5
彭水苗族土家族自治县	608	1 701	3 547	396	310.6
綦江县	681	1 899	3 974	378	252.7
黔江区	600	1 684	3 426	442	608.8
荣昌县	532	1 757	3 836	383	330.0
沙坪坝区	666	1 829	3 944	398	259.1
石柱土家族自治县	622	1 738	3 687	435	569.5
铜梁县	664	1 887	3 962	413	282.1
潼南县	618	1 880	3 885	386	248.1
万盛区南桐镇	718	1 833	3 904	430	325.7
万州区	729	1 881	4 138	424	186.7
巫山县	701	2 059	4 252	397	270.8
巫溪县	704	1 980	4 224	417	339.8
武隆县	606	1 766	3 720	395	406.4
秀山土家族苗族自治县	650	1 842	3 728	432	363.6
永川区	639	1 840	2 941	395	319.6
云阳县	651	2 051	4 163	358	206.5
忠县	668	1 904	4 092	425	232.2

D.2.23 四川省作物生产潜力表见表 D.46 和表 D.47。

表 D.46 四川省作物光温生产潜力指数

区县名	青稞	春小麦	冬小麦	春玉米	夏玉米	早稻	一季稻	油菜	站点海拔/m
阿坝藏族羌族自治州阿坝县	841	—	—	—	—	—	—	418	3 275.1
阿坝藏族羌族自治州黑水县	—	—	—	834	—	—	—	524	2 400.5

表 D.46（续）

区　县　名	青稞	春小麦	冬小麦	春玉米	夏玉米	早稻	一季稻	油菜	站点海拔/m
阿坝藏族羌族自治州红原县	605	—	—	—	—	—	—	373	3 491.6
阿坝藏族羌族自治州金川县	—	—	—	1 379	—	—	—	552	2 170.7
阿坝藏族羌族自治州九寨沟县	—	—	468	—	1 444	—	—	448	1 407.1
阿坝藏族羌族自治州理县	—	—	541	—	1 313	—	—	502	1 885.7
阿坝藏族羌族自治州马尔康县	—	—	—	877	—	—	—	553	2 664.4
阿坝藏族羌族自治州茂县	—	—	558	—	1 267	—	—	479	1 591.6
阿坝藏族羌族自治州壤塘县	882	—	—	—	—	—	—	415	3 286.6
阿坝藏族羌族自治州若尔盖县	598	—	—	—	—	—	—	375	3 439.6
阿坝藏族羌族自治州松潘县	791	978	949	863	682	—	—	438	2 850.7
阿坝藏族羌族自治州汶川县	—	—	703	—	1 424	—	—	422	1 326.6
阿坝藏族羌族自治州小金县	—	—	—	1 386	1 454	—	—	605	2 369.2
巴中市巴州区	—	—	747	1 731	—	—	1 734	450	417.7
巴中市南江县	—	—	740	1 858	—	1 200	1 812	457	578.9
巴中市平昌县	—	—	845	1 829	—	—	1 781	504	377.3
巴中市通江县	—	—	781	1 900	—	—	1 805	456	404.7
成都市崇州市	—	—	746	1 620	1 560	—	1 591	448	534.2
成都市大邑县	—	—	629	1 534	1 612	—	1 227	451	525.3
成都市都江堰市	—	—	684	1 672	1 444	—	1 449	444	706.7
成都市金堂县	—	—	758	1 790	2 071	—	1 822	481	449.0
成都市龙泉驿区	—	—	752	1 410	1 549	1 077	1 533	438	514.9
成都市彭州市	—	—	706	1 613	1 500	1 129	1 561	470	583.3
成都市郫县	—	—	730	1 608	1 809	1 703	—	502	560.6
成都市浦江县	—	—	648	1 725	1 616	—	1 610	463	505.9
成都市邛崃市	—	—	646	1 649	1 591	—	1 562	497	502.9
成都市市辖区	—	—	794	2 061	2 010	1 405	1 706	468	506.1
成都市双流县	—	—	800	1 635	1 709	1 444	1 744	469	495.8
成都市温江区	—	—	697	1 572	1 756	—	1 671	460	540.6
成都市新都区	—	—	894	1 716	1 922	—	1 817	523	496.8
成都市新津县	—	—	763	1 678	1 792	—	1 632	471	461.8
达州市大竹县	—	—	721	1 652	1 901	—	1 630	315	397.1
达州市开江县	—	—	748	1 934	1 879	—	1 833	536	452.4
达州市渠县	—	—	686	1 869	1 780	—	1 722	384	295.9
达州市通川区	—	—	830	1 734	2 373	—	1 859	459	344.9
达州市万源市	—	—	682	1 680	1 839	—	1 763	484	674.0

表 D.46（续）

区 县 名	青稞	春小麦	冬小麦	春玉米	夏玉米	早稻	一季稻	油菜	站点海拔/m
达州市宣汉县	—	—	788	1 712	2 394	—	1 859	472	385.2
德阳市广汉市	—	—	731	1 604	1 881	—	1 747	479	474.9
德阳市旌阳区	—	—	1 027	1 770	1 684	—	1 730	519	500.7
德阳市绵竹市	—	—	644	1 486	1 519	—	1 588	468	589.3
德阳市什邡市	—	—	814	1 751	1 661	—	1 712	512	534.5
德阳市中江县	—	—	717	1 703	2 069	—	1 758	459	425.1
甘孜藏族自治州巴塘县	1 677	—	—	—	—	—	—	593	2 589.2
甘孜藏族自治州白玉县	1 266	—	—	—	—	—	—	549	3 261.0
甘孜藏族自治州丹巴县	1 599	—	—	—	—	—	—	471	1 948.1
甘孜藏族自治州道孚县	1 274	—	—	—	—	—	—	557	2 957.2
甘孜藏族自治州道孚县八美镇(乾宁)	—	901	245	—	—	—	—	—	3 452.4
甘孜藏族自治州稻城县	826	—	—	—	—	—	—	444	3 727.7
甘孜藏族自治州得荣县	1 565	—	951	—	1 771	—	—	435	2 422.9
甘孜藏族自治州德格县	1 050	—	—	—	—	—	—	482	3 184.0
甘孜藏族自治州甘孜县	1 146	—	—	—	—	—	—	570	3 393.5
甘孜藏族自治州九龙县	1 112	—	—	—	—	—	—	479	2 987.3
甘孜藏族自治州康定县	955	—	—	—	—	—	—	477	2 615.7
甘孜藏族自治州康定县新都桥镇	—	908	218	—	—	—		—	3 460.8
甘孜藏族自治州理塘县	694	—	—	—	—	—	—	387	3 948.9
甘孜藏族自治州泸定县	1 133	—	1 025	—	1 912	—	—	342	1 322.1
甘孜藏族自治州炉霍县	1 199	—	—	—	—	—	—	537	3 250.0
甘孜藏族自治州色达县	533	—	—	—	—	—	—	348	3 893.9
甘孜藏族自治州石渠县	510	—	—	—	—	—	—	285	4 200.0
甘孜藏族自治州石渠县洛须镇	—	1 134	—	—	—	—	—	551	3 243.5
甘孜藏族自治州乡城县	1 379	—	—	—	—	—	—	559	2 841.7
甘孜藏族自治州新龙先	1 157	—	—	—	—	—	—	514	3 000.0
甘孜藏族自治州雅江县	1 517	—	—	—	—	—	—	622	2 598.7
广安市广安区	—	—	868	1 882	1 719	—	1 873	416	310.0
广安市邻水县	—	—	876	1 835	1 908	—	1 802	470	357.0
广安市武胜县	—	—	659	2 032	1 976	—	1 685	462	315.1
广安市岳池县	—	—	804	1 941	1 908	—	1 784	513	379.7
广元市苍溪县	—	—	802	1 914	1 658	1 633	1 933	476	460.7
广元市剑阁县	—	—	814	1 602	1 406	—	1 694	529	535.4
广元市青川县	—	—	672	1 470	1 500	—	1 539	413	820.8

表 D.46（续）

区　县　名	青稞	春小麦	冬小麦	春玉米	夏玉米	早稻	一季稻	油菜	站点海拔/m
广元市市中区	—	—	808	1 723	1 830	—	—	458	488.2
广元市旺苍县	—	—	895	1 780	1 656	—	1 539	430	485.3
乐山市峨边彝族自治县	—	—	580	1 451	—	—	1 506	406	639.5
乐山市峨眉山	—	—	10	209	—	—	60	76	3 047.4
乐山市峨眉山市	—	—	688	1 648	—	—	1 495	432	447.3
乐山市夹江县	—	—	680	1 777	1 783	—	1 596	483	408.0
乐山市犍为县	—	—	810	1 625	1 763	—	1 449	466	388.8
乐山市井研县	—	—	822	1 802	1 800	—	1 691	385	419.1
乐山市马边彝族自治县	—	—	721	1 434	1 547	—	1 520	422	542.0
乐山市沐川县	—	—	772	1 549	1 607	—	1 483	495	397.4
凉山彝族自治州布拖县	—	—	773	995	1 019	—	1 100	305	2 461.2
凉山彝族自治州德昌县	—	—	1 356	1 633	—	—	1 714	721	1 383.5
凉山彝族自治州甘洛县	—	—	848	1 560	—	—	1 707	474	1 061.1
凉山彝族自治州会东县	—	—	1 211	1 712	1 575	—	1 648	747	1 700.0
凉山彝族自治州会理县	—	—	1 056	1 587	1 581	—	1 517	674	1 787.1
凉山彝族自治州金阳县	—	—	790	1 496	1 642	—	1 598	514	1 452.8
凉山彝族自治州雷波县	—	—	588	1 134	—	—	1 172	259	1 255.8
凉山彝族自治州美姑县	—	—	697	1 114	1 192	—	1 114	345	2 082.8
凉山彝族自治州冕宁县	—	—	838	1 432	1 328	—	1 294	534	1 777.9
凉山彝族自治州木里藏族自治县	—	—	—	1 549	—	—	—	564	2 426.5
凉山彝族自治州宁南县	—	—	1 300	2 055	—	—	2 108	726	996.2
凉山彝族自治州普格县	—	—	1 206	1 799	1 671	—	1 645	694	1 433.0
凉山彝族自治州西昌市	—	—	1 273	1 632	1 673	—	1 849	788	1 590.9
凉山彝族自治州喜德县	—	—	800	1 421	1 377	—	1 282	545	1 850.3
凉山彝族自治州盐源县	—	—	930	1 306	—	—	937	555	2 545.0
凉山彝族自治州越西县	—	—	900	1 114	1 304	—	1 234	425	1 659.0
凉山彝族自治州昭觉县	—	—	555	1 122	1 213	—	1 120	387	2 132.4
泸州市古蔺县	—	—	668	1 904	1 707	—	1 956	494	537.7
泸州市合江县	—	—	943	1 911	1 964	—	1 707	480	284.4
泸州市江阳区	—	—	745	1 750	1 812	—	1 755	426	334.8
泸州市泸县	—	—	744	1 889	1 991	1 277	1 878	459	322.2
泸州市纳溪区	—	—	853	1 738	1 840	1 730	—	428	365.6
泸州市叙永县	—	—	892	1 876	—	—	1 775	533	377.5
眉山市丹棱县	—	—	638	1 482	1 893	—	1 613	508	497.0

表 D.46（续）

区 县 名	青稞	春小麦	冬小麦	春玉米	夏玉米	早稻	一季稻	油菜	站点海拔/m
眉山市东坡区	—	—	745	1 598	1 701	—	1 653	531	411.7
眉山市洪雅县	—	—	644	1 540	1 814	—	1 535	518	463.0
眉山市彭山县	—	—	590	1 844	1 750	—	1 660	478	436.3
眉山市青神县	—	—	722	1 859	2 040	—	1 665	533	394.7
眉山市仁寿县	—	—	712	1 743	1 843	—	1 720	502	437.1
绵阳市安县	—	—	773	1 495	1 749	—	1 636	500	599.7
绵阳市北川羌族自治县	—	—	773	1 485	1 491	—	1 571	487	638.8
绵阳市涪城区	—	—	848	1 667	1 946	—	1 792	535	470.8
绵阳市江油市	—	—	915	1 700	1 967	—	1 842	566	531.8
绵阳市三台县	—	—	915	1 801	2 018	—	1 822	571	379.0
绵阳市盐亭县	—	—	956	1 932	2 008	—	1 878	573	421.7
绵阳市梓潼县	—	—	889	1 698	—	—	1 785	553	485.4
内江市东兴区	—	—	856	1 928	1 681	—	1 829	462	347.1
内江市隆昌县	—	—	734	1 848	1 725	—	1 767	474	374.2
内江市威远县	—	—	899	1 719	1 658	1 500	1 878	449	352.5
内江市资中县	—	—	689	1 948	1 735	—	1 635	448	366.9
南充市高坪区	—	—	667	1 590	1 881	—	1 770	437	309.3
南充市阆中市	—	—	1 188	1 939	1 799	1 831	—	536	382.6
南充市南部县	—	—	861	1 588	1 925	—	1 804	438	364.4
南充市蓬安县	—	—	687	1 667	1 823	—	1 781	415	323.5
南充市西充县	—	—	687	2 162	1 893	—	1 829	364	362.4
南充市仪陇县	—	—	627	1 618	1 860	—	1 754	431	658.2
南充市营山县	—	—	695	1 973	1 914	—	1 859	442	337.0
攀枝花市仁和区	—	—	1 500	2 592	2 305	—	2 479	756	1 108.0
遂宁市蓬溪县	—	—	986	1 967	1 773	—	1 841	497	395.3
遂宁市射洪县	—	—	824	1 807	1 715	—	1 533	472	332.4
遂宁市市中区	—	—	723	1 826	1 945	—	1 847	445	278.2
雅安市宝兴县	—	—	442	1 070	—	—	955	457	1 011.1
雅安市汉源县	—	—	900	1 613	—	—	1 781	534	795.9
雅安市名山县	—	—	681	1 481	1 714	—	1 426	451	692.5
雅安市石棉县	—	—	853	1 457	—	—	1 576	478	875.1
雅安市天全县	—	—	643	1 251	—	—	1 433	394	756.7
雅安市荥经县	—	—	667	1 264	—	—	1 436	447	763.7
雅安市雨城区	—	—	791	1 395	—	—	1 539	390	627.6

表 D.46（续）

区　县　名	青稞	春小麦	冬小麦	春玉米	夏玉米	早稻	一季稻	油菜	站点海拔/m
宜宾市长宁县	—	—	949	1 822	—	924	1 571	513	275.5
宜宾市翠屏区	—	—	803	1 666	—	—	1 696	457	340.8
宜宾市高县	—	—	694	1 764	1 862	—	1 651	430	358.2
宜宾市珙县	—	—	752	1 747	1 756	—	1 511	418	368.1
宜宾市江安县	—	—	769	1 862	—	—	1 884	559	274.7
宜宾市筠连县	—	—	752	1 655	1 785	—	1 560	425	456.6
宜宾市南溪县	—	—	780	1 855	—	—	1 685	462	294.0
宜宾市屏山县	—	—	407	1 331	1 363	—	1 420	313	100.0
宜宾市兴文县	—	—	592	1 514	1 979	—	1 685	351	353.7
宜宾市宜宾县	—	—	874	1 614	—	—	1 665	312	286.0
资阳市安岳县	—	—	771	1 851	1 998	—	1 800	527	335.6
资阳市简阳市	—	—	842	1 828	1 670	—	1 744	440	448.2
资阳市乐至县	—	—	641	1 890	1 641	—	1 651	500	461.6
资阳市雁江区	—	—	807	1 878	1 715	—	1 720	424	357.0
自贡市富顺县	—	—	690	1 973	2 006	—	1 637	428	301.7
自贡市荣县	—	—	731	1 866	1 943	—	1 692	422	382.1
自贡市市辖区	—	—	806	1 910	1 871	—	1 588	437	357.0

表 D.47　四川省作物气候生产潜力指数

区　县　名	青稞	春小麦	冬小麦	春玉米	夏玉米	油菜	站点海拔/m
阿坝藏族羌族自治州阿坝县	830	847	835	402	—	418	3 275.1
阿坝藏族羌族自治州黑水县	1 177	1 280	1 383	817	—	524	2 400.5
阿坝藏族羌族自治州红原县	605	479	617	211	351	373	3 491.6
阿坝藏族羌族自治州金川县	—	—	—	1 000	—	546	2 170.7
阿坝藏族羌族自治州九寨沟县	—	—	350	—	1 129	439	1 407.1
阿坝藏族羌族自治州理县	—	—	360	—	1 118	458	1 885.7
阿坝藏族羌族自治州马尔康县	1 188	1 295	1 234	839	—	553	2 664.4
阿坝藏族羌族自治州茂县	—	—	440	—	1 117	432	1 591.6
阿坝藏族羌族自治州壤塘县	866	877	883	461	—	415	3 286.6
阿坝藏族羌族自治州若尔盖县	598	559	609	199	342	375	3 439.6
阿坝藏族羌族自治州松潘县	920	978	949	521	682	438	2 850.7
阿坝藏族羌族自治州汶川县	—	—	512	—	1 383	390	1 326.6
阿坝藏族羌族自治州小金县	1 216	1 564	1 614	1 166	1 275	542	2 369.2
巴中市巴州区	—	—	671	1 731	1 994	400	417.7

表 D.47(续)

区 县 名	青稞	春小麦	冬小麦	春玉米	夏玉米	油菜	站点海拔/m
巴中市南江县	—	—	611	1 836	1 873	366	578.9
巴中市平昌县	—	—	653	1 829	1 941	476	377.3
巴中市通江县	—	—	678	1 891	1 932	385	404.7
成都市崇州市	—	—	624	1 610	1 560	366	534.2
成都市大邑县	—	—	538	1 532	1 612	389	525.3
成都市都江堰市	—	—	662	1 672	1 444	426	706.7
成都市金堂县	—	—	440	1 636	2 037	289	449.0
成都市龙泉驿区	—	—	525	1 345	1 549	294	514.9
成都市彭州市	—	—	514	1 546	1 497	346	583.3
成都市郫县	—	—	553	1 566	1 806	389	560.6
成都市浦江县	—	—	609	1 720	1 616	437	505.9
成都市邛崃市	—	—	570	1 640	1 591	447	502.9
成都市市辖区	—	—	571	1 987	2 010	332	506.1
成都市双流县	—	—	599	1 583	1 696	342	495.8
成都市温江区	—	—	522	1 528	1 752	348	540.6
成都市新都区	—	—	621	1 603	1 899	358	496.8
成都市新津县	—	—	588	1 634	1 792	362	461.8
达州市大竹县	—	—	616	1 652	1 901	311	397.1
达州市开江县	—	—	621	1 934	1 879	523	452.4
达州市渠县	—	—	628	1 862	1 780	347	295.9
达州市通川区	—	—	656	1 733	1 964	441	344.9
达州市万源市	—	—	612	1 675	1 839	421	674.0
达州市宣汉县	—	—	640	1 712	1 982	440	385.2
德阳市广汉市	—	—	416	1 372	1 813	296	474.9
德阳市旌阳区	—	—	734	1 621	1 648	346	500.7
德阳市绵竹市	—	—	496	1 419	1 508	372	589.3
德阳市什邡市	—	—	594	1 654	1 659	373	534.5
德阳市中江县	—	—	467	1 594	1 949	315	425.1
甘孜藏族自治州巴塘县	1 140	—	—	—	—	516	2 589.2
甘孜藏族自治州白玉县	1 096	—	—	—	—	525	3 261.0
甘孜藏族自治州丹巴县	1 147	—	—	1 142	—	391	1 948.1
甘孜藏族自治州道孚县	1 112	—	—	—	—	531	2 957.2
甘孜藏族自治州道孚县八美镇(乾宁)	—	877	221	—	—	—	3 452.4
甘孜藏族自治州稻城县	696	—	—	—	—	405	3 727.7

表 D.47（续）

区 县 名	青稞	春小麦	冬小麦	春玉米	夏玉米	油菜	站点海拔/m
甘孜藏族自治州得荣县	—	—	320	—	1 216	284	2 422.9
甘孜藏族自治州德格县	939	—	—	—	—	460	3 184.0
甘孜藏族自治州甘孜藏族自治县	1 073	—	—	—	—	557	3 393.5
甘孜藏族自治州九龙县	1 065	—	—	—	—	479	2 987.3
甘孜藏族自治州康定县	937	—	—	—	—	477	2 615.7
甘孜藏族自治州康定县新都桥镇	—	890	200	—	—	—	3 460.8
甘孜藏族自治州理塘县	647	—	—	—	—	367	3 948.9
甘孜藏族自治州泸定县	—	—	444	—	1 694	327	1 322.1
甘孜藏族自治州炉霍县	1 101	—	—	—	—	525	3 250.0
甘孜藏族自治州色达县	526	—	—	—	—	344	3 893.9
甘孜藏族自治州石渠县	500	—	—	—	—	279	4 200.0
甘孜藏族自治州石渠县洛须镇	—	962	—	—	—	494	3 243.5
甘孜藏族自治州乡城县	893	—	—	—	—	446	2 841.7
甘孜藏族自治州新龙先	992	—	—	—	—	484	3 000.0
甘孜藏族自治州雅江县	1 236	—	—	—	—	593	2 598.7
广安市广安区	—	—	710	1 867	1 719	377	310.0
广安市邻水县	—	—	648	1 831	1 908	463	357.0
广安市武胜县	—	—	603	2 017	1 976	430	315.1
广安市岳池县	—	—	685	1 930	1 908	487	379.7
广元市苍溪县	—	—	631	1 872	1 658	373	460.7
广元市剑阁县	—	—	636	1 546	1 406	409	535.4
广元市青川县	—	—	564	1 435	1 500	327	820.8
广元市市中区	—	—	571	1 647	1 816	308	488.2
广元市旺苍县	—	—	602	1 780	1 656	362	485.3
乐山市峨边彝族自治县	—	—	331	1 421	1 714	252	639.5
乐山市峨眉山	—	—	10	209	—	76	3 047.4
乐山市峨眉山市	—	—	648	1 646	—	407	447.3
乐山市夹江县	—	—	609	1 770	1 783	437	408.0
乐山市犍为县	—	—	622	1 602	1 763	416	388.8
乐山市井研县	—	—	637	1 711	1 783	283	419.1
乐山市马边彝族自治县	—	—	516	1 404	1 547	297	542.0
乐山市沐川县	—	—	555	1 548	1 607	495	397.4
凉山彝族自治州布拖县	—	—	520	946	1 514	187	2 461.2
凉山彝族自治州德昌县	—	—	638	1 155	1 631	164	1 383.5

表 D.47（续）

区 县 名	青稞	春小麦	冬小麦	春玉米	夏玉米	油菜	站点海拔/m
凉山彝族自治州甘洛县	—	—	644	1 480	1 819	229	1 061.1
凉山彝族自治州会东县	—	—	792	1 346	1 818	271	1 700.0
凉山彝族自治州会理县	—	—	619	1 251	2 058	224	1 787.1
凉山彝族自治州金阳县	—	—	574	1 390	1 932	224	1 452.8
凉山彝族自治州雷波县	—	—	380	1 121	1 543	205	1 255.8
凉山彝族自治州美姑县	—	—	530	1 067	1 436	190	2 082.8
凉山彝族自治州冕宁县	—	—	696	1 277	1 690	209	1 777.9
凉山彝族自治州木里藏族自治县	—	—	—	1 234	—	518	2 426.5
凉山彝族自治州宁南县	—	—	778	1 689	2 050	246	996.2
凉山彝族自治州普格县	—	—	785	1 577	1 835	284	1 433.0
凉山彝族自治州西昌市	—	—	803	1 303	1 739	342	1 590.9
凉山彝族自治州喜德县	—	—	629	1 269	1 398	206	1 850.3
凉山彝族自治州盐源县	—	—	580	964	1 476	150	2 545.0
凉山彝族自治州越西县	—	—	679	1 073	1 578	269	1 659.0
凉山彝族自治州昭觉县	—	—	413	1 084	1 478	269	2 132.4
泸州市古蔺县	—	—	417	1 790	—	348	537.7
泸州市合江县	—	—	538	1 911	1 964	461	284.4
泸州市江阳区	—	—	500	1 723	1 802	392	334.8
泸州市泸县	—	—	510	1 848	1 979	390	322.2
泸州市纳溪区	—	—	523	1 729	1 839	411	365.6
泸州市叙永县	—	—	512	1 876	1 963	533	377.5
眉山市丹棱县	—	—	562	1 474	1 893	458	497.0
眉山市东坡区	—	—	570	1 536	1 695	427	411.7
眉山市洪雅县	—	—	624	1 537	1 814	505	463.0
眉山市彭山县	—	—	446	1 776	1 739	394	436.3
眉山市青神县	—	—	651	1 851	1 883	488	394.7
眉山市仁寿县	—	—	443	1 646	1 827	348	437.1
绵阳市安县	—	—	667	1 468	1 749	431	599.7
绵阳市北川羌族自治县	—	—	621	1 460	1 491	386	638.8
绵阳市涪城区	—	—	598	1 530	1 918	384	470.8
绵阳市江油市	—	—	784	1 683	1 967	478	531.8
绵阳市三台县	—	—	631	1 639	1 834	405	379.0
绵阳市盐亭县	—	—	654	1 793	1 847	402	421.7
绵阳市梓潼县	—	—	578	1 534	1 993	366	485.4

表 D.47（续）

区　县　名	青稞	春小麦	冬小麦	春玉米	夏玉米	油菜	站点海拔/m
内江市东兴区	—	—	626	1 807	1 681	346	347.1
内江市隆昌县	—	—	588	1 797	1 725	395	374.2
内江市威远县	—	—	547	1 590	1 658	273	352.5
内江市资中县	—	—	447	1 807	1 735	324	366.9
南充市高坪区	—	—	586	1 590	1 881	388	309.3
南充市阆中市	—	—	736	1 909	1 797	466	382.6
南充市南部县	—	—	702	1 588	1 925	382	364.4
南充市蓬安县	—	—	593	1 655	1 823	358	323.5
南充市西充县	—	—	587	2 162	1 893	302	362.4
南充市仪陇县	—	—	546	1 609	1 860	373	658.2
南充市营山县	—	—	645	1 966	1 914	411	337.0
攀枝花市仁和区	—	—	804	1 537	2 105	144	1 108.0
遂宁市蓬溪县	—	—	626	1 915	1 773	414	395.3
遂宁市射洪县	—	—	618	1 736	1 715	363	332.4
遂宁市市中区	—	—	615	1 810	1 945	380	278.2
雅安市宝兴县	—	—	248	1 049	—	318	1 011.1
雅安市汉源县	—	—	412	1 370	1 882	216	795.9
雅安市名山县	—	—	575	1 480	1 714	447	692.5
雅安市石棉县	—	—	310	1 261	1 722	160	875.1
雅安市天全县	—	—	643	1 251	1 254	394	756.7
雅安市荥经县	—	—	566	1 264	1 284	375	763.7
雅安市雨城区	—	—	639	1 395	1 437	388	627.6
宜宾市长宁县	—	—	658	1 782	1 978	485	275.5
宜宾市翠屏区	—	—	711	1 637	1 792	412	340.8
宜宾市高县	—	—	526	1 648	1 862	350	358.2
宜宾市珙县	—	—	548	1 747	1 756	418	368.1
宜宾市江安县	—	—	603	1 851	1 937	536	274.7
宜宾市筠连县	—	—	542	1 637	1 785	410	456.6
宜宾市南溪县	—	—	623	1 776	1 804	382	294.0
宜宾市屏山县	—	—	358	1 331	1 363	280	100.0
宜宾市兴文县	—	—	592	1 514	1 979	351	353.7
宜宾市宜宾县	—	—	727	1 573	1 823	288	286.0
资阳市安岳县	—	—	450	1 811	1 998	442	335.6
资阳市简阳市	—	—	478	1 581	1 578	281	448.2

表 D.47（续）

区　县　名	青稞	春小麦	冬小麦	春玉米	夏玉米	油菜	站点海拔/m
资阳市乐至县	—	—	435	1 801	1 641	381	461.6
资阳市雁江区	—	—	467	1 760	1 851	294	357.0
自贡市富顺县	—	—	510	1 843	1 978	324	301.7
自贡市荣县	—	—	548	1 721	1 943	260	382.1
自贡市市辖区	—	—	561	1 766	1 871	322	357.0

D.2.24 贵州省作物生产潜力表见表 D.48 和表 D.49。

表 D.48　贵州省作物光温生产潜力指数

区　县　名	冬小麦	春玉米	一季稻	油菜	站点海拔/m
安顺市关岭布依族苗族自治县	783	1 982	1 790	467	1 085.5
安顺市平坝县	559	1 957	1 572	391	1 297.4
安顺市普定县	672	1 943	1 614	477	1 243.6
安顺市西秀区	552	1 987	1 614	352	1 392.9
安顺市镇宁布依族苗族自治县	531	2 116	1 633	500	1 275.0
安顺市紫云苗族布依族自治县	695	2 049	1 575	362	1 195.9
毕节地区毕节市	506	1 788	1 427	393	1 510.6
毕节地区大方县	432	1 859	1 368	355	1 704.0
毕节地区赫章县	405	1 677	1 261	452	1 535.1
毕节地区金沙县	593	1 905	1 740	390	922.0
毕节地区纳雍县	636	1 769	1 461	457	1 458.1
毕节地区黔西县	573	2 004	1 592	461	1 232.3
毕节地区织金县	556	1 861	1 461	429	1 319.3
贵阳市白云区	567	2 049	1 539	432	
贵阳市花溪区	691	2 135	1 650	465	1 096.2
贵阳市开阳县	436	1 917	1 637	350	1 277.2
贵阳市南明区	634	2 135	1 742	473	
贵阳市清镇市	612	1 978	1 529	434	1 262.5
贵阳市市辖区	713	2 267	1 742	473	1 074.3
贵阳市乌当区	640	2 135	1 579	440	1 105.2
贵阳市息烽县	620	1 969	1 774	434	1 036.5
贵阳市小河区	634	2 135	1 742	473	
贵阳市修文县	542	2 021	1 633	422	1 242.3
贵阳市云岩区	634	2 135	1 742	473	
贵阳市钟山区	480	1 843	1 584	443	

表 D.48（续）

区 县 名	冬小麦	春玉米	一季稻	油菜	站点海拔/m
贵州咸宁草海自然保护区	293	1 574	1 261	406	2 237.5
六盘水市六枝特区	694	1 982	1 504	466	1 362.1
六盘水市盘县	952	1 843	1 584	603	1 515.2
六盘水市水城县	515	1 843	1 584	448	1 813.6
黔东南苗族侗族自治州岑巩县	549	2 038	1 841	348	380.9
黔东南苗族侗族自治州从江县	774	1 858	1 868	383	235.0
黔东南苗族侗族自治州丹寨县	502	1 966	1 544	341	963.9
黔东南苗族侗族自治州黄平县	580	2 153	1 822	508	833.8
黔东南苗族侗族自治州黄平县旧州镇	539	1 668	1 695	381	684.6
黔东南苗族侗族自治州剑河县	625	1 887	1 816	376	508.2
黔东南苗族侗族自治州锦屏县	552	1 704	1 779	343	343.9
黔东南苗族侗族自治州凯里市	558	1 850	1 785	357	720.3
黔东南苗族侗族自治州凯里市炉山镇	468	1 490	1 625	324	917.4
黔东南苗族侗族自治州雷山县	563	1 847	1 659	325	838.5
黔东南苗族侗族自治州黎平县	678	1 850	1 714	308	568.8
黔东南苗族侗族自治州麻江县	461	1 965	1 682	357	984.7
黔东南苗族侗族自治州榕江县	761	1 918	1 858	379	285.7
黔东南苗族侗族自治州三穗县	589	1 893	1 726	319	610.5
黔东南苗族侗族自治州施秉县	586	1 987	1 796	362	524.4
黔东南苗族侗族自治州台江县	559	1 836	1 790	357	643.1
黔东南苗族侗族自治州天柱县	530	1 838	1 761	336	400.0
黔东南苗族侗族自治州镇远县	566	1 959	1 775	354	512.2
黔南布依族苗族自治州长顺县	606	2 057	1 613	306	1 141.0
黔南布依族苗族自治州都匀市	602	1 743	1 722	372	785.7
黔南布依族苗族自治州独山县	576	1 715	1 675	376	1 013.3
黔南布依族苗族自治州福泉市	476	1 854	1 586	327	
黔南布依族苗族自治州贵定县	524	1 864	1 645	343	1 001.9
黔南布依族苗族自治州惠水县	661	1 914	1 814	328	988.9
黔南布依族苗族自治州荔波县	789	1 787	1 633	417	429.5
黔南布依族苗族自治州龙里县	565	1 889	1 657	290	1 088.1
黔南布依族苗族自治州罗甸县	1 014	2 057	1 813	429	440.3
黔南布依族苗族自治州平塘县	723	1 776	1 865	413	709.2
黔南布依族苗族自治州三都水族自治县	752	1 881	1 778	376	419.0
黔南布依族苗族自治州瓮安县	408	1 840	1 616	301	1 094.6

表 D.48（续）

区　县　名	冬小麦	春玉米	一季稻	油菜	站点海拔/m
黔西布依族苗族自治南州安龙县	984	2 067	1 553	498	1 393.5
黔西布依族苗族自治南州册亨县	826	2 279	2 026	448	581.4
黔西布依族苗族自治南州普安县	817	2 009	1 529	478	1 648.5
黔西布依族苗族自治南州晴隆县	840	2 004	1 680	457	1 553.6
黔西布依族苗族自治南州望谟县	893	2 203	1 738	421	566.8
黔西布依族苗族自治南州兴仁县	767	2 034	1 529	457	1 378.5
黔西布依族苗族自治南州兴义市	694	2 064	1 680	540	1 296.6
黔西布依族苗族自治南州贞丰县	672	2 183	1 808	454	1 041.0
铜仁地区德江县	674	1 783	1 744	415	541.0
铜仁地区江口县	656	1 980	1 840	433	370.2
铜仁地区石阡县	686	1 886	1 806	542	467.5
铜仁地区思南县	729	1 889	1 864	419	416.3
铜仁地区思南县塘头镇	760	1 938	1 912	425	386.1
铜仁地区松桃苗族自治县	646	1 830	1 845	427	406.9
铜仁地区铜仁市	689	2 073	1 884	436	279.7
铜仁地区万山特区	705	2 042	1 864	429	
铜仁地区沿河土家族自治县	668	1 887	1 921	474	336.7
铜仁地区印江土家族苗族自治县	696	1 808	1 923	488	456.9
铜仁地区玉屏侗族自治县	692	1 900	1 903	417	375.3
遵义市赤水市	881	2 503	1 932	455	294.3
遵义市道真仡佬族苗族自治县	758	2 552	1 908	441	687.1
遵义市凤冈县	671	1 886	1 826	492	711.3
遵义市红花岗区	580	2 153	1 822	508	
遵义市湄潭县	662	2 153	1 723	496	791.8
遵义市仁怀市	715	1 976	1 932	504	878.6
遵义市市辖区	602	2 253	1 822	508	843.9
遵义市绥阳县	614	2 158	1 738	455	865.2
遵义市桐梓县	660	1 932	1 736	437	972.0
遵义市务川仡佬族苗族自治县	730	1 963	1 908	392	660.0
遵义市习水县	590	1 900	1 736	371	1 180.2
遵义市余庆县	840	1 960	1 801	509	556.5
遵义市正安县	650	1 963	1 908	474	680.4
遵义市遵义县	565	2 161	1 735	502	950.8

表 D.49　贵州省作物气候生产潜力指数

站　　名	冬小麦	春玉米	油菜	站点海拔/m
安顺市关岭布依族苗族自治县	783	1 982	397	1 085.5
安顺市平坝县	511	1 957	359	1 297.4
安顺市普定县	565	1 943	408	1 243.6
安顺市西秀区	552	1 987	352	1 392.9
安顺市镇宁布依族苗族自治县	531	2 116	423	1 275.0
安顺市紫云苗族布依族自治县	578	2 049	287	1 195.9
毕节地区毕节市	453	1 780	353	1 510.6
毕节地区大方县	412	1 635	341	1 704.0
毕节地区赫章县	405	1 677	303	1 535.1
毕节地区金沙县	566	1 905	373	922.0
毕节地区纳雍县	582	1 769	424	1 458.1
毕节地区黔西县	515	2 004	419	1 232.3
毕节地区织金县	556	1 861	393	1 319.3
贵阳市白云区	567	432	2 049	
贵阳市花溪区	631	2 135	426	1 096.2
贵阳市开阳县	436	1 917	350	1 277.2
贵阳市南明区	634	2 135	473	
贵阳市清镇市	552	1 970	391	1 262.5
贵阳市市辖区	634	2 267	420	1 074.3
贵阳市乌当区	594	2 135	408	1 105.2
贵阳市息烽县	584	1 969	410	1 036.5
贵阳市小河区	634	2 135	473	
贵阳市修文县	542	2 021	422	1 242.3
贵阳市云岩区	634	2 135	473	
贵阳市钟山区	480	1 843	443	
贵州咸宁草海自然保护区	293	1 574	260	2 237.5
六盘水市六枝特区	607	1 982	411	1 362.1
六盘水市盘县	635	1 843	421	1 515.2
六盘水市水城县	515	1 843	448	1 813.6
黔东南苗族侗族自治州岑巩县	549	1 851	348	380.9
黔东南苗族侗族自治州从江县	774	1 858	383	235.0
黔东南苗族侗族自治州丹寨县	502	1 966	341	963.9
黔东南苗族侗族自治州黄平县	580	2 153	508	833.8
黔东南苗族侗族自治州黄平县旧州镇	539	1 668	381	684.6

表 D.49（续）

站　名	冬小麦	春玉米	油菜	站点海拔/m
黔东南苗族侗族自治州剑河县	625	1 887	376	508.2
黔东南苗族侗族自治州锦屏县	552	1 704	343	343.9
黔东南苗族侗族自治州凯里市	557	1 850	356	720.3
黔东南苗族侗族自治州凯里市炉山镇	468	1 490	324	917.4
黔东南苗族侗族自治州雷山县	563	1 847	325	838.5
黔东南苗族侗族自治州黎平县	678	1 850	308	568.8
黔东南苗族侗族自治州麻江县	461	1 965	357	984.7
黔东南苗族侗族自治州榕江县	761	1 918	379	285.7
黔东南苗族侗族自治州三穗县	589	1 893	319	610.5
黔东南苗族侗族自治州施秉县	556	1 979	342	524.4
黔东南苗族侗族自治州台江县	559	1 836	357	643.1
黔东南苗族侗族自治州天柱县	530	1 838	336	400.0
黔东南苗族侗族自治州镇远县	566	1 959	351	512.2
黔南布依族苗族自治州长顺县	563	2 057	278	1 141.0
黔南布依族苗族自治州都匀市	602	1 427	372	785.7
黔南布依族苗族自治州独山县	575	1 715	375	1 013.3
黔南布依族苗族自治州福泉市	476	1 854	327	
黔南布依族苗族自治州贵定县	481	1 864	312	1 001.9
黔南布依族苗族自治州惠水县	572	1 914	271	988.9
黔南布依族苗族自治州荔波县	689	1 787	359	429.5
黔南布依族苗族自治州龙里县	488	1 889	236	1 088.1
黔南布依族苗族自治州罗甸县	767	2 057	293	440.3
黔南布依族苗族自治州平塘县	660	1 770	374	709.2
黔南布依族苗族自治州三都水族自治县	752	1 881	376	419.0

D.2.25 云南省作物生产潜力表见表 D.50、表 D.51、表 D.52 和表 D.53。

表 D.50　云南省作物光温生产潜力指数(一)

区　县　名	春小麦	冬小麦	青稞	春玉米	夏玉米	早稻	晚稻	一季稻	站点海拔/m
保山市昌宁县	—	667	—	655	2 110	581	1 137	1 274	1 660.3
保山市龙陵县	—	961	—	779	1 800	330	1 226	1 469	1 528.9
保山市隆阳区	—	1 124	—	—	2 351	—	—	1 549	1 653.5
保山市隆阳区潞江农场	—	1 773	—	—	3 442	—	—	2 438	704.7
保山市腾冲县	—	1 034	—	—	1 694	—	—	1 382	1 654.6
楚雄州楚雄市	—	982	—	1 001	2 183	—	—	1 836	1 772.0

表 D.50（续）

区　县　名	春小麦	冬小麦	青稞	春玉米	夏玉米	早稻	晚稻	一季稻	站点海拔/m
楚雄州大姚县	—	1 313	—	1 821	1 854	—	—	1 599	1 879.6
楚雄州禄丰县	—	1 105	—	702	2 168	—	—	1 514	1 569.7
楚雄州牟定县	—	1 214	—	—	1 860	—	—	1 796	1 769.3
楚雄州南华县	—	978	—	—	2 060	—	—	1 688	1 858.5
楚雄州双柏县	—	803	—	2 026	427	1 091	811	1 542	1 968.6
楚雄州武定市	—	1 193	—	—	734	786	1 496	1 659	1 712.0
楚雄州姚安县	—	1 214	1 982	—	1 946	—	—	1 638	1 874.6
楚雄州永仁县	—	1 450	—	1 063	2 440	—	—	1 808	1 531.1
楚雄州元谋县	—	1 271	—	—	3 627	2 109	2 126	2 812	1 120.2
大理白族自治州宾川县	—	811	2 497	—	2 381	—	—	2 624	1 440.1
大理州大理市	—	1 131	—	1 642	1 333	—	—	1 497	1 990.5
大理州洱源县	—	859	—	—	1 854	1 390	—	1 406	2 069.7
大理州鹤庆县	—	864	—	640	1 497	—	—	1 347	2 198.4
大理州剑川县	—	770	1 667	1 627	1 414	—	—	1 208	2 191.8
大理州弥渡县	—	1 157	—	—	2 702	1 936	—	1 983	1 661.1
大理州南涧彝族县	—	1 896	—	—	2 550	—	—	2 414	1 405.8
大理州巍彝族回族山县	—	1 255	—	—	2 024	—	—	1 719	1 743.8
大理州祥云县	—	1 055	—	—	1 976	—	—	1 498	2 003.9
大理州漾濞彝族县	—	1 178	—	—	1 985	—	—	1 684	1 627.1
大理州永平县	—	1 310	—	—	2 134	—	—	1 775	1 617.7
大理州云龙县	—	1 262	—	539	1 900	—	—	1 100	1 658.2
德宏傣族景颇族自治州梁河县	—	1 318	—	1 997	2 498	1 122	1 276	1 795	1 013.3
德宏傣族景颇族自治州陇川县	—	1 571	—	1 531	2 328	—	—	1 890	967.9
德宏傣族景颇族自治州潞西市	—	1 283	—	1 514	1 647	—	—	1 870	914.7
德宏傣族景颇族自治州瑞丽市	—	1 356	—	1 484	2 555	1 386	2 064	1 994	776.6
德宏傣族景颇族自治州盈江县	—	1 632	—	1 591	2 693	1 335	1 957	1 823	827.8
迪庆藏族自治州德钦县	560	127	145	662	492	—	—	126	3 319.0
迪庆藏族自治州维西傈僳族自治县	—	491	—	1 579	1 689	—	—	947	2 325.6
迪庆藏族自治州香格里拉县	—	94	933	—	783	—	—	255	3 276.1
红河哈尼族彝族自治州个旧市	—	1 116	—	—	2 190	913	939	1 271	1 688.5
红河哈尼族彝族自治州河口县	—	1 056	—	—	2 733	—	—	1 822	137.9
红河哈尼族彝族自治州红河县	—	1 337	—	—	2 426	1 875	1 505	1 539	971.9
红河哈尼族彝族自治州建水县	—	1 095	—	2 187	2 150	1 711	1 530	2 088	1 310.0
红河哈尼族彝族自治州金平苗族瑶族傣族自治县	—	903	—	1 223	1 628	601	1 195	1 636	1 261.0

表 D.50（续）

区 县 名	春小麦	冬小麦	青稞	春玉米	夏玉米	早稻	晚稻	一季稻	站点海拔/m
红河哈尼族彝族自治州开远市	—	1 500	—	1 506	2 212	2 013	1 132	2 221	1 055.7
红河哈尼族彝族自治州泸西县	—	896	—	—	1 930	—	—	1 591	1 704.3
红河哈尼族彝族自治州绿春县	—	862	—	1 668	1 991	683	1 500	1 314	1 645.3
红河哈尼族彝族自治州蒙自县	—	997	—	—	2 731	—	—	1 999	1 300.7
红河哈尼族彝族自治州弥勒县	—	969	—	1 985	2 027	—	—	1 919	1 415.9
红河哈尼族彝族自治州屏边苗族自治县	—	704	—	—	1 700	—	—	1 305	1 414.1
红河哈尼族彝族自治州石屏县	—	1 250	—	—	2 725	—	—	1 674	1 419.9
红河哈尼族彝族自治州元阳县	1 781	1 812	—	2 048	1 004	2 397	2 531	3 096	1 543.3
昆明市安宁市	—	1 097	—	—	1 703	—	—	1 532	1 847.0
昆明市呈贡县	—	1 013	—	—	1 743	—	—	1 548	1 906.8
昆明市东川区	—	1 793	1 995	—	2 436	—	—	2 299	1 253.4
昆明市东川区汤丹镇	—	873	—	—	669	—	—	584	2 253.8
昆明市富民县	—	1 271	—	—	1 714	—	—	1 741	1 693.2
昆明市官渡区	—	1 184	—	—	1 725	—	—	1 550	1 892.4
昆明市晋宁县	—	1 070	—	—	1 728	—	—	1 606	1 892.2
昆明市禄劝彝族苗族自治县	—	1 209	1 379	—	1 756	—	—	1 762	1 672.1
昆明市嵩明县	—	959	—	—	1 657	—	—	1 387	1 920.3
昆明市西山区	—	909	—	—	1 403	—	—	974	2 366.5
昆明市寻甸回族彝族自治县	—	1 007	1 290	—	1 875	—	—	1 463	1 874.1
昆明市宜良县	—	1 177	—	—	1 869	—	—	1 867	1 532.1
丽江市华坪县	—	1 488	—	—	2 960	—	—	2 404	1 244.8
丽江市宁蒗彝族自治县	—	950	1 002	—	2 114	—	—	1 312	2 242.3
丽江市永胜县	—	556	1 066	333	1 966	—	—	1 177	2 131.0
丽江市玉龙纳西族自治县	—	1 061	—	—	1 828	—	—	1 176	2 392.4
临沧市沧源佤族自治县	—	965	—	674	2 508	1 141	933	1 385	1 280.6
临沧市凤庆县	—	1 217	—	—	2 007	—	—	1 525	1 588.7
临沧市耿马傣族佤族自治县	—	1 136	—	1 554	1 467	1 034	2 350	2 020	1 105.4
临沧市耿马傣族佤族自治县孟定镇	—	1 371	—	1 838	1 720	1 136	2 853	2 399	511.4
临沧市临翔区	—	1 415	—	687	2 130	1 348	—	1 689	1 502.4
临沧市双江拉祜族佤族布朗族傣族自治县	—	1 156	—	1 010	1 740	1 909	1 437	2 098	1 042.6
临沧市永德县	—	1 423	—	1 315	2 273	1 170	696	1 582	1 607.2
临沧市云县	—	2 252	1 874	—	2 639	1 602	—	2 068	1 107.6

表 D.50（续）

区　县　名	春小麦	冬小麦	青稞	春玉米	夏玉米	早稻	晚稻	一季稻	站点海拔/m
临沧市镇康县	—	1 161	—	—	2 361	914	1 290	1 663	1 008.8
怒江傈僳族自治州福贡县	—	822	—	2 256	2 151	—	—	1 508	1 191.0
怒江傈僳族自治州贡山独龙族怒族自治县	—	913	957	287	1 809	—	—	1 192	1 595.7
怒江傈僳族自治州兰坪白族普米族自治县	—	603	880	—	1 505	—	—	838	2 345.3
怒江傈僳族自治州泸水县	—	1 341		—	1 823	—	—	1 193	1 804.9
普洱市江城县	—	1 328	—	796	1 764	1 043	1 264	1 802	1 119.5
普洱市景东彝族自治县	—	1 087	—	—	2 560	—	1 532	1 880	1 162.3
普洱市景谷傣族彝族自治县	—	1 372	—	—	1 895	—	—	1 912	914.0
普洱市澜沧拉祜族自治县	—	1 711	—	2 550	2 166	1 733	1 408	1 872	1 054.8
普洱市孟连傣族拉祜族佤族自治县	—	1 349	—	1 426	2 051	1 775	1 630	1 924	951.0
普洱市墨江哈尼族自治县	—	1 401	—	1 144	2 514	1 115	1 295	1 761	1 282.6
普洱市市辖区	—	974	—	—	2 038	1 581	—	1 581	1 302.1
普洱市思茅区	—	1 374	—	—	1 816	1 113	1 569	1 442	1 321.4
普洱市西盟佤族自治县	—	965	—	1 708	1 133	905	913	1 155	1 899.9
普洱市镇沅彝族哈尼族拉祜族自治县	—	670	—	1 475	2 471	1 353	1 922	1 591	1 248.2
曲靖市富源县	—	1 020	—	—	1 513	—	—	941	1 852.9
曲靖市会泽县	—	915	—	—	1 905	—	—	1 297	2 109.5
曲靖市陆良县	—	1 226	—	—	1 921	—	—	1 540	1 845.0
曲靖市罗平县	—	1 094	—	1 233	1 821	—	—	1 534	1 483.1
曲靖市马龙县	—	768	—	—	1 952	—	—	1 392	2 036.8
曲靖市师宗县	—	1 061	—	—	1 539	—	—	1 227	1 846.2
曲靖市宣威市	—	1 037	—	—	2 211	—	—	1 424	1 984.2
曲靖市沾益县	—	866	—	—	2 073	—	—	1 572	1 898.7
文山壮族苗族自治州富宁县	—	917	—	—	2 908	1 484	1 625	2 121	690.2
文山壮族苗族自治州广南县	—	864	—	—	2 158	—	—	1 728	1 249.6
文山壮族苗族自治州麻栗坡	—	865	—	969	1 761	915	1 532	1 601	1 092.4
文山壮族苗族自治州马关县	—	960	—	—	2 217	—	—	1 582	1 334.8
文山壮族苗族自治州丘北县	—	1 070	—	894	2 149	—	—	1 881	1 453.3
文山壮族苗族自治州文山县	—	965	—	—	2 190	—	—	1 849	1 271.6
文山壮族苗族自治州西畴县	—	1 051	—	—	2 198	—	—	1 530	1 528.4
文山壮族苗族自治州砚山县	—	1 102	—	—	2 259	1 580	—	1 601	1 556.1

表 D.50（续）

区县名	春小麦	冬小麦	青稞	春玉米	夏玉米	早稻	晚稻	一季稻	站点海拔/m
西双版纳傣族自治州景洪市	—	1 173	—	1 576	2 714	1 181	1 892	2 311	582.0
西双版纳傣族自治州景洪市勐龙镇	—		—	1 510	2 606	642	1 602	1 938	627.6
西双版纳傣族自治州勐海县	—	876	—	912	2 429	774	1 210	1 585	1 177.3
西双版纳傣族自治州勐腊县	—	1 023	—	—	2 150	878	1 614	—	631.9
玉溪市澄江县	—	1 050	—	—	1 973	—	—	1 620	1 747.2
玉溪市峨山彝族自治县	—	1 141	—	—	2 269	1 248	1 311	1 534	1 539.8
玉溪市红塔区	—	1 149	—	—	1 977	—	—	1 494	1 636.7
玉溪市华宁县	—	1 307	—	—	2 132	—	—	1 683	1 610.3
玉溪市江川县	—	1 240	—	—	2 087	—	—	1 718	1 731.7
玉溪市通海县	—	1 275	—	—	1 696	—	—	1 639	1 807.9
玉溪市新平彝族傣族自治县	—	1 407	—	—	1 959	985	1 125	1 883	1 495.2
玉溪市易门县	—	1 180	—	—	2 047	—	—	1 638	1 575.9
玉溪市元江哈尼族彝族傣族自治县	—	900	—	554	1 974	953	965	1 402	400.9
昭通市大关县	—	767	—	2 123	1 867	—	—	1 520	1 063.5
昭通市鲁甸县	—	628	—	—	1 962	—	—	1 290	1 916.0
昭通市巧家县	—	2 178	—	2 625	3 313	2 342	1 005	2 665	841.0
昭通市绥江县	—	779	—	1 072	2 177	—	—	1 768	412.9
昭通市威信县	—	793	—	1 809	1 829	—	—	1 084	1 173.3
昭通市盐津县	—	434	—	—	1 889	—	—	995	483.1
昭通市彝良县	—	727	—	—	2 450	—	—	1 736	880.0
昭通市永善县	—	718	—	—	2 248	—	—	1 702	877.2
昭通市昭阳区	—	770	—	—	2 004	—	—	1 222	1 949.5
昭通市镇雄县	—	756	—	—	1 367	—	—	800	1 667.8

表 D.51　云南省作物光温生产潜力指数(二)

区县名	马铃薯1*	马铃薯2*	花生	油菜	甘蔗	全年甘蔗[a]	站点海拔/m
保山市昌宁县	1 297	—	635	467	4 675	4 675	1 660.3
保山市龙陵县	1 714	—	424	464	4 292	4 316	1 528.9
保山市隆阳区	1 260	—	610	625	4 962	5 016	1 653.5
保山市隆阳区潞江农场	2 348	—	991	740	7 303	7 591	704.7
保山市腾冲县	1 264	—	—	715	4 246	4 246	1 654.6
楚雄彝族自治州楚雄市	2 670	—	—	677		5 386	1 772.0
楚雄州大姚县	1 364	2 548	—	652		5 487	1 879.6

表 D.51（续）

区 县 名	马铃薯1*	马铃薯2*	花生	油菜	甘蔗	全年甘蔗[a]	站点海拔/m
楚雄州禄丰县	1 961	1 504	624	637	5 048	5 403	1 569.7
楚雄州牟定县	—	—	—	589		5 489	1 769.3
楚雄州南华县	3 062	—	656	645	4 726	4 965	1 858.5
楚雄州双柏县	2 586	—	412	507	3 155	5 018	1 968.6
楚雄州武定市	2 083	—	512	594	5 091	5 122	1 712.0
楚雄州姚安县	—	—	—	645		5 174	1 874.6
楚雄州永仁县	1 827	—	1 050	620	6 953	6 953	1 531.1
楚雄州元谋县	796	—	1 091	662	6 862	8 451	1 120.2
大理白族自治州宾川县	—	—	—	672	6 464	6 651	1 440.1
大理白族自治州大理市	1 347	—	—	619		4 658	1 990.5
大理白族自治州洱源县	574	—	—	491	747	4 217	2 069.7
大理州鹤庆县	920	—	—	421	3 795	3 798	2 198.4
大理州剑川县	3 228	—	—	622		3 314	2 191.8
大理州弥渡县	1 676	—	—	572		5 870	1 661.1
大理州南涧彝族自治县	2 099	—	—	874	6 856	7 179	1 405.8
大理州巍山彝族回族自治县	—	—	—	644		5 057	1 743.8
大理州祥云县	1 858	—	—	644		4 872	2 003.9
大理州漾濞彝族自治县	1 561	—	—	652		5 225	1 627.1
大理州永平县	1 567	—	—	599		4 979	1 617.7
大理州云龙县	1 431	—	—	421		4 201	1 658.2
德宏傣族景颇族自治州梁河县	2 538	—	840	788	6 492	6 496	1 013.3
德宏傣族景颇族自治州陇川县	1 906	—	—	592	140	6 675	967.9
德宏傣族景颇族自治州潞西市	1 315	—	753	621	7 080	7 132	914.7
德宏傣族景颇族自治州瑞丽市	888	—	762	568		5 501	776.6
德宏傣族景颇族自治州盈江县	760	2 223	875	747	6 746	6 746	827.8
迪庆藏族自治州德钦县	1 022	—	—			333	3 319.0
迪庆藏族自治州维西傈僳族自治县	304	—	405			2 796	2 325.6
迪庆藏族自治州香格里拉县	1 363	—	—	555		676	3 276.1
红河哈尼族彝族自治州个旧市	2 390	—	521	543	4 803	5 147	1 688.5
红河哈尼族彝族自治州河口县	—	—	724		4 988	7 232	137.9
红河哈尼族彝族自治州红河县	414	1 568	1 132		6 771	7 160	971.9
红河哈尼族彝族自治州建水县	1 616	1 302	785	559	6 673	7 013	1 310.0
红河哈尼族彝族自治州金平苗族瑶族傣族自治县	1 096	—	507	425	2 354	5 720	1 261.0
红河哈尼族彝族自治州开远市	1 244	2 514	957		7 063	7 284	1 055.7

表 D.51（续）

区 县 名	马铃薯 1*	马铃薯 2*	花生	油菜	甘蔗	全年甘蔗[a]	站点海拔/m
红河哈尼族彝族自治州泸西县	—	—	—	518		4 985	1 704.3
红河哈尼族彝族自治州绿春县	1 402	—	449		5 785	5 785	1 645.3
红河哈尼族彝族自治州蒙自县	—	—	776		6 724	6 802	1 300.7
红河哈尼族彝族自治州弥勒县	1 294	—	595	620	5 258	6 106	1 415.9
红河哈尼族彝族自治州屏边苗族自治县	1 122	—	619	395	5 079	5 096	1 414.1
红河哈尼族彝族自治州石屏县	1 154	—	837	623	5 940	6 629	1 419.9
红河哈尼族彝族自治州元阳县	484	1 824	1 125	649	7 689	8 379	1 543.3
昆明市安宁市	1 519	—	—	596		4 511	1 847.0
昆明市呈贡县	3 463	—	—	615		4 598	1 906.8
昆明市东川区	1 574	—	1 201	722	6 008	7 313	1 253.4
昆明市东川区汤丹镇	3 054	—	428	1 162	3 453	3 453	2 253.8
昆明市富民县	—	—	—	632		5 263	1 693.2
昆明市官渡区	1 538	—	—	599		4 646	1 892.4
昆明市晋宁县	1 591	—	—	612		4 783	1 892.2
昆明市禄劝彝族苗族自治县	3 469	—	810	688	5 179	5 189	1 672.1
昆明市嵩明县	1 130	—	—	607		3 956	1 920.3
昆明市西山区	1 082	—	—			2 794	2 366.5
昆明市寻甸回族彝族自治县	3 310	—	—	549		4 443	1 874.1
昆明市宜良县	1 514	—	826	580	5 313	5 597	1 532.1
丽江市华坪县	1 673	—	629	662	6 260	7 455	1 244.8
丽江市宁蒗彝族自治县	3 237	—	—			3 644	2 242.3
丽江市永胜县	3 052	—	503	644	3 895	4 034	2 131.0
丽江市玉龙纳西族自治县	3 780	—	—	607		3 291	2 392.4
临沧市沧源佤族自治县	1 635	—	607	560	5 363	5 676	1 280.6
临沧市凤庆县	1 893	—	503	597		5 334	1 588.7
临沧市耿马傣族佤族自治县	1 134	—	550	621	6 567	6 629	1 105.4
临沧市耿马傣族佤族自治县孟定镇	1 080	—	652	607	7 486	7 647	511.4
临沧市临翔区	1 537	—	559	727	5 813	5 885	1 502.4
临沧市双江拉祜族佤族布朗族傣族自治县	2 201	—	1 009	792	6 366	7 070	1 042.6
临沧市永德县	2 514	—	723	713	6 099	6 300	1 607.2
临沧市云县	1 348	—	751	761	6 247	6 921	1 107.6
临沧市镇康县	3 221	—	914		5 654	6 273	1 008.8
怒江傈僳族自治州福贡县	765	—	585	394		4 259	1 191.0
怒江傈僳族自治州贡山独龙族怒族自治县	494	—	439	259		3 568	1 595.7

表 D.51（续）

区　县　名	马铃薯1*	马铃薯2*	花生	油菜	甘蔗	全年甘蔗[a]	站点海拔/m
怒江傈僳族自治州兰坪白族普米族自治县	1 388	—	—			2 475	2 345.3
怒江傈僳族自治州泸水县	2 109	—	505	455		4 307	1 804.9
普洱市江城哈尼族彝族自治县	717	—	369		5 630	6 223	1 119.5
普洱市景东彝族自治县	1 788	—	742	609	6 193	6 399	1 162.3
普洱市景谷傣族彝族自治县	1 405	—	639	594		6 995	914.0
普洱市澜沧拉祜族自治县	1 739	—	828	774	6 536	6 940	1 054.8
普洱市孟连傣族拉祜族佤族自治县	2 185	—	819	682		7 050	951.0
普洱市墨江哈尼族自治县	1 229	—	925	534	5 967	6 595	1 282.6
普洱市市辖区	2 271	—	—	603		3 860	1 302.1
普洱市思茅区	1 437	—	670	554		6 332	1 321.4
普洱市西盟佤族自治县	841	—	442	648	3 432	4 533	1 899.9
普洱市镇沅彝族哈尼族拉祜族自治县	1 552	—	858	626	6 202	6 391	1 248.2
曲靖市富源县	3 188	—	438	597		3 908	1 852.9
曲靖市会泽县	3 429	—	—			3 549	2 109.5
曲靖市陆良县	2 692	—	—	628		4 757	1 845.0
曲靖市罗平县	2 398	—	669	519	4 556	4 730	1 483.1
曲靖市马龙县	3 125	—	—			3 893	2 036.8
曲靖市师宗县	1 459	—	925	690	7 203	7 388	1 846.2
曲靖市宣威市	2 920	—	496	392		3 892	1 984.2
曲靖市沾益县	2 757	—	—	446		4 388	1 898.7
文山壮族苗族自治州富宁县	1 199	—	873	556	5 787	6 295	690.2
文山壮族苗族自治州广南县	1 370	—	668			5 355	1 249.6
文山壮族苗族自治州麻栗坡	1 006	—	556	544	3 483	5 598	1 092.4
文山壮族苗族自治州马关县	998	—	815	502	5 582	5 612	1 334.8
文山壮族苗族自治州丘北县	1 182	—	902		6 845	7 115	1 453.3
文山壮族苗族自治州文山县	1 673	—	805	573		6 280	1 271.6
文山壮族苗族自治州西畴县	1 580	—	626	670		4 620	1 528.4
文山壮族苗族自治州砚山县	2 786	—	651	451	5 093	5 320	1 556.1
西双版纳傣族自治州景洪市	2 566	—	1 083		6 445	8 148	582.0
西双版纳傣族自治州景洪市勐龙镇	2 672	—	1 045		6 332	7 971	627.6
西双版纳傣族自治州勐海县	2 353	—	849	603	6 343	6 492	1 177.3
西双版纳傣族自治州勐腊县	—	—	—			7 344	631.9
玉溪市澄江县	780	—	—	620		5 066	1 747.2
玉溪市峨山彝族自治县	2 114	—	825	644	5 440	5 459	1 539.8

表 D.51(续)

区 县 名	马铃薯1*	马铃薯2*	花生	油菜	甘蔗	全年甘蔗[a]	站点海拔/m
玉溪市红塔区	551	—	—	655		5 171	1 636.7
玉溪市华宁县	1 942	—	611	621		5 195	1 610.3
玉溪市江川县	614	—	—	493		5 228	1 731.7
玉溪市通海县	1 733	—	—	738	5 235	5 278	1 807.9
玉溪市新平彝族傣族自治县	1 802	—	669	725	6 019	6 207	1 495.2
玉溪市易门县	—	—	—	665	5 320	5 320	1 575.9
玉溪市元江哈尼族彝族傣族自治县	813	—	459		5 240	5 265	400.9
昭通市大关县	2 583	—	590	316		3 859	1 063.5
昭通市鲁甸县	2 696	—	530	736		3 544	1 916.0
昭通市巧家县	1 671	—	780	433	5 070	6 277	841.0
昭通市绥江县	1 194	—	519	399	4 281	4 383	412.9
昭通市威信县	1 246	—	607	258	3 456	3 456	1 173.3
昭通市盐津县	604	—	586	303	4 086	4 248	483.1
昭通市彝良县	1 585	—	922			4 759	880.0
昭通市永善县	1 680	—	835	340	10	4 518	877.2
昭通市昭阳区	2 970	—	—			3 284	1 949.5
昭通市镇雄县	1 114	—	—	288		3 076	1 667.8

[a] 根据当地实际,马铃薯种植两季,甘蔗有跨年度越冬种植,下同。

表 D.52 云南省作物气候生产潜力指数(一)

区 县 名	春小麦	冬小麦	青稞	春玉米	夏玉米	马铃薯1	站点海拔/m
保山市昌宁县	—	392	—	343	2 081	833	1 660.3
保山市龙陵县	—	752	—	616	1 800	1 485	1 528.9
保山市隆阳区	—	679	—	—	2 042	701	1 653.5
保山市隆阳区潞江农场	—	753	—	—	2 851	829	704.7
保山市腾冲县	—	801	—	—	1 608	1 048	1 654.6
楚雄彝族自治州楚雄市	—	323	—	200	1 991	1 400	1 772.0
楚雄彝族自治州大姚县	—	220	—	1 560	1 535	120	1 879.6
楚雄彝族自治州禄丰县	—	397	—	132	2 050	912	1 569.7
楚雄彝族自治州牟定县	—	241	—	—	1 770	—	1 769.3
楚雄彝族自治州南华县	—	276	—	—	1 823	1 616	1 858.5
楚雄彝族自治州双柏县	—	414	—	1 856	360	1 100	1 968.6
楚雄彝族自治州武定市	—	404	—	—	681	869	1 712.0
楚雄彝族自治州姚安县	—	239	1 314	—	1 702		1 874.6
楚雄彝族自治州永仁县	—	410	—	370	2 264	183	1 531.1

表 D.52（续）

区 县 名	春小麦	冬小麦	青稞	春玉米	夏玉米	马铃薯1	站点海拔/m
楚雄彝族自治州元谋县	588	292	—	171	633	426	1 120.2
大理白族自治州宾川县	—	54	1 293	—	2 188	—	1 440.1
大理白族自治州大理市	—	456	—	1 031	1 312	474	1 990.5
大理白族自治州洱源县	—	161	—	—	1 656	90	2 069.7
大理白族自治州鹤庆县	—	108	—	79	1 497	113	2 198.4
大理白族自治州剑川县	—	197	1 478	1 197	1 414	2 431	2 191.8
大理白族自治州弥渡县	—	397	—	—	2 263	282	1 661.1
大理白族自治州南涧县	—	792	—	—	2 038	489	1 405.8
大理白族自治州巍山县	—	626	—	—	1 729	—	1 743.8
大理白族自治州祥云县	—	347	—	—	1 481	1 765	2 003.9
大理白族自治州漾濞县	—	382	—	—	1 772	420	1 627.1
大理白族自治州永平县	—	587	—	—	1 889	532	1 617.7
大理白族自治州云龙县	—	599	—	196	1 681	617	1 658.2
德宏傣族景颇族自治州梁河县	—	656	—	1 280	2 368	1 741	1 013.3
德宏傣族景颇族自治州陇川县	—	740	—	647	2 242	757	967.9
德宏傣族景颇族自治州潞西市	—	623	—	715	1 647	653	914.7
德宏傣族景颇族自治州瑞丽市	—	506	—	500	2 555	427	776.6
德宏傣族景颇族自治州盈江县	—	876	—	769	2 612	760	827.8
迪庆藏族自治州德钦县	516	88	102	636	492	998	3 319.0
迪庆州维西傈僳族自治县	—	387	—	1 409	1 518	293	2 325.6
迪庆州香格里拉县	—	39	799	—	700	1 248	3 276.1
红河哈尼族彝族自治州个旧市	—	666	—	—	2 049	2 390	1 688.5
红河哈尼族彝族自治州河口县	—	913	—	—	2 715	—	137.9
红河哈尼族彝族自治州红河县	—	678	—	—	2 208	256	971.9
红河哈尼族彝族自治州建水县	—	538	—	1 077	2 034	693	1 310.0
红河哈尼族彝族自治州金平县	—	876	—	1 162	1 598	1 080	1 261.0
红河哈尼族彝族自治州开远市	—	650	—	996	2 192	609	1 055.7
红河哈尼族彝族自治州泸西县	—	388	—	—	1 918	—	1 704.3
红河哈尼族彝族自治州绿春县	—	606	—	1 525	1 977	820	1 645.3
红河哈尼族彝族自治州蒙自县	—	482	—	—	2 454		1 300.7
红河哈尼族彝族自治州弥勒县	—	399	—	1 380	2 018	343	1 415.9
红河哈尼族彝族自治州屏边苗族自治县	—	631	—	—	1 662	1 022	1 414.1
红河哈尼族彝族自治州石屏县	—	652	—	—	2 432	1 075	1 419.9
红河哈尼族彝族自治州元阳县	—	721	—	420	1 837	646	1 543.3

表 D.52（续）

区 县 名	春小麦	冬小麦	青稞	春玉米	夏玉米	马铃薯 1	站点海拔/m
昆明市安宁市	—	391	—	—	1 627	471	1 847.0
昆明市呈贡县	—	412	—	—	1 705	2 978	1 906.8
昆明市东川区	—	440	545	—	2 281	377	1 253.4
昆明市东川区汤丹镇	—	368	—	—	669	2 389	2 253.8
昆明市富民县	—	433	—	—	1 602		1 693.2
昆明市官渡区	—	501	—	—	1 684	553	1 892.4
昆明市晋宁县	—	460	—	—	1 651	444	1 892.2
昆明市禄劝彝族苗族自治县	—	443	561	—	1 656	2 273	1 672.1
昆明市嵩明县	—	364	—	—	1 604	329	1 920.3
昆明市西山区	—	327	—	—	1 390	338	2 366.5
昆明市寻甸回族彝族自治县	—	414	596	—	1 726	2 468	1 874.1
昆明市宜良县	—	458	—	—	1 809	364	1 532.1
丽江市华坪县	—	367	—	—	2 361	171	1 244.8
丽江市宁蒗彝族自治县	—	308	297	—	1 694	2 370	2 242.3
丽江市永胜县	—	129	352	131	1 641	1 867	2 131.0
丽江市玉龙纳西族自治县	—	369	—	—	1 520	3 114	2 392.4
临沧市沧源县	—	611	—	370	2 336	987	1 280.6
临沧市凤庆县	—	852	—	—	1 937	1 132	1 588.7
临沧市耿马傣族佤族自治县	—	491	—	827	1 467	1 063	1 105.4
临沧市耿马傣族佤族自治县孟定镇	—	617	—	995	1 720	954	511.4
临沧市临翔区	—	647	—	192	2 005	451	1 502.4
临沧市双江拉祜族佤族布朗族傣族自治县	—	515	—	400	1 740	887	1 042.6
临沧市永德县	—	784	—	557	2 232	1 569	1 607.2
临沧市云县	—	1 094	853	—	2 401	377	1 107.6
临沧市镇康县	—	649	—	—	2 236	2 392	1 008.8
怒江傈僳族自治州福贡县	—	822	—	2 256	2 151	765	1 191.0
怒江傈僳族自治州贡山独龙族怒族自治县	—	913	957	287	1 809	494	1 595.7
怒江傈僳族自治州兰坪白族普米族自治县	—	454	615	—	1 331	1 084	2 345.3
怒江傈僳族自治州泸水县	—	1 155	—	—	1 795	2 109	1 804.9
普洱市江城哈尼族彝族自治县	—	1 171	—	710	1 528	717	1 119.5
普洱市景东彝族自治县	—	639	—	—	2 418	683	1 162.3
普洱市景谷傣族彝族自治县	—	816	—	—	1 889	456	914.0

表 D.52（续）

区 县 名	春小麦	冬小麦	青稞	春玉米	夏玉米	马铃薯1	站点海拔/m
普洱市澜沧拉祜族自治县	—	847	—	2 397	2 166	1 739	1 054.8
普洱市孟连傣族拉祜族佤族自治县	—	936	—	939	2 051	1 164	951.0
普洱市墨江哈尼族自治县	—	1 024	—	720	2 338	818	1 282.6
普洱市市辖区	—	633	—	—	2 011	1 671	1 302.1
普洱市思茅区	—	1 041	—	—	1 816	1 246	1 321.4
普洱市西盟佤族自治县	—	783	—	1 462	1 133	543	1 899.9
普洱市镇沅彝族哈尼族拉祜族自治县	—	516	—	727	2 468	1 473	1 248.2
曲靖市富源县	—	570	—	—	1 442	2 891	1 852.9
曲靖市会泽县	—	386	—	—	1 688	2 749	2 109.5
曲靖市陆良县	—	616	—	—	1 921	2 091	1 845.0
曲靖市罗平县	—	781	—	925	1 821	2 081	1 483.1
曲靖市马龙县	—	405	—	—	1 760	2 433	2 036.8
曲靖市师宗县	—	679	—	—	1 514	1 751	1 846.2
曲靖市宣威市	—	503	—	—	1 875	2 315	1 984.2
曲靖市沾益县	—	384	—	—	1 904	2 165	1 898.7
文山壮族苗族自治州富宁县	—	516	—	—	2 788	791	690.2
文山壮族苗族自治州广南县	—	496	—	—	2 037	769	1 249.6
文山壮族苗族自治州麻栗坡	—	605	—	753	1 684	715	1 092.4
文山壮族苗族自治州马关县	—	728	—	—	2 211	729	1 334.8
文山壮族苗族自治州丘北县	—	611	—	417	2 149	650	1 453.3
文山壮族苗族自治州文山县	—	475	—	—	2 190	620	1 271.6
文山壮族苗族自治州西畴县	—	848	—	—	2 102	1 342	1 528.4
文山壮族苗族自治州砚山县	—	529	—	—	2 185	2 786	1 556.1
西双版纳傣族自治州景洪市	—	560	—	692	2 714	1 175	582.0
西双版纳傣族自治州景洪市勐龙镇	—	—	—	718	2 606	1 349	627.6
西双版纳傣族自治州勐海县	—	342	—	244	2 253	1 062	1 177.3
西双版纳傣族自治州勐腊县	—	639	—	—	1 786		631.9
玉溪市澄江县	—	490	—	—	1 919	178	1 747.2
玉溪市峨山县	—	599	—	—	2 235	2 114	1 539.8
玉溪市红塔区	—	534	—	—	1 916	153	1 636.7
玉溪市华宁县	—	699	—	—	2 063	1 942	1 610.3
玉溪市江川县	—	558	—	—	2 005	171	1 731.7
玉溪市通海县	—	566	—	—	1 643	571	1 807.9
玉溪市新平县	—	622	—	—	1 872	512	1 495.2

表 D.52（续）

区县名	春小麦	冬小麦	青稞	春玉米	夏玉米	马铃薯1	站点海拔/m
玉溪市易门县	—	424	—	—	1 931		1 575.9
玉溪市沅江县	—	687	—	—	3 145	135	400.9
昭通市大关县	—	564	—	2 064	1 867	2 366	1 063.5
昭通市鲁甸县	—	352	—	—	1 893	2 366	1 916.0
昭通市巧家县	—	760	—	1 178	2 445	109	841.0
昭通市绥江县	—	525	—	898	2 134	959	412.9
昭通市威信县	—	793	—	1 809	1 829	1 246	1 173.3
昭通市盐津县	—	377	—	—	1 889	543	483.1
昭通市彝良县	—	282	—	—	2 148	884	880.0
昭通市永善县	—	352	—	—	2 014	1 447	877.2
昭通市昭阳区	—	476	—	—	1 866	2 704	1 949.5
昭通市镇雄县	—	705	—	—	1 340	1 085	1 667.8

表 D.53　云南省作物气候生产潜力指数(二)

区县名	马铃薯2	花生	油菜	甘蔗	全年甘蔗	站点海拔/m
保山市昌宁县	—	632	292	4 292	4 292	1 660.3
保山市龙陵县	—	424	339	4 186	4 196	1 528.9
保山市隆阳区	—	583	406	4 208	4 257	1 653.5
保山市隆阳区潞江农场	—	939	357	4 966	5 153	704.7
保山市腾冲县	—	—	574	4 080	4 080	1 654.6
楚雄彝族自治州楚雄市	—	—	256	—	3 979	1 772.0
楚雄彝族自治州大姚县	2 080	—	221	—	3 633	1 879.6
楚雄彝族自治州禄丰县	303	609	274	3 825	4 150	1 569.7
楚雄彝族自治州牟定县	—	—	169	—	3 861	1 769.3
楚雄彝族自治州南华县	—	544	241	3 459	3 683	1 858.5
楚雄彝族自治州双柏县	—	412	233	3 070	3 646	1 968.6
楚雄彝族自治州武定市	—	509	268	4 029	4 032	1 712.0
楚雄彝族自治州姚安县	—	—	176	—	3 611	1 874.6
楚雄彝族自治州永仁县	—	758	580	4 404	4 404	1 531.1
楚雄彝族自治州元谋县	97	434	108	4 111	4 155	1 120.2
大理白族自治州宾川县	—	—	177	3 836	3 845	1 440.1
大理白族自治州大理市	—	—	296	—	3 760	1 990.5
大理白族自治州洱源县	—	—	84	534	3 317	2 069.7
大理白族自治州鹤庆县	—	—	41	2 934	2 935	2 198.4

表 D.53（续）

区　县　名	马铃薯2	花生	油菜	甘蔗	全年甘蔗	站点海拔/m
大理白族自治州剑川县	—	—	216	—	2 803	2 191.8
大理白族自治州弥渡县	—	—	169	—	4 169	1 661.1
大理白族自治州南涧彝族自治县	—	—	352	4 319	4 412	1 405.8
大理白族自治州巍山彝族回族自治县	—	—	285	—	3 781	1 743.8
大理白族自治州祥云县	—	—	190	—	3 578	2 003.9
大理白族自治州漾濞彝族自治县	—	—	206	—	3 928	1 627.1
大理白族自治州永平县	—	—	268	—	3 875	1 617.7
大理白族自治州云龙县	—	—	303	—	3 423	1 658.2
德宏傣族景颇族自治州梁河县	—	808	470	5 476	5 478	1 013.3
德宏傣族景颇族自治州陇川县	—	—	237	43	5 408	967.9
德宏傣族景颇族自治州潞西市	—	753	299	5 799	5 814	914.7
德宏傣族景颇族自治州瑞丽市	—	879	319	5 629	5 717	776.6
德宏傣族景颇族自治州盈江县	1 113	875	415	5 526	5 526	827.8
迪庆藏族自治州德钦县	—	—	—	—	333	3 319.0
迪庆藏族自治州维西傈僳族自治县	—	376	—	—	2 543	2 325.6
迪庆藏族自治州香格里拉县	—	—	459	—	676	3 276.1
红河哈尼族彝族自治州个旧市	—	521	340	4 294	4 461	1 688.5
红河哈尼族彝族自治州河口县	—	722	—	4 876	6 865	137.9
红河哈尼族彝族自治州红河县	412	1 058	—	4 892	5 062	971.9
红河哈尼族彝族自治州建水县	1 192	685	268	4 845	4 923	1 310.0
红河哈尼族彝族自治州金平县	—	502	421	2 328	5 573	1 261.0
红河哈尼族彝族自治州开远市	956	694	—	5 062	5 105	1 055.7
红河哈尼族彝族自治州泸西县	—	—	268	—	4 170	1 704.3
红河哈尼族彝族自治州绿春县	—	394	—	5 152	5 152	1 645.3
红河哈尼族彝族自治州蒙自县	—	740	—	4 746	4 762	1 300.7
红河哈尼族彝族自治州弥勒县	—	595	260	4 592	4 778	1 415.9
红河哈尼族彝族自治州屏边苗族自治县	—	618	354	4 984	4 999	1 414.1
红河哈尼族彝族自治州石屏县	—	822	299	4 893	5 150	1 419.9
红河哈尼族彝族自治州元阳县	—	450		4 904	4 926	1 543.3
昆明市安宁市	—	—	257	—	3 557	1 847.0
昆明市呈贡县	—	—	268	—	3 636	1 906.8
昆明市东川区	—	1 029	206	4 030	4 149	1 253.4
昆明市东川区汤丹镇	—	428	918	2 845	2 845	2 253.8
昆明市富民县	—	—	257	—	3 937	1 693.2

表 D.53（续）

区县名	马铃薯2	花生	油菜	甘蔗	全年甘蔗	站点海拔/m
昆明市官渡区	—	—	276	—	3 840	1 892.4
昆明市晋宁县	—	—	285	—	3 753	1 892.2
昆明市禄劝彝族苗族自治县	—	709	270	3 995	3 996	1 672.1
昆明市嵩明县	—	—	256	—	3 258	1 920.3
昆明市西山区	—	—	—	—	2 309	2 366.5
昆明市寻甸回族彝族自治县	—	—	548	—	3 627	1 874.1
昆明市宜良县	—	752	329	4 025	4 303	1 532.1
丽江市华坪县	—	629	223	4 168	4 267	1 244.8
丽江市宁蒗彝族自治县	—	—	—	—	2 935	2 242.3
丽江市永胜县	—	433	237	2 967	3 106	2 131.0
丽江市玉龙纳西族自治县	—	—	225	—	2 716	2 392.4
临沧市沧源佤族自治县	—	607	272	4 650	4 714	1 280.6
临沧市凤庆县	—	503	431	—	4 644	1 588.7
临沧市耿马傣族佤族自治县	—	550	213	5 165	5 189	1 105.4
临沧市耿马傣族佤族自治县孟定镇	—	652	225	5 707	5 771	511.4
临沧市临翔区	—	559	399	4 557	4 588	1 502.4
临沧市双江拉祜族佤族布朗族傣族自治县	—	911	365	4 873	5 065	1 042.6
临沧市永德县	—	712	390	5 014	5 083	1 607.2
临沧市云县	—	718	307	4 667	4 817	1 107.6
临沧市镇康县	—	835	—	4 955	5 160	1 008.8
怒江傈僳族自治州福贡县	—	585	394	—	4 259	1 191.0
怒江傈僳族自治州贡山独龙县	—	439	259	—	3 568	1 595.7
怒江傈僳族自治州兰坪县	—	—	—	—	2 246	2 345.3
怒江傈僳族自治州泸水县	—	505	350	—	4 108	1 804.9
普洱市江城哈尼族彝族自治县	—	369	—	5 424	5 751	1 119.5
普洱市景东彝族自治县	—	684	315	4 815	4 872	1 162.3
普洱市景谷傣族彝族自治县	—	639	330	—	5 233	914.0
普洱市澜沧拉祜族自治县	—	784	390	5 260	5 361	1 054.8
普洱市孟连傣族拉祜族自治县	—	819	390	—	5 269	951.0
普洱市墨江哈尼族自治县	—	885	387	5 252	5 506	1 282.6
普洱市市辖区	—	716	296	4 212	4 930	1 302.1
普洱市思茅区	—	670	376	—	5 092	1 321.4
普洱市西盟佤族自治县	—	436	437	3 331	3 754	1 899.9
普洱市镇沅彝族哈尼族拉祜族自治县	—	773	315	4 787	4 830	1 248.2

表 D.53（续）

区县名	马铃薯2	花生	油菜	甘蔗	全年甘蔗	站点海拔/m
曲靖市富源县	—	425	376	—	3 482	1 852.9
曲靖市会泽县	—	—	—	—	3 035	2 109.5
曲靖市陆良县	—	—	324	—	4 061	1 845.0
曲靖市罗平县	—	662	362	4 232	4 293	1 483.1
曲靖市马龙县	—	—	—	—	3 245	2 036.8
曲靖市师宗县	—	—	393	—	3 441	1 846.2
曲靖市宣威市	—	496	141	—	3 447	1 984.2
曲靖市沾益县	—	—	209	—	3 781	1 898.7
文山壮族苗族自治州富宁县	—	863	350	5 393	5 575	690.2
文山壮族苗族自治州广南县	—	651	—	—	4 836	1 249.6
文山壮族苗族自治州麻栗坡	—	544	398	3 198	5 304	1 092.4
文山壮族苗族自治州马关县	—	805	371	5 309	5 324	1 334.8
文山壮族苗族自治州丘北县	—	742	322		4 795	1 453.3
文山壮族苗族自治州文山县	—	751	270		5 231	1 271.6
文山壮族苗族自治州西畴县	—	626	552		4 458	1 528.4
文山壮族苗族自治州砚山县	—	595	197	4 529	4 599	1 556.1
西双版纳傣族自治州景洪市	—	951	—	5 712	6 119	582.0
西双版纳傣族自治州景洪市勐龙镇	—	981	—	5 808	6 266	627.6
西双版纳傣族自治州勐海县	—	801	242	5 053	5 126	1 177.3
西双版纳傣族自治州勐腊县	—	—	—	—	6 323	631.9
玉溪市澄江县	—	—	304	—	4 061	1 747.2
玉溪市峨山彝族自治县	—	756	381	4 609	4 615	1 539.8
玉溪市红塔区	—	—	353	—	4 307	1 636.7
玉溪市华宁县	—	606	345	—	4 280	1 610.3
玉溪市江川县	—	—	293	—	4 171	1 731.7
玉溪市通海县	—	—	358	4 132	4 143	1 807.9
玉溪市新平彝族傣族自治县	—	644	336	4 553	4 592	1 495.2
玉溪市易门县	—		302	4 160	4 160	1 575.9
玉溪市元江哈尼族彝族傣族自治县	—	977	329	4 403	5 141	400.9
昭通市大关县	—	590	193	—	3 685	1 063.5
昭通市鲁甸县	—	517	722	—	3 373	1 916.0
昭通市巧家县	—	458	—	4 310	4 357	841.0
昭通市绥江县	—	504	260	4 019	4 086	412.9
昭通市威信县	—	607	258	3 456	3 456	1 173.3

表 D.53（续）

区　县　名	马铃薯2	花生	油菜	甘蔗	全年甘蔗	站点海拔/m
昭通市盐津县	—	585	270	4 008	4 170	483.1
昭通市彝良县	—	854	—	—	3 814	880.0
昭通市永善县	—	811	145	2	3 943	877.2
昭通市昭阳区	—	—	—	—	3 074	1 949.5
昭通市镇雄县	—	—	246	—	3 051	1 667.8

D.2.26　西藏自治区作物生产潜力表见表 D.54 和表 D.55。

表 D.54　西藏自治区作物光温生产潜力指数[a]

区　县　名	春小麦	冬小麦	马铃薯	青稞	油菜	站点海拔/m
拉萨市城关区	—	1 635	—	1 268	601	3 648.7
拉萨市尼木县	—	1 455	—	1 246	650	3 809.4
日喀则地区定日县	951	—	—	951	605	4 300.0
日喀则地区江孜县	1 052	—	—	1 031	607	4 040.0
日喀则地区拉孜县	1 443	—	—	1 462	801	4 000.0
日喀则地区南木林县	1 358	—	—	1 389	805	4 001.2
日喀则地区日喀则市	1 459	—	—	1 546	877	3 836.0
山南地区贡嘎县	1 374	1 435	3 197	1 374	722	3 556.0
山南地区隆子县	961	—	—	1 018	584	3 860.0
山南地区乃东县	1 196	1 394	2 847	1 196	663	3 551.7

注：西藏自治区粮食作物主要分布在“一江两河”地区，纯牧业县无作物生产潜力，下同。

表 D.55　西藏自治区作物气候生产潜力指数

区　县　名	春小麦	冬小麦	马铃薯	青稞	油菜	站点海拔/m
拉萨市城关区	—	1 089	—	908	428	3 648.7
拉萨市尼木县	—	862	—	777	370	3 809.4
日喀则地区定日县	581	—	—	581	342	4 300.0
日喀则地区江孜县	675	—	—	674	381	4 040.0
日喀则地区拉孜县	803	—	—	803	439	4 000.0
日喀则地区南木林县	989	—	—	991	552	4 001.2
日喀则地区日喀则市	1 038	—	—	1 040	569	3 836.0
山南地区贡嘎县	704	705	2 272	704	366	3 556.0
山南地区隆子县	573	—	—	623	328	3 860.0
山南地区乃东县	641	665	2 102	641	339	3 551.7

D.2.27 陕西省作物生产潜力表见表 D.56 和表 D.57。

表 D.56 陕西省作物光温生产潜力指数

区 县 名	冬小麦	春玉米	夏玉米	一季稻	谷子	马铃薯	油菜	站点海拔/m
安康市白河县	1 173	2 759	—	2 402	—	—	—	324.4
安康市汉滨区	1 346	3 251	—	2 511	—	—	—	290.8
安康市汉阴县	—	—	—	2 420	—	—	685	413.0
安康市岚皋县	1 288	2 928	—	2 501	—	1 834	—	550.0
安康市宁陕县	1 010	2 714	—	1 961	—		—	900.0
安康市平利县	1 197	3 151	—	2 405	—	1 868	—	568.9
安康市石泉县	1 254	2 842	—	2 520	—	—	—	484.9
安康市旬阳县	989	3 138	—	2 500	—	—	—	441.1
安康市镇坪县	931	2 804	—	1 813	—	1 236	—	994.5
安康市紫阳县	1 296	3 175	—	2 513	—	—	—	505.9
宝鸡市陈仓区	927	—	1 811	—	—	—	—	563.7
宝鸡市凤县	1 192	2 206	—	—	—	—	—	1 006.9
宝鸡市凤翔县	915	—	1 943	—	—	—	—	781.8
宝鸡市扶风县	946	—	2 038	—	—	—	—	583.7
宝鸡市麟游县	945	2 084	—	—	—	—	—	1 065.7
宝鸡市陇县	1 120	2 216	—	—	—	—	—	925.1
宝鸡市眉县	955	—	2 126	—	—	—	—	518.4
宝鸡市岐山县	938	—	2 055	—	—	—	—	671.1
宝鸡市千阳县	1 077	2 346	—	—	—	—	—	746.4
宝鸡市太白县	797	1 531	—	882	—	—	—	1 543.7
宝鸡市渭滨区	961	—	1 905	—	—	—	—	612.4
宝鸡市渭滨区东峪口	534	—	1 096	—	—	—	—	1 419.8
汉中市城固县	—	—	—	2 126	—	—	631	487.0
汉中市佛坪县	—	2 605	—	1 753	—	—	—	1 087.7
汉中市汉台区	—	—	—	2 249	—	—	652	509.5
汉中市留坝县	819	2 065	—	1 376	—	—	—	1 031.6
汉中市略阳县	801	2 347	—	1 561	—	—	—	794.2
汉中市勉县	—	—	—	1 759	—	—	459	548.0
汉中市南郑县	—	—	—	2 329	—	—	641	537.5
汉中市宁强县	1 006	2 960	—	2 028	—	—	—	855.2
汉中市西乡县	—	—	—	2 332	—	—	651	447.5
汉中市洋县	—	—	—	1 976	—	—	514	469.9
汉中市镇巴县	—	2 792	—	2 170	—	—	—	694.3

表 D.56（续）

区 县 名	冬小麦	春玉米	夏玉米	一季稻	谷子	马铃薯	油菜	站点海拔/m
商洛市丹凤县	1 280	3 126	—	2 374	—	—	—	613.2
商洛市洛南县	746	2 383	—	—	—	—	—	959.9
商洛市山阳县	1 149	3 364	2 732	2 366	—	—	—	661.0
商洛市商南县	1 251	3 399	2 615	2 373	—	—	—	523.8
商洛市商州区	1 192	3 005	—	2 235	—	—	—	742.2
商洛市镇安县	1 077	2 921	2 329	2 047	—	—	—	693.7
商洛市柞水县	1 134	2 892	2 265	2 019	—	—	—	800.0
铜川市王益区	879	2 409	—	—	—	—	—	978.9
铜川市耀州区	971	2 949	—	—	—	—	—	720.6
铜川市宜君县	823	2 077	—	—	—	—	—	1 394.4
渭南市白水县	937	2 707	—	—	—	—	—	805.4
渭南市澄城县	1 052	3 014	—	—	—	—	—	680.1
渭南市大荔县	1 063	—	2 565	—	—	—	—	368.9
渭南市富平县	1 054	—	2 629	—	—	—	—	473.2
渭南市韩城市	1 188	3 168	—	—	—	—	—	458.8
渭南市合阳县	1 021	2 981	—	—	—	—	—	710.1
渭南市华县	1 002	—	2 432	—	—	—	—	342.3
渭南市华阴市	1 065	—	2 493	—	—	—	—	352.3
渭南市华阴县华山	399	—	1 322	—	—	—	—	2 064.9
渭南市临渭区	1 042	—	2 527	—	—	—	—	349.4
渭南市蒲城县	1 022	—	2 286	—	—	—	—	499.9
渭南市潼关县	977	—	2 393	—	—	—	—	556.6
西安市灞桥区	934	—	2 295	—	—	—	—	397.5
西安市长安区	953	—	2 336	—	—	—	—	439.1
西安市高陵县	1 017	—	2 382	—	—	—	—	378.9
西安市户县	1 170	—	2 698	—	—	—	—	415.0
西安市蓝田县	940	—	2 358	—	—	—	—	541.5
西安市临潼区	1 003	—	2 469	—	—	—	—	424.8
西安市周至县	918	—	2 148	—	—	—	—	434.0
咸阳市彬县	1 221	2 472	—	—	—	—	—	841.3
咸阳市长武县	1 022	2 118	—	—	—	—	—	1 206.5
咸阳市淳化县	1 007	2 432	—	—	—	—	—	1 013.5
咸阳市泾阳县	990	—	2 318	—	—	—	—	428.3
咸阳市礼泉县	956	—	2 244	—	—	—	—	544.4

表 D.56（续）

区　县　名	冬小麦	春玉米	夏玉米	一季稻	谷子	马铃薯	油菜	站点海拔/m
咸阳市乾县	897	—	2 152	—	—	—	—	636.7
咸阳市秦都区	973	—	2 408	—	—	—	—	472.8
咸阳市三原县	1 060	—	2 426	—	—	—	—	422.6
咸阳市武功县	936	—	2 142	—	—	—	—	447.8
咸阳市兴平市	918	—	2 223	—	—	—	—	411.5
咸阳市旬邑县	909	2 056	—	—	—	—	—	1 277.9
咸阳市永寿县	1 057	2 486	—	—	—	—	—	998.7
延安市安塞县	—	2 471	—	—	1 218	—	—	1 068.8
延安市宝塔区	—	2 532	—	—	1 243	—	—	958.5
延安市富县	1 213	2 412	—	—	—	—	—	921.3
延安市甘泉县	—	2 328	—	—	1 148	—	—	1 006.3
延安市黄陵县	1 098	2 236	—	—	—	—	—	1 082.2
延安市黄龙县	1 084	2 085	—	—	—	—	—	1 088.5
延安市洛川县	1 063	2 266	—	—	—	—	—	1 159.8
延安市延长县	—	2 778	—	—	1 406	—	—	805.4
延安市延川县	—	2 934	—	—	1 477	—	—	801.3
延安市宜川县	1 287	2 651	—	—	—	—	—	840.5
延安市志丹县	—	2 149	—	—	1 085	—	—	1 218.9
延安市子长县	—	2 494	—	—	1 266	—	—	1 065.9
榆林市定边县	—	2 405	—	—	—	3 290	—	1 361.3
榆林市府谷县	—	2 775	—	—	—	2 422	—	980.7
榆林市横山县	—	2 627	—	—	—	3 029	—	1 111.0
榆林市佳县	—	2 873	—	—	1 520	—	—	895.4
榆林市靖边县	—	2 314	—	—	—	3 334	—	1 336.9
榆林市米脂县	—	2 587	—	—	1 226	—	—	872.9
榆林市清涧县	—	2 902	—	—	1 392	—	—	938.8
榆林市神木县	—	2 528	—	—	—	2 414	—	941.1
榆林市绥德县	—	2 846	—	—	1 328	—	—	929.7
榆林市吴堡县	—	3 221	—	—	1 492	—	—	746.4
榆林市榆阳区	—	2 620	—	—	—	3 014	—	1 057.5
榆林市子洲县	—	2 641	—	—	1 210	—	—	896.0

表 D.57 陕西省作物气候生产潜力指数

区 县 名	冬小麦	春玉米	夏玉米	谷子	马铃薯	油菜	站点海拔/m
安康市白河县	1 491	2 129	—	—	—	—	324.4
安康市汉滨区	995	2 727	—	—	—	—	290.8
安康市汉阴县	—	—	—	—	—	546	413.0
安康市岚皋县	1 202	2 888	—	—	1 780	—	550.0
安康市宁陕县	852	2 500	—	—	—	—	900.0
安康市平利县	1 118	3 021	—	—	1 805	—	568.9
安康市石泉县	995	2 756	—	—	—	—	484.9
安康市旬阳县	604	2 511	—	—	—	—	441.1
安康市镇坪县	905	2 793	—	—	1 236	—	994.5
安康市紫阳县	1 217	3 167	—	—	—	—	505.9
宝鸡市陈仓区	702	—	1 697	—	—	—	563.7
宝鸡市凤县	892	1 945	—	—	—	—	1 006.9
宝鸡市凤翔县	666	—	1 712	—	—	—	781.8
宝鸡市扶风县	698	—	1 654	—	—	—	583.7
宝鸡市麟游县	706	1 774	—	—	—	—	1 065.7
宝鸡市陇县	760	1 820	—	—	—	—	925.1
宝鸡市眉县	720	—	1 697	—	—	—	518.4
宝鸡市岐山县	690	—	1 707	—	—	—	671.1
宝鸡市千阳县	784	1 968	—	—	—	—	746.4
宝鸡市太白县	768	1 519	—	—	—	—	1 543.7
宝鸡市渭滨区	771	—	1 777	—	—	—	612.4
宝鸡市渭滨区东峪口	534	—	1 096	—	—	—	1 419.8
汉中市城固县	—	—	—	—	—	494	487.0
汉中市佛坪县	—	2 462	—	—	—	—	1 087.7
汉中市汉台区	—	—	—	—	—	542	509.5
汉中市留坝县	785	2 038	—	—	—	—	1 031.6
汉中市略阳县	691	2 286	—	—	—	—	794.2
汉中市勉县	—	—	—	—	—	418	548.0
汉中市南郑县	—	—	—	—	—	559	537.5
汉中市宁强县	967	2 950	—	—	—	—	855.2
汉中市西乡县	—	—	—	—	—	537	447.5
汉中市洋县	—	—	—	—	—	465	469.9
汉中市镇巴县	—	2 792	—	—	—	—	694.3
商洛市丹凤县	794	2 571	—	—	—	—	613.2

表 D.57（续）

区　县　名	冬小麦	春玉米	夏玉米	谷子	马铃薯	油菜	站点海拔/m
商洛市洛南县	649	2 169	—	—	—	—	959.9
商洛市山阳县	804	2 679	2 335	—	—	—	661.0
商洛市商南县	948	2 842	2 344	—	—	—	523.8
商洛市商州区	800	2 528	—	—	—	—	742.2
商洛市镇安县	839	2 536	2 151	—	—	—	693.7
商洛市柞水县	804	2 439	2 083	—	—	—	800.0
铜川市王益区	541	1 907	—	—	—	—	978.9
铜川市耀州区	541	1 891	—	—	—	—	720.6
铜川市宜君县	523	1 695	—	—	—	—	1 394.4
渭南市白水县	559	1 995	—	—	—	—	805.4
渭南市澄城县	604	2 090	—	—	—	—	680.1
渭南市大荔县	604	—	1 678	—	—	—	368.9
渭南市富平县	611	—	1 608	—	—	—	473.2
渭南市韩城市	679	2 110	—	—	—	—	458.8
渭南市合阳县	606	2 046	—	—	—	—	710.1
渭南市华县	728	—	1 790	—	—	—	342.3
渭南市华阴市	665	—	1 954	—	—	—	352.3
渭南市华阴县华山	377	—	1 234	—	—	—	2 064.9
渭南市临渭区	719	—	1 770	—	—	—	349.4
渭南市蒲城县	580	—	1 711	—	—	—	499.9
渭南市潼关县	627	—	1 733	—	—	—	556.6
西安市灞桥区	709	—	1 502	—	—	—	397.5
西安市长安区	850	—	1 693	—	—	—	439.1
西安市高陵县	665	—	1 595	—	—	—	378.9
西安市户县	858	—	1 819	—	—	—	415.0
西安市蓝田县	864	—	2 023	—	—	—	541.5
西安市临潼区	725	—	1 610	—	—	—	424.8
西安市周至县	782	—	1 753	—	—	—	434.0
咸阳市彬县	794	1 917	—	—	—	—	841.3
咸阳市长武县	656	1 695	—	—	—	—	1 206.5
咸阳市淳化县	676	1 895	—	—	—	—	1 013.5
咸阳市泾阳县	624	—	1 531	—	—	—	428.3
咸阳市礼泉县	599	—	1 553	—	—	—	544.4
咸阳市乾县	605	—	1 509	—	—	—	636.7

表 D.57（续）

区　县　名	冬小麦	春玉米	夏玉米	谷子	马铃薯	油菜	站点海拔/m
咸阳市秦都区	630	—	1 422	—	—	—	472.8
咸阳市三原县	594	—	1 612	—	—	—	422.6
咸阳市武功县	732	—	1 667	—	—	—	447.8
咸阳市兴平市	737	—	1 561	—	—	—	411.5
咸阳市旬邑县	608	1 665	—	—	—	—	1 277.9
咸阳市永寿县	723	1 908	—	—	—	—	998.7
延安市安塞县	—	1 824	—	936	—	—	1 068.8
延安市宝塔区	—	1 930	—	993	—	—	958.5
延安市富县	699	1 842	—	—	—	—	921.3
延安市甘泉县	—	1 864	—	947	—	—	1 006.3
延安市黄陵县	679	1 790	—	—	—	—	1 082.2
延安市黄龙县	655	1 687	—	—	—	—	1 088.5
延安市洛川县	669	1 813	—	—	—	—	1 159.8
延安市延长县	—	2 100	—	1 091	—	—	805.4
延安市延川县		2 027	—	1 109	—	—	801.3
延安市宜川县	720	2 033	—	—	—	—	840.5
延安市志丹县	—	1 635	—	848	—	—	1 218.9
延安市子长县	—	1 880	—	982	—	—	1 065.9
榆林市定边县	—	1 120	—	—	1 638	—	1 361.3
榆林市府谷县	—	1 728	—	—	1 553	—	980.7
榆林市横山县	—	1 413	—	—	1 709	—	1 111.0
榆林市佳县	—	1 603	—	996	—	—	895.4
榆林市靖边县	—	1 357	—	—	2 033	—	1 336.9
榆林市米脂县	—	1 743	—	1 019	—	—	872.9
榆林市清涧县	—	1 886	—	1 056	—	—	938.8
榆林市神木县	—	1 784	—	—	1 708	—	941.1
榆林市绥德县	—	1 822	—	1 065	—	—	929.7
榆林市吴堡县	—	1 960	—	1 152	—	—	746.4
榆林市榆阳区	—	1 621	—	—	1 898	—	1 057.5
榆林市子洲县	—	1 903	—	1 028	—	—	896.0

D.2.28　甘肃省作物生产潜力表见表 D.58 和表 D.59。

表 D.58　甘肃省作物光温生产潜力指数

区　县　名	青稞	春小麦	冬小麦	春玉米	谷子	马铃薯	大豆	油菜	棉花	站点海拔/m
白银市白银区	—	1 411	—	2 759	1 403	—	—	—	—	1 709.2
白银市会宁县	—	1 248	—	2 028	—	3 456	—	—	—	2 012.2

表 D.58（续）

区　县　名	青稞	春小麦	冬小麦	春玉米	谷子	马铃薯	大豆	油菜	棉花	站点海拔/m
白银市景泰县	—	1 581	—	2 902	1 480	4 060	—	702	—	1 630.5
白银市靖远县	—	1 647	—	3 004	—	4 082	—	—	—	1 398.2
定西市安定区	—	1 218	—	2 064	1 109	3 485	—	—	—	1 897.5
定西市临洮县	—	1 243	1 179	2 141	—	3 556	—	—	—	1 886.6
定西市陇西县	—	1 220	1 239	2 221	1 195	3 678	—	472	—	1 728.8
定西市岷县	1 081	1 116	—	—	—	2 579	—	685	—	2 315.0
定西市通渭县华家岭	—	774	620	1 229	704	2 041	—	—	—	2 450.6
定西市渭源县	—	1 246	1 067	1 777	—	3 099	—	—	—	2 111.8
定西市漳县	—	1 365	1 221	2 049	—	3 426	—	—	—	1 883.2
定西县通渭县	—	1 217	1 072	2 064	1 106	3 432	—	—	—	1 768.9
甘南州迭部县	1 139	1 265	—	1 645	—	—	—	—	—	2 401.4
甘南州合作市	829	869	—	—	—	—	—	515	—	2 910.0
甘南州临潭县	929	942	—	—	—	—	—	—	—	2 811.6
甘南州碌曲县	797	875	—	—	—	—	—	486	—	3 106.7
甘南州玛曲县	647	717	—	—	—	—	—	418	—	3 471.4
甘南州玛曲县郎木寺	610	677	—	—	—	—	—	396	—	3 362.7
甘南州夏河县山地区	884	923	—	—	—	—	—	537	—	2 931.1
甘南州舟曲县	—	—	878	2 855	—	2 894	—	—	—	1 400.9
甘南州卓尼县	1 082	1 122	—	—	—	—	—	—	—	2 545.0
金昌市永昌县	—	1 257	—	1 990	—	—	—	—	—	1 976.1
酒泉市敦煌市	—	1 574	—	—	—	—	—	—	591	1 139.0
酒泉市瓜州县	—	1 642	—	3 752	—	—	—	—	584	1 170.8
酒泉市瓜洲县马鬃山	—	1 138	—	2 301	—	—	—	—	302	1 770.1
酒泉市金塔县鼎新镇	—	—	—	—	—	—	—	—	—	1 177.4
酒泉市肃北蒙古族自治县	—	1 711	—	2 442	—	4 051	961	—	—	2 159.1
酒泉市肃州区	—	1 609	1 503	2 945	—	4 052	1 146	—	426	1 477.2
酒泉市玉门市玉门镇	—	1 672	—	3 080	—	—	—	—	454	1 526.0
兰州市皋兰县	—	1 558	—	2 580	1 358	3 971	—	—	—	1 669.7
兰州市七里河区	—	1 744	—	2 967	1 541	4 011	—	—	—	1 517.2
兰州市永登县	—	1 410	—	2 117	—	3 547	—	—	—	2 118.8
兰州市榆中县	—	1 384	—	2 218	—	3 692	—	—	—	1 874.4
临夏回族自治州广河县	—	1 204	1 121	2 032	—	3 477	—	690	—	1 953.6
临夏回族自治州和政县	—	1 095	1 014	1 688	—	2 881	—	586	—	2 137.6
临夏回族自治州康乐县	—	1 143	—	1 938	—	3 331	—	664	—	2 000.5

表 D.58（续）

区 县 名	青稞	春小麦	冬小麦	春玉米	谷子	马铃薯	大豆	油菜	棉花	站点海拔/m
临夏回族自治州临夏市	—	1 238	—	2 128	—	3 565	—	665	—	1 917.0
临夏回族自治州临夏县	—	1 153	—	1 776	—	3 048	—	608	—	2 155.5
临夏回族自治州东乡族自治县	—	947	—	1 527	—	2 633	—	579	—	2 430.0
临夏回族自治州永靖县	—	1 549	1 453	2 785	—	4 141	—	692	—	1 647.8
陇南市成县川坝区	—	—	982	2 743	—	—	—	—	—	970.5
陇南市宕昌县	—	—	1 159	2 152	—	3 488	—	—	—	1 754.3
陇南市徽县低山丘陵	—	—	1 003	2 775	—	2 829	889	479	—	927.5
陇南市康县中部	—	—	1 168	2 548	—	—	—	—	—	1 225.3
陇南市礼县东南河谷	—	—	1 223	2 532	—	3 670	—	479	—	1 405.4
陇南市两当县浅山丘陵区	—	—	1 255	2 831	—	—	852	490	—	1 041.0
陇南市文县	—	—	1 009	2 903	—	2 307	980	—	—	1 016.9
陇南市武都区	—	—	1 020	2 939	—	2 307	—	—	—	1 079.1
陇南市西和县	—	—	1 047	2 131	—	3 299	—	—	—	1 579.0
平凉市崇信县丘陵区	—	—	1 585	2 849	—	3 898	—	—	—	1 149.6
平凉市华亭县	—	—	1 129	2 369	1 240	3 689	—	—	—	1 455.7
平凉市泾川县塬区	—	—	1 561	2 933	—	—	—	572	—	1 030.1
平凉市静宁县	—	—	1 038	2 208	1 169	3 622	—	774	—	1 653.8
平凉市崆峒区	—	—	1 383	2 577	—	—	—	—	—	1 346.6
平凉市灵台县丘陵区	—	1 464	—	2 641	—	—	—	—	—	1 376.3
平凉市庄浪县	—	—	1 106	2 310	—	3 710	—	—	—	1 615.6
庆阳市合水县	—	—	1 447	2 783	1 458	3 954	1 102	—	—	1 299.2
庆阳市合水县太白镇	—	—	1 236	2 417	1 281	3 763	961	—	—	1 112.5
庆阳市华池县	—	—	1 378	2 601	—	3 741	1 048	513	—	1 270.0
庆阳市环县	—	—	1 462	2 744	1 469	3 932	—	577	—	1 255.6
庆阳市宁县西南部	—	—	1 306	2 779	—	—	1 082	629	—	1 222.0
庆阳市庆城县	—	—	1 614	3 027	1 575	3 745	—	677	—	1 094.9
庆阳市西峰区	—	—	1 339	2 570	—	3 930	—	537	—	1 421.0
庆阳市镇原县东南部	—	—	1 347	2 861	1 478	3 809	—	593	—	1 173.1
庆阳市正宁县	—	—	1 273	2 509	—	3 853	1 001	592	—	1 443.4
天水市甘谷县	—	—	1 492	2 687	—	3 775	—	—	—	1 272.2
天水市麦积区	—	—	—	—	—	—	—	—	—	1 084.7
天水市秦安县	—	—	1 463	2 897	—	3 693	—	598	—	1 225.8
天水市秦州区	—	—	1 451	2 838	—	3 583	—	588	—	1 141.7
天水市清水县	—	—	1 284	2 462	—	3 753	—	536	—	1 378.6

表 D.58(续)

区 县 名	青稞	春小麦	冬小麦	春玉米	谷子	马铃薯	大豆	油菜	棉花	站点海拔/m
天水市武山县	—	—	1 414	2 583	1 366	3 932	—	546	—	1 496.0
天水市张家川回族自治县	—	—	1 030	1 967	—	3 342	—	404	—	1 665.8
武威市古浪县	—	1 195	—	1 894	—	3 295	—	—	—	2 073.2
武威市凉州区	—	1 474	—	2 866	—	4 118	—	—	—	1 530.9
武威市民勤县	—	1 670	—	3 261	—	—	—	—	487	1 367.0
武威市天祝藏族自治县松山镇	906	953	—	—	—	1 526	403	644	—	2 728.1
武威市天祝藏族自治县乌鞘岭	613	648	—	—	—	785	215	489	—	3 045.1
张掖市甘州区	—	1 596	—	2 898	—	—	—	—	—	1 482.7
张掖市高台县	—	1 465	—	3 076	—	—	—	—	—	1 332.2
张掖市临泽县	—	1 661	—	3 110	—	—	—	—	—	1 454.6
张掖市民乐县	—	1 275	—	—	—	—	—	815	—	2 271.5
张掖市山丹县	—	1 733	—	—	—	4 048	—	907	—	1 764.6
张掖市肃南裕固族自治县	1 171	1 207	—	1 576	—	—	—	—	—	2 311.3

表 D.59 甘肃省作物气候生产潜力指数

区 县 名	青稞	春小麦	冬小麦	春玉米	谷子	马铃薯	大豆	油菜	棉花	站点海拔/m
白银市白银区	—	261	—	735	443	—	—	—	—	1 709.2
白银市会宁县	—	585	—	1 214	—	2 195	—	—	—	2 012.2
白银市景泰县	—	262	—	671	400	989	—	109.9	—	1 630.5
白银市靖远县	—	396	—	996	—	1 401	—	—	—	1 398.2
定西市安定区	—	616	—	1 276	798	2 276	—	—	—	1 897.5
定西市临洮县	—	864	793	1 765	—	3 043	—	—	—	1 886.6
定西市陇西县	—	661	687	1 451	903	2 544	—	317.3	—	1 728.8
定西市岷县	981	1 017	—	—	—	2 501	—	634.3	—	2 315.0
定西市通渭县华家岭	—	494	372	962	600	1 664	—	—	—	2 450.6
定西市渭源县	—	857	711	1 413	—	2 562	—	—	—	2 111.8
定西市漳县	—	874	766	1 502	—	2 645	—	—	—	1 883.2
定西县通渭县	—	616	557	1 321	808	2 303	—	—	—	1 768.9
甘南藏族自治州迭部县	1 000	1 146	—	1 524	—	—	—	—	—	2 401.4
甘南藏族自治州合作市	768	810	—	—	—	—	—	465.8	—	2 910.0
甘南藏族自治州临潭县	804	820	—	—	—	—	—	—	—	2 811.6
甘南藏族自治州碌曲县	786	865	—	—	—	—	—	464.4	—	3 106.7
甘南藏族自治州玛曲县	630	701	—	—	—	—	—	391.2	—	3 471.4
甘南藏族自治州玛曲县郎木寺	610	677	—	—	—	—	—	391.6	—	3 362.7

表 D.59（续）

区 县 名	青稞	春小麦	冬小麦	春玉米	谷子	马铃薯	大豆	油菜	棉花	站点海拔/m
甘南藏族自治州夏河县山地区	714	756	—	—	—	—	—	421.5	—	2 931.1
甘南藏族自治州舟曲县	—	—	344	1 533	—	1 509	—	—	—	1 400.9
甘南藏族自治州卓尼县	976	1 021	—	—	—	—	—	—	—	2 545.0
金昌市永昌县	—	281	—	555	—	—	—	—	—	1 976.1
酒泉市敦煌市	—	58	—	—	—	—	—	—	29.7	1 139.0
酒泉市瓜州县	—	77	—	191	—	—	—	—	32.4	1 170.8
酒泉市瓜洲县马鬃山	—	98	—	224	—	—	—	—	32.8	1 770.1
酒泉市金塔县鼎新镇	—	—	—	—	—	—	—	—	—	1 177.4
酒泉市肃北蒙古族自治县	—	341	—	433	—	771	186	—	—	2 159.1
酒泉市肃州区	—	153	130	327	—	460	135	—	50.—	1 477.2
酒泉市玉门市玉门镇	—	114	—	207	—	—	—	—	32.3	1 526.0
兰州市皋兰县	—	451	—	945	582	1 510	—	—	—	1 669.7
兰州市七里河区	—	579	—	1 312	802	1 804	—	—	—	1 517.2
兰州市永登县	—	453	—	877	—	1 556	—	—	—	2 118.8
兰州市榆中县	—	663	—	1 315	—	2 311	—	—	—	1 874.4
临夏回族自治州广河县	—	731	655	1 544	—	2 763	—	415.5	—	1 953.6
临夏州和政县	—	889	808	1 510	—	2 651	—	458.9	—	2 137.6
临夏州康乐县	—	811	—	1 606	—	2 883	—	469.6	—	2 000.5
临夏州临夏市	—	788	—	1 654	—	2 882	—	409.4	—	1 917.0
临夏州临夏县	—	904	—	1 558	—	2 756	—	458.1	—	2 155.5
临夏州东乡族自治县	—	645	—	1 260	—	2 260	—	394.4	—	2 430.0
临夏州永靖县	—	524	451	1 185	—	1 857	—	214.3	—	1 647.8
陇南市成县川坝区	—	—	652	2 245	—	—	—	—	—	970.5
陇南市宕昌县	—	—	916	1 861	—	3 099	—	—	—	1 754.3
陇南市徽县低山丘陵	—	—	709	2 328	—	2 223	839	326.5	—	927.5
陇南市康县中部	—	—	930	2 279	—	—	—	—	—	1 225.3
陇南市礼县东南河谷	—	—	748	1 726	—	2 575	—	309.—	—	1 405.4
陇南市两当县浅山丘陵区	—	—	846	2 340	—	—	806	319.8	—	1 041.0
陇南市文县	—	—	300	1 521	—	1 064	647	—	—	1 016.9
陇南市武都区	—	—	353	1 603	—	1 081	—	—	—	1 079.1
陇南市西和县	—	—	728	1 655	—	2 655	—	—	—	1 579.0
平凉市崇信县丘陵区	—	—	822	1 991	—	2 750	—	—	—	1 149.6
平凉市华亭县	—	—	594	1 839	979	2 852	—	—	—	1 455.7
平凉市泾川县塬区	—	—	811	2 064	—	—	—	403.2	—	1 030.1

表 D.59（续）

区县名	青稞	春小麦	冬小麦	春玉米	谷子	马铃薯	大豆	油菜	棉花	站点海拔/m
平凉市静宁县	—	—	475	1 504	887	2 560	—	431.1	—	1 653.8
平凉市崆峒区	—	—	721	1 838	—	—	—	—	—	1 346.6
平凉市灵台县丘陵区	—	898	—	2 011	—	—	—	—	—	1 376.3
平凉市庄浪县	—	—	583	1 275	—	2 133	—	—	—	1 615.6
庆阳市合水县	—	—	768	2 002	1 163	2 918	822	—	—	1 299.2
庆阳市合水县太白镇	—	—	711	1 902	1 053	2 965	763	—	—	1 112.5
庆阳市华池县	—	—	641	1 820	—	2 625	744	350.2	—	1 270.0
庆阳市环县	—	—	605	1 615	1 002	2 429	—	352.4	—	1 255.6
庆阳市宁县西南部	—	—	723	1 439	—	—	561	399.—	—	1 222.0
庆阳市庆城县	—	—	796	2 047	1 199	2 518	—	427.8	—	1 094.9
庆阳市西峰区	—	—	725	1 858	—	2 964	—	386.2	—	1 421.0
庆阳市镇原县东南部	—	—	681	1 877	1 090	2 615	—	387.6	—	1 173.1
庆阳市正宁县	—	—	707	1 905	—	2 982	779	392.9	—	1 443.4
天水市甘谷县	—	—	812	1 656	—	2 487	—	—	—	1 272.2
天水市麦积区	—	—	—	—	—	—	—	—	—	1 084.7
天水市秦安县	—	—	793	1 883	—	2 509	—	380.4	—	1 225.8
天水市秦州区	—	—	884	1 954	—	2 592	—	397.3	—	1 141.7
天水市清水县	—	—	812	1 960	—	3 105	—	375.8	—	1 378.6
天水市武山县	—	—	779	1 518	942	2 532	—	329.6	—	1 496.0
天水市张家川回族自治县	—	—	626	1 579	—	2 760	—	254.7	—	1 665.8
武威市古浪县	—	453	—	864	—	1 600	—	—	—	2 073.2
武威市凉州区	—	230	—	606	—	923	—	—	—	1 530.9
武威市民勤县	—	150	—	426	—	—	—	—	67.—	1 367.0
武威市天祝藏族自治县松山镇	369	397	—	—	—	726	189	280.1	—	2 728.1
武威市天祝藏族自治县乌鞘岭	434	466	—	—	—	646	175	355.9	—	3 045.1
张掖市甘州区	—	221	—	501	—	—	—	—	—	1 482.7
张掖市高台县	—	151	—	422	—	—	—	—	—	1 332.2
张掖市临泽县	—	188	—	447	—	—	—	—	—	1 454.6
张掖市民乐县	—	617	—	—	—	—	—	410.3	—	2 271.5
张掖市山丹县	—	389	—	—	—	1 088	—	224.—	—	1 764.6
张掖市肃南裕固族自治县	470	488	—	654	—	—	—	—	—	2 311.3

D.2.29 青海省作物生产潜力表见表 D.60 和表 D.61。

表 D.60 青海省作物光温生产潜力指数

区 县 名	青稞	春小麦	马铃薯	油菜	站点海拔/m
海北州门源回族自治县	—	780	—	398	2 850.0
海东地区互助土族自治县	—	1 205	1 750	669	2 480.8
海东地区化隆回族自治县	—	940	—	—	2 835.7
海东地区乐都县	—	1 210	—	—	1 981.9
海东地区民和回族土族自治县	—	1 259	—	—	1 813.9
海东地区循化撒拉族自治县	—	1 277	—	—	2 492.3
海南藏族自治州共和县	—	1 136	—	606	2 835.0
海南藏族自治州贵德县	—	1 273	—	—	2 237.1
海南藏族自治州贵南县	—	1 039	—	494	3 201.6
海西蒙古族藏族自治州德令哈市	—	1 401	—	—	2 981.5
海西蒙古族藏族自治州都兰县	—	1 208	—	—	3 191.1
海西蒙古族藏族自治州格尔木市	—	1 480	—	—	2 807.6
海西蒙古族藏族自治州格尔木市诺木洪	—	1 496	—	749	2 790.4
黄南藏族自治州尖扎县	—	1 224	—	—	2 085.6
黄南藏族自治州同仁县	—	1 137	—	—	2 492.3
西宁市大通回族土族自治县	—	1 007	1 536	—	2 450.0
西宁市湟源县	—	1 145	—	494	2 635.3
西宁市湟中县	—	1 095	1 620	—	2 665.1
西宁市市辖区	—	1 189	—	—	2 295.2
玉树藏族自治州玉树县	831	—	—	—	3 681.2
注：青海省粮食作物主要分布在东部农业区，纯牧业县无作物生产潜力，下同。					

表 D.61 青海省作物气候生产潜力指数

区 县 名	青稞	春小麦	马铃薯	油菜	站点海拔/m
海北藏族自治州门源回族自治县	—	765	—	394	2 850.0
海东地区互助土族自治县	—	1 072	1 792	580	2 480.8
海东地区化隆回族自治县	—	858	—	—	2 835.7
海东地区乐都土族自治县	—	663	—	—	1 981.9
海东地区民和回族土族自治县	—	605	—	—	1 813.9
海东地区循化撒拉族自治县	—	446	—	—	2 492.3
海南藏族自治州共和县	—	733	—	384	2 835.0
海南藏族自治州贵德县	—	485	—	—	2 237.1
海南藏族自治州贵南县	—	925	—	454	3 201.6

表 D.61（续）

区　县　名	青稞	春小麦	马铃薯	油菜	站点海拔/m
海西蒙古族藏族自治州德令哈市	—	377	—	—	2 981.5
海西蒙古族藏族自治州都兰县	—	391	—	—	3 191.1
海西蒙古族藏族自治州格尔木市	—	92	—	—	2 807.6
海西蒙古族藏族自治州格尔木市诺木洪	—	104	—	53	2 790.4
黄南藏族自治州尖扎县	—	665	—	—	2 085.6
黄南藏族自治州同仁县	—	922	—	—	2 492.3
西宁市大通回族土族自治县	—	934	1 498	—	2 450.0
西宁市湟源县	—	961	—	455	2 635.3
西宁市湟中县	—	1 043	1 586	—	2 665.1
西宁市市辖区	—	745	—	—	2 295.2
玉树藏族自治州玉树县	790	—	—	—	3 681.2
玉树藏族自治州杂多县	—	—	—	—	4 066.4
玉树藏族自治州治多县	—	—	—	—	4 179.0

D.2.30 宁夏回族自治区作物生产潜力表见表 D.62 和表 D.63。

表 D.62　宁夏回族自治区作物光温生产潜力指数

区　县　名	春小麦	冬小麦	春玉米	一季稻	谷子	马铃薯	油菜	站点海拔/m
固原市泾源县	—	1 198	—	—	—	3 019	—	1 949.0
固原市隆德六盘山	—	627	656	—	—	1 016	—	2 842.8
固原市隆德县	—	1 174	1 635	—	—	2 822	—	2 079.5
固原市西吉县	1 475	1 060	—	—	—	3 219	—	1 916.5
固原市原州区	1 113	947	—	—	—	3 621	—	1 753.0
石嘴山市大武口区	1 558	—	3 468	—	—	—	—	1 102.0
石嘴山市惠农区	1 590	—	3 254	—	—	—	—	1 091.0
石嘴山市平罗县	1 531	—	3 225	2 126	—	—	—	1 099.9
石嘴山市平罗县陶乐镇	1 524	—	3 307	2 203	—	—	—	1 101.6
吴忠市利通区	1 526	—	3 151	2 045	—	—	—	1 129.0
吴忠市青铜峡市	1 426	—	—	2 042	—	—	—	1 132.2
吴忠市同心县	1 485	1 550	3 195	—	—	2 444	693	1 343.9
吴忠市同心县	1 440	1 502	3 100	—	—	2 392	684	1 382.9
吴忠市盐池县	—	—	2 910	—	—	3 733	—	1 347.8
吴忠市盐池县麻黄山乡	—	—	—	—	1 041	3 684	—	1 713.0
银川市贺兰山	450	—	697	130	—	—	—	2 906.0
银川市贺兰县	1 510	—	3 219	2 107	—	—	—	1 108.0

表 D.62（续）

区 县 名	春小麦	冬小麦	春玉米	一季稻	谷子	马铃薯	油菜	站点海拔/m
银川市灵武市	1 554	—	—	2 196	—	—	—	1 117.3
银川市西夏区	1 428	—	—	2 149	—	—	—	1 111.4
银川市永宁县	1 512	—	—	2 021	—	—	—	1 117.9
中卫市海原县	1 349	—	2 291	—	—	3 801	—	1 854.2
中卫市海原县兴仁堡	1 444	—	2 549	—	—	4 012	—	1 698.8
中卫市沙坡头区	1 541	—	3 056	1 957	—	—	—	1 225.7
中卫市中宁县	1 564	—	3 270	2 131	—	—	—	1 183.3

表 D.63　宁夏回族自治区作物气候生产潜力指数

区 县 名	春小麦	冬小麦	春玉米	谷子	马铃薯	油菜	站点海拔/m
固原市泾源县	—	898	—	—	2 618	—	1 949.0
固原市隆德六盘山	—	547	624	—	980	—	2 842.8
固原市隆德县	—	825	1 351	—	2 377	—	2 079.5
固原市西吉县	873	530	—	—	2 312	—	1 916.5
固原市原州区	517	390	—	—	2 572	—	1 753.0
石嘴山市大武口区	170	—	843	—	—	—	1 102.0
石嘴山市惠农区	200	—	748	—	—	—	1 091.0
石嘴山市平罗县	209	—	789	—	—	—	1 099.9
石嘴山市平罗县陶乐镇	186	—	734	—	—	—	1 101.6
石嘴山市石炭井区	215	—	615	—	—	—	1 466.4
吴忠市利通区	234	—	770	—	—	—	1 129.0
吴忠市青铜峡市	200	—	—	—	—	—	1 132.2
吴忠市同心县	306	356	1 004	—	552	229	1 343.9
吴忠市同心县韦州	283	318	922	—	522	216	1 382.9
吴忠市盐池县	—	—	1 000	—	1 312	—	1 347.8
吴忠市盐池县麻黄山乡	—	—	—	588	1 725	—	1 713.0
银川市贺兰山	186	—	434	—	—	—	2 906.0
银川市贺兰县	208	—	803	—	—	—	1 108.0
银川市灵武市	227	—	—	—	—	—	1 117.3
银川市西夏区	207	—	—	—	—	—	1 111.4
银川市永宁县	225	—	—	—	—	—	1 117.9
中卫市海原县	466	—	1 117	—	2 002	—	1 854.2
中卫市海原县兴仁堡	314	—	820	—	1 392	—	1 698.8
中卫市沙坡头区	244	—	731	—	—	—	1 225.7
中卫市中宁县	249	—	856	—	—	—	1 183.3

D.2.31 新疆维吾尔自治区作物生产潜力表见表 D.64 和表 D.65。

表 D.64 新疆维吾尔自治区作物光温生产潜力指数

区 县 名	春小麦	冬小麦	春玉米	夏玉米	一季稻	棉花	站点海拔/m
阿克苏地区阿克苏市	—	1 619	—	2 063	2 128	595	1 103.8
阿克苏地区拜城县	1 618	1 789	3 080	1 737	1 941	489	1 229.2
阿克苏地区柯坪县	—	1 800	4 245	2 890	—	719	1 161.8
阿克苏地区库车县	1 281	1 502	—	2 660	—	653	1 081.9
阿克苏地区沙雅县	—	1 674	—	2 605	—	612	980.4
阿克苏地区乌什县	1 491	1 573	3 297	2 050	2 058	527	1 395.8
阿克苏地区新和县	—	1 560	—	2 716	2 485	622	1 013.7
阿拉尔市	—	—	—	—	—	—	1 012.2
阿勒泰地区阿勒泰市	1 915	—	2 704	—	—	—	735.3
阿勒泰地区布尔津县	2 085	—	2 677	—	—	—	473.9
阿勒泰地区福海县	1 580	—	3 025	—	—	—	500.9
阿勒泰地区富蕴县	1 798	—	2 597	—	—	—	807.5
阿勒泰地区哈巴河县	2 158	—	2 847	—	—	—	532.6
阿勒泰地区吉木乃县	1 705	—	—	—	—	—	984.1
阿勒泰地区青河县	1 893	—	1 996	—	—	—	1 218.2
安德河地区	—	—	—	—	—	—	1 262.8
巴音郭楞蒙古自治州若羌县	1 815	1 755	4 164	2 898	—	697	888.3
巴音郭楞蒙古自治州若羌县铁干里克乡	—	—	—	—	—	—	846.0
巴音郭楞蒙古自治州和静县	1 469	—	3 503	—	—	569	1 100.9
巴音郭楞蒙古自治州和静县巴伦台镇	—	—	—	—	—	—	1 739.0
巴音郭楞蒙古自治州和静县巴音布鲁克	—	—	—	—	—	—	2 458.0
巴音郭楞蒙古自治州和硕县	1 771	—	3 518	—	2 475	590	1 085.4
巴音郭楞蒙古自治州库尔勒市	1 822	—	—	1 838	—	681	931.5
巴音郭楞蒙古自治州轮台县	1 401	1 413	3 866	2 605	—	630	976.1
巴音郭楞蒙古自治州且末县	1 224	1 335	—	2 213	—	605	1 247.5
巴音郭楞蒙古自治州尉犁县	1 633	—	3 222	2 123	2 609	661	884.9
巴音郭楞蒙古自治州焉耆回族自治县	1 617	—	3 522	—	—	567	1 055.3
博尔塔拉蒙古自治州	—	—	—	—	—	—	531.9
博尔塔拉蒙古自治州博乐市阿拉山口	1 449	1 856	4 180	—	2 406	651	284.8
博尔塔拉蒙古自治州精河县	1 711	—	3 307	—	—	555	320.1
博尔塔拉蒙古自治州温泉县	2 134	—	2 380	—	—	—	1 354.6
昌吉回族自治州昌吉市	—	1 852	3 500	—	—	574	577.5
昌吉回族自治州呼图壁县	—	1 490	3 565	—	2 627	606	522.1

表 D.64（续）

区　县　名	春小麦	冬小麦	春玉米	夏玉米	一季稻	棉花	站点海拔/m
昌吉回族自治州吉木萨尔县	1 877	1 736	3 399	—	—	—	734.9
昌吉回族自治州米泉市蔡家湖	—	—	—	—	—	—	440.5
昌吉回族自治州木垒哈萨克自治县	—	1 963	2 519	—	—	—	1 271.5
昌吉回族自治州奇台县	2 055	—	3 121	—	—	—	793.5
昌吉回族自治州奇台县北塔山地区	—	—	—	—	—	—	1 653.7
哈密地区巴里坤哈萨克自治县	1 422	—	—	—	—	—	1 650.0
哈密地区哈密市	1 504	—	4 305	—	—	709	737.2
哈密地区哈密市七角井	—	—	—	—	—	—	873.2
哈密地区伊吾县	1 447	—	—	—	—	249	1 728.6
和田地区策勒县	—	1 545	—	2 545	1 884	682	1 336.5
和田地区和田市	—	1 542	3 555	—	2 273	622	1 374.5
和田地区民丰县安迪尔乡(安德河地区)	—	1 806	3 676	—	2 358	598	1 409.3
和田地区皮山县	—	1 660	3 242	2 956	—	639	1 375.4
和田地区于田县	—	1 507	—	2 482	1 823	—	1 422.0
喀什地区巴楚县	—	1 846	—	2 841	—	669	1 116.5
喀什地区伽师县	—	1 621	—	2 229	—	661	1 208.6
喀什地区伽师县克孜勒苏	—	—	—	—	—	—	1 297.9
喀什地区喀什市	—	1 457	—	2 769	—	—	1 288.7
喀什地区麦盖提县	1 636	1 737	—	2 766	—	652	1 177.6
喀什地区莎车县	1 192	1 529	3 579	1 819	2 457	657	1 231.2
喀什地区塔什库尔干塔吉克自治县	1 473	—	—	—	—	—	3 090.9
喀什地区叶城县	—	1 665	3 630	3 489	—	586	1 360.4
喀什地区英吉沙县	—	1 809	—	2 949	—	636	1 297.5
喀什地区岳普湖县	—	1 292	—	2 984	—	596	1 205.9
喀什地区泽普县	—	1 435	—	2 256	2 483	596	1 274.7
克拉玛依市克拉玛依区	1 335	—	4 024	—	—	633	449.5
克孜勒苏柯尔克孜自治州阿合奇县	1 692	1 706	2 217	—	—	—	1 984.9
克孜勒苏柯尔克孜自治州乌恰县	1 856	1 627	—	—	—	—	2 175.7
石河子市	—	1 856	3 548	—	—	553	442.9
塔城地区额敏县	2 073	1 938	2 829	—	—	—	521.6
塔城地区和布克赛尔县	1 347	—	2 028	—	—	285	1 291.6
塔城地区沙湾县	—	1 665	3 416	—	—	567	522.2
塔城地区塔城市	1 828	2 085	3 035	—	—	—	534.9
塔城地区托里县	1 168	—	2 433	—	—	—	1 077.8

表 D.64（续）

区　县　名	春小麦	冬小麦	春玉米	夏玉米	一季稻	棉花	站点海拔/m
塔城地区乌苏市	1 427	1 617	4 003	—	2 655	612	478.7
塔城地区裕民县	1 278	1 477	3 035	—	—	—	715.4
吐鲁番地区红柳河	2 139	990	—	2 812	1 897	459	1 700.0
吐鲁番地区鄯善县	1 327	—	—	—	—	667	398.6
吐鲁番地区吐鲁番市	1 140	—	—	—	—	714	34.5
吐鲁番地区托克逊县	1 169	—	—	2 309	—	643	1.0
吐鲁番地区托克逊县库米什县	—	—	—	—	—	—	922.4
乌鲁木齐市达坂城区	—	—	—	—	—	—	1 103.5
乌鲁木齐市乌鲁木齐县	1 543	1 355	3 505	—	2 262	—	917.9
伊犁哈萨克自治州察布查尔锡伯自治县	—	1 548	2 890	—	2 226	478	602.6
伊犁哈萨克自治州巩留县	1 576	1 492	1 551	—	1 789	—	774.9
伊犁哈萨克自治州尼勒克县	1 486	1 515	2 335	—	1 367	—	1 105.2
伊犁哈萨克自治州新源县	1 917	1 828	2 919	—	1 799	—	928.2
伊犁哈萨克自治州伊宁市	1 337	1 644	3 398	—	—	—	662.5
伊犁哈萨克自治州昭苏县	1 418	—	—	—	—	—	1 851.0
孜勒苏柯尔克孜州吐尔尕特口岸	—	—	—	—	—	—	3 504.4

表 D.65　新疆维吾尔自治区作物气候生产潜力指数

区　县　名	春小麦	冬小麦	春玉米	夏玉米	棉花	站点海拔/m
阿克苏地区阿克苏市	—	90	—	194	49	1 103.8
阿克苏地区拜城县	168	206	359	236	59	1 229.2
阿克苏地区伽师县	—	58	—	93	25	1 208.6
阿克苏地区柯坪县	—	117	390	295	69	1 161.8
阿克苏地区库车县	62	76	—	180	42	1 081.9
阿克苏地区沙雅县	—	61	—	106	25	980.4
阿克苏地区乌什县	81	92	187	121	31	1 395.8
阿克苏地区新和县	—	65	—	131	28	1 013.7
阿拉尔市	—	—	—	—	—	1 012.2
阿勒泰地区阿勒泰市	234	—	325	—	—	735.3
阿勒泰地区布尔津县	128	—	156	—	—	473.9
阿勒泰地区福海县	151	—	329	—	—	500.9
阿勒泰地区富蕴县	232	—	321	—	—	807.5
阿勒泰地区哈巴河县	297	—	387	—	—	532.6
阿勒泰地区吉木乃县	260	—	—	—	—	984.1

表 D.65（续）

区 县 名	春小麦	冬小麦	春玉米	夏玉米	棉花	站点海拔/m
阿勒泰地区青河县	289	—	306	—	—	1 218.2
和田地区民丰县安迪尔乡(安德河地区)	—	—	—	—	—	1 262.8
巴音郭楞蒙古自治州若羌县	39	21	111	88	19	888.3
巴音郭楞蒙古自治州若羌县铁干里克乡	—	—	—	—	—	846.0
巴音郭楞蒙古自治州和静县	51	—	149	—	25	1 100.9
巴音郭楞蒙古自治州和静县巴伦台镇	—	—	—	—	—	1 739.0
巴音郭楞蒙古自治州和静县巴音布鲁克	—	—	—	—	—	2 458.0
巴音郭楞蒙古自治州和硕县	78	—	171	—	30	1 085.4
巴音郭楞蒙古自治州库尔勒市	86	—	—	108	41	931.5
巴音郭楞蒙古自治州轮台县	83	75	263	187	45	976.1
巴音郭楞蒙古自治州且末县	22	22	—	73	20	1 247.5
巴音郭楞蒙古自治州尉犁县	55	—	117	71	24	884.9
巴音郭楞蒙古自治州焉耆回族自治县	117	—	309	—	52	1 055.3
博尔塔拉蒙古自治州	—	—	—	—	—	531.9
博尔塔拉蒙古自治州博乐市阿拉山口	96	134	249	—	40	284.8
博尔塔拉蒙古自治州精河县	161	—	267	—	46	320.1
博尔塔拉蒙古自治州温泉县	492	—	529	—	—	1 354.6
昌吉回族自治州昌吉市	—	133	202	—	33	577.5
昌吉回族自治州呼图壁县	—	100	190	—	33	522.1
昌吉回族自治州吉木萨尔县	112	114	190	—	—	734.9
昌吉回族自治州米泉市蔡家湖	—	—	—	—	—	440.5
昌吉回族自治州木垒哈萨克自治县	—	164	187	—	—	1 271.5
昌吉回族自治州奇台县	296	—	432	—	—	793.5
昌吉回族自治州奇台县北塔山地区	—	—	—	—	—	1 653.7
哈密地区巴里坤哈萨克自治县	390	—	—	—	—	1 650.0
哈密地区哈密市	40	—	141	—	24	737.2
哈密地区哈密市七角井	—	—	—	—	—	873.2
哈密地区伊吾县	181	—	—	—	34	1 728.6
和田地区策勒县	—	41	—	66	20	1 336.5
和田地区和田市	—	50	124	—	22	1 374.5
和田地区民丰县	—	64	153	—	26	1 409.3
和田地区皮山县	—	80	148	127	30	1 375.4
和田地区于田县	—	69	—	115	—	1 422.0
喀什地区巴楚县	—	76	—	178	41	1 116.5

表 D.65（续）

区县名	春小麦	冬小麦	春玉米	夏玉米	棉花	站点海拔/m
喀什地区伽师县克孜勒苏	—	—	—	—	—	1 297.9
喀什地区喀什市	—	91	—	141	—	1 288.7
喀什地区麦盖提县	49	38	—	—	5	1 177.6
喀什地区莎车县	58	71	168	80	31	1 231.2
喀什地区塔什库尔干塔吉克自治县	133	—	—	—	—	3 090.9
喀什地区叶城县	—	65	122	117	20	1 360.4
喀什地区英吉沙县	—	75	—	115	25	1 297.5
喀什地区岳普湖县	—	46	—	109	22	1 205.9
喀什地区泽普县	—	56	—	74	20	1 274.7
克拉玛依市克拉玛依区	97	—	310	—	50	449.5
克孜勒苏柯尔克孜自治州阿合奇县	360	338	499	—	—	1 984.9
克孜勒苏柯尔克孜自治州乌恰县	280	237	—	—	—	2 175.7
石河子市	—	388	544	—	83	442.9
塔城地区额敏县	152	157	188	—	—	521.6
塔城地区和布克赛尔蒙古自治县	250	—	359	—	54	1 291.6
塔城地区沙湾县	—	120	184	—	31	522.2
塔城地区塔城市	401	491	547	—	—	534.9
塔城地区托里县	278	—	527	—	—	1 077.8
塔城地区乌苏市	211	256	456	—	69	478.7
塔城地区裕民县	99	122	192	—	—	715.4
吐鲁番地区红柳河	97	26	—	127	21	1 700.0
吐鲁番地区鄯善县	21	—	—	—	13	398.6
吐鲁番地区吐鲁番市	9	—	—	—	8	34.5
吐鲁番地区托克逊县	3	—	—	23	4	1.0
吐鲁番地区托克逊县库米什县	—	—	—	—	—	922.4
乌鲁木齐市达坂城区	—	—	—	—	—	1 103.5
乌鲁木齐市乌鲁木齐县	326	329	582	—	—	917.9
伊犁哈萨克自治州察布查尔锡伯自治县	—	138	193	—	33	602.6
伊犁哈萨克自治州巩留县	153	163	153	—	—	774.9
伊犁哈萨克自治州尼勒克县	178	186	251	—	—	1 105.2
伊犁哈萨克自治州新源县	199	209	284	—	—	928.2
伊犁哈萨克自治州伊宁市	289	396	581	—	—	662.5
伊犁哈萨克自治州昭苏县	1 054	—	—	—	—	1 851.0
孜勒苏柯尔克孜州吐尔尕特口岸	—	—	—	—	—	3 504.4

附　录　E
（规范性附录）
标准样地选择、设立及确认

E.1　选择标准样地

E.1.1　选择县级标准样地

县（市、区、旗）完成农用地质量分等工作后，可根据分等的成果，在所辖的各乡（镇）选择1个分等单元作为县级标准样地。

E.1.1.1　满足条件

选作为县级标准样地的分等单元，一年内单位面积土地的实际产量所换算的标准粮水平在本乡（镇）属于最高范围（最高范围的上限是指：县内的每公顷耕地标准量水平的最高值；下限是指：县内的每公顷耕地标准量水平的最高值减去每公顷750 kg的差值，省级、国家级标准样地标准粮水平最高范围含义同此）；

选作为县级标准样地的分等单元的地形、土壤、灌溉排水、土地利用、农业生产条件等综合条件在本乡（镇）内最优，即自然质量分（CL）属于最高范围（最高范围的上限是指：县内农用地质量分等单元自然质量分最高值，该值的理论数是1.0；下限是指：县内农用地质量分等单元自然质量分最高值减去0.10～0.15的差值，省级、国家级标准样地自然质量分最高范围含义同此）；

选作为县级标准样地的分等单元是县级和乡（镇）级土地利用总体规划中确定的永久性农用地，并未被污染。

E.1.1.2　工作要求

a)　对标准样地进行编号，编号规则：
　　X（代表县级标准样地）＋县级行政区划代码（6位）＋标准样地流水编号（2位）。行政区划代码按GB/T 2260执行。标准样地流水编号不足2位前面补0。标准样地流水编号按本级别标准样地指定作物标准粮单产（kg/hm^2）之和从高到低进行排序。

注：标准耕作制度为两年三熟的情况，将各指定作物标准粮单产之和除以2。

b)　县级标准样地在分等单元图上标明，绘制县级标准样地分布图。

c)　选取能代表该样地平均土地条件的地块作为“典型地段”，在“典型地段”内挖一个2 m×1 m×2 m的土壤剖面（土层薄的地区，剖面长、宽不变，深度到土壤的母质层为止）。

d)　拍摄土壤剖面照片，照片命名规则：标准样地编号＋“剖面”＋序列号（1位）。

e)　拍摄土壤剖面所在位置的景观照片，照片命名规则：标准样地编号＋“景观”＋序列号（1位）。查出标准样地“典型地段”的X、Y坐标值。

f)　上述结果填入表格，表格样式见表A.18。

E.1.2　选择省级标准样地

县（市、区、旗）完成农用地质量分等工作后，可根据分等的成果，各县选择（5～10）个分等单元作为省级标准样地。

E.1.2.1 满足条件

选作为省级标准样地的分等单元，一年内单位面积土地的实际产量所换算的标准粮水平在本县（市、区、旗）属于最高范围（若省级标准样地集中在某一个或几个乡镇内，则在这一个或几个乡镇内补充选择省级标准样地）。

选作为省级标准样地的分等单元的地形、土壤、灌溉排水、土地利用、农业生产条件等综合条件在本县（市、区、旗）内最优。

选作为省级标准样地的分等单元是县级和乡（镇）级土地利用总体规划中确定的永久性农用地，并未被污染。

E.1.2.2 工作要求

a) 对标准样地进行编号，编号规则：S（代表省级标准样地）＋县级行政区划代码（6 位）＋标准样地流水编号（2 位）。行政区划代码按 GB/T 2260 执行。标准样地流水编号不足 2 位前面补 0。标准样地流水编号按本级别标准样地指定作物标准粮单产（kg/hm^2）之和从高到低进行排序。

注：标准耕作制度为两年三熟的情况，将各指定作物标准粮单产之和除以 2。

b) 绘制省级标准样地分布图。

c) 选取能代表该样地平均土地条件的地块作为“典型地段”，在“典型地段”内挖一个 2 m×1 m×2 m 的土壤剖面（土层薄的地区，剖面长、宽不变，深度到土壤的母质层为止）。

d) 拍摄土壤剖面照片，照片命名规则：标准样地编号＋“剖面”＋序列号（1 位）。

e) 拍摄土壤剖面所在位置的景观照片，照片命名规则：标准样地编号＋“景观”＋序列号（1 位）。

f) 查出标准样地“典型地段”的 X、Y 坐标值。将上述结果填入表格，表格样式见表 A.18。

E.1.3 国家级标准样地选择方法

省（区、市）完成农用地质量分等工作后，根据分等的成果，各省选择（10～15）个分等单元作为国家级标准样地。

E.1.3.1 满足条件

选作为国家级标准样地的分等单元，一年内单位面积土地的实际产量所换算的标准粮水平在本省（区、市）属于最高范围（若国家级标准样地集中在某一个或几个县内，则在这一个或几个县内补充选择国家级标准样地）；选作为国家级标准样地的分等单元的地形、土壤、灌溉排水、土地利用、农业生产条件等综合条件在本省（区、市）内最优；选作为国家级标准样地的分等单元是县级和乡（镇）级土地利用总体规划中确定的永久性农用地，并未被污染。

E.1.3.2 工作要求

a) 对标准样地进行编号，编号规则：G（代表国家级标准样地）＋县级行政区划代码（6 位）＋标准样地流水编号（2 位）。行政区划代码按 GB/T 2260 执行。标准样地流水编号不足 2 位前面补 0。标准样地流水编号按本级别标准样地指定作物标准粮单产（kg/hm^2）之和从高到低进行排序。

注：标准耕作制度为两年三熟的情况，将各指定作物标准粮单产之和除以 2。

b) 绘制国家级标准样地分布图；选取能代表该样地平均土地条件的地块作为“典型地段”，在“典型地段”内挖一个 2 m×1 m×2 m 的土壤剖面（土层薄的地区，剖面长、宽不变，深度到土壤的母质层为止）。

c) 拍摄土壤剖面照片，照片命名规则：标准样地编号+“剖面”+序列号(1位)；拍摄土壤剖面所在位置的景观照片，照片命名规则：标准样地编号+“景观”+序列号(1位)。

d) 查出标准样地“典型地段”的 X、Y 坐标值。

e) 将上述结果填入表格，表格样式见表 A.18。

E.2 设立标准样地标志牌

国家级、省级、县级标准样地确定后，要设立标准样地标志牌，注意事项如下：

a) 设在醒目的位置，可在分等单元的边界线上；

b) 标明标准样地在县内的位置概图；

c) 标明标准样地编号、等别，并注明是国家级、省级或县级标准样地；

d) 标明到 2010 年的规划用途；

e) 制作标志牌要适用、坚固、美观。

E.3 标准样地的确认

E.3.1 县级标准样地的确认

确认的具体方法与程序如下：

a) 各乡(镇)设置 1 个县级标准样地，若数量不符合要求，不予确认；

b) 县级标准样地的产量(折算为标准粮的产量)水平在本乡内属于最高范围，标准样地的产量(折算为标准粮的产量)水平与各乡级行政区近(3～5)年的统计资料进行对比，若不属于本乡内最高范围的，不予确认；

c) 县级标准样地的自然质量分在所处的乡内属于最高范围，若不属于最高范围，不予确认；

d) 县级标准样地在县级、乡(镇)级土地利用总体规划中被确定为永久性的农用地，若在土地利用总体规划图中不属于永久性农用地的，不予确认；

e) 县级标准样地不可遭到任何污染，若已经或将遭到污染的，不予确认；

f) 拍摄县级标准样地的土壤剖面照片和景观照片，若无照片或照片不能反映实际情况的或与实际情况不符的，不予确认；

g) 县级标准样地特征描述内容要完整、正确，应随机抽(2～3)个县级标准样地，到实地查看所填写的内容是否完整、正确，若描述不符合实际情况的，不予确认；

h) 县级标准样地需要设置标志牌，未设置标志牌或所设置的标志牌不符合要求的，不予确认。

E.3.2 省级标准样地的确认

确认的具体方法与程序如下：

a) 各县(市、区)可设置(5～10)个省级标准样地，若数量不符合要求，不予确认；

b) 省级标准样地的产量(折算为标准粮的产量)水平在本县(市、区)内属于最高范围，标准样地的产量(折算为标准粮的产量)水平与各县级行政区近(3～5)年的统计资料进行对比，若不属于本县内最高范围的，不予确认；

c) 省级标准样地的自然质量分在所处的县内属于最高范围，若不属于最高范围，不予确认；

d) 省级标准样地在县级、乡(镇)级土地利用总体规划中被确定为永久性的农用地，若在土地利用总体规划图中不属于永久性农用地的，不予确认；

e) 省级标准样地不可遭到任何污染，若已经或将遭到污染的，不予确认；

f) 拍摄省级标准样地的土壤剖面照片和景观照片，若无照片或照片不能反映实际情况的或与实际情况不符的，不予确认；

g) 省级标准样地特征描述内容要完整、正确，验收组随机抽(2～3)个省级标准样地，到实地查看所填写的内容是否完整、正确，若描述不符合实际情况的，不予确认；

h) 省级标准样地需要设置标志牌，未设置标志牌或所设置的标志牌不符合要求的，不予确认。

E.3.3 国家级标准样地的确认

验收与确认的具体方法与程序如下：

a) 各省(区、市)可设置(10～15)个国家级标准样地，若数量不符合要求，不予确认；

b) 国家级标准样地的产量(折算为标准粮的产量)水平在本省(区、市)内属于最高范围，标准样地的产量(折算为标准粮的产量)水平与各省级行政区近(3～5)年的统计资料进行对比，若不属于本省内最高范围的，不予确认；

c) 国家级标准样地的自然质量分在所处的省内属于最高范围，若不属于最高范围，不予确认；

d) 国家级标准样地在县级、乡(镇)级土地利用总体规划中被确定为永久性的农用地，若在土地利用总体规划图中不属于永久性农用地的，不予确认；

e) 国家级标准样地不可遭到任何污染，若已经或将遭到污染的，不予确认；

f) 拍摄国家级标准样地的土壤剖面照片和景观照片，若无照片或照片不能反映实际情况的或与实际情况不符的，不予确认；

g) 国家级标准样地特征描述内容要完整、正确，验收组随机抽(2～3)个国家级标准样地，到实地查看所填写的内容是否完整、正确，若描述不符合实际情况的，不予确认；

h) 国家级标准样地需要设置标志牌，未设置标志牌或所设置的标志牌不符合要求的，不予确认。

附　录　F
（规范性附录）
农用地质量等别图图式

图　式　名　称	图　　式	备　　注
(1)等别界线		界线用 0.4 mm 的实线绘出
(2)农用地质量等别	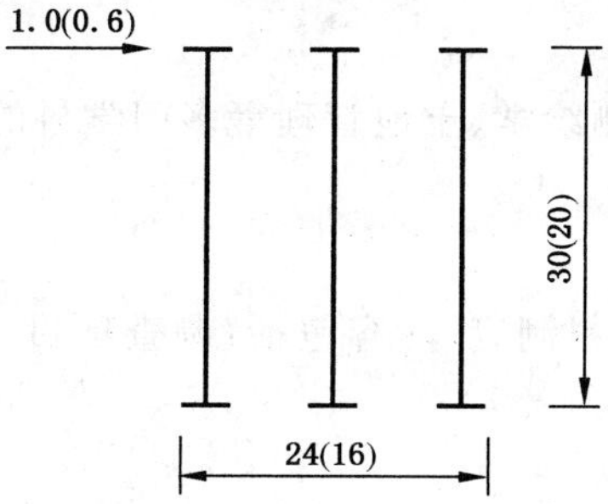	等别用罗马数字表示
(3)单元编号	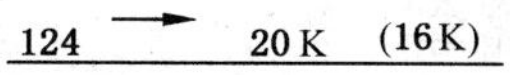	单元编号用阿拉伯数字表示
(4)单元界线		单元界线用 0.3 mm 的实线绘出
(5)标准地块		

附 录 G
（规范性附录）
农用地质量分等野外调查导则

农用地质量分等野外调查包括农用地自然质量状况、利用状况与经营状况调查等内容。

G.1 自然质量状况调查

自然质量状况调查主要包括准备工作、外业调查、内业工作等阶段。

G.1.1 准备工作

G.1.1.1 组织专业队伍

调查人员需具备地学、土壤学、农学、测绘学、土地管理等多门学科的知识和素质。

G.1.1.2 制定工作计划

可根据农用地质量分等任务及现有资料制定，内容包括：调查项目、内容、精度要求、工作阶段和时间安排。

G.1.1.3 资料准备

收集、整理、分析调查区的各种专业图件与数据、文字资料、工作底图等。

G.1.1.4 准备仪器和设备

调查前准备好调查所需的仪器、工具和设备等。

G.1.2 外业调查

G.1.2.1 路线勘查

目的：了解调查区的自然景观、土壤类型、土地利用等概况；

线路：一般垂直于主要地貌类型的断面线；

原则：需要通过不同的地形部位；丘陵区和山区可以根据地形条件，分区分组进行；平原区可以机械分区而直线穿插。

G.1.2.2 调查内容

包括土壤剖面点的特性、土壤剖面点地表景观描述，必要时还需要采集土壤样本。

G.1.2.2.1 土壤剖面点的布置、选择与挖掘

天然断面只能作为参考，还需要挖掘一定数量的土壤剖面。剖面点的实地选择，具体要求是：

a) 剖面点应具有代表性；
b) 地形条件应相对一致；
c) 避开路旁、渠埂、积肥坑、旧宅基和坟墓附近等土层被扰乱的地点；
d) 在剖面挖掘过程中，如发现土层中有炭片、砖瓦片等人为干扰的侵入体，除了研究熟化土壤以外，一般宜换它处另行挖掘。

G.1.2.2.2 土壤剖面点地表景观描述

地貌；地形坡度；地面岩石露头情况。

对上述内容描述后，还需要对地表景观拍彩色照片，并注明照片编号。

G.1.2.2.3 土壤剖面形态描述

表层土壤质地；土体构型；有效土层厚度；障碍层距地表深度；地下水埋深；盐渍化程度；土壤pH值。

对土壤剖面形态描述后，在竖有标尺的一侧对剖面拍彩色照片，并注明照片编号。

所有上述各有关项目均按有关标准记入农用地质量分等外业调查表，表格样式见附录A表A.1。

G.1.3 内业工作

外业调查结束后，还应进行原始资料室内整理及土样分析，分析结果填入野外调查表，表格样式见附录A表A.1。并根据调查及理化分析结果修订有关图件。

G.1.4 精度要求

每个补充调查点均要有新挖的土壤剖面，同一分等单元内可设置数个调查点，实测分等因素值，取其平均数。

调查成果是分等的重要基础资料，原始记录文字、表格、图件、剖面照片及其说明、环境照片及其说明，都应以每一点为一组整理成册，分等工作完成时整理成基础资料汇编、存入档案。

G.2 农用地利用状况与经营状况调查

主要包括农用地的产出与生产投入的调查。

G.2.1 产出数据调查

以行政村为基本调查单位，按标准耕作制度中所确定的标准作物和指定作物的实物产出量计算，以单位面积产量表示(kg/hm^2)。

采用实测、评估和历史资料分析相结合方法，调查结果要满足调查精度的要求，见6.3.3。调查结果填入表格中，表格样式见附录A表A.2、表A.10和表A.12。

G.2.2 投入数据调查

以行政村为基本调查单位；按标准耕作制度中所确定的标准作物和指定作物的实际投入量计算，以单位面积投入量表示(元/公顷)；物质投入包括种子、化肥、农药、地膜等，根据国家市场指导价计算，农家肥按当地平均价格计算；活劳动投入为农业生产中必需的雇佣劳动力的费用，按当地实际情况计算；采用实测、评估和历史资料分析相结合的综合分析方法，调查结果要满足调查精度的要求，见6.3.3。调查结果填入表格中，表格样式见附录A表A.2和表A.12。

G.2.3 精度要求

农用地利用状况与农用地经营状况调查是一次全面调查，根据开展分等县的统一安排，以村为单位进行，分甲、乙两级精度，按甲级精度实施，个别地方如确有困难可暂按乙级精度进行。

农用地利用状况与农用地经营状况调查选取的样点应具有代表性，以村为单位进行，分甲、乙两级精度，按甲级精度实施，个别地方如确有困难可暂按乙级精度进行。

G.2.3.1 甲级精度

在初步划分的土地利用系数等值区、土地经济系数等值区内，采取分层抽样方式均匀布点，按土地条件，从优到劣分为(3～7)个层次，每个层次设置(30～50)个采样点，共计(90～350)个样点；各样点的投入产出数据与标准耕作制度所确定的基准作物和指定作物的种植安排相对应；需要对样点数据进行整理，校正或剔除异常数据后再进行数理统计分析，样本数据通过数理统计检验后方可使用。

G.2.3.2 乙级精度

在已有农经、统计、土肥资料的基础上，进行必要的外业补充调查；投入产出数据在不同的土地条件上都有分布，原始数据如不能对应到地块，需要与其所在的地类相对应；按土地条件分(3～7)层，每层取(5～10)个样点，通过实测投入产出数据，对已有资料进行检验。

参 考 文 献

［1］ GB/T 18507—2001　城镇土地分等定级规程

ICS 13.340.10
C 73

GB

中华人民共和国国家标准

GB/T 28408—2012

防护服装　防虫防护服

Protective clothing—Repellent shield clothing

2012-06-29 发布　　2013-03-01 实施

中华人民共和国国家质量监督检验检疫总局
中国国家标准化管理委员会　发布

前　言

本标准按照 GB/T 1.1—2009 给出的规则起草。

本标准由国家安全生产监督管理总局提出。

本标准由全国个体防护装备标准化技术委员会归口(SAC/TC 112)。

本标准起草单位:总后军需装备研究所、新兴职业装备生产技术研究所、中国安全生产科学研究院、浙江经纬公证检验行、汕头市奥山服饰有限公司、咸阳际华新三零印染有限公司。

本标准主要起草人:张燕、李世军、赵阳、茅明华、吴嵩彬、吴汉荣、施楣梧。

防护服装　防虫防护服

1　范围

本标准规定了防虫防护服的技术要求、试验方法、标识与使用说明、包装、运输和贮存要求。

本标准适用于存在蚊虫、蚂蚁等昆虫侵扰环境中工作的人员穿用的、有驱避昆虫效果的防护服。

2　规范性引用文件

下列文件对于本文件的应用是必不可少的。凡是注日期的引用文件，仅注日期的版本适用于本文件。凡是不注日期的引用文件，其最新版本(包括所有的修改单)适用于本文件。

GB/T 2912.1　纺织品　甲醛的测定　第1部分：游离和水解的甲醛(水萃取法)

GB/T 3917.3　纺织品　织物撕破性能　第3部分：梯形试样撕破强力的测定

GB/T 3920　纺织品　色牢度试验　耐摩擦色牢度

GB/T 3921　纺织品　色牢度试验　耐皂洗色牢度

GB/T 3922　纺织品耐汗渍色牢度试验方法

GB/T 3923.1　纺织品　织物拉伸性能　第1部分：断裂强力和断裂伸长率的测定　条样法

GB/T 5453　纺织品　织物透气性的测定

GB/T 7573　纺织品　水萃取液pH值的测定

GB/T 8629—2001　纺织品　试验用家庭洗涤和干燥程序

GB/T 8630　纺织品在洗涤和干燥时尺寸变化的测定

GB/T 12704.1　纺织品　织物透湿性试验方法　第1部分：吸湿法

GB/T 12903　个体防护装备　术语

GB/T 13640　劳动防护服号型

GB/T 13917.1—2009　农药登记用卫生杀虫剂室内药效试验及评价　第1部分：喷射剂

GB/T 13917.9—2009　农药登记用卫生杀虫剂室内药效试验及评价　第9部分：驱避剂

GB 18401　国家纺织产品基本安全技术规范

FZ/T 81007—2003　单、夹服装

3　术语和定义

GB/T 12903中界定的以及下列术语和定义适用于本文件。

3.1

驱避率　driven rate

规定的测试时间内，停落在测试织物上的实验昆虫数相对于停落在普通织物对照样上实验昆虫数减少的百分率。

3.2

叮咬率　biting rate

规定的测试时间内，实验昆虫停落并叮咬测试生物的数量与停落在测试织物上的实验昆虫数的比率。

3.3

击倒率　beating rate

规定的测试时间内，实验昆虫因防虫织物的作用失去活力的数量与实验昆虫总数的比率。

4 技术要求

4.1 面料

4.1.1 安全卫生要求

防虫防护服的面料不应含有毒有害物质，以防对皮肤产生刺激和致敏。

4.1.2 面料的防虫性能

防虫防护服面料的防虫性能符合表1的要求。

表1　面料的防虫性能

项　目	防虫性能指标		试验方法
	未经洗涤处理	洗涤30次后	
对蚊、蚂蚁驱避率/%	≥90	≥60	5.2
蚊、蚂蚁叮咬率/%	0	≤30	5.2
对蚊、蚂蚁1 h击倒率/%	≥90	≥60	5.2

4.1.3 面料的理化性能

防虫防护服面料的理化性能符合表2的要求。

表2　面料的理化性能

项　目	性能指标	试验方法
断裂强力/N	≥300	5.3
撕破强力/N	≥25	5.4
透湿量/[g/(m^2·d)]	≥7 000	5.5
透气率/(mm/s)	≥100	5.6
水洗尺寸变化率/%	+2.5～−2.5(经、纬向)	5.7
耐皂洗色牢度/级	≥4	5.8
耐汗渍色牢度/级	≥3-4	5.9
耐干摩擦色牢度/级	≥3-4	5.10

4.2 成品服装

4.2.1 款式结构

4.2.1.1　防虫防护服的款式结构应能对躯体及四肢有良好的遮蔽效果；头部可根据需要设置能够遮盖包括面部并且不影响视觉的帽子。

4.2.1.2　防虫防护服上装的领口、袖口、下摆以及下装的裤脚在穿着时应可收紧。

4.2.1.3　应适应作业时的肢体活动，不易引起钩挂绞碾，选用时尺寸可适当放宽。

4.2.2　号型尺寸

防虫防护服参照 GB/T 13640 的规定设定号型。

4.2.3　外观

4.2.3.1　各部位应平服、整洁。

4.2.3.2　覆粘合衬的部位不应有脱胶、渗胶及起皱。

4.2.4　缝制

4.2.4.1　针距密度、缝制要求、成品主要部位尺寸允许偏差应符合 FZ/T 81007 的规定。

4.2.4.2　应符合 FZ/T 81007—2003 中 3.9.2～3.9.14 的规定。

4.2.4.3　符合 FZ/T 81007—2003 中 3.10 的规定。

4.2.5　成品服装的理化性能

防护服成品的理化性能符合表 3 的要求。

表 3　成品服装的理化性能

项　目	性能指标	检测依据
水洗尺寸变化率/%	符合 FZ/T 81007—2003 中 3.12.1 的规定	5.7
甲醛含量/(mg/kg)	符合 GB 18401 的要求	5.11
pH 值	符合 GB 18401 的要求	5.12

5　试验方法

5.1　以下检测样品均应取自成品服装。

5.2　防护服经耐久性洗涤前后，对蚊、蚂蚁的驱避率、叮咬率按 GB/T 13917.9—2009 中 4.3 规定的方法、用织物替代驱避剂进行测试；对蚊、蚂蚁的 1 h 击倒率，按 GB/T 13917.1—2009 中 4.3 规定的方法、用织物替代药剂接触板进行测试。防护服耐久性洗涤按附录 A 进行。其中防护服装对蚊、蚂蚁的驱避率按式(1)计算，蚊、蚂蚁的叮咬率按式(2)计算，对蚊、蚂蚁的 1 h 击倒率按式(3)计算。

$$K=\frac{M-n}{M}\times 100\% \qquad \cdots\cdots(1)$$

式中：

K——驱避率；

n——停落在测试织物上的实验昆虫数；

M——停落在普通织物对照样上的实验昆虫数。

$$I=\frac{m}{n}\times 100\% \qquad \cdots\cdots(2)$$

式中：

I——叮咬率；

m——停落并叮咬测试生物的实验昆虫数；

n——停落在测试织物上的实验昆虫数。

$$D = \frac{i}{N} \times 100\% \quad \cdots\cdots(3)$$

式中：

D——击倒率；

i——1 h 试验时间内被击倒的实验昆虫数；

N——实验昆虫总数。

5.3 防护服面料断裂强力按 GB/T 3923.1 规定的方法检测。

5.4 防护服面料撕破强力按 GB/T 3917.3 规定的方法检测。

5.5 防护服面料透湿量按 GB/T 12704.1 规定的方法检测。

5.6 防护服面料透气率按 GB/T 5453 规定的方法检测。

5.7 防护服面料及成品服装水洗尺寸变化率按 GB/T 8630 规定的方法检测，洗涤应符合 GB/T 8629—2001 表 5 中 5A 程序的规定，干燥应符合 GB/T 8629—2001 中 8.1 程序 A 的规定。

5.8 防护服面料耐皂洗色牢度按 GB/T 3921 规定的方法检测。

5.9 防护服面料耐汗渍色牢度按 GB/T 3922 规定的方法检测。

5.10 防护服面料耐干摩擦色牢度按 GB/T 3920 规定的方法检测。

5.11 成品服装甲醛按 GB/T 2912.1 规定的方法检测。成品服装的样品应包含面料与辅料的粘合材料。

5.12 成品服装 pH 值按 GB/T 7573 规定的方法检测。成品服装的样品应包含面料与辅料的粘合材料。

6 检测规则

6.1 检验分类

检验分为型式检验、材料检验、出厂检验和可靠性抽检，检测检验项目及不合格分类见表 4。

6.2 型式检验

6.2.1 有下列情况之一时，产品应进行型式检验：

a) 新产品试制的定型检验；

b) 材料、款式和工艺有较大的改变时；

c) 产品正常生产满两年时；

d) 停产一年以上重新恢复生产时；

e) 国家质量监督机构提出型式检验要求时。

6.2.2 型式检验的样品从出厂检验合格的产品中随机抽样，防护服抽样数量为三套，检测项目参照表 4。

6.3 材料检验

6.3.1 材料检验应包含防护服每层面料。

6.3.2 面料检验根据批次按表 4 规定的项目进行检验，经检验合格后方可接受。

6.4 出厂检验

6.4.1 防虫防护服应经生产厂质量检验部门按表 4 规定的项目进行出厂检验，检验合格后方可出厂。

6.4.2 出厂检验按批次进行，每批随机抽取两套样品，按表4进行检验。

表4 检验项目及不合格分类

检验项目		标准条款	不合格分类	型式检验	材料检验	出厂检验	可靠性检测
面料	驱避率	4.1.2	A	√	√	√	√
	叮咬率	4.1.2	A	√	√	√	√
	1 h击倒率	4.1.2	A	√	√	√	√
	断裂强力	4.1.3	A	√	√		
	撕破强力	4.1.3	A	√	√		
	透湿量	4.1.3	B	√	√		
	透气率	4.1.3	B	√	√		
	水洗尺寸变化率	4.1.3	C	√	√		
	耐皂洗色牢度	4.1.3	C	√	√		
	耐汗渍色牢度	4.1.3	C	√	√		
	耐摩擦色牢度	4.1.3	C	√	√		
成品服装	款式结构	4.2.1	C	√		√	
	号型尺寸	4.2.2	C	√		√	
	外观	4.2.3	C	√		√	
	缝制	4.2.4	C	√		√	
	水洗尺寸变化率	4.2.5	C	√		√	
	甲醛含量	4.2.5	C	√		√	
	pH值	4.2.5	C	√		√	
	耐洗标识	8.1	A	√		√	√
	产品合格证	8.2	A	√		√	
	产品说明书	8.3	A	√		√	

6.5 可靠性检验

有下列情况之一时，产品应进行可靠性检验，不符合要求的不能继续使用，或不能再用作于防虫服：

a) 贮存期距生产日期一年以上拟使用前；

b) 穿着期满一年，且目视性能可能下降；

c) 防虫防护服判废。

6.6 判定原则

6.6.1 单件合格条件

A类检验项目不合格数等于0，B类检验项目不合格数等于0，C类检验项目不合格数小于或等于2，或A类检验项目不合格数等于0，B类检验项目不合格数小于或等于1，C类检验项目不合格数小于或等于1。

6.6.2 面辅料进货时，各批量判定数符合上述规定判定为合格批可接收用收成品服装生产。

6.6.3 抽检中各批量判定数符合上述规定判定为合格批出厂。

6.7 其他

6.7.1 面料生产厂及服装厂应向用户提供省级以上检验机构出具的同类产品同期的型式检验报告。

6.7.2 未经材料检验、出厂检验和型式检验的样品不得出售。

7 包装、运输和贮存

7.1 包装

每套防虫防护服应用防潮包装物独立包装，独立包装内应附有以中文标识的产品合格证和产品说明书。

7.2 运输

产品在运输中应防雨淋、受潮、曝晒。不得与酸碱、油及有腐蚀性物品混装。

7.3 贮存

防虫防护服贮存时，应避免阳光直射、雨淋及受潮，不得与酸碱、油及有腐蚀性物品放在一起。贮存库内要保持干燥通风。

8 标识

8.1 每件产品中文标识

每件产品上应有耐洗涤的中文标识，应包括但不限于以下内容：

a) 符合的标准编号和年代号；

b) 产品名称；

c) 号型规格；

d) 商标和/或制造商名称；

e) 生产日期。

8.2 产品合格证

产品合格证应包括但不限于以下内容：

a) 符合的标准编号和年代号；

b) 产品名称；

c) 号型规格；

d) 制造商名称；

e) 生产日期；

f) 标称合格的标识；

g) 检测员标识。

8.3 产品说明书

产品说明书应包括但不限于以下内容：

a) 符合的标准编号和年代号；

b) 产品名称；
c) 制造商厂名、厂址、联系方式；
d) 生产日期；
e) 号型规格；
f) 适用及不适用条件；
g) 穿着指导说明；
h) 产品判废条件；
i) 洗涤、熨烫、晾干说明；
g) 建议的储存条件；
k) 使用期限和保养方法；
l) 商标；
m) 国家标准或行业标准规定应具备的其他说明。

8.4 产品包装箱

产品包装箱上应至少印有以下信息或标记：
a) 产品名称、型号、规格；
b) 数量及总质量；
c) 包装箱的外形尺寸；
d) 生产日期或生产批号；
e) 防雨、防晒、防钩挂的说明；
f) 本标准编号和年代号；
g) 生产厂名、地址、商标。

附 录 A
（规范性附录）
洗 涤 方 法

A.1 总则

本方法适用于本标准中对防虫防护服驱避率、叮咬率、击倒率等性能测试的耐久性洗涤处理。

A.2 设备与用品

洗衣机：符合 GB/T 8629—2001 中 5.1.1 要求的 A 型洗衣机。
温度计：量程：0～100 ℃，精度：±1 ℃；
天平：量程：200 g，精度：±1 g；
洗涤剂：无磷洗涤剂。

A.3 洗涤条件

洗涤条件应符合表 A.1 的规定。

表 A.1 耐久性洗涤条件

项 目	条 件	项 目	条 件
洗涤方式	普通洗涤	洗涤液浓度	1 g/L
洗涤水温	(40±3) ℃	浴比	1∶30(布∶水)
水容量	30 L 以上	陪洗物	标准陪洗布

A.4 洗涤程序

A.4.1 耐洗涤性能洗涤程序表 A.2 进行，洗涤完脱水后的样品悬挂晾干。

表 A.2 耐久性洗涤程序

序 号	1	2	3	4	5	6	7
洗涤程序	洗涤 5.4 h	排水	脱水 2 min	漂洗 4.8 h	排水	脱水 2 min	按序号 4～6 共洗涤 3 次

参 考 文 献

［1］ GB 5296.4—1998 消费品 使用说明纺织和服装使用说明

［2］ GB/T 20097—2006 防护服 一般要求(ISO 13688—1998 Protective clothing—General requirements,MOD)

［3］ GB/T 21295—2007 服装理化性能的技术要求

［4］ GB/T 22282—2008 纺织纤维中有毒有害物限量

［5］ FZ/T 13011—1998 色织中长涤粘混纺布

［6］ FZ 20013—1996 防虫蛀毛纺织产品

［7］ ASTM D3656—2007 Standard Specification for Insect Screening and Louver Cloth Woven from Vinyl—Coated Glass Yarn

［8］ ASTM D4912—2007 Standard Test Method for Fabric Stability of Vinyl—Coated Glass Yarn Insect Screening and Louver Cloth

［9］ ASTM E951—1994 (2006) Standard Test Methods for Laboratory Testing of Non—Commercial Mosquito Repellent Formulations On the Skin

［10］ ASTM E939—1994 (2006) Standard Test Method of Field Testing Topical Applications of Compounds as Repellents for Medically Important and Pest Arthropods[Including Insects,Ticks,and Mites]:I Mosquitoes

ICS 13.340.50
C 73

GB

中华人民共和国国家标准

GB/T 28409—2012

个体防护装备 足部防护鞋(靴)的选择、使用和维护指南

Personal protective equipment—Guide for the selection, use and maintenance of footwear

2012-06-29 发布

2013-03-01 实施

中华人民共和国国家质量监督检验检疫总局
中国国家标准化管理委员会 发布

前　言

本标准依据GB/T 1.1—2009《标准化工作导则　第1部分:标准的结构和编写》的有关规定进行制定。

本标准由国家安全生产监督管理总局提出。

本标准由全国个体防护装备标准化技术委员会(SAC/TC 112)归口。

本标准起草单位:广州职安健安全科技有限公司、中钢集团武汉安全环保研究院有限公司、东莞市新虎威实业有限公司、深圳市京泰进出口有限公司、肇庆华兴华为劳保用品有限公司、广州市劳动保护用品有限公司。

本标准主要起草人:梁志强、王禧、程钧、罗蕾霖、叶肖丽、严义敏、苏健华、张元虎、庄洁凌、杨明娜。

个体防护装备
足部防护鞋(靴)的选择、使用和维护指南

1 范围

本标准给出了足部防护鞋(靴)的常见种类及其选择、使用和维护的指南。

本标准适用于生产经营单位对足部防护鞋(靴)的选择、使用和维护。

2 规范性引用文件

下列文件对于本文件的应用是必不可少的。凡是注日期的引用文件,仅注日期的版本适用于本文件。凡是不注日期的引用文件,其最新版本(包括所有的修改单)适用于本文件。

GB 12011—2009 足部防护 电绝缘鞋

GB 21146—2007 个体防护装备 职业鞋

GB 21147—2007 个体防护装备 防护鞋

GB 21148—2007 个体防护装备 安全鞋

AQ 6105—2008 足部防护 矿工安全靴

3 足部防护鞋(靴)的常见种类

3.1 保护足趾鞋(靴)

足趾部分装有保护包头,保护足趾免受冲击或挤压伤害的防护鞋(靴),又称防砸鞋(靴)。

3.2 防刺穿鞋(靴)

内底装有防刺穿垫,防御尖锐物刺穿鞋底的足部防护鞋(靴)。

3.3 导电鞋(靴)

具有良好的导电性能,电阻值大于0,小于或等于100 kΩ,能在最短时间内消散人体聚积的静电荷,用于易燃易爆且没有电击危险场所的足部防护鞋(靴)。

3.4 防静电鞋(靴)

电阻值大于100 kΩ,小于或等于1 000 MΩ,能及时消散人体聚积的静电荷,用于易燃、易爆场所和电压250 V以下作业中提供有限防电击功能的足部防护鞋(靴)。

3.5 电绝缘鞋(靴)

能使人的脚部与带电物体绝缘阻止电流通过身体,防止电击的足部防护鞋(靴)。

3.6 耐化学品鞋(靴)

接触酸碱及相关化学品作业中穿用的足部防护鞋(靴)。

3.7 低温作业保护鞋(靴)

鞋体结构与材料都具有防寒保暖作用,用于在温度5℃及以下的低温环境作业的足部防护鞋(靴),又称防寒鞋(靴)。

3.8 高温防护鞋(靴)

供高温作业场所人员穿用,以保护双脚在遇到热辐射、熔融金属火花或溅沫时以及在热物面上(一般指不高于300℃)作业而免受伤害的足部防护鞋(靴)。

3.9 防滑鞋(靴)

作业中防止滑倒的足部防护鞋(靴)。

3.10 防振鞋(靴)

具有衰减振动性能,防御振动伤害的足部防护鞋(靴)。

3.11 防油鞋(靴)

具有防油性能,适合脚部接触油类的作业人员穿用的足部防护鞋(靴)。

3.12 防水鞋(靴)

在积水或浅水作业区域作业中防止水进入鞋(靴)内部的足部防护鞋(靴)。

3.13 多功能防护鞋(靴)

3.13.1 安全鞋

具有保护特征的鞋,装有保护包头,能提供至少200 J能量测试时的抗冲击保护和至少15 kN压力测试时的耐压力保护。安全鞋的基本要求和附加要求均应符合GB 21148—2007。安全鞋还可具有3.1中所需功能。

3.13.2 防护鞋

具有保护特征的鞋,装有保护包头,能提供至少100 J能量测试时的抗冲击保护和至少10 kN压力测试时的耐压力保护。安全鞋的基本要求和附加要求均应符合GB 21147—2007。防护鞋还可具有3.1中所需功能。

3.13.3 职业鞋

具有保护特征、未装有保护包头的鞋,用于保护穿着者免受意外事故引起的伤害。职业鞋的基本要求和附加要求均应符合GB 21146—2007。除防砸功能外,职业鞋还可具有3.1中所需功能。

3.13.4 矿工安全靴

矿工穿用的、保护矿工足腿部免遭作业区域危害的全橡胶和全聚合材料靴。矿工安全靴的基本要求和附加要求均应符合AQ 6105—2008。矿工安全靴具有足趾保护、抗刺穿、防静电、耐化学品、防油等功能。

3.13.5 焊接防护鞋

气割、气焊、电焊及其他焊接作业中防御火花、熔融金属、高温金属和高温辐射等伤害的足部防护鞋。焊接防护鞋具有高温防护、电绝缘、足趾保护等功能。

4 足部防护鞋(靴)的选择和使用

4.1 通用原则

4.1.1 首先采取工程措施控制或降低有害因素。若工程控制措施因各种原因无法实施,或无法完全控制有害环境,以及在工程控制措施未生效期间,应选择相应的足部防护鞋(靴)。

4.1.2 所选择的足部防护鞋(靴)应适用于工作和作业环境的特殊要求,同时不应引起其他危害。

4.1.3 任何足部防护用品的防护功能都是有限的,使用者应接受培训,理解所选用的防护鞋(靴)功能的适用范围和局限性,掌握使用方法,并正确使用。

4.1.4 为避免足部受到伤害,应根据工作场所的防护需求正确选择相应的防护鞋(靴)种类。在使用足部防护鞋(靴)之前,应检查其防护性能是否满足工作场所的需要。

4.1.5 使用过程中应维护足部防护鞋(靴),延长使用寿命,一旦破损应停止使用。

4.2 基于防护需求的选用原则

进入作业现场前,应对被识别的有害环境进行风险评价,并根据可被预知的风险因素及其可能造成的事故类型确定足部的防护需求,可参考附录A选择适合的足部防护鞋(靴),在选择前同时应注意以下问题:

a) 作业场所存在的风险因素是单一风险还是多种风险因素的组合,对于同时存在多种风险因素的情况,选择的防护鞋(靴)宜尽可能同时防御各风险因素;

b) 足部防护鞋(靴)的级别是否能抵御足部可能受到的伤害,如果无法判断危害级别,选择的防护鞋(靴)宜能提供最高防护等级。

4.3 基于人体工效特征的选用原则

当选择足部防护鞋(靴)时,应考虑人体工效特征,基本指标包括鞋(靴)的重量、舒适性和透气性等。足部防护鞋(靴)首先应穿着舒适,并考虑以下因素:

a) 保护包头不应夹脚;

b) 鞋舌有软内垫,缓解对脚背的压力;

c) 内衬和内底应采用透气材料,并可增加抗菌功能,避免细菌感染;

d) 皮革类防护鞋(靴)应具有良好的透气性能(水蒸气透过率)和吸水性能(水蒸气系数),以改善鞋(靴)内潮湿环境。

4.4 选用指南

4.4.1 保护足趾鞋(靴)

4.4.1.1 对于存在重物坠落或压脚的作业环境,应选择和使用保护足趾鞋(靴)。受过一次重物坠落或砸压损伤的保护足趾鞋(靴)不应继续使用。

4.4.1.2 对于存在重物坠落或压脚的作业环境,不同防护级别的保护足趾鞋(靴)的防砸功能应在防护范围内进行使用。

4.4.1.3 在磁性和带电作业的工作场所,保护足趾鞋(靴)的保护包头应采用非金属材料。

4.4.2 防刺穿鞋(靴)

在磁性和带电作业的工作场所,防刺穿鞋(靴)的防刺穿垫应采用非金属材料。

4.4.3 导电鞋(靴)

导电鞋(靴)应用于静电荷聚积会导致爆炸风险的作业场所,例如炸药处理。使用导电鞋(靴)应注意以下事项:

a) 导电鞋(靴)不应在有电击风险的工作场所中使用;
b) 导电鞋(靴)的电阻受屈挠、磨损、污染或潮湿影响,鞋(靴)的电阻和导电性能将发生改变,鞋(靴)将不能实现其预定功能;
c) 在使用导电鞋(靴)的场所,地面电阻应符合导电要求;
d) 对于可能导致导电性能变化的因素(如移走可移动的鞋垫,鞋垫出现磨损),建议每次进入该工作场所时应检测鞋(靴)的电阻值;
e) 使用导电鞋(靴)时不能穿用绝缘袜或绝缘鞋垫。

4.4.4 防静电鞋(靴)

防静电鞋(靴)能够消散静电荷,减少静电聚积,避免由于静电火花发生引燃或引爆的危险,使用防静电鞋(靴)应注意以下事项:

a) 防静电鞋(靴)不应用于预防电击,不应当作电绝缘鞋(靴)使用;
b) 防静电鞋(靴)的电阻受屈挠、磨损、污染或潮湿影响,鞋(靴)的电阻和导电性能将发生改变,鞋(靴)将不能实现其预定功能;
c) 在使用防静电鞋(靴)的场所,地面电阻应符合导电要求;
d) 对于可能导致导电性能变化的因素(如移走可移动的鞋垫,鞋垫出现磨损),建议每次进入该工作场所时应检测鞋(靴)的电阻值;
e) 使用防静电鞋(靴)时不能穿用绝缘袜或绝缘鞋垫。

4.4.5 电绝缘鞋(靴)

若工作场所存在电击风险,则应穿用电绝缘鞋(靴),使用电绝缘鞋(靴)应注意以下事项:

a) 穿用电绝缘鞋(靴)时,在工作环境中应保持鞋面干燥;
b) 在使用期限内电绝缘鞋(靴)应符合 GB 12011—2009 的要求;
c) 穿用电绝缘鞋(靴)时应避免接触锐器、高温物体及腐蚀性物质,鞋底被腐蚀或破损后,不能再用作电绝缘鞋(靴);
d) 若需在污染鞋底材料的场所穿用电绝缘鞋(靴),例如化学药品生产车间,进入这类危险区域时,应在显要位置设置能影响鞋(靴)的电绝缘性能的警告标志。

4.4.6 耐化学品鞋(靴)

进入化学或化学原料相关场所作业,应使用耐化学品鞋(靴),选用时应注意以下事项:

a) 在易燃易爆化学品作业中使用的鞋(靴),应同时具备防静电功能,建议每次进入该工作场所时应检测鞋(靴)的电阻值;
b) 每种防化学伤害鞋(靴)都有它的适用性,仅对某些化学品有防护作用,使用者应参考制造商的使用指导,防护不同种类的化学品鞋(靴)不能混用。

4.4.7 低温作业保护鞋(靴)

低温作业保护鞋(靴)内应带防寒内衬和内底,适用于寒冷天气的户外作业和食品冷库作业等寒冷环境作业。

4.4.8 高温防护鞋(靴)

高温防护鞋(靴)具有鞋底隔热和外底耐接触热两种防护特征,应用在铸造厂、焊接作业或道路工程等高温作业环境中。在不损坏鞋(靴)的情况下,安装在高温防护鞋(靴)内的隔热层不应被移动。

4.4.9 防滑鞋(靴)

鞋(靴)的防滑基本特征包括鞋(靴)底材料的防滑系数、防滑花纹面积、防滑外底厚度及花纹高度。根据不同地面及环境条件,选择相应防滑性能的防护鞋(靴)。

4.4.10 防振鞋(靴)

防振鞋(靴)能起到减振作用,预防振动产生的不良影响。防振鞋(靴)应避免在积水、高温或寒冷的极端环境中使用,那将会影响鞋子的鞋座区域的能量吸收性能。鞋座区域严重变形或损坏的鞋(靴)不能用作防振鞋(靴)。

4.4.11 防油鞋(靴)

防油鞋(靴)应避免接触尖锐物品。防燃油与防动植物油的防油鞋(靴)不能混用。易燃易爆的油类作业区域应穿用具有防静电功能的防油鞋(靴)。

4.4.12 防水鞋(靴)

在积水或滴水的潮湿环境中,应穿着全橡胶或全聚合材料的防水鞋(靴)。防水鞋(靴)应避免接触尖锐物品。

4.5 选用流程

当选择足部防护鞋(靴)时,可参照下面流程进行选择:

a) 对作业环境进行评价,识别造成足部伤害的主要因素;
b) 根据足部伤害因素中最大危害程度、危害范围、持续时间等,选择适合人体工效特征的足部防护鞋(靴);
c) 评估足部防护鞋(靴)在工作中是否会带来其他伤害,如果妨碍工作或带来伤害将重新进行选择。

5 足部防护鞋(靴)的维护指南

5.1 足部防护鞋(靴)的保养

5.1.1 按照使用说明书的有关内容和要求实施检查、维护和储存。
5.1.2 不应储存在潮湿环境中。
5.1.3 在使用完后应进行清洁和定期保养,在恶劣环境中使用时,其使用有效期将会缩短。
5.1.4 作业完成之后,潮湿的足部防护鞋(靴)和配件应放置在干燥通风处,但不应靠近热源,避免鞋(靴)过于干燥而导致龟裂。
5.1.5 生产经营单位应确保必要的维修费用,对足部防护鞋(靴)产品说明书中提示可修复的缺陷,应予以修复后提供使用者使用。
5.1.6 使用者应接受培训,理解和掌握维护方法和判废方法,并正确维护。

5.2 外观缺陷检查

使用前应对足部防护鞋(靴)进行外观缺陷检查,若出现以下 a)～g)所述特征的鞋(靴)应判废:

a) 帮面出现明显裂痕,裂痕深及帮面厚度的一半[见图 1a)];

b) 帮面出现严重磨损、包头外露[见图 1b)];

c) 帮面变形、烧焦、融化或发泡,或腿部部分的裂开[见图 1c)];

d) 鞋(靴)底裂痕长度大于 10 mm,深度大于 3 mm[见图 1d)];

e) 帮底结合处的裂痕长度大于 15 mm 和深度大于 5 mm,鞋(靴)出现穿透;

f) 防滑鞋(靴)防滑花纹高度低于 1.5 mm[见图 1e)];

g) 鞋(靴)的内底、内衬明显变形及破损。

注意检查内衬与包头边缘处,如有损坏可造成伤害[见图 1f)]。

单位为毫米

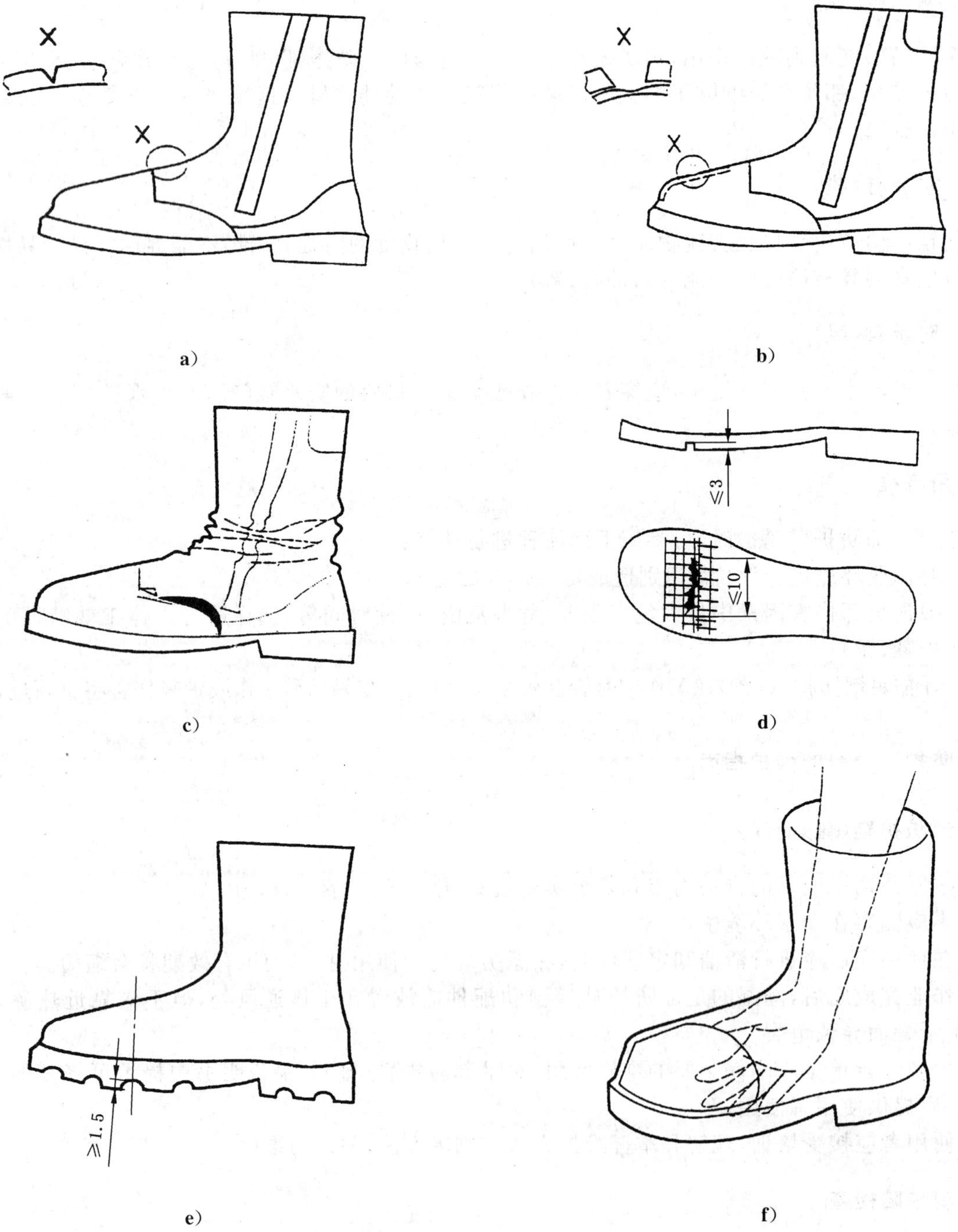

图 1 鞋的状态评估标准

5.3 电性能检查

5.3.1 导电鞋(靴)每穿用 200 h 应进行一次鞋(靴)电阻测试,若测试电阻值不在 3.3 要求的范围内,则此鞋(靴)不能用作导电鞋(靴)。

5.3.2 防静电鞋(靴)每穿用 200 h 应进行一次鞋(靴)电阻测试,若测试电阻值不在 3.4 要求的范围内,则此鞋(靴)不能用作防静电鞋(靴)。

5.3.3 电绝缘鞋(靴)每穿用六个月应进行一次电绝缘性能预防性检验,若不符合 GB 12011—2009 中 4.2 的电性能要求,则此鞋(靴)不得用作电绝缘鞋(靴)。

5.3.4 应建立鞋(靴)的电性能检查档案,并将检查地点和检查时间以及检验人记录在案。

5.4 判废

当出现下列情况之一,即予判废处理,包括:

a) 足部防护鞋(靴)在使用或保管储存期内遭到严重破损或超过有效使用期及储存期等;

b) 所选用的足部防护鞋(靴)经定期检验或抽查为不合格;

c) 出现使用说明书中规定的其他判废条件;

d) 如果防护鞋(靴)无法修复,应判废。

进行外观缺陷检查时,出现 5.2 中 a)~g)所述特征的鞋子应判废。

附　录　A
（资料性附录）
足部防护鞋(靴)的选择(示例)

足部防护鞋(靴)的选择示例见表 A.1。

表 A.1　足部防护鞋(靴)的选择(示例)

作业类别	工作环境的风险因素(被预知风险)及可能造成的事故类型	对应的防护特性	可选择或使用具有相应功能的足部防护鞋(靴)
存在物体坠落、撞击的作业	机械伤害 ——坠落物体 ——压力 ——锋利物体 ——滑	——抗砸 ——抗压 ——抗刺穿 ——抗滑	保护足趾鞋(靴) 保护足趾鞋(靴) 防刺穿鞋(靴) 具有防滑功能的鞋(靴)
接触锋利器具作业	机械伤害 ——尖锐物 ——坠落物体	——抗刺穿 ——防砸	防刺穿鞋(靴) 保护足趾鞋(靴)
手持振动机械作业或人需承受全身振动的作业	机械伤害 ——震动或振动	——后跟能量吸收	防振鞋(靴)
在电气设备上及低压带电作业	电流伤害 ——带电作业(触电)	——电绝缘	电绝缘鞋(靴)
高温作业	热烧灼 ——热表面 ——热环境	——外底耐热 ——隔热	高温防护鞋(靴) 高温防护鞋(靴)
易燃易爆场所作业	火灾 ——静电荷积累	——抗静电	防静电鞋(靴)
可燃性粉尘场所作业	化学爆炸 ——静电荷积累 ——火药制造	——抗静电 ——抗静电	防静电鞋(靴) 导电鞋(靴)
高处作业	坠落 ——滑	——抗滑	具有防滑功能的鞋(靴)
腐蚀性作业	化学灼烧 ——化学品	——抗化	耐化学品鞋(靴)
井下作业或地下作业	滑倒、浸水、机械伤害 ——积水 ——滑 ——坠落物体 ——锋利物体	——防水 ——抗滑 ——抗砸 ——抗刺穿	矿工安全靴
水上作业	滑倒、浸水 ——积水 ——滑	——防水 ——抗滑	防水鞋(靴) 具有防滑功能的鞋(靴)

表 A.1（续）

作业类别	工作环境的风险因素(被预知风险)及可能造成的事故类型	对应的防护特性	可选择或使用具有相应功能的足部防护鞋(靴)
强光作业	辐射伤害 ——热表面 ——热辐射 ——火花	——抗热接触 ——耐热 ——抗辐射热 ——阻燃	焊接防护鞋
易污作业	爆炸、燃烧 ——静电荷积累 ——油	——抗静电性 ——耐燃油性 ——耐动植物油	防静电鞋(靴) 具有防燃油功能的鞋(靴) 具有防动植物油功能的鞋(靴)
低温作业	影响体温调节 ——冷环境	——防寒	低温作业保护鞋(靴)
人工搬运作业	滑倒 ——滑	——抗滑	具有防滑功能的鞋(靴)
野外作业	影响体温调节 ——冷环境 ——水滴 ——滑	——防寒 ——防水 ——抗滑	低温作业保护鞋(靴) 防水鞋(靴) 具有防滑功能的鞋(靴)
注：对于环境中不同的足部伤害因素，可选择相应的多功能足部防护鞋(靴)。			

参 考 文 献

［1］ GB/T 20098—2006 低温环境作业保护靴通用技术要求

［2］ ISO/TR 18690:2006 Guidance for the selection, use, and maintenance of safety, protective and occupational footwear

［3］ 关于印发《特种劳动防护用品安全标志实施细则》的通知，安监总规划字［2005］149号文件

ICS 77.140.50
H 46

GB

中华人民共和国国家标准

GB/T 28410—2012

风力发电塔用结构钢板

Structural steel plate for wind power tower

2012-06-29 发布 2013-03-01 实施

中华人民共和国国家质量监督检验检疫总局
中国国家标准化管理委员会 发布

前　言

本标准按照 GB/T 1.1—2009 给出的规则起草。

本标准是在参照 EN 10025:2004《非合金钢技术交货条件》、ASTM A709:2005《桥梁用碳素钢和高强度低合金结构型钢、钢板、钢棒及淬火回火合金结构钢板》的基础上，结合我国风力发电塔用结构钢板的实际生产和应用情况而编制的。

本标准由中国钢铁工业协会提出。

本标准由全国钢标准化技术委员会(SAC/TC 183)归口。

本标准起草单位：南京钢铁联合有限公司、天津钢铁集团有限公司、湖南华菱湘潭钢铁有限公司、冶金工业信息标准研究院、莱芜钢铁集团有限公司、鞍钢股份有限公司、济钢集团有限公司、马钢股份有限公司、首钢总公司、邯郸钢铁集团有限责任公司。

本标准主要起草人：刘丽华、徐海泉、楚觉非、许克亮、王晓虎、罗登、杜传治、刘徐源、高玲、方拓野、庄建志、师莉、巩文旭、吝章国、李小莉、周平、贺红梅、朴志民、梁川。

风力发电塔用结构钢板

1 范围

本标准规定了风力发电塔用结构钢板的牌号、订货内容、尺寸、外形、重量及允许偏差、技术要求、试验方法、检验规则、包装、标志和质量证明书。

本标准适用于厚度为 6 mm～100 mm 的风力发电塔用结构钢板。

2 规范性引用文件

下列文件对于本文件的应用是必不可少的。凡是注日期的引用文件，仅注日期的版本适用于本文件。凡是不注日期的引用文件，其最新版本(包括所有的修改单)适用于本文件。

GB/T 222 钢的成品化学成分允许偏差

GB/T 223.5 钢铁 硅酸盐和全硅含量的测定 还原型硅酸盐分光光度法

GB/T 223.9 钢铁及合金 铝含量的测定 铬天青 S 分光光度法

GB/T 223.12 钢铁及合金化学分析方法 碳酸钠分离-二苯碳酰二肼光度法测定铬量

GB/T 223.14 钢铁及合金化学分析方法 钽试剂萃取光度法测定钒含量

GB/T 223.16 钢铁及合金化学分析方法 变色酸光度法测定钛量

GB/T 223.19 钢铁及合金化学分析方法 新亚铜灵-三氯甲烷萃取光度法测定铜量

GB/T 223.23 钢铁及合金 镍含量的测定 丁二酮肟分光光度法

GB/T 223.26 钢铁及合金 钼含量的测定 硫氰酸盐分光光度法

GB/T 223.37 钢铁及合金化学分析方法 蒸馏分离-靛酚蓝光度法测定氮量

GB/T 223.40 钢铁及合金 铌含量的测定 氯磺酚 S 分光光度法

GB/T 223.62 钢铁及合金化学分析方法 乙酸丁酯萃取光度法测定磷量

GB/T 223.63 钢铁及合金化学分析方法 高碘酸钠(钾)光度法测定锰量

GB/T 223.67 钢铁及合金 硫含量的测定 次甲基蓝分光光度法

GB/T 223.69 钢铁及合金 碳含量的测定 管式炉内燃烧后气体容量法

GB/T 223.78 钢铁及合金化学分析方法 姜黄素直接光度法测定硼含量

GB/T 228.1 金属材料 拉伸试验 第 1 部分:室温试验方法

GB/T 229 金属材料 夏比摆锤冲击试验方法

GB/T 232 金属材料 弯曲试验方法

GB/T 247 钢板和钢带包装、标志及质量证明书的一般规定

GB/T 709 热轧钢板和钢带的尺寸、外形、重量及允许偏差

GB/T 2970 厚钢板超声波检验方法

GB/T 2975 钢及钢产品 力学性能试验取样位置及试样制备

GB/T 4336 碳素钢和中低合金钢的火花源原子发射光谱分析方法(常规法)

GB/T 5313 厚度方向性能钢板

GB/T 14977 热轧钢板表面质量的一般要求

GB/T 17505 钢及钢产品交货一般技术要求

GB/T 20066 钢和铁 化学成分测定用试样的取样和制样方法

JB/T 4730.3 承压设备无损检测 第3部分 超声检测

YB/T 081 冶金技术标准的数值修约与检测数值的判定原则

3 分类和代号

钢板的牌号由代表屈服强度的汉语拼音首位字母、屈服强度下限值、“风塔”的汉语拼音首位字母、质量等级符号等几个部分组成。

例如：Q345FTD，其中：

Q ——风塔用钢屈服强度的“屈”字汉语拼音的首位字母；

345 ——屈服强度下限值，单位 N/mm^2；

FT ——“风塔”汉语拼音的首位字母；

D ——质量等级符号。

当要求钢板具有厚度方向性能时，则在上述规定的牌号后分别加上代表厚度方向（Z向）性能级别的符号“Z15(Z25、Z35)”，如：Q345FTDZ15。

4 订货内容

按本标准订货的合同或订单至少应包括以下内容：

a) 本标准号；

b) 产品名称；

c) 牌号；

d) 尺寸、外形及偏差要求；

e) 重量；

f) 交货状态；

g) 特殊要求。

5 尺寸、外形、重量及允许偏差

钢板的尺寸、外形、重量及允许偏差应符合 GB/T 709 的规定。

6 技术要求

6.1 牌号及化学成分

6.1.1 钢板的牌号及化学成分（熔炼分析）应符合表1的规定。

6.1.1.1 细化晶粒元素 Al、Nb、V、Ti 应至少加入其中一种，可以单独加入或以任一组合形式加入，并保证其中至少有一种的含量不小于 0.015%。当单独加入时，其含量应符合表1所列值。当混合加入两种或两种以上时，总量应不大于 0.22%。

表 1 牌号及化学成分

牌号	质量等级	化学成分/%													
		C ≤	Mn[a]	P ≤	S ≤	Si ≤	Nb ≤	V ≤	Ti ≤	Mo ≤	Cr ≤	Ni ≤	Cu ≤	Al_s ≥	N ≤
Q235FT	B、C	0.18	0.50～1.40	0.030	0.025	0.50	0.050	0.060	0.050	0.10	0.30	0.30	0.30	0.015	0.012
	D、E			0.025	0.020										
Q275FT	C	0.18	0.50～1.50	0.025	0.020	0.50	0.050	0.060	0.050	0.10	0.30	0.30	0.30	0.015	0.012
	D				0.015										
	E、F														0.010
Q345FT	C、D	0.20	0.90～1.65	0.025	0.015	0.50	0.060	0.12	0.050	0.20	0.30	0.50	0.30	0.015	0.012
	E、F			0.020	0.010										0.010
Q420FT	C、D	0.20	1.00～1.70	0.025	0.015	0.50	0.060	0.15	0.050	0.20	0.30	0.50	0.30	0.015	0.012
	E、F			0.020	0.010										0.010
Q460FT	C、D	0.20	1.00～1.70	0.025	0.015	0.60	0.070	0.15	0.050	0.30	0.60	0.80	0.55	0.015	0.012
	E、F			0.020	0.010										0.010
Q550FT	D	0.20	≤1.80	0.020	0.010	0.60	0.070	0.15	0.050	0.50	0.80	0.80	0.80	0.015	0.012
	E														0.010
Q620FT	D	0.20	≤1.80	0.020	0.010	0.60	0.070	0.15	0.050	0.50	0.80	0.80	0.80	0.015	0.012
	E														0.010
Q690FT	D	0.20	≤1.80	0.020	0.010	0.60	0.070	0.15	0.050	0.50	0.80	0.80	0.80	0.015	0.012
	E														0.010

[a] 交货状态为正火的钢板的 Mn 含量下限按表 1 的规定，其他交货状态的钢板的 Mn 含量下限不作要求。

6.1.1.2 当采用全铝(Al_t)含量(质量分数)计算钢中铝含量时,全铝含量应不小于0.020%。

6.1.1.3 如果添加其他固氮元素,酸溶铝(Al_s)和全铝(Al_t)含量不适用。

6.1.2 钢板的成品化学成分允许偏差应符合GB/T 222的规定。

6.1.3 钢板的碳当量(CEV)由熔炼分析成分按式(1)计算,其值应符合表2~表5的规定。

$$CEV = C + Mn/6 + (Cr + Mo + V)/5 + (Ni + Cu)/15 \qquad (1)$$

6.1.4 热机械轧制或热机械轧制加回火状态交货的钢板,当C含量不大于0.12%时,可采用焊接裂纹敏感性指数(Pcm)代替碳当量评估钢板的可焊性,Pcm应由熔炼分析成分按式(2)计算,其值应符合表4的规定。

$$Pcm = C + Si/30 + Mn/20 + Cu/20 + Ni/60 + Cr/20 + Mo/15 + V/10 + 5B \qquad (2)$$

6.1.5 Z向钢板的S含量应符合GB/T 5313的要求。

6.2 冶炼方法

钢板由转炉或电炉冶炼,并应进行炉外精炼。

6.3 交货状态

不同等级、不同厚度规格的风塔用结构钢板,其交货状态应符合表2~表5的规定。

表2 热轧、控轧状态交货的钢板牌号及其碳当量

牌号	交货状态	质量等级	碳当量(CEV)/%	
			厚度≤40 mm	厚度>40 mm
Q235FT	热轧、控轧	B、C、D、E	≤0.36	≤0.39
Q275FT		C、D、E、F	≤0.38	≤0.40
Q345FT		C、D、E、F	≤0.42	≤0.44
Q420FT	热轧、控轧	C、D、E、F	≤0.45	≤0.47
Q460FT		C、D、E、F	≤0.46	≤0.48

表3 正火、正火轧制状交货的钢板牌号及其碳当量

牌号	交货状态	质量等级	碳当量(CEV)/%	
			厚度≤40 mm	厚度>40 mm
Q235FT	正火、正火轧制	B、C、D、E	≤0.38	≤0.40
Q275FT		C、D、E、F	≤0.40	≤0.42
Q345FT		C、D、E、F	≤0.43	≤0.45
Q420FT	正火、正火轧制	C、D、E、F	≤0.48	≤0.50
Q460FT		C、D、E、F	≤0.52	≤0.53

表 4 TMCP、TMCP＋回火状态交货的钢板牌号及其碳当量和 Pcm

牌号	交货状态	质量等级	碳当量(CEV)/%			Pcm/%
			厚度/mm			
			≤40	>40～60	>60	
Q275FT	TMCP、TMCP＋回火	C、D、E、F	≤0.34	≤0.36	≤0.38	≤0.20
Q345FT		C、D、E、F	≤0.39	≤0.41	≤0.43	≤0.20
Q420FT		C、D、E、F	≤0.44	≤0.46	≤0.48	≤0.20
Q460FT		C、D、E、F	≤0.46	≤0.48	≤0.50	≤0.20
Q550FT		D、E	≤0.48	≤0.50	≤0.52	≤0.25
Q620FT		D、E	≤0.49	≤0.51	≤0.53	≤0.25
Q690FT		D、E	≤0.50	≤0.52	≤0.54	≤0.25

表 5 淬火＋回火状态交货的钢板牌号及其碳当量

牌号	交货状态	质量等级	碳当量(CEV)/%	
			厚度/mm	
			≤40	>40～100
Q460FT	淬火＋回火	C、D、E、F	≤0.48	≤0.50
Q550FT		D、E	≤0.55	≤0.60
Q620FT		D、E	≤0.56	≤0.62
Q690FT		D、E	≤0.58	≤0.65

6.4 力学及工艺性能

6.4.1 拉伸试验

钢板的拉伸试验性能应符合表 6 的规定。

6.4.2 夏比 V 型缺口冲击试验

6.4.2.1 钢板的夏比 V 型缺口冲击试验的冲击温度和冲击吸收能量应符合表 6 的规定。

6.4.2.2 厚度不小于 12 mm 的钢板，冲击试样取 10 mm×10 mm×55 mm 的标准试样；厚度小于 12 mm 的钢板，应采用 7.5 mm×10 mm×55 mm 或 5 mm×10 mm×55 mm 的试样，冲击吸收能量应分别为不小于表 6 规定值的 75%或 50%，优先采用较大尺寸的试样。

6.4.2.3 钢板的冲击试验结果按一组 3 个试样的算术平均值进行计算。允许其中有 1 个试验值低于规定值，但不应低于规定值的 70%，否则，应从同一取样钢板上再取 3 个试样进行试验，先后 6 个试样试验结果的算术平均值不得低于规定值，允许有 2 个试样的试验结果低于规定值，但其中低于规定值 70%的试样只允许有一个。

6.4.3 Z 向钢厚度方向断面收缩率应符合 GB/T 5313 的要求。

6.4.4 当需方要求做弯曲试验时，弯曲试验应符合表 6 的规定。如供方保证弯曲合格时，可不做弯曲试验。

6.5 表面质量

6.5.1 钢板表面不得有气泡、结疤、裂纹、折叠、夹杂、压入氧化铁皮等，钢板不得有分层。

6.5.2 钢板表面允许有不妨碍检查表面缺陷的薄层氧化铁皮、铁锈、由压入氧化铁皮脱落引起的不显著的表面粗糙、划伤、压痕及其他局部缺陷，但其深度不大于厚度公差之半，并应保证钢板的最小厚度。

6.5.3 钢板表面缺陷允许修磨清理，但应保证钢板的最小厚度，清理处应平滑无棱角。

6.5.4 经供需双方协商，表面质量可执行 GB/T 14977。

6.6 特殊要求

6.6.1 经供需双方协商，钢板可进行无损检测，检验方法按 GB/T 2970 或 JB/T 4730.3 的规定执行，执行标准和级别应在协议或合同中明确。

6.6.2 根据供需双方协商，钢板也可进行其他项目的检验。

表 6 牌号及力学性能

牌号	质量等级	横向下屈服强度[a] $R_{eL}/(N/mm^2)$ ≥			抗拉强度 $R_m/(N/mm^2)$	断后伸长率 $A/\%$ $L_0=5.65\sqrt{So}$ ≥	冲击吸收能量[c,d] KV_2/J ≥	180°弯曲试验 d=弯心直径，a=试样厚度	
		钢板厚度/mm						钢板厚度/mm	
		≤16	>16～40	>40～100				≤16	>16～100
Q235FT	B、C、D	235	225	215	360～510	24[b]	47	$d=2a$	$d=3a$
	E						34		
Q275FT	C、D	275	265	255	410～560	21[b]	47		
	E、F						34		
Q345FT	C、D	345	335	325	470～630	21[b]	47		
	E、F						34		
Q420FT	C、D	420	400	390	520～680	19[b]	47		
	E、F						34		
Q460FT	C、D	460	440	420	550～720	17	47		
	E、F						34		
Q550FT	D	550		530	670～830	16	47		
	E						34		
Q620FT	D	620		600	710～880	15	47		
	E						34		
Q690FT	D	690		670	770～940	14	47		
	E						34		

[a] 当屈服不明显时，可采用 $R_{p0.2}$ 代替下屈服。

[b] 当钢板厚度>60 mm 时，断后伸长率可降低 1%。

[c] 冲击试验采用纵向试样。

[d] 不同质量等级对应的冲击试验温度：B—20 ℃，C—0 ℃，D—−20 ℃，E—−40 ℃，F—−50 ℃。

7 试验方法

钢板的各项检验的检验项目、取样数量、取样方法和试验方法应符合表7的规定。

表7 检验项目、取样数量、取样方法及试验方法

序号	检验项目	取样数量/个	取样方法	试验方法
1	化学成分	1/炉	GB/T 20066	GB/T 223、GB/T 4336
2	拉伸试验	1/批	GB/T 2975	GB/T 228.1
3	冲击试验	3/批	GB/T 2975	GB/T 229
4	弯曲试验	1/批	GB/T 2975	GB/T 232
5	Z向钢厚度断面收缩率	3/批	GB/T 5313	GB/T 5313
6	无损检验	逐张	—	JB/T 4730.3、GB/T 2970
7	尺寸、外形	逐张	—	符合精度要求的适宜量具
8	表面质量	逐张	—	目视

8 检验规则

8.1 检查和验收

钢板的检查和验收由供方进行，需方有权对本标准或合同中所规定的任一检验项目进行检查和验收。

8.2 组批

8.2.1 钢板应成批验收。每批应由同一牌号、同一质量等级、同一炉罐号、同一厚度、同一轧制制度、同一热处理制度的钢板组成，每批重量不大于60 t。

8.2.2 TMCP或TMCP+回火的钢板应逐轧制张取样检验，淬火+回火的钢板应逐热处理张取样检验。

8.2.3 Z向钢的组批应符合GB/T 5313的规定。

8.3 复验与判定规则

8.3.1 力学性能的复验与判定

8.3.1.1 钢板的冲击试验结果不符合6.4.2.3的规定时，抽样钢板应不予验收。再从该试验单元的剩余部分取两个抽样产品，在每个抽样产品上各选取新的一组3个试样，这两组试样的试验结果均应合格，否则该批钢板应拒收。

8.3.1.2 钢板拉伸试验的复验与判定应符合GB/T 17505的规定。

8.3.2 其他检验项目的复验与判定

钢板的其他检验项目的复验与判定应符合GB/T 17505的规定。

8.4 力学性能和化学成分试验结果的修约

除非在合同或订单中另有规定，当需要评定试验结果是否符合规定值，所给出力学性能和化学成分试验结果应修约到与规定值的数位相一致，其修约方法应按 YB/T 081 的规定进行。碳当量应先按公式计算后修约。

9 包装、标志及质量证明书

钢板的包装、标志及质量证明书应符合 GB/T 247 的规定。

10 国内外牌号近似对照

本标准牌号与参考标准牌号的近似对照见附录 A。

附　录　A
（资料性附录）
牌号对照表

本标准牌号与参考标准的相近牌号对照见表 A.1。

表 A.1　本标准牌号与参考标准的相近牌号对照表

	本标准	ASTM A709-05	EN 10025
牌号	Q235FT	—	S235
	Q275FT	A709Gr36	S275
	Q345FT	A709Gr50	S355
	Q420FT	—	S420
	Q460FT	A709Gr70	S460
	Q550FT	—	S550
	Q620FT	A709Gr100	S690
	Q690FT		

ICS 77.140.99
H 57

中华人民共和国国家标准

GB/T 28411—2012

高温合金精铸结构件通用技术条件

General specification of superalloy investment structural castings

2012-06-29 发布

2013-03-01 实施

中华人民共和国国家质量监督检验检疫总局
中国国家标准化管理委员会
发布

前　言

本标准按照 GB/T 1.1—2009 给出的规则起草。

本标准由中国钢铁工业协会提出。

本标准由全国钢标准化委员会(SAC/TC 183)归口。

本标准主要起草单位:钢铁研究总院、冶金工业信息标准研究院。

本标准主要起草人:燕平、袁英、栾燕、戴强、赵明汉、吴剑涛。

引　　言

本标准是高温合金精铸结构件的通用技术条件，不涉及特定合金的应用条件和使用性能，仅对技术要求和检验规则做出原则性规定。本标准应与专用技术文件配套使用，不能单独用于订货。

高温合金精铸结构件通用技术条件

1 范围

1.1 本标准规定了高温合金精铸结构件产品交货的技术要求、试验方法、检验规则和交货条件等。

1.2 本标准适用于采用普通精密铸造的结构件,产品主要包括:整铸导向器、承力机匣、叶轮、尾喷管调节片、稳定器、轴承座等精铸结构件(以下简称为精铸件)。其他类型的铸造结构件可参照使用。

1.3 当合同协议或专用技术文件中的规定与本标准规定不一致时,应以合同协议或专用技术文件为准。

2 规范性引用文件

下列文件对于本文件的应用是必不可少的。凡是注日期的引用文件,仅注日期的版本适用于本文件。凡是不注日期的引用文件,其最新版本(包括所有的修改单)适用于本文件。

GB/T 223(所有部分) 钢铁及合金化学分析方法

GB/T 228.1 金属材料 拉伸试验 第1部分:室温试验方法

GB/T 230.1 金属材料 洛氏硬度试验 第1部分:试验方法(A、B、C、D、E、F、G、H、K、N、T标尺)

GB/T 231.1 金属材料 布氏硬度试验 第1部分:试验方法

GB/T 2039 金属拉伸蠕变及持久试验方法

GB/T 4338 金属材料 高温拉伸试验方法

GB/T 14992 高温合金和金属间化合物高温材料的分类和牌号

GB/T 20066 钢和铁 化学成分测定用试样的取样和制样方法

GB/T 20127(所有部分) 钢铁及合金 痕量元素的测定

GB/T 14999.7 高温合金铸件晶粒度、一次枝晶间距和显微疏松测定方法

GB/T 25932 铸造高温合金母合金通用技术条件

GJB 509 热处理工艺质量控制规范

GJB 905 熔模铸造工艺质量控制

YB/T 081 冶金技术标准的数值修约与检测数值的判定原则

HB 6103 铸造尺寸公差

HB 6573 熔模钢铸件用标准参考射线底片

HB/Z 60 X射线照相检验

HB/Z 61 渗透检验

HB/Z 131-88 铸造高温合金选用原材料技术条件

3 术语和定义

GB/T 14992、GB/T 14999.7 和 GB/T 25932 界定的以及下列术语和定义适合于本文件。

3.1

炉批 furnace Batch

由同一炉号的母合金、同一台设备、同一工艺文件连续生产的同一件号的铸件组成。

3.2

聚集缺陷 concentrate defects

两个或两个以上的缺陷,其间距小于相邻最大缺陷直径的2倍以上。单个表面缺陷若与聚集缺陷间隔小于单个缺陷长度的2倍以上,可视为聚集缺陷的一部分。出现于表面的一片疏松或斑疤也可视为聚集缺陷。

3.3

分散缺陷 separated defects

单个缺陷间距不小于相邻最大缺陷直径2倍的缺陷。

4 技术要求

4.1 材料

4.1.1 原材料

原材料的使用参照HB/Z 131或专用技术文件的规定执行。

4.1.2 返回料

4.1.2.1 返回料应经过净化处理后浇注成料锭,经化学成分分析后再与新料一起熔炼成母合金,不允许将返回料直接与新料混装熔炼母合金。

4.1.2.2 返回料的使用比例应由供需双方协商确定,并在合同中注明。

4.1.3 母合金

4.1.3.1 精铸件重熔用母合金应符合GB/T 25932和专用技术文件的规定。

4.1.3.2 重熔和浇注工艺应按专用工艺技术文件规定执行。可以选择供需双方同意的能满足使用条件的其他熔炼方法。所采用的熔炼方法应在合同和质量证明书中注明。

4.1.3.3 当熔炼工艺和铸锭尺寸有变化时,应征得需方同意。

4.1.4 工艺材料

用于熔模铸造的制模、制壳、制芯等主要材料的质量应稳定,其工艺质量控制应符合GJB 905的规定。

4.2 熔铸工艺

精铸件(包括试棒)应在真空或非真空下进行重熔和浇注,按照专用铸造工艺说明书和工艺规程进行操作。铸造过程中全部工序的主要参数均属控制范围,其工艺质量控制应符合GJB 905的规定。

4.3 化学分析

精铸件的化学成分中的主要元素应符合专用技术文件规定的化学成分要求,对个别主要元素和杂质元素的控制有特殊要求时,应在精铸件专用技术条件或订货合同中注明。

4.4 热处理

4.4.1 铸件的热处理应按GJB 509的规定进行控制。

4.4.2 无余量精铸件热处理按专用工艺文件规程,在真空或保护气氛下进行。

4.4.3 按照精铸件的生产工序,允许将精铸件的热处理工序与其他工序结合进行。

4.4.4 测试力学性能的试棒,可在非真空状态下进行时效处理。允许试棒单独进行热处理。

4.5 交货状态

4.5.1 精铸件和试棒可以按以下状态之一交货。其他交货状态，由供需双方协商确定。具体交货状态应在合同和质量证明书中注明。

a) 铸态；

b) 经热处理；

c) 经热等静压＋热处理。

4.5.2 除非另有规定，精铸件表面应按专用工艺文件规定进行吹砂清理。

4.6 力学性能

4.6.1 力学性能应在与精铸件同炉批的单铸或附铸试样上测试，试样受检状态应与精铸件标准热处理状态相同。允许从精铸件上切取力学性能试样。

4.6.2 常规力学性能检验包括拉伸、持久试验，性能应符合精铸件专用技术条件的规定。有特殊要求时在精铸件专用技术条件或订货合同中规定。

4.6.3 当设计图样有硬度要求时，在设计图样制定部位检验精铸件硬度。

4.6.4 测试性能的抽检率和抽查规程，可在精铸件相关技术条件中规定。

4.7 质量要求

4.7.1 宏观晶粒度

4.7.1.1 按零件样图规定部位剖切精铸件，抽检率和剖切方式在精铸件专用技术文件中规定。

4.7.1.2 受检样低倍腐蚀方法、宏观晶粒组织测定和晶粒度评级方法按照 GB/T 14999.7 相应规定执行。

4.7.1.3 精铸件晶粒度应大致均匀、等轴、无柱状晶以及无明显的细晶和粗晶区。

4.7.1.4 合格级别和验收标准在专用技术条件或订货合同中规定。

4.7.2 表面质量

4.7.2.1 根据专用技术文件规定，精铸件在特定工序后应逐件进行目视、荧光或着色渗透检查。受检样经腐蚀待渗透时，不允许再对精铸件表面进行任何处理。

4.7.2.2 不允许存在的缺陷和状态：

a) 裂纹、冷隔、欠铸、缩孔痕迹、线性缺陷、修补痕迹、对应和穿透性缺陷等；

b) 横条状或细线条状分布的、横穿过精铸件边缘或叶身的气孔和氧化夹杂缺陷。

4.7.2.3 加工余量范围内的缺陷（裂纹、冷隔除外），或直径、深度、间距在技术条件允许范围内的，可不计为缺陷。

4.7.2.4 对于缺陷类型、数量、出现部位、尺寸、深度、间距、缺陷总数等的限制条件在精铸件专用技术文件或订货合同中规定。验收标准符合精铸件图样规定位置的专用技术文件的要求。

4.7.3 内部质量

4.7.3.1 X 射线透视

4.7.3.1.1 在特定工序后，精铸件应逐件在专用技术文件规定的部位进行 X 射线透视检验。

4.7.3.1.2 不允许存在的缺陷和状态：

a) 裂纹、冷隔、欠铸、疏松缺陷、残余型芯以及其他残留物；

b) 横条状或细线条状分布的、横穿过精铸件边缘或叶身的气孔和氧化夹杂缺陷；

c) 螺纹上的任何缺陷；

d) 除工艺孔外，距边缘距离不小于3 mm的缺陷。

4.7.3.1.3 允许存在非线性的单个缺陷、气孔、孔穴、夹杂、不贯穿的疏松等；直径不大于0.3 mm的缺陷不计为缺陷。

4.7.3.1.4 对于允许存在的缺陷类型、数量、出现部位、尺寸、深度、间距、缺陷总数的限制条件在精铸件的专用技术文件或订货合同中规定。验收标准符合精铸件图样规定位置的专用技术文件的要求。

4.7.3.2 显微组织

根据需要，按照精铸件图样规定部位剖切受检样，采用比较法或定量金相法评定显微疏松。受检样的制样要求、检验方法和显微疏松的测定和评级方法按照GB/T 14999.7的规定执行。特殊要求和验收标准在精铸件专用技术条件或订货合同中规定。

4.7.3.3 贫化层

根据需要，采用金相法或电子探针方法对精铸件图样规定位置进行贫化层检验，贫化层的平均厚度一般不应超过0.1 mm，特殊要求在精铸件的专用技术条件或合同中规定。

4.8 铸件修整

4.8.1 打磨、抛光

4.8.1.1 位于精铸件表面的残余浇冒口(包括工艺凸耳)应打磨齐平。凡需补焊的部位应先打磨去除缺陷。

4.8.1.2 超过精铸件图样和专用技术文件规定的缺陷(裂纹、冷隔除外)，允许在公差范围内平滑打磨或抛光。打磨的部位应平滑和倾斜过渡，出现的凹坑宽度应不小于深度的6倍，深度应不超过壁厚的1/3。一般要求打磨缺陷时要分两次进行，第一次打磨只去除允许深度之半。

4.8.1.3 精铸件的表面粗糙度应符合精铸件图样和专用技术文件规定；允许打磨的部位、深度、面积、次数在专用技术文件中规定。

4.8.2 补焊

4.8.2.1 有裂纹、冷隔的精铸件、以及精铸件上距螺纹孔3 mm范围内不允许补焊，其他不允许补焊的精铸件或部位按照精铸件设计图样以及相关技术文件的规定执行。

4.8.2.2 精铸件的补焊一般应在固溶后、时效前进行，补焊后一般应进行重复固溶和时效处理，允许由焊接组合件的热处理代替。

4.8.2.3 补焊应按专用工艺文件进行，确保精铸件图样规定的几何尺寸。补焊部位应便于进行检查，一个焊点一般只允许重复补焊一次。允许采用同体材料补焊以消除铸造缺陷。

4.8.2.4 补焊区应打磨平滑，与相邻铸造表面不应有明显差异。

4.8.2.5 允许补焊的部位、次数、补焊面积、补焊间距应在精铸件专用技术文件中具体规定。补焊部位的允许数量应在图样技术要求中注明。

4.8.3 矫正

4.8.3.1 采用手工或机械方法进行冷矫正时，按专用技术文件规定进行。

4.8.3.2 在专用工装上进行热定型矫正处理时，应按照专用工艺文件规范进行，处理次数不多于3次。

4.8.3.3 边缘翘曲不大于1.5 mm的精铸件，可按照专用工艺文件规范进行校正。

4.8.3.4 精铸件矫正后，应按照专用工艺文件规范进行消除应力处理。

4.8.3.5 精铸件的矫正方法、部位、次数以及允许的最大矫正量应在专用工艺文件中具体规定。

4.8.4 修整后检验

4.8.4.1 根据需要，铸件打磨、抛光后进行荧光或着色渗透检验，不允许有裂纹。

4.8.4.2 铸件矫正后，一般应逐件进行渗透检验，不允许有裂纹。

4.8.4.3 铸件补焊后，一般应逐件进行渗透检验和X射线透视检验，不允许有裂纹、未焊透部位和超出精铸件专用技术文件规定的缺陷。X射线透视面积一般应不小于补焊面积的两倍。

4.9 尺寸、外形

精铸件的几何形状和尺寸应符合精铸件设计图样的规定，其机械加工余量和尺寸公差应符合HB 6103的规定。

4.10 标志

精铸件应在设计图样或图样规定部位，按专用文件规定的标印方法标印出合金牌号、炉批号(或代号)及检验合格印记，不能标印的精铸件允许按炉批栓挂标签。

5 试验方法

5.1 化学分析取样和制样按GB/T 20066有关规定进行；分析方法按照GB/T 223或其他相关标准规定进行；痕量元素的测定按GB/T 20127有关规定进行。

5.2 热处理工艺按GJB 509要求进行控制。

5.3 力学性能试验取样位置和试样制备应符合GB/T 2975规定。

5.4 室温拉伸试验按GB/T 228.1进行。

5.5 高温拉伸试验按GB/T 4338进行。

5.6 持久试验按GB/T 2039进行。

5.7 硬度试验按GB/T 230.1、GB/T 231.1进行。

5.8 宏观晶粒度、显微晶粒度和显微疏松的测定和评定方法按GB/T 14999.7的规定进行。

5.9 贫化层检验采用金相法或电子探针方法测定。

5.10 X射线透视检验按HB/Z 60进行、对照HB 6573的标准参考射线底片评定。

5.11 荧光渗透检验按HB/Z 61进行；着色渗透按照专用技术文件规定进行。

5.12 尺寸和外形测量按专用工艺文件的规定进行。

5.13 标志、外观质量应逐件用目视进行检查，必要时，可采用其他方法检查。

6 检验规则

6.1 检查和验收

6.1.1 精铸件的质量应由供方质量检验部门根据合同或专用技术文件进行检验和验收。

6.1.2 供方应保证交货的精铸件符合合同或专用技术文件的规定，需方有权按照合同或专用技术文件的规定进行检查和验收。

6.2 组批规则

精铸件应按炉批提交检验和验收。每批由同一炉号的母合金、同一台设备、同一工艺文件连续生产的同一件号的铸件组成。

6.3 检验项目、取样数量及取样部位

精铸件质量一致性常规检验项目、取样数量和取样部位见表1。

根据精铸件产品的使用要求，从中选择检验项目。其他要求的检验项目，可以依据合同或精铸件的专用技术文件的规定。

表 1

序号	检验项目		取样数量[a]	取样部位
1	化学成分		1 份/每批	试样； 专用分析试块、精铸件或浇道
2	力学性能	室温拉伸	1 个/批	单铸或附铸试样； 允许在精铸件切取试样
		高温拉伸		
		高温持久		
		硬度	按专用工艺文件规定	精铸件
3	标志、表面质量		100%	精铸件
4	晶粒度		1～3 件/批	精铸件
5	显微疏松			
6	贫化层			
7	渗透		100%	精铸件
8	X 射线透视		按专用工艺文件规定	精铸件
9	尺寸、外形		100%	精铸件或按专用工艺文件规定

[a] 当要求从铸件加工试样进行性能测定时，则每批次取一个或几个铸件。从铸件上加工试样的尺寸、位置和数量，应按图纸上的规定或按供需双方协议确定。当试样的尺寸、位置和数量没有规定时，则应从每批次中的一个或几个铸件上切取不少于 4 个试样，其中两个取自最厚截面处，另两个取自最薄截面处。

6.4 复验与判定规则

6.4.1 化学成分分析结果不合格时，则从同炉批中取双倍试样对不合格元素进行重复分析，重复分析结果应全部合格。若仍不合格，允许逐炉分析不合格元素，检验结果不合格炉次的精铸件判为不合格。

6.4.2 力学性能不合格时，允许从同炉批中取双倍数量的试样对不合格的项目进行重复试验，复验结果应全部合格。当重复检验仍不合格时，允许逐炉从精铸件或浇道上取样进行试验，检验结果不合格炉次的精铸件判为不合格。允许重复热处理一次后，重新检验全部力学性能。检验结果应一次合格，否则该炉批精铸件判为不合格。

6.4.3 试样因冶金缺陷导致试验结果不合格时，该试验结果无效。

6.4.4 硬度检验结果不合格时，其余精铸件应逐件检验，不合格精铸件允许重复热处理一次后逐件检验，检验结果不合格的精铸件判为不合格。当拉伸性能合格时，硬度值可不作为验收依据。

6.4.5 表面低倍晶粒检验不合格时，判该件为不合格，允许供需双方协商解决。

6.4.6 晶粒度、显微疏松、贫化层检查不合格时，允许逐炉从精铸件上取一片重复检查（不包括已取过的炉次），不合格炉次的精铸件判为不合格。

6.4.7 目视和渗透检验不合格时，判该件为不合格或供需双方协商解决。

6.4.8 X 射线透视检验不合格时，判该件为不合格。

6.4.9 尺寸和外形不合格时，判该件为不合格或供需双方协商解决。

6.5 试验结果无效

由于取样、制样、试验不当而获得的试验结果，应视为无效。

6.6 力学和化学试验结果的修约

除非在合同或产品标准中另有规定，当需要评定试验结果是否符合规定值，所给出的力学和化学试验结果应修约到与规定值本位数字所标识的数位一致，其修约方法应按 YB/T 081 的规定进行。

6.7 冶金来源缺陷的处理

当需方在成品或半成品零件上发现冶金来源缺陷，并经供需双方鉴定确认后，供方应予退货，并且当需方要求时应予补制。如供需双方对缺陷性质难以确定时，可提请双方同意的仲裁单位仲裁。

7 包装、运输与贮存及质量证明书

7.1 包装

精铸件应按炉次良好包装，包装应牢固，避免铸件磕碰、损伤和丢失，同时防潮、防腐蚀等。

7.2 运输与贮存

精铸件应在清洁、干燥、防腐蚀的条件下运输和贮存，平稳装卸，按炉批整齐存放。

7.3 质量证明书

每炉批精铸件应附有质量证明书。除特殊规定外，质量证明书一般应注明下列内容：

a) 供方名称；
b) 需方名称，合同号；
c) 采用的标准号或专用技术文件；
d) 精铸件名称及图号；
e) 合金牌号；
f) 铸造工艺方法；
g) 供应状态；
h) 炉批(次)号，热处理炉批号；
i) 精铸件数量，试样数量；
j) 各项分析检验结果(包括重复检验结果)；
k) 质量检验部门印记；
l) 包装日期。

注：当超出上述内容时，由供需双方商定。

8 说明事项

合同或订单中应注明下列内容：

a) 采用标准号；
b) 精铸件名称、合金牌号；
c) 交货时间；
d) 工艺方法；
e) 供应状态；
f) 数量；
g) 其他需要说明的事项。

ICS 77.140.99
H 57

中华人民共和国国家标准

GB/T 28412—2012

高温合金精铸叶片通用技术条件

General specification of superalloy investment cast airfoils

2012-06-29 发布　　2013-03-01 实施

中华人民共和国国家质量监督检验检疫总局
中国国家标准化管理委员会　发布

前　言

本标准按照GB/T 1.1—2009给出的规则起草。

本标准由中国钢铁工业协会提出。

本标准由全国钢标准化委员会(SAC/TC 183)归口。

本标准主要起草单位:钢铁研究总院、冶金工业信息标准研究院。

本标准主要起草人:燕平、袁英、栾燕、戴强、赵明汉、吴剑涛。

引　言

本标准是高温合金精铸叶片的通用技术条件，不涉及特定合金的应用条件和使用性能，仅对技术要求和检验规则做出原则性规定。本标准应与专用技术文件配套使用，不能单独用于订货。

高温合金精铸叶片通用技术条件

1 范围

1.1 本标准规定了高温合金精铸叶片产品交货的技术要求、试验方法、检验规则和交货条件等技术内容。

1.2 本标准适用于采用普通精密铸造、定向凝固铸造、单晶铸造工艺生产的航空发动机、舰船和地面燃气轮机等用精铸涡轮工作叶片、精铸涡轮导向器叶片。其他类型的铸造叶片可参照使用。

1.3 当合同协议或专用技术文件中的规定与本标准中的规定不一致时，应以合同协议或专用技术文件为准。

2 规范性引用文件

下列文件对于本文件的应用是必不可少的。凡是注日期的引用文件，仅注日期的版本适用于本文件。凡是不注日期的引用文件，其最新版本(包括所有的修改单)适用于本文件。

GB/T 223(所有部分) 钢铁及合金化学分析方法

GB/T 228.1 金属材料 拉伸试验 第1部分：室温试验方法

GB/T 2039 金属拉伸蠕变及持久试验方法

GB/T 4338 金属材料高温拉伸试验方法

GB/T 14992 高温合金和金属间化合物高温材料的分类和牌号

GB/T 20066 钢和铁 化学成分测定用试样的取样和制样方法

GB/T 20127(所有部分) 钢铁及合金 痕量元素的测定

GB/T 14999.7 高温合金铸件晶粒度、一次枝晶间距和显微疏松测定方法

GB/T 25932 铸造高温合金母合金通用技术条件

GJB 509 热处理工艺质量控制规范

GJB 905 熔模铸造工艺质量控制

YB/T 081 冶金技术标准的数值修约与检测数值的判定原则

HB 6103 铸造尺寸公差

HB 6573 熔模钢铸件用标准参考射线底片

HB 6742 单晶叶片晶体取向的测定 X射线背射劳厄照相法

HB/Z 60 X射线照相检验

HB/Z 61 渗透检验

HB/Z 131—1988 铸造高温合金选用原材料技术条件

3 术语和定义

GB/T 14992、GB/T 14999.7 和 GB/T 25932 界定的以及下列术语和定义适用于本文件。

3.1

涡轮叶片 turbine airfoils

燃气轮机中用以引导燃气按一定方向流动，或推动涡轮转子旋转的叶形零部件称为涡轮叶片。

安装在涡轮盘上使燃气推动转子的叶片称为工作叶片或动叶片；工作叶片结构由叶冠、叶身(含进气边、排气边)、缘板、延伸段、榫齿构成，分区示意图见附录A。

安装在壳体上引导燃气按一定方向流动的叶片称为导向器叶片或静叶片。导向器叶片结构由叶身、内(小)外(大)安装板构成，分区示意图见附录B。

3.2

炉批　furnace Batch

由同一炉号的母合金、同一台设备、同一工艺文件连续生产的同一件号的叶片铸件组成。

3.3

返回料　revert

浇注叶片铸件后产生的浇冒口、浇道和报废叶片铸件等合金料。

3.4

聚集缺陷　concentrate deffects

两个或两个以上的分开的缺陷，其间距小于相邻最大缺陷直径的2倍以上。出现于表面的一片疏松或斑疤可视为聚集缺陷；单个表面缺陷若与聚集缺陷间隔小于单个缺陷长度的2倍以上，也可视为聚集缺陷的一部分。

3.5

分散缺陷　separated defects

单个缺陷间距不小于相邻最大缺陷直径2倍的缺陷。

3.6

雀斑　freckle

一种与偏析有关的缺陷或结晶组织，经常呈链状或孤立状出现。

4　分类

4.1　按照叶片生产过程分为两类：

a)　叶片铸件；

b)　成品叶片。

4.2　按照组织结构分为三类：

a)　等轴晶叶片；

b)　定向凝固柱晶叶片；

c)　单晶叶片。

5　技术要求

5.1　材料

5.1.1　原材料

原材料的使用参照HB/Z 131或专用技术文件的规定执行。

5.1.2　返回料

5.1.2.1　返回料应经过净化处理后浇注成料锭，经化学成分分析后再与新料一起熔炼成母合金，不允许将返回料直接与新料混装熔炼母合金。

5.1.2.2　返回料的使用比例应由供需双方协商确定，并在合同中注明。

5.1.3 母合金

5.1.3.1 精铸叶片铸件用母合金应符合 GB/T 25932 的规定，母合金应按专用工艺技术文件规定的熔炼工艺生产。可以选择供需双方同意的能满足使用条件的其他熔炼方法。所采用的熔炼方法应在合同和质量证明书中注明。

5.1.3.2 当熔炼工艺和铸锭尺寸有变化时，应征得需方同意。

5.1.4 工艺材料

用于熔模铸造的制模、制壳、制芯等主要材料质量应稳定，其工艺质量控制应符合 GJB 905 的规定。

5.2 熔铸工艺

叶片铸件应在真空下进行重熔和浇注，铸造生产过程应按照特定叶片的铸造工艺说明书和工艺规程进行操作。铸造过程中全部工序的主要参数均属控制范围，其工艺质量控制应符合 GJB 905 的规定。

5.3 化学分析

叶片铸件的化学成分中的主要元素应符合母合金技术条件规定的化学成分要求，对个别主要元素和杂质元素的控制有特殊要求时，应在叶片铸件专用技术条件或订货合同中注明。

5.4 热处理

5.4.1 叶片铸件的热处理应按照 GJB 509 的规定进行控制。

5.4.2 无余量叶片铸件热处理按专用工艺文件规定，在真空或保护气氛下进行。

5.4.3 按照叶片的生产工序，允许将叶片铸件或成品叶片的热处理工序与其他工序结合进行。

5.4.4 测试力学性能的试棒，可在非真空状态下进行时效处理。允许试棒单独进行热处理。

5.5 交货状态

除非专用技术文件有特殊要求，叶片铸件一般以铸态或固溶态交货，成品叶片一般以热处理状态交货。具体交货状态应在合同和质量证明书中注明。

5.6 力学性能

5.6.1 力学性能应在与叶片铸件同炉批的单铸或附铸试样上测试，试样受检状态应与叶片铸件标准热处理状态相同。允许从叶片精铸件上切取力学性能试样。

5.6.2 常规力学性能检验包括拉伸和持久检验，其性能应符合叶片精铸件专用技术条件的规定。有特殊要求时在叶片精铸件专用技术条件或订货合同中规定。

5.7 质量要求

5.7.1 叶片铸件

5.7.1.1 表面低倍组织

受检样的表面要求、腐蚀、检验方法，结晶组织测定和晶粒度评级方法按 GB/T 14999.7 的规定执行。特殊检验要求、合格级别和验收标准在专用技术条件或订货合同中规定。

5.7.1.1.1 等轴晶叶片

a) 叶片铸件表面晶粒组织应均匀，不允许有明显的粗晶区和细晶区。如需要，应按专用技术文件规定，对叶身指定区域的晶粒度进行测评。叶片分区图和结果名称见图 A.1 和图 B.1。

b) 应避免出现柱状晶，进气、排气边不允许有垂直于主应力轴的柱状晶存在。对柱状晶和激冷晶出现部位、柱状晶长度和单个晶粒直径有限制时，可在专用技术条件或订货合同中规定。

5.7.1.1.2 定向凝固柱晶叶片

a) 柱状晶应呈直线状伸展，发散度不大于 20°；

b) 叶身型面中弦部位至少应有五个柱状晶通过；

c) 叶身进、排气边 4 mm 内不允许有与主轴垂直的横向晶界；叶身、榫头和延伸段不允许有等轴晶和断晶；

d) 叶身长不大于 100 mm 时，柱状晶的平均偏离度不大于 10°，个别柱状晶的最大偏离度不大于 15°；

e) 叶身长大于 100 mm 时，柱状晶的平均偏离度不大于 18°，个别柱状晶的最大偏离度不大于 25°。

5.7.1.1.3 单晶叶片

a) 每个叶片一般由一个晶粒组成；

b) 叶片的[001]晶粒生长方向与叶片主轴的夹角不大于 15°；

c) 除进气、排气边缘外，在型面和缘板的转接半径 R 处允许有小于 6°的亚晶界存在，其余区域允许有小于 8°的亚晶界存在。允许有多道亚晶界引起的不同放射度条纹(即局部带状物的重叠)的区域存在；

d) 进气、排气边、型面和缘板 R 转接处不允许存在再结晶晶粒、孤立的等轴晶和单独的柱状晶；允许存在的晶粒类型、数量、出现部位、限制尺寸和间距可在专用技术条件或订货合同中规定。

5.7.1.2 表面质量

5.7.1.2.1 叶片铸件应逐件进行目视和荧光渗透检查。受检样经腐蚀待荧光渗透时，不允许再对其表面进行任何处理。

5.7.1.2.2 不允许存在的缺陷和状态：

a) 裂纹、冷隔、欠铸、缩孔痕迹、线性缺陷、氧化条痕、修补痕迹、对应和穿透性缺陷等；

b) 穿越叶片边缘和叶身的横条状分布的气孔和氧化物夹杂；

c) 在型面的下半部以及型面与缘板(或安装边)的转接半径处，出现由机械作用形成的垂直于型面轴的凹缺陷。

5.7.1.2.3 除叶片进气、排气边缘 R 外，允许存在直径不大于 0.3 mm 的分散缺陷和机加工可以去除的缺陷。

5.7.1.2.4 叶片铸件的表面粗糙度应符合设计图纸或叶片铸件图纸的规定。

5.7.1.2.5 对于缺陷类型和数量、出现部位和深度、尺寸、间距、缺陷总数的限制条件可在专用技术条件或订货合同中规定。验收标准符合图样规定位置的专用技术文件的要求。

5.7.1.3 内部质量

5.7.1.3.1 X 射线透视

5.7.1.3.1.1 根据专用技术文件规定，叶片铸件在特定工序后应逐件进行 X 射线透视检验。

5.7.1.3.1.2 不允许存在的缺陷和状态：

a) 裂纹、残余型芯以及其他残留物；

b) 横条状分布的任何显示横过边缘和细线条状的显示横过叶身。

5.7.1.3.1.3 允许存在非线性单个内部缺陷、气孔、孔穴、夹杂、不贯穿的疏松等。

5.7.1.3.1.4 对于叶片铸件不同区域内(见图 A.1 和图 B.1)的气孔、孔穴、分散夹杂、聚集夹杂及条状氧化物、树枝状疏松、非线性缺陷、海绵状疏松等缺陷类型和数量、深度、尺寸、间距、缺陷总数的限制条件可在专用技术条件或订货合同中规定。验收标准符合图样规定位置的专用技术文件的要求。

5.7.1.3.2 显微疏松

5.7.1.3.2.1 对于工作叶片,按图 A.1 剖切叶片铸件。通常检验Ⅰ-Ⅰ、Ⅲ-Ⅲ、Ⅳ-Ⅳ剖面的显微疏松。

5.7.1.3.2.2 受检样制样要求、检验方法和显微疏松的测定和评级方法按 GB/T 14999.7 的规定执行。特殊要求和验收标准可在专用技术条件或订货合同中规定。

5.7.1.3.3 贫化层

根据需要,采用金相法或电子探针方法对叶片铸件的指定部位进行贫化层检验,贫化层平均厚度一般不应超过 0.1 mm,特殊要求可在专用技术条件或订货合同中规定。

5.7.1.3.4 显微组织

5.7.1.3.4.1 等轴晶叶片

要求细晶组织的叶片铸件,应按 GB/T 6394 测定晶粒度。检验部位和验收标准可在专用技术条件或订货合同中规定。

5.7.1.3.4.2 定向凝固柱晶叶片

根据需要,对叶片铸件进行初熔组织、一次枝晶平均间距 λ、粗大 γ' 相、表面出现再结晶区域的晶粒尺寸等进行检验和测定,检验部位和验收标准可在专用技术条件或订货合同中规定。

5.7.1.3.4.3 单晶叶片

经固溶处理后,工作叶片按图 A.1 剖切叶片铸件,检查Ⅱ-Ⅱ、Ⅴ-Ⅴ剖面显微组织,应符合以下要求:

a) 不允许出现初熔区;

b) 在 1 000 倍显微镜下,边长大于 1 mm 的 γ' 相占观察范围总面积的百分比不应大于 5%,且只允许在枝晶间存在。残留的 γ/γ' 共晶体应小于 20%;

c) 碳化物和氧化物夹杂的尺寸,应小于显微疏松的尺寸。碳化物应均匀分布,不允许成行分布;

d) 一次枝晶间距 λ,不应超过 0.5 mm;

e) 不允许在型面与缘板(或安装边)转接半径 R 处出现雀斑,出现在榫头的雀斑部位应在可加工的范围内;

f) 表面出现再结晶晶粒区域的允许尺寸,可在专用技术条件或订货合同中规定。

5.7.1.4 叶片铸件修整

叶片铸件的打磨和抛修、矫正、补焊,须根据专用技术文件规定进行。

5.7.1.5 尺寸和外形

叶片铸件应逐片用专用工装样板或适用量具进行几何尺寸和外形检查。机械加工余量和尺寸应符合 HB 6103 的规定;无余量叶片铸件的尺寸、外形应分别符合叶片铸件图纸样和设计图样的规定。

5.7.1.6 标志

应在叶片零件图样或叶片铸件图样规定的位置上标明叶片的批次号、叶片铸件号。

5.7.2 成品叶片

5.7.2.1 荧光渗透

在成品叶片的最终加工表面上，逐片进行荧光渗透检查，不允许有裂纹、冷隔及线性缺陷。对表面缺陷的验收标准符合图样规定位置的专用技术文件的要求。

5.7.2.2 X射线透视

成品叶片应逐片进行X射线透视检查，对内部缺陷的验收标准符合图样规定位置的专用技术文件的要求。

5.7.2.3 尺寸和外形

成品叶片应逐片用专用工装样板或适用量具进行几何尺寸和外形检查。尺寸、外形应分别符合图纸样和设计图样的规定。

5.7.2.4 电涡流探伤

当需要时，可逐片对进气、排气边缘部位进行电涡流探伤检查，质量要求应符合专用技术文件的规定。

5.7.2.5 表面处理

根据设计图样要求，对成品叶片进行表面防护处理。工艺方法和质量要求应符合专用工艺文件和设计图样的规定。

5.7.2.6 工艺性能

5.7.2.6.1 叶片内腔、流道的流量检验及要求应符合专用工艺文件和设计图样的规定。

5.7.2.6.2 根据需要，叶片经机加工、腐蚀后可进行低温除氢处理。工艺方法和质量要求应符合专用工艺文件和设计图样的规定。

5.7.2.7 标志

应在零件图样或叶片铸件图样规定的位置上标明成品叶片的批次号、叶片铸件号。

6 试验方法

6.1 化学分析取样按GB/T 20066的规定进行；分析方法按GB/T 223或其他相关标准规定进行；痕量元素的测定按GB/T 20127的规定进行。

6.2 叶片铸件的热处理工艺按GJB 509要求进行控制。

6.3 力学性能试验取样位置和试样制备应符合GB/T 2975的规定。

6.4 室温拉伸试验按GB/T 228.1的规定进行；高温拉伸试验按GB/T 4338的规定进行。

6.5 持久试验按GB/T 2039的规定进行。

6.6 叶片铸件的表面宏观晶粒度、显微晶粒度、一次枝晶间距λ、显微疏松级别的测定和评定方法按

GB/T 14999.7 的相关规定进行。

6.7 叶片铸件的贫化层检验采用金相法或电子探针方法。

6.8 单晶叶片铸件的晶体取向测定按 HB 6742 的规定进行。

6.9 叶片铸件和成品叶片的表面质量应逐件用目视进行检查，必要时，可采用其他方法检查。

6.10 叶片铸件和成品叶片的荧光渗透检验按 HB/Z61 和专用渗透检验卡的规定进行。

6.11 叶片铸件和成品叶片的 X 射线透视检验按 HB/Z60 的规定进行，按 HB6573 标准参考射线底片对照评定。

6.12 叶片铸件和成品叶片的尺寸和外形测量采用专用工装样板或适用量具测量。

6.13 叶片铸件和成品叶片的标志采用目视检查。

6.14 成品叶片的电涡流探伤检查按照专用技术文件的规定执行。

6.15 成品叶片的表面处理按照专用工艺技术文件的规定进行。

6.16 成品叶片的工艺性能按照专用工艺技术文件的规定进行。

7 检验规则

7.1 检查和验收

7.1.1 产品的质量应由供方质量检验部门根据合同或专用技术文件进行检验和验收。

7.1.2 供方应保证交货的产品符合合同或专用技术文件的规定，需方有权按照合同或专用技术文件的规定进行检查和验收。

7.2 组批规则

叶片铸件和成品叶片按炉提交检验和验收。由同一炉号的母合金、同一台设备、同一工艺文件连续生产的同一件号的叶片铸件组成。

7.3 检验项目、取样部位及取样数量

叶片铸件和成品叶片质量一致性常规检验项目、取样数量和取样部位见表 1。根据叶片铸件和成品叶片的使用要求，从中选择检验项目。其他要求的检验项目和试样要求，可以依据合同或特定产品的专用技术文件的规定。

表 1

序号	检验项目	取样数量	取样部位
1	化学成分	1 份/批	试样； 允许在模组直浇道上切取； 允许在附铸或单铸试样上取样
2	力学性能	1 个/批	单铸或附铸试样； 允许在叶片铸件切取试样
3	表面低倍晶粒	100%	叶片铸件
4	单晶叶片晶体取向	100%	叶片铸件
5	一次枝晶间距 λ	1～3 件/批	叶片铸件
6	显微疏松		
7	贫化层		

表 1（续）

<table>
<tr><th>序号</th><th>检验项目</th><th>取样数量</th><th>取样部位</th></tr>
<tr><td>8</td><td>显微组织</td><td>1 件/热处理炉次</td><td>叶片铸件</td></tr>
<tr><td>9</td><td>尺寸和外形</td><td>100%</td><td>叶片铸件、成品叶片</td></tr>
<tr><td>10</td><td>目视</td><td rowspan="3">100%</td><td rowspan="3">叶片铸件、成品叶片</td></tr>
<tr><td>11</td><td>荧光渗透</td></tr>
<tr><td>12</td><td>X 射线透视</td></tr>
<tr><td>13</td><td>标　志</td><td>100%</td><td>叶片铸件、成品叶片</td></tr>
<tr><td>14</td><td>电涡流探伤</td><td>100%</td><td rowspan="2">成品叶片</td></tr>
<tr><td>15</td><td>表面防护</td><td>按专用技术文件规定抽检</td></tr>
</table>

7.4　复验与判定规则

7.4.1　化学成分分析结果不合格时，则从同炉批中取双倍试样对不合格元素进行重复分析，分析结果应全部合格。若仍不合格，则逐炉号(组)分析不合格元素，不合格炉号(组)的叶片铸件判为不合格。

7.4.2　力学性能测试结果不合格时，则从同炉批中取双倍试样对不合格的项目进行重复试验，检验结果应全部合格；若仍不合格，允许叶片铸件和试样重复热处理一次后，或从叶片铸件上取样进行试验，或重新浇注一次，重新检验全部力学性能，检验结果应一次合格，否则该炉批叶片铸件判为不合格。

7.4.3　试样因冶金缺陷导致试验结果不合格时，该试验结果无效。

7.4.4　叶片铸件的表面低倍晶粒检验不合格时，判该件为不合格，允许供需双方协商解决。

7.4.5　单晶叶片铸件晶体取向检验不合格，判该件为不合格；定向凝固柱晶和单晶叶片铸件一次枝晶间距 λ 检验不合格，允许逐炉取一片叶片铸件检验，不合格的炉次判为不合格。

7.4.6　叶片铸件的显微疏松、贫化层、显微组织检查不合格时，允许逐炉取一片叶片铸件检查显微疏松或显微组织(不包括已取过的炉次)，不合格炉次的叶片铸件判为不合格。

7.4.7　叶片铸件或成品叶片目视和荧光渗透检验不合格时，判该件为不合格，允许供需双方协商解决。

7.4.8　叶片铸件或成品叶片 X 射线透视检验不合格时，判该件为不合格。

7.4.9　叶片铸件或成品叶片的尺寸和外形不合格时，判该件为不合格，允许供需双方协商解决。

7.4.10　成品叶片的工艺性能检验不合格，判该件为不合格。

7.5　试验结果无效

由于取样、制样、试验不当而获得的试验结果，应视为无效。

7.6　力学和化学试验结果的修约

除非在合同或产品标准中另有规定，当需要评定试验结果是否符合规定值，所给出的力学和化学试验结果应修约到与规定值本位数字所标识的数位一致，其修约方法应按 YB/T 081 的规定进行。

7.7　冶金来源缺陷的处理

当需方在成品或半成品零件上发现冶金来源缺陷，并经供需双方鉴定确认后，供方应予退货，并且当需方要求时应予补制。如供需双方对缺陷性质难以确定时，可提请双方同意的仲裁单位仲裁。

8　包装、运输和贮存及质量证明书

8.1　包装、运输和贮存

叶片铸件或成品叶片应单件包装，或单件插入专用的木箱或塑料专用箱内运输和贮存，严禁互相碰撞，并应防潮。

8.2　质量证明书

每炉批叶片铸件或成品叶片应附有质量证明书。除特殊规定外，质量证明书一般应注明下列内容：

a)　供方名称；
b)　需方名称，合同号；
c)　本规范编号；
d)　叶片铸件或成品叶片名称及图号；
e)　合金牌号，返回料比例；
f)　供应状态；
g)　炉批(次)号，热处理炉批号；
h)　叶片铸件或成品叶片数量，试样数量；
i)　试样热处理制度及合同或专用技术文件规定的各项检验结果(如复验，应包括两次检验结果)；
j)　质量检验部门印记；
k)　包装日期。

注：当超出上述内容时，由供需双方商定。

9　说明事项

合同或订单中应注明下列内容：

a)　采用标准号；
b)　叶片铸件或成品叶片名称、合金牌号、供应状态、叶片铸件或成品叶片数量和图号；
c)　交货时间；
d)　其他需要说明的事项。

附 录 A
（规范性附录）
工作叶片一般分区部位的名称及质量要求检验剖面的分区示意图

A.1 工作叶片一般分区部位的名称及质量要求检验剖面的分区示意图见图 A.1。

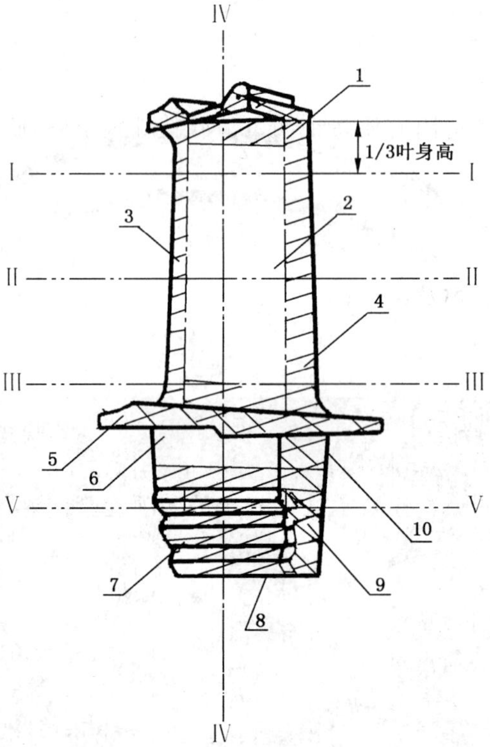

区域	图例	叶片部位
A		进气、排气边，叶身与叶冠和缘板转接 *R* 处，榫齿工作面
B		叶身中部，延伸段
C		叶冠，缘板，榫齿端面、侧面，齿背

说明：

1——叶冠；
2——叶身；
3——进气边；
4——排气边；
5——缘板；
6——延伸段；
7——榫齿；
8——端面；
9——侧面；
10——齿背。

图 A.1 工作叶片一般分区部位的名称及质量要求检验剖面的分区示意图

附　录　B
（规范性附录）
导向器叶片一般分区部位的名称及质量要求检验剖面分区示意图

B.1　导向器叶片一般分区部位的名称及质量要求检验剖面分区示意图见图 B.1。

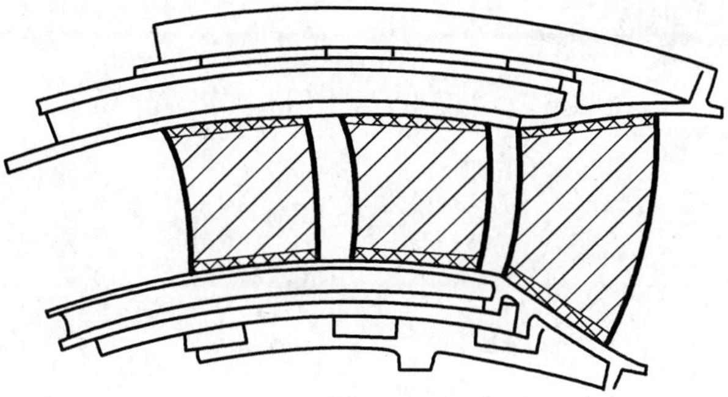

区域	图例	叶片部位
A		三联叶片的进气、排气边 3 mm 以内(含与大小安装板转接 *R* 处)
R		叶身与大、小安装板转接 R 处(不含进、排气边 3 mm 区域),三个叶片共有 12 个 *R* 区
B		三联叶片的叶盆和叶背(不含 A 区和 *R* 区)
C		大、小安装板

图 B.1　导向器叶片一般分区部位的名称及质量要求检验剖面分区示意图

ICS 77.140.75
H 48

中华人民共和国国家标准

GB/T 28413—2012

锅炉和热交换器用焊接钢管

Welded carbon steel tubes for boilers and heat exchangers

2012-06-29 发布　　2013-03-01 实施

中华人民共和国国家质量监督检验检疫总局
中国国家标准化管理委员会　发布

前　　言

本标准按 GB/T 1.1—2009 给出的规则起草。

本标准参照 EN 10217-1:2002《压力用焊接钢管　交货技术条件　第 1 部分:规定室温性能的非合金钢管》、EN 10217-2:2002《压力用焊接钢管　交货技术条件　第 2 部分:规定高温性能的电焊非合金和合金钢管》、JIS G 3461—2005《锅炉及热交换器用碳素钢钢管》编制。

本标准由中国钢铁工业协会提出。

本标准由全国钢标准化技术委员会(SAC/TC 183)归口。

本标准起草单位:番禺珠江钢管有限公司、唐山建龙实业有限公司、江苏通宇钢管集团有限公司、浙江金洲管道工业有限公司。

本标准主要起草人:王利树、黎剑峰、郭述娜、张洪希、方晓东、沈淦荣、张志刚、张秀侠、陶恒朝、杨伟芳、冯钊棠、闫哲斌。

锅炉和热交换器用焊接钢管

1 范围

本标准规定了锅炉和热交换器用焊接钢管的订货内容、尺寸、外形、重量、技术要求、试验方法、检验规则、包装、标志和质量证明书。

本标准适用于热交换器和中低压锅炉用焊接钢管，不适用于不锈钢焊接钢管。

2 规范性引用文件

下列文件对于本文件的应用是必不可少的。凡是注日期的引用文件，仅注日期的版本适用于本文件。凡是不注日期的引用文件，其最新版本(包括所有的修改单)适用于本文件。

GB/T 223.3 钢铁及合金化学分析方法 二安替比林甲烷磷钼酸重量法测定磷量

GB/T 223.9 钢铁及合金 铝含量的测定 铬天青S分光光度法

GB/T 223.11 钢铁及合金 铬含量的测定 可视滴定或电位滴定法

GB/T 223.14 钢铁及合金化学分析方法 钽试剂萃取光度法测定钒量

GB/T 223.17 钢铁及合金化学分析方法 二安替吡啉甲烷光度法测定钛量

GB/T 223.18 钢铁及合金化学分析方法 硫代硫酸钠分离-碘量法测定铜量

GB/T 223.23 钢铁及合金 镍含量的测定 丁二酮肟分光光度法

GB/T 223.26 钢铁及合金 钼含量的测定 硫氰酸盐分光光度法

GB/T 223.40 钢铁及合金 铌含量的测定 氯磺酚S分光光度法

GB/T 223.60 钢铁及合金化学分析方法 高氯酸脱水重量法测定硅含量

GB/T 223.63 钢铁及合金化学分析方法 高碘酸钠(钾)光度法测定锰量

GB/T 223.68 钢铁及合金化学分析方法 管式炉内燃烧后碘酸钾滴定法测定硫含量

GB/T 223.69 钢铁及合金 碳含量的测定 管式炉内燃烧后气体容量法

GB/T 223.76 钢铁及合金化学分析方法 火焰原子吸收光谱法测定钒量

GB/T 228.1 金属材料 拉伸试验 第1部分:室温试验方法

GB/T 229 金属材料 夏比摆锤冲击试验方法

GB/T 232 金属材料 弯曲试验方法

GB/T 241 金属管 液压试验方法

GB/T 242 金属管 扩口试验方法

GB/T 244 金属管 弯曲试验方法

GB/T 246 金属管 压扁试验方法

GB/T 699 优质碳素结构钢

GB 713 锅炉和压力容器用钢板

GB/T 2102 钢管的验收、包装、标志和质量证明书

GB/T 2975 钢及钢产品 力学性能试验取样位置及试样制备

GB/T 4336 碳素钢及中低合金钢火花源原子发射光谱分析方法(常规法)

GB/T 4338 金属材料高温拉伸试验方法

GB/T 7735 钢管涡流探伤检验方法

GB/T 13298 金属显微组织检验方法

GB/T 20066 钢和铁 化学成分测定用试样的取样和制样方法

GB/T 20123 钢铁 总碳硫含量的测定 高频感应炉燃烧后红外吸收法(常规方法)

GB/T 20124 钢铁 氮含量的测定 惰性气体熔融热导法(常规方法)

GB/T 21835 焊接钢管尺寸及单位长度重量

JB 4708 钢制压力容器焊接工艺评定

JB/T 4709 钢制压力容器焊接工艺规程

JB/T 4730.2 承压设备无损检测 第2部分:射线检测

SY/T 5992 输送钢管静水压爆破试验方法

SY/T 6423.2 石油天然气工业承压钢管无损检测方法 高频焊和感应焊钢管焊缝纵向缺欠的超声波检测

SY/T 6423.3 石油天然气工业承压钢管无损检测方法 埋弧焊钢管焊缝纵向和/或横向缺欠的超声波检测

3 订货内容

按本标准订购钢管的合同或订单至少应包括下列内容:

a) 标准编号;

b) 产品名称;

c) 钢的牌号;

d) 订购的数量(总重量、总长度或支数);

e) 尺寸规格(外径×壁厚,单位为毫米);

f) 长度(单位为毫米);

g) 制造工艺;

h) 交货状态;

i) 特殊要求。

4 尺寸、外形和重量

4.1 外径和壁厚

钢管的外径(D)和壁厚(S)应符合 GB/T 21835 的规定。根据需方要求,并经供需双方协商,可供应 GB/T 21835 规定以外规格的钢管。

附录 A 列出了锅炉和热交换器用钢管的常用外径和壁厚,供选用参考。

4.2 外径和壁厚的允许偏差

钢管外径和壁厚的允许偏差应符合表 1 的规定。

表 1　外径和壁厚的允许偏差

单位为毫米

钢管尺寸		允许偏差
外径(D)	≤25	±0.10
	>25～≤38	±0.15
	>38～≤50	±0.20
	>50～≤60.3	±0.25
	>60.3～≤219.1	±0.5%D
	>219.1	±0.75%D 或±4.0,取其中的较小值
壁厚(S)	≤3.0	±0.20
	>3.0	±7.5%S 或±2.0,取其中的较小值

4.3　长度

4.3.1　通常长度

钢管的通常长度应为 4 000 mm～12 000 mm。经供需双方协商,并在合同中注明,可交付长度大于 12 000 mm 的钢管。

4.3.2　定尺长度

根据需方要求,并在合同中注明,钢管可按定尺长度交货。钢管的定尺长度应在通常长度范围内,定尺长度允许偏差应符合表 2 的规定。

表 2　定尺长度的允许偏差

单位为毫米

定尺长度(L)	定尺长度允许偏差			
	外径 D≤60.3	60.3<外径 D≤159	159<外径 D≤406.4	外径 D>406.4
L≤6 000	$^{+4}_{0}$	$^{+10}_{0}$	$^{+25}_{0}$	$^{+25}_{0}$
6 000<L≤12 000	$^{+6}_{0}$	$^{+15}_{0}$	$^{+25}_{0}$	$^{+50}_{0}$
L>12 000	供需双方协商确定			

4.3.3　倍尺长度

根据需方要求,并在合同中注明,钢管可按倍尺长度交货。钢管的倍尺总长度应在通常长度范围内,全长允许偏差为 $^{+50}_{0}$mm,每个倍尺长度应按下列规定留出切口余量:

a)　外径小于 406.4 mm 时,$^{+15}_{+5}$mm;

b)　外径不小于 406.4 mm 时,$^{+25}_{+15}$mm。

4.4　弯曲度

4.4.1　钢管的每米弯曲度应符合表 3 的要求。

表 3 每米弯曲度最大值

外径(D)/mm	每米弯曲度/(mm/m)
$D\leqslant 114.3$	1.5
$114.3<D\leqslant 406.4$	2.0
$D>406.4$	3.0

4.4.2 钢管的全长弯曲度应不大于钢管总长度的 0.15%。

4.5 不圆度

4.5.1 钢管的不圆度(O)应不大于 1.5%,且最大外径和最小外径之差应不大于 15 mm。当$D/S\geqslant 100$时,钢管的不圆度由供需双方协商确定。

4.5.2 不圆度按式(1)计算:

$$O=\frac{2(D_{max}-D_{min})}{D_{max}+D_{min}}\times 100\% \qquad \cdots\cdots(1)$$

式中:

O ——不圆度,%;

D_{max},D_{min}——实测钢管同一横截面的外径最大值、最小值,单位为毫米(mm)。

4.6 端头外形

4.6.1 钢管两端端面应与钢管轴线垂直切割,切口毛刺应予清除。钢管端部的切斜(见图 1)应符合如下规定:

a) 外径不大于 300 mm 时,切斜值应不超过 1.6 mm;

b) 外径大于 300 mm 时,切斜值应不超过 2.4 mm。

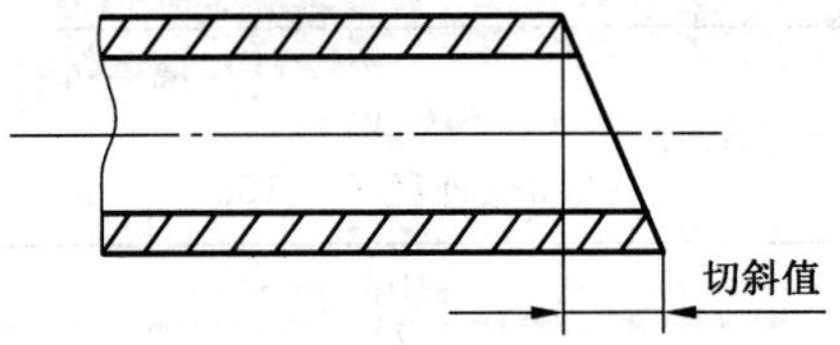

图 1 钢管切斜示意图

4.6.2 端头坡口

钢管两端端面应为平头(不加工坡口)。根据需方要求,钢管两端端面可加工坡口,坡口尺寸应在合同中注明。

4.7 交货重量

4.7.1 钢管按实际重量交货,也可按理论重量交货。钢管的理论重量按式(2)计算:

$$W=0.024\ 661\ 5(D-S)S \qquad \cdots\cdots(2)$$

式中:

W ——单位长度重量,单位为千克每米(kg/m);

D ——钢管外径,单位为毫米(mm);

S ——钢管壁厚,单位为毫米(mm)。

4.7.2 单支钢管的实际重量与理论重量的偏差应不超过±5%。

5 技术要求

5.1 钢的牌号和化学成分

钢的牌号和化学成分(熔炼分析)应符合表4的规定。根据需方要求,经供需双方协商,可供应表4规定以外牌号的钢管。

表4 钢的牌号和化学成分

牌号	化学成分(质量分数)/%									
	C[a]	Si	Mn	P	S	Cr	Ni	Mo	Nb	其他
10	0.07~0.13	0.17~0.37	0.35~0.65	≤0.035	≤0.035	≤0.15	≤0.30	—	—	[b]
20	0.17~0.23	0.17~0.37	0.35~0.65	≤0.035	≤0.035	≤0.25	≤0.30	—	—	[b]
Q245R	≤0.20	≤0.35	0.50~1.00	≤0.025	≤0.015	—	—	—	—	[c]
Q345R	≤0.20	≤0.55	1.20~1.60	≤0.025	≤0.015	—	—	—	—	[c]
Q370R	≤0.18	≤0.55	1.20~1.60	≤0.025	≤0.015	—	—	—	0.015~0.050	—
18MnMoNbR	≤0.22	0.15~0.50	1.20~1.60	≤0.020	≤0.010	—	—	0.45~0.65	0.025~0.050	—
13MnNiMoR	≤0.15	0.15~0.50	1.20~1.60	≤0.020	≤0.010	0.20~0.40	0.60~1.00	0.20~0.40	0.005~0.020	—
15CrMoR	0.12~0.18	0.15~0.40	0.40~0.70	≤0.025	≤0.010	0.80~1.20	—	0.45~0.60	—	—
14Cr1MoR	0.05~0.17	0.50~0.80	0.40~0.65	≤0.020	≤0.010	1.15~1.50	—	0.45~0.65	—	—
12Cr2Mo1R	0.08~0.15	≤0.50	0.30~0.60	≤0.020	≤0.010	2.00~2.50	—	0.90~1.10	—	—
12Cr1MoVR	0.08~0.15	0.15~0.40	0.40~0.70	≤0.025	≤0.010	0.90~1.20	0.25~0.35	0.25~0.35	—	[d]

[a] 除10、20钢以外,经供需双方协商,并在合同中注明,其他牌号C含量下限可不作要求。

[b] Cu≤0.25。

[c] Al_t≥0.020,如钢中加入Nb、Ti、V等元素,Al_t 含量的下限不适用。

[d] V:0.15~0.30。

5.2 制造方法

5.2.1 原材料

钢应为氧气转炉或电炉冶炼的镇静钢,钢板或钢带的制造方法及力学性能应符合GB/T 699或GB 713的规定。

5.2.2 钢管的制造方法

钢管应采用高频焊(HFW)或电熔焊(EFW)直缝焊接方法制造,焊缝应采用全焊透类型。

注:电熔焊是指通过电弧加热,并且使用填充材料,使被焊金属达到原子间结合而形成永久性接头的焊接工艺,主要包括埋弧焊(SAW)、焊条电弧焊(SMAW)、熔化极气体保护焊(GMAW 和 FCAW)、电渣焊(ESW)、带填充金属钨极气体保护焊(GTAW)以及它们之间的工艺组合。

5.3 交货状态

钢管的交货状态应符合表 5 的规定。

表 5 钢管的交货状态

牌号	钢管		热处理制度[a]
	钢管类型	壁厚 mm	
10、20、Q245R、Q345R、Q370R	电熔焊	≤19	焊态
		>19	整管退火处理[c],保温温度:590 ℃～650 ℃,每毫米壁厚最少保温时间为 2.4 min,且不少于 1 h,加热和冷却速度不大于 335 ℃/h
	高频焊[b]	≤19	焊缝在线正火处理
		>19	整管退火处理,保温温度:590 ℃～650℃,每毫米壁厚最少保温时间为 2.4 min,且不少于 1 h,加热和冷却速度不大于 335 ℃/h
18MnMoNbR、13MnNiMoR	电熔焊		整管退火处理[c],保温温度:590 ℃～720℃,每毫米壁厚最少保温时间为 2.4 min,且不少于 1 h,加热和冷却速度不大于 335 ℃/h
15CrMoR、14Cr1MoR、12Cr2Mo1R	电熔焊		整管退火处理[c],保温温度:700 ℃～750℃,每毫米壁厚最少保温时间为 2.4 min,且不少于 2 h,加热和冷却速度不大于 335 ℃/h
12Cr1MoVR	电熔焊		整管退火处理[c],保温温度:700 ℃～760℃,每毫米壁厚最少保温时间为 2.4 min,且不少于 2 h,加热和冷却速度不大于 335 ℃/h

[a] 经供需双方协商,可采用其他热处理工艺。

[b] 对于采用热张力减径工艺制造的高频焊管,可按轧制状态交货。

[c] 经供需双方协商,可只对焊缝局部进行退火处理,但焊缝两侧加热宽度均应不低于 3 倍壁厚。

5.4 力学性能

5.4.1 拉伸试验

5.4.1.1 钢管的室温拉伸力学性能应符合表 6 的规定。

母材拉伸试验应测定屈服强度、抗拉强度和断后伸长率,焊缝拉伸试验应测定抗拉强度。外径不大于 60.3 mm 的钢管全截面拉伸试验时,断后伸长率仅作参考,不做交货条件。

外径不小于 219.1 mm 的钢管,应进行焊缝拉伸试验,焊缝拉伸试验测定的抗拉强度应不低于母材的抗拉强度下限规定值。

5.4.1.2 根据需方要求,经供需双方协商,并在合同中注明试验温度,钢管可做高温拉伸试验,其对应温度下的高温规定塑性延伸强度($R_{p0.2}$)应符合表 7 的规定。

5.4.1.3 外径不大于 219.1 mm 钢管的母材拉伸试样沿钢管纵向切取,取样位置与焊缝成 90°;其中,外径不大于 60.3 mm 钢管可采用全截面拉伸试样。

外径大于 219.1 mm 的钢管的母材拉伸试样可在钢管展平后横向切取,取样位置与焊缝成 180°。

焊接接头拉伸试样应在钢管上垂直于焊缝截取,且焊缝应位于试样的中间。试样应去除焊缝余高。

表 6　钢管的力学性能

牌号	下屈服强度 R_{eL}/MPa			抗拉强度 R_m/MPa			断后伸长率 A/%	冲击吸收能量 KV_2/J	
	壁厚/mm			壁厚/mm				试验温度/℃	三个试样平均值[a]
	≤16	>16~≤36	>36~≤60	≤16	>16~≤36	>36~≤60			
10	≥205			335~475			≥28	0	≥31
20	≥245			410~550			≥24		
Q245R	≥245	≥235	≥225	400~520			≥25	0	≥31
Q345R	≥345	≥325	≥315	510~640	500~630	490~620	≥21	0	≥34
Q370R	≥370	≥360	≥340	530~630		520~620	≥20	−20	≥34
18MnMoNbR	—	—	≥400	—		570~720	≥17	0	≥41
13MnNiMoR	—	—	≥390	—		570~720	≥18	0	≥41
15CrMoR	≥295			450~590			≥19	20	≥31
14Cr1MoR	≥310			520~680			≥19	20	≥34
12Cr2Mo1R	≥310			520~680			≥19	20	≥34
12Cr1MoVR	≥245			440~590			≥19	20	≥34

[a] 允许其中有 1 个试样的值(单个值)低于规定值,但应不低于规定值的 70%。

表 7　钢管的高温力学性能

牌号	壁厚/mm	试验温度/℃						
		200	250	300	350	400	450	500
		规定塑性延伸强度最小值 $R_{p0.2}$/MPa						
10	—	165	145	122	111	109	107	—
20	—	188	170	149	137	134	132	—
Q245R	>20~36	186	167	153	139	129	121	—
	>36~60	178	161	147	133	123	116	—
Q345R	>20~36	255	235	215	200	190	180	—
	>36~60	240	220	200	185	175	165	—
Q370R	>20~36	290	275	260	245	230	—	—
	>36~60	280	270	255	240	225	—	—
18MnMoNbR	30~60	360	355	350	340	310	275	—
13MnNiMoR	30~60	355	350	345	335	305	—	—
15CrMoR	>20~60	240	225	210	200	189	179	174
14Cr1MoR	>20~60	255	245	230	220	210	195	176
12Cr2Mo1R	>20~60	260	255	250	245	240	230	215
12Cr1MoVR	>20~60	200	190	176	167	157	150	142

5.4.2 冲击试验

5.4.2.1 钢管应进行夏比 V 型缺口冲击试验，试验结果应符合表 6 的规定。表 6 中的冲击吸收能量为全尺寸试样夏比 V 型缺口冲击吸收能量要求值。

5.4.2.2 外径小于 219.1 mm 的钢管，冲击试验沿钢管纵向或横向取样；如合同中无特殊规定，仲裁试样应沿钢管纵向截取。外径不小于 219.1 mm 的钢管，冲击试验应沿钢管横向取样。

5.4.2.3 试样加工不允许压平。无论沿钢管纵向截取还是沿钢管横向截取，冲击试样宽度应为 10 mm、7.5 mm 或 5 mm 中尽可能的较大尺寸；如无法截取宽度为 5 mm 的试样，可不进行冲击试验。

5.4.2.4 当采用小尺寸冲击试样时，小尺寸试样的最小夏比 V 型缺口冲击吸收能量要求值应为全尺寸试样冲击吸收能量要求值乘以表 8 中的递减系数。

表 8 小尺寸试样冲击吸收能量递减系数

试样规格	试样尺寸(高度×宽度)/mm	递减系数
标准试样	10×10	1.0
小试样	10×7.5	0.75
小试样	10×5	0.50

5.5 工艺性能

5.5.1 弯曲试验

外径不大于 22 mm 的钢管应进行弯曲试验。试验时，试样应不带填充物，弯芯半径为钢管外径的 6 倍，弯曲角度为 90°，焊缝应位于弯曲方向的外侧面。试验后，试样上不允许出现裂缝或裂口。

5.5.2 压扁试验

外径大于 22 mm 的高频焊钢管应进行压扁试验。压扁试验时，焊缝应位于与施力方向成 90°的位置，试样应压至两平板间距为 H，H 按式(3)计算。

$$H=\frac{(1+\alpha)S}{\alpha+S/D} \qquad \cdots\cdots(3)$$

式中：

S——钢管壁厚，单位为毫米(mm)；

D——钢管外径，单位为毫米(mm)；

α——单位长度变形系数。10 钢为 0.09，20 钢、15CrMoR、14Cr1MoR、12Cr2Mo1R、12Cr1MoV 钢为 0.07，Q245R、Q345R、Q370R 钢为 0.06。

压扁试验后，试样上不允许出现裂缝和裂口。

5.5.3 焊缝导向弯曲试验

电熔焊钢管应进行焊缝正面导向弯曲试验，对于不能进行导向弯曲试验的电熔焊钢管，应采用压扁试验代替。

导向弯曲试样应从钢管上垂直焊缝截取，焊缝位于试样的中间，试样上不应有补焊焊缝，焊缝余高应去除。试样在弯模内弯曲约 180°，弯芯直径为钢管壁厚的 8 倍。试验后，应符合如下规定：

a) 试样不允许完全断裂；

b) 试样上焊缝金属中不允许出现长度超过 3.2 mm 的裂缝或破裂，不考虑深度；

c) 母材、热影响区或熔合线上不允许出现长度超过 3.2 mm 的裂缝或深度超过壁厚 10%的裂缝或裂口；

试验过程中，出现在试样边缘且长度小于 6.4 mm 的裂缝，不应作为拒收的依据。

5.5.4 扩口试验

外径不大于 150 mm，且壁厚不大于 10 mm 的钢管应进行扩口试验。扩口试验的顶芯角度为 60°，扩口后试样外径的扩口率应符合表 9 的规定。试验后，试样上不允许出现裂缝或裂口。

表 9 钢管外径扩口率

牌号	钢管外径扩口率/%		
	内径/外径		
	≤0.6	>0.6～0.8	>0.8
10、20、Q245R、Q345R、Q370R	10	12	17
18MnMoNbR、13MnNiMoR、15CrMoR、14Cr1MoR、12Cr2Mo1R、12Cr1MoVR	8	10	15

5.6 表面质量

5.6.1 表面缺陷

钢管的内外表面应光滑，不允许有目视可见的折叠、裂纹、分层、焊缝咬边、搭焊、电弧烧伤、断弧、烧穿及其他深度超过壁厚负偏差的缺陷存在。这些缺陷应完全清除，清除处剩余壁厚应不低于要求的最小壁厚。

5.6.2 焊缝余高和毛刺

高频焊钢管的焊缝外毛刺应清除至与母材平齐。

根据需方要求，经供需双方协商，并在合同中注明，钢管焊缝的内毛刺可清除，清除后剩余高度应不大于 1.0 mm；当壁厚不大于 4 mm 时，清除内毛刺后刮槽深度应不大于 0.2 mm；当壁厚大于 4 mm 时，刮槽深度应不大于 0.3 mm。

电熔焊钢管的内外焊缝应不低于母材，且内外焊缝余高应不大于 3.2 mm。

5.6.3 错边和棱角度

对高频焊管，焊缝处钢带边缘的径向错边不允许使两侧的剩余厚度小于钢管壁厚的 90%，且错边加残留毛刺高度应不超过 1.0 mm。对电熔焊钢管，壁厚不大于 12 mm 钢管径向错边不得大于公称壁厚的 0.25 倍，且不大于 1.6 mm；壁厚大于 12 mm 钢管径向错边不大于公称壁厚的 1/8 倍，且不大于 3 mm。

钢管的棱角度用弦长等于 1/6 内径，且不小于 300 mm 的内样板或外样板检查，其间隙不得大于 $(\frac{S}{10}+2)$ mm，且不大于 3.2 mm，其中 S 为壁厚。对高频焊管，可不进行样板检查。

5.7 宏观和金相检验

5.7.1 高频焊钢管应采用焊缝横截面金相检验方法证实已对整个热影响区进行热处理，每个班（最长 12 h）应不少于 1 次。当牌号、外径或壁厚发生变化时或热处理条件明显偏离时，也应进行金相检验，金相试样应为焊缝全截面试样。

5.7.2 电熔焊钢管的内外焊缝焊偏量应不超过 3 mm。焊偏量应采用宏观检验法证实，供方应从每批钢管中截取一个焊缝横断面试样进行低倍形貌检查。

5.8 无损检测

5.8.1 总则

电熔焊焊缝应采用 100%射线检测和 100%超声波检测。

修补焊缝应采用射线检测和超声波检测，其射线检测应采用 X 射线拍片检测或 X 射线工业电视静态检测。

高频焊焊缝应采用 100%超声波检测，对于外径不大于 140 mm 的高频焊钢管可采用涡流检测代替超声波检测。

5.8.2 射线检测

X 射线拍片检测应按 JB/T 4730.2 中 AB 级检测，验收级别为Ⅱ级。

X 射线工业电视检测的动态检测灵敏度应不大于 4%，静态检测灵敏度应不大于 2%。X 射线工业电视检测的验收级别应为 JB/T 4730.2 规定的Ⅱ级。

应保存 X 射线检测底片、X 射线工业电视静态采片电子记录、射线检测报告。

5.8.3 超声波检测

电熔焊焊缝纵向及横向缺陷的超声波检测应符合 SY/T 6423.3 中验收级别为 L2 的规定。

高频焊焊缝纵向缺陷的超声波检测应符合 SY/T 6423.2 中验收级别 L3 的规定。

5.8.4 涡流检测

涡流检测应符合 GB/T 7735 中验收级别 A 的规定。

5.9 液压试验

钢管应逐根进行液压试验。试验压力 P 按式(4)计算(精确到 0.1 MPa)，且最大试验压力为 20 MPa。

$$P=\frac{2RS}{D} \qquad \cdots\cdots(4)$$

式中：

P ——液压试验压力，单位为兆帕(MPa)；

R ——许用应力，单位为兆帕(MPa)，其数值为表 6 规定下屈服强度 R_{eL} 的 80%；

S ——钢管壁厚，单位为毫米(mm)；

D ——钢管外径，单位为毫米(mm)。

在试验压力下，对于外径不大于 457 mm 的钢管，稳压时间应不少于 5 s；对于外径大于 457 mm 的钢管，稳压时间应不少于 10 s。在试验的整个稳压过程中，钢管不允许出现渗漏或变形现象。

5.10 爆破试验

根据需方要求，经供需双方协商，并在合同中注明，制造厂可采用水介质进行爆破试验。试验时应控制升压速度和采取必要的安全措施。

5.11 缺陷的处理

高频焊钢管的焊缝和母材的缺陷不允许焊接修补。

电熔焊钢管的母材缺陷不允许焊接修补,焊缝可进行焊接修补。缺陷的处理方法应符合附录B的规定。

6 试验方法

6.1 钢管的尺寸和外形应采用测径卷尺、卡尺、光学测量仪等符合精度要求的量具或仪器逐根测量。钢管的外径测量应距管端至少50 mm。

6.2 钢管的内外表面应逐根目视检查或仪器检查。

6.3 钢管其他检验项目的取样数量、取样方法及试验方法应符合表10的规定。

表10 钢管检验项目的取样数量、取样方法及试验方法

序号	检验项目	取样数量	取样方法	试验方法
1	化学成分	每炉取1个试样	GB/T 20066	GB/T 223 GB/T 20123 GB/T 20124 GB/T 4336
2	室温拉伸试验	每批在1根钢管上取1个母材拉伸试样和1个焊缝拉伸试样	GB/T 2975	GB/T 228.1
3	高温拉伸试验	每批在1根钢管上取1个母材拉伸试样	GB/T 2975	GB/T 4338
4	冲击试验	每批在1根钢管上焊缝、热影响区和母材处各取一组3个试样	GB/T 2975	GB/T 229
5	弯曲试验	每批在两根钢管上各取1个试样	GB/T 244	GB/T 244
6	压扁试验	每批在两根钢管上各取2个试样	GB/T 244	GB/T 246
7	扩口试验	每批在两根钢管上各取1个试样	GB/T 244	GB/T 242
8	焊缝导向弯曲试验	每批在1根钢管上取1个试样	GB/T 232 中5.5.3	GB/T 232
9	宏观和金相检验	每批在两根钢管上各取1个试样	GB/T 13298 中5.7	GB/T 13298
10	射线检测	逐根	—	JB/T 4730.2
11	超声波检测	逐根	—	SY/T 6423.2 SY/T 6423.3
12	涡流检测	逐根	—	GB/T 7735
13	液压试验	逐根	—	GB/T 241
14	爆破试验	供需双方协商确定	—	SY/T 5992

7 检验规则

7.1 检查和验收

钢管的检查和验收应由供方质量技术监督部门进行。

7.2 组批规则

钢管应按批进行检查和验收。每批应由同一牌号、同一炉号、同一规格、同一焊接工艺和同一热处理制度(如适用)的钢管组成。每批钢管的数量应不超过以下规定：

a) 外径不大于 60.3 mm,300 根；

b) 外径大于 60.3 mm 但不大于 114.3 mm,200 根；

c) 外径大于 114.3 mm 但不大于 406.4 mm,100 根；

d) 外径大于 406.4 mm,50 根。

7.3 取样数量

每批钢管各项试验的取样数量应符合表 10 的规定。

7.4 复验和判定规则

钢管的复验和判定规则应符合 GB/T 2102 的规定。

8 包装、标志和质量证明书

钢管的标志和质量证明书应包括钢管类型,钢管标志和质量证明书的其余要求应符合 GB/T 2102 的规定。

钢管的包装应符合 GB/T 2102 的规定。

附 录 A
（资料性附录）
常用外径和壁厚

A.1 钢管的常用外径和壁厚见表A.1。

表 A.1 钢管常用外径和壁厚

单位为毫米

外径系列[a]			壁厚(S)												
1	2	3	1.4	1.6	1.8	2	2.3	2.6	2.9	3.2	3.6	4	4.5	5	5.5
10.2															
	12														
	12.7														
13.5															
		14													
	16														
17.2															
		18													
	19														
	20														
21.3															
		22													
	25														
		25.4													
26.9															
		30													
	31.8														
	32														
33.7															
		35													
	38														
	40														
42.4															
		44.5													
48.3															
	51														
		54													
	57														
60.3															
	63.5														
	70														

表 A.1（续） 单位为毫米

外径系列[a]			壁厚(S)												
1	2	3	1.4	1.6	1.8	2	2.3	2.6	2.9	3.2	3.6	4	4.5	5	5.5
		73													
76.1															
		82.5													
88.9															
	101.6														
		108													
114.3															
	127														
	133														
139.7															
		141.3													
		152.4													
		159													
168.3															
		177.8													
		193.7													
219.1															
		244.5													
273															
323.9															
355.6															
406.4															
457															
508															
		559													
610															
		660													
711															
	762														
813															
		864													
914															
1 016															
1067															
1 118															
	1 168														
1 219															
	1 321														
1 422															

表 A.1（续）

单位为毫米

外径系列[a]			壁厚(S)																	
1	2	3	6.3	7.1	8	8.8	10	11	13	14	16	18	20	22	25	28	30	32	36	40
		30																		
	31.8																			
	32																			
33.7																				
		35																		
	38																			
	40																			
42.4																				
		44.5																		
48.3																				
	51																			
		54																		
	57																			
60.3																				
	63.5																			
	70																			
		73																		
76.1																				
		82.5																		
88.9																				
	101.6																			
		108																		
114.3																				
	127																			
	133																			
139.7																				
		141.3																		
		152.4																		
		159																		
168.3																				
		177.8																		
		193.7																		
219.1																				
		244.5																		
273																				

表 A.1（续）

单位为毫米

外径系列[a]			壁厚(S)																	
1	2	3	6.3	7.1	8	8.8	10	11	13	14	16	18	20	22	25	28	30	32	36	40
313.9																				
355.6																				
406.4																				
457																				
508																				
		559																		
610																				
		660																		
711																				
	762																			
813																				
		864																		
914																				
1 016																				
1 067																				
1 118																				
	1 168																			
1 219																				
	1 321																			
1 422																				

[a] 系列 1 为用于管道系统的所有附件都要标准化的尺寸；系列 2 为用于不是所有附件都要标准化的尺寸；系列 3 为用于只存在极少数标准化附件的特殊应用尺寸。

附　录　B
（规范性附录）
缺陷的处理方法

B.1　缺陷的处理

带有缺陷的钢管应按照下列方法之一进行处理：

a）　如剩余壁厚在规定范围内，采用修磨法去除缺陷；

b）　按 B.2 的要求进行返修补焊；

c）　在长度要求范围内，将带有缺陷的管段切除；

d）　整根管拒收。

B.2　缺陷的返修补焊

高频焊钢管不允许返修补焊。

电熔焊钢管母材不允许返修补焊，可对焊缝的缺陷进行返修补焊。返修补焊前应清除缺陷使其符合焊接要求。补焊焊缝的最小长度为 50 mm，每根钢管的补焊应不超过 3 处，在距离管端 200 mm 内不允许返修补焊。返修补焊后应按原无损检测或外观检测方法检测合格。焊缝应修磨，修磨后应与原始轮廓圆滑过渡。

缺陷的返修工艺应按照 JB 4708，JB/T 4709 的规定，评定合格后进行。

ICS 77.140.70
H 44

中华人民共和国国家标准

GB/T 28414—2012

抗震结构用型钢

Structural section steels with improved seismie resistance

(ISO 24314:2006,Structural steels—Structural section steels for building with improved seismic resistance—Technical delivery conditions,NEQ)

2012-06-29 发布　　2013-03-01 实施

中华人民共和国国家质量监督检验检疫总局
中国国家标准化管理委员会　发布

前　言

本标准按照 GB/T 1.1—2009 给出的规则起草。

本标准使用重新起草法非等效采用 ISO 24314:2006《结构用钢-改善抗震性能建筑结构用型钢-交货技术条件》进行编写。

本标准由中国钢铁工业协会提出。

本标准由全国钢标准化技术委员会(SAC/TC 183)归口。

本标准起草单位:冶金工业信息标准研究院、鞍山宝得钢铁有限公司、钢铁研究总院。

本部分主要起草人:冯超、王洪新、刘宝石、侯捷、杨忠民、陈颖。

抗震结构用型钢

1 范围

本标准规定了抗震结构用型钢的术语和定义、分类、牌号、尺寸、外形、重量及允许偏差、技术要求、试验方法、检验规则、包装、标志和质量证明书等。

本标准适用于螺栓连接、铆接和焊接的结构用热轧型钢。

2 规范性引用文件

下列文件对于本文件的应用是必不可少的。凡是注日期的引用文件，仅注日期的版本适用于本文件。凡是不注日期的引用文件，其最新版本(包括所有的修改单)适用于本文件。

GB/T 222 钢的成品化学成分允许偏差

GB/T 223.3 钢铁及合金化学分析方法 二安替比林甲烷磷钼酸重量法测定磷量

GB/T 223.4 钢铁及合金 锰含量的测定 电位滴定或可视滴定法

GB/T 223.11 钢铁及合金 铬含量的测定 可视滴定或电位滴定法

GB/T 223.12 钢铁及合金化学分析方法 碳酸钠分离-二苯碳酰二肼光度法测定铬量

GB/T 223.18 钢铁及合金化学分析方法 硫代硫酸钠分离-碘量法测定铜量

GB/T 223.19 钢铁及合金化学分析方法 新亚铜灵-三氯甲烷萃取光度法测定铜量

GB/T 223.23 钢铁及合金 镍含量的测定 丁二酮肟分光光度法

GB/T 223.25 钢铁及合金化学分析方法 丁二酮肟重量法测定镍量

GB/T 223.26 钢铁及合金 钼含量的测定 硫氰酸盐分光光度法

GB/T 223.28 钢铁及合金化学分析方法 α-安息香肟重量法测定钼量

GB/T 223.53 钢铁及合金化学分析方法 火焰原子吸收分光光度法测定铜量

GB/T 223.54 钢铁及合金化学分析方法 火焰原子吸收分光光度法测定镍量

GB/T 223.58 钢铁及合金化学分析方法 亚砷酸钠-亚硝酸钠滴定法测定锰量

GB/T 223.59 钢铁及合金 磷含量的测定 铋磷钼蓝分光光度法和锑磷钼蓝分光光度法

GB/T 223.60 钢铁及合金化学分析方法 高氯酸脱水重量法测定硅含量

GB/T 223.61 钢铁及合金化学分析方法 磷钼酸铵容量法测定磷量

GB/T 223.62 钢铁及合金化学分析方法 乙酸丁酯萃取光度法测定磷量

GB/T 223.63 钢铁及合金化学分析方法 高碘酸钠(钾)光度法测定锰量

GB/T 223.64 钢铁及合金 锰含量的测定 火焰原子吸收光谱法

GB/T 223.67 钢铁及合金 硫含量的测定 次甲基蓝分光光度法

GB/T 223.68 钢铁及合金化学分析方法 管式炉内燃烧后碘酸钾滴定法测定硫含量

GB/T 223.69 钢铁及合金 碳含量的测定 管式炉内燃烧后气体容量法

GB/T 223.71 钢铁及合金化学分析方法 管式炉内燃烧后重量法测定碳含量

GB/T 223.72 钢铁及合金 硫含量的测定 重量法

GB/T 223.74 钢铁及合金化学分析方法 非化合碳含量的测定

GB/T 223.79 钢铁 多元素含量的测定 X-射线荧光光谱法(常规法)

GB/T 223.85 钢铁及合金 硫含量的测定 感应炉燃烧后红外吸收法

GB/T 223.86 钢铁及合金 总碳含量的测定 感应炉燃烧后红外吸收法
GB/T 228.1 金属材料 拉伸试验 第1部分:室温试验方法
GB/T 706 热轧型钢
GB/T 2101 型钢验收、包装、标志及质量证明书的一般规定
GB/T 6728 结构用冷弯空心型钢 尺寸、外形、重量及允许偏差
GB/T 11263 热轧H型钢和剖分T型钢
GB/T 15574 钢产品分类
GB/T 17505—1998 钢及钢产品交货一般技术要求
GB/T 18253 钢及钢产品检验文件的类型
GB/T 20066 钢和铁 化学成分测定用试样的取样和制样方法
YB/T 081 冶金技术标准的数值修约与检测数值的判定原则

3 术语和定义

GB/T 15574界定的以及下列术语和定义适用于本文件。

3.1

热轧态 as-rolled

未经任何特殊轧制和/或热处理状态的钢材。

3.2

热机械轧制 thermomechanical rolling

在轧制过程中材料的最终变形在特定温度范围内进行的轧制工艺,从而保证能获得仅通过热处理无法获得的性能。

注1:后续加热温度高于580 ℃可能降低强度值。如果加热温度需要高于580 ℃,应对供方作出说明。

注2:交货状态为"热机械轧制"的轧制工艺包括回火加速冷却或不回火加速冷却,包括自回火,但不包括直接淬火或淬火加回火。

4 分类、牌号

钢的牌号由代表屈服强度的汉语拼音首位字母,规定最小屈服强度值、抗震汉语拼音的首字母三个部分组成。型钢分为Q235KZ、Q345KZ、Q420KZ、Q460KZ四个牌号。

示例:Q460KZ

Q ——钢材屈服强度的"屈"字汉语拼音的首位字母;

460 ——规定最小屈服强度的数值,单位MPa;

KZ ——"抗震"二字汉语拼音的首位字母。

5 形状、尺寸、重量及允许偏差

5.1 产品形状、尺寸、重量及允许偏差应符合GB/T 706、GB/T 6728、GB/T 11263等标准的规定。

5.2 经供需双方协商,并在合同中注明,也可提供其他尺寸、形状的产品。

6 技术要求

6.1 化学成分

6.1.1 熔炼分析

熔炼成分最大值应符合表1规定。

表 1 熔炼成分

牌号	厚度 e/mm	化学成分(质量分数)[a,b,c]/%								
		C 不大于	Si 不大于	Mn	P 不大于	S 不大于	Cu 不大于	Ni 不大于	Cr 不大于	Mo 不大于
Q235KZ	$6 \leqslant t < 50$	0.20	0.35	0.50～1.40	0.030	0.035	0.60	0.45	0.35	0.15
	$50 \leqslant t \leqslant 125$	0.22								
Q345KZ	$6 \leqslant t < 50$	0.23	0.55	0.50～1.60	0.030	0.035	0.60	0.45	0.35	0.15
	$50 \leqslant t \leqslant 125$									
Q420KZ	$6 \leqslant t < 50$	0.18	0.55	0.50～1.60	0.030	0.035	0.60	0.45	0.35	0.15
	$50 \leqslant t \leqslant 125$	0.20								
Q460KZ	$6 \leqslant t < 50$	0.18	0.55	0.50～1.60	0.030	0.035	0.60	0.45	0.35	0.15
	$50 \leqslant t \leqslant 125$	0.20								

[a] Nb、V、Ti 的含量总和不应超过 0.15%。

[b] 供需双方可协商规定表 2 中未列出的合金元素含量。

[c] 供需双方可协商降低 S 含量。

6.1.2 成品化学成分允许偏差

成品化学成分允许偏差应符合 GB/T 222 的规定。

6.1.3 碳当量或裂纹敏感系数

6.1.3.1 碳当量

最大碳当量数值是基于熔炼分析数值计算出来的，应符合表 2 规定。碳当量数值由百分数表示，计算公式如式(1)所示：

$$CEV = C + \frac{Mn}{6} + \frac{Cr + Mo + V}{5} + \frac{Ni + Cu}{15} \quad \cdots\cdots (1)$$

若供需双方协商，附录 A 可作为计算碳当量最大值的公式代替式(1)和表 2。

表 2 碳当量最大值

牌号	碳当量最大值/%	
	厚度不大于 50 mm	厚度大于 50 mm 但不大于 125 mm
Q235KZ	0.35	0.35
Q345KZ	0.45	0.47
Q420KZ	0.46	0.48
Q460KZ	0.47	0.49

注：H 型钢厚度为翼缘厚度。

6.1.3.2 裂纹敏感系数

经供需双方协商，可使用裂纹敏感系数最大值代替碳当量最大值。此时，裂纹敏感系数最大值应符合表3规定，该数值应按式(2)计算，其中的熔炼成分值通过表8取样方法获得：

$$Pcm = C + \frac{Si}{30} + \frac{Mn}{20} + \frac{Cu}{20} + \frac{Ni}{60} + \frac{Cr}{20} + \frac{Mo}{15} + \frac{V}{10} + 5B \quad \cdots\cdots(2)$$

表3 裂纹敏感系数的最大值

牌号	裂纹敏感系数最大值/%
Q235KZ	0.26
Q345KZ	0.28
Q420KZ	0.29
Q460KZ	0.30

6.1.4 热机械轧制钢材的碳当量或裂纹敏感系数

6.1.4.1 经供需双方协商，热机械轧制钢材的碳当量最大值应符合表4规定。

表4 热机械轧制钢材的最大碳当量值

牌号	碳当量最大值/%
	厚度不大于50 mm
Q345KZ	0.39
Q420KZ	0.43
Q460KZ	0.44
注：H型钢厚度为翼缘厚度。	

6.1.4.2 经供需双方协商，裂纹敏感系数最大值可代替碳当量最大值。裂纹敏感系数最大值应符合表5规定。

表5 热机械轧制的裂纹敏感系数最大值

牌号	裂纹敏感系数最大值/%
	厚度不大于50 mm
Q345KZ	0.26
Q420KZ	0.27
Q460KZ	0.28

6.2 冶炼方法

冶炼方法由生产厂决定。

6.3 交货状态

Q460KZ以热机械轧制状态交货，其他牌号产品一般以热轧态交货。除非另有规定，除热机械轧制状态外其他所有交货状态由生产厂决定。经供需双方协商,任何牌号钢都可进行热机械轧制。

6.4 力学性能

钢材根据6.3中规定的交货状态,其试样制备按表8的有关规定,力学性能应按表6和表7要求。

表6 力学性能-屈服强度、抗拉强度、强屈比和断后伸长率

牌号	屈服强度,R_{eL}/MPa				抗拉强度/MPa	强屈比				断后伸长率 A/%
	钢材厚度 t/mm					钢材厚度 t/mm				
	6≤t<12	12≤t<16	16≤t≤40	t>40		6≤t<12	12≤t<16	16≤t≤40	t>40	
Q235KZ	235～355	235～355	235～355	215～335	400～510	—	≥1.25	≥1.25	≥1.25	21
Q345KZ	345～450	345～450	335～440	325～430	490～610	≥1.20	≥1.20	≥1.20	≥1.20	20
Q420KZ	420～530	420～530	400～510	380～490	520～680	≥1.18	≥1.18	≥1.18	≥1.18	20
Q460KZ	460～580	460～580	440～560	420～540	550～720	≥1.10	≥1.10	≥1.10	≥1.10	16
注:经供需双方协商,强屈比可采用其他值。										

表7 冲击吸收能量

牌号	试验温度/℃	冲击吸收能量/J
Q235KZ	0	≥34
Q345KZ		
Q420KZ		
Q460KZ		
注:厚度超过12 mm的钢材应按表8要求进行试验。夏比冲击吸收能量由三次试样测量平均值表示。		

6.5 表面质量

型钢的表面不允许有影响使用的裂缝、折叠、结疤、分层和夹杂。局部的细小裂纹、凹坑、凸起、麻点、刮痕等缺陷允许存在,但不应超出厚度尺寸允许偏差。

7 试验方法

每批钢材的各项检验的检验项目、取样数量、取样方法和试验方法应符合表8的规定。

表8 检验项目、取样数量、取样方法和试验方法

序号	检验项目	取样数量/个	取样方法	试验方法
1	化学成分(熔炼分析)	1/炉	GB/T 20066	GB/T 223、GB/T 4336、GB/T 20125
2	拉伸试验	1	GB/T 2975	GB/T 228.1
3	冲击试验	3	GB/T 2975	GB/T 229

8 检验规则

8.1 检查和验收

钢材的检查和验收由供方进行，需方有权对本标准或合同中所规定的任一检验项目进行检查和验收。

8.2 组批规则

钢材应成批验收。每批应由同一牌号、同一炉罐号、同一规格或同一轧制制度的钢材组成，每批重量不大于 60 t。

8.3 取样数量及部位

每批钢材的取样数量、取样部位应符合表 8 的规定。

8.4 复验与判定规则

钢材的检验项目的复验与判定应符合相应产品标准的规定。

8.5 力学性能和化学成分试验结果的修约

除非在合同或订单中另有规定，当需要评定试验结果是否符合规定值，所给出力学性能和化学成分试验结果应修约到与规定值的数位相一致，其修约方法应按 YB/T 081 的规定进行。碳当量应先按公式计算后修约。

9 返修

返修应符合 GB/T 17505—1998 第 9 章的有关规定。

10 包装、标志和质量证明书

钢材的包装、标志和质量证明书应符合 GB/T 2101 的规定。

附 录 A
（规范性附录）
碳当量公式和最大碳当量值

A.1 范围

经供需双方协商，可采用本附录规定的碳当量计算公式。此时，碳当量最大值符合表 A.1 规定。

经供需双方协商，碳当量最大值和碳当量计算公式可采用 A.2 的表 A.1 和式(A.1)，用来代替 6.1.3.1 的表 5 和式(1)。

A.2 碳当量

最大碳当量数值是基于熔炼分析数值计算出来的，应符合表 A.1 规定。碳当量数值由百分数表示，计算公式如式(A.1)所示：

$$CEV = C + \frac{Mn}{6} + \frac{Si}{24} + \frac{Ni}{40} + \frac{Cr}{5} + \frac{Mo}{4} + \frac{V}{14} \quad \cdots\cdots\cdots\cdots (A.1)$$

表 A.1 碳当量最大值

牌号	碳当量最大值/%	
	厚度不大于 50 mm	厚度大于 50 mm 但不大于 125 mm
Q235KZ	0.36	0.36
Q345KZ	0.44	0.46
Q420KZ	0.43	0.45
Q460KZ	0.45	0.47
注：H 型钢厚度为翼缘厚度。		

A.3 热机械轧制钢材碳当量

热机械轧制钢材碳当量最大值符合表 A.2 规定。

表 A.2 热机械轧制钢材碳当量最大值

牌号	碳当量最大值/%
	厚度不大于 50 mm
Q345KZ	0.38
Q420KZ	0.39
Q460KZ	0.44

ICS 77.140.50
H 46

中华人民共和国国家标准

GB/T 28415—2012

耐火结构用钢板及钢带

Fire-resistant structural steel plate and strip

2012-06-29 发布 2013-03-01 实施

中华人民共和国国家质量监督检验检疫总局
中国国家标准化管理委员会 发布

前　言

本标准按照 GB/T 1.1—2009 给出的规则起草。

本标准由钢铁工业协会提出。

本标准由全国钢标准化委员会(SAC/TC 183)归口。

本标准主要起草单位:鞍钢股份有限公司、冶金工业信息标准研究院、湖南华菱湘潭钢铁有限公司、攀钢集团攀枝花钢钒有限公司、马钢股份有限公司、首钢总公司。

本标准主要起草人:刘徐源、王晓虎、刘明、刘永龙、李叙生、王姜维、李小莉、蒲玉梅、师莉、刘庆春。

耐火结构用钢板及钢带

1 范围

本标准规定了耐火结构用钢板及钢带的术语和定义、牌号表示方法、订货内容、尺寸、外形、重量及允许偏差、技术要求、试验方法、检验规则、包装、标志和质量证明书。

本标准适用于建筑结构用具有耐火性能的厚度不大于 100 mm 的钢板及钢带(以下简称钢板及钢带)。

2 规范性引用文件

下列文件对于本文件的应用是必不可少的。凡是注日期的引用文件,仅注日期的版本适用于本文件。凡是不注日期的引用文件,其最新版本(包括所有的修改单)适用于本文件。

GB/T 222 钢的成品化学成分允许偏差

GB/T 223.3 钢铁及合金化学分析方法 二安替比林甲烷磷钼酸重量法测定磷量

GB/T 223.5 钢铁 酸溶硅和全硅含量的测定 还原型硅钼酸盐分光光度法

GB/T 223.9 钢铁及合金 铝含量的测定 铬天青 S 分光光度法

GB/T 223.11 钢铁及合金 铬含量的测定 可视滴定或电位滴定法

GB/T 223.12 钢铁及合金化学分析方法 碳酸钠分离-二苯碳酰二肼光度法测定铬量

GB/T 223.14 钢铁及合金化学分析方法 钽试剂萃取光度法测定钒含量

GB/T 223.16 钢铁及合金化学分析方法 变色酸光度法测定钛量

GB/T 223.17 钢铁及合金化学分析方法 二安替比林甲烷光度法测定钛量

GB/T 223.26 钢铁及合金 钼含量的测定 硫氰酸盐分光光度法

GB/T 223.40 钢铁及合金 铌含量的测定 氯磺酚 S 分光光度法

GB/T 223.58 钢铁及合金化学分析方法 亚砷酸钠-亚硝酸钠滴定法测定锰量

GB/T 223.59 钢铁及合金 磷含量的测定 铋磷钼蓝分光光度法和锑磷钼蓝分光光度法

GB/T 223.60 钢铁及合金化学分析方法 高氯酸脱水重量法测定硅含量

GB/T 223.61 钢铁及合金化学分析方法 磷钼酸胺容量法测定磷量

GB/T 223.62 钢铁及合金化学分析方法 乙酸丁酯萃取光度法测定磷量

GB/T 223.63 钢铁及合金化学分析方法 高碘酸钠(钾)光度法测定锰量

GB/T 223.64 钢铁及合金 锰含量的测定 火焰原子吸收光谱法

GB/T 223.67 钢铁及合金 硫含量的测定 次甲基蓝分光光度法

GB/T 223.68 钢铁及合金化学分析方法 管式炉内燃烧后碘酸钾滴定法测定硫含量

GB/T 223.69 钢铁及合金 碳含量的测定 管式炉内燃烧后气体容量法

GB/T 223.71 钢铁及合金化学分析方法 管式炉内燃烧后重量法测定碳含量

GB/T 223.72 钢铁及合金 硫含量的测定 重量法

GB/T 223.76 钢铁及合金化学分析方法 火焰原子吸收光谱法测定钒量

GB/T 223.84 钢铁及合金 钛含量的测定 二安替比林甲烷分光光度法

GB/T 223.85 钢铁及合金 硫含量的测定 感应炉燃烧后红外吸收法

GB/T 223.86 钢铁及合金 总硫含量的测定 感应炉燃烧后红外吸收法

GB/T 228.1　金属材料　拉伸试验　第1部分:室温试验方法
GB/T 229　金属材料　夏比摆锤冲击试验方法
GB/T 232　金属材料　弯曲试验方法
GB/T 247　钢板和钢带包装、标志及质量证明书的一般规定
GB/T 709　热轧钢板和钢带的尺寸、外形、重量及允许偏差
GB/T 2970　厚钢板超声波检验方法
GB/T 2975　钢及钢产品　力学性能试验取样位置及试样制备
GB/T 4336　碳素钢和中低合金钢火花源原子发射光谱分析方法(常规法)
GB/T 4338　金属材料　高温拉伸试验方法
GB/T 5313　厚度方向性能钢板
GB/T 14977　热轧钢板表面质量的一般要求
GB/T 17505　钢及钢产品交货一般技术要求
GB/T 20066　钢和铁　化学成分测定用试样的取样和制样方法
GB/T 20123　钢铁　总碳硫含量的测定　高频感应炉燃烧后红外吸收法(常规方法)
GB/T 20125　低合金钢　多元素含量的测定　电感耦合等离子体发射光谱法
GB/T 22368　低合金钢　多元素含量的测定　辉光放电原子发射光谱法(常规法)
YB/T 081　冶金技术标准的数值修约与检测数据的判定原则

3　牌号表示方法

钢的牌号由代表"屈"字汉语拼音的字头、屈服强度数值、"耐火"英文字头、质量等级符号四个部分组成。

例如:Q420FRD。其中:

Q ——"屈"字汉语拼音的首位字母;
420 ——屈服强度数值,单位 N/mm^2;
FR ——"耐火"英文字头;
D ——质量等级为D级。

当要求钢板具有厚度方向性能时,则在上述规定的牌号后加上代表厚度方向(Z向)性能级别的符号,例如:Q420FRDZ25。

4　订货内容

按本标准订货的合同或订单应包括下列内容:

a)　产品名称;
b)　本标准编号;
c)　牌号;
d)　尺寸、外形及精度要求;
e)　交货状态;
f)　重量;
g)　特殊要求。

5　尺寸、外形、重量及允许偏差

5.1　钢板及钢带的尺寸、外形、重量及允许偏差应符合GB/T 709的规定,其中厚度负偏差不超过－0.3 mm。

5.2　经供需双方协议，可供应其他尺寸、外形及允许偏差要求的钢板及钢带。

6　技术要求

6.1　牌号和化学成分

6.1.1　钢板及钢带的牌号和化学成分(熔炼分析)应符合表1的规定。

表 1

牌号	质量等级	化学成分(质量分数)/%										
		C	Si	Mn	P	S	Mo	Nb	Cr	V	Ti	Al_s
		不大于										不小于
Q235FR	B、C	0.20	0.35	1.30	0.025	0.015	0.50	0.04	0.75	—	0.05	0.015
	D、E	0.18			0.020							
Q345FR	B、C	0.20	0.55	1.60	0.025	0.015	0.90	0.10	0.75	0.15	0.05	0.015
	D、E	0.18			0.020							
Q390FR	C	0.20	0.55	1.60	0.025	0.015	0.90	0.10	0.75	0.20	0.05	0.015
	D、E	0.18			0.020							
Q420FR	C	0.20	0.55	1.60	0.025	0.015	0.90	0.10	0.75	0.20	0.05	0.015
	D、E	0.18			0.020							
Q460FR	C	0.20	0.55	1.60	0.025	0.015	0.90	0.10	0.75	0.20	0.05	0.015
	D、E	0.18			0.020							

6.1.2　可用全铝含量代替酸溶铝含量，全铝含量应不小于0.020%。

6.1.3　为改善钢板的性能，可添加表1之外的其他微量合金元素。

6.1.4　Z向钢的化学成分除应符合表1规定外，还应符合GB/T 5313的规定。

6.1.5　各牌号钢的碳当量(CEV)应符合表2的规定。经供需双方协商，可用焊接裂纹敏感性指数(P_{cm})代替碳当量。

表 2

牌号	交货状态	规定厚度下的碳当量CEV(质量分数)/%		规定厚度下的焊接裂纹敏感性指数P_{cm}(质量分数)/%	
		≤63 mm	>63 mm~100 mm	≤63 mm	>63 mm~100 mm
Q235FR	AR、CR、N、NR	≤0.36	≤0.36	—	
	TMCP	≤0.32	≤0.32	≤0.20	
Q345FR	AR、CR	≤0.44	≤0.47	—	
	N、NR	≤0.45	≤0.48	—	
	TMCP、TMCP+T	≤0.44	≤0.45	≤0.20	
Q390FR	AR、CR	≤0.45	≤0.48	—	
	N、NR	≤0.46	≤0.48	—	
	TMCP、TMCP+T	≤0.46	≤0.47	≤0.20	

表 2（续）

牌号	交货状态	规定厚度下的碳当量 CEV（质量分数）/%		规定厚度下的焊接裂纹敏感性指数 P_{cm}（质量分数）/%	
		≤63 mm	>63 mm～100 mm	≤63 mm	>63 mm～100 mm
Q420FR	AR、CR	≤0.45	≤0.48	—	
	N、NR	≤0.48	≤0.50	—	
	TMCP、TMCP+T	≤0.46	≤0.47	≤0.20	
Q460FR	N、Q+T	协议			
	TMCP、TMCP+T				

注 1：AR—热轧；CR—控轧；N—正火；NR—正火轧制；Q+T—淬火+回火（调质）；TMCP—热机械轧制；TMCP+T—热机械轧制+回火。

注 2：碳当量计算公式：CEV=C+Mn/6+(Cr+Mo+V)/5+(Ni+Cu)/15。

注 3：焊接裂纹敏感性指数计算公式：P_{cm}=C+Si/30+Mn/20+Cu/20+Ni/60+Cr/20+Mo/15+V/10+5B。

6.1.6 钢板及钢带的化学成分允许偏差应符合 GB/T 222 的规定。

6.2 冶炼方法

钢由氧气转炉或电炉冶炼，需要时可进行炉外精炼。

6.3 交货状态

钢板及钢带的交货状态应符合表 2 的规定。

6.4 力学和工艺性能

6.4.1 钢板及钢带的室温力学性能及工艺性能应符合表 3 和表 4 的规定。

表 3

牌号	质量等级	拉伸试验[a,b,c] 以下厚度(mm)上屈服强度 R_{eH}/(N/mm²)			抗拉强度 R_m/(N/mm²)	断后伸长率 A/%	屈强比 R_{eH}/R_m	V 型冲击试验[b] 试验温度/℃	吸收能量 KV_2/J
		≤16	>16～63	>63～100					
Q235FR	B	≥235	235～355	225～345	≥400	≥23	≤0.80	20	≥34
	C							0	
	D							−20	
	E							−40	
Q345FR	B	≥345	345～465	335～455	≥490	≥22	≤0.83	20	≥34
	C							0	
	D							−20	
	E							−40	

表 3（续）

牌号	质量等级	拉伸试验[a,b,c]						V 型冲击试验[b]	
		以下厚度(mm)上屈服强度 $R_{eH}/(N/mm^2)$			抗拉强度 $R_m/(N/mm^2)$	断后伸长率 $A/\%$	屈强比 R_{eH}/R_m	试验温度/℃	吸收能量 KV_2/J
		≤16	＞16～63	＞63～100					
Q390FR	C	≥390	390～510	380～500	≥490	≥20	≤0.85	0	≥34
	D							−20	
	E							−40	
Q420FR	C	≥420	420～550	410～540	≥520	≥19	≤0.85	0	≥34
	D							−20	
	E							−40	
Q460FR	C	≥460	460～600	450～590	≥550	≥17	≤0.85	0	≥34
	D							−20	
	E							−40	

a 当屈服不明显时，可测量 $R_{P0.2}$ 代替上屈服强度。

b 拉伸取横向试样、冲击试验取纵向试样。

c 厚度不大于 12 mm 钢材，可不作屈强比。

表 4

钢板厚度	180°弯曲试验 d=弯心直径，a=试样厚度
≤16 mm	$d=2a$
＞16 mm	$d=3a$

6.4.2 经供需双方协议并注明取样批次，可做钢板及钢带的高温力学性能检验。钢板及钢带的高温力学性能应符合表 5 的规定。

表 5

牌号	600 ℃规定塑性延伸强度 $R_{P0.2}/(N/mm^2)$	
	厚度≤63 mm	厚度＞63 mm～100 mm
Q235FR	≥157	≥150
Q345FR	≥230	≥223
Q390FR	≥260	≥253
Q420FR	≥280	≥273
Q460FR	≥307	≥300

6.4.3 厚度不小于 6 mm 的钢板及钢带应做冲击试验，冲击试样尺寸取 10 mm×10 mm×55 mm 标准试样；当钢板及钢带厚度不足以制取标准试样时，应采用 10 mm×7.5 mm×55 mm 或 10 mm×5 mm×55 mm 小尺寸试样，冲击吸收能量应分别为不小于表 3 规定值的 75%或 50%，优先采用较大尺寸试样。

6.4.4 钢板及钢带的冲击试验结果按一组 3 个试样的算术平均值进行计算，允许其中有 1 个试验值低于规定值，但不应低于规定值的 70%，否则，应从同一抽样产品上再取 3 个试样进行试验，先后 6 个试样试验结果的算术平均值不得低于规定值，允许有 2 个试样的试验结果低于规定值，但其中低于规定值 70%的试样只允许有一个。

6.4.5 Z 向钢厚度方向断面收缩率应符合 GB/T 5313 的规定。

6.5 表面质量

6.5.1 钢板及钢带表面不应有裂纹、气泡、结疤、夹杂、折叠和压入的氧化铁皮等有害缺陷。钢板不应有肉眼可见的分层。

6.5.2 钢板及钢带表面允许存在不妨碍检查表面缺陷的薄层氧化铁皮或锈蚀，或由于压入氧化铁皮脱落所引起的不显著的粗糙、压痕等其他局部缺陷，但深度应不大于钢板的厚度公差之半，并应保证钢板的最小厚度。

6.5.3 钢板表面缺陷允许修磨清除，修磨处应平滑无棱角，并应保证钢板的最小厚度。

6.5.4 钢带允许有缺陷存在，但有缺陷的部分不应大于总长度的 8%。

6.5.5 经供需双方协商，并在合同中注明，表面质量可按 GB/T 14977 的规定。

6.6 超声波检验

厚度方向性能钢板应逐张进行超声波检验，并应符合 GB/T 2970 的规定，其合格级别应在协议或合同中明确。

6.7 特殊要求

经供需双方协议，需方可提出其他特殊技术要求。

7 试验方法

每批钢板的检验项目、取样数量、取样方法和试验方法应符合表 6 的规定。

表 6

序号	检验项目	取样数量(个)	取样方法	试验方法
1	化学成分(熔炼分析)	1/炉	GB/T 20066	GB/T 223、GB/T 4336 GB/T 20123、GB/T 20125、 GB/T 22368
2	拉伸试验	1/批	GB/T 2975	GB/T 228.1
3	高温拉伸试验	1/批	GB/T 2975	GB/T 4338
4	弯曲试验	1/批	GB/T 2975	GB/T 232
5	冲击试验	3/批	GB/T 2975	GB/T 229
6	Z 向钢厚度方向断面收缩率	3/批	GB/T 5313	GB/T 5313

表 6（续）

序号	检验项目	取样数量(个)	取样方法	试验方法
7	超声波检验[a]	逐张	—	GB/T 2970
8	表面质量	逐张	—	目视
9	尺寸、外形	逐张	—	符合精度要求的适宜量具
[a] 经供需双方协商，可进行在线超声波检测。				

8 检验规则

8.1 检查和验收

钢板的检查和验收由供方进行，需方有权对本标准或合同中所规定的任一检验项目进行检查和验收。

8.2 组批

钢板及钢带应成批验收。每批应由同一牌号、同一炉号、同一厚度、同一轧制制度或同一热处理制度的钢板及钢带组成，每批重量不大于 60 t。轧制卷重大于 30 t 的钢带和连轧板可按两个轧制卷组批。对于 Z 向钢的组批，应符合 GB/T 5313 的规定。

8.3 取样位置

冲击试验试样应在每一批中任一钢板及钢带上制取。当钢板及钢带的厚度不大于 40 mm 时，冲击试样应为近表面试样，试样边缘距一个轧制面小于 2 mm；当钢板的厚度大于 40 mm 时，试样轴线应位于钢板 1/4 厚度处或尽量接近此位置。缺口应垂直于原轧制面。

8.4 复验与判定规则

复验与判定应符合 GB/T 17505 的规定。

8.5 化学成分和力学性能试验结果的修约

除非在合同或订单中另有规定，当需要评定试验结果是否符合规定值，所给出力学性能和化学成分试验结果应修约到与规定值本位数字所标识的数位相一致，其修约方法应按 YB/T 081 的规定进行。碳当量应先按公式计算后修约。

9 包装、标志和质量证明书

钢板及钢带的包装、标志和质量证明书应符合 GB/T 247 的规定。

ICS 77.060
H 25

中华人民共和国国家标准

GB/T 28416—2012/ISO 21207:2004

人工大气中的腐蚀试验 交替暴露在腐蚀性气体、中性盐雾及干燥环境中的加速腐蚀试验

Corrosion tests in artificial atmospheres—Accelerated corrosion tests involving alternate exposure to corrosion-promoting gases, neutral salt-spray and drying

(ISO 21207:2004,IDT)

2012-06-29 发布　　2013-03-01 实施

中华人民共和国国家质量监督检验检疫总局
中国国家标准化管理委员会　发布

前　言

本标准按照GB/T 1.1—2009给出的规则起草。

本标准使用翻译法等同采用国际标准ISO 21207:2004《人工大气中的腐蚀试验　交替暴露在腐蚀性气体、中性盐雾及干燥环境中的加速腐蚀试验》。

与本标准中规范性引用的国际文件有一致性对应关系的我国文件如下：

GB/T 10125—1997 人造气氛腐蚀试验　盐雾试验(eqv ISO 9227:1990)。

本标准由中国钢铁工业协会提出。

本标准由全国钢标准化技术委员会(SAC/TC 183)归口。

本标准起草单位：中国科学院金属研究所、冶金工业信息标准研究院、国家材料环境腐蚀野外科学研究试验站网综合研究中心。

本标准主要起草人：王振尧、韩薇、冯超、侯捷、王军、刘宝石。

引　言

无论有无防护，金属材料的腐蚀均受到许多环境因素的影响，随着金属材料种类和环境类型的不同，环境因素的影响程度也会不同。设计实验室试验的目的是模拟那些能加速金属材料腐蚀的最重要影响因素的作用。

本标准中描述的加速腐蚀试验方法 A 和方法 B，是设计用来模拟和强化暴露在含盐污染条件和来自工业的腐蚀性气体或可能促进腐蚀的交通环境中的户外气候的环境影响。试验方法 A 是模拟较轻度侵蚀性的交通环境，试验方法 B 是模拟较苛刻的工业或交通环境。

试验方法 A 的试验样品按如下试验周期暴露：

a）在 35 ℃，用质量分数为 5％的氯化钠溶液进行中性盐雾试验（GB/T 10125）2 h，然后在标准实验室气候中干燥 22 h；

b）在含二氧化氮和二氧化硫的混合气体的相对湿度 95％、温度 25 ℃试验环境中暴露 120 h，二氧化氮和二氧化硫体积分数分别为 1.5×10^{-6} 和 0.5×10^{-6}，然后在标准实验室气候中干燥 24 h。

试验方法 B 的试验样品按如下试验周期暴露：

a）在 35 ℃，用质量分数为 5％的 NaCl 溶液进行中性盐雾试验（GB/T 10125）2 h，然后在标准实验室气候中干燥 22 h；

b）在含二氧化氮和二氧化硫的混合气体的相对湿度 95％、温度 25 ℃试验环境中暴露 48 h，二氧化氮和二氧化硫体积分数分别为 10×10^{-6} 和 5×10^{-6}；

c）重复步骤 a）；

d）在含二氧化氮和二氧化硫的混合气体的相对湿度 95％、温度 25 ℃试验环境中暴露 72 h，二氧化氮和二氧化硫体积分数分别为 10×10^{-6} 和 5×10^{-6}。

获得的结果不允许扩展作为试验产品在所有环境条件范围内的耐蚀性结论。

人工大气中的腐蚀试验 交替暴露在腐蚀性气体、中性盐雾及干燥环境中的加速腐蚀试验

1 范围

本标准规定了两种加速腐蚀试验方法，用来评价含有金属材料的产品在有氯离子和腐蚀性气体显著影响的环境下的耐蚀性，氯离子来自海洋环境中的氯化钠或者冬季道路上的去冰盐，腐蚀性气体来自工业或交通对空气的污染。

本标准规定了进行腐蚀加速试验的仪器和步骤。

这些方法尤其适合评价对腐蚀敏感的含有金属材料的产品的耐蚀性，如在交通或工业环境中服役的电子元件。

2 规范性引用文件

下列文件对于本文件的应用是必不可少的。凡是注日期的引用文件，仅注日期的版本适用于本文件。凡是不注日期的引用文件，其最新版本(包括所有的修改单)适用于本文件。

GB/T 6461—2002 金属基体上金属和其他无机覆盖层 经腐蚀试验后的试样和试件的评级(ISO 10289:1999,IDT)

GB/T 16545—1996 金属和合金的腐蚀 腐蚀试样上腐蚀产物的清除(ISO 8407:1991,IDT)

GB/T 19745—2005 人造低浓度污染气氛中的腐蚀试验(ISO 10062:1991,IDT)

ISO 1337:1980 精炼铜(最低铜含量 99.85%) 精炼产品的化学成分和形状(Wrought coppers (having minimum copper contents of 99.85%) Chemical composition and forms of wrought products)

ISO 9227:1990 人造气氛腐蚀试验 盐雾试验(Corrosion tests in artificial atmospheres—Salt spray tests)

3 仪器和试剂

3.1 试验样品暴露于相对湿度 95%和温度 25 ℃的二氧化氮和二氧化硫混合气体环境

具有内部箱体和气流系统的试验箱应符合 GB/T 19745—2005 的要求。

试验用设备的制造需满足以下要求：

a) 试验箱内部箱体和气流系统由聚四氟乙烯(PTFE)或玻璃等惰性材料制成，以避免或尽量减少有害气体在试样表面和内部箱体表面上的吸附。

b) 气流和腐蚀性气体注入系统的设计要保证在内部箱体或试验空间内处于统一的试验条件下。

注：最普遍的试验设备设计是，将一定量的腐蚀性气体与潮湿的空气混合达到试验所需浓度后，持续通入试验空间来获得需要的试验气体。气体混合过程在试验设备外部完成。控制温湿度的空气取自内部箱体的外膛。注入腐蚀性气体后的气流与再循环试验气体相混合，混合气体再进入到试验箱的内部箱体或工作区，经过内部箱体的试验气体大约有一半可进入再循环过程。

为了确保工作区均匀的试验条件，试验气体通常是从底部导入工作区并从顶部导出。多孔板置于入口的前面，以确保通过工作区的气流是均匀的。

c) 工作区的温度均匀度需保持在±1℃以内,相对湿度的均匀度需保持在±3%以内。就腐蚀性而言,用铜的腐蚀率表达,均匀性不应低于5%。

注:工作区试验条件的均匀性应通过暴露在工作区不同位置的大量铜试片来定期检查。金属试片质量变化的差别可以表明试验条件的均匀性是否在规定的范围内。

d) 潮湿空气的温度允许偏差要在规定温度的±1 ℃以内,相对湿度的允许偏差则需在±3%以内。气体的线性流速应在0.5 mm/s~5 mm/s的范围内。潮湿气流中不应含有水滴或水雾。

注:最普遍的试验设备设计是,试验用空气经过活性炭和一个特殊的过滤器过滤和纯化后再进入到内部箱体的外膛。NO_2 和 SO_2 气体既可以从充满 $1\ 000 \times 10^{-6}$(体积分数0.001%)高纯气体和体积分数为0.1%的高纯氮气的压缩气瓶获得,也可以从控制温度的渗透管获得。

e) 在试验区暴露试片时,应使用样品固定器来确保试片之间不会相互遮蔽或者干扰经过试验箱气流的均匀性。

f) 应监测工作区出口处气流的温度、相对湿度以及气流中二氧化氮和二氧化硫的浓度,因为它们能反映出试验样品所处的真实试验条件。

3.2 盐雾试验

试验仪器及试剂应符合ISO 9227:1990的要求。

3.3 在标准实验室气候中进行干燥

试验应在一个带控温、控湿系统的房间内进行,房间内的温度控制在23 ℃±2 ℃,空气相对湿度控制在50%±5%。

4 试验腐蚀性的评估

4.1 参考试片

应使用4个符合ISO 1337:1980规定铜含量(铜的最低质量分数为99.85%)的金属铜作为参考试片,对本标准试验的腐蚀性进行检测。

参考试片的尺寸为50 mm×50 mm×1 mm。

暴露前,参考试片的表面及边缘的研磨和抛光应通过金相样品制备设备按如下步骤完成:

a) 用双面胶将试片封装在一个平整的样品固定器上;

b) 试片的正面应用220号水磨砂纸磨平;

c) 试片的正面和边缘应用15 μm金刚石抛光膏(以酒精做润滑剂)在布上抛光5 min;

d) 试片从固定器上取下,背面朝上重复步骤a)至c);

e) 在试片上印上识别号码;

f) 用9 μm金刚石抛光膏和棉纸对试片进行手工抛光;

g) 用酒精清洗试片并用棉纸手工擦干;

h) 用酒精进行超声清洗试片并吹干;

i) 试片应存放在干燥器里至少30 min;

j) 试片称重,精确到0.1 mg。

4.2 试验中参考试片的放置

试验期间,参考试片应和试验样品以相同的方式进行盐雾试验和混合腐蚀性气体试验,4个参考试片应放置在试验箱和盐雾箱的4个不同的区域。

参考试片的支撑物由惰性材料(如塑料)制成或涂覆,且和试验样品放置在同样的高度。

4.3 试验后失重的测量

试验结束后，参考试片上的腐蚀产物应按照 GB/T 16545—1996 规定反复清洗而去除。

化学清洗应使用蒸馏水配制的质量分数为 5%的硫胺酸的溶液。化学清洗过程更适宜按照在室温下浸泡 1 min 的步骤重复进行。每次浸泡后，在室温下参考试片应依次经过浸泡在水中、浸泡酒精中、最后干燥的步骤彻底被清洗干净。为避免化学清洗过程中的氧化，在清洗前和清洗过程中需在溶液中通入饱和氮气。

参考试片称重应精确到 0.1 mg，并按照 GB/T 16545—1996 规定绘制质量与真实清洗周期的关系曲线。

在浸泡过程中为了腐蚀产物更有效的溶解，需保持溶液处于搅拌状态，超声搅拌更能增大其溶解速率。

从质量与清洗周期数曲线可以看出，去除腐蚀产物后样品的真实质量应按照 GB/T 16545—1996 描述的方法确定，减去参考试片试验前的质量再除以参考试片的暴露表面的面积来计算参考试片的每平方米的金属质量损失。

4.4 试验的有效性

如果每个参考试片的质量损失在表 1 所列的区间内，表明试验操作合格。

表 1 在两种试验方法中参考试片失重的允许范围

试验方法	试验时间 周	参考试片失重的允许范围 g/m²
A	2	7.5±0.6
	4	14.5±1.5
	6	20.0±4.0
B	1	10.0±1.0
	2	25.0±2.5
	3	40.0±4.0
	5	70.0±7.0

5 试验样品

试验样品的数量和种类以及它们的形状和尺寸应根据需测试的材料或产品的规格来选择。如无规定，应由相关各方协商确定。

对每一系列的试验样品，数据记录需包含如下信息：

a) 需测试材料或产品的规格；

b) 如果试验样品遭受有意损伤，应描述损伤的形成方法、形状及位置，还应规定试验过程中损伤的方向；

c) 试验前的清洗过程；

d) 参考试片或与试验样品比较材料；

e) 试验所需时间；

f) 试验样品的检测方法以及将要评价的性质。

6 试验步骤

6.1 试验方法 A

6.1.1 试验周期

试验样品应经历如下试验周期：

a) 在 35 ℃，用含质量分数为 5%的 NaCl 溶液进行中性盐雾试验(GB/T 10125) 2 h，然后在标准实验室气候中干燥 22 h，按 6.1.2 进行；

b) 在含 NO_2 和 SO_2 的混合气体的相对湿度 95%、温度 25 ℃试验环境中暴露 120 h，NO_2 和 SO_2 体积分数分别为 1.5×10^{-6} 和 0.5×10^{-6}，然后在标准实验室气候中干燥 24 h，按 6.1.3 进行。

6.1.2 跟随干燥过程的盐雾试验(步骤 a)

6.1.2.1 试验样品和参考试片应按 GB/T 10125 放置在盐雾箱中，并在 35 ℃下暴露于质量分数为 5%的氯化钠溶液形成的盐雾中。试验 1 h 后，应改变参考试片的朝向，使朝上的表面变成朝下的表面。试验 2 h 后，试验样品和参考试片应从盐雾箱中取出，不经任何清洗直接放入标准实验室气候的房间。

6.1.2.2 在 6.1.3 描述的步骤 b 开始之前，试验样品和参考试片应存放在温度 23 ℃、相对湿度 50%的标准实验室气候的房间 22 h。

6.1.3 暴露在腐蚀性气体后跟随干燥过程(步骤 b)

6.1.3.1 首先调节试验箱的温度到 25 ℃，相对湿度到 95%，空气流速到 0.5 mm/s～5 mm/s 之间的一个选定值。达到稳定条件后，再调节腐蚀性气体气流，以使从气流入口处到工作区的二氧化硫浓度在 0.5×10^{-6}(体积分数)，二氧化氮的浓度在 1.5×10^{-6}(体积分数)。

6.1.3.2 当达到稳定条件后(也在这个步骤之后)，打开试验箱的门并迅速地将试验样品和参考试片放置到工作区。在不超过 6 h 的一个试验周期后，从工作区到气流出口处的二氧化硫和二氧化氮浓度不得低于它们入口处浓度的 80%。

注：如果出口气流中腐蚀性气体浓度偏低，这可能意味着试验箱中样品的总面积过大了。

在试验过程中，应定期检查暴露条件，如果有必要，应进行调整以达到规定的状态。

6.1.3.3 试验 120 h 后，试验样品和参考试片应从试验箱的工作区中取出，不经任何清洗，按 6.1.2 进行。如果试验结束，参考试片在称重之前应放置在标准实验室气候的房间中。

6.1.3.4 在 6.1.2 描述的步骤 a 开始之前，试验样品和参考试片应存放在温度 23 ℃相对湿度 50%的标准实验室气候的房间中 24 h。

6.1.4 试验时间

样品暴露 1 周为 1 个试验周期。试验时间应按照适用于被测试材料或产品的规格而设定。若没有明确规定，试验时间应由相关各方协商确定。

注：用于评价耐蚀性的推荐暴露时间由附录 A 给出。

6.2 试验方法 B

6.2.1 试验周期

试验样品应经历如下试验周期：

a) 在 35 ℃，用质量分数为 5%的 NaCl 溶液进行中性盐雾试验(GB/T 10125) 2 h，然后在标准实验室气候中干燥 22 h，按 6.2.2 进行；

b) 在含 NO_2 和 SO_2 的混合气体的相对湿度 95%、温度 25 ℃试验环境中暴露 48 h，NO_2 和 SO_2 体积分数分别为 10×10^{-6} 和 5×10^{-6}，按 6.2.3 进行；

c) 在 35 ℃，用质量分数为 5%的 NaCl 溶液进行中性盐雾试验(GB/T 10125) 2 h，然后在标准实验室气候中干燥 22 h，按 6.2.2 进行；

d) 在含 NO_2 和 SO_2 的混合气体的相对湿度 95%、温度 25 ℃试验环境中暴露 72 h，NO_2 和 SO_2 体积分数分别为 10×10^{-6} 和 5×10^{-6}，按 6.2.3 进行。

6.2.2 跟随干燥过程的盐雾试验(步骤 a 或 c)

6.2.2.1 试验样品和参考试片应按 GB/T 10125 放置在盐雾箱中，并在 35 ℃下暴露于质量分数为 5%的 NaCl 溶液形成的盐雾中。试验 1 h 后，应改变参考试片的朝向，使朝上的表面变成朝下的表面。试验 2 h 后，试验样品和参考试片应从盐雾箱中取出，不经任何清洗直接放入标准实验室气候的房间。

6.2.2.2 在 6.2.3 描述的步骤 b 或 d 开始之前，试验样品和参考试片应存放在温度 23 ℃、相对湿度 50%的标准实验室气候的房间中 22 h。

6.2.3 腐蚀性气体中的暴露(步骤 b 或 d)

6.2.3.1 首先调节试验箱的温度到 25 ℃，相对湿度到 95%，空气流速在 0.5 mm/s～5 mm/s 之间的一个选定值。达到稳定条件后，再调节腐蚀性气体气流，以使从气流入口处到工作区的二氧化硫浓度在 5×10^{-6}(体积分数)，二氧化氮的浓度在 10×10^{-6}(体积分数)。

6.2.3.2 当达到稳定条件后(也在这个步骤之后)，打开试验箱的门并迅速地将试验样品和参考试片放置到工作区。在不超过 6 h 的一个试验周期后，从工作区到气流出口处的二氧化硫和二氧化氮浓度不得低于它们入口处浓度的 80%。

如果出口气流中腐蚀性气体浓度偏低，这可能意味着试验箱中样品的总面积过大了。

在试验过程中，应定期检查暴露条件，如果有必要，应进行调整以达到规定的状态。

6.2.3.3 若经历步骤 b，则在 48 h 试验后，或若经历步骤 d，则在 72 h 试验后，试验样品和参考试片应从试验箱的工作区中取出，不经任何清洗过程。若试验时间是 48 h，则继续进行步骤 c，或若试验时间是 72 h，则继续进行步骤 a。

如果试验结束，参考试片在称重之前应放置在标准实验室气候的房间中。

6.2.4 试验时间

样品暴露 1 星期为 1 个试验周期。试验时间应按照适用于被测试材料或产品的规格设计，若无明确规定，试验时间应由相关各方协商确定。

注 1：用于评价耐蚀性的推荐暴露时间由附录 A 给出。

注 2：为了避免在周末期间工作，建议在周一开始试验。

7 结果评价

为满足特殊要求，可采用不同标准评价试验结果，如：

a) 试验后的形貌；

b) 腐蚀缺陷如点蚀坑、裂纹和鼓泡的数目和分布(这些可按 GB/T 6461—2002 所描述的方法进行评价)；

c) 第一个腐蚀迹象出现所经历的时间；

d） 通过显微照相检测揭示的变化过程；

e） 力学性能和电学性质的变化。

注 1：在测试产品的说明中确定合适的标准是很好的工程实践。

注 2：当测量电学性质，如接触电阻、接触扰动和绝缘电阻时，相对湿度应小于 30%。建议样品测量前在这样湿度条件下至少存放 48 h。

8 试验报告

试验报告应包括以下信息：

a） 本标准号；

b） 试验设备的描述；

c） 试验样品（材料或产品）的种类、名称、尺寸和形状；

d） 根据第 5 章的补充数据，如试验样品的准备，包括试验前清洗处理和对边缘的保护措施；

e） 试验中试样表面的倾角；

f） 试验周期数或试验时间；

g） 试验期间检查的频率和间隔；

h） 按第 4 章所描述的测定试验腐蚀性；

i） 指定试验方法的偏差；

j） 对试验样品进行最终评价后的试验结果。

附 录 A
（资料性附录）
推荐试验周期

表 A.1 显示了为模拟在轻度侵蚀性交通环境和苛刻的交通环境（试验方法 A）或者带有盐污染的工业环境（试验方法 B）中暴露一定年限之后对应腐蚀加载量的推荐试验周期。

试验方法 A 的推荐试验周期基于对汽车发动机部件中铜腐蚀的研究。汽车用于去冰盐对大气腐蚀性有显著作用的道路环境。试验方法 B 的推荐试验周期则基于在欧洲和北美的 39 个不同的工业地点的铜的腐蚀数据。

若在服役条件下试验的大气腐蚀性是用铜之外金属的腐蚀率来测量和表示，则在特定环境中的服役年限和相应试验周期之间的关系可能会和表 A.1 不同。试验方法 A 和试验方法 B 中铜之外的相应金属质量损失见表 A.2。

表 A.1 推荐试验周期

试验方法	环境种类	指定环境中的年限 年	指定环境中由铜定义腐蚀性的金属失重 g/m^2	相应试验周期 周
A	轻度侵蚀性	5	14.5	4
	交通环境（盐污染）	8	20	6
B	工业环境（盐污染）	3	10	1
		8	25	2
		14	40	3
		27	70	5

表 A.2 试验方法 A 和试验方法 B 中包括铜的相应金属失重

试验方法	试验时间 周	铜的金属失重 g/m^2	锌的金属失重 g/m^2	铝的金属失重 g/m^2	碳钢的金属失重 g/m^2
A	4	14.5	40	4	—
B	3	40	90	7～10	580

假定暴露 14 年，表 A.2 试验方法 B 的数据可以用来评估表 A.1 试验方法 B 所假定的服役环境的腐蚀性等级，有关不同的金属失重列于表 A.2。从 GB/T 19292.2—2003 给出的金属的平均腐蚀率可以估计铜、锌和碳钢的腐蚀性等级，所有的都落在腐蚀性等级 3 到 4 之间的最低三分之一内。铝的腐蚀性等级达到 4 左右。

参 考 文 献

［1］ GB/T 19292.2—2003 金属和合金的腐蚀 大气腐蚀性 腐蚀等级的指导值(ISO 9224:1992,IDT)

ICS 77.140.20
H 40

中华人民共和国国家标准

GB/T 28417—2012

碳素轴承钢

Carbon bearing steel

(ISO 683-17:1999, Heat-treated steels, alloy steels and free-cutting steels—Part 17: Ball and roller bearing steels, NEQ)

2012-06-29 发布　　2013-03-01 实施

中华人民共和国国家质量监督检验检疫总局
中国国家标准化管理委员会　发布

前　言

本标准按 GB/T 1.1—2009 给出的规则起草。

本标准参考 ISO 683-17:1999《热处理钢、合金钢和易切削钢　第 17 部分:滚珠和滚柱轴承钢》编制,与 ISO 683-17:1999 的一致性程度为非等效。

本标准中国钢铁工业协会提出。

本标准由全国钢标准化技术委员会(SAC/TC 183)归口。

本标准起草单位:江阴兴澄特种钢铁有限公司、冶金工业信息标准研究院、洛阳轴承研究所、湖北新冶钢公司、首钢总公司。

本标准主要起草人:郭艳、耿克、栾燕、雷建中、黄成刚、徐光琴、武兴斌。

碳素轴承钢

1 范围

本标准规定了碳素轴承钢热轧棒材的尺寸、外形、重量及允许偏差、技术要求、试验方法、检验规则、包装、标志和质量证明书等要求。

本标准适用于制造汽车轮毂轴承单元用直径为20 mm～150 mm热轧棒材。其他用途的棒材可参照本标准执行。

2 规范性引用文件

下列文件对于本文件的应用是必不可少的。凡是注日期的引用文件，仅注日期的版本适用于本文件。凡是不注日期的引用文件，其最新版本(包括所有的修改单)适用于本文件。

GB/T 223.5 钢铁 酸溶硅和全硅含量的测定 还原型硅钼酸盐分光光度法

GB/T 223.9 钢铁及合金 铝含量的测定 铬天青S分光光度法

GB/T 223.12 钢铁及合金化学分析方法 碳酸钠分离-二苯碳酰二肼光度法测定铬量

GB/T 223.18 钢铁及合金化学分析方法 硫代硫酸钠分离-碘量法测定铜量

GB/T 223.23 钢铁及合金 镍含量的测定 丁二酮肟分光光度法

GB/T 223.26 钢铁及合金 钼含量的测定 硫氰酸盐分光光度法

GB/T 223.29 钢铁及合金 铅含量的测定 载体沉淀-二甲酚橙分光光度法

GB/T 223.31 钢铁及合金 砷含量的测定 蒸馏分离-钼蓝分光光度法

GB/T 223.47 钢铁及合金化学分析方法 载体沉淀-钼蓝光度法测定锑量

GB/T 223.50 钢铁及合金化学分析方法 苯基荧光酮-溴化十六烷基三甲基胺直接光度法测定锡量

GB/T 223.58 钢铁及合金化学分析方法 亚砷酸钠-亚硝酸钠滴定法测定锰量

GB/T 223.61 钢铁及合金化学分析方法 磷钼酸铵容量法测定磷量

GB/T 223.68 钢铁及合金化学分析方法 管式炉内燃烧后碘酸钾滴定法测定硫含量

GB/T 223.69 钢铁及合金 碳含量的测定 管式炉内燃烧后气体容量法

GB/T 223.77 钢铁及合金化学分析方法 火焰原子吸收光谱法测定钙量

GB/T 223.84 钢铁及合金 钛含量的测定 二安替比林甲烷分光光度法

GB/T 224 钢的脱碳层深度测定法

GB/T 226 钢的低倍组织及缺陷酸蚀检验法

GB/T 702—2008 热轧钢棒尺寸、外形、重量及允许偏差

GB/T 1814 钢材断口检验法

GB/T 1979—2001 结构钢低倍组织缺陷评级图

GB/T 2101 型钢验收、包装、标志及质量证明书的一般规定

GB/T 4162 锻轧钢棒超声检测方法

GB/T 4336 碳素钢和中低合金钢 火花源原子发射光谱分析方法(常规法)

GB/T 6394 金属平均晶粒度测定法

GB/T 10561—2005 钢中非金属夹杂物含量的测定 标准评级图显微检验法

GB/T 11260 圆钢涡流探伤方法

GB/T 11261 钢铁 氧含量测定 脉冲加热惰性气熔融-红外线吸收法

GB/T 12604.5 无损检测 术语 磁粉检测

GB/T 12604.6 无损检测 术语 涡流检测

GB/T 15711 钢材塔形发纹酸浸检验方法

GB/T 20066 钢和铁 化学成分测定用试样的取样和制样方法

ASTM E 381-01(2006) 钢棒、方钢坯、大钢坯和钢锻件宏观浸蚀测试方法(Standard Method of Macroetch Testing Steel Bars,Billets,Blooms,and Forgings)

ASTM E 588 用超声波方法检测优质轴承钢中大颗粒夹杂物的标准(Standard practice for detection of large inclusions in bearing quality steel by the ultrasonic method)

3 订货内容

按照本标准订货的合同应包括下列技术内容:

a) 产品名称,如:碳素轴承钢;

b) 牌号,如:G70Mn;

c) 标准编号,如:GB/T 28417—2012;

d) 规格,如:ϕ50 mm;

e) 重量或数量,如:3 000 kg;

f) 交货状态,如:热轧;

g) 特殊要求,如:用淬火断口检验宏观非金属夹杂物。

4 尺寸、外形

4.1 尺寸

4.1.1 钢材的尺寸及其允许偏差

热轧棒材的尺寸及允许偏差应符合 GB/T 702—2008 中第 2 组的规定。

4.1.2 钢材长度

钢材通常长度为 3 000 mm~9 000 mm,经供需双方协商,也可供应其他长度的钢材,定尺或倍尺长度应在合同中注明,热轧棒材的长度允许偏差为 0 mm~+50 mm。

钢材应在规定长度范围内以定尺长度交货,每捆中最长与最短钢材的长度差应不大于 1 000 mm。

4.2 外形

4.2.1 不圆度

热轧圆钢的不圆度应符合 GB/T 702 的规定。

4.2.2 弯曲度

热轧圆钢的弯曲度应符合 GB/T 702—2008 中第 2 组的规定。

4.2.3 扭转

钢材不得有显著扭转。

4.2.4 端头形状

钢材端头应锯切或剪切整齐，不得有马蹄形、飞边、毛刺及影响使用的切斜和压扁，每支钢材至少应有一端倒棱，钢材一般不允许气割，取样时允许每批中不多于 6 支钢材的一端用气割。

5 技术要求

5.1 牌号和化学成分

5.1.1 钢的牌号及化学成分(熔炼分析)应符合表 1 的规定。

表 1 化学成分

<table>
<tr><th rowspan="2">牌　号</th><th colspan="11">化学成分(质量分数)/%</th></tr>
<tr><th>C</th><th>Si</th><th>Mn</th><th>S</th><th>P</th><th>Cr</th><th>Ni</th><th>Mo</th><th>Cu</th><th>Al</th><th>O</th></tr>
<tr><td>G55</td><td>0.52～0.60</td><td>0.15～0.35</td><td>0.60～0.90</td><td rowspan="3">≤0.015</td><td rowspan="3">≤0.025</td><td rowspan="3">≤0.20</td><td rowspan="3">≤0.20</td><td rowspan="3">≤0.10</td><td rowspan="3">≤0.30</td><td rowspan="3">≤0.050</td><td rowspan="3">≤0.001 2</td></tr>
<tr><td>G55Mn</td><td>0.52～0.60</td><td>0.15～0.35</td><td>0.90～1.20</td></tr>
<tr><td>G70Mn</td><td>0.65～0.75</td><td>0.15～0.35</td><td>0.80～1.10</td></tr>
</table>

<table>
<tr><th rowspan="2">牌　号</th><th colspan="6">化学成分(质量分数)/%</th></tr>
<tr><th>Ti</th><th>Ca</th><th>Pb</th><th>Sn</th><th>Sb</th><th>As</th></tr>
<tr><td>G55、G55Mn、G70Mn</td><td>≤0.003 0</td><td>≤0.001 0</td><td>≤0.002</td><td>≤0.030</td><td>≤0.005</td><td>≤0.040</td></tr>
<tr><td colspan="7">注：本标准牌号与国外牌号对照表见附录 A。</td></tr>
</table>

5.1.2 成品钢材化学成分允许偏差应符合表 2 的规定。用户可按炉批对钢材进行成品分析。

表 2 成品钢材化学成分允许偏差

化学成分(质量分数)/%										
C	Si	Mn	Cr	S	P	Ni	Cu	Mo	Al	Ti
±0.03	±0.02	±0.03	+0.05	+0.005	+0.005	+0.03	+0.02	+0.01	+0.003	+0.001 0

5.2 冶炼方法

钢应采用真空脱气处理，不允许向钢中添加钙或钙合金。

5.3 交货状态

以热轧状态交货。

5.4 低倍组织

5.4.1 钢材应进行低倍组织检查，经酸浸的试片上不应有目视可见的缩孔、裂纹、夹杂、翻皮、白点、晶间裂纹、一般点状偏析、边缘点状偏析、皮下气泡等有害缺陷。

5.4.2 钢材的低倍组织按 GB/T 1979—2001 附录 A 图片评级，其合格级别应符合表 3 的规定。

表 3　低倍组织合格级别

低倍组织类型	级别,不大于
一般疏松	1.0
中心疏松	1.5
锭型偏析	1.0

5.4.3　根据需方要求,并在合同注明,可按 ASTM E 381-01(2006)中的图片评级,其合格级别应符合表 4 的规定。

表 4　低倍组织合格级别

低倍组织类型	级别,不大于
S	2.0
C	2.0
R	2.0

5.5　非金属夹杂物

钢中非金属夹杂物按 GB/T 10561—2005 中 A 法进行检验,所有试样的三分之二的检测值和所有试样的平均值应符合表 5 的规定,所有试样的检测值中,DS 最大值不应超过 2.0 级。

表 5　非金属夹杂物合格级别

非金属夹杂物类型	合格级别,不大于	
	细系	粗系
A	2.5	1.5
B	2.0	1.0
C	0.5	0.5
D	1.0	1.0
DS	1.5	

5.6　脱碳层

热轧棒材单侧总脱碳层(铁素体+过渡层)深度应不超过公称直径的 1%。

5.7　奥氏体晶粒度

钢材的奥氏体晶粒度应为 5 级或更细。

5.8　表面质量

钢材应加工良好,表面不得有裂纹、折叠、拉裂、结疤和夹杂及其他对使用有害的缺陷。如有上述缺陷必须清除,清除深度从钢材实际尺寸算起应符合表 6 的规定。清除宽度不小于深度的 5 倍,在同一截面的最大清除深度不应多于 2 处。允许有从实际尺寸算起不超过尺寸公差之半的个别细小划痕、压痕、麻点及深度不超过 0.2 mm 的小裂纹存在。

表6 表面缺陷清除深度

单位为毫米

钢材公称直径	允许缺陷清除深度
≤80	钢材公称尺寸公差的1/2
>80～150	钢材公称尺寸公差

5.9 特殊要求

5.9.1 宏观非金属夹杂物

根据需方要求，并在合同中注明，可采用高频超声波试验、塔形试验、淬火断口试验方法检测宏观非金属夹杂物，合格级别由供需双方协商确定。

5.9.2 内部质量

根据需方要求，并在合同中注明，供方可采用超声波探伤试验方法逐支检测钢材的内部缺陷，超声波探伤采用的平底孔当量及合格级别，由供需双方协商确定。

6 试验方法

6.1 化学成分分析

化学分析用试样按GB/T 20066规定取样和制样，化学分析方法按第2章中GB/T 223或GB/T 4336进行检验，仲裁时按GB/T 223规定的有关方法进行检验。氧含量分析方法按GB/T 11261进行，氧含量从任意支钢材的任意端取一个试样进行测定，试样从钢材的二分之一半径处截取。

6.2 低倍组织

低倍组织的检验方法按GB/T 226执行，评级按GB/T 1979—2001标准附录A执行。

6.3 非金属夹杂物检验

高倍非金属夹杂物的测定方法按GB/T 10561—2005标准A法执行。
宏观非金属夹杂物的测定方法按GB/T 15711或GB/T 1814或ASTM E 588执行。

6.4 晶粒度

晶粒度的测定方法按GB/T 6394执行。

6.5 脱碳层

脱碳层的测定方法按GB/T 224执行。

6.6 内部缺陷无损探伤

内部缺陷无损探伤的试验方法按GB/T 4162执行。

6.7 钢材的表面质量检查

钢材表面质量按GB/T 11260、或GB/T 12604.5和GB/T 12604.6以及其他有效方法检查。

6.8 尺寸、外形检查

钢材尺寸测量，采用能保证必要精确度的卡尺或样板进行。

7 检验规则

7.1 检查与验收

钢材的质量由供方质量部门进行检验。需方有权在钢材上按本标准进行验收。

7.2 组批规则

钢材应按批进行检查和验收，每批应由同一炉号、同一牌号、同一尺寸的钢材组成。

7.3 取样数量和取样部位

每批钢材各项检验项目的取样数量和取样部位按表7规定。

表7 检验项目取样数量、取样部位及试验方法

<table>
<tr><th>序号</th><th colspan="2">检验项目</th><th>取样数量</th><th>取样部位</th><th>试验方法</th></tr>
<tr><td>1</td><td colspan="2">化学成分</td><td>1</td><td>按 GB/T 20066</td><td>第二章 GB/T 4336、GB/T 223</td></tr>
<tr><td>2</td><td colspan="2">氧含量</td><td>1</td><td>任意支钢材，半径二分之一处</td><td>GB/T 11261</td></tr>
<tr><td>3</td><td colspan="2">低倍组织</td><td>6</td><td>任意不同支钢材</td><td>GB/T 226、GB/T 1979—2001 或 ASTM E 381-01(2006)</td></tr>
<tr><td>4</td><td colspan="2">非金属夹杂物</td><td>6</td><td>任意不同支钢材</td><td>GB/T 10561—2005 中 A 法</td></tr>
<tr><td>5</td><td rowspan="3">宏观非金属夹杂物</td><td>淬火断口</td><td>2</td><td>任意不同支钢材</td><td>GB/T 1814</td></tr>
<tr><td>6</td><td>塔形</td><td>2</td><td>任意不同支钢材</td><td>GB/T 15711</td></tr>
<tr><td>7</td><td>高频超声波 C 扫描探伤</td><td>3</td><td>任意不同支钢材</td><td>ASTM E 588</td></tr>
<tr><td>8</td><td colspan="2">晶粒度</td><td>1</td><td>任意支钢材</td><td>GB/T 6394</td></tr>
<tr><td>9</td><td colspan="2">脱碳层</td><td>2</td><td>任意不同支钢材</td><td>GB/T 224</td></tr>
<tr><td>10</td><td colspan="2">内部缺陷无损探伤</td><td>逐支</td><td>整支钢材</td><td>GB/T 4162</td></tr>
<tr><td>11</td><td colspan="2">尺寸</td><td>逐支</td><td>整支钢材</td><td>必要精确度的卡尺或样板</td></tr>
<tr><td>12</td><td colspan="2">表面质量</td><td>逐支</td><td>整支钢材</td><td>GB/T 11260、GB/T 12604.5、GB/T 12604.6 和其他有效方法</td></tr>
</table>

7.4 复验和判断规则

所有检验项目进行中，任一项检验不合格(白点、非金属夹杂物除外)，可重新在其他钢材上取样一次，对该不合格项目进行复验，取样数量与初验相同(氧含量除外)。复验合格则该批钢材判定合格；复验仍不合格，则该批钢材应判为不合格。

当氧含量不合格时，可在其他钢材上任意取3个试样进行复验，其检验结果的平均值应不大于 12×10^{-6}，其中，允许有1个试样大于 12×10^{-6}，但不得大于 17×10^{-6}。

8 包装、标志、质量证明书

钢材的包装、标志和质量证明书应符合 GB/T 2101 的规定。

附　录　A
（资料性附录）
本标准牌号与国外牌号对照表

A.1　本标准牌号与国外牌号对照表见A.1。

表 A.1　本标准牌号与国外牌号对照表

本标准	ISO 683-17:1999	ASTM A866-01
G55	C56E2	C56E2
G55Mn	56Mn4	56Mn4
G70Mn	70Mn4	—

ICS 07.060
N 93

中华人民共和国国家标准

GB/T 28418—2012

土壤水分(墒情)监测仪器基本技术条件

Fundamental technical requirements for soil moisture-monitoring instruments

2012-04-16 发布　　　　2012-11-01 实施

中华人民共和国国家质量监督检验检疫总局
中国国家标准化管理委员会　发布

前　言

本标准按照 GB/T 1.1—2009 给出的规则起草。

本标准由中华人民共和国水利部提出。

本标准由全国水文标准化技术委员会水文仪器分技术委员会(SAC/TC 119/SC 1)归口。

本标准主要起草单位:水利部水文仪器及岩土工程仪器质量监督检验测试中心、水利部南京水利水文自动化研究所、宁波北仑华赛液压器材有限公司、北京慧图信息科技有限公司。

本标准主要起草人:徐海峰、袁普生、邓英春、任志华、高国治。

本标准参加起草人:李刚、吴怡。

土壤水分(墒情)监测仪器基本技术条件

1 范围

本标准规定了土壤水分(墒情)监测仪器产品的分类、技术要求、试验方法、检验规则、标志和使用说明书、包装、运输、储存等。

本标准适用于水资源利用、抗旱减灾、水循环规律研究、农业灌溉等使用的土壤水分(墒情)直接监测仪器(以下简称监测仪)。

2 规范性引用文件

下列文件对于本文件的应用是必不可少的。凡是注日期的引用文件,仅注日期的版本适用于本文件。凡是不注日期的引用文件,其最新版本(包括所有的修改单)适用于本文件。

GB/T 6379.1—2004 测量方法与结果的准确度(正确度与精密度) 第1部分:总则与定义

GB/T 6379.2—2004 测量方法与结果的准确度(正确度与精密度) 第2部分:确定标准测量方法重复性与再现性的基本方法

GB/T 9969—2008 工业产品使用说明书 总则

GB/T 13384—2008 机电产品包装通用技术条件

GB/T 18185 水文仪器可靠性要求

GB/T 18522.6—2007 水文仪器通则 第6部分:检验规则及标志、包装、运输、贮存、使用说明书

GB/T 19677—2005 水文仪器术语及符号

GB/T 50095—1998 水文基本术语和符号标准

JJF 1001—1998 通用计量术语及定义

SL 364—2006 土壤墒情监测规范

3 术语和定义

GB/T 6379.1—2004、GB/T 19677—2005、GB/T 50095—1998、JJF 1001—1998、SL 364—2006 等界定的以及下列术语和定义适用于本文件。为了便于使用,以下重复列出了 JJF 1001—1998 中的某些术语和定义。

3.1

土壤水分(墒情)监测仪器 soil moisture-monitoring instrument

一种用以测量植物根系层土壤水分(墒情)含量的仪器。

3.2

频域反射法 frequency domain reflectometry

根据土壤中的水和其他电介质介电常数之间的差异的原理并采用频域反射测试技术测量土壤含水量的方法。

3.3

时域反射法 time domain reflectometry

根据土壤中的水和其他电介质介电常数之间的差异的原理并采用时域反射测试技术测量土壤含水

量的方法。

3.4

中子法　neutron method

根据放射性中子源快中子进入土壤与介质中与各种原子相碰撞减速，使快中子损失能量而慢化，并且慢中子云球的密度与中子源作用范围内的介质中的水分含量存在函数关系的原理，通过测量慢中子云的通量密度来确定土壤含水量的方法。

3.5

负压法　vacuum method

根据土壤中的水的张力与大气压力的差值大小与土壤含水量相关关系的原理测量土壤含水量的方法。

3.6

电阻法　resistance method

根据土壤电阻大小与土壤含水量相关关系的原理并采用土壤电阻测试技术测量土壤含水量的方法。

3.7

[测量仪器的]重复性　repeatability [of a measuring instrument]

在相同测量条件下，重复测量同一个被测量，测量仪器提供相近示值的能力。

注1：这些条件包括：相同的测量程序；相同的观测者；在相同的条件下使用相同的测量设备；相同地点；在短时间内重复测量。

注2：重复性可用示值的分散性定量地表示。

3.8

重复性标准差　repeatability standard deviation

在重复性条件下所得测试结果的标准差。

3.9

实验标准差　experimental standard deviation

对同一被测量作 $n(n\geqslant 6)$ 次测量，表征测量结果分散性的量 s 可按公式(1)算出：

$$s(q_k)=\sqrt{\frac{\sum_{k=1}^{n}(q_k-\bar{q})^2}{n-1}} \qquad \cdots\cdots(1)$$

式中：

q_k ——第 k 次测量结果；

$\bar{q}$ ——n 次测量结果的算术平均值；

$(q_k-\bar{q})$——残差 ν_k。

4　产品分类

按监测仪测量原理一般可分为：

a）频域反射法仪器。根据频域反射法原理设计生产的土壤水分测定仪器。如：频域反射土壤水分测定仪(FDR土壤水分测定仪)。

b）时域反射法仪器。根据时域反射法原理设计生产的土壤水分测定仪器。如：时域反射土壤水分测定仪(TDR土壤水分测定仪)。

c）中子法仪器。根据中子原理设计生产的土壤水分测定仪器。如：中子水分测定仪。

d）负压法仪器。根据负压法原理设计生产的土壤水分测定仪器。如：土壤水分张力计。

e) 电阻法仪器。根据电阻法原理设计生产的土壤水分测定仪器。如:石膏块土壤水分测定仪。

f) 电容法仪器。根据电容法原理设计生产的土壤水分测定仪器。如:便携式(电容法)土壤水分测定仪。

5 要求

5.1 通用要求

监测仪一般能达到如下要求:

a) 能直接测量土壤含水量;

b) 便于设定参数的修改和置入;

c) 有数字或模拟量的标准接口;

d) 有显示或显示输出功能;

e) 同一型号传感器应具有良好的互换性;

f) 便于携带。

5.2 外观

外观无瑕疵、缺损,各种标识应清晰明了。

5.3 工作环境条件

监测仪应在下列工作环境条件下正常工作:

a) 温度:−10 ℃~55 ℃;

b) 相对湿度:95%(40 ℃时,无凝结)。

5.4 基本参数

5.4.1 测量范围

测量范围宜为0~50%土壤体积含水量。

5.4.2 准确度

土壤含水量的测量误差应能达到如下要求:

a) 与烘干法比较,体积含水量在3%~10%时,相对误差的绝对值不大于5%;在15%~25%时,相对误差的绝对值不大于2.5%;在35%~45%时,相对误差的绝对值不大于5%;

b) 重复性(以重复性标准差表示)不大于2%。

5.4.3 稳定时间

频域反射法、时域反射法、电容法原理的监测仪稳定时间宜不大于10 s。

5.5 电气性能

5.5.1 工作电源

监测仪应采用直流供电,电源电压推荐值:12 V,24 V,在额定电压的−15%~20%间波动时,仪器应正常工作。

如采用自适应电源,在产品规定的电压范围内应能正常工作。

5.5.2 信号输出

有信号输出的监测仪能满足下列要求：

a) 数字量输出可选 RS232、RS485、SDI-12 等标准接口；

b) 模拟量输出宜为 1 V～5 V 或 4 mA～20 mA。

5.5.3 功耗

工作电流一般应不大于 200 mA；值守电流一般应不大于 1 mA。

5.6 机械环境适应性

5.6.1 振动

监测仪在包装状态下，在承受 10 Hz～150 Hz～10 Hz、加速度为 2 *g* 的扫频振动后，应能满足下列要求：

a) 外包装箱不得有任何损坏和变形，产品内部结构中各结合部不得有松脱、零部件破损等现象；

b) 产品各项功能正常。

5.6.2 自由跌落

监测仪在包装状态下，在离地面垂直高度为 30 cm 处自由跌落后，应能满足下列要求：

a) 外包装箱不得有任何损坏和变形，产品内部结构中各结合部不得有松脱、零部件破损等现象；

b) 产品各项功能正常。

5.7 可靠性

平均无故障时间应不低于 16 000 h。相关要求应符合 GB/T 18185 的有关规定。

6 试验方法

6.1 主要试验设备

主要试验设备应包括：

a) 高低温交变湿热箱。

b) 输出信号检测的仪器。主要包括：

   1) 专用测试装置（具有电压显示等，具有专门接口，亦可以专门研制专门检测设备），或者 $4\frac{1}{2}$ 位数字万用表。

   2) 电源：输出电压应满足传感器的需要。

c) 振动试验台。

d) 跌落试验台。

6.2 试验项目

6.2.1 通用要求试验

目测等感官检查。

6.2.2 外观试验

目测等感官检查。

6.2.3 工作环境条件试验

将监测仪整机放置在高低温交变湿热箱中，分别在低温－10 ℃、高温 55 ℃、相对湿度 95%（无凝结）40 ℃三种气候环境条件下，恒定保持 4 h，检查监测仪的性能指标。

6.2.4 准确度试验

6.2.4.1 试验条件

用标准的烘干法与传感器测定法进行比较，测定 3 个土壤含水量：

a) 低含水量：3%～10%土壤含水量；

b) 中等含水量：15%～25%土壤含水量；

c) 高含水量：35%～45%土壤含水量。

6.2.4.2 误差

每个等级土壤含水量至少做 6 次试验，分别计算其相对误差。

6.2.4.3 重复性

用待试验的仪器按 6.2.4.1 中要求的进行测试，每个等级土壤含水量至少应做 6 次试验，按 GB/T 6379.2—2004 相关规定计算重复性标准差。

6.2.5 稳定时间

仪器通电后，用秒表检查仪器达到输出值稳定状态后的时间。

6.2.6 工作电源

将监测仪通电后，调节供电电源，使监测仪工作电压在其额定值的－15%～20%内变化，检查监测仪的工作情况。

6.2.7 信号输出

有信号输出的监测仪，目测检查输出接口配置情况；用相关仪器检测信号输出情况。

6.2.8 功耗

用万用表检测监测仪的工作电流、静态值守电流。

6.2.9 振动试验

将包装好的监测仪固定在振动试验台上，进行 10 Hz～150 Hz～10 Hz、加速度为 2 g 的扫频试验，持续时间 45 min，检查监测仪的工作情况。

6.2.10 自由跌落试验

将包装好的监测仪放置在跌落试验台上，进行垂直高度为 30 cm 的自由跌落试验，每轴 3 次，检查监测仪的工作情况。

7 检验规则

7.1 出厂检验

7.1.1 项目

监测仪出厂前必须进行出厂检验。出厂检验项目分全检和抽检两种。对5.1、5.2、5.4、5.5进行全检,对5.3、5.6、5.7可进行必要的抽检,检验结果应完整保存、备查。

7.1.2 要求

7.1.2.1 全检系对产品进行特定项目检验,抽检系对特定项目进行抽样检验;发现不合格品应进行返工直至合格。

7.1.2.2 抽检按每批产品数量的5%~10%随机抽样进行检验,每批最少应不少于三台,若产品数量少于三台,则应全检;当抽检项目出现不合格项时,应根据问题性质决定加倍复检或逐台试验,并应将该台产品进行返工直至合格。

7.1.2.3 应由生产企业或公司的质量检验部门进行产品的出厂检验,出厂检验应逐个检验,产品应经出厂检验合格并签发合格证后,方可出厂。

7.2 型式检验

7.2.1 要求

有下列情况之一时,应进行型式检验:

a) 新产品或老产品转厂生产的试制定型鉴定;
b) 定型产品在结构、工艺或使用的材料作较大改变,可能影响产品性能时;
c) 产品长期停产后,恢复生产时;
d) 出厂检验结果与上次型式检验有较大差异时;
e) 正常生产时,定期或累计一定产量后,应周期性进行一次检查;
f) 合同规定进行型式检验时。

7.2.2 检验项目

型式检验由质量检验部门按本标准第5章规定的内容及9.3a)、9.3b)的要求进行全性能检验。

7.2.3 抽样规则

按GB/T 18522.6—2007中4.2.3的规定进行。

7.2.4 合格判定规则

按GB/T 18522.6—2007中4.2.4的规定进行判定。

8 标志和使命说明书

8.1 标志

应符合GB/T 18522.6—2007第5章的要求。

8.2 使用说明书

应符合 GB/T 9969 的相关要求。

9 包装、运输、储存

9.1 包装

应符合 GB/T 13384 的相关要求。

9.2 运输

包装好的监测仪应能适应陆运、水运和空运等各种运输方式。

9.3 贮存

监测仪的贮存场所应干燥、通风、防晒，附近不应有化学侵蚀性物质，贮存环境条件应满足下列要求：

a） 相对湿度：不大于 95%（40 ℃时）；

b） 温度：−40 ℃～60 ℃。

ICS 65.020.01
B 07

中华人民共和国国家标准

GB/T 28419—2012

风沙源区草原沙化遥感监测技术导则

Guide of remote sensing monitoring the grassland sandification for sandstorm source area

2012-06-29 发布　　2012-11-01 实施

中华人民共和国国家质量监督检验检疫总局
中国国家标准化管理委员会　发布

前　言

本标准按照 GB/T 1.1—2009 给出的规则起草。

本标准由中华人民共和国农业部提出。

本标准由全国畜牧业标准化技术委员会(SAC/TC 274)归口。

本标准主要起草单位:全国畜牧总站、内蒙古草原勘察设计院。

本标准主要起草人:负旭疆、邢旗、李新一、刘爱军、洪军、董永平、刘杰。

风沙源区草原沙化遥感监测技术导则

1 范围

本标准规定了风沙源区草原沙化遥感监测的内容和方法。

本标准适用于风沙源区草原沙化遥感监测。

2 规范性引用文件

下列文件对于本文件的应用是必不可少的。凡是注日期的引用文件，仅注日期的版本适用于本文件。凡是不注日期的引用文件，其最新版本(包括所有的修改单)适用于本文件。

GB 19377 天然草地退化、沙化、盐渍化的分级指标

3 术语和定义

GB 19377 界定的以及下列术语和定义适用于本文件。

3.1

风沙源区 sandstorm source

风沙流频繁活动并引发沙尘暴频繁发生的区域。

注：范围涉及北京、天津、河北、山西及内蒙古等五省(自治区、直辖市)的部分县(旗、市、区)。

3.2

草原沙化 grassland sandification

草原在风蚀、干旱、鼠虫害和不合理利用等因素影响下，植被出现以风沙活动为主要特征的草原退化过程。主要表现为土壤受侵蚀、土质沙化、生产力减退等特征。

3.3

沙化指示植物 sandification indicator plant

对草原沙化具有指示作用和意义的植物。

3.4

一年生或越年生植物 annual-biannual plant

生活周期在一至两年的植物。

3.5

多年生植物 perennial plant

生活周期在两年或两年以上的植物。

3.6

沙生植物 sandy plant

适宜生活或生长在沙质土壤环境中的植物。

3.7

优势植物 dominant plant

草原群落中作用最大的植物种。即群落中其个体数量、覆盖度、生物量等均占优势，对其他种的生

存有很大影响与控制作用。

3.8

综合算术优势度　summed dominance ratio;SDR

判别草地植物优势地位的指标。

3.9

当年地上生物量　annual aboveground biomass

齐地面剪割草本植物及木本植物当年嫩枝叶的地上部分生物量。

3.10

植被盖度　vegetation coverage

植被垂直投影面积所占单位面积的百分比。

3.11

归一化植被指数　normalized different vegetation index;NDVI

近红外波段反射率和可见光波段反射率之差与二者之和的比值。

3.12

地面监测　field monitoring

通过地面定点监测、路线监测,选择有代表性样地,获取监测对象的各种信息,也包括空间位置信息。

3.13

样地　sampling site

地面监测所选择的具有代表性的采样区域,样地面积不小于1 km^2。

4　监测指标的获取

4.1　植物优势度的测定和计算

分种测定样方中的所有植物的盖度和重量,通过计算获得优势度。综合算术优势度按式(1)计算:

$$SDR_2 = \frac{C' + P'}{2} \qquad \cdots\cdots(1)$$

式中:

SDR_2——综合算术优势度。

C'　——某种植物的相对覆盖度值。用该种植物的投影盖度(C)的绝对值(%)除以群落各种植物中最高的投影盖度绝对值的比值;C为植被投影盖度(目测估计或针刺法计算)。

P'　——某种植物的相对重量值。用该种植物齐地面剪割的地上部重量(P)绝对值除以群落中各种植物地上部最高的重量绝对值的比值(%);P为植被地上部分生物量(样方测量值)。

SDR_2值大于60%的植物为优势种;两种植物的SDR_2值同时都大于60%时,该两种植物为共同优势种。

4.2　归一化植被指数计算

归一化植被指数按式(2)计算:

$$NDVI = \frac{\rho_{nir} + \rho_{red}}{\rho_{nir} + \rho_{red}} \qquad \cdots\cdots(2)$$

式中：

$NDVI$ ——归一化植被指数；

ρ_{nir} ——近红外波段的反射值；

ρ_{red} ——红光波段的反射值。

4.3 沙生植物和沙化指示植物百分比测定和计算

通过地面监测记录沙生或沙化指示植物，并记录，单位面积内所有沙生植物占总种数的百分比按式(3)计算：

$$p=\frac{s}{y}\times 100\% \quad \cdots\cdots\cdots\cdots(3)$$

式中：

p ——沙生植物(沙化指示植物)百分比，%；

s ——单位面积内沙生植物总株数；

y ——单位面积植株总数。

4.4 当年地上生物量

当年地上生物量获取有两种途径：

a) 采用地面监测方法，通过样方测定直接获得该信息；

b) 通过遥感模型反演获得该信息。

4.5 植被盖度

采用地面监测方法获得该信息，主要用目测法或针刺法计算植被盖度。

5 监测流程

监测按如下步骤进行，流程见图1：

a) 根据分层抽样的原则，进行样地布设。

b) 按照监测指标采集植被信息。

c) 遥感影像预处理。对遥感图像进行预处理，获得监测对象的真实反射率。

d) 专题信息提取。根据地面样地植被信息和预处理后的遥感图像，获得监测区域的沙化监测信息。

e) 验证。检验上述结果的准确性和可靠性。抽样图斑应不少于总图斑数的5%。验证的具体步骤如下：

第一步：图斑属性的核实。

第二步：图斑准确性检验。随机抽取图斑，沿待检图斑所对应地类边界，用GPS形成检验结果，待检图斑与检验结果的图斑重叠率应在80%以上。

第三步：分类精度检验。正确分类图斑应占总图斑数90%以上。

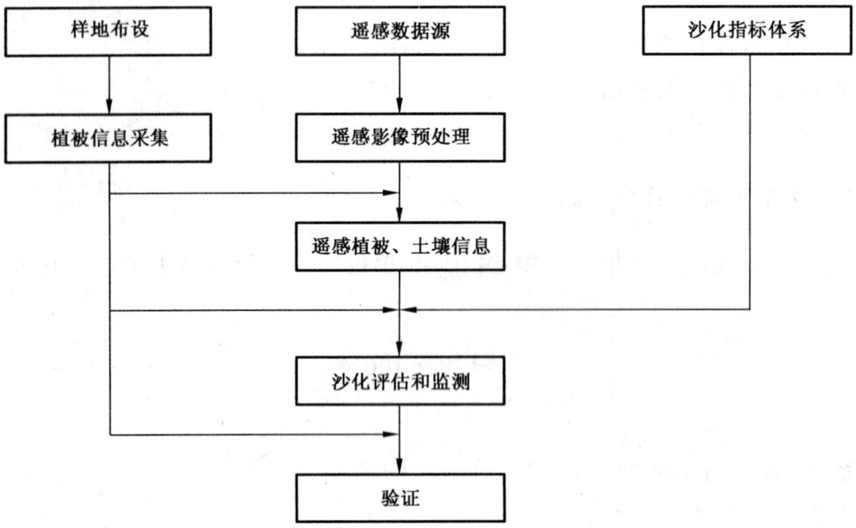

图 1 监测流程图

6 草原沙化程度分级

沙生植物或沙生指示植物种群的优势度低于10%,为非沙化草原;大于10%为沙化草原。沙化级别和分级指标见表1。

表 1 草原沙化程度分级

级　别	优势植物比例	盖　度
轻度沙化	多年生优势植物居主要地位(优势度70%以上),沙生植物或一或越年生沙化指示植物开始增多(30%以下)	草甸草原和典型草原植被盖度40%～60%,荒漠草原植被盖度20%～30%
中度沙化	沙生植物或沙化指示植物成为优势种(30%～60%)	草甸草原和典型草原植被盖度20%～40%,荒漠草原植被盖度10%～20%
重度沙化	以一、二年的沙化指示植物为主(60%以上)	草甸草原和典型草原植被盖度20%以下,荒漠草原植被盖度10%以下

ICS 35.240.60
R 07

GB

中华人民共和国国家标准

GB/T 28420—2012

电子收费　OBE-SAM 数据格式和技术要求

Electronic toll collection—Data and technical specification of OBE-SAM

2012-06-29 发布　　　　2012-10-01 实施

中华人民共和国国家质量监督检验检疫总局
中国国家标准化管理委员会　发布

前　　言

本标准按照 GB/T 1.1—2009 给出的规则起草。

本标准由全国智能运输系统标准化技术委员会(SAC/TC 268)提出并归口。

本标准主要起草单位:交通运输部公路科学研究院。

本标准主要起草人:梅新明、刘鸿伟、王刚、周斌、王立岩。

电子收费 OBE-SAM 数据格式和技术要求

1 范围

本标准规定了电子收费车载设备安全访问模块(OBE-SAM)的主要功能及参数要求、文件结构、文件详细说明、密钥说明、密钥管理、复位信息的约定及应用命令集。

本标准适用于公路电子收费系统,车辆出入管理、城市道路收费等领域可参照使用。

2 规范性引用文件

下列文件对于本文件的应用是必不可少的。凡是注日期的引用文件,仅注日期的版本适用于本文件。凡是不注日期的引用文件,其最新版本(包括所有的修改单)适用于本文件。

GB/T 28422 电子收费 关键信息编码

收费公路联网收费技术要求(交通部 2007 年第 35 号公告)

3 术语、定义和缩略语

3.1 术语和定义

下列术语和定义适用于本文件。

3.1.1

车载设备安全访问模块 OBE-SAM

含有中央处理单元(CPU)的集成电路模块,负责车载单元(OBU)和路侧单元(RSU)的访问许可、信息鉴别和加密保护等,是 OBU 文件及密钥的安全保障。

3.2 缩略语

下列缩略语适用于本文件。

ADF:应用定义文件(Application Definition File)

CLA:命令报文的类别字节(Class Byte of the Command Message)

COS:芯片操作系统(Chip Operating System)

CRC:循环冗余检验(Cyclic Redundancy Check)

DDF:目录定义文件(Directory Definition File)

DES:数据加密标准(Data Encryption Standard)

EEPROM:电可擦可编程只读存储器(Electrically Erasable Programmable Read-only Memory)

EF:基本文件(Elementary File)

ETC:电子(不停车)收费(Electronic Toll Collection)

FCI:文件控制信息(File Control Information)

FID:文件标识(File Identifier)

INS：命令报文的指令字节(Instruction Byte of the Command Message)

Lc：终端发出的命令数据的实际长度(Length of Data Sent)

Le：响应数据中的最大期望长度(Maximum Length of Data Expected)

M：必备(Mandatory)

MAC：报文鉴别码(Message Authentication Code)

MF：主文件(Master File)

O：可选(Optional)

OBE：车载设备(On-board Equipment)

OBU：车载单元(On-board Unit)

P1：参数 1(Parameter 1)

P2：参数 2(Parameter 2)

SAM：安全访问模块(Security Access Module)

SFI：短文件标识(Short File Identifier)

TDES：三重数据加密标准(Triple Data Encryption Standard)

4 OBE-SAM 的主要功能及参数要求

OBE-SAM 的主要功能如下：

- 数据安全存储功能；
- 数据安全读取功能；
- 硬件 DES 协处理器；
- TDES 加解密计算功能；
- TDES MAC 计算功能；
- 文件访问控制功能；
- 拆卸判定标志位安全设定功能；

参数要求如下：

- 电源电压：应能支持 1.8 V 和 3 V 两类工作电压；
- 外部工作时钟频率不低于 5 MHz；
- 通讯速率：最低 57 600 bit/s。

5 OBE-SAM 文件结构

5.1 文件结构图

OBE-SAM 文件结构见图 1。

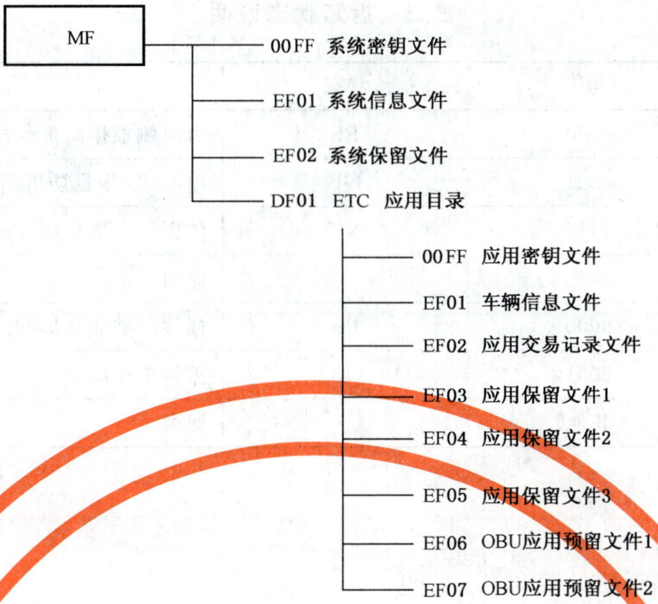

图 1 OBE-SAM 文件结构

5.2 文件结构详细说明

5.2.1 系统信息文件

系统信息文件详细说明见表 1。

表 1 系统信息文件说明

文件标识(FID)			‘EF01’
文件类型			二进制文件
文件大小			99 字节
读取:自由			写入:$DAMK_{MF}$ 线路保护(明文 + MAC)
字节	类型	长度(字节)	内 容
1～8	压缩数字	8	发行方标识,见 GB/T 28422
9	压缩数字	1	协约类型,服务提供商提供的服务种类
10	压缩数字	1	合同版本,服务提供商提供的服务版本
11～18	压缩数字	8	合同序列号,见 GB/T 28422
19～22	压缩数字	4	合同签署日期 格式:CCYYMMDD
23～26	压缩数字	4	合同过期日期 格式:CCYYMMDD
27	二进制	1	拆卸状态
28 ～99	字母数字	72	预留

拆卸状态说明见表 2。

表 2 拆卸状态说明

字节	值	状态	描述
高 4 位	0000	RS	由路侧根据防拆信息控制 OBU 的通行
	0001	OB	由 OBU 根据防拆信息设置自身工作状态
	1111	NU	防拆信息未启用
	其他		保留
低 4 位	0000	PF	标签已被非法拆卸
	0001	OK	正常工作状态
	其他		保留

5.2.2 MF 下保留文件

MF 下保留文件详细说明见表 3。

表 3 MF 下保留文件说明

文件标识(FID)			‘EF02’
文件类型			二进制文件
文件大小			512 字节
读取:自由			写入:DAMK_MF 线路保护(明文 + MAC)
字节	类型	长度(字节)	内容
1～512	字母数字	512	预留

5.2.3 ETC 应用车辆信息文件

ETC 应用车辆信息文件详细说明见表 4。

表 4 ETC 应用车辆信息文件说明

文件标识(FID)			‘EF01’
文件类型			二进制文件
文件大小			79 字节
读取:RK2_DF01 线路保护(密文)			写入:DAMK_DF01 线路保护(明文 + MAC)
字节	类型	长度(字节)	内容
1～12	字母数字	12	车牌号码,见《收费公路联网收费技术要求》
13～14	字母数字	2	车牌颜色
15	压缩数字	1	车型,见《收费公路联网收费技术要求》
16	压缩数字	1	车种,见《收费公路联网收费技术要求》
17～20	压缩数字	4	车辆尺寸(长[2 字节]×宽[1 字节]×高[1 字节]),单位为分米(dm)
21	压缩数字	1	车轮数

表 4（续）

字节	类型	长度(字节)	内　　容
22	压缩数字	1	车轴数
23～24	压缩数字	2	轴距，单位为分米(dm)
25～27	压缩数字	3	车辆载重/座位数，其中，载重的单位为千克(kg)
28～43	字母数字	16	车辆特征描述
44～59	字母数字	16	车辆发动机号
60～79	二进制	20	保留字段

5.2.4 ETC 应用交易记录文件

ETC 应用交易记录文件详细说明见表 5。

表 5　ETC 应用交易记录文件说明

文件标识(FID)			'EF02'
文件类型			循环定长记录文件
文件大小			57 字节×50 条记录
读取：自由			写入：自由
字节	类型	长度(字节)	内　　容
1～4	Datetime	4	出入口时间(UNIX 时间[a])
5～6	二进制	2	路网编号，见《收费公路联网收费技术要求》
7～8	二进制	2	收费站号，见《收费公路联网收费技术要求》
9	二进制	1	收费车道号，见《收费公路联网收费技术要求》
10	二进制	1	卡片类型，见《收费公路联网收费技术要求》
11～18	二进制	8	CPU 卡内部编号，见《收费公路联网收费技术要求》
19	二进制	1	车型，见《收费公路联网收费技术要求》
20～31	二进制	12	车牌号码，见《收费公路联网收费技术要求》
32～33	SmallInt	2	收费额
34～37	二进制	4	OBU 的 MAC 地址，见 GB/T 28422
38～57	二进制	20	保留字段

注：UNIX 时间是 UNIX 或类 UNIX 系统使用的时间表示方式，从格林威治标准时间 1970 年 1 月 1 日 0 时 0 分 0 秒起至现在的总秒数，不包括闰秒。

5.2.5 应用保留文件 1

应用保留文件 1 详细说明见表 6。

表 6　应用保留文件 1 说明

文件标识(FID)			'EF03'
文件类型			二进制文件
文件大小			512 字节
读取:自由			写入:DAMK$_{DF01}$线路保护(明文 + MAC)
字节	类型	长度(字节)	内　容
1～512	字母数字	512	预留

5.2.6　应用保留文件 2

应用保留文件 2 详细说明见表 7。

表 7　应用保留文件 2 说明

文件标识(FID)			'EF04'
文件类型			二进制文件
文件大小			512 字节
读取:自由			写入:自由
字节	类型	长度(字节)	内　容
1 ～512	字母数字	512	预留

5.2.7　应用保留文件 3

应用保留文件 3 详细说明见表 8。

表 8　应用保留文件 3 说明

文件标识(FID)			'EF05'
文件类型			二进制文件
文件大小			512 字节
读取:认证读(安全报文)			写入:DAMK$_{DF01}$线路保护(明文 + MAC)
字节	类型	长度(字节)	内　容
1～512	字母数字	512	预留

5.2.8　OBU 应用预留文件 1

OBU 应用预留文件 1 详细说明见表 9。

表 9　OBU 应用预留文件 1 说明

文件标识(FID)			‘EF06’
文件类型			二进制文件
文件大小			512 字节
读取:自由			写入:DAMK$_{DF01}$ 线路保护(明文 + MAC)
字节	类型	长度(字节)	内　容
1～512	字母数字	512	预留

5.2.9　OBU 应用预留文件 2

OBU 应用预留文件 2 详细说明见表 10。

表 10　OBU 应用预留文件 2 说明

文件标识(FID)			‘EF07’
文件类型			二进制文件
文件大小			512 字节
读取:自由			写入:自由
字节	类型	长度(字节)	内　容
1～512	字母数字	512	预留

6　OBE-SAM 内密钥说明

OBE-SAM 中系统密钥文件及应用密钥文件中的密钥说明见表 11。

表 11　OBE-SAM 内密钥说明

密钥	说明	用途	标识	版本	长度	分散级数
MF 下系统密钥文件						
MK$_{MF}$	MF 主控密钥	00	00	00	16	0
DAMK$_{MF}$	MF 系统维护密钥	01	01	00	16	0
DF01 下应用密钥文件						
MK$_{DF01}$	DF01 主控密钥	00	00	00	16	0
DAMK$_{DF01}$	DF01 应用维护密钥	01	01	00	16	0
RK1$_{DF01}$	DF01 应用认证密钥	01	02	00	16	0
RK2$_{DF01}$	DF01 应用加密密钥	01	03	00	16	0
RK2$_{DF01}$	DF01 应用加密密钥	01	03	01	16	0
RK2$_{DF01}$	DF01 应用加密密钥	01	03	02	16	0

密钥用途说明:‘00’为外部认证密钥,用于外部认证命令;‘01’为传输密钥,用于数据传输时加密或

计算 MAC。

7 OBE-SAM 密钥管理

OBE-SAM 中所有密钥的装载和修改均应使用密文＋MAC 的方式，密钥定义及用途见表 12。

表 12 OBE-SAM 密钥管理

分类	密钥	用途
主控密钥	$MK_{\_MF}$	控制 MF 下文件的建立和密钥的写入
	$MK_{\_DF01}$	控制 DF01 下文件的建立和密钥的写入
维护密钥	$DAMK_{\_MF}$	发卡方或应用提供方用于产生更新二进制文件或记录命令的 MAC
	$DAMK_{\_DF01}$	
计算密钥	$RK1_{\_DF01}$	用于产生读二进制文件或记录命令的 MAC
计算密钥	$RK2_{\_DF01}$	用于加密读取车辆信息文件信息

8 OBE-SAM 复位信息的约定

OBE-SAM 复位信息中历史字节的约定（共 15 字节）见表 13。

表 13 OBE-SAM 复位信息的约定

名称	类型	长度(字节)	说明
应用标识	字母数字	1	固定为‘4A’
芯片商注册标识号	字母数字	2	芯片厂商注册标识
OBE 厂商标识	字母数字	2	OBE 厂商注册标识
COS 版本号	压缩数字	1	主版本号＋次版本号，范围 1.0～9.9
COS 修订版本号	压缩数字	1	范围 0～99
YEAR	压缩数字	1	生产年份
MON	压缩数字	1	生产月份
DAY	压缩数字	1	生产日
OBE-SAM 结构版本	压缩数字	1	OBE-SAM 结构版本号
流水号	字母数字	4	芯片厂商内部的惟一流水号

9 OBE-SAM 应用命令集

9.1 DECREASE COUNTER 命令

9.1.1 定义和范围

将系统信息文件中拆卸状态字节的数值减 1。

9.1.2 命令报文

DECREASE COUNTER 命令报文见表 14。

表 14 DECREASE COUNTER 命令报文

代码	值
CLA	'00'
INS	'59'
P1	'00'
P2	'00'
Lc	不存在
DATA	不存在
Le	'01'

9.1.3 命令报文数据域

每次固定减 1,命令报文数据域不存在。

9.1.4 响应报文数据域

返回剩余次数。

9.1.5 响应报文状态码

DECREASE COUNTER 响应报文状态码见表 15。

表 15 DECREASE COUNTER 响应报文状态码

SW1	SW2	说　明
'90'	'00'	命令执行成功
'65'	'81'	写 EEPROM 失败
'67'	'00'	Lc 长度错误
'69'	'85'	使用条件不满足,拆卸次数已经为 0
'6A'	'81'	功能不支持
'6A'	'82'	未找到文件
'6A'	'86'	参数 P1、P2 错误
'6D'	'00'	命令不存在
'6E'	'00'	CLA 错
'93'	'03'	应用永久锁定

9.2 EXTERNAL AUTHENTICATION 命令

9.2.1 定义和范围

EXTERNAL AUTHENTICATION 命令利用卡片内部的计算结果，有条件地修改安全状态。计算的方法是利用卡片中的卡片主控密钥或应用主控密钥，对卡片产生的随机数（使用 GET CHALLENGE 命令）和接口设备传输进来的认证数据进行验证。

9.2.2 命令报文

EXTERNAL AUTHENTICATION 命令报文编码见表 16。

表 16 EXTERNAL AUTHENTICATION 命令报文

代码	值
CLA	'00'
INS	'82'
P1	'00'
P2	'00'
Lc	'08'
Data	认证数据
Le	不存在

9.2.3 命令报文数据域

命令报文数据域中包含 8 字节的加密数据，该数据是用 P2 指定的密钥对此命令前一条命令"GET CHALLENGE"命令获得的随机数做 3DES 加密运算产生的。

9.2.4 响应报文数据域

响应报文数据域不存在。

9.2.5 响应报文状态码

此命令执行成功的状态码是'9000'。

IC 卡可能回送的错误状态码见表 17。

表 17 EXTERNAL AUTHENTICATION 错误状态

SW1	SW2	说　明
'63'	'CX'	认证失败，'X'为剩余的可尝试次数
'67'	'00'	Lc 不正确
'69'	'83'	认证方法锁定
'6A'	'86'	参数 P1、P2 错误
'6D'	'00'	INS 不支持或错误
'6E'	'00'	CLA 不支持或错误

9.3 GET CHALLENGE 命令

9.3.1 定义和范围

GET CHALLENGE 命令请求一个用于安全相关过程(例如安全报文)的随机数。

该随机数只用于下一条指令,无论下一条指令是否使用了该随机数,该随机数都将立即失效。

9.3.2 命令报文

GET CHALLENGE 命令报文见表 18。

表 18 GET CHALLENGE 命令报文

代码	值
CLA	'00'
INS	'84'
P1	'00'
P2	'00'
Lc	不存在
DATA	不存在
Le	'04'|'08'

9.3.3 命令报文数据域

命令报文数据域不存在。

9.3.4 响应报文数据域

响应报文数据域包括随机数,长度为 4 字节或 8 字节。

9.3.5 响应报文状态码

OBE-SAM 回送的响应信息中可能出现的状态码见表 19。

表 19 GET CHALLENGE 响应报文状态码

SW1	SW2	说　明
'90'	'00'	命令执行成功
'67'	'00'	Le 长度错误
'6A'	'81'	功能不支持
'6A'	'86'	参数 P1、P2 错误
'6D'	'00'	命令不存在
'6E'	'00'	CLA 错

9.4 GET RESPONSE 命令

9.4.1 定义和范围

当 APDU 不能用现有协议传输时,GET RESPONSE 命令提供了一种从 OBE-SAM 向接口设备传送 APDU(或 APDU 的一部分)的传输方法。

9.4.2 命令报文

GET RESPONSE 命令报文见表 20。

表 20 GET RESPONSE 命令报文

代码	值
CLA	'00'
INS	'C0'
P1	'00'
P2	'00'
Lc	不存在
DATA	不存在
Le	响应的最大数据长度

9.4.3 命令报文数据域

命令报文数据域不存在。

9.4.4 响应报文数据域

响应报文数据域的长度由 Le 的值决定。

如果 Le 的值为零,在附加数据有效时,OBE-SAM 应回送状态码'6Cxx',否则回送状态码'6F00'。

9.4.5 响应报文状态码

OBE-SAM 回送的响应信息中可能出现的状态码见表 21。

表 21 GET RESPONSE 响应报文状态码

SW1	SW2	说　明
'90'	'00'	命令执行成功
'61'	'xx'	还有 xx 字节需要返回
'62'	'81'	回送数据可能有错
'67'	'00'	Lc 或 Le 长度错误
'6A'	'86'	参数 P1、P2 错误
'6C'	'xx'	长度错误,'xx'表示实际长度
'6D'	'00'	命令不存在
'6E'	'00'	CLA 错
'6F'	'00'	数据无效

9.5 Get SN 命令

9.5.1 定义和范围

读取 OBE-SAM 模块中卡商惟一的芯片序列号，自由读取。

9.5.2 命令报文

Get SN 命令报文见表 22。

表 22 Get SN 命令报文

代码	值
CLA	'80'
INS	'F6'
P1	'00'
P2	'03'
Lc	不存在
DATA	不存在
Le	'04'

9.5.3 命令报文数据域

命令报文数据域不存在。

9.5.4 响应报文数据域

响应报文数据域包括四字节芯片序列号。

9.5.5 响应报文状态码

OBE-SAM 回送的响应信息中可能出现的状态码见表 23。

表 23 Get SN 响应报文状态码

SW1	SW2	说　明
'90'	'00'	命令执行成功
'6A'	'86'	参数 P1、P2 错误
'6C'	'xx'	Le 错误
'6D'	'00'	命令不存在
'6E'	'00'	CLA 错

9.6 READ DATA 命令

9.6.1 定义和范围

READ DATA 命令用于读出应用车辆信息文件中的数据，读出的数据为密文。

9.6.2 命令报文

READ DATA 命令报文见表 24。

表 24 READ DATA 命令报文

代码	值
CLA	‘00’
INS	‘B4’
P1	偏移地址高字节
P2	偏移地址低字节
Lc	‘0A’
DATA	随机数(8 B)+期望读取的信息数据明文长度(1 B)+密钥版本(1 B)
Le	‘00’

9.6.3 命令报文数据域

命令报文长度为‘0A’,读取车辆信息文件时,OBE-SAM 将先通过随机数和期望读取的明文数据计算鉴别码。然后以下面格式组织数据并加密:鉴别码+期望读取的数据明文。

9.6.4 响应报文数据域

命令执行后,OBE-SAM 会先计算鉴别码,然后将鉴别码+读取数据,并以密文形式返回加密读取结果。

鉴别码的计算方法:

a) 将文件数据进行 CRC 计算(多项式 $X^{16}+X^{12}+X^{5}+1$,起始 0xFFFF),产生两字节 CRC0 和 CRC1;

b) 将送入的随机数(8 bytes)最低两字节分别更换为 CRC1、CRC0,形成 8 字节临时数据;

c) 使用计算密钥对 8 字节数据进行加密计算:

mac = TDES(KEYmac,CRC0||CRC1||rand(高 6 字节))

加密计算方法:

a) 用 LD(1 字节)表示明文数据的长度,在明文数据前加上 LD 产生新的数据块;

b) 将该数据块分成 8 字节为单位的数据块,表示为 BLOCK1、BLOCK2、BLOCK3、BLOCK4 等。最后的数据块有可能是 1 个字节～8 个字节;

c) 如果最后(或惟一)的数据块的长度是 8 字节的话,转到 d);如果不足 8 字节,则在其后加入 16 进制数‘80’,如果达到 8 字节长度,则转到 d);否则在其后加入 16 进制数‘00’直到长度达到 8 字节;

d) 使用计算密钥对每一个数据块进行 TDES 加密;

e) 计算结束后,所有加密后的数据块依照原顺序连接在一起。

9.6.5 响应报文状态码

OBE-SAM 回送的响应信息中可能出现的状态码见表 25。

表 25　READ DATA 响应报文状态码

SW1	SW2	说　明
'90'	'00'	命令执行成功
'61'	'xx'	还有'xx'字节要返回
'62'	'81'	部分回送的数据可能有错
'65'	'81'	写 EEPROM 失败
'67'	'00'	Lc 长度错误
'69'	'81'	当前文件不是二进制文件
'69'	'85'	使用条件不满足
'6A'	'81'	功能不支持
'6A'	'82'	未找到文件
'6A'	'86'	参数 P1、P2 错误
'6A'	'88'	未找到密钥数据
'6B'	'00'	起始地址超出范围
'6C'	'xx'	Le 长度错误。'xx'表示实际长度
'6D'	'00'	命令不存在
'6E'	'00'	CLA 错
'93'	'03'	应用永久锁定

9.7　READ BINARY 命令

9.7.1　定义和范围

READ BINARY 命令用于读出二进制文件的内容(或部分内容)。

9.7.2　命令报文

READ BINARY 命令报文见表 26。

表 26　READ BINARY 命令报文

<table>
<tr><th>代码</th><th colspan="9">值</th></tr>
<tr><td>CLA</td><td colspan="9">'00'或'04'</td></tr>
<tr><td>INS</td><td colspan="9">'B0'</td></tr>
<tr><td rowspan="3">P1</td><td>b8</td><td>b7</td><td>b6</td><td>b5</td><td>b4</td><td>b3</td><td>b2</td><td>b1</td><td>说　明</td></tr>
<tr><td>0</td><td>x</td><td>x</td><td>x</td><td>x</td><td>x</td><td>x</td><td>x</td><td>当前文件高位地址</td></tr>
<tr><td>1</td><td>0</td><td>0</td><td>x</td><td>x</td><td>x</td><td>x</td><td>x</td><td>通过 SFI 方式访问</td></tr>
<tr><td>P2</td><td colspan="9">若 P1 的 b8=0,P2 为文件的低位地址;
若 P1 的 b8=1,P2 为文件地址</td></tr>
<tr><td>Lc</td><td colspan="9">1)不存在——明文方式;2)'04'——校验方式</td></tr>
<tr><td>DATA</td><td colspan="9">1)不存在——明文方式;2)MAC——校验方式</td></tr>
<tr><td>Le</td><td colspan="9">期望返回的数据长度</td></tr>
</table>

9.7.3 命令报文数据域

一般情况下命令报文数据域不存在。当使用安全报文时，命令报文数据域中应包含 MAC。MAC 的计算方法和长度由应用决定。

9.7.4 响应报文数据域

当 Le 的值为零时，只要文件的最大长度在 256(短长度)或 65536(扩展长度)之内，则其全部字节将被读出。

9.7.5 响应报文状态码

OBE-SAM 回送的响应信息中可能出现的状态码见表 27。

表 27 READ BINARY 响应报文状态码

SW1	SW2	说　明
'90'	'00'	命令执行成功
'61'	'xx'	还有 xx 字节要返回
'62'	'81'	部分回送的数据可能有错
'62'	'82'	文件长度小于 Le
'65'	'81'	写 EEPROM 失败
'67'	'00'	Lc 长度错误
'69'	'81'	当前文件不是二进制文件
'69'	'82'	不满足安全状态
'69'	'83'	认证密钥锁定
'69'	'84'	引用数据无效(未申请随机数)
'69'	'85'	使用条件不满足
'69'	'86'	没有选择当前文件
'69'	'88'	安全信息(MAC 和加密)数据错误
'6A'	'81'	功能不支持
'6A'	'82'	未找到文件
'6A'	'86'	参数 P1、P2 错误
'6A'	'88'	未找到密钥数据
'6B'	'00'	起始地址超出范围
'6C'	'xx'	Le 长度错误。'xx'表示实际长度
'6D'	'00'	命令不存在
'6E'	'00'	CLA 错
'93'	'03'	应用永久锁定

9.8 READ RECORD 命令

9.8.1 定义和范围

READ RECORD 命令读记录文件中的内容。

9.8.2 命令报文

READ RECORD 命令报文见表 28。

表 28 READ RECORD 命令报文

代码	值								
CLA	'00'或'04'								
INS	'B2'								
P1	记录号								
P2	b8	b7	b6	b5	b4	b3	b2	b1	说 明
	0	0	0	0	0	—	—	—	当前文件
	x	x	x	x	x	—	—	—	通过 SFI 方式访问
	—	—	—	—	—	1	0	0	P1 指定的记录号
	其他值								保留
Lc	1) 不存在——明文方式;2)'04'——校验方式								
DATA	1)不存在——明文方式;2)MAC——校验方式								
Le	期望返回的记录数据								

9.8.3 命令报文数据域

一般情况下命令报文数据域不存在。当使用安全报文时,命令报文数据域中应包含 MAC。MAC 的计算方法和长度由应用决定。

9.8.4 响应报文数据域

所有执行成功的 READ RECORD 命令的响应报文数据域由读取的记录组成。

9.8.5 响应报文状态码

OBE-SAM 回送的响应信息中可能出现的状态码见表 29。

表 29 READ RECORD 响应报文状态码

SW1	SW2	说 明
'90'	'00'	命令执行成功
'61'	'xx'	还有 xx 字节需要返回
'62'	'81'	回送的数据可能有错

表 29（续）

SW1	SW2	说　　明
‘64’	‘00’	标志状态位没变
‘65’	‘81’	写 EEPROM 失败
‘67’	‘00’	Lc 长度错误
‘69’	‘81’	当前文件不是记录文件
‘69’	‘82’	不满足安全状态
‘69’	‘83’	认证密钥锁定
‘69’	‘84’	引用数据无效(未申请随机数)
‘69’	‘85’	使用条件不满足
‘69’	‘86’	没有选择当前文件
‘69’	‘88’	安全信息(MAC 和加密)数据错误
‘6A’	‘81’	功能不支持
‘6A’	‘82’	未找到文件
‘6A’	‘83’	未找到记录
‘6A’	‘85’	Lc 与 TLV 结构不匹配
‘6A’	‘86’	参数 P1、P2 错误
‘6A’	‘88’	未找到密钥数据
‘6C’	‘xx’	Le 错误,‘xx’表示实际长度
‘6D’	‘00’	命令不存在
‘6E’	‘00’	CLA 错
‘93’	‘03’	应用永久锁定

9.9 SELECT FILE 命令

9.9.1 定义和范围

SELECT FILE 命令通过文件标识或应用名选择 OBE-SAM 中的 MF、DDF、ADF 或 EF 文件。

成功执行该命令设定 MF、DDF 或 ADF 的路径。

应用到 EF 的后续命令将采用 SFI 方式联系到所选定的 MF、DDF 或 ADF。

从 OBE-SAM 返回的应答报文包含回送 FCI。

FCI 数据从数据分组中获得。

9.9.2 命令报文

SELECT FILE 命令报文见表 30

表 30　SELECT FILE 命令报文

代码	数　值
CLA	‘00’
INS	‘A4’
P1	‘00’通过 FID 选择 DF、EF，当 Lc=‘00’时，选 MF ‘04’通过 DF 名选择应用
P2	‘00’ ‘02’选择下一个文件(P1=‘04’)
Lc	P1=‘00’时，Lc=‘00’或‘02’ P1=‘04’时，Lc=‘01’～‘10’
DATA	文件标识符(FID—2 字节) 应用名(App-Name，P1=‘04’)
Le	FCI 文件的信息长度(选择 DF 时)

9.9.3　命令报文数据域

命令报文数据域应包括所选择的 DDF 名、DF 名或 FID，以及 EF 的 FID。

9.9.4　响应报文数据域

响应报文数据域中的数据应包括所选择的 MF、DDF、ADF 的 FCI。

成功选择 MF 后回送的 FCI 见表 31。

表 31　成功选择 MF 响应报文 FCI

<table>
<tr><td>标识</td><td colspan="3">值</td><td>存在性</td></tr>
<tr><td>‘6F’</td><td colspan="3">FCI 模板</td><td>M</td></tr>
<tr><td rowspan="2"></td><td>‘84’</td><td colspan="2">DF</td><td>M</td></tr>
<tr><td>‘A5’</td><td colspan="2">FCI 数据专用模板</td><td>M</td></tr>
<tr><td colspan="2" rowspan="2"></td><td>‘88’</td><td>目录基本文件的 SFI</td><td>M</td></tr>
<tr><td>‘9F0C’</td><td>FCI 文件内容</td><td>O</td></tr>
</table>

成功选择 DDF 后回送的 FCI 见表 32。

表 32　成功选择 DDF 响应报文 FCI

<table>
<tr><td>标签</td><td colspan="3">值</td><td>存在性</td></tr>
<tr><td>‘6F’</td><td colspan="3">FCI 模板</td><td>M</td></tr>
<tr><td rowspan="2"></td><td>‘84’</td><td colspan="2">DF 名</td><td>M</td></tr>
<tr><td>‘A5’</td><td colspan="2">FCI 数据专用模板</td><td>M</td></tr>
<tr><td colspan="2" rowspan="2"></td><td>‘88’</td><td>目录基本文件的 SFI</td><td>M</td></tr>
<tr><td>‘9F0C’</td><td>FCI 文件内容</td><td>O</td></tr>
</table>

成功选择 ADF 后回送的 FCI 见表 33。

表 33　成功选择 ADF 响应报文 FCI

标签	值			存在性
‘6F’	FCI 模板			M
	‘84’	DF 名		M
	‘A5’	FCI 数据专用模板		M
		‘9F0C’	FCI 文件内容	O

9.9.5　响应报文状态码

OBE-SAM 回送的响应信息中可能出现的状态码见表 34。

表 34　SELECT FILE 响应报文状态码

SW1	SW2	说　明
‘90’	‘00’	命令执行成功
‘62’	‘83’	选择文件无效
‘62’	‘84’	FCI 格式与 P2 指定的不符
‘64’	‘00’	标志状态位没变
‘67’	‘00’	Lc 长度错误
‘6A’	‘81’	功能不支持
‘6A’	‘82’	未找到文件
‘6A’	‘86’	参数 P1、P2 错误
‘6A’	‘87’	Lc 与 P1P2 不匹配
‘6D’	‘00’	命令不存在
‘6E’	‘00’	CLA 错
‘93’	‘03’	应用永久锁定

9.10　UPDATE BINARY 命令

9.10.1　定义和范围

UPDATE BINARY 命令用于更新二进制文件中的数据。

9.10.2　命令报文

UPDATE BINARY 命令报文见表 35。

表 35 UPDATE BINARY 命令报文

代码	值								
CLA	'00'或'04'								
INS	'D6'								
P1	b8	b7	b6	b5	b4	b3	b2	b1	说　明
	0	x	x	x	x	x	x	x	当前文件高位地址
	1	0	0	x	x	x	x	x	通过 SFI 方式访问
P2	若 P1 的 b8=0,P2 为文件的低位地址； 若 P1 的 b8=1,P2 为文件地址								
Lc	DATA 域数据长度								
DATA	明文方式：　明文数据； 加密方式：　密文数据； 校验方式：　明文数据||校验码； 校验加密方式:密文数据||校验码								
Le	不存在								

9.10.3 命令报文数据域

命令报文数据域包括更新原有数据的数据域。

9.10.4 响应报文数据域

响应报文数据域不存在。

9.10.5 响应报文状态码

OBE-SAM 回送的响应信息中可能出现的状态码见表 36。

表 36 UPDATE BINARY 响应报文状态码

SW1	SW2	说　明
'90'	'00'	命令执行成功
'65'	'81'	写 EEPROM 失败
'67'	'00'	Lc 长度错误
'69'	'81'	当前文件不是二进制文件
'69'	'82'	不满足安全状态
'69'	'83'	认证密钥锁定
'69'	'84'	引用数据无效(未申请随机数)
'69'	'85'	使用条件不满足
'69'	'86'	未选择文件
'69	'88'	安全信息(MAC 和加密)数据错误

表 36（续）

SW1	SW2	说明
‘6A’	‘81’	功能不支持
‘6A’	‘82’	未找到文件
‘6A’	‘86’	参数 P1、P2 错误
‘6A’	‘88’	未找到密钥数据
‘6B’	‘00’	起始地址超出范围
‘6D’	‘00’	命令不存在
‘6E’	‘00’	CLA 错
‘93’	‘03’	应用永久锁定

9.11 UPDATE RECORD 命令

9.11.1 定义和范围

UPDATE RECORD 命令用于更新记录文件中的数据。

在使用当前记录地址时，该命令将在修改记录成功后重新设定记录指针。

9.11.2 命令报文

UPDATE RECORD 命令报文见表 37。

表 37 UPDATE RECORD 命令报文

<table>
<tr><th>代码</th><th colspan="9">值</th></tr>
<tr><td>CLA</td><td colspan="9">‘00’或’04’</td></tr>
<tr><td>INS</td><td colspan="9">‘DC’</td></tr>
<tr><td>P1</td><td colspan="9">P1＝ ‘00’ 表示当前记录
P1≠ ‘00’ 表示指定的记录号</td></tr>
<tr><td rowspan="9">P2</td><td>B8</td><td>b7</td><td>b6</td><td>b5</td><td>b4</td><td>b3</td><td>b2</td><td>b1</td><td>说明</td></tr>
<tr><td>0</td><td>0</td><td>0</td><td>0</td><td>0</td><td>—</td><td>—</td><td>—</td><td>当前文件</td></tr>
<tr><td>x</td><td>x</td><td>x</td><td>x</td><td>x</td><td>—</td><td>—</td><td>—</td><td>通过 SFI 方式访问</td></tr>
<tr><td>—</td><td>—</td><td>—</td><td>—</td><td>—</td><td>1</td><td>0</td><td>0</td><td>P1 指定的记录号</td></tr>
<tr><td>—</td><td>—</td><td>—</td><td>—</td><td>—</td><td>0</td><td>0</td><td>0</td><td>第一条记录</td></tr>
<tr><td>—</td><td>—</td><td>—</td><td>—</td><td>—</td><td>0</td><td>0</td><td>1</td><td>最后一条记录</td></tr>
<tr><td>—</td><td>—</td><td>—</td><td>—</td><td>—</td><td>0</td><td>1</td><td>0</td><td>下一条记录</td></tr>
<tr><td>—</td><td>—</td><td>—</td><td>—</td><td>—</td><td>0</td><td>1</td><td>1</td><td>前一条记录</td></tr>
<tr><td colspan="8">任何其他值</td><td>保留</td></tr>
<tr><td>Lc</td><td colspan="9">DATA 域数据长度</td></tr>
<tr><td>DATA</td><td colspan="9">明文方式： 明文记录数据；
加密方式： 密文记录数据；
校验方式： 明文记录数据||校验码；
校验加密方式：密文记录数据|校验码</td></tr>
<tr><td>Le</td><td colspan="9">不存在</td></tr>
</table>

9.11.3 命令报文数据域

命令报文数据域由更新原有记录的新记录组成。

9.11.4 响应报文数据域

响应报文数据域不存在。

9.11.5 响应报文状态码

OBE-SAM 回送的响应信息中可能出现的状态码见表 38。

表 38 UPDATE RECORD 响应报文状态码

SW1	SW2	说明
'90'	'00'	命令执行成功
'65'	'81'	写 EEPROM 失败
'67'	'00'	Lc 长度错误
'69'	'81'	当前文件不是记录文件
'69'	'82'	不满足安全状态
'69'	'83'	认证密钥锁定
'69'	'84'	引用数据无效(未申请随机数)
'69'	'85'	使用条件不满足
'69'	'86'	未选择文件
'69'	'88'	安全信息(MAC 和加密)数据错误
'6A'	'81'	功能不支持
'6A'	'82'	未找到文件
'6A'	'83'	未找到记录
'6A'	'84'	存储空间不够
'6A'	'85'	Lc 与 TLV 结构不匹配
'6A'	'86'	参数 P1、P2 错误
'6A'	'88'	未找到密钥数据
'6D'	'00'	命令不存在
'6E'	'00'	CLA 错
'93'	'03'	应用永久锁定

9.12 UPDATE KEY 命令

9.12.1 定义和范围

UPDATE KEY 命令用于更新一个已经存在的密钥。(用于装载正式密钥)

本命令可支持 8 字节或 16 字节的密钥，密钥写入应采用密文+MAC 的方式，在主控密钥的控制下进行。

在密钥装载前应用 GET CHANLLEGE 命令从 OBE-SAM 取一个四字节的随机数。

9.12.2 命令报文

UPDATE KEY 命令报文见表 39。

表 39 UPDATE KEY 命令报文

代 码	值
CLA	‘84’
INS	‘D4’
P1	‘01’
P2	‘00’:更新主控密钥 ‘FF’:更新其他密钥
Lc	‘14’或‘1C’
DATA	密文密钥信息 | | MAC
Le	不存在

9.12.3 命令报文数据域

命令报文数据域包括要装载的密钥密文信息和 MAC。

密钥密文信息是用主控密钥对以下数据加密(按所列顺序)产生的:

- 密钥用途;
- 密钥标识;
- 版本;
- 密钥值。

MAC 是用主控密钥对以下数据进行 MAC 计算(按所列顺序)产生的:

- CLA;
- INS;
- P1;
- P2;
- Lc;
- 密钥密文信息。

装载 8 字节的单长度密钥时,数据长度为 14 h;装载 16 字节的双长度密钥时,数据长度为 1 Ch。

9.12.4 响应报文数据域

响应报数据域不存在。

9.12.5 响应报文状态码

响应信息中可能返回的状态码见表 40。

表 40 UPDATE KEY 响应报文状态码

SW1	SW2	说　明
'90'	'00'	命令执行成功
'65'	'81'	写 EEPROM 失败
'67'	'00'	Lc 长度错误
'69'	'82'	不满足安全状态
'69'	'83'	认证密钥锁定
'69'	'84'	引用数据无效(未申请随机数)
'69'	'85'	使用条件不满足
'69'	'88'	安全信息(MAC 和密文)数据错误
'6A'	'80'	数据域参数错误
'6A'	'81'	功能不支持
'6A'	'82'	未找到文件
'6A'	'83'	未找到密钥数据
'6A'	'84'	文件空间已满
'6A'	'86'	参数 P1、P2 错误
'6A'	'88'	未找到密钥数据
'6D'	'00'	命令不存在
'6E'	'00'	CLA 错
'93'	'03'	应用永久锁定

参 考 文 献

［1］ GB/T 2261—2003 个人基本信息分类与代码
［2］ GB/T 18277—2000 公路收费制式
［3］ GB/T 18367—2001 公路收费方式

ICS 35.200;35.240.60
L 65

中华人民共和国国家标准

GB/T 28421—2012

电子收费 基于专用短程通信的电子收费交易

Electronic toll collection—ETC transaction for DSRC

2012-06-29 发布 2012-10-01 实施

中华人民共和国国家质量监督检验检疫总局
中国国家标准化管理委员会 发布

前　言

本标准按照 GB/T 1.1—2009 给出的规则起草。

本标准由全国智能运输系统标准化技术委员会(SAC/TC 268)提出并归口。

本标准起草单位:交通运输部公路科学研究院、上海东海电脑股份有限公司。

本标准主要起草人:杨蕴、陈丙勋、刘鸿伟、肖迪、王荣。

电子收费 基于专用短程通信的电子收费交易

1 范围

本标准规定了公路电子收费应用中路侧设备(RSE)与车载设备(OBE)的专用短程通信(DSRC)物理、链路参数、交易流程总体框架、各静态数据帧的详细内容和格式编码,以及正常的交互时序。

本标准适用于公路电子收费系统,车辆出入管理、城市道路收费等领域可参照使用。

2 规范性引用文件

下列文件对于本文件的应用是必不可少的。凡是注日期的引用文件,仅注日期的版本适用于本文件。凡是不注日期的引用文件,其最新版本(包括所有的修改单)适用于本文件。

GB/T 20135 智能运输系统 电子收费 系统框架模型

GB/T 20839 智能运输系统 通用术语

GB/T 20851.1 电子收费 专用短程通信 第1部分:物理层

GB/T 20851.2 电子收费 专用短程通信 第2部分:数据链路层

GB/T 20851.3 电子收费 专用短程通信 第3部分:应用层

GB/T 20851.4 电子收费 专用短程通信 第4部分:设备应用

JR/T 0025—2005 中国金融集成电路IC卡规范

3 术语、定义和缩略语

3.1 术语和定义

GB/T 20135 和 GB/T 20839 中界定的术语和定义适用于本文件。

3.2 缩略语

下列缩略语适用于本文件。

ASN.1:抽象语法记法一(Abstract Syntax Notation One)

BST:信标服务表(Beacon Service Table)

CPU:中央处理单元(Central Process Unit)

DSRC:专用短程通信(Dedicated Short Range Communication)

ETC:电子收费(Electronic Toll Collection)

FCI:文件控制信息(File Control Information)

ICC-PSAM:集成电路卡-消费安全访问模块(Integrate Circuit Card—Payment Security Access Module)

LPDU:逻辑链路控制协议数据单元(LLC Protocol Data Unit)

OBE:车载设备(On-board Equipment)

OBU:车载单元(On-board Unit)

PBOC：中国人民银行(People Bank of China)
RSE：路侧设备(Roadside Equipment)
RSU：路侧单元(Roadside Unit)
TAC：交易认证码(Transaction Authorization Cryptogram)
T-APDU：传送-应用协议数据单元(Transfer Application Protocol Data Unit)
UI：无编号信息(Unnumbered Information)
VST：车辆服务表(Vehicle Service Table)

4 物理层

上、下行链路的前导码为16位二进制"1"后跟16位二进制"0"组成，其他规定见GB/T 20851.1。

5 数据链路层

数据链路层参数Tu调整为3 ms，N1调整为0～2，其他规定见GB/T 20851.2。

6 交易流程总体框架

6.1 通信阶段划分

整个交易过程可划分为通信链路建立及应用信息获取、获取OBE数据、ICC-PSAM消费交易、用户提示、链路释放等五个阶段。OBE和RSE之间的认证包含在前两个阶段中，ICC-PSAM间安全认证过程包含在第三个阶段中。

6.1.1 通信链路建立及应用信息获取阶段

该阶段主要完成通信链路的建立，协商通信参数，协商应用参数，获取部分应用信息等。其过程如下：

——RSE：BST；
——OBE：VST。

6.1.2 获取OBE数据阶段

读取OBE信息，主要是车辆信息文件中的车型信息，可完成OBE和RSE间的认证。其过程如下：

——RSE：GetSecure. request；
——OBE：GetSecure. response。

6.1.3 ICC-PSAM消费交易阶段

使用多条TransferChannel完成ICC-PSAM的消费交易流程。费率计算由车道计算机完成，车型来自于OBE，计算过程同人工收费。其过程如下：

——RSE：TransferChannel. request；
——OBE：TransferChannel. response。

6.1.4 用户提示阶段

提示用户交易结果。其过程如下：

——RSE：SetMMI. request；

——OBE:SetMMI. response。

6.1.5 链路释放阶段

RSE释放与OBE的通信连接。

RSE:Event-Report(Release)。

6.2 原语拼接

交易中多个原语可通过拼接的方式实现,示例参见附录A。

最后一个 TransferChannel. request 和 SetMMI. request 可采用链接的方式拼接到同一个LSDU中,亦即采用“带有链接的拼接”,见GB/T 20851.3。

7 DSRC 数据帧格式

7.1 概述

本标准只描述了ETC应用中涉及的BST、VST、GetSecure、TransferChannel、SetMMI、Event-Report(Release),其他原语的格式不做规范。

7.2 BST

7.2.1 简要说明

LLC层使用UI命令。

APP层使用 Initialization. request,T-APDUs=Initialization-Request=BST。

7.2.2 数据定义

BST的ASN.1数据结构说明如下。

```
BST::=SEQUENCE{
    fill                        BIT STRING(SIZE(3)),
    rsu                         BeaconID,
    time                        Time,
    profile                     Profile,
    mandapplications            ApplicationList,
    nonmandapplications         ApplicationList OPTIONAL,
    profileList                 SEQUENCE(SIZE(0..127,...)) OF Profile
    }
```

公路电子收费系统应用中无 nonmandapplications 数据元。

其中:

```
BeaconID::= SEQUENCE{
    manufacturerID          INTEGER(0..255), --1字节
    individuaLID            INTEGER(0..16777215) --3字节
}

ApplicationList::=SEQUENCE (SIZE (0..127,...)) OF
    SEQUENCE{
```

```
        aid                          DSRCApplicationEntityID,
        did                          Dsrc-DID      OPTIONAL,
        applicationParameter         ApplicationContextMark   OPTIONAL
        }
```

ApplicationList 编码说明如下：

- ApplicationList 的 SEQUENCE{}元素无扩展；
- 1 个应用，取值 1；
- 无 did；
- 有/无 applicationParameter。
- aid=1。

applicationParameter 可用于指示当前使用的交易模型等应用参数信息，是否存在取决于具体应用。其具体格式见第 9 章。

profileList　　　--无扩展；0 个 Profile。

其编码为“0000 0000”。

7.3 VST

7.3.1 简要说明

LLC 层使用 UI 命令。

APP 层使用 Initialization. response，T-APDUs=Initialization-Response=VST。

7.3.2 数据定义

VST 的 ASN.1 数据结构说明如下。

```
VST::=SEQUENCE{
      fill                         BIT STRING (SIZE(4)),
      profile                      Profile,
      applications                 ApplicationList,
      obuConfiguration             ObuConfiguration
      }
```

其中：

```
ApplicationList::=SEQUENCE (SIZE (0..127,...)) OF
  SEQUENCE{
        aid                          DSRCApplicationEntityID,
        did                          Dsrc-DID      OPTIONAL,
        applicationParameter         ApplicationContextMark   OPTIONAL
        }
```

ApplicationList 编码说明如下：

- SEQUENCE{}元素无扩展；
- 有 did；
- 有 applicationParameter；
- aid=1。

```
Dsrc-DID::=INTEGER(0..127,...)
--无扩展,ETC 应用目录号为 1,取值 1。
```

GB/T 20851.3 中,applicationParameter 的类型定义为 ApplicationContextMark,其 ASN.1 定义如下:

```
ApplicationContextMark::=Container
    (WITH COMPONENTS {octetstring   PRENSENT})
    --ApplicationContextMark 的示例见 GB/T 20851.4,参考 SysInfoFile 的相关内容。
```

本标准在 GB/T 20851.3 的基础上补充规定 VST 中的 applicationParameter 的 ASN.1 定义为:

```
VSTApplicationContextMark ::= SEQUENCE {
    sysInfo             Container,
    rndOBE              Container         OPTIONAL,
    privateInfo         Container         OPTIONAL,
    gbICCInfo           Container         OPTIONAL,
    reservedInfo1       Container         OPTIONAL,
    reservedInfo2       Container         OPTIONAL,
    reservedInfo3       Container         OPTIONAL,
    reservedInfo4       Container         OPTIONAL,
    reservedInfo5       Container         OPTIONAL
}
```

reservedInfo1～5 保留给未来其他应用系统使用。

本标准在 GB/T 20851.3 的基础上对 Container 进行扩充定义如下:

```
Container::=CHOICE{
    ...,
    sysInfo   [39] SysInfo, --存放 OBE 中 SysInfoFile 中的部分内容,减少上传无效数据
    ...
}
```

SysInfo 的 ASN.1 类型定义为:

```
SysInfo::=SEQUENCE{
    contractProvider            OCTET STRING (SIZE(8)),
    contractType                INTEGER(0..127,...),
    contractVersion             INTEGER(0..127,...),
    contractSerialNumber        ContractSerialNumber,
    contractSignedDate          Date,
    contractExpiredDate         Date
}
```

rndOBE 使用 Container[29],其 ASN.1 类型为 Rand。

```
Rand::=OCTET STRING (SIZE(8))
```

privateInfo 用于存放各地方专有应用的相关信息,具体定义见相应地方规范。

gbICCInfo 用于存放国标储值卡、记账卡中卡片发行信息、钱包余额及入口信息等。

VST 中，ObuStatus 的 ASN.1 定义如下：

```
ObuStatus::=SEQUENCE{
    iccPresent      BOOLEAN,--存在(0),无(1)
    iccType         BIT STRING (SIZE(3)),
    iccStatus           BOOLEAN,--CPU 用户卡正常(0),出错(1)
    locked          BOOLEAN,--OBU 未锁(0),被锁(1)
    tampered            BOOLEAN,--OBU 未被拆动(0),被拆动(1)
    battery         BOOLEAN,--OBU 电池正常(0),电池电量低(1)
    reservedBits        BIT STRING (SIZE(8))  --ESAM 第 27 字节"拆卸状态"
}
```

其中，iccType 的最低有效位(Bit4)指示卡片是 CPU 卡还是逻辑加密卡，次低有效位(Bit5)指示卡片使用接触式界面还是非接触界面。据此规则，iccType 的格式定义见表 1。

表 1 iccType 编码含义

	Bit6(保留比特)	Bit5	Bit4
接触式 CPU 卡	0	0	0
非接触 CPU 卡	0	1	0
接触式逻辑加密卡	0	0	1
非接触逻辑加密卡	0	1	1

7.4 GetSecure.request

7.4.1 简要说明

LLC 层使用 ACn 命令。

APP 层使用 Action.request，T-APDUs=Action-Request。

GetSecure.request 原语可携带访问证书(AccessCredentials)，用于获得读取 OBE 中数据的权限，实现 OBE 对 RSE 的单方向认证。

该原语请求从 OBE 中获得一个使用指定密钥计算得到的鉴别报文(Authenticator)，在保护 DSRC 传输过程中的数据完整性的同时，也实现了 RSE 对 OBE 合法性的单方向认证。

7.4.2 数据定义

GetSecure.request 的 ASN.1 数据结构说明如下。

```
Action-Request::=SEQUENCE{
    mode                BOOLEAN,
    did                 Dsrc-DID,
    actionType          ActionType,
    accessCredentials   OCTET STRING (SIZE(0..127,...)) OPTIONAL,
    actionParameter     Container OPTIONAL,
    iid                 Dsrc-DID OPTIONAL
    }
```

accessCredentials 可选性使用，actionParameter 应存在、iid 不存在。

其中：

- mode：采用确认模式，取值为 1。
- Dsrc-DID：：＝INTEGER（0..127，...）无扩展，ETC 应用目录号为 1，取值 1。
- ActionType：：＝INTEGER（0..127，...） 无扩展，getSecure 为 0，取值 0。
- accessCredentials OCTET STRING（SIZE（0..127，...）

无扩展，Length 为 8，取值 8。accessCredentials 的取值为 8 字节。

accessCredentials 为 RSE 计算得到的访问证书，可用于 accessCredentials 计算的随机数 RndOBE 可从前述 VST 中获得。

actionParameter Container

为 Container 类型，Container. Type＝20（GetSecureRq）

GB/T 20851.4 中规定：

```
GetSecureRq::=SEQUENCE{
    fill               BIT STRING (SIZE(7)),
    fileid             FID,
    offset             INTEGER(0..65535,...),
    length             INTEGER(0..127,...),
    rndRsuForAuthen    Rand,
    keyIdForAuthen     INTEGER(0..255),
    keyIdForEncrypt    INTEGER(0..255) OPTIONAL
}
```

fileid FID，

FID：：＝INTEGER（0..127，...），无扩展。ETC 应用目录号＝1（前面已定义），车辆信息文件的文件号＝1，取值 1。

offset INTEGER（0..65535，...），

无扩展，取值等于实际的偏移量。

length INTEGER（0..127，...），

无扩展，取值等于需要读取的数据的实际长度。

根据 GB/T 20851.4 规定，ETC 车辆信息文件的文件内容定义如下：

```
EtcVehicleFile::=SEQUENCE{
    vehicleLicencePlateNumber     OCTET STRING (SIZE(12)),
    vehicleLicencePlateColor      OCTET STRING (SIZE(2)),
    vehicleClass                  INTEGER(0..127,...),
    vehicleUserType               INTEGER(0..127,...),
    vehicleDimensions             VehicleDimensions,
    vehicleWheels                 INTEGER(0..127,...),
    vehicleAxles                  INTEGER(0..127,...),
    vehicleWheelBases             INTEGER(0..65535),
    vehicleWeightLimits           INTEGER(0..16777215),
```

```
    vehicleSpecificInfomation         OCTET STRING (SIZE(16)),
    vehicleEngineNumber               OCTET STRING(SIZE(16)),
    vehicleReserved                   OCTET STRING(SIZE(10))
}
```

rndRsuForAuthen　Rand,
其定义为 OCTET STRING (SIZE(8)),占 8 字节。填入 RSE/车道计算机产生的随机数。

keyIdForAuthen　　INTEGER(0..255),
用于指示信息鉴别密钥(etcEncryptKey)的密钥标识。

keyIdForEncrypt　　INTEGER(0..255),
用于指示加密密钥(etcEncryptKey)的版本密钥标识。

ETC 应用中 GetSecure.request 请求的车辆信息文件需要加密,keyIdForEncrypt 应存在,并用于指示加密密钥(etcEncryptKey)的密钥标识。信息鉴别密钥(etcEncryptKey)的密钥标识与加密密钥(etcEncryptKey)的密钥标识相同。

7.5 GetSecure.response

7.5.1 简要说明

LLC 层使用 ACn 响应。

APP 层使用 Action.response,T-APDUs=Action-Response。

GetSecure.response 原语应携带 OBE 使用指定密钥计算得到的鉴别报文(Authenticator),在保护 DSRC 传输过程中的数据完整性的同时,也让 RSE 完成对 OBE 合法性的单方向认证。

7.5.2 数据定义

GetSecure.response 的 ASN.1 数据结构说明如下。

```
Action-Response::=SEQUENCE{
    fill                 BIT STRING (SIZE(2)),
    did                  Dsrc-DID,
    responseParameter    Container OPTIONAL,
    iid                  Dsrc-DID OPTIONAL,
    ret                  ReturnStatus
}
```

注:responseParameter 应存在、iid 不存在。

其中:

- Dsrc-DID::=INTEGER(0..127,...)　无扩展,ETC 应用目录号为 1,取值 1。
- responseParameter　Container

为 Container 类型,Container.Type=21(GetSecureRs)

GB/T 20851.4 中规定:

```
GetSecureRs::=SEQUENCE {
    fileid               FID,
```

```
file                  File,
authenticator         OCTET STRING (SIZE(8))
}
```

其中：

- fileid   FID,

FID::= INTEGER(0..127,...)，无扩展，车辆信息文件的文件号=1，取值1；

- file   File,

File::= OCTET STRING(SIZE(0..127, ...))

用于存放 GetSecure. request 中请求文件的长度及内容；

- authenticator   OCTET STRING (SIZE(8))

用于存放 RSE 对 OBE 进行认证的信息鉴别码。本标准规定，在采用 ESAM 的 MAC 加密认证模式下，authenticator 填入 8 字节的“0x00”。

7.6 TransferChannel. request

7.6.1 简要说明

LLC 层使用 ACn 命令。

APP 层使用 Action. request，T-APDUs= Action-Request。

以外部组件的形式访问 OBE 中的 CPU 用户卡不需要 DSRC 层面的安全认证，故不需要 access-Credentials.

在 ETC 应用中，TransferChannel. request 原语可通过 RSE→OBE，提供一个操作 OBE 中 CPU 用户卡的透明命令通道，亦即可通过该通道透明地向 CPU 用户卡发出指令。

7.6.2 数据定义

TransferChannel. request 的 ASN. 1 数据结构说明如下。

```
Action-Request::=SEQUENCE{
    mode                  BOOLEAN,
    did                   Dsrc-DID,
    actionType            ActionType,
    accessCredentials     OCTET STRING (SIZE(0..127,...)) OPTIONAL,
    actionParameter       Container OPTIONAL,
    iid                   Dsrc-DID OPTIONAL
    }
```

accessCredentials 应不存在、actionParameter 应存在、iid 不存在。

其中：

- mode：采用确认模式，取值为 1；
- Dsrc-DID::=INTEGER(0..127,...)无扩展，ETC 应用目录号为 1，故取值 1。
- ActionType::=INTEGER(0..127,...)无扩展，transferChannel 为 3，故取值 3。
- actionParameter   Container

为 Container 类型，Container. Type=24(ChannelRq)

GB/T 20851.4 中规定：

ChannelRq::=SEQUENCE{
channelid　　　ChannelID,
apdu　　　ApduList
}

其中：

channelid　　　ChannelID,

ChannelID 取 icc=1。

apdu　　ApduList

ApduList::=SEQUENCE OF OCTET STRING(0..127)

SEQUENCE OF 中的每一个 OCTET STRING 包含一条完整 CPU 用户卡指令,CPU 用户卡的指令格式见表 2。

表 2　CPU 用户卡的命令格式

命　令　头				命　令　体		
CLA	INS	P1	P2	Lc	DATA	Le

7.7　TransferChannel. response

7.7.1　简要说明

LLC 层使用 ACn 响应。

APP 层使用 Action. response,T-APDUs= Action-Response。

在 ETC 应用中,TransferChannel. response 原语可通过 RSE→OBE,提供一个返回 OBE 中 CPU 用户卡针对此前命令执行的响应的透明通道。

7.7.2　数据定义

TransferChannel. response 的 ASN. 1 数据结构说明如下。

Action-Response::=SEQUENCE{
fill　　　BIT STRING (SIZE(2)),
did　　　Dsrc-DID,
responseParameter　　　Container OPTIONAL,
iid　　　Dsrc-DID OPTIONAL,
ret　　　ReturnStatus
}

responseParameter 应存在、iid 不存在。

其中：

- Dsrc-DID::=INTEGER(0..127,...)　无扩展,ETC 应用目录号为 1,取值 1。
- responseParameter　Container

为 Container 类型,Container. Type=25(ChannelRs)

GB/T 20851.4 标准中规定：

ChannelRs::=SEQUENCE {

    channelid   ChannelID,
    apdu   ApduList
    }

其中：

channelid　　ChannelID,

ChannelID 取 icc=1。

apdu　　ApduList

ApduList::=SEQUENCE OF OCTET STRING(0..127)

SEQUENCE OF 中的每一个 OCTET STRING 包含一条完整 CPU 用户卡响应信息，CPU 用户卡的响应信息格式见表 3。

表 3　CPU 用户卡的响应信息格式

响 应 数 据	响应状态字	
Le 字节的 DATA	SW1	SW2

Le 长度有可能为 0。

响应信息的的顺序应当与 TransferChannel.request 原语中 CPU 用户卡命令的顺序严格对应。

7.8　SetMMI.request

7.8.1　简要说明

LLC 层使用 ACn 命令。

APP 层使用 Action.request，T-APDUs= Action-Request。

GB/T 20851.4 标准中规定，SetMMI 中不需要 accessCredentials。

7.8.2　数据定义

SetMMI.request 的 ASN.1 数据结构说明如下。

Action-Request::=SEQUENCE{
    mode   BOOLEAN,
    did   Dsrc-DID,
    actionType   ActionType,
    accessCredentials   OCTET STRING (SIZE(0..127,...)) OPTIONAL,
    actionParameter   Container OPTIONAL,
    iid   Dsrc-DID OPTIONAL
    }

accessCredentials 应不存在、actionParameter 应存在、iid 不存在。

其中：

- mode：采用确认模式，取值为 1
- Dsrc-DID::=INTEGER(0..127,...)　无扩展，根据 GB/T 20851.3 规定，取值为 ETC 应用=1。
- ActionType::=INTEGER(0..127,...) 无扩展，ActionType=setMMI 为 4，取值 4。
- actionParameter　　Container

为 Container 类型，Container. Type=26(SetMMIRq)

GB/T 20851.4 标准中规定：

```
SetMMIRq::=INTEGER{
    ok                (0),    --交易正常
    nok               (1),    --交易异常(通信、设备故障等技术方面异常)
    contactOperator   (2),    --联系运营商(过期、黑名单等管理方面异常)
    noCard            (3)     --无卡(卡片没有插好)
}
```

其取值取决于实际情况(如：交易结果、obuStatus 的设置等)

响音的模式：

- 交易正常：一声短促"嘀"；
- 交易异常：三声短促"嘀"；显示"操作失败"；
- 联系运营商：三声短促"嘀"；显示"联系运营商"；
- 无卡：设计一个声音；显示"请插卡"；
- 其他情况：不响。

7.9 SetMMI. response

7.9.1 简要说明

LLC 层使用 ACn 响应。

APP 层使用 Action. response，T-APDUs= Action-Response。

7.9.2 数据定义

SetMMI. response 的 ASN. 1 数据结构说明如下。

```
Action-Response::=SEQUENCE{
    fill                  BIT STRING (SIZE(2)),
    did                   Dsrc-DID,
    responseParameter     Container OPTIONAL,
    iid                   Dsrc-DID OPTIONAL,
    ret                   ReturnStatus
}
```

responseParameter 不存在、iid 不存在。

其中：

Dsrc-DID::=INTEGER(0..127,...)

--无扩展，根据 GB/T 20851.4 规定，取值为 ETC 应用=1。

7.10 Event-Report(Release)

7.10.1 简要说明

LLC 层使用 UI 命令，无需响应。

APP 层使用 Action. request，T-APDUs= event-report-request。

Event-Report(Release)用于释放 OBE，让 OBE 进入休眠状态。

7.10.2 数据定义

```
Event-Report-Request::=SEQUENCE{
    mode                BOOLEAN,
    did                 DirectoryID,
    eventType           EventType,
    accessCredentials   OCTET STRING (SIZE(0..127,...)) OPTIONAL,
    eventParameter      Container OPTIONAL,
    iid                 Dsrc-DID OPTIONAL
    }
```

accessCredentials 应不存在、actionParameter 应不存在、iid 应不存在。

其中：

- mode：采用非确认模式，取值为 0
- Dsrc-DID::=INTEGER(0..127,...) 无扩展，因为 Event-Report 与应用无关，应取值为系统(OBE)=0。
- eventType　　EventType，

```
EventType::=INTEGER{
    release          (0)
    } (0..127,...)
    --  (1～80)保留为 DSRC 应用
    --  (81～127)保留为自用
```

无扩展，eventType=0。

8 ETC 交易中 ICC-PSAM 交易模式的选择

在公路不停车收费系统中，ICC-PSAM 间交易采用复合消费交易模式。复合消费交易见 JR/T 0025—2005 规定，复合消费交易应用 RSE 和 OBE 交互 DSRC 数据帧格式见附录 B。

9 BST 中 CPU 用户卡消费交易模式的标识

路侧系统可支持的交易模式可通过 BST 中 ApplicationList 内的 applicationParameter 进行指示。

GB/T 20851.3 中规定 BST 中 applicationParameter 的类型定义为 ApplicationContextMark，其 ASN.1 定义如下：

```
ApplicationContextMark::= Container
        (WITH COMPONENTS {octetstring   PRENSENT})
```

本标准在 GB/T 20851.3 的基础上规定 BST 中的 applicationParameter 的 ASN.1 定义为：

```
BSTApplicationContextMark ::= SEQUENCE {
    iccTransMode        BIT STRING (SIZE(7)),
    reservedInfo        Container          OPTIONAL
}
```

其中：iccTransMode 用于指示 RSE 所支持的 CPU 用户卡消费交易模式。

reservedInfo 用于其他应用参数信息协商的扩展。

IccTransMode 的结构定义见表 4。

表 4 IccTransMode 结构定义

Bit6	Bit5	Bit4	Bit3	Bit2	Bit1	Bit0
RSE 支持的 CPU 用户卡交易模式				RSE 优先采用的 CPU 用户卡交易模式		是否支持预处理

路侧系统所支持的 CPU 用户卡消费交易模式使用 iccTransMode 的高 4 比特(Bit3～Bit6)进行指示,其编码定义见表 5 所示。

表 5 路侧系统所支持的 CPU 用户卡消费交易模式编码

支持的消费交易模式	储 值 卡		记 账 卡	
	Bit6	Bit5	Bit4	Bit3
支持传统消费和复合交易模式	0	0	0	0
仅支持复合消费交易模式	0	1	0	1
其他保留	—	—	—	—

路侧系统优先采用的 CPU 用户卡消费交易模式使用 iccTransMode 中 Bit1～Bit2 进行指示,其编码定义见表 6。

表 6 路侧系统优先采用的 CPU 用户卡消费交易模式编码

优先采用的消费交易模式	储 值 卡	记 账 卡
	Bit2	Bit1
传统消费交易模式	0	0
复合消费交易模式	1	1

公路联网电子收费应用中 Bit2 、Bit1 的取值应为 1。

iccTransMode 的最低有效位(Bit0)用于指示路侧系统是否支持 CPU 用户卡的 OBE 预处理的快速交易模式。其编码定义见表 7。

表 7 OBE 预处理快速交易模式支持性编码

是否支持	Bit0
不支持	0
支持	1

为适应 CPU 用户卡文件格式及相关信息的地区性应用差异本标准在 GB/T 20851.3 的基础上对 Container 进行扩充定义,如用于指示预处理操作参数的 reservedInfo,其 ASN.1 定义如下:

```
Container::=CHOICE{
    ...,
    pretreatPara [41] PretreatmentParameter, --指示预处理操作参数的 reservedInfo
    ...
}
```

其中,PretreatmentParameter 的 ASN.1 定义为:

```
PretreatmentParameter ::= SEQUENCE{
    fill                BIT STRING(SIZE(4)),
    sysInfoFileMode     BIT STRING (SIZE(8)),--系统信息文件预读长度
    offset0002          OCTET STRING (SIZE(2)) OPTIONAL,--预处理需要读取的电子钱包文
                        --件偏移量和长度
    offset0012          OCTET STRING (SIZE(2)) OPTIONAL,--收费信息文件偏移量和长度
    offset0015          OCTET STRING (SIZE(2)) OPTIONAL,--卡片发行文件偏移量和长度
    offset0019          OCTET STRING (SIZE(2)) OPTIONAL  --复合消费文件偏移量和长度
    }
```

其中,offset00 * * 用于指示 RSE 预读的 CPU 用户卡中各文件的偏移量和长度。结构定义见表 8 所示。

表 8　offset00 * * 结构定义

Bit7	Bit6	Bit5	Bit4	Bit3	Bit2	Bit1	Bit0	Bit7	Bit6	Bit5	Bit4	Bit3	Bit2	Bit1	Bit0
用户卡文件预读的偏移量								用户卡文件预读的长度							

sysInfoFileMode 用于指示 RSE 要求 OBE 在 VST 中返回系统信息文件的长度。结构定义见表 9。

表 9　sysInfoFileMode 结构定义

Bit7	Bit6	Bit5	Bit4	Bit3	Bit2	Bit1	Bit0
返回系统信息文件的字节数							

10　OBE 对 CPU 用户卡处理模式的标识

OBE 通过系统信息文件(目录号为 0,文件号为 1)中的合同版本(contractVersion)来标识 OBE 是否针对 CPU 用户卡进行预处理。

contractVersion 的编码规则见表 10。

表 10　contractVersion 的编码规则

扩展标志 Bit7	Bit6～Bit4	Bit3～Bit0
0:无扩展	0:OBE 对 CPU 用户卡不做预处理 1:OBE 对 CPU 用户卡做预处理 2～7:保留	1:OBE～RSE 之间采用 ESAM～PSAM 进行安全认证 2～15:保留

11　VST 中应携带的 CPU 用户卡相关信息

OBE 可通过 VST 携带 CPU 用户卡的相关预读信息,RSE 可根据这些预读信息对卡片进行有效性判别,获取 CPU 用户卡内的入口信息,以及钱包余额等。

OBE 应根据 BST 中 iccTransMode 的最低有效位(Bit0)所指示的路侧系统是否支持"OBE 预处理

的快速交易模式”确定是否在 VST 中是否携带 CPU 用户卡的相关预读信息。

本标准在 GB/T 20851.3 的基础上对 Container 进行扩充定义如下：

```
Container::=CHOICE{
    ...,
    gbICCInfo          [40] GBICCInfo, --存放 CPU 用户卡的相关预读信息
    ...
}
```

GBICCInfo 的 ASN.1 类型定义为：

```
GBICCInfo ::=SEQUENCE{
    iccIssueInfo       OCTET STRING (SIZE(0..127,...)), --0015
    iccUniTollInfo     OCTET STRING (SIZE(0..127,...)), --0012/0019
    iccBalance         OCTET STRING (SIZE(0..127,...))  --0002
}
```

iccIssueInfo 中存放 CPU 用户卡“联网收费应用目录”(1001 目录)下卡片“发行基本数据文件”(0015 文件)中的相关信息，iccUniTollInfo 中存放 CPU 用户卡“联网收费应用目录”(1001 目录)下卡片“联网收费信息文件”(0012 文件)或“复合消费专用文件”(0019 文件)中的相关信息，iccBalance 中存放 CPU 用户卡“联网收费应用目录”(1001 目录)下卡片“电子钱包文件”(0002 文件)中的相关信息。具体读取的内容由 BST 中 pretreatPara 指定。

其中，“卡片版本号”的高 3 比特(Bit5～Bit7)用于指示该 CPU 用户卡所支持的消费交易模式，其编码定义见表 11。

表 11 OBE 所支持的 CPU 用户卡消费交易模式编码

支持的消费交易模式	Bit7(保留比特)	Bit6	Bit5
支持传统消费和复合交易模式	0	0	0
仅支持复合消费交易模式	0	0	1
其他保留	—	—	—

CPU 用户卡应支持复合消费交易模式，可选择性支持传统消费交易模式。

“卡片版本号”的低 4 比特用于指示该 CPU 用户卡的“应用版本号”。

12 DSRC 交易之外的 OBE 应用处理流程

12.1 流程概述

VST 中的预读信息(gbICCInfo)应当在车辆(OBE)进入天线通信区域之前预先从 CPU 用户卡中读出，并在车辆(OBE)进入天线通信区域收到 BST 后直接在 VST 中传送给 RSE，而无需再执行读卡操作读取相关信息。

在各种情况下，OBE 均应保持预读信息(gbICCInfo)与卡片内相应信息的一致性。即当卡片插入 OBE 时，OBE 应自动执行信息预读及数据拼装操作，操作完成后 OBE 进入休眠状态。当卡片插在 OBE 内而其中信息发生改变时，亦即当 OBE 在收费车道内完成交易(包括正常、异常等各种交易)后，进入休眠状态之前应当再次执行信息预读及数据拼装操作。

当 CPU 用户卡从 OBE 中拔出时，OBE 应自动删除前述各项预读信息(gbICCInfo)。

OBE 进入天线通信区域被唤醒之后,OBE 将用户 CPU 用户卡卡上电后应当自动选择 1001 目录,进入待交易状态。

12.2 CPU 用户卡插入 OBE 后的预处理

12.2.1 记账卡

记账卡在插入 OBE 后应当执行如表 12 所示的预处理操作。

表 12 记账卡插入 OBE 后执行的预处理操作

CPU 用户卡	方向	OBE	备注
卡片复位	←	复位用户卡	
进入 1001 目录	←	选择 1001 目录	从返回的 FCI 里面可以获取 PBOC 2.0 标准的 0015 文件内容
返回 0015 文件	→	获得 CPU 用户卡卡号等信息	从 0015 文件中的卡片类型(第 9 字节)判定卡片为记账卡还是储值卡
	←	读 0012/0019 文件	
返回 0012/0019 文件	→	获得 0012/0019 文件	
		组装 VST 信息	OBE 应根据 BST 中指示的,以及其内 CPU 用户卡所优选和支持的交易模式,确定从 0012 文件还是 0019 文件中获取用于写入 VST 的相关信息
		关停用户 CPU 用户卡电源	

12.2.2 储值卡

储值卡在插入 OBE 后应当执行如表 13 所示的预处理操作。

表 13 储值卡插入 OBE 后执行的预处理操作

CPU 用户卡	方向	OBE	备注
卡片复位	←	复位用户卡	
进入 1001 目录	←	选择 1001 目录	从返回的 FCI 里面可以获取 PBOC 2.0 标准的 0015 文件内容
返回 0015 文件	→	获得 CPU 用户卡卡号等信息	从 0015 文件中的卡片类型(第 9 字节)判定卡片为记账卡还是储值卡
	←	读 0012/0019 文件	
返回 0012/0019 文件	→	获得 0012/0019 文件	
	←	读 0002 文件/钱包余额	
返回 0002 文件/钱包余额	→	获得钱包余额	
		组装 VST 信息	OBE 应根据 BST 中指示的,以及其内 CPU 用户卡所优选和支持的交易模式,确定从 0012 文件还是 0019 文件中获取用于写入 VST 的相关信息
		关停用户 CPU 用户卡电源	

12.3 交易后 OBE 的卡片信息更新处理流程

12.3.1 概述

OBE 在天线通信区域内完成上述 ETC 封闭式入、出口/开放式收费交易主流程后，在电子标签进入休眠状态之前，还应当继续完成如下“交易后 OBE 的卡片信息更新处理”。在前述交易失败的情况下，OBE 亦应通过超时休眠等机制，确保“交易后 OBE 的卡片信息更新处理”的执行。

12.3.2 记账卡

记账卡在 DSRC 交易完成后应当执行如表 14 所示的后处理操作。

表 14 记账卡在 DSRC 交易完成后执行的后处理操作

CPU 用户卡	方向	OBE	备注
	←	读 0012/0019 文件	
返回 0012/0019 文件	→	获得 0012/0019 文件	
		更新 VST 信息	OBE 应根据 BST 中指示的，以及其内 CPU 用户卡所优选和支持的交易模式，确定从 0012 文件还是 0019 文件中获取用于写入 VST 的相关信息
		关停用户 CPU 用户卡电源	

12.3.3 储值卡

储值卡在 DSRC 交易完成后应当执行如表 15 所示的后处理操作。

表 15 储值卡在 DSRC 交易完成后执行的后处理操作

CPU 用户卡	方向	OBE	备注
	←	读 0012/0019 文件	
返回 0012/0019 文件	→	获得 0012/0019 文件	
	←	读 0002 文件/钱包余额	
返回 0002 文件/钱包余额	→	获得钱包余额	
		更新 VST 信息	OBE 应根据 BST 中指示的，以及其内 CPU 用户卡所优选和支持的交易模式，确定从 0012 文件还是 0019 文件中获取用于写入 VST 的相关信息
		关停用户 CPU 用户卡电源	

附 录 A
（资料性附录）
多个 T-APDU 拼接在同一个 LSDU 中的示例

A.1 说明

本附录以 GetSecure 和 TransferChannel 服务为例，对多个 T-APDU 拼接在同一个 LSDU 中的数据帧进行示例说明。

A.2 GetSecure.request ∪ TransferChannel.request

具体见表 A.1。

表 A.1 GetSecure.request ∪ TransferChannel.request 数据帧

字节	位(7...0)	值	描　述
#01	0111 1110	7E	帧起始标志
#02	xxxx xxx0	XX	链路地址(MAC)
#03	xxxx xxx0	XX	
#04	xxxx xxx0	XX	
#05	xxxx xxx1	XX	
#06	0100 0000	40	MAC 控制域
#07	X111 0111	X7	LLC 控制域
#08	1001 0001	91	分段字头
#09	0000	0D	T-APDU：Action.request
	1		AccessCredential 存在
	1		ActionParameter 存在
	0		不存在 IID
	1		确认模式（Confirmed mode=1）
#10	0000 0001	01	DID
#11	0000 0000	00	ActionType=0（getSecure）
#N			......
#N+1	1001 1001	91	分段字头
#N+2	0000	05	T-APDU：Action.request
	0		AccessCredential 不存在
	1		ActionParameter 存在
	0		不存在 IID
	1		确认模式（Confirmed mode=1）
#N+3	0000 0001	01	DID
#N+4	0000 0011	03	ActionType=3（transferChannel）
......	......	......	......
#N+M	xxxx xxxx	XX	......
#N+M+1	xxxx xxxx	XX	帧校验序列
#N+M+2	xxxx xxxx	XX	
#N+M+3	0111 1110	7E	帧结束标志

A.3 GetSecure.response ∪ TransferChannel.response

具体见表 A.2。

表 A.2 GetSecure.response ∪ TransferChannel.response 数据帧

字节	位(7...0)	值	描　述
#01	0111 1110	7E	帧起始标志
#02	xxxx xxx0	XX	链路地址(MAC)
#03	xxxx xxx0	XX	
#04	xxxx xxx0	XX	
#05	xxxx xxx1	XX	
#06	1110 0000	E0	MAC 控制域
#07	X111 0111	X7	LLC 控制域
#08	0000 0000	00	LLC 状态响应域
#09	1001 0001	91	分段字头
#10	0001	18	T-APDU：Action.response
	1		存在 responseParameter
	0		不存在 IID
	00		填充比特，设置为 0
#11	0000 0000	00	DID
#12	0001 0101	15	responseParameter.ContainerType=21 (GetSecureRs)
#N			......
#N+1	1001 1001	91	分段字头
#N+2	0001	18	T-APDU：Action.response
	1		存在 responseParameter
	0		不存在 IID
	00		填充比特，设置为 0
	0000 0000	00	DID
#N+3	0001 1001	19	responseParameter.ContainerType=25 (ChannelRs)
......	......	......	......
#N+M	xxxx xxxx	XX	......
#N+M+1	xxxx xxxx	XX	帧校验序列
#N+M+2	xxxx xxxx	XX	
#N+M+3	0111 1110	7E	帧结束标志

附 录 B
（资料性附录）
储值卡/记账卡复合消费交易应用的 RSE～OBE 间 DSRC 数据帧定义

B.1 概述

本附录定义复合消费交易流程的储值卡/记账卡 RSE～OBE 间 DSRC 数据帧。

开放式收费系统采用与封闭式出口相同的交易流程。

B.2 封闭式入口

B.2.1 BST

方向：RSE→OBE

功能：轮询通信区域内的 OBE，并与其协商通信参数及应用参数。

格式：参见 7.1。

B.2.2 VST

方向：OBE→RSE

功能：对 BST 进行应答，建立通信链路，与 RSE 协商通信参数及应用参数，并返回部分应用信息。

格式：参见 7.2 及第 11 章“VST 中应携带的 CPU 用户卡相关信息”。

B.2.3 GetSecure.request

方向：RSE→OBE

功能：以安全的方式获取 OBE 内“ETC 应用车辆信息文件”中的相关车型参数信息。

格式：GetSecure.request 的格式参见 7.3。

B.2.4 GetSecure.response

方向：OBE→RSE

功能：以安全的方式将 OBE 内“ETC 应用车辆信息文件”中的相关车型参数信息返回给 RSE，并携带相关安全数据供 RSE 对 OBE 身份的合法性进行正；返回复合消费交易初始化结果。

格式：GetSecure.response 的格式请参见 7.4。

B.2.5 TransferChannel.request I

方向：RSE→OBE

功能：复合消费初始化；复合消费写 0019 文件。

格式：TransferChannel.request I 的格式参见 7.5，其中 ApduList 的格式如表 B.1 所示。

表 B.1 ApduList 的格式

数 据 项	数 据 内 容
N of APDUs	2
Length of APDU-1	16(5+11)
APDU-1 Info	805003020B+DATA(1 字节密钥标识+4 字节交易金额+6 字节终端机编号)
Length of APDU-2	48
APDU-2 Info	80DCAAC827+AA2500+0x28 个字节(复合消费专用文件)

封闭式入口,交易金额为 0。

B.2.6 TransferChannel. response I

方向:OBE→RSE

功能:返回复合消费初始化及复合消费写 0019 文件结果。

格式:TransferChannel. response II 的格式参见 7.6,其中 ApduList 的格式如表 B.2 所示。

表 B.2 ApduList 的格式

数 据 项	数 据 内 容
N of APDUs	2
Length of APDU-1	17(8+2)
APDU-1 Info	RetData(4 字节旧余额+2 字节电子钱包脱机交易序号+3 字节透支限额+1 字节密钥版本号+1 字节算法标识+4 字节伪随机数)+SW1SW2
Length of APDU-2	2
APDU-2 Info	SW1SW2

B.2.7 TransferChannel. request II ∪ SetMMI. request

方向:RSE→OBE

功能:卡片复合消费交易,通过蜂鸣器等人机界面,提示用户交易结果。

格式:TransferChannel. request II 的格式参见 7.5,其中 ApduList 的格式如表 B.3 所示:

表 B.3 ApduList 的格式

数 据 项	数 据 内 容
N of APDUs	1
Length of APDU-1	20(5+15)
APDU-1 Info	805401000F+4 字节终端交易序号+7 字节交易日期时间+4 字节 MAC1

SetMMI. request 的格式参见 7.7。

B.2.8 TransferChannel.response II ∪ SetMMI.response

方向：OBE→RSE

功能：返回卡片复合消费交易结果，及人机界面提示操作的结果。

格式：TransferChannel.response II 的格式参见 7.6，其中 ApduList 的格式如表 B.4 所示。

表 B.4 ApduList 的格式

数 据 项	数 据 内 容
N of APDUs	1
Length of APDU-1	10
APDU-1 Info	4 字节 TAC+4 字节 MAC2+SW1SW2

SetMMI.response 的格式参见 7.8。

B.2.9 EVENT-REPORT（Release）

方向：OBE→RSE

功能：结束交易，释放与电子标签的通信连接。

格式：参见 7.9

B.3 封闭式出口

B.3.1 BST

同 B.2.1。

B.3.2 VST

同 B.2.2。

B.3.3 GetSecure.request

同 B.2.3。

B.3.4 GetSecure.response

同 B.2.4。

B.3.5 TransferChannel.request I

同 B.2.5。

注：封闭式出口，交易金额为车道软件实际费率计算结果。

B.3.6 TransferChannel.response I

同 B.2.6。

B.3.7 TransferChannel.request II ∪ SetMMI.request

同 B.2.7。

B.3.8 TransferChannel. response II ∪ SetMMI. response

同 B.2.8。

B.3.9 EVENT-REPORT(Release)

同 B.2.9。

ICS 35.240.60
R 07

中华人民共和国国家标准

GB/T 28422—2012

电子收费　关键信息编码

Electronic toll collection—Key information coding

2012-06-29 发布　　2012-10-01 实施

中华人民共和国国家质量监督检验检疫总局
中国国家标准化管理委员会　发布

前　言

本标准按照 GB/T 1.1—2009 给出的规则起草。

本标准由全国智能运输系统标准化技术委员会(SAC/TC 268)提出并归口。

本标准主要起草单位:交通运输部公路科学研究院。

本标准主要起草人:梅新明、杨蕴、刘鸿伟、王刚、王立岩、周斌。

电子收费　关键信息编码

1　范围

本标准规定了用于公路电子收费中车载单元(OBU)的媒体访问控制(MAC)地址、OBU序号、路侧单元(RSU)的BeaconID、发行方标识、OBU的合同序列号、CPU用户卡的卡号等关键信息的编码规则。

本标准适用于公路电子收费系统,车辆出入管理、城市道路收费等领域可参照使用。

2　规范性引用文件

下列文件对于本文件的应用是必不可少的。凡是注日期的引用文件,仅注日期的版本适用于本文件。凡是不注日期的引用文件,其最新版本(包括所有的修改单)适用于本文件。

GB/T 2260　中华人民共和国行政区划代码

GB/T 20135　智能运输系统　电子收费　系统框架模型

GB/T 20839　智能运输系统　通用术语

收费公路联网收费技术要求(交通部2007年第35号公告)

3　术语、定义和缩略语

3.1　术语和定义

GB/T 20135和GB/T 20839中确立的术语及下列术语和定义适用于本文件。

3.1.1

CPU卡　CPU card

含有中央处理单元(CPU)的IC卡。按通讯界面分为接触式CPU卡、非接触式CPU卡和双界面CPU卡。

3.1.2

CPU用户卡 CPU　subscriber card

在公路电子收费系统中具有非现金支付能力的CPU卡。根据应用和发行方法可以分为记账卡、储值卡等类型。

3.1.3

记账卡　account card

记有用户ID等基本信息但没有预存金额的CPU用户卡。可使用此卡在收费车道先行记账,其消费金额将从与该卡相关联的用户预付的账户中扣除(预付方式),或在之后一并结算(后付方式)。

3.1.4

储值卡　prepaid card

记有用户ID等基本信息并预存了一定金额的CPU用户卡。可使用此卡在收费车道直接付款,其消费金额将从卡中扣除,同时从用户预存的账户中扣除。

3.2　缩略语

下列缩略语适用于本文件。

ASN.1:抽象语法记法一(Abstract Syntax Notation One)
BCD:二进制编码的十进制(Binary Coded Decimal)
MAC:媒体访问控制,用于描述 OBU 的 MAC 地址时为该含义(Medium Access Control)
　　报文鉴别码,用于描述命令报文的鉴别码时为该含义(Message Authentication Code)
OBU:车载设备(On Board Unit)
OBE-SAM:车载设备安全访问控制模块(On Board Equipment Security Access Module)
RSU:路侧单元(Roadside Unit)

4　OBU 的 MAC 地址编码

OBU 的专用 MAC 地址采用四字节的二进制数进行编码,由 1 字节“制造商代码”和 3 字节“制造商内部编码”组成,见图 1。

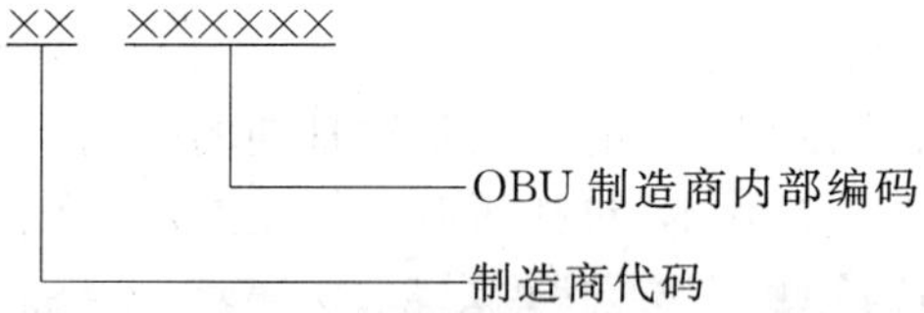

图 1　OBU 的专用 MAC 地址组成

其中:
- 制造商代码由公路电子收费密钥管理单位统一管理,OBU 制造商应提交书面申请,经核准后获取其惟一代码。取值范围为:0x00～0xFF,其中:0x00～0xFE 分配给厂商,0xFF 保留做测试等用途;
- OBU 制造商内部编码由 OBU 制造商根据其生产、管理等方面的需要自行定义。其取值范围为:0x000000～0xFFFFFF。

5　OBU 序号编码

OBU 序号编码由 1 字节“省级行政区划”、1 字节“运营商序号”、1 字节“生产年份”和 5 字节“自定义”组成,用于 OBU 表面打印时采用两字节为一组的方式,组与组之间用一个空格隔开,见图 2。

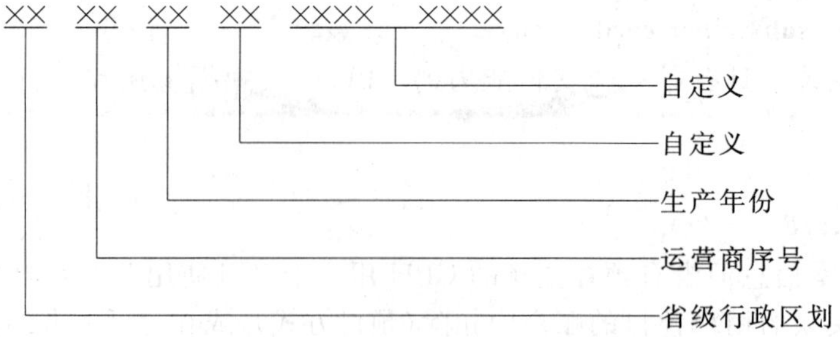

图 2　OBU 序号编码规则

其中:
- 省级行政区划代码、运营商序号、生产年份均采用压缩 BCD 编码方式;
- 省级行政区划代码应符合 GB/T 2260;
- 运营商序号由公路电子收费密钥管理单位分配并登记。

6 RSU 的 BeaconID 编码

RSU 的 BeaconID 编码规则同 OBU 的 MAC 地址编码规则，即：

- manufacturerID 采用"制造商代码"；
- individualID 由 RSU 制造商根据其生产、管理等方面的需要自行定义。其取值范围为：0x000000～0xFFFFFF。

7 发行方标识编码

"发行方标识"，即 OBE-SAM 中"系统信息文件"(EF01)的第 1～8 字节和 CPU 用户卡中"卡片发行基本数据文件"(0015)的第 1～8 字节，由公路电子收费密钥管理单位统一分配并登记备案，由 4 字节"区域代码"、2 字节"运营商标识"、1 字节"保留字"和 1 字节"密钥分散标识"组成，见图 3。

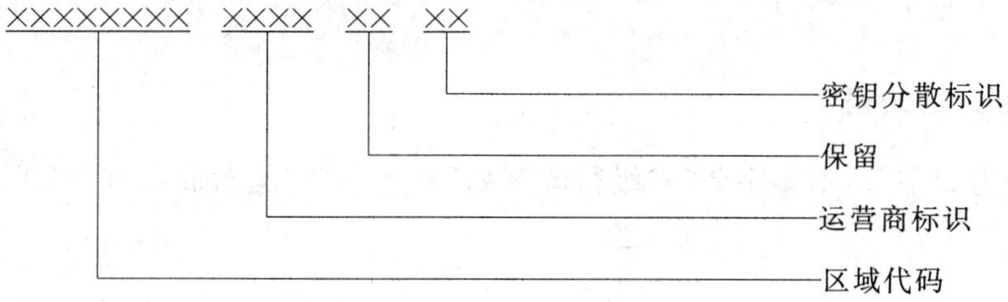

图 3 发行方标识编码规则

其中：

- 区域代码为各省、直辖市、自治区的惟一标识，用两个汉字(4 个字节)表示；
- 运营商标识为省内运营商的惟一标识，采用压缩 BCD 编码方式，由两个字节组成：第一字节为省级行政区划代码，依照标准 GB/T 2260；第二字节为省内运营商的惟一标识号，由公路电子收费密钥管理单位分配并登记；
- 保留字节暂定 1 个字节 0x00；
- 密钥分散标识定义：
  ——01 通过两级分散得到卡片密钥，第一级采用区域代码(复制一次变为 8 个字节)作为分散因子，第二级采用 CPU 卡内部编号作为分散因子；
  ——02 通过三级分散得到卡片密钥，第一级采用区域代码(复制一次变为 8 个字节)作为分散因子，第二级采用运营商标识(补 0xFF 变为 8 个字节)作为分散因子，第三级采用 CPU 卡内部编号作为分散因子；
  ——03 通过三级分散得到卡片密钥，第一级采用运营商标识(补 0xFF 变为 8 个字节)作为分散因子，第二级采用区域代码(复制一次变为 8 个字节)作为分散因子，第三级采用 CPU 卡内部编号作为分散因子；
  ——其他保留。

8 OBU 的合同序列号编码

合同序列号的 ASN.1 数据类型为：

```
ContractSerialNumber::=SEQUENCE{
esamProviderID          OCTET STRING SIZE(2)
```

```
obeProviderID          OCTET STRING SIZE(2)
esamIndividulID        OCTET STRING SIZE(4)
}
```

其中：

- esamProviderID 由公路电子收费密钥管理单位统一分配；
- obeProviderID 由公路电子收费密钥管理单位统一分配；
- esamIndividulID 由 ESAM 厂商提供，要求同一厂商产品的编码不应重复。

9　CPU 用户卡的卡号编码

CPU 用户卡(包括储值卡和记账卡)的卡号对应公路电子收费应用中“卡片发行基本数据文件(0015 文件)”的“卡片网络编号”(2B)+“CPU 卡内部编号”(8B)，整体采用压缩 BCD 编码方式，每字节表示两个数字，共 20 位(4+16)数字，用于卡面打印时采用两个字节为一组的方式，组与组之间用一个空格隔开。

9.1　“卡片网络编号”的编码

卡片网络编号为 2 字节，由 1 字节“省级行政区划”和 1 字节“运营商序号”组成，见图 4。

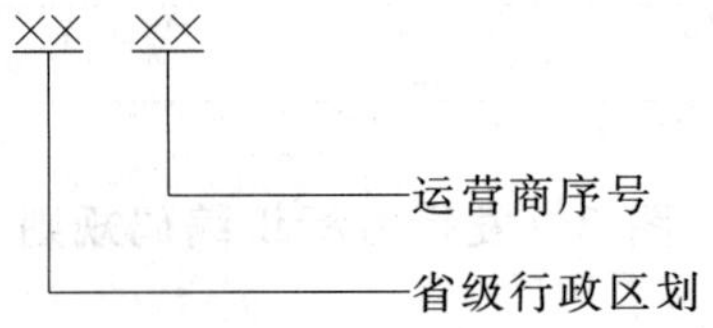

图 4　卡片网络编号

其中：

- 省级行政区划代码应符合 GB/T 2260；
- 运营商序号由公路电子收费密钥管理单位统一分配并登记备案。

9.2　“CPU 卡内部编号”的编码

“CPU 卡内部编号”为 8 字节，由 1 字节“初始化年份”、1 字节“初始化星期”、1 字节“卡片类型”和 5 字节“卡片序列号”组成，见图 5。

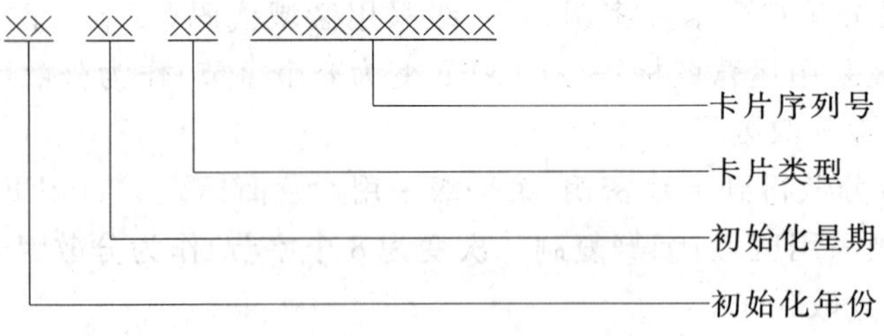

图 5　CPU 卡内部编号的组成

其中：

- “初始化年份”和“初始化星期”用于表示卡片的批次；
- “卡片类型”见《收费公路联网收费技术要求》中表 4.3；
- “卡片序列号”采用顺序编号的方式。

10 PSAM 序列号及终端机编号编码

由公路电子收费密钥管理单位统一编码。

11 分散代码

省级和运营商级分散代码由公路电子收费密钥管理单位统一规定。用户卡分散采用 CPU 卡内部编号，OBE-SAM 分散采用合同序列号。

ICS 35.200;35.240.60
L 65

中华人民共和国国家标准

GB/T 28423—2012

电子收费 路侧单元与车道控制器接口

Electronic toll collection—
Interface between roadside unit and lane controller

2012-06-29 发布 2012-10-01 实施

中华人民共和国国家质量监督检验检疫总局
中国国家标准化管理委员会 发布

前言

本标准按照 GB/T 1.1—2009 给出的规则起草。

本标准由全国智能运输系统标准化技术委员会(SAC/TC 268)提出并归口。

本标准起草单位:交通运输部公路科学研究院、上海东海电脑股份有限公司、北京快通高速路电子收费系统有限公司。

本标准主要起草人：刘鸿伟、杨蕴、潘勇、胡宾、李伟等。

电子收费　路侧单元与车道控制器接口

1　范围

本标准规定了公路电子收费系统的专用短程通信(DSRC)路侧单元与车道控制器之间接口的应用模式、物理形式、通信数据帧格式、应用编程接口以及数据域定义。

本标准适用于公路电子收费系统,车辆出入管理、城市道路收费等领域可参照使用。

2　规范性引用文件

下列文件对于本文件的应用是必不可少的。凡是注日期的引用文件,仅注日期的版本适用于本文件。凡是不注日期的引用文件,其最新版本(包括所有的修改单)适用于本文件。

GB/T 20135　智能运输系统　电子收费　系统框架模型

GB/T 20839　智能运输系统　通用术语

GB/T 20851.1　电子收费　专用短程通信　第1部分:物理层

GB/T 20851.2　电子收费　专用短程通信　第2部分:数据链路层

GB/T 20851.3　电子收费　专用短程通信　第3部分:应用层

GB/T 20851.4　电子收费　专用短程通信　第4部分:设备应用

3　术语、定义和缩略语

3.1　术语和定义

GB/T 20135 和 GB/T 20839 中界定的术语和定义适用于本文件。

3.2　缩略语

下列缩略语适用于本文件。

APDU:应用协议数据单元(Application Protocol Data Unit)

BST:信标服务表(Beacon Service Table)

DID:目录标识(Directory Identifier)

DSRC:专用短程通信(Dedicated Short Range Communication)

ETC:电子收费(Electronic Toll Collection)

FID:文件标识(File Identifier)

ICC:集成电路卡(Integrate Circuit Card)

LLC:逻辑链路控制(Logical Link Control)

LID:链路标识(Link Identifier)

MAC:信息鉴别码(Message Authentication Code)

OBU:车载单元(On Board Unit)

PSAM:消费安全访问模块(Payment Security Access Module)

RSU:路侧单元(Roadside Unit)

VST:车辆服务表(Vehicle Service Table)

4 应用总则

4.1 ETC 系统构成

ETC 系统由前端系统和后台数据库系统组成，本标准只对前端系统进行规定，前端系统包括车道控制系统、RSU、OBU 以及 ICC。

OBU 应为双片式类型，即应支持 IC 卡的读写。在 ETC 应用中，涉及电子支付的功能由 IC 卡实现，OBU 提供 IC 卡至 RSU 信息转发功能。ETC 系统构成见图 1 所示。

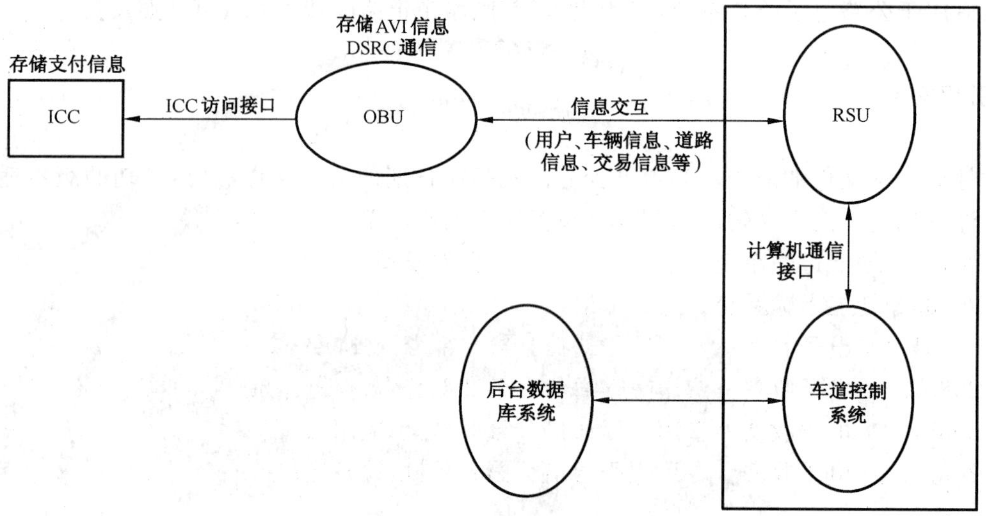

说明：方框中的内容为本标准所涉及的内容。

图 1 ETC 系统构成

4.2 接口描述

ETC 前端应用系统总体架构见图 2。

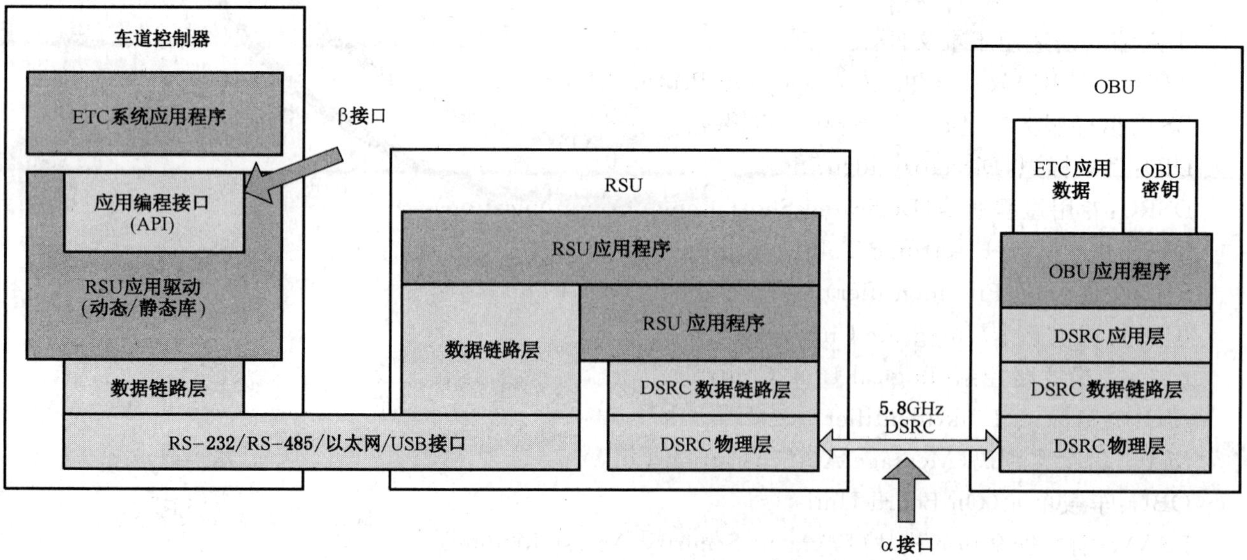

图 2 ETC 前端应用系统总体架构

为了便于描述，本标准规定上述系统架构中涉及的数据接口为：

- α 接口：OBU 与 RSU 之间的 DSRC 接口；
- β 接口：RSU 设备驱动程序的 API。

其中，α 接口应当满足 GB/T 20851.1～20851.4 所规定的内容。本标准是对上述总体架构中的 β 接口进行规定。

5 通信接口的应用模式

RSU 与车道控制器间通信应采用 β 接口方式：车道控制器采用调用封装过的 API 函数方式与 RSU 进行通信（即图 2 中 β 接口），API 以动态/静态库的形式提供，应支持 Windwos、Linux 操作系统。RSU 提供的动态/静态库应以 ETCApi.dll（Windows 操作系统），libETCApi.a（Linux 操作系统）命名，相应的头文件以 ETCApi.h 命名，以方便车道控制器调用。API 应采用基于 DSRC 应用层和设备应用服务原语的接口方式，同时，RSU 与 PC 间通信接口均应满足各种 ETC 交易流程的应用要求。

6 通信接口的物理形式

RSU 与车道控制器之间的通信接口应支持以太网接口，标准串行接口和 USB 接口可选，具体要求如下：

- 以太网接口：
  采用 10/100M 及以上以太网（RJ45 接口），及 TCP/IP 协议进行连接；
- 标准串行接口：
  采用 RS-232、RS-485 等接口，通讯波特率应至少达到 115200 bps。宜设置：串行口采用半双工的异步串行通讯方式，协议格式为“115200，N，8，1”，即波特率 115200 bps，无奇偶校验，8 位数据，1 个停止位；
- USB 接口：
  兼容 USB1.1 或 USB2.0。

7 通信数据帧格式

7.1 数据帧的结构

在各种接口应用模式及物理接口形式下，RSU 与车道控制器之间通信的数据帧结构应满足图 3 所示。

STX	RSCTL	DATA	BCC	ETX

图 3 RSU 和车道控制器之间通信的数据帧格式

数据帧中各数据域应符合表1的规定。

表 1

字　段	描　述
STX	帧开始标志(Start Of Frame),取值为 FFFFH
RSCTL	数据帧序列号,1个字节; (1)　PC发送的数据帧序列号的高半字节为8,低半字节为0～7; (2)　RSU发送的数据帧序列号是将收到的数据帧序号高低半字节互换; (3)　PC发送的数据帧序号为8XH,其中X为0～7; (4)　RSU发送的数据帧序号为X8H,其中X为0～7
DATA	发送的数据,具体定义见第9章
BCC	异或校验值,从RSCTL到DATA所有字节的异或值
ETX	帧结束标志,取值为FFH

7.2　特殊字节转义处理

RSU与车道控制器之间采用7.1数据帧格式通信,应进行特殊字节转义处理。

数据帧开始标志为FFFFH,帧结束标志为FFH。其他字段不能出现FFH,如果数据为FFH,应对其进行转义处理。

发送数据时,如果在其他字段中出现FFH字节时,将FFH分解为FEH和01H这两个字节来发送;如果在其他字段出现FEH字节时,应将FEH分解为FEH和00H这两个字节来发送。

接收数据时,如果出现"FE 01"这样连续两个字节时将之合为一个字节FFH;如果出现"FE 00"这样连续两个字节时将之合为一个字节FEH。

7.3　通讯方式说明

RSU与车道控制器之间是一种应答式的通信方式。车道控制器发送信息帧给RSU,RSU收到指令后,应在超时时间内返回应答指令给车道控制器,否则车道控制器将重复发送该指令直到RSU返回应答指令。

7.4　DATA数据域的使用

DATA数据域应符合第9章要求的数据格式。

8　API指令函数定义

8.1　指令集

8.1.1　RSU设备指令

RSU设备指令见表2。

表 2

指令名称	函数	功能说明
打开设备端口	RSU_Open	打开与 RSU 连接的物理端口，如以太网口、标准串行接口、USB 接口
关闭设备端口	RSU_Close	关闭与 RSU 物理端口的连接
RSU 初始化	RSU_Init_rq	对 RSU 关键参数(如功率、信道号、BST 发送时间间隔等)进行初始化/设置，建立与 RSU 的连接
RSU 初始化返回	RSU_Init_rs	返回 RSU 设备相关信息(如 RSU 状态、RSU 厂商代码、RSU 编号、RSU 软件版本号等)
PSAM 通道复位	PSAM_Reset_rq	对 RSU 中 PSAM 卡进行复位操作
PSAM 通道复位返回	PSAM_Reset_rs	对 RSU 中 PSAM 卡进行复位操作的返回
PSAM 通道指令	PSAM_Channel_rq	对 RSU 中 PSAM 卡的通道操作
PSAM 通道指令返回	PSAM_Channel_rs	对 PSAM 卡通道操作响应
RSU 信息查询	RSU_Info_rq	查询 RSU 设备信息(包括 RSU 厂商代码、RSU 编号、RSU 软件版本号等)
RSU 信息查询返回	RSU_Info_rs	查询 RSU 信息的返回

8.1.2 INITIALISATION 原语指令

INITIALISATION 原语指令见表 3。

表 3

原语名称	函数	功能说明
BST	INITIALISATION_rq	RSU 广播 BST 数据帧给 OBU
VST	INITIALISATION_rs	RSU 接收 OBU 返回的 VST 数据帧

8.1.3 ACTION 原语指令

ACTION 原语指令见表 4。

表 4

原语名称	函数	功能说明
GetSecure. request	GetSecure_rq	对 OBU 文件进行安全读取请求
GetSecure. response	GetSecure_rs	RSU 接收 OBU 返回的车辆文件信息
TransferChannel. request	TransferChannel_rq	RSU 通过 OBU 透明通道对 ICC 进行操作
TransferChannel. response	TransferChannel_rs	RSU 通过 OBU 透明通道接收 ICC 操作响应
SetMMI. request	SetMMI_rq	RSU 向 OBU 发出界面提示请求

表 4（续）

原语名称	函数	功能说明
SetMMI. response	SetMMI_rs	RSU 接收 OBU 进行界面提示的响应
GetSecure. request ∪ TransferChannel. request	GetSecureTransferChannel_rq	GetSecure 与 TransferChannel 带链接的拼接请求
GetSecure. response ∪ TransferChannel. response	GetSecureTransferChannel_rs	GetSecure 与 TransferChannel 带链接的拼接应答
TransferChannel. request ∪ SetMMI. request	TransferChannelSetMMI_rq	TransferChannel 与 SetMMI 带链接的拼接请求
TransferChannel. response ∪ SetMMI. response	TransferChannelSetMMI_rs	TransferChannel 与 SetMMI 带链接的拼接应答

8.1.4 EVENT-REPORT 原语指令

EVENT-REPORT 原语指令见表 5。

表 5

原语名称	函数	功能说明
EVENT-REPORT. request	Event_Report_rq	释放与 OBU 的通信链路

8.2 API 函数定义

8.2.1 RSU 设备指令

8.2.1.1 打开设备端口

函数：long RSU_Open(int mode，char * dev，int port)

参数说明见表 6。

返回值说明见表 7。

表 6

参数	参数类型	说明
mode	传入	0：串口；1：TCP/IP；2：USB 口，其他保留
dev	传入	设备号，如“COM1”（串口模式），“USB1”（USB 接口模式），“/dev/ttyS0”（Linux 操作系统下的串口模式），“/dev/ttyUSB0”（Linux 操作系统的 USB 接口），“192.168.1.1”（TCP 模式下）
port	传入	TCP 模式下服务端口号；串口/USB 模式时不用，可填 0

表 7

返回值	说明
>0	打开设备成功,该值为设备句柄号
−100	设备无响应
−1 000	传入参数错误
−1 001	设备被占用
−1 002	设备打开失败
−2 000	其他错误

8.2.1.2 关闭设备端口

函数:int RSU_Close(long fd)

参数说明见表 8。

返回值说明见表 9。

表 8

参数	参数类型	说明
fd	传入	设备句柄号

表 9

返回值	说明
0	关闭设备成功
−100	设备无响应
−1 000	传入参数错误
−2 000	其他错误

8.2.1.3 RSU 初始化

函数:int RSU_INIT_rq (long fd,char ∗ Time,int BSTInterval,
int TxPower,int PLLChannelID,int TimeOut)

参数说明见表 10。

返回值说明见表 11。

表 10

参数	参数类型	说明
fd	传入	设备句柄号
Time	传入	UNIX 时间,从 1970 年 1 月 1 日 00:00 开始累计的秒数(长度 4 字节)
BSTInterval	传入	RSU 自动发送 BST 的间隔,单位 ms,范围 1 ms -10ms
TxPower	传入	RSU 发射功率设置,取值范围为 0~33,步进值为 1
PLLChannelID	传入	信道号,范围 0-1
TimeOut	传入	超时时间

表 11

返　回　值	说　　明
0	命令发送成功
—100	超时,RSU 设备无响应
—1 000	传入参数错误
—1 001	设备未打开
—2 000	其他错误

8.2.1.4　RSU 初始化返回

函数:int RSU_INIT_rs(long fd,int * RSUStatus,int * rlen,char *RSUinfo,int TimeOut)

参数说明见表 12。

返回值说明见表 13。

表 12

参　　数	参数类型	说　　明
fd	传入	设备句柄号
RSUStatus	传出	RSU 主状态参数,0:正常;其他:异常,具体厂商自定义
rlen	传出	返回信息的长度
RSUinfo	传出	RSU 设备信息,包括 RSU 厂商代码(1 字节)、RSU 编号(3 字节)、RSU 软件版本号(2 字节)等
TimeOut	传入	超时时间

表 13

返　回　值	说　　明
0	命令执行成功
—100	超时,RSU 设备无响应
—1 000	传入参数错误
—1 001	设备未打开
—2 000	其他错误

8.2.1.5　PSAM 通道复位

函数: int PSAM_Reset_rq(long fd,int PSAMSlot,long baud,int TimeOut)

参数说明见表 14。

返回值说明见表 15。

表 14

参　　数	参数类型	说　　明
fd	传入	设备句柄号
PSAMSlot	传入	PSAM 卡槽号 0x00～0x05
baud	传入	PSAM 通讯速率
TimeOut	传入	超时时间

表 15

返回值	说　　明
0	命令执行成功
−100	超时,RSU 设备无响应
−1 000	传入参数错误
−1 001	设备未打开
−2 000	其他错误

8.2.1.6 PSAM 通道复位返回

函数:int PSAM_ Reset_rs (long fd,int PSAMSlot,int *rlen,char *PSAMNo,int TimeOut)

参数说明见表 16。

返回值说明见表 17。

表 16

参　　数	参数类型	说　　明
fd	传入	设备句柄号
PSAMSlot	传入	PSAM 卡槽号 0x00～0x05
rlen	传出	PSAM 上电复位信息的长度
PSAMNo	传出	PSAM 上电复位信息
TimeOut	传入	超时时间

表 17

返回值	说　　明
0	命令执行成功
−100	超时,RSU 设备无响应
−102	超时,PSAM 无响应
−1 000	传入参数错误

表 17（续）

返　回　值	说　　明
−1 001	设备未打开
−1 010	无卡
−1 011	非 PSAM 卡
−1 012	PSAM 执行命令失败
−2 000	其他错误

8.2.1.7 PSAM 通道指令

函数:int PSAM_CHANNEL_rq(int fd,int PSAMSlot,int APDUList,char * APDU,int TimeOut)

参数说明见表 18。

返回值说明见表 19。

表 18

参　　数	参数类型	说　　明
fd	传入	设备句柄号
PSAMSlot	传入	PSAM 卡槽号 0x00～0x05
APDUList	传入	PSAM 指令数
APDU	传入	PSAM 指令,按顺序为指令 1 长度(1 字节)、指令 1、指令 2 长度(1 字节)、指令 2、…
TimeOut	传入	超时时间

表 19

返　回　值	说　　明
0	命令执行成功
−100	超时,RSU 设备无响应
−1 000	传入参数错误
−1 001	设备未打开
−1 010	无卡
−1 011	非 PSAM 卡
−1 012	PSAM 执行命令失败
−2 000	其他错误

8.2.1.8 PSAM 通道指令返回

函数:int PSAM_CHANNEL_rs (int fd,int PSAMSlot,int * APDUList,char * Data,int TimeOut)

参数说明见表 20。

返回值说明见表 21。

表 20

参　数	参数类型	说　明
fd	传入	设备句柄号
PSAMSlot	传入	PSAM 卡槽号 0x00～0x05
APDUList	传出	PSAM 指令数
Data	传出	PSAM 指令返回，按顺序为数据 1 长度(1 字节)、数据 1、数据 2 长度(1 字节)、数据 2、…
TimeOut	传入	超时时间

表 21

返　回　值	说　明
0	命令执行成功
－100	超时，RSU 设备无响应
－102	超时，PSAM 无响应
－1 000	传入参数错误
－1 001	设备未打开
－1 010	无卡
－1 011	非 PSAM 卡
－1 012	PSAM 执行命令失败
－2 000	其他错误

8.2.1.9　RSU 信息查询

函数:int RSU_Info_rq(long fd,int TimeOut)

参数说明见表 22。

返回值说明见表 23。

表 22

参　数	参数类型	说　明
fd	传入	设备句柄号
TimeOut	传入	超时时间

表 23

返回值	说明
0	命令发送成功
—100	超时,RSU 设备无响应
—1 000	传入参数错误
—1 001	设备未打开
—2 000	其他错误

8.2.1.10 RSU 信息查询返回

函数:int RSU_Info_rs(long fd,int * rlen,char *RSUinfo,int TimeOut)

参数说明见表 24。

返回值说明见表 25。

表 24

参数	参数类型	说明
fd	传入	设备句柄号
rlen	传出	返回 RSU 设备信息的长度
RSUinfo	传出	RSU 设备信息,包括 RSU 厂商代码(1 字节)、RSU 编号(3 字节)、RSU 软件版本号(2 字节)等
TimeOut	传入	超时时间

表 25

返回值	说明
0	命令执行成功
—100	超时,RSU 设备无响应
—1 000	传入参数错误
—1 001	设备未打开
—2 000	其他错误

8.2.2 INITIALISATION 原语指令

8.2.2.1 BST

函数:int INITIALISATION_rq (long fd,char * BeaconID,char * Time,int Profile,
int MandApplicationlist,char * MandApplication,
int Profilelist,int TimeOut)

参数说明见表 26。返回值说明见表 27。

表 26

参　数	参数类型	说　明
fd	传入	设备句柄号
BeaconID	传入	由 1 字节 manufacturerID 和 3 字节 individualID 组成
Time	传入	UNIX 时间，长度为 4 字节，从 1970 年 1 月 1 日 00:00 起，以秒计算的累计值
Profile	传入	配置选项，长度为 1 字节，配置值如下： 00H：配置 0(A 类)的信道 1；01H：配置 0(A 类)的信道 2； 10H：配置 1(B 类)的信道 1；11H：配置 1(B 类)的信道 2
MandApplicationlist	传入	应用数
MandApplication	传入	BST 发送的应用指令，按顺序为指令 1 长度(1 字节)、指令 1、指令 2 长度(1 字节)、指令 2、…… ETC 应用指令的具体定义见 GB/T 20851.3、GB/T 20851.4 中的定义
Profilelist	传入	配置文件号
TimeOut	传入	超时时间

表 27

返　回　值	说　明
0	命令执行成功
−100	超时，RSU 设备无响应
−1 000	传入参数错误
−1 001	设备未打开
−2 000	其他错误

车道控制器发 BST 消息到 RSU，RSU 收到消息后按照一定时间间隔(间隔可设置，范围 1 ms～10 ms) 连续发送 BST，直到收到 VST。RSU 在其通信区域内始终搜索不到 OBU 的情况下，也应在超时时间范围内向车道控制器应答此帧，作为心跳信息使用，表示 RSU 正常工作状态。

8.2.2.2 VST

函数：int INITIALISATION_rs (long fd, int * ReturnStatus, int * Profile,
int * Applicationlist, char * Application,
char * OBUConfiguration, int TimeOut)

参数说明见表 28。返回值说明见表 29。

表 28

参　数	参数类型	说　明
fd	传入	设备句柄号
ReturnStatus	传出	0:收到 VST;1:未收到 VST,后面参数值均可忽略
Profile	传出	OBU 返回的配置,长度为 1 字节,配置值如下: 00H:配置 0(A 类)的信道 1;01H:配置 0(A 类)的信道 2; 10H:配置 1(B 类)的信道 1;11H:配置 1(B 类)的信道 2
Applicationlist	传出	应用列表数
Application	传出	应用列表,按顺序为: Did1、Container1、Container1_Data、Container2、Container2_Data … Did2、Container1、Container1_Data、Container2、Container2_Data … … 应用列表的具体定义见 GB/T 20851.3、GB/T 20851.4 中的定义
OBUConfiguration	传出	OBU 配置信息内容,长度为 7 字节,包括以下内容: 4 字节 OBU 的 MAC 地址,1 字节设备硬件状态,2 字节 OBU 状态。见 GB/T 20851.3 相关定义
TimeOut	传入	超时时间

表 29

返 回 值	说　明
0	命令执行成功
—100	超时,RSU 设备无响应
—1 000	传入参数错误
—1 001	设备未打开
—2 000	其他错误

8.2.3 ACTION 原语指令

8.2.3.1 GetSecure.request

函数:int GetSecure_rq (long fd,int AccessCredentialsOp,int Mode,int DID,
char * AccessCredentials,int KeyIdForEncryptOp,int FID,
int Offset,int Length,char * RandRSU,int KeyIdForAuthen,
int KeyIdForEncrypt,int TimeOut)

参数说明见表 30。

返回值说明见表 31。

表 30

参　数	参数类型	说　明
fd	传入	设备句柄号
AccessCredentialsOp	传入	是否带有认证码,0:否;1:是
Mode	传入	确认模式,1:需应答;0:无需应答
DID	传入	要读取的 OBU 应用号,1:ETC 应用;2 标识站应用;3:城市道路收费;4～10 保留
AccessCredentials	传入	OBU 认证码,8 字节;根据 accessCredentialsOp 决定 RSU 发出的数据帧中是否有该域
KeyIdForEncryptOp	传入	是否存在 keyIdForEncrypt 域,0:否;1:是
FID	传入	要读取的 OBU 文件号
Offset	传入	要读取的 OBU 文件偏移地址
Length	传入	要读取的 OBU 文件长度
RandRSU	传入	RSU 发出的随机数,8 字节
KeyIdForAuthen	传入	OBU 计算认证码的密钥索引号
KeyIdForEncrypt	传入	OBU 加密密钥索引号,根据 keyIdForEncryptOp 决定 RSU 发出的数据帧中是否有该域
TimeOut	传入	超时时间

表 31

返 回 值	说　明
0	命令执行成功
−100	超时,RSU 设备无响应
−1 000	传入参数错误
−1 001	设备未打开
−2 000	其他错误

8.2.3.2 GetSecure. response

函数:int GetSecure_rs(long fd,int * DID,int * FID,int * Length,char * File,
　　char * Authenticator,int * ReturnStatus,int TimeOut)

参数说明见表 32。

返回值说明见表 33。

表 32

参　数	参数类型	说　明
fd	传入	设备句柄号
DID	传出	读取的 OBU 应用号,1:ETC 应用;2:标识站应用;3:城市道路收费;4～10 保留
FID	传出	读取的 OBU 文件号
Length	传出	返回的 OBU 文件内容长度
File	传出	OBU 文件内容,是用 OBU 认证密钥对鉴别码和文件信息进行加密得到的密文
Authenticator	传出	OBU 认证码,当函数 GetSecure_rq 的参数 accessCredentialsOp 为 0 时,Authenticator 为 8 字节 0x00
ReturnStatus	传出	OBU 处理状态
TimeOut	传入	超时时间,范围 1 ms～1 000 ms

表 33

返 回 值	说　明
0	命令执行成功
—100	超时,RSU 设备无响应
—101	超时,OBU 无响应
—1 000	传入参数错误
—1 001	设备未打开
—2 000	其他错误

8.2.3.3 TransferChannel. request

函数:int TransferChannel_rq(long fd,int Mode,int DID,int ChannelID,
int APDULIST,char * APDU,int TimeOut)

参数说明见表 34。

返回值说明见表 35。

表 34

参　数	参数类型	说　明
fd	传入	设备句柄号
Mode	传入	确认模式,1:需应答;0:无需应答
DID	传入	要读取的 OBU 应用号,1:ETC 应用;2:标识站应用;3:城市道路收费;4～10 保留
ChannelID	传入	通道 ID 号,具体定义见 GB/T 20851.4

表 34（续）

参　数	参数类型	说　明
APDULIST	传入	对通道操作的 APDU 命令数
APDU	传入	对通道操作的 APDU 命令，按顺序为指令 1 长度(1 字节)、指令 1、指令 2 长度(1 字节)、指令 2、……
TimeOut	传入	超时时间

表 35

返回值	说　明
0	命令执行成功
−100	超时，RSU 设备无响应
−1 000	传入参数错误
−1 001	设备未打开
−2 000	其他错误

8.2.3.4 TransferChannel. response

函数：int TransferChannel_rs(long fd,int * DID,int * ChannelID,int * APDULIST,
char * Data,int * ReturnStatus,int TimeOut)

参数说明见表 36。

返回值说明见表 37。

表 36

参　数	参数类型	说　明
fd	传入	设备句柄号
DID	传出	OBU 应用号，1：ETC 应用；2：标识站应用；3：城市道路收费；4～10 保留
ChannelID	传出	通道 ID 号
APDULIST	传出	对通道操作的 APDU 命令数
Data	传出	对通道操作的 APDU 命令返回数据，按顺序为数据 1 长度(1 字节)、数据 1、数据 2 长度(1 字节)、数据 2、……
ReturnStatus	传出	OBU 处理状态
TimeOut	传入	超时时间

表 37

返 回 值	说 明
0	命令执行成功
—100	超时,RSU 设备无响应
—101	超时,OBU 无响应
—103	超时,通道设备(IC 卡、ESAM 等)无响应
—1 000	传入参数错误
—1 001	设备未打开
—2 000	其他错误

8.2.3.5 **SetMMI. request**

函数:int SetMMI_rq(long fd,int Mode,int DID,int SetMMIPara,int TimeOut)

参数说明见表 38。

返回值说明见表 39。

表 38

参 数	参数类型	说 明
fd	传入	设备句柄号
Mode	传入	确认模式,1:需应答;0:无需应答
DID	传入	OBU 应用号,1:ETC 应用;2:标识站应用;3:城市道路收费;4～10 保留
SetMMIPara	传入	人机界面参数,具体定义见 GB/T 20851.4
TimeOut	传入	超时时间

表 39

返 回 值	说 明
0	命令执行成功
—100	超时,RSU 设备无响应
—1 000	传入参数错误
—1 001	设备未打开
—2 000	其他错误

8.2.3.6 **SetMMI. response**

函数：int SetMMI_rs(long fd,int * DID,int * ReturnStatus,int TimeOut)
参数说明见表40。
返回值说明见表41。

表 40

参　数	参数类型	说　明
fd	传入	设备句柄号
DID	传出	OBU应用号，1：ETC应用；2：标识站应用，3；城市道路收费；4～10保留
ReturnStatus	传出	OBU处理状态
TimeOut	传入	超时时间

表 41

返 回 值	说　明
0	命令执行成功
−100	超时，RSU设备无响应
−101	超时，OBU无响应
−1 000	传入参数错误
−1 001	设备未打开
−2 000	其他错误

8.2.3.7 **GetSecure. request ∪ TransferChannel. request**

函数：int GetSecureTransferChannel_rq (long fd,int AccessCredentialsOp,int G_mode,int G_DID,char * AccessCredentials,int KeyIdForEncryptOp,int FID,int Offset,int Length,char * RandRSU,int KeyIdForAuthen,int KeyIdForEncrypt,int T_mode,int T_DID,int ChannelID,int APDULIST,char * APDU,int TimeOut)
参数说明见表42。
返回值说明见表43。

表 42

参　数	参数类型	说　明
fd	传入	设备句柄号
AccessCredentialsOp	传入	是否带有认证码，0：否；1：是
G_mode	传入	GetSecure确认模式，1：需应答；0：无需应答
G_DID	传入	GetSecure要读取的OBU应用号，1：ETC应用；2：标识站应用；3：城市道路收费；4～10保留

表 42（续）

参　数	参数类型	说　明
AccessCredentials	传入	OBU 认证码，8 字节；根据 AccessCredentialsOp 决定 RSU 发出的数据帧中是否有该域
KeyIdForEncryptOp	传入	是否存在 KeyIdForEncrypt 域，0：否；1：是
FID	传入	要读取的 OBU 文件号
Offset	传入	要读取的 OBU 文件偏移地址
Length	传入	要读取的 OBU 文件长度
RandRSU	传入	RSU 发出的随机数，8 字节
KeyIdForAuthen	传入	OBU 计算认证码的密钥索引号
KeyIdForEncrypt	传入	OBU 加密密钥索引号，根据 keyIdForEncryptOp 决定 RSU 发出的数据帧中是否有该域
T_mode	传入	TransferChannel 确认模式，1：需应答；0：无需应答
T_DID	传入	TransferChannel 要读取的 OBU 应用号，1：ETC 应用；2：标识站应用；3：城市道路收费；4～10 保留
ChannelID	传入	通道 ID 号，具体定义见 GB/T 20851.4
APDULIST	传入	对通道操作的 APDU 命令数
APDU	传入	对通道操作的 APDU 命令，按顺序为指令 1 长度（1 字节）、指令 1、指令 2 长度（1 字节）、指令 2……
TimeOut	传入	超时时间，范围 1 ms～1 000 ms

表 43

返　回　值	说　明
0	命令执行成功
—100	超时，RSU 设备无响应
—1 000	传入参数错误
—1 001	设备未打开
—2 000	其他错误

8.2.3.8 GetSecure. response ∪ TransferChannel. response

函数：int GetSecureTransferChannel_rs(long fd,int * G_DID,int * FID,int * Length,char * File,char * Authenticator,int * G_ReturnStatus,int * T_DID,int * ChannelID,int * APDULIST,char * Data,int * T_ReturnStatus,int TimeOut)

参数说明见表 44。

返回值说明见表 45。

表 44

参　　数	参数类型	说　　明
fd	传入	设备句柄号
G_DID	传出	GetSecure 读取的 OBU 应用号,1:ETC 应用;2:标识站应用;3:城市道路收费;4～10 保留
FID	传出	GetSecure 读取的 OBU 文件号
Length	传出	GetSecure 返回的 OBU 文件内容长度
File	传出	GetSecure 返回的 OBU 文件内容,是用 OBU 认证密钥对鉴别码和文件信息进行加密得到的密文
Authenticator	传出	GetSecure 返回的 OBU 认证码,当函数 GetSecureTransferChannel_rq 的参数 AccessCredentialsOp 为 0 时,authenticator 为 8 字节 0x00
G_ReturnStatus	传出	GetSecure 返回的 OBU 处理状态
T_DID	传出	TransferChannel 读取的 OBU 应用号,1:ETC 应用;2:标识站应用;3:城市道路收费;4～10 保留
ChannelID	传出	TransferChannel 读取的通道 ID 号
APDULIST	传出	TransferChannel 对通道操作的 APDU 命令数
Data	传出	TransferChannel 对通道操作的 APDU 命令返回数据,按顺序为数据 1 长度(1 字节)、数据 1、数据 2 长度(1 字节)、数据 2……
T_ReturnStatus	传出	TransferChannel 返回的 OBU 处理状态

表 45

返　回　值	说　　明
0	命令执行成功
－100	超时,RSU 设备无响应
－101	超时,OBU 无响应
－1 000	传入参数错误
－1 001	设备未打开
－2 000	其他错误

8.2.3.9　TransferChannel. request ∪ SetMMI. request

函数:int TransferChannelSetMMI_rq(long fd,int T_mode,int T_DID,int ChannelID,int APDULIST,char * APDU,int S_mode,int S_DID,int SetMMIPara,int TimeOut)

参数说明见表 46。

返回值说明见表 47。

表 46

参　数	参数类型	说　明
fd	传入	设备句柄号
T_mode	传入	TransferChannel 确认模式,1:需应答;0:无需应答
T_DID	传入	TransferChannel 要读取的 OBU 应用号,1:ETC 应用;2:标识站应用;3:城市道路收费;4～10 保留
ChannelID	传入	TransferChannel 通道 ID 号,具体定义见 GB/T 20851.4
APDULIST	传入	TransferChannel 对通道操作的 APDU 命令数
APDU	传入	TransferChannel 对通道操作的 APDU 命令,按顺序为指令 1 长度(1 字节)、指令 1、指令 2 长度(1 字节)、指令 2……
S_mode	传入	SetMMI 确认模式,1:需应答;0:无需应答
S_DID	传入	SetMMI 要读取的 OBU 应用号,1:ETC 应用;2:标识站应用
SetMMIPara	传入	SetMMI 人机界面参数,具体定义见 GB/T 20851.4
TimeOut	传入	超时时间,范围 1 ms ～1 000 ms

表 47

返　回　值	说　明
0	命令执行成功
−100	超时,RSU 设备无响应
−1 000	传入参数错误
−1 001	设备未打开
−2 000	其他错误

8.2.3.10 **TransferChannel. response ∪ SetMMI. response**

函数:int TransferChannel_rs(long fd,int * T_DID,int * ChannelID,int * APDULIST,char * Data,int * T_ReturnStatus,int * S_DID,int * S_ReturnStatus,int TimeOut)

参数说明见表 48。

返回值说明见表 49。

表 48

参　数	参数类型	说　明
fd	传入	设备句柄号
T_DID	传出	TransferChannel 读取的 OBU 应用号,1:ETC 应用;2:标识站应用;3:城市道路收费;4～10 保留
ChannelID	传出	TransferChannel 通道 ID 号

表 48（续）

参　　数	参数类型	说　　明
APDULIST	传出	TransferChannel 对通道操作的 APDU 命令数
Data	传出	TransferChannel 对通道操作的 APDU 命令返回数据，按顺序为数据 1 长度(1 字节)、数据 1、数据 2 长度(1 字节)、数据 2……
T_ReturnStatus	传出	TransferChannel 返回的 OBU 处理状态
S_DID	传出	SetMMI 读取的 OBU 应用号，1:ETC 应用；2:标识站应用
S_ReturnStatus	传出	SetMMI 返回的 OBU 处理状态
TimeOut	传入	超时时间，范围 1 ms ～1000ms

表 49

返　回　值	说　　明
0	命令执行成功
－100	超时，RSU 设备无响应
－101	超时，OBU 无响应
－103	超时，通道设备(IC 卡、ESAM 等)无响应
－1 000	传入参数错误
－1 001	设备未打开
－2 000	其他错误

8.2.4　EVENT-REPORT 原语指令

8.2.4.1　EVENT-REPORT. request

函数：int　EVENT_REPORT_rq(long fd，int Mode，int DID，int EventType，int TimeOut)

参数说明见表 50。

返回值说明见表 51。

表 50

参　　数	参数类型	说　　明
fd	传入	设备句柄号
Mode	传入	确认模式，1:需应答；0:无需应答
DID	传入	DSRC-DID，目录号
EventType	传入	Release＝0
TimeOut	传入	超时时间

表 51

返　回　值	说　　明
0	命令执行成功
－100	超时，RSU 设备无响应
－1 000	传入参数错误
－1 001	设备未打开
－2 000	其他错误

9　DATA 数据域定义

9.1　DATA 数据域格式

RSU 和车道控制器间通信的数据帧结构中的 DATA 数据域格式，见图 4。

图 4　DATA 数据域格式

其中：

Type：数据类型，1 字节，具体定义见 9.2。

Content：数据内容，具体定义见 9.3。

9.2　数据类型（Type）的定义

9.2.1　车道控制器发往 RSU 的数据类型

车道控制器发送到 RSU 的指令说明见表 52。

表 52

数 据 类 型	代　　码	功 能 说 明
RSU 初始化	F0	对 RSU 关键参数进行初始化设置，建立与 RSU 的连接
INITIALIZATION 原语指令	F1	指示 RSU 发送 BST
ACTION 原语指令	F2	指示 RSU 发送 ACTION 原语指令
EVENT_REPORT 原语指令	F3	指示 RSU 发送 EVENT_REPORT 原语指令
RSU 信息查询	F7	查询 RSU 基本信息
PSAM 通道复位	F8	对 RSU 中 PSAM 卡进行复位操作
PSAM 通道指令	F9	对 RSU 中 PSAM 卡的通道操作

9.2.2 RSU 发往车道控制器的数据类型

RSU 发送到车道控制器的指令说明见表 53。

表 53

数据类型	代码	功能说明
RSU 初始化返回	E0	返回 RSU 设备编号等信息
INITIALIZATION 原语返回	E1	返回 OBU 的 BST 应答数据
ACTION 原语命令返回	E2	返回 OBU 应答的 ACTION 原语响应
RSU 信息查询返回	E7	返回 RSU 设备信息(包括 RSU 厂商代码、RSU 编号、RSU 软件版本号等)
PSAM 通道复位返回	E8	对 RSU 中 PSAM 卡的复位操作响应
PSAM 通道指令返回	E9	对 RSU 中 PSAM 卡的通道操作响应

9.3 数据内容(Content)的定义

9.3.1 车道控制器指令数据帧结构

9.3.1.1 RSU 初始化

RSU 初始化指令说明见表 54。

表 54

位置	字节数	数据元	数据内容
0	1	CMD Type	指令代码,此处取值 F0H
1	4	Datetime	UNIX 当前时间,高位在前
5	1	BST Interval	BST 间隔,单位毫秒,范围 1 ms ～10 ms
6	1	TxPower	功率级数,范围 0～33,步进值为 1
7	1	PLLChannelID	信道号,范围 0～1

9.3.1.2 INITIALIZATION 原语指令

RSU 的 INITIALIZATION 指令说明见表 55。

表 55

位置	字节数	数据元	数据内容
0	1	CMD Type	指令代码,此处取值 F1H
1	n	BST Content	BST 原语,由 L7 应用层数据组成,即从分段字头到帧校验 FCS 前的数据,具体定义见 GB/T 20851.3 、GB/T 20851.4

9.3.1.3 ACTION 原语指令

RSU 的 ACTION 指令说明见表 56。

表 56

位置	字节数	数 据 元	数 据 内 容
0	1	CMD Type	指令代码,此处取值 F2H
1	n	ACTION Content	ACTION 原语,由 L7 应用层数据组成,即从分段字头到帧校验 FCS 前的数据,具体定义见 GB/T 20851.4

9.3.1.4 EVENT_REPORT 原语指令

RSU 的 EVENT_REPORT 指令说明见表 57。

表 57

位置	字节数	数 据 元	数 据 内 容
0	1	CMD Type	指令代码,此处取值 F3H
1	n	EVENT_REPORT Content	EVENT_REPORT 原语,由 L7 应用层数据组成,即从分段字头到帧校验 FCS 前的数据,具体定义见 GB/T 20851.4

9.3.1.5 RSU 信息查询

RSU 信息查询说明见表 58。

表 58

位置	字节数	数 据 元	数 据 内 容
0	1	CMD Type	指令代码,此处取值 F7H

9.3.1.6 PSAM 通道复位

PSAM 通道复位说明见表 59。

表 59

位置	字节数	数 据 元	数 据 内 容
0	1	CMD Type	指令代码,此处取值 F8H
1	1	PSAM Slot	卡槽号,0x00～0x05
2	4	PSAM Baud	PSAM 通讯速率

9.3.1.7 PSAM 通道指令

PSAM 通道指令说明见表 60。

表 60

位置	字节数	数据元	数据内容
0	1	CMD Type	指令代码，此处取值 F9H
1	1	PSAM Slot	卡槽号，0x00～0x05
2	1	APDU list	APDU 指令数
3	n	APDU	APDU 指令，按顺序为指令 1 长度(1 字节)、指令 1、指令 2 长度(1 字节)、指令 2…

9.3.2 RSU 信息帧数据结构

9.3.2.1 RSU 初始化返回

RSU 初始化返回指令说明见表 61。

表 61

位置	字节数	数据元	数据内容
0	1	Frame Type	数据帧类型标识，此处取值 E0
1	1	RSUStatus	RSU 主状态参数，0x00：正常；其他：异常
2	1	rlen	返回信息的长度
3	n	RSUinfo	RSU 设备信息，包括 RSU 厂商代码(1 字节)、RSU 编号(3 字节)、RSU 软件版本号(2 字节)等

9.3.2.2 INITIALIZATION 原语返回

INITIALIZATION 原语返回指令说明见表 62。

表 62

位置	字节数	数据元	数据内容
0	1	Frame Type	数据帧类型标识，此处取值 E1
1	1	Status	0x00：收到 VST；0x01：未收到 VST
2	n	VST Content	Status 为 0x00 时，有此域；0x01 时此域长度为 0。 VST 信息，由 L7 应用层数据组成，即从分段字头到帧校验 FCS 前的数据，具体定义见 GB/T 20851.3、GB/T 20851.4

9.3.2.3 ACTION 原语返回

ACTION 原语返回指令说明见表 63。

表 63

位置	字节数	数据元	数据内容
0	1	Frame Type	数据帧类型标识,此处取值 E2
1	1	Status	0x00:收到 OBU 应答;0x01:超时未收到 OBU 返回
2	n	Content	Status 为 0x00 时,有此域;0x01 时此域长度为 0 ACTION 原语返回信息,由 L7 应用层数据组成,即从分段字头到帧校验 FCS 前的数据,具体定义见 GB/T 20851.4

9.3.2.4 RSU 信息查询返回

RSU 信息查询返回说明见表 64。

表 64

位置	字节数	数据元	数据内容
0	1	Frame Type	数据帧类型标识,此处取值 E7
1	1	rlen	返回信息的长度
2	n	RSUinfo	RSU 设备信息,包括 RSU 厂商代码(1 字节)、RSU 编号(3 字节)、RSU 软件版本号(2 字节)等

9.3.2.5 PSAM 通道复位返回

PSAM 通道复位返回说明见表 65。

表 65

位置	字节数	数据元	数据内容
0	1	Frame Type	数据帧类型标识,此处取值 E8
1	1	Status	0x00:正常返回;0x01:无响应
2	1	rlen	返回 PSAM 复位信息的长度
3	n	Data	PSAM 复位信息

9.3.2.6 **PSAM 通道指令返回**

PSAM 通道指令返回说明见表 66。

表 66

位置	字节数	数据元	数据内容
0	1	Frame Type	数据帧类型标识,此处取值 E9
1	1	Status	0x00:正常返回;0x01:无响应
2	1	Data List	响应指令数
3	n	Data	PSAM 指令返回,按顺序为数据 1 长度(1 字节)、数据 1、数据 2 长度(1 字节)、数据 2……

ICS 03.220.20
R 87

中华人民共和国国家标准

GB/T 28424—2012

交通电视监控系统设备用图形符号及图例

Graphical symbols and cutline for use in equipment of TV monitoring system for traffic

2012-06-29 发布　　2012-10-01 实施

中华人民共和国国家质量监督检验检疫总局
中国国家标准化管理委员会　发布

前　言

本标准按照 GB/T 1.1—2009 给出的规则起草。

本标准由全国智能运输系统标准化技术委员会(SAC/TC 268)提出并归口。

本标准起草单位:交通运输部公路科学研究院。

本标准主要起草人:鲍枫、颜静仪、杨琪、黎明。

交通电视监控系统设备用
图形符号及图例

1 范围

本标准规定了交通电视监控系统中所使用设备的主要图形符号及图例。

本标准适用于交通电视监控系统的设计、施工，其他行业也可参照使用。

2 规范性引用文件

下列文件对于本文件的应用是必不可少的。凡是注日期的引用文件，仅注日期的版本适用于本文件。凡是不注日期的引用文件，其最新版本(包括所有的修改单)适用于本文件。

GB/T 5465.2—2008 电气设备用图形符号 第2部分：图形符号(IEC 60417 DB：2007，IDT)

GB/T 15565.1 图形符号 术语 第1部分：通用

GB/T 16902.1—2004 图形符号表示规则 设备用图形符号 第1部分：原形符号

GA/T 74—2000 安全防范系统通用图形符号

3 术语和定义

GB/T 15565.1界定的术语和定义适用于本文件。

4 图形符号

4.1 摄像机及相关设备图例符号

摄像机及相关设备图例符号见表1。

表1 摄像机及相关设备图例符号

序号	设备名称	英语名称	图例符号	说明
4101	黑白电视摄像机	Television camera	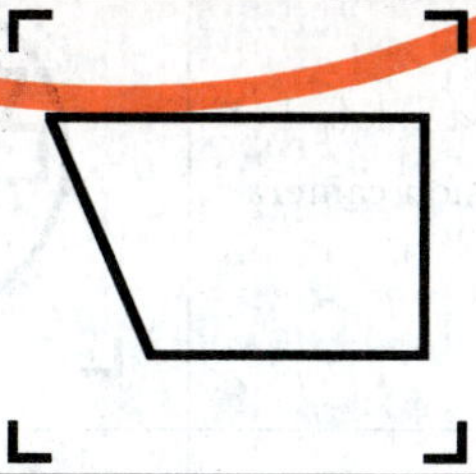	见GB/T 5465.2—2008中的5116(在此标准中的顺序号，下同)
4102	彩色电视摄像机	Colour television camera		见GB/T 5465.2—2008中的5117

表 1（续）

序号	设备名称	英语名称	图例符号	说　明
4103	带云台的黑白电视摄像机	Integrated television camera	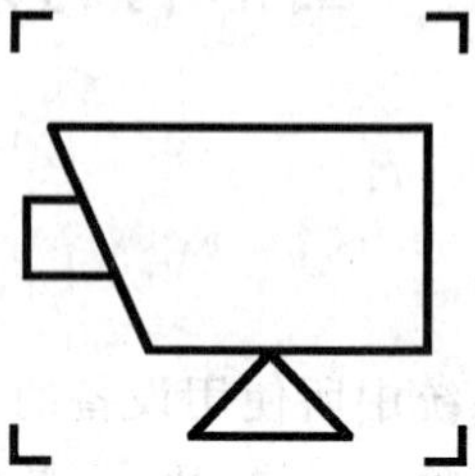	
4104	带云台的彩色电视摄像机	Integrated colour television camera	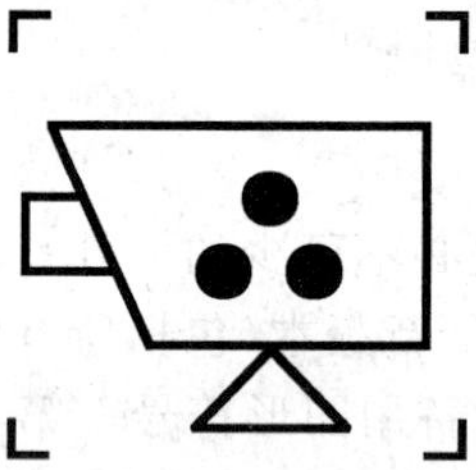	
4105	摄像机防护罩	Television camera enclosure	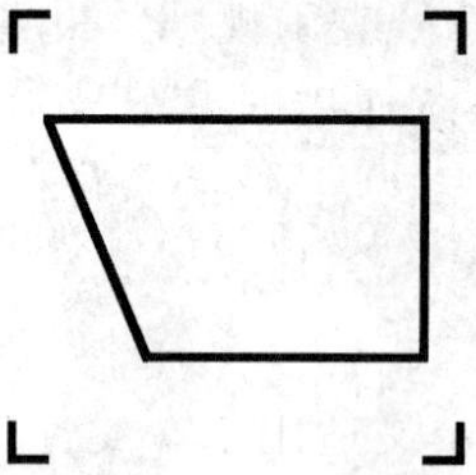	应用范围：用于电视监控设备。表示电视摄像机的外防护罩
4106	一体化球形黑白摄像机	Integrated dome television camera	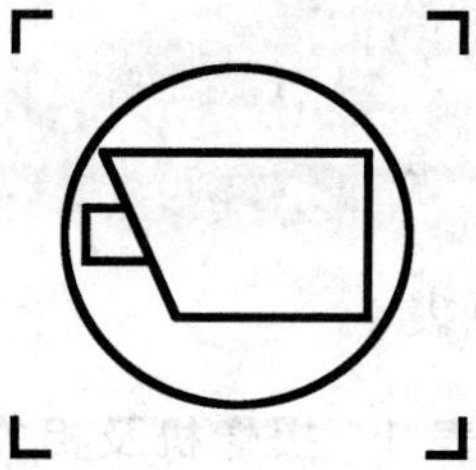	
4107	一体化彩色球形摄像机	Integrated colour dome television camera	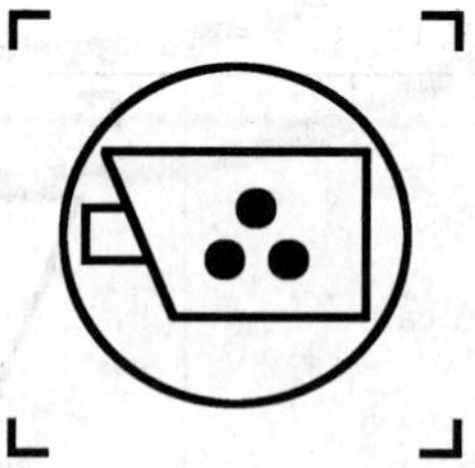	
4108	云台	Pan/Tilts	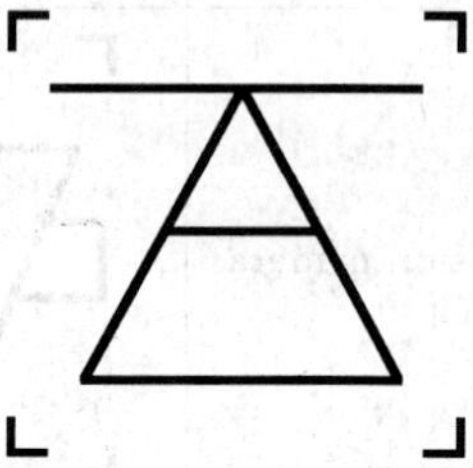	见 GA/T 74—2000 中编号 3.10.20

表 1（续）

序号	设备名称	英语名称	图例符号	说　明
4109	云台解码器	Receiver/Driver		标识为带有云台、变焦镜头等可控设备提供驱动电源并与控制设备如矩阵进行通讯的前端设备
4110	视频编解码器	Video codec		

4.2　控制设备图例符号

控制设备图例符号见表 2。

表 2　控制设备图例符号

序号	设备名称	英语名称	图例符号	说　明
4201	视频切换矩阵	Matrix		标识电视监控系统监视器画面切换的控制矩阵设备
4202	视频分配放大器	Video amplifier distributor	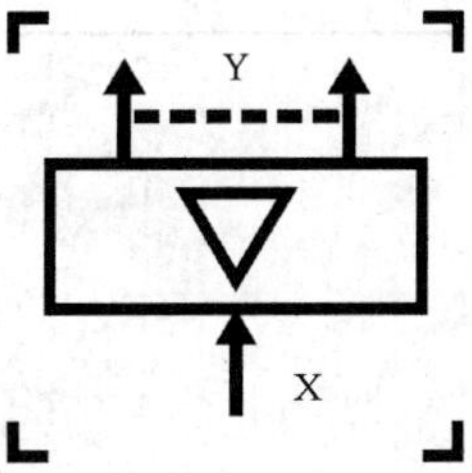	见 GA/T 74—2000 中编号 3.10.19。 X 代表输入； Y 代表几路输出

表 2（续）

序号	设备名称	英语名称	图例符号	说　明
4203	字符叠加器	VDM		标识在监视器上进行字符叠加的控制设备
4204	画面分割器	Screen division fixture	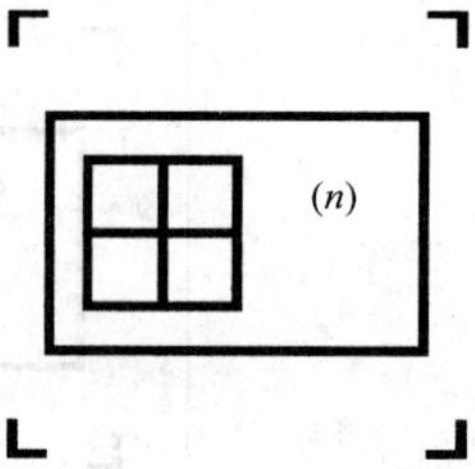	见 GA/T 74—2000 中编号 3.10.22。 标识对监视器画面进行分割的控制设备。 n 代表画面数
4205	视频操作键盘	Video keyboard	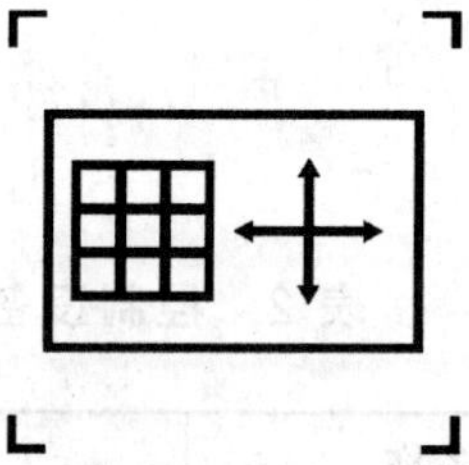	标识对监视器画面进行切换、控制云台转动和摄像机镜头变焦的视频控制键盘
4206	视频控制计算机	Video control computer		应用范围：用于将交通电视模拟图像转化为数字图像的计算机

4.3　显示终端设备图例符号

显示终端设备图例符号见表 3。

表 3　显示终端设备图例符号

序号	设备名称	英语名称	图例符号	说　明
4301	黑白电视机	Television;video	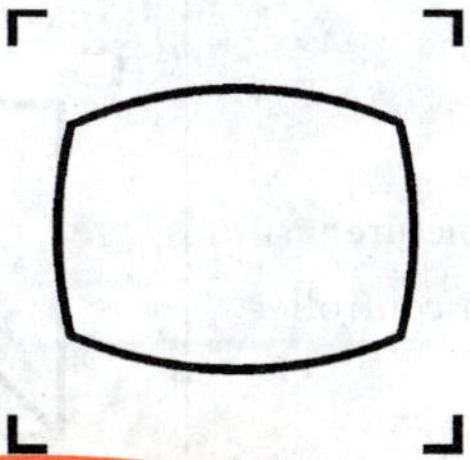	见 GB/T 5465.2—2008 中的 5049
4302	彩色电视机	Colour television		见 GB/T 5465.2—2008 中的 5050
4303	黑白电视监视器	Television Monitor		见 GB/T 5465.2—2008 中的 5051。 应用范围:用于视频图像的显示
4304	彩色电视监视器	Colour television Monitor	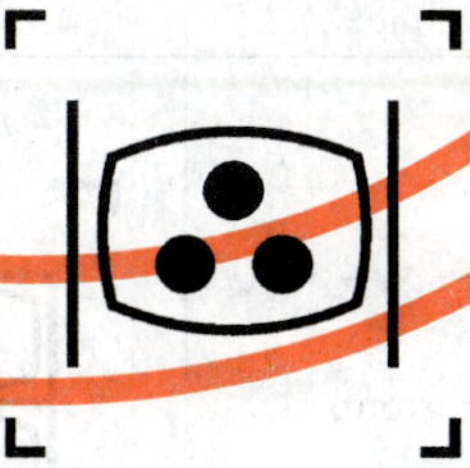	见 GB/T 5465.2—2008 中的 5052。 应用范围:用于彩色视频图像的显示
4305	投影仪	video projection	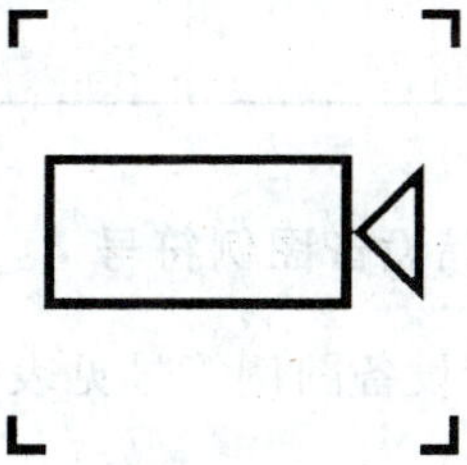	应用范围:用于放大视频图像的设备

表 3（续）

序号	设备名称	英语名称	图例符号	说　明
4306	多屏幕拼接控制器	Multi-picture combination controller	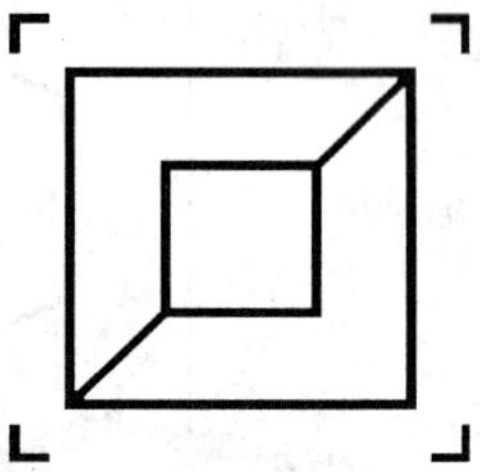	应用范围：用于多个视频图像在投影屏幕上的拼接显示
4307	拼接显示屏	Digital information display		
4308	投影屏幕	projection screen	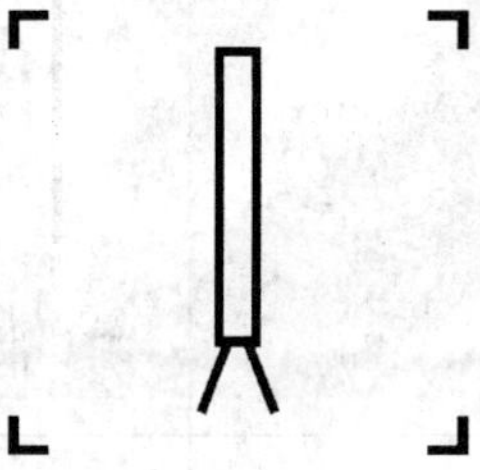	应用范围：与投影仪配套，显示投影图像
4309	电视墙	Monitor group	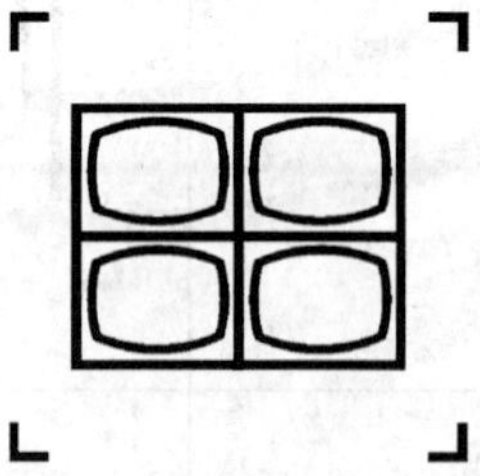	应用范围：标识由电视及监视器组成的电视墙

4.4　交通电视监控系统管理及存储设备图例符号

交通电视监控系统管理及存储设备图例符号见表 4。

表 4　交通电视监控系统管理及存储设备图例符号

序号	设备名称	英语名称	图例符号	说　明
4401	数字硬盘录像机	Digital hard disk video recorder		应用范围：用于记录、存储和重放视频图像
4402	视频服务器	Video service computer		应用范围：用于视频图像的存储、查询及调用
4403	磁盘阵列	Disk array	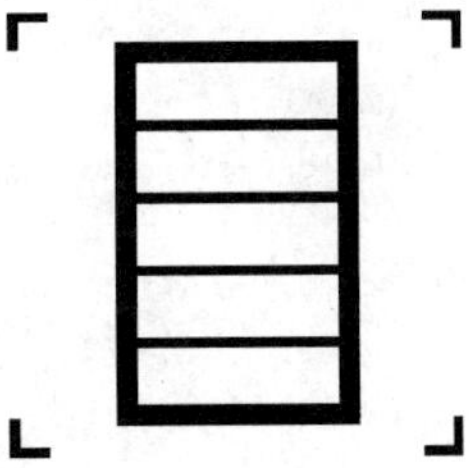	
4404	光盘刻录机	CD writer		

5　应用

5.1　图形符号的应用应遵循 GB/T 16902.1—2004 中 8.3 的规定。

5.2　使用图形符号时应按第 4 章中的图形符号进行等比例放大或缩小。

5.3　第 4 章中位于图形符号四周的角标不构成图形符号的内容，仅为图形符号复制及应用的依据。

参 考 文 献

［1］ GB/T 16900—2008 图形符号表示规则 总则
［2］ GB/T 20001.2—2001 标准编写规则 第2部分:符号
［3］ GB/T 23371.2—2009 电气设备用图形符号基本规则 第2部分:箭头的形式与使用
［4］ GB/T 23371.3—2009 电气设备用图形符号基本规则 第3部分:应用导则(IEC 80416-3:2002,IDT)

ICS 03.220.20;35.240.60
R 07

中华人民共和国国家标准

GB/T 28425—2012

智能运输系统 消息集模板

Intelligent transport systems—Message set template

2012-06-29 发布 2012-10-01 实施

中华人民共和国国家质量监督检验检疫总局
中国国家标准化管理委员会 发布

前　言

本标准按照 GB/T 1.1—2009 给出的规则起草。

本标准由全国智能运输系统标准化技术委员会(SAC/TC 268)提出并归口。

本标准起草单位:交通运输部公路科学研究院、北京经纬融通信息技术有限公司。

本标准主要起草人:鲍枫、张林、杨琪、张北海、陈劲风、赵建丽。

智能运输系统　消息集模板

1　范围

本标准规定了智能运输系统(ITS)消息集模板的框架、属性。

本标准适用于ITS中各种应用系统之间的消息交换,也适合于用户对ITS消息的逻辑说明。

2　规范性引用文件

下列文件对于本文件的应用是必不可少的。凡是注日期的引用文件,仅注日期的版本适用于本文件。凡是不注日期的引用文件,其最新版本(包括所有的修改单)适用于本文件。

GB/T 16262.1　信息技术　抽象语法记法一(ASN.1)　第1部分:基本记法规范

GB/T 16262.2　信息技术　抽象语法记法一(ASN.1)　第2部分:信息客体规范

ISO 14813-6　智能运输系统　参考模型体系结构　第6部分:用ASN.1表示的数据(Intelligent transport systems—Reference model architecture(s) for the ITS sector—Part 6: Data presentation in ASN.1)

3　术语、定义和缩略语

3.1　术语和定义

下列术语和定义适用于本文件。

3.1.1

属性　attribute

某元素固有的、内在的特征。

3.1.2

数据帧　data frame

使用单一名称进行引用的一组数据元素的集合。

注:采用单一名称进行引用便于在一个消息体的规范中对那些在通常情况下一起出现的数据元素(例如一个ASN.1序列,序列的集合,或选择的集合)进行重新利用。但是,这一数据概念类型同样可以为其他用途定义数据元素组。

3.1.3

终端应用　end-application

与网络通信堆栈相分离的那一部分计算机程序。一个应用端不包含在OSI网络参考模型的应用层及其以下的各层次中。

3.1.4

外部数据源　foreign data source

由ITS领域外的数据源提供的数据字典或消息集合。

3.1.5

消息　message

由消息元数据组合成的一组数据元素或数据帧,用于传递一个完整的消息单元。

注:一个消息是来自于消息模板集合的一个抽象描述,并不是一个单独的消息实例。

3.1.6

消息属性 message attribute

在逻辑层次上，对一条消息的数据交换需求、解释和处理的详尽描述。

3.1.7

消息体 message body

消息规范中描述消息中所包含的数据元素和数据帧的部分。

3.1.8

消息组 message group

相关消息组成的集合。

3.1.9

消息实例 message instance

实际产生的一条包含了数据元素的实际值。

3.1.10

消息集 message set

基于ITS类命名的一类消息的集合。

3.1.11

消息集模板 message set template (MST)

用于描述ITS消息的属性和句法的抽象结构，即运用消息集模板产生消息标准的规则。

3.2 缩略语

下列缩略语适用于本文件。

ASN.1：抽象语法记法一(Abstract Syntax Notation One)

DSRC：专用短程通信(Dedicated Short-range Communications)

ID：标识(Identifier)

IOS：信息对象规范(Information Object Specification)

ISP：信息服务提供商(Information Service Provider)

ITS：智能运输系统(Intelligent Transport Systems)

MST：消息集模板(Message Set Template)

NTCIP：国家智能运输系统通信协议 (National transportation communications for ITS protocol)

OID：对象标识(Object Identifier)

OSI：开放系统互联(Open System Interconnection)

TMC：交通管理中心(Traffic Management Center)

4 消息集模板(MST)框架

4.1 概述

ITS消息集模板描述的消息独立于应用层面的逻辑层面上，并且在所有的OSI网络层次之上，在某些标准中，把这种逻辑层次称为终端应用。

MST由元数据属性(包含与消息相关的数据交换要求)、消息属性和消息体(即对消息中包含的数据元素的描述)构成。以上内容应以ASN.1表述。一个ASN.1的消息对象规范应用于将元数据属性、消息体和消息属性规范组合为正式的、完整的逻辑消息(参见附录A)。

一条ITS消息可根据一些相关的划分标准归类到一个或多个消息组中去，一条ITS消息可同时属于多个消息组。

示例：

按照消息主题的性质划分，"事故车辆"消息可能既属于"路侧警告"消息组，又属于"车辆事件"消息组。同样，在某个ITS的功能领域中，一条消息可被列入一个或多个消息集中，在这种情况下，这些消息集可能又属于更大的一个消息集—"交通管理"消息集。

消息集模板应该是一个统一的、规范的、对所有的ITS消息都一致的模板。在此前提下，为了处理消息间存在的较大差异，消息集合模板的许多属性是可选的。

4.2 框架

MST具体框架见图1。

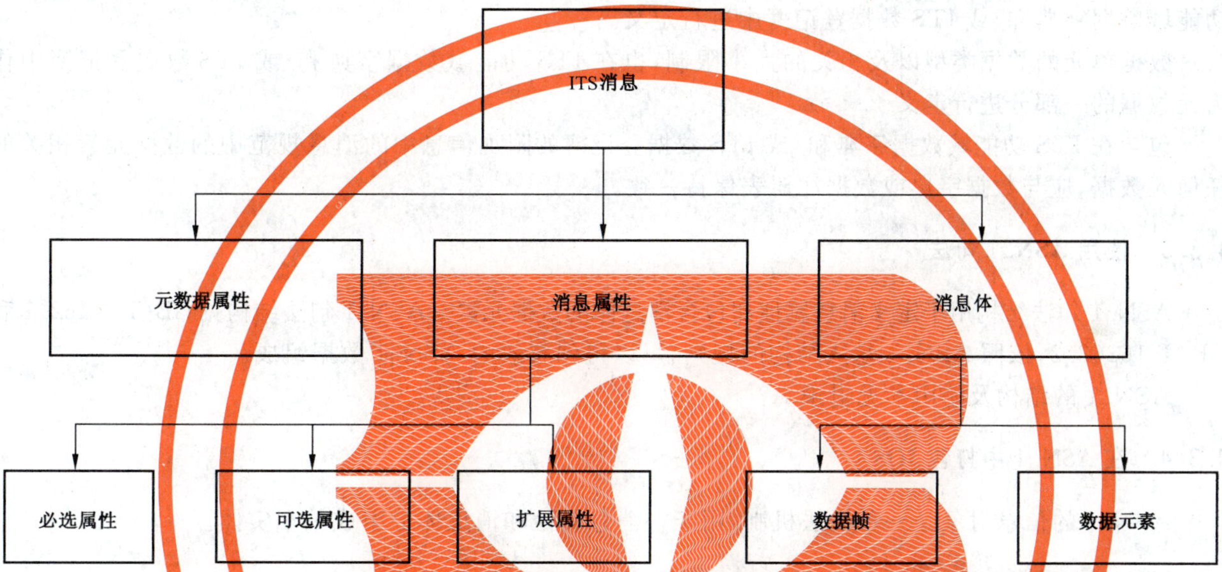

图1 ITS消息的框架

4.3 应用MST定义ITS消息

4.3.1 定义ITS消息中的元数据

MST第一个方面是定义消息元数据，元数据是对消息定义的简化数据。本标准中定义消息元数据的一系列必选的和可选的属性。

当应用和/或传输环境要求支持MST定义的消息时，该需求应在逻辑层定义，应以与传输介质无关的方式表达。

4.3.2 定义消息体

MST的第二个方面是对消息体或内容的定义。定义消息时，消息的内容应以详细说明的方式定义(包含数据元素组的数据帧，在某些情况下还包含其他的数据概念类型)，并按消息类型、使用条件、适用环境、出现次序等进行归类和打包。这些数据元素的实例化组成了消息实例的实际消息体。

由数据元素和数据帧组成的消息体应使用一个指定的ASN.1名称(符合ASN.1命名规范的名称)。数据元素的描述性名称可作为消息规范的一部分，可加入ASN.1的名称。每个描述性名称和其相应的ASN.1名称应成对的出现。将描述性名称转变为ASN.1名称参见附录A描述。

将数据概念(数据元素、数据帧、和/或其他数据概念类型)打包或分组为消息可包括以下部分或全部定义：

——数据概念构成消息体，包括它们的分类或顺序、适用条件；

——在构成消息体的数据概念中的序列、序列片断的可重复性；

——在构成消息体的数据概念中的默认值、可选值和条件值。

消息规范中允许数据概念的重复。消息规范中只使用数据元素可避免模糊性(这种情况专指为了一些特定的目的而使用底层的数据概念)。但是通过将数据按照 ASN.1 中指定的顺序和集合结构进行分组，信息中可以使用更加复杂的数据结构。通常情况下，对数据序列和其他类型的数据分组方式可以按照"数据帧"的数据概念类型进行处理。

如果元数据直接来源于 ITS 功能域的数据字典和/或 ITS 数据登记簿，消息规范则应包含数据帧和数据元素，这些数据帧和数据元素在 ITS 功能域的数据字典和/或 ITS 数据登记薄中有明确的表述。

元数据的取值范围，包括数据元素的值、值的枚举类型以及确定数据元素值域的有效性，都在 ITS 功能域数据字典和/或 ITS 数据登记簿中进行定义。

数据单元的数据类型以及相关的大小限制，也在 ITS 功能域数据字典和/或 ITS 数据登记簿中作为元数据的一部分进行定义。

包含在 ITS 功能域数据字典和/或 ITS 数据登记簿的附加信息中的消息规范中的数据元素相关的任何元数据，应与数据字典或数据注册表保持一致。

4.3.3 使用 ASN.1 句法

ASN.1 句法结构用于定义消息属性和包含消息体的数据元素。ASN.1 句法结构见 GB/T 16262.1 和 GB/T 16262.2，依照 ASN.1 句法结构的规则，可以得到有效的 ASN.1 数据组成。

ASN.1 的结构及使用参见附录 A。

4.3.4 在 ASN.1 中打包 IOS

ASN.1 的信息对象是一种语法机制，用于将消息属性和消息体分组成单个实体。

5 消息集模板(MST)属性

5.1 元数据属性

5.1.1 基本属性

5.1.1.1 描述性名称(必选属性)

定义：描述性名称是用来标识消息的名词或词组。

描述：描述性名称说明了数据概念的意义，构建方式见附录 B 中描述数据元素的构建方式。消息的描述性名称宜采用 ENTITY_Property_representationclassterm(实体_特性_表达类项)的格式，其中 ENTITY 表示功能或功能域(例如：事故管理)，representationclassterm 表示消息或数据帧。

示例：INCIDENT_Description_message

5.1.1.2 描述性名称的内容(可选属性)

定义：描述性名称的内容是与描述性名称相关的 ITS 功能域的描述。

描述：功能域可为如下：

——交通管理；

——运输管理；

——紧急事件处理；

——运营车辆管理；

——出行者服务；

——电子收费服务；

——车辆管理和控制；

——计划管理和实施。

如果同时具有多个功能域，则采用"ITS"作为描述性名称的内容。

5.1.1.3 定义(必选属性)

定义：对消息及其使用目的和使用途径的基于自然语言的文本的描述。这需要定义数据交换需求(即消息是否需要响应，是否需要信息接收系统对其进行处理等)，也可能包括功能域的数据，和/或发送/接受的数据的应用，如基于国家ITS体系架构的数据流。

描述：它由描述消息的文本组成。

示例：

"这条消息定义了故障车辆向监控中心提出的路边援助请求，收到该消息后，监控中心进行确认并分析救援请求消息，迅速做出适当的回应。"

5.1.1.4 来源(可选属性)

定义：消息的来源。

描述：消息最初的输入来源。

示例：消息集—外部TMC通信(MS-ETMCC)。

5.1.1.5 类名(消息集)(可选属性)

定义：根据消息含义而划分的消息集的名称和数量。

描述：对每一个类名，应有一个分类模式名和一个分类模式版本。

示例：

对于TMC到ISP的通信，消息集包括：

——路网描述；

——当前路网状态；

——预测的路网状态；

——计划内的道路事件；

——当前路网事件及路网事件更新。

5.1.1.6 分类模式名(若类名已定义，则为必选属性；否则本属性不适用)

定义：包含类名的分类模式的标识符(比如标题或数量)。

5.1.1.7 分类模式版本(若类名已定义，则为必选属性；否则本属性不适用)

定义：包含类名的分类模式版本号。

示例：V1

5.1.1.8 数据概念类型(必选属性)

定义：数据概念的类型归类。

描述：本属性对消息的惟一有效值是"Message"，对数据帧的惟一有效值是"DataFrame"。

示例：Message，DataFrame

5.1.1.9 关键词(可选属性)

定义：用来搜寻和恢复消息的一个或多个重要的词。

描述:关键词可取自这些数据概念:定义、描述性名称、类名,也可取自同这些数据概念紧密相关的元数据属性。某些关键词可从ITS数据登记簿中的控制词列表中指定。

示例:Link,Segment,Link Performance

5.1.1.10 关联数据概念(可选属性,与"关联类型"一起使用)

定义:与被指定的消息存在某种关联的其他数据概念。

示例:"Travel Advisory"(出行建议)对于消息"message Incident Notice"(事故警示)而言,"Travel Advisory"(出行建议)就是与其相关的一条关联消息。与"关联类型"一起使用。

5.1.1.11 关联类型(可选属性,与"关联数据概念"一起使用)

定义:用于表述数据概念与其关联数据概念之间关系特征的一个词或短语。

描述:合法值是"Generates" 和 "Generated by"。其他合法值可以是加入数据注册表的函数,并且在控制词列表中记录归档。与"关联数据概念"一起使用。具体含义如下:

——Generates:系统接收到该消息后生成由关联数据概念定义的系列消息;

——Generated by:系统仅生成特定的信息,以响应由关联数据概念定义的消息。

示例:"Generated by";例如一条出行者建议消息的运行依赖于一条事件消息的接收。

5.1.1.12 备注(可选属性)

定义:消息的注释或其他相关内容。

描述:这项元数据属性不受本标准内容的限制。

示例:"相关内容请查看高速公路通行能力手册"。

5.1.1.13 符号名(可选属性)

定义:在应用程序和/或通信程序中的使用的消息的名称。

示例:Traveler Advisory(出行建议)

5.1.1.14 符号名用法(可选属性)

定义:使用的符号名的应用程序名称。

示例:Traveler Information API

5.1.1.15 ASN.1名称(必选属性)

定义:用ASN.1语法及命名规范来表示的消息名。

注释:ASN.1数据元素命名规范的内容,以及从ITS数据字典中的数据元素名称到ASN.1中的名称转换的内容,可参考附录B。

示例:NearestStopRequest

5.1.1.16 限制条件(可选属性)

定义:对所有限制条件进行的文本说明,而不仅是本标准中明确描述的其他元属性的限制。

描述:包括硬件或软件应用的限制条件。

示例:在不同媒介的列表形式中,必须可显示出版时间表。

5.1.2 管理元数据属性

5.1.2.1 数据概念标识符(可选属性)

定义:与语义无关的顺序分配的阿拉伯数字标识符。

描述：当消息进入 ITS 数据登记薄时自动为之分配本元数据属性值。

示例：39372。

5.1.2.2 数据概念版本号(可选属性)

定义：表示消息的修订或完善并且不改变语义内容的参考信息。

描述：版本号主要用以表示那些附属性的、非语义性的小修改。若消息进行了语义上的修改，那么就应该创建新的不同的消息。本版本号应由数据注册系统自动维护。

示例：V3

5.1.2.3 安全等级(可选属性)

定义：如果消息包含敏感信息，应用系统或通信系统应具有的适当的安全等级和类型选择。

描述：如果考虑安全问题，本元数据属性就可用于定义安全相关内容的需求，如加密(即数据所有交换路径中都需要加密)，ID 验证，密码，及是否允许重定向/转发等。这些需求应处于逻辑层面，且不应对那些有保密需求的系统做过度的限制。在传输过程中，消息经过未授权的系统时，消息不可阅读。

注释：在 ITS 中该属性主要用于与财务相关的消息中，也可以用于任何特定的消息、消息集或消息组中。

私人消息可能有特别的安全要求。因此这些要求应明确说明，以便通信协议/网络协议能够明确这些需求，并对之进行相应处理。

5.1.2.4 注册日期(可选属性)

定义：消息进入 ITS 数据注册表的日期。

描述：本元属性值在消息进入 ITS 数据注册表时自动分配。

示例：20000229 (02/29/2000)

5.1.2.5 最后修改日期(可选属性)

定义：消息在 ITS 数据注册表中进行最后一次版本更新的日期。

描述：本元属性值在消息进入 ITS 数据注册表时自动分配。

示例：19991210 (10/10/1999)

5.1.2.6 最后修改的用户(可选属性)

定义：更改消息定义的最后一个用户的标识。

描述：本元数据属性值在消息进入 ITS 数据注册表时自动分配。

示例：ITE MS-ETMCC 项目小组的 John Doe 将标识为 222948 的数据概念用在消息中。这个例子中，本元数据属性相关的数据概念记录就会出现“jdoe5643”。

5.1.2.7 注册机构(可选属性；如果是外部注册则为必选)

定义：消息注册所在机构的信息。

描述：属性的值通常为 ITS Registrar。

示例：

——ITS Registrar；

——EPA Registrar。

5.1.2.8 注册电话号码(可选属性,如果是外部注册则为必选)

定义:注册机构的电话号码(包括电话号码的国家编码、地区编码)

描述:本条属性的值通常为 ITS Registrar 的电话号码。

示例:1.202.999.9999

5.1.2.9 消息的组织名称(可选属性)

定义:负责该消息的组织名称。

示例:ITE MS-ETMCC project team

5.1.2.10 管理员电话号码(可选属性)

定义:授权数据管理员的电话号码(包括电话号码的国家编码、地区编码)

示例:1.202.888.8888

5.1.2.11 消息提交组织的名称(可选属性)

定义:负责将消息提交到数据注册表的组织机构名称。

描述:该组织负责对信息进行标识、归档以及提交注册信息。

示例:ITE MS-ETMCC project team(ITE MS-ETMCC 项目组)

5.1.2.12 消息提交组织的电话号码(可选属性)

定义:消息提交组织的电话号码(包括电话号码的国家编码、地区编码)

示例:1.202.777.7777

5.1.2.13 用户(可选属性)

定义:具有使用数据登记簿权限的用户名称

示例:Jane Doe

5.1.2.14 视图[消息组名](可选属性)

定义:根据消息性质指定的消息组名称或数字标识

描述:一条消息可能同时属于多个消息组

注释:在使用时该元数据属性用于记录、描述信息或说明信息的组织结构,但该属性并非正式的信息模板分类表。

示例:Roadside alerts(路侧报警)

5.1.2.15 同义描述性名称(可选属性)

定义:描述性名称不同,但表达同一消息的消息名称。

描述:该属性只有在两条消息的语义相同,且有同一消息体时才使用。

注释::同义的描述性名称只在必要时引入。

示例:消息 TravelersAdvisory 可能会有一个同义的描述性名称 TravelersAlert。

5.1.2.16 同义描述性名称的环境(如果已定义"同义描述性名称",则为必选属性,否则对消息不适用)

定义:使用同义描述性名称的 ITS 领域。

示例:Provide Vehicle Monitoring and Control

5.2 消息属性

5.2.1 必选属性

5.2.1.1 消息标识符

定义:消息的惟一 ASN.1 对象标识,描述见附录 A。

示例:运输通信接口专用规范(The Transit Communications Interface Profile —TCIP)中定义了一条公共交通(NTCIP 1401v.01.08 [B2])消息:“CptStopPoint”,它的消息对象标识为“cpt 16.”。这条消息完整的对象标识如下:

{iso (1) identified-organization (3) dod (6) internet (1) private (4) enterprises (1) nema (1206) transportation (4) tcip (3) cpt (1) cptstoppoint (16)}

或{1 3 6 1 4 1 1206 4 3 1 16}

5.2.1.2 元数据源

描述:用于说明描述和解释数据元素的元数据的具体来源,它的值包含了消息体中的数据实示例。

该属性的默认值为“direct(直接)”,该值假设接收系统知道所有发送的数据的含义,该含义基于所有数据元素都符合在 ITS 功能域数据字典和/或 ITS 数据登记簿中的定义。

“Indirect(间接)”表示消息实示例中至少包含一些接收系统不能识别的数据元素,这些数据是由 MST 兼容格式以外的系统所定义。在此情况下,在消息体规范中的元数据源要对所有未在 ITS DR 中数据元素给出定义,这些定义要参考外部数据源(示例:如没有在 ITS 领域中使用的数据字典或注册表)。

“Embedded(嵌入)”表示消息实示例中包含在 ITS 功能域数据字典和/或 ITS 数据登记簿中没有的、也不在外部数据源中的数据元素的元数据(作为消息体的一部分)。如果在这种情况下制定规范,元数据就要在消息体规范中定义。如果事先不知道元数据(就是说一些特定的消息,其数据和元数据只有在消息创建时才能确定),需要预先为此数据定义(“embedded”)的占位符。这个消息实示例则应包含一个数据元素的嵌入规范。至于如何实现则根据具体的消息实现环境不同而变化。例如:一个描述自身的数据系统。

在适当的定义了参考数据或嵌入元数据时,该属性值可定义为“direct/indirect/embedded”

示例:

——Direct(直接);

——Indirect(间接);

——Embedded(嵌入)。

5.2.2 可选属性

5.2.2.1 优先级

定义:确定消息是否收到优先级要求,如果是,就需要定义优先级模式和/或消息的优先级。

描述:指定优先级或者无优先级。如果具有优先级,这种属性也被用来指定优先级模式和/或消息的优先级,默认的是无优先级。

注释:有一种全球 ITS 优先级模式可在 ITS 消息广播中使用。对于特定的消息集或消息组可能会有其他的优先级模式。在消息规范中应当考虑这些模式的相关知识。

无线消息可能是“round robin(轮询)”优先级模式的备选方案,即重要的消息在任何时间都可以发送,而次重要的消息只能在时间允许的时候发送。在这种情况下的优先级模式将有两个值:紧急模式和时间允许模式。

示例：

——优先级，紧急和时间允许；

——优先级，紧急/正常/低；

——优先级，1～10(10是最高级)；

——无优先级。

5.2.2.2 频率/消息模式

定义：表示消息实例预计发生的速率或次数，周期型消息的模式。

描述：说明消息实例是"周期型、事件驱动型或用户驱动型"。如果为周期型消息实例，消息集开发者所提供的说明书中会有关于频率或者频幅的内容。本属性允许多选，例如，"周期型和事件驱动型"。

示例：

—— 周期型，20 s；

—— 事件驱动型；

—— 用户驱动型。

5.2.2.3 发送确认

定义：表示任何消息实例都可能/确定要返回收到的确认信息。可包括重试规则。

描述：使用时应定义"确定"还是"可能"。消息集的开发者应向使用者提供如何使用该属性的用户手册。

示例：

——确定，关键的金融交易，4 h后重试。

——确定，当确认发生交通事故"Traffic_incident"时发送此信息。

5.2.3 扩展属性

用户可按应用需求，按以上方式定义扩张属性。

5.3 配置管理

在不改变消息含义的条件下，通过版本管理反映实际情况的变化。如果消息变化太大以至其含义发生了改变，定义消息的责任方应撤销旧消息，并用新的消息替代(新消息具有不同的消息标识)。在这种情况下，应该建立旧信息与代替它的新信息之间的参照关系。属性"相关数据概念(Related data concept)"和"关系类型(Relationship type)"用来表示这种参照关系。

附 录 A
（资料性附录）
消息的指导原则及示例

A.1 ASN.1 句法的使用

基本的 ASN.1 结构如下：

a) TYPE(类型)：定义将数据单元打包形成消息的方式。消息本身也应表示成一个 TYPE 结构。组成消息的数据单元也可表示成 TYPE 结构(见下文的 IDENTIFIER)。所有的 TYPE 都应给定一个符合 ASN.1 的句法的名称。

b) IDENTIFIER(标识符)：应使用一个与给定消息类型相关联的标识符，对消息中的每个数据单元加以标识。IDENTIFIER 应属于 ASN.1 中的名称(来自 ITS 功能领域的数据字典和(或)ITS 数据登记簿)。还可通过一个映射到相应标识符的类型结构，可连同对消息中的数据元素进行标识。在此情况下，类型参考应用描述性名称(来自可用的 ITS 功能领域数据字典和(或)ITS 数据登记簿)来进行规范化。

c) SEQUENCE(序列)：用 SequenceType(序列类型)对有序数据元素组进行说明，具体如下：

1) OPTIONAL(可选)，DEFAULT(默认)：序列中的每一个数据单元，都可用可选和(或)默认结构来进行声明。被声明为可选的数据元素可能会出现在序列的一个给定的序列实示例中，也可能不会。而被声明为默认的数据单元，其默认值应按 ASN.1 句法来定义。一个给定的序列实示例，若没有对其某个指定为默认值的数据单元赋值，那么它的值将被定义为默认值。

2) ElementSetSpec(数据元素集合运算)：数据元素集通过以下几种数据集运算方式形成时，该结构被用来说明序列中的数据集合，这几种运算方式是：与运算，或运算和非运算。

注 1：不同的数据单元序列组成了不同的逻辑消息，因此与之相关的消息标识符也各不相同。

注 2：对于无确定序列的数据元素(即数据元素的排序并不重要)的消息，其数据元素可通过 SEQUENCE(序列)结构以任意次序标识。在此情况下，可以加上如下注释：本序列各数据单元概念不相关，被定义的数据单元序列已经是一个逻辑序列。也可以这么注释：对于给定的消息，数据单元应以一个无序表的形式(如一个集合)进行无序概念化处理，如果此点非常重要，ASN.1 集合结构应按 SEQUENCE 结构进行无序化。

d) SET(集合)：数据单元的概念上的无序组合应该用 SetType(集合类型)来说明。任何一种以下的集合运算都可在组成集合的数据单元上执行，这几种运算方式是：与运算、或运算和非运算。如果消息的数据单元没有事先定义，接收系统应使用另一种方式才能解释消息实示例。在此情况下，发送中的消息应在消息实示例中定义同消息实示例中的数据单元值相对应的数据单元列表，否则接收消息系统将无法确认哪些数据单元确定是属于消息实示例的。

e) CHOICE(选择)：说明可选的数据元素。即在选择声明中，通过在数据单元中给定值域，以及该数据单元对另一类型的依赖关系(如另一个数据单元)，对 CHOICE(选择)类型的制约条件进行说明。

f) SEQUENE OF(关于……的序列)和 SIZE(容量)结构：某个序列中的重复数据元素、另一个序列中的数据元素重复序列，都应用与 SEQUENCE OF 结构相关联的 SIZE 结构来声明。若数据项的循环是无序的，且这种无序是概念上的无序，那么应该用 SET OF(关于……的集合)结构来代替 SEQUENCE OF 结构。如果某个数据元素组经常性地出现在多个消息体的说明中，可用数据概念类型“数据帧”来建立一个单一的涉及整个组的数据概念。这个组可能是

sequence(序列)、set(集合)、sequence of(关于……的序列)、set of、(关于……的集合)或者 choice(选择)。数据帧有一个 ASN.1 名称,一个描述性名称,以及其他一些与之相关的最小属性。使用数据帧可提供有效的捷径,对于消息用户而言,在某些情况下使用组合的名称有比单独的数据元素名称更丰富的含义。数据帧仅仅是一个用户定义的结构类型,按照 ASN.1 句法里的类型参考来定义。

g) OPTIONAL WITH COMPONENTS(可选性的制约条件):用 OPTIONAL WITH COMPONENTS 来定义序列的相关性,以表示其制约条件。

h) IMPORTS FROM(导入来源):若数据元素的元数据由外部数据注册表定义,可用 IMPORTS FROM 结构间接将其合并(依照参考)到消息体定义中。关键词 FROM 后面的模块标识符应出现在导出模块的顶部,即需要和外部数据注册表进行协调,以确保所参考的数据格式与 ITS MST 兼容。

i) Comments(备注):Comments 结构可包含在任何消息的说明中,仅用于注释消息;该结构在消息定义中没有正式含义。Comments 以双连字号开始,以双连字号或者新的一行结束。Comments 可被放在行中,也可直接嵌入它们所注释的行下面。

A.2 ASN.1 句法使用示例

type(类型,一种 typereference)和 identifier(标识符)用来联系数据单元同它们打包形成的消息,使用 ASN.1 句法和典型的 ASN.1 缩进格式。

示例:

```
typereference::=SEQUENCE or CHOICE {
    identifier 1    optional data element typereference,
    identifier 2    optional data element typereference,
    identifier n    optional data element typereference}
```

就格式而言,后面的括号也可单独放在一行,表达式的缩进量同它所包括的结构相关。以上面的示例为示例,下面的表达式也是合法的。

示例:

```
    identifier n    optional data element typereference
}
```

某些消息可能是类消息,即消息体的部分或所有组成元素(如数据单元)在消息定义中被表示为高级对象类。在此情况下,实际上也可用来组成消息实示例的子类可用 CHOICE 结构来定义。

示例:

```
GetRequest::=SEQUENCE{
    request-type    TypeOfRequest
    where       Location
...}

TypeOfRequest::=CHOICE {
    roadStatus    RoadCondition
    emStatus    Emergencies
...}
```

在此示例中,数据元素在消息的首序列中的位置,指明了可被消息请求的通信块的类型。该请求可能为请求获得道路条件、紧急情况、或其他与交通相关的通信内容。在上示例中,第二个序列总是数据元素的位置。然而,这个数据元素可能也含有大量其他的可能,它也可用 CHOICE 结构来声明。在某些情况下,序列中第二个数据元素可能会随第一个序列位置的变化而变化。在此情况下,可指定对数据元素嵌套序列的选择。

在某序列中的循环数据元素和在另一序列中数据元素的循环序列，都以与 SEQUENCE OF 结构相关联的 SIZE 结构来声明。

示例：

```
B∷=SEQUENCE SIZE (10) OF A
A∷=SEQUENCE {
    vin    VehicleIdentificationNumber,
    age    Age}
```

对于在一个范围内变化的循环，除了下面这种情形，句法同上所述：

```
B∷=SEQUENCE SIZE (5..10) OF A
```

类型参考 A 既可以是单一的数据元素，也可是一个数据元素序列。长消息序列中的局部序列应以类型 A 的方式定义，然后依照参考来嵌套。换而言之，每一个嵌套序列都应通过一个单独的类型定义来处理。ASN.1 允许这样的嵌套序列直接嵌入行中。然而，这种情况比起(子)序列用单独的类型陈述来定义而言，将降低其可读性和持续性。

一个序列之内的从属性可用 OPTIONAL WITH COMPONENTS 来声明，以表明其制约条件。

示例：

```
A∷=SEQUENCE {
  age OPTIONAL (WITH COMPONENTS (vin PRESENT,age PRESENT))}
```

同样，象"vin PRESENT，manufactureDate ABSENT"这样的条件可用此类方式来说明。

A.3 定义消息体(用 ASN.1)的指南及示例

A.3.1 将 ITS 数据字典描述性名称转换成 ASN.1 名称

在 ITS 数据字典中，用 ASN.1 Name 的元数据属性描述 ASN.1 一致性名称，该元数据属性(ASN.1 Name)对所有数据元素都具有强制性。

ASN.1 命名规则如下：

——ASN.1 中可组成名称的字符集是：A～Z，a～z，连字符，0～9；

——类型参考名应以大写字母开头；

——标识符应以小写字母开头；

——名称(如某个类型参考或者标识符)中不能含有两个或者两个以上的连续连字符，也不能以连字符开始或结束；

——命名时不能超过最大规定长度。

示例：

```
PersonnelInfo∷=SEQUENCE {
  name    PersonName,
  age     Age,
  address    HomeAddress
}
PersonName∷=VisibleString (SIZE(1..64))
Age∷=INTEGER (0..160)
HomeAddress∷=VisibleString (SIZE(1..100))
```

或者也可以这样表示，

```
PersonnelInfo∷=SEQUENCE {
  name    VisibleString (SIZE(1..64)),
```

```
    age        INTEGER (0..160),
    address    VisibleString (SIZE(1..100))
}
```

PersonnelInfo，PersonName，Age，和 HomeAddress 是类型参考；name，age，和 address 是标识符。当类型参考仅做为媒介使用时，字段名（在 ITS 数据字典术语中）的类型参考可被省略。对于 ITS 消息，数据类型和字段元数据都在数据字典中给出。

这个示例用 C 语言来描述为：

```
typedef char        PersonName[65];
typedef unsigned     short Age;
typedef char        HomeAddress[101];
typedef struct {
    PersonName     name;
    Age         age;
    HomeAddress   address;
    } PersonnelInfo;
```

将 ITS 数据字典里数据单元的描述性名称转换成 ASN.1 一致性名称的过程如下：

a) 来自数据字典描述性名称的实体型术语转换方式是：将所有字母都是大写的术语转化成只有首字母是大写的术语（其他字母转化为小写字母）。去掉术语中的任何连字符，包括为了修饰而用做分隔符的连字符。修饰符要被放在整个类型的前面，而不是后面。术语可作为一条单独的 ASN.1 类型参考，以避免当需要它时会产生混淆，可当成描述特性术语的类型参考的一部分使用，在后面的情况里，要去掉在实体型术语和特性术语之间的下划线，在实体型术语和特性术语之间可以加一个连字符，来代替被去掉的下划线。

b) 来自数据字典描述性名称的特性术语转换方式是：从第一个字母是大写的术语转化到所有的字母都为小写。依照复合词的生成规则，在复合词中加上连字符（除非连字符本身已经存在）。这样，该术语就成为一个 ASN.1 的标识符。如果特性术语在 ASN.1 中，以序列里的字段名或者标识符的方式被明确表示，则显示一个可选的过度状态。最小化时，它可被看作同实体类型相关的序列里的字段名或标识符。当特性术语在数据字典中时，它也以同样的方式被转化，但在此情况下，特性术语将转化成 ASN.1 的参考类型。因参考类型同实体类型术语相关联，为避免混淆，可将它预先设置为特性术语；这样它从本质上就可当作合法的标识符来用，并成为特性术语类型参考的一个不可区分的部分（除非连字符被加到实体类型术语和特性术语之间）。特性术语类型参考以相同方式映射成标识符。

示例：

VEHICLE. PASSENGER _ Model _ text/IA5string 将被转换成 PassengerVehicle-model。如果分开转化，PassengerVehicle 将被定义成参考类型，而它的模型将被定义成序列中的某个字段名或者标识符。也可以将参考类型的模型用在序列定义当中，而将模型映射到被称作模型的标识符中。若特性术语参考类型有着相关的实体类型术语，为避免混淆，它将转换成为 PassengerVehicleModel，或是 PassengerVehicle-Model。

VEHICLE_IdentificationNumber_text/IA5string 或 VEHICLE_Identification-Number_text/IA5string 将被转换成 Vehicle-identification-number，若分开转换，Vehicle 将被定义成参考类型；IdentificationNumber 、ID 号、ID、或 number 将被定义成一个字段，或定义成序列中的标识符。也可以将类型参考“IdentificationNumber”用在关于特性术语的序列定义中，并将“IdentificationNumber”映射成以“identification-number”表示的标识符（或映射成任何用到的其他标识符形式）。若特性术语类型参考有着相关的实体类型术语，为避免混淆，它将转换成为 VehicleIdentificationNumber，或是 Vehicle-IdentificationNumber。

LINK_Direction_text/enumerated 将被转换成 Link-direction，若分开转换，Link 将被定义成参考类型，而 direction 将被定义成序列中的一个字段名或者标识符。也可以将参考类型 Direction 用在关于特性术语的序列定义中，并将

"Direction"映射成以"Direction" 表示的标识符。若特性术语类型参考有着相关的实体类型术语，为避免混淆，它将转换成为 LinkDirection，或是 Link-Direction。

A.3.2 声明消息体的步骤

步骤如下：

a) 用 MST 属性的描述性名称为消息建立 ASN.1 参考类型。

b) 适当的利用 ITS 功能域数据字典与(或)ITS 数据登记簿，识别组成消息的数据元素。

c) 对所有要打包成消息(如 ITS 数据字典中的 ASN.1 Name 元数据属性)的数据元素，如果其 ASN.1 一致性名称已经存在，直接进入第四步，否则依照 B.3.1 所描述的转换过程进行 ASN.1 一致性名称转换；

d) 用 ASN.1 的句法结构来详细说明将数据元素打包形成消息。

A.3.3 Vehicle 通信块的消息体范示例

示例如下：

```
VehicleInfo SEQUENCE {
    vin        VehicleIdentificationNumber,
    license    VehicleLicensePlate,
    make       VehicleMake,
    model      VehicleModel,
    type       VehicleType OPTIONAL
    color      VehicleColor,
    location   VehicleLocation,
    problem    VehicleProblem DEFAULT "Vehicle ceased to operate",
    add-info   VehicleAdditionalInformation OPTIONAL}

VehicleAdditionalInformation::=SEQUENCE SIZE (1..5) OF {
    text VehicleDSRCDriverAddedInfo}
```

附　录　B
（规范性附录）
消息标识模式

B.1　标识模式

ITS 消息应使用在 ISO 14813-6 中进行了详细说明的识别模式。

B.2　标识途径

ISO 14813-6 提供了一种分级的识别模式，此类识别模式建立在对交通领域内的服务领域和功能领域的组织上。低层功能领域和（或）应用领域可能将一般的标识模式转化成它们本身特有的低级标识模式，同时还应使用高级别标识。

B.3　基本要求

应使用 ASN.1 阐述句法符号。应在特定的数据单元之前标出标识级别。ASN.1 消息标识的第一级应能标识消息的前后关系。

GB/T 16262.1 所定义的 OBJECT IDENTIFIER 的最高几个级别是 0 级（由 ITU-T 制定），1 级（由 ISO 制定）和 2 级（由 ISO 和 ITU-T 联合制定）。一些注册机构已经通过 ITU，ISO 认证，联合定义低级的 OBJECT IDENTIFIERS。每一个较低级的注册机构负责定义那些较低级的对象标识的意义。

就国际标准的消息标识而言，OBJECT IDENTIFIER 应按如下顺序确定，先是"ISO (1)"，然后是"Standard (0)"，再是 参考"Standard Number (xxxxx)"标准，之后是 "module number (yyy)"最后是"Typeid (zzz)."。

示例：

{iso(1) standard (0) standard-number (xxxxx) modulenumber (yyy) typeid (zzz)}

ICS 45.120
S 22

中华人民共和国国家标准

GB/T 28426—2012

大型超声波钢轨探伤车

Rail flaw detection vehicle

2012-06-29 发布 2012-10-01 实施

中华人民共和国国家质量监督检验检疫总局
中国国家标准化管理委员会 发布

前　言

本标准按照 GB/T 1.1—2009 给出的规则起草。

本标准由中华人民共和国铁道部提出。

本标准由铁道部标准计量研究所归口。

本标准主要起草单位：中国铁道科学研究院基础设施检测研究所、宝鸡南车时代工程机械有限公司、铁道部标准计量研究所。

本标准主要起草人：刘峰、张殿军、左荣森。

大型超声波钢轨探伤车

1 范围

本标准规定了大型超声波钢轨探伤车的技术要求、检查与试验方法和检验规则等。

本标准适用于大型超声波钢轨探伤车(以下简称钢轨探伤车)的设计、制造和检验。

2 规范性引用文件

下列文件对于本文件的应用是必不可少的。凡是注日期的引用文件,仅注日期的版本适用于本文件。凡是不注日期的引用文件,其最新版本(包括所有的修改单)适用于本文件。

GB 146.1 标准轨距铁路机车车辆限界

GB/T 3315 内燃机车制成后投入使用前的试验方法

GB/T 3766 液压系统通用技术条件(GB/T 3766—2001,eqv ISO 4413:1998)

GB/T 10082 重型轨道车技术条件

GB/T 16904.1 标准轨距铁路机车车辆限界检查 第1部分:检查方法

GB/T 25336 铁路大型线路机械检查与试验方法

JB/T 10062 超声探伤用探头 性能测试方法

TB/T 456 机车车辆用车钩、钩尾框

TB/T 493 铁道车辆车钩缓冲装置组装技术条件

TB/T 1463 机车轮对组装技术条件

TB/T 1491 机车车辆油压减振器技术条件

TB/T 1580 新造机车车辆焊接技术条件

TB/T 2340 钢轨超声波探伤仪

TB/T 2769 重型轨道车试验方法

TB/T 2817 铁道车辆用辗钢整体车轮技术条件

TB/T 2879.5 铁路机车车辆 涂料及涂装 第5部分:客车和牵引动力车的防护和涂装技术条件

TB/T 2911 车辆铆接通用技术条件

TB/T 2945 铁道车辆用LZ50钢车轴及钢坯技术条件

TB/T 3021 铁道机车车辆电子装置

TB/T 3138 机车车辆阻燃材料技术条件

TB/T 3139 机车车辆内装材料及室内空气有害物质限量

3 术语和定义

下列术语和定义适用于本标准。

3.1

钢轨探伤车 rail flaw detection vehicle

采用超声波探测在役钢轨内部伤损,检测系统具有B型探伤图形显示、探伤数据存储和自动分析功能,能够独立走行的铁路专用车辆。

3.2

人工伤损检出　detection

对于试验线路中设置的人工伤损，探伤车检测产生正确的B型超声波显示图形和计算机辅助判别伤损信息。

3.3

伤损误报　false alarm

对于试验线路中确定的人工伤损以外的部分，探伤车检测生成错误的B型超声波显示图形并由计算机辅助判别认定为伤损。

3.4

人工伤损检出率　detection rate

对试验线路的一次检测中，人工伤损检出数量与实际设置的人工伤损数量的比率。

3.5

伤损误报率　false alarm rate

对试验线路的一次检测中，伤损误报数量与实际设置的人工伤损数量的比率。

3.6

平均人工伤损检出率　average detection repeatability

对试验线路进行多次检测，人工伤损检出率的平均值。

3.7

平均伤损误报率　average false alarm rate

对试验线路进行多次检测，伤损误报率的平均值。

4　工作环境及性能要求

4.1　工作环境要求

4.1.1　环境温度：

a)　普通型：－15 ℃～＋40 ℃；

b)　低温型：－25 ℃～＋40 ℃。

4.1.2　最高作业海拔高度：2 500 m。

4.2　线路条件

4.2.1　标准轨距：1 435 mm。

4.2.2　线路最大超高：180 mm。

4.2.3　线路最大坡度：33‰。

4.2.4　最小通过曲线半径：140 m。

4.2.5　最小作业曲线半径：160 m。

4.3　性能要求

4.3.1　最高自行速度：120 km/h。

4.3.2　最高联挂速度：120 km/h。

4.3.3　最高检测速度：≥60 km/h。

4.3.4　轴重：≤23 t。

5 技术要求

5.1 一般要求

5.1.1 非作业状态时，外形尺寸应符合 GB 146.1 的规定。

5.1.2 满足 43 kg/m～75 kg/m 在役钢轨的探伤作业需要。

5.1.3 零部件均应按经规定程序批准的产品图样及其他技术文件制造、采购和组装。

5.1.4 原材料及铸件、锻件应符合有关标准的规定。

5.1.5 焊接件焊缝的焊接、检查和验收应符合 TB/T 1580 和产品图样的要求。重要焊缝应进行探伤检查。

5.1.6 铆接结构质量应符合 TB/T 2911 的规定。

5.1.7 各安全保险及紧固零部件，如保险杆、保护罩、开口销、螺钉、保护链、保护用橡胶件等，均应齐全有效。

5.1.8 油漆颜色、指示铭牌的位置应符合产品图样规定。涂装基本要求及检查验收应符合 TB/T 2879.5 的规定。

5.1.9 动力学性能应符合 GB/T 10082 的规定。

5.1.10 运行操作位在驾驶室左侧。

5.1.11 可双向行驶及检测。

5.1.12 应配备保障运行安全的监控装置，如无线列调、机车信号、运行监控装置、轴温监测装置等。

5.1.13 牵引性能、运行阻力、起动加速性能、冷却能力应符合 GB/T 10082 规定的要求。

5.1.14 应按规定配备起复装置和灭火器、安全锤等安全用具。

5.2 动力传动系统

5.2.1 采用柴油发动机提供牵引动力，功率应满足区间走行和作业的要求，平直线路上以最高自行速度持续运行时发动机应无过热现象。

5.2.2 采用液力机械传动方式。

5.2.3 动力传动部件之间的联结应可靠，具有可靠的防松措施。传动轴应加装安全吊环等保险装置。

5.2.4 传动系统的各项要求应符合 GB/T 10082 的相关规定。

5.2.5 燃油箱的容量应满足连续运行 1 200 km 或 24 h 的需要，并配备加油泵和易观察的油位显示装置。

5.3 车架

5.3.1 车架强度性能应满足编挂在列车最后三辆运行的要求。

5.3.2 采用带车钩缓冲装置的自动车钩，满足与标准车辆连挂的要求。

5.3.3 车钩、钩尾框应符合 TB/T 456 的规定。

5.3.4 车钩缓冲装置应符合 TB/T 493 的规定。

5.4 车体和驾驶室

5.4.1 车体强度性能应符合设计要求，并满足探伤车运行和作业的要求。

5.4.2 车体及外装设备应具有防雨、雪、风、沙侵袭的能力。

5.4.3 钢轨探伤车两端均应设驾驶室，车顶两端安装旋转警示灯。车辆两端安装风喇叭、电喇叭，驾驶位、副驾驶位均可操作。

5.4.4 驾驶室设双向运行操作设备，操作方便、视野开阔。

5.4.5 驾驶室风挡玻璃采用安全玻璃，并设除霜、雨刮器和遮阳装置，雨刮器及喷水装置应动作灵活，动作范围满足运行及作业要求。门窗应开启灵活、关闭严密，且牢固可靠。

5.4.6 内部装饰材料应符合 TB/T 3138 及 TB/T 3139 的规定。

5.4.7 应设有温度调节装置。在 4.1.1 规定下，夏季高温时，室内温度应能保持在 26 ℃±2 ℃；冬季低温时，室内温度不应低于 15 ℃（发动机间除外）。空调器应具有除湿功能。厨房、卫生间应安装通风设施。

5.4.8 运行时驾驶室噪声应低于 80 dB(A)，探伤作业时探伤操作室噪声应低于 78 dB(A)。

5.4.9 各指示仪表（指示灯）应齐全有效。

5.4.10 日光直射或夜间关闭室内照明灯后，距仪表和指示灯 500 mm 处，应能清楚的辨别仪表显示值和灯光显示信号。

5.4.11 夜间行车时，驾驶室照明灯关闭后，驾驶员应能进行正常的观察和操作。各指示灯和照明灯不应使驾驶员对前方行车信号产生错觉。

5.5 走行系统

5.5.1 总体要求

5.5.1.1 总装后的走行系统应满足整车运行性能和作业性能要求。

5.5.1.2 采用两轴转向架，转向架上的悬挂装置和减震器应能有效地吸收振动和冲击。

5.5.2 部件要求

5.5.2.1 轮对应符合下列各项要求：

a) 车轴的材料及技术要求应符合 TB/T 2945 及产品图样的相关规定；

b) 车轮的材料及技术要求应符合 TB/T 2817 及产品图样的相关规定；

c) 轮对组装应符合 TB/T 1463 的有关规定，同轴左右轮径差不大于 1 mm，整机轮径差不大于 2 mm，轮对内侧距为 1 353 mm±3 mm；

d) 同一轮对上的减振器，其安装高度差不大于 3 mm。

5.5.2.2 轴承箱应符合下列各项要求：

a) 轴承箱的组装应符合有关标准及产品图样的相关规定；

b) 组装后的轴箱应转动灵活，无卡滞；

c) 轴承箱的轴承部位温升不大于 45 ℃，最高温度不超过 85 ℃。

5.5.2.3 车轴齿轮箱应符合下列各项要求：

a) 车轴齿轮箱组装后，在台架试验时，各轴应转动灵活，无卡滞；

b) 车轴齿轮箱轴承部位温升不大于 45 ℃，最高温度不超过 85 ℃。

5.5.3 轮对、轴箱、车轴齿轮箱台架试验

组装后的轮对、轴箱、车轴齿轮箱都应进行台架试验，并符合下列各项要求：

a) 轮对台架试验转速相当于常用转速，试验时间为正反转各 0.5 h；

b) 磨合试验时无渗漏油及其他异常现象。

5.5.4 基础制动装置

基础制动装置应符合 GB/T 10082 的相关规定。

5.5.5 油压减振器

应设有油压减振器，油压减振器性能应符合 TB/T 1491 的规定。

5.6 制动系统

5.6.1 制动系统应设置空气制动装置，还应设置驻车制动装置。制动系统性能应符合铁路有关规定。

5.6.2 空气压缩机的排量应符合探伤车运行制动的要求。在柴油机额定转速下，总风缸压力从0升到800 kPa±20 kPa所需时间不大于5 min。达到额定压力后，压缩机应有卸载装置。

5.6.3 空气制动系统应设置空气干燥、空气滤清、压力保护、压力控制、油水分离等辅助装置。

5.6.4 实施常规制动后，整机缓解时间应小于10 s。

5.6.5 驻车制动装置，制动率不小于20%。

5.6.6 单机在平直线路上以120 km/h运行时，紧急制动距离不大于800 m。制动时不擦伤车轮。

5.6.7 制动系统还应符合下列各项要求：

a) 制动系统的组装应在清洁干净的环境中进行，组装完后应进行泄漏试验；

b) 制动机或各阀体装车前应在试验台上逐台进行单件性能试验；

c) 系统的压力应能监控和显示，各仪表、制动系统的操作等操作手柄应设置于驾驶员便于观察和操作的位置，并有明显的指示标牌。各仪表显示应清晰、准确；

d) 组装后各种阀件应动作灵活、可靠，无卡滞。

5.7 电气系统

5.7.1 一般要求

5.7.1.1 系统应保证整车用电设备所需电源。有24 V低压直流电源，220 V、50 Hz单相和380 V、50 Hz三相交流电源，供启动、照明、仪器仪表、信号、控制电路和生活用电。

5.7.1.2 应配备足以支持整车工作的备用电源，确保应急状态下的行车及检测工作安全。

5.7.1.3 系统应能对发动机的启动、调速、紧急停车进行控制及保护。

5.7.1.4 系统的电子装置应满足TB/T 3021的要求。

5.7.1.5 系统应具备一定的抗电磁干扰的能力。

5.7.1.6 各电路绝缘电阻值应符合GB/T 10082的要求。

5.7.1.7 系统设有外接交流电源接口。

5.7.2 组装要求

5.7.2.1 操作台的布置应保证驾驶员易于操作。

5.7.2.2 电气线路排列整齐，接线端子压接良好，接线端应有清晰的编号；各连接线无松动脱落，导线绝缘层无破损。

5.7.2.3 操作台、接线箱的安装和布线应满足防水、防尘和散热的要求。

5.7.2.4 车体上的电缆线应穿管或采用线槽牢固敷设，不应有油污、破损。

5.7.2.5 操作台配电箱、板应安装牢固，面板上电器元件标志清楚。

5.7.2.6 仪表、开关、按钮、指示灯、照明灯等应安装牢固，工作正常、指示准确。

5.8 照明系统

5.8.1 前后照灯的光照性能在距离前照灯400 m处的照度值不小于0.1 lx。

5.8.2 前照灯安装固定可靠，在驾驶室可对照射方向进行调整并更换，具有防雨、抗振性能。玻璃罩和面罩在风、沙、雨、雪的侵袭下，不应出现破损。

5.8.3 警示灯、作业照明灯、标志灯、前后驾驶室内照明灯等应完好，安装牢固，工作正常。

5.9 液压和气动系统

5.9.1 液压系统应符合 GB/T 3766 的规定。

5.9.2 液压和气动系统应具备以下作业控制功能：

a) 超声波换能器支持机构的上升、下降、横移；

b) 检测装置的对中；

c) 喷洒耦合水(液)。

5.9.3 应设置工作装置安全锁定。

5.9.4 系统具有应急功能，在紧急情况下，应能在 5 min 内将超声换能器及其支持机构回收到位，恢复到运行状态。

5.9.5 系统应设置油液滤清器、蓄能器、回路保护及故障报警等功能。

5.9.6 系统采用的液压油洁度、液压油的牌号和规格应符合设计要求。

5.9.7 系统中各回路中的压力应有监控和显示，各仪表、报警装置、手控阀等的设置应便于观察和操作，并有明确的指示标牌。

5.9.8 主要回路应设有对液压和气动系统主要技术参数检测的接口。

5.9.9 液压油箱应配备易观察的油位标记装置。

5.9.10 软、硬管路排列整齐，弯管处不应有过压现象，分布合理，固定可靠，作业时不产生摩擦或磕碰。

5.9.11 各气缸、油缸工作时运动平稳，活塞杆部位不应渗漏。其他各元件连接和安装应牢固、可靠，接口处无渗漏。

5.10 供水系统

5.10.1 应分别设置工作水箱和生活水箱。工作水箱容量满足 8 h 或 300 km 检测需要。生活水箱容量不小于 1 m^3。设有单向阀门，可将生活用水补充至工作水箱。

5.10.2 水箱和管路应采用不锈钢或有色金属材料，防锈蚀、无渗漏、可清洗，满足车站上水要求，并设有水位显示装置。供水系统应满足冬季作业和生活的需要。

5.11 作业装置

5.11.1 超声波换能器

5.11.1.1 换能器回波频率 2 MHz～5 MHz。

5.11.1.2 换能器应具有互换性。

5.11.1.3 纵波换能器灵敏度余量不小于 46 dB，横波换能器灵敏度余量不小于 60 dB。

5.11.1.4 纵波换能器分辨力不小于 26 dB，横波换能器分辨力不小于 22 dB。

5.11.1.5 0°声束声轴偏斜角误差不大于 1°；45°及以下角度声束折射角误差不大于 1.5°；70°声束折射角误差不大于 2°。

5.11.1.6 70°声束钢轨轨头声场宽度不小于 50 mm。

5.11.2 超声波换能器支持机构

5.11.2.1 满足最高检测速度下安全运行的需要。

5.11.2.2 应设置锁止装置确保收起时入位可靠。

5.11.2.3 在收起位(非检测状态时)，满足最高自行速度和最高连挂速度下安全运行的需要。

5.11.2.4 可由工作人员通过控制台控制升降及锁定，并设有视频监视设备。

5.11.2.5 检测时超声换能器及其支持机构能安全通过道岔。

5.11.2.6 应安装对中调节装置，以保证换能器的正常工作。

5.11.2.7 超声换能器可进行手动或自动对中。

5.11.2.8 支持机构及其伺服控制系统应安装报警装置。

5.11.2.9 换能器支持悬挂机构应安装辅助应急提升系统，在主提升系统失效的情况下可以收起换能器及支持机构。

5.11.2.10 耦合水(液)喷洒系统应保证均匀润湿轨面为超声换能器提供良好耦合。

5.11.2.11 应配备油污清扫(洗)装置，清除钢轨及超声换能器表面油污。

5.11.2.12 低温型设备应配置轨面清扫装置。

5.11.3 检测系统

5.11.3.1 系统应具有多通道、同时处理不同信号的能力，通道数不少于 24 个。

5.11.3.2 各通道参数应能独立控制调节：

a) 通道参数由计算机程序控制调节；

b) 通道可以单独打开或关闭；

c) 通道增益或衰减的调节范围不小于 80 dB；

d) 信号增益或衰减的最小调节量不大于 1/2 dB；

e) 通道时间参数最小调节量不大于 1 μs。

5.11.3.3 检测系统应有同时探测轨头、轨腰及其延伸部位裂纹(包括横向疲劳裂纹、纵裂、斜裂、平裂和螺孔裂纹等)的能力(由轨面入射的超声束无法射及的部位除外)。

5.11.3.4 超声发射重复频率满足扫查间隔不大于 6 mm 的要求。

5.11.3.5 探伤灵敏度不低于：

a) 钢轨头部横向裂纹：直径 8 mm 平底孔当量；

b) 钢轨头部及腰部纵向水平裂纹：最小面积 10 mm×15 mm；

c) 螺栓孔裂纹：裂纹深度 8 mm。

5.11.3.6 系统检出率大于或等于 80%，系统误报率小于或等于 20%。

5.11.3.7 应具有超声波 A 型显示和实时多通道超声拟合及钢轨伤损 B 型彩色显示的功能。

5.11.3.8 应能够进行实时的超声波信号采集、处理、显示和存储，检测数据存储能力不低于50 000 km。

5.11.3.9 能够对钢轨伤损及其特征实时自动判别，相关参数可人工设定，并有声音报警和 B 型显示延时提示功能。

5.11.3.10 能够回放超声波 B 型显示并对数据进行重复分析。

5.11.3.11 具有自动和手动修正里程信息的功能。

5.11.3.12 探伤检测系统应有较强的抗干扰能力，能够在电气化线路正常工作。

5.11.3.13 应为中文显示，界面友好；能够打印出伤损位置、伤损严重程度及辅助判别结果等信息，可编辑和打印中文格式的探伤报告。

6 检查与试验方法

6.1 限界检查

限界检查方法按 GB/T 16904.1 的规定进行。

6.2 车辆运行性能试验

动力学性能试验，紧急制动距离试验、牵引性能试验、运行阻力试验、起动加速性能试验、冷却能力试验、车体内部噪声试验按 TB/T 2769 的有关规定进行。

6.3 车体、传动、制动和照明装置检查与试验

走行系统、车架、车体和驾驶室、动力传动系统、制动系统、照明装置的检查与试验按照GB/T 25336的有关规定进行。

6.4 车体淋雨试验

车体淋雨试验按照GB/T 3315的有关规定进行。

6.5 液压和气动系统检查与试验

液压和气动系统检查与试验如下：

a) 在专用试验台上进行液压泵、马达、阀等零部件性能的检测；
b) 按作业功能试验内容，对液压系统控制功能的正确性进行检测；
c) 用压力表、流量计对回路系统压力、流量进行检测；
d) 用测温仪检测作业2 h的液压回路的油温；
e) 用专用设备检查液压油的清洁度及理化指标。

6.6 制动系统检查与试验

制动系统检查与试验如下：

a) 制动系统阀类部件的校验需在专用试验台上进行；
b) 在总风缸达到规定压力的条件下，进行制动系统和气动系统泄漏和性能静态试验。静态试验用压力表和秒表、泄漏试验用涂泡沫剂的方法进行；
c) 用露点计检测空气干燥器出口处的压缩空气露点；
d) 用专用仪器对油水分离器性能进行检测。

6.7 电气系统检查与试验

电气系统检查与试验按照GB/T 3315的有关规定进行。

6.8 检测装置检查

a) 应安装正确，动作灵活、可靠；
b) 计算机及显示系统、打印装置应工作正常，显示准确。

6.9 检测系统性能试验

6.9.1 超声换能器测试

超声换能器的灵敏度测试按照TB/T 2340和JB/T 10062的有关规定进行。

6.9.2 动态试验

6.9.2.1 试验线路

试验线路要求如下：

a) 试验应在平直线路上进行，试验线路长度不小于2 000 m，线路中间无道岔；
b) 试验线路中部铺设含人工伤损的钢轨，两端应留有足够的加速和减速距离；
c) 采用标准25 m的50 kg/m或60 kg/m钢轨制作人工伤损轨，钢轨表面无锈蚀、轨头磨耗小于3 mm；

d) 人工伤损钢轨左右股各10根，每根伤损钢轨含有不少于一个确定的人工模拟伤损，应连续铺设；

e) 用直径5 mm不同深度的轨头横孔模拟钢轨横向裂纹，螺栓孔处不同取向的锯口模拟螺孔裂纹。

人工伤损的布局和尺寸要求参见附录A。

6.9.2.2 检出率

检测能力试验应在系统最高检测速度下对试验线路的人工伤损进行连续不间断10次探测，10次检测平均人工伤损检出率为系统的检出率，10次检测的平均伤损误报率为系统的误报率。

6.9.3 换能器及支持机构通过道岔性能试验

换能器及支持机构在检测位按系统标称的通过道岔速度，以正常的操作方式正反向通过标准铁路道岔直股各一次。

6.9.4 应急提升系统试验

关闭主提升系统，使用应急提升系统将超声换能器及其支持机构从检测位收起至收放位完整动作一次，并测试动作时间。

7 检验规则

7.1 检验分为型式试验和出厂检验。

7.2 批量生产的探伤车每台均应进行出厂检验，检查与试验项目按表1中带“S”符号的项目进行。

7.3 探伤车属于下列情况之一时应进行型式试验，检查与试验项目按表1中带“T”符号的项目进行：

a) 新产品定型时；

b) 停产五年以上(包括五年)又重新生产时；

c) 产品的结构、工艺或材料的改变可能影响到系统的某些性能时，应对部分或全部进行型式检验；

d) 转厂生产时；

e) 连续生产八年后。

表1 探伤车的检查与试验项目表

序号	检查与试验内容		检验项目	型式试验(T)	出厂检验(S)
1	限界检查		5.1.1	T	—
2	动力传动系统检查		5.2	T	S
3	车架系统检查		5.3	T	S
4	车体和驾驶室检查		5.4	T	S
5	走行系统检查		5.5	T	S
6	制动系统检查	单机紧急制动距离试验	5.6.6	T	S
		其他项目检查	5.6.1～5.6.5、5.6.7	T	—
7	电气系统检查		5.7	T	S
8	照明系统检查		5.8	T	S
9	液压和气动系统检查		5.9	T	S

表 1（续）

序号	检查与试验内容	检验项目	型式试验(T)	出厂检验(S)
10	供水装置检查	5.10	T	S
11	作业装置检查	5.11	T	S
12	动力学试验	5.1.9	T	—
13	牵引性能试验	5.1.13	T	—
14	运行阻力试验	5.1.13	T	—
15	起动加速性能试验	5.1.13	T	—
16	冷却能力试验	5.1.13	T	—
17	车体内部噪声试验	5.4.8	T	—
18	作业性能试验	6.9	T	—

7.4 钢轨探伤车出厂应附有下列随车技术文件和备件：

a) 产品合格证；

b) 使用保养说明书；

c) 易损件目录；

d) 随车备件、附件和工具及其清单。

8 整机的标志、包装和运输

8.1 标志

探伤车上的表示产品主要性能的铭牌及与运输相关的其他技术参数标志，如“禁止驼峰”“禁止烟火”“禁止溜放”“禁止攀登”等应符合产品图样及技术文件的规定。

8.2 包装

8.2.1 应放尽燃油箱和耦合柴油箱中的燃油。

8.2.2 超声换能器应从其支持机构上拆除。

8.2.3 换能器支持机构应置于收起位，并用铁丝捆扎加固。

8.2.4 以下部件应进行保护处理：

a) 前后照灯、标志灯、工作灯应用塑料布包捆；

b) 车外部探伤系统的监控摄像头应进行包捆防护；

c) 影响长途附挂回送的螺栓应紧固；

d) 车轴齿轮箱、轴承箱等应按要求的牌号及数量加装润滑油。

8.3 运输

8.3.1 探伤车整机运输应按无火附挂回送办理，联挂不应超过最高允许联挂速度。

8.3.2 各运动部位应按规定加足润滑脂(油)。

8.3.3 无火回送应有专人押送。

附 录 A
（资料性附录）
探伤车试验线路人工伤损布局和尺寸

图 A.1 为试验线人工伤损总体布局图。图 A.2 中人工伤损 A、B、C、K 和 L 为轨头横孔，用以模拟轨头横向伤损。图 A.1 中标注于钢轨内侧的从轨头内侧钻孔，标注于钢轨外侧的从轨头外侧钻孔。人工伤损 A、B 和 C 加工时垂直于断面中心线。人工伤损 E、F、G、H 和 J 为螺栓孔锯口，模拟螺栓孔裂纹。

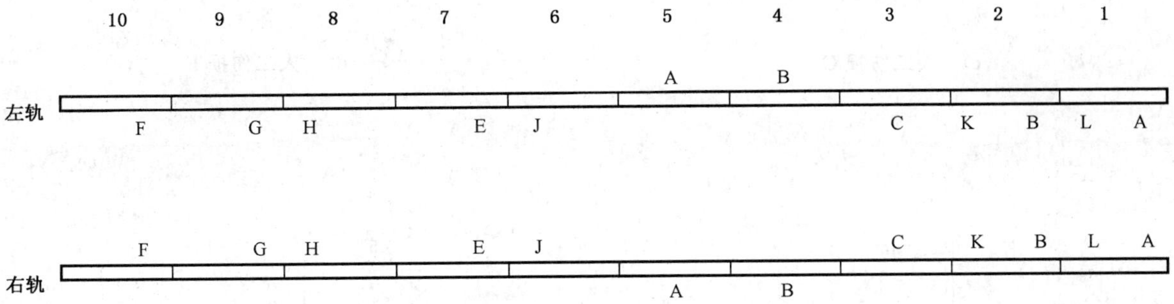

图 A.1　试验线人工伤损总体布局图

单位为毫米

a)　人工伤损 A

b)　人工伤损 B

图 A.2　人工伤损图

单位为毫米

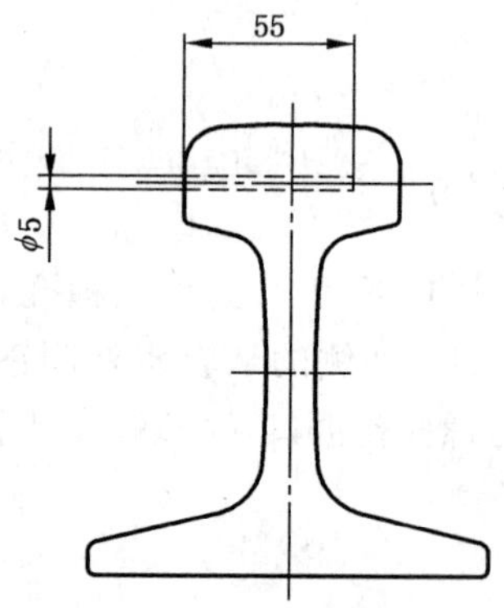

c） 人工伤损 C

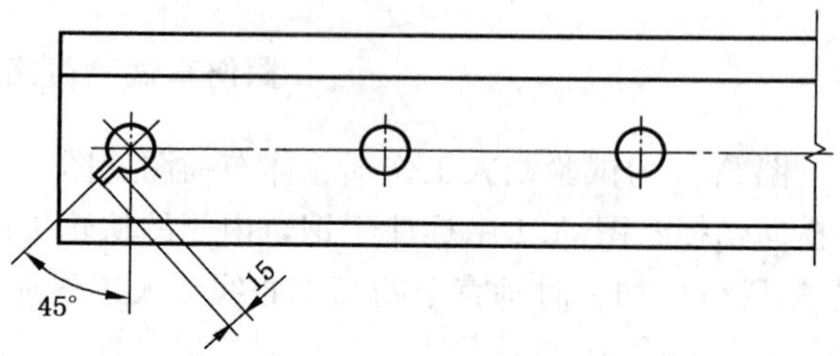

d） 人工伤损 E

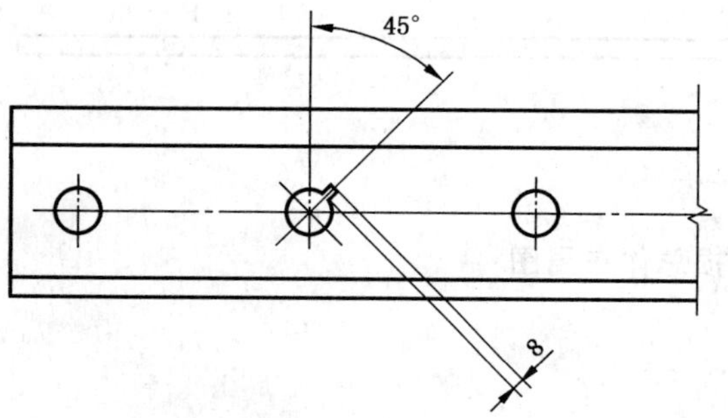

e） 人工伤损 F

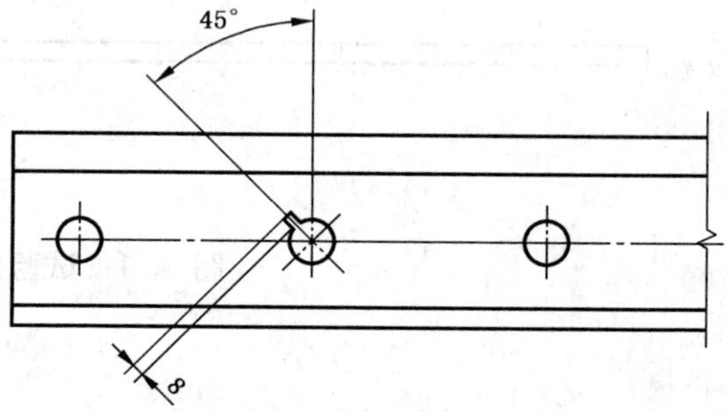

f） 人工伤损 G

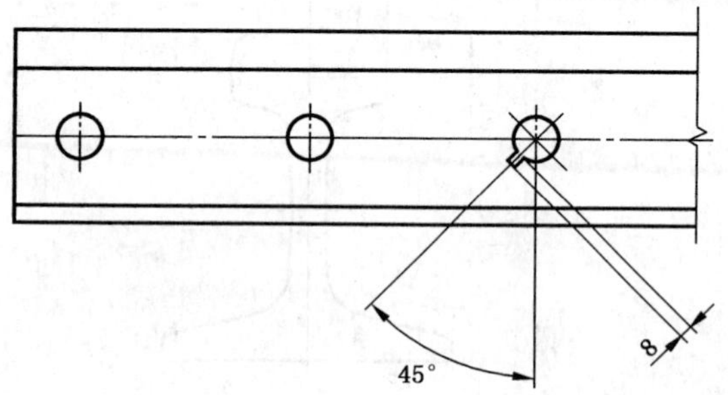

g） 人工伤损 H

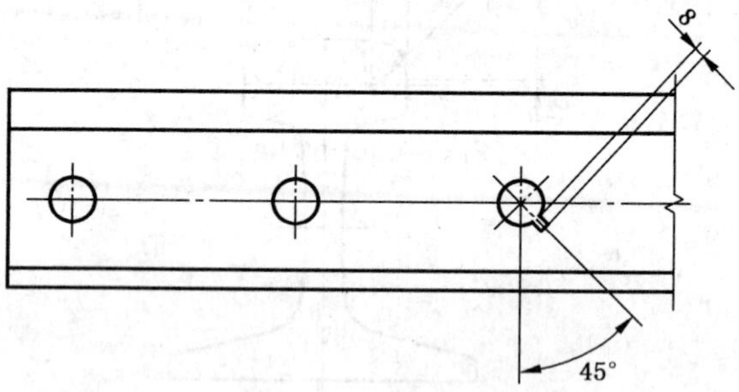

h） 人工伤损 J

图 A.2（续）

单位为毫米

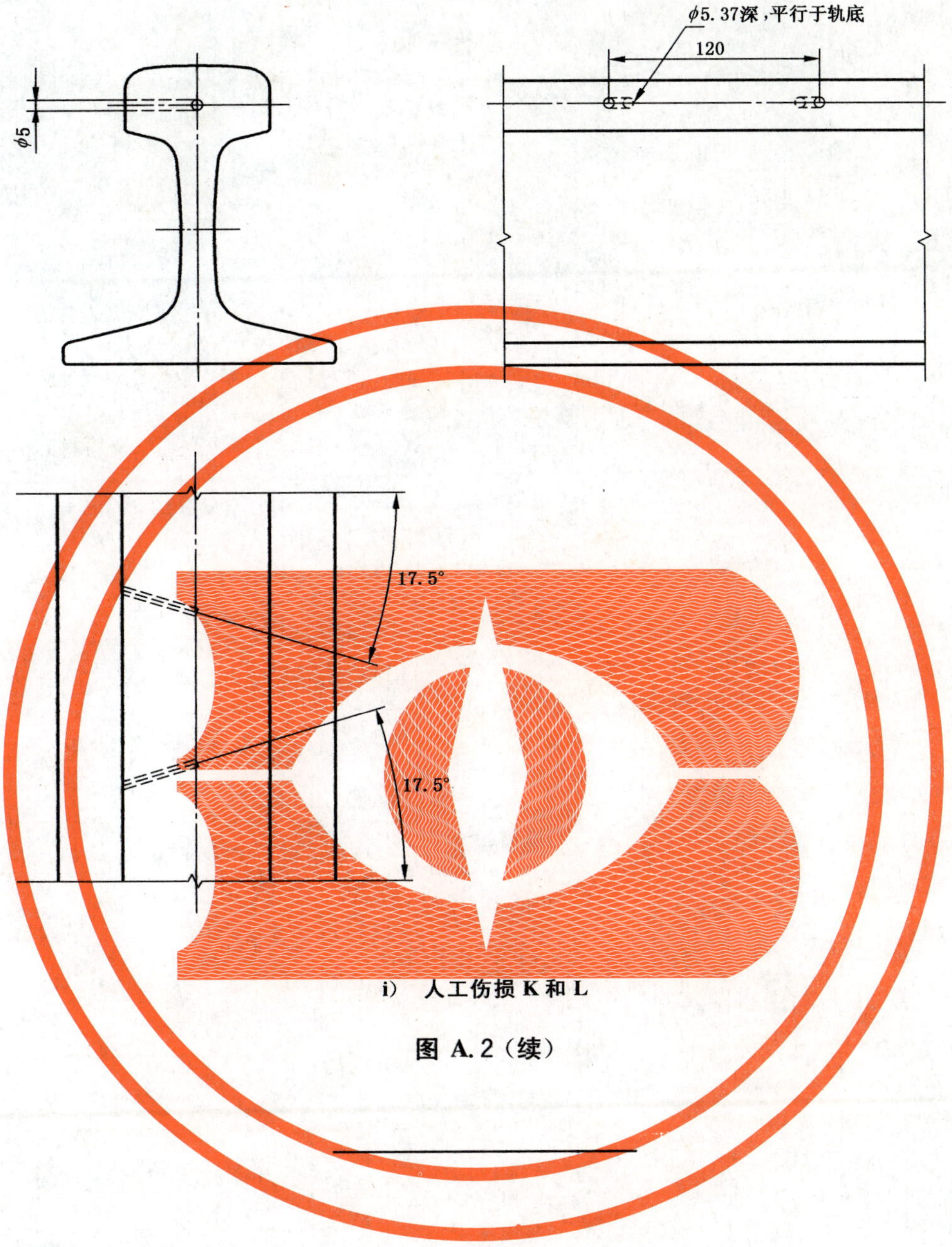

i)　人工伤损 K 和 L

图 A.2（续）